Die
Drahtseilbahnen
(Schwebebahnen)

Ihr Aufbau und ihre Verwendung

Von

Dipl.-Ing. P. Stephan
Regierungsbaumeister, Professor

Dritte, verbesserte Auflage

Mit 543 Textabbildungen und 3 Tafeln

Springer-Verlag Berlin Heidelberg GmbH

1921

ISBN 978-3-662-24179-0   ISBN 978-3-662-26292-4 (eBook)
DOI 10.1007/978-3-662-26292-4

Vorwort.

Der Bau von Drahtseilbahnen liegt in Deutschland in der Hand einiger weniger Firmen, die dieses Sondergebiet des Maschinenbaues größtenteils schon seit langer Zeit pflegen. Die Gründe hierfür zu untersuchen, ist nicht Aufgabe des Verfassers. Jedenfalls würde es sich nicht lohnen, ein Konstruktionshandbuch für die geringe Anzahl von Fachleuten zu schreiben, die zudem das Gebiet vollständig kennen und beherrschen.

Wenn auch die 1907 erschienene erste Auflage bestrebt war, dem Drahtseilbahnen entwerfenden Fachingenieur alle erforderlichen Unterlagen zu bringen, so wandte sie sich doch hauptsächlich an die Abnehmerkreise, um ihnen die Vorzüge und Anwendungsmöglichkeiten dieses Transportmittels zu veranschaulichen. Die 1914 herausgekommene zweite Auflage war dann völlig nach dem Gesichtspunkt umgearbeitet worden, den Nichtfachmann über die Einrichtungen der Drahtseilbahnen und die von ihnen bewirkte technische und wirtschaftliche Lösung der gestellten Transportaufgabe zu unterrichten. Sie machte zum Teil auch aus diesem Grunde bei der Veranschaulichung des Besprochenen neben den technischen Darstellungen häufig von Photographien ausgeführter Anlagen Gebrauch. Wie richtig dieses Vorgehen war, lehrt die Tatsache, daß die Auflage bereits nach verhältnismäßig kurzer Zeit völlig vergriffen war.

Eine Neuherausgabe mußte unterbleiben, bis der Verfasser wieder in der Lage war, sich friedlicher Arbeit zu widmen. Er wurde dabei von allen auf dem Gebiet in Deutschland arbeitenden Firmen teilweise in weitgehendem Maße unterstützt. Dank dem Interesse und Entgegenkommen einiger Fabrikanten und Ingenieure konnten sogar Einzelheiten aus den Zeichnungen von Firmen aufgenommen werden, die inzwischen eingegangen sind. Nur so war es möglich, einen nach jeder Richtung hin vollständigen Überblick über den Stand des heutigen Drahtseilbahnbaues zu geben, und es ist dem Verfasser eine angenehme Pflicht, allen Firmen und Fachleuten, die ihn bei der Herstellung des Buches unterstützt haben, auch an dieser Stelle seinen Dank auszusprechen.

Freilich ist durch den wesentlich erweiterten Rahmen auch der Umfang des Buches erheblich gewachsen, zumal, verschiedenen Wünschen und Anregungen folgend, auch die Konstruktionseinzelheiten eingehender erörtert und durch Beispiele belegt worden sind als bisher. Die zur Berechnung dienenden Formeln wurden zwar gebracht, jedoch wurde im allgemeinen von der ausführlichen Herleitung abgesehen, da sie für den weitaus größeren Teil der Leser kein Interesse hat.

Die beiden ersten Auflagen fanden eine sehr abweichende Beurteilung je nach dem Interessentenkreis, dem der betreffende Beurteiler nahe stand. Der Verfasser ist sich bewußt, daß auch die vorliegende Auflage den geschäftlichen Interessen keiner der genannten Firmen so dient, wie das wohl gewünscht werden kann, und ist deshalb auch wieder auf eine herbe Kritik gefaßt. Es lag jedoch nie in seinem Sinne und wird es auch nicht, die aus reinem Interesse an der Sache unternommene Arbeit zu einer Geschäftsempfehlung zu mißbrauchen. Bemerkt sei ferner, daß das Buch sicher nicht die Vollständigkeit erhalten hätte, die mit Recht gefordert wird, wenn sich der Verfasser bei der Beschreibung von Einzelheiten und ausgeführten Anlagen nur auf die allerdings nicht gerade kleine Zahl von Bahnen beschränkt hätte, die er selbst aus eigener Anschauung kennt.

Altona, im Frühjahr 1921.

P. Stephan.

Inhaltsverzeichnis.

I. Wert und Entwicklung der Drahtseilbahnen.

1. Das Verwendungsgebiet.

Es ist häufig mit mehr oder weniger Glück versucht worden, unsere heutige Kulturepoche durch ein Beiwort zu kennzeichnen, das ein wichtiges Merkmal hervorheben soll. Eins der bekanntesten der Art, das jedoch, von einer ziemlich nebensächlichen Erscheinung ausgeht und in der Zeit des Fernsprechers wohl kaum noch als allgemein zutreffend angesehen werden kann, ist ja die Bezeichnung „papierenes Zeitalter". Auch der der Sache näherkommende Ausdruck „Maschinenzeitalter" ist unrichtig. Denn wenn auch einem erheblichen Teil der arbeitenden Bevölkerung seine Tätigkeit durch die Maschine erleichtert bzw. ermöglicht wird, so hat ein mindestens ebenso großer, wahrscheinlich größerer Teil des Volkes rein gar nichts mit Maschinenarbeit oder -benutzung zu tun. Höchstens kommt ihm die durch die Maschine bewirkte Verbilligung und häufig Verbesserung der Erzeugung ebenfalls zugute.

Geht man der Frage, was wohl die Zeit, in der wir leben, von allen vorhergegangenen abhebt und unterscheidet, wirklich auf den Grund, so wird man unfehlbar zu dem Schluß geführt, daß die gesamte moderne Kulturentwicklung abhängig und sogar zum guten Teil geschaffen ist von den weitgreifenden und schnellen Verkehrs- bzw. Verteilungsmöglichkeiten für Personen, Güter, Nachrichten, Energiemengen. Er wird bestätigt durch die ganze neuzeitliche Verkehrspolitik: Während der erste Ausbau der Verkehrsnetze naturgemäß nur die bestehenden Mittelpunkte der Kultur entweder allein für sich zu versorgen oder miteinander zu verbinden suchte, werden jetzt fast durchweg in der ersten Zeit vielfach unlohnende Verkehrsunternehmungen angelegt, nur um neue Gebiete zu erschließen und der kulturellen Ausnutzung näher zu bringen. So strecken die großen Städte durch Bahnverbindungen Fühler weit in die Umgebung hinaus, und die heutige Städtebaukunst betrachtet es als wichtigste Aufgabe, einen glatten, ungehinderten Verkehr von den Außenbezirken nach dem Stadtinnern und ebenso zwischen den äußeren Stadtteilen untereinander zu bewirken, wobei häufig riesige Summen aufgewendet werden, um entgegenstehende Hindernisse zu beseitigen. Entsprechend werden jetzt bedeutende Anlagen zur Erzeugung und Verteilung elektrischer oder sonstiger Energie, die dann weite Gebiete von sich abhängig machen, an ganz abgelegenen Stellen erbaut, wo nur bis dahin unausgenutzt gebliebene Energiequellen leicht verfügbar sind. So hat z. B. die Ausnutzung der Niagarafälle ein sich mehrere hundert Kilometer weit erstreckendes neues Industriegebiet mit dichtester Besiedelung geschaffen, das Hunderttausenden von Menschen Daseinsmöglichkeiten gewährt.

Die Verkehrsmittel für Energiemengen und Nachrichten sind heute so ausgebildet, daß sie allen billigerweise zu stellenden Anforderungen gut·genügen könnten, und wenn selbstverständlich auch dort immer weitere Neuerungen und Verbesserungen auftauchen und angewendet werden, so haben sie für die große Masse des Volkes doch kein hervorragendes Interesse. Anders liegen die Verhältnisse beim Personen- und Güterverkehr. Beide sind entschieden noch sehr verbesserungsfähig gewesen und es erst recht geworden, und es mehren sich die Stimmen derer, die eine weit voraussehende, umwälzende Änderung derselben für notwendig halten. Da ferner jeder einzelne gezwungen ist, mit den technischen Hilfsmitteln dieser Verkehrsunternehmungen in nächste Berührung zu kommen, so finden ihre Einrichtungen auch ein viel größeres Verständnis und Interesse.

Im allgemeinen befassen sich dahingehende Erörterungen meist mit dem Fernverkehr, und die Zubringung der Personen bzw. Güter an die betreffenden Hauptverkehrswege bleibt besonderen Einrichtungen überlassen. Und doch hat der Nahverkehr sicherlich dieselbe Wichtigkeit wie der Ferntransport. Denn man mag die großen Hauptverkehrswege mit noch so viel Überlegen und Nachdenken anlegen, es wird doch niemals möglich sein, sie so zu führen, daß sie alle Fundstätten wichtiger Rohstoffe, alle für die Verarbeitung günstig gelegenen Plätze berühren und mit allen Verbrauchsstellen verbinden. Deshalb sind Eisenbahnen und Kanäle jeder ·Art immer auf ein anschließendes Geäst von Zubringemitteln angewiesen, ohne die sie einfach nicht bestehen können.

Die vorliegende Arbeit ist fast ausschließlich diesem Nahverkehr von Gütern für industrielle Zwecke gewidmet. Es handelt sich also um folgende Frage: Wie kann der Industrielle am billigsten und betriebssichersten die Rohstoffe von der Fundstätte oder wenigstens dem nächstgelegenen Hauptverkehrswege nach der Fabrik und umgekehrt seine Erzeugnisse von der Fabrik wieder nach der Eisenbahn oder in die Transportschiffe befördern?

Schon aus der Fragestellung geht hervor, daß das Problem sich gegenüber dem, das einer Eisenbahn gestellt zu werden pflegt, bedeutend zusammenzieht. Es ist nicht mehr die Rede von der Bevölkerung oder der Industrie eines Gebietes in ihrer Gesamtheit, sondern von einer einzigen oder höchstens einigen wenigen industriellen Anlagen. Für den Bau des Transportmittels ergibt sich daraus die wichtige Folgerung, daß es nicht mehr wie die großen Hauptverkehrswege für den Transport von Gütern aller Art eingerichtet zu werden braucht, sondern die geforderten Dienste vollauf verrichtet, wenn nur eine ganz bestimmte Klasse von Gütern damit befördert werden kann.

Der nächstgelegene Schluß hieraus ist der, daß die Fördermittel, insbesondere die Wagen, nicht wie bei der Haupteisenbahn für Tragfähigkeiten von 10 000 oder 20 000 kg bemessen zu werden brauchen. Denn die Rohstoffe sind fast durchweg leicht teilbar und lassen sich in kleinen Einzelmengen von 300 bis 700 kg Gewicht befördern. Ebenso sind die fertigen Waren mit Ausnahme der Erzeugnisse der Großmaschinenindustrie in den weitaus meisten Fällen auch wieder von geringem Einzelgewicht und werden schon mit Rücksicht auf die bequeme Handhabung während des weiteren Transportes zu nicht zu großen Einzellasten vereinigt.

Man kommt also mit verhältnismäßig leichten Wagen und einer entsprechend leichten Fahrbahn aus. Dann ist man aber nicht mehr an die in ihrer ganzen Länge unterstützte Schienenbahn gebunden, sondern kann den Boden verlassen und leichte Tragkonstruktionen in die Luft hineinbauen. So gelangt man ganz von selbst zu der Drahtseilbahn, der Schwebebahn, deren Gleise aus freigespannten Seilen bestehen und nur an ziemlich weit voneinander entfernten Punkten unterstützt werden. Sie allein und ihre Verwandten mit festen Hängebahnschienen sollen den Gegenstand des vorliegenden Buches bilden, da sie trotz ihrer vielfachen Verwendungsmöglichkeiten noch immer nicht die Beachtung finden, die sie verdienen. Natürlich sind auch andere Fördermittel im Laufe der Zeit zu guten und an vielen Stellen zweckmäßigen Transportmitteln ausgebildet worden, so daß es im ersten Augenblick fraglich erscheinen könnte, ob mit dem Schritt in die Luft wirklich besondere Vorteile erzielt werden, die die hier und da vermutete „Gefährlichkeit" ausgleichen.

Zunächst einige Worte über diese Gefährlichkeit. Man ist so gewöhnt von vornherein anzunehmen, daß alles, was den festen Erdboden verläßt, Gefahren mit sich bringt, und unterscheidet da höchstens zwischen gefährlich und sehr gefährlich, so daß man diese vorgefaßte Meinung ohne weitere Überlegung auf alle derartigen Fälle gleichmäßig anwendet. Wird einmal die Frage gestellt, was denn an der Drahtseilbahn so gefährlich sein könne, so erfolgt fast stets die Antwort, die Tragseile könnten reißen und die Lasten herunterstürzen. Nun, seit einer langen Reihe von Jahren werden hierfür ausschließlich die besten Stahldrahtseile verwendet. Die Seile liegen fest und nahezu unbeweglich, ohne daß sie andere Beanspruchungen erfahren als den Zug des am Ende angreifenden Spanngewichtes und eine geringe Durchbiegung unter dem Raddruck; dazu kommt bei Neigungen noch ein kleiner Zug durch die entsprechende Seitenkraft ihres Eigengewichtes. Die Beanspruchung ist also eine sogenannte statische, die sich rechnungsmäßig sehr genau verfolgen läßt, während z. B. die Förderseile der Bergwerke, denen Lasten und Menschen gleichmäßig anvertraut werden, beim Übergang über die verschiedenen Seilscheiben und die Fördertrommel eine recht erhebliche Hin- und Herbiegung erfahren und dann beim jedesmaligen Anfahren und Anhalten ganz bedeutende Beschleunigungs- und Stoßkräfte aufnehmen müssen, mithin eine viel ungünstigere Beanspruchung erhalten, die außerdem von vornherein nicht mit voller Sicherheit rechnungsmäßig festzustellen ist. So kommt es, daß Laufseile von Drahtseilbahnen bei ordnungsmäßiger

Überwachung nie auf einmal durchreißen, wenn auch natürlich einzelne Drahtbrüche eintreten können, die, falls mehrere dicht beieinander stattgefunden haben, dazu führen, daß das betreffende Seilstück herausgeschnitten und durch ein neues ersetzt wird. Es wurde als großer Triumph der Seiltechnik und der Sicherheitsmaßnahmen des Bergbaues verkündigt, daß von den 720 im Jahre 1910 aufgelegten Stahlförderseilen des rheinisch-westfälischen Kohlenreviers nur 4, also 0,56 v. H. im Betriebe plötzlich zerrissen sind, und es wurde besonders darauf hingewiesen, daß die Sicherheit der Seilfahrt gegen früher, wo 20 v. H. der Seile plötzlich zu Bruch gingen, sehr bedeutend gestiegen ist. Bei ihrer ungünstigen Beanspruchung ist das in der Tat auch eine ganz hervorragende Leistung der Technik. Daß jedoch Laufseile von Luftseilbahnen wegen ihrer viel vorteilhafteren Beanspruchung überhaupt nur ganz ausnahmsweise einmal reißen — bei schlechtester Überwachung in exotischen Betrieben —, sollte man demnach unterlassen, als Beweis für die Gefährlichkeit solcher Anlagen heranzuziehen.

Aber die Wagen können leicht herabfallen und dadurch Veranlassung zu allen möglichen Unfällen geben? Auch nicht. Zwar können sie bei heftigem Wind oder infolge anderer Ursachen nach der Seite auspendeln, aber ihr Schwerpunkt liegt stets so tief unterhalb der Tragseile, daß sie nie aus dem sicheren Gleichgewicht kommen können: und die Lauträder umfassen das Seil mit ihrer Auskehlung immer so weit, daß selbst bei schräger Stellung noch nicht die geringste Gefahr des Abrutschens oder Entgleisens besteht. Entgleisen einmal wirklich Seilbahnwagen, so kann bei neuen Anlagen von vornherein darauf geschlossen werden, daß irgendein grober Bau- oder Aufstellungsfehler vorliegt, und bei schon längere Zeit im Betrieb befindlichen, daß die Überwachung der Anlage eine ungenügende war.

Ja, der Drahtseilbahntechniker hat sogar ein Recht, den Spieß umzudrehen. Denn bei jeder Standbahn mit auf dem Erdboden verlegten Schienen können die geringfügigsten Ursachen, z. B. ein auf die Schienen gefallener Stein, Entgleisungen hervorrufen. Die Schienen werden bisweilen von starken Regenfällen unterwaschen, Schnee und Rauhfrost, die der Luftseilbahn nichts anhaben können, legen den ganzen Betrieb lahm, und Unvorsichtigkeit des Personals kann den größten Schaden zur Folge haben. Während demgegenüber die moderne Drahtseilbahn selbsttätig und von der Aufmerksamkeit des Personals völlig unabhängig arbeitet, so daß selbst die Verwendung unkultivierter Eingeborener in tropischen Kolonien als Bedienungsmannschaft der Stationen keine Störungen hervorruft, sofern erprobte und sorgfältig hergestellte Kuppelapparate für den Anschluß der Wagen an das Zugseil benutzt werden.

Das Vertrauen auf die Sicherheit der Drahtseilschwebebahn wird auch belegt durch die ständig wachsende Zunahme des Verkehrs auf den Personenschwebebahnen der neuesten Zeit, die als Hochgipfelbahnen Aussichtspunkte erschließen oder abgelegene Mittelgebirgsrücken mit den Fernverkehrswegen verbinden. Das leicht zugängliche Gleis der Standbahn fordert außerdem zu Böswilligkeiten aller Art geradezu hcraus. Wieviel Werke, die z. B. elektrische Feldbahnen besitzen, klagen, daß sie beständig Ärger und hohe Unterhaltungskosten haben, daß ihnen oft lange Stücke von dem kupfernen Leitungsdraht gestohlen werden, und bedauern auf das lebhafteste, nicht eine Seilschwebebahn angelegt zu haben, die unter allen Umständen betriebsbereit ist und doch nur äußerst geringe Betriebskosten verursacht.

Das führt auf die allgemeine Frage der Anlagekosten einer Drahtseilbahn, die häufig nach der einen oder anderen Seite falsch eingeschätzt werden. Man hört zuweilen, sogar von Technikern, die allerdings der Sache ziemlich fernstehen, die Meinung aussprechen, man könne eine Drahtseilbahn „in acht Tagen zusammennageln". Damit bekundet sich jedoch eine recht erhebliche Unterschätzung der baulichen Schwierigkeiten und der Anlagekosten. Immerhin liegt dieser Annahme der richtige Kern zugrunde, daß sich eine Seilschwebebahn verhältnismäßig schnell und oft auch mit geringen Kosten aufstellen läßt, da nur wenig Erdarbeiten für die kleinen Fundamente der Seilunterstützungen nötig sind und nach Errichtung der Stützen die Aufbringung der Seile in ziemlich kurzer Zeit zu erledigen ist. In dem Fortfall der bei industriellen Standbahnen notwendigen Einebnung des Geländes, der Aufschüttung von Dämmen oder Herstellung von Einschnitten liegt ein wesentlicher Vorteil der Seilbahn. Ein häufig noch wichtigerer ist der, daß für den Grunderwerb keine Kosten aufzubringen sind, die, wenn fremde Grundstücke überschritten werden müssen, eine sonst ganz einfache Feldbahn zu einem sehr teuren Unternehmen machen, um so mehr, als derartige Anlagen meist sehr kostspielige Neumeliorationen nach sich ziehen. Bei der Drahtseilbahn dagegen kann der Bauer die Felder unter der Bahn ruhig weiter bestellen, höchstens sind ihm für den von den Stützen beanspruchten Platz kleine Anerkennungsgebühren zu zahlen: eine Veränderung der Grundstücksgrenzen ist aber fast immer ausgeschlossen.

Die in entsprechender Höhe aufgeführte Drahtseilbahn hat es nicht nötig, mit Rücksicht auf Straßen, Häuser, Flüsse, Täler, Berge usw. auch nur die geringsten Umwege zu machen. Täler und Flüsse werden, wenn nötig, mit großen freien Spannweiten genommen; selbst Spannweiten von mehr als ein Kilometer Länge ohne jede Zwischenunterstützung sind bei Drahtseilbahnen schon öfter zur Ausführung gelangt. Da die Schwebebahn keine Hindernisse kennt, sondern die Endstationen möglichst unmittelbar, also gewöhnlich in gerader Linie, verbindet, ist sie für gebirgiges Gelände oft das einzig mögliche Transportmittel, andererseits infolge des Wegfalls von Bodenerwerbungen usw. für stark besiedelte Gegenden mit lebhafter Bodenkultur und Industrie vielfach das allein bezahlbare.

Eine wesentliche Rolle bei der Beurteilung einer Anlage spielen ferner die Betriebskosten, die bei der Drahtseilbahn im Verhältnis zu anderen Transportmitteln von derselben Leistungsfähigkeit äußerst gering sind, da sie völlig selbsttätig ohne Streckenwärter, Weichensteller, Lokomotivführer arbeitet, sondern nur je nach der Förderleistung einige Leute in den Endstationen verlangt, die zugleich die Ent- bzw.

Beladung vornehmen. Überall, wo die Eisenbahn versucht hat, mit der Drahtseilbahn auf ihrem eigentlichen Felde in Wettbewerb zu treten, ist sie infolge ihrer wesentlich höheren Betriebskosten trotz möglichst weitgehender Herabsetzung des Tarifes unterlegen. Es ist das besonders darauf zurückzuführen, daß das Bewegen, Beladen und Entleeren der Eisenbahnwagen in der Station bzw. auf dem Fabrikhofe sehr hohe Ausgaben verursacht, während die Drahtseilbahnwagen durch anschließende Hängebahnen mit Hand- oder mechanischem Betrieb nach jedem beliebigen Punkte des Werkes, auch in das Innere von Gebäuden hineingeführt werden und daher stets an der günstigsten Stelle in der einfachsten und billigsten Weise beladen und ebenso entleert werden können. Obwohl die Transporttechnik auch für das Bewegen und Entladen von Eisenbahnwagen besondere Einrichtungen geschaffen hat, wie die Rangieranlagen mit endlosem Seil, die Wagenkipper und die Selbstgreifer, die das Material aus dem Eisenbahnwagen mit nur geringer Unterstützung durch Handarbeit aufnehmen, so wird damit doch die Bequemlichkeit der Entleerung von Seilbahnwagen, die in sehr vielen Fällen sogar vollkommen selbsttätig während der Fahrt geschieht, und ebenso die Leichtigkeit der Beförderung der Wagen nicht erreicht.

Daß sowohl beim Transport über die Strecke als auch im Werksinnern von der Drahtseilbahn nur wenig Leute gebraucht werden, bringt übrigens außer der Ersparnis an Löhnen noch große mittelbare Vorteile mit sich, besonders den, daß die Werksleitung sich nicht auf den guten Willen mehr oder minder unberechenbarer Elemente zu verlassen braucht. Die wenigen noch erforderlichen Leute können sorgfältig ausgesucht, gut bezahlt und gegebenenfalls in ein Beamtenverhältnis gestellt werden, so daß menschlicher Voraussicht nach keine Betriebsunterbrechung durch Streiks mehr zu befürchten ist, die ja weit höhere Summen zu verschlingen pflegt, als die Verbesserung der Werkseinrichtung gekostet haben würde. Der Betriebsleiter ist, wenn er soweit als irgend möglich von den mehr als lästigen Arbeiterschwierigkeiten befreit ist, überhaupt viel freier in der Verwendung seiner Arbeitskraft und kann sich ganz den technischen und kaufmännischen Problemen widmen, die seine eigentliche Aufgabe bilden.

Will man möglichst wenig mit der Beschaffung von Arbeitern zu tun haben, so begnügt man sich oft mit einer geringen Anzahl und verteilt die Arbeit so, daß sie sich genügend gleichmäßig über das ganze Jahr erstreckt, um diese Leute ständig voll zu beschäftigen. Das führt natürlich zu sehr geringen Stunden- und Tagesleistungen, so daß sehr oft beträchtliche Wagenstandgelder und Schiffsliegegelder gezahlt werden müssen. Eine leistungsfähige Transportanlage spart aber diese Unkosten, indem sie die Arbeit in einem Bruchteil der sonst gebrauchten Zeit mit der geringstmöglichen Zahl von Arbeitern erledigt. Werden große Förderleistungen verlangt, so ist es dagegen meist ausgeschlossen, in der gleichen Zeit mit Arbeitern so viel zu fördern wie mit selbsttätigen Einrichtungen, weil es praktisch gar nicht geht, auf dem verfügbaren Raum so viele Leute anzustellen, wie dazu gebraucht würden. Einige lehrreiche Beispiele dafür werden später ausführlicher behandelt werden.

Durch diese Verringerung der Arbeitskräfte wird ferner noch eine ganze Reihe von allgemein-volkswirtschaftlichen Verbesserungen erzielt. Indem die maschinelle Einrichtung die Leute einer groben und schmutzigen Arbeit entzieht, werden sie für andere bessere und auch besser bezahlte Arbeiten frei. Außerdem ist es eine bekannte Tatsache, daß die Betriebsunfälle mit der Arbeiterzahl in steigendem Verhältnis zuzunehmen pflegen, besonders bei dichtgedrängtem Zusammenarbeiten mit mangelhaften Hilfsmitteln. Dadurch, daß die Drahtseilbahn mit ihren Zubringemitteln nur wenige Arbeiter an gesicherter Stelle verwendet, fallen sehr hohe Beträge für Versicherung, Krankenkasse, Unterstützungen usw. fort, die dem Nationalvermögen sowohl wie dem Etat der Werke zugute kommen und die in einem geringeren Verkaufspreis der Erzeugnisse bzw. in der erhöhten Wirtschaftlichkeit der Unternehmung greifbar zum Ausdruck gelangen.

Im allgemeinen braucht jede maschinelle Einrichtung eine bestimmte Antriebsleistung, die ihr in Form von Dampfkraft, Elektrizität oder dergleichen zu liefern ist. Selbst wenn die Förderung talwärts mit ziemlich großem Gefälle erfolgt, verlangt die Lokomotivbahn für

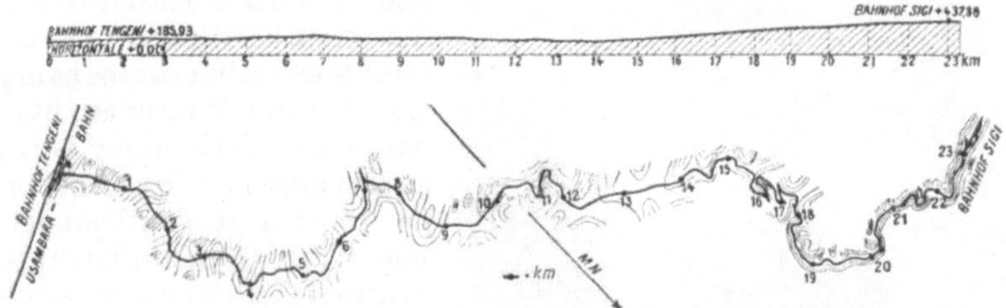

Abb. 1. Längsprofil und Lageplan der Sigi-Schmalspurbahn.

den Aufwärtstransport der leeren Wagen eine nicht unerhebliche Antriebsleistung, während die beim Abwärtsgang der beladenen Wagen freiwerdende Energie nutzlos und dennoch durch den Verschleiß der Bremsklötze und Radreifen kostenverursachend abgebremst wird. Zudem darf das Gefälle einer Lokomotivbahn, um überhaupt einen gesicherten Betrieb zu ermöglichen, nur einen bestimmten niedrigen Betrag erreichen, so daß häufig bedeutende Umwege gemacht werden müssen. Als Beispiel dafür zeigt Abb. 1 das Längsprofil und den Lageplan der 23 km langen Schmalspurbahn für die ostafrikanische Sigi-Export-Gesellschaft, die nur einen Gesamthöhenunterschied von 252 m überwindet und dabei aus einer ständigen Folge von Kurven zusammengesetzt ist, denen sich noch mehrere Spitzkehren zugesellen, die den Betrieb gerade nicht vereinfachen. Die Bahnlänge ist dadurch auf das 1,6fache der Luftlinie zwischen den beiden Endstationen vergrößert worden. Demgegenüber kann die beide Endpunkte im allgemeinen geradlinig verbindende Seilbahn jede beliebige Steigung haben. Sie arbeitet dann bei größerem Gefälle oft ohne jeden Antrieb, indem die herabgehenden Lasten die leeren oder sogar teilweise beladenen Wagen wieder in die Höhe ziehen. Mitunter verbleibt sogar ein Überschuß an Energie, der dazu benutzt werden kann, einen Steinbrecher oder ein leichtes Sägegatter zu treiben, indem die Zugseilscheibe mit einer Dynamomaschine gekuppelt wird, die die von der Seilbahn nicht verbrauchte Energie aufnimmt.

Die wirtschaftlichen Vorteile, die die Drahtseilbahn bringt, können also auf den verschiedensten Gebieten des Betriebes liegen und sind von weittragender Bedeutung. Der Fall ist durchaus nicht selten, daß ein Industrieller, der sich eher wirtschaftlich arbeitende, zuverlässige Transporteinrichtungen zu schaffen wußte als seine Wettbewerber, in kurzer Zeit große Summen erübrigte, während sonst in dem betreffenden Geschäftszweige kaum verdient wurde, oder daß ein Unternehmen, welches schon vor dem Zusammenbruch zu stehen schien, durch Verbesserung seiner Transporteinrichtungen wieder zur Blüte gebracht wurde.

2. Die geschichtliche Entwicklung.

Die Seilschwebebahnen sind uralt, man kann sogar sagen, sie gehören mit zu den ersten technischen Transportmitteln, die überhaupt ersonnen und ausgeführt wurden. Natürlich traten damals die wirtschaftlichen Gesichtspunkte kaum hervor: es kam ja eigentlich nur darauf an, überhaupt eine Verbindung herzustellen zwischen Orten, die bisher nur auf großen Umwegen und unter mannigfaltigen Schwierigkeiten zu erreichen waren. Die dem Urtechniker gestellte Aufgabe war also, ein Mittel zu schaffen, einerlei welches, um nur das Verkehrsbedürfnis zu befriedigen und damit letzten Endes auch wieder wirtschaftlichen Forderungen gerecht zu werden.

Abb. 2. Alte japanische Seilbahn.

Wann und wo lebte nun dieser Urtechniker? Die griechische Sage, die den Erfinder mancher Werkzeuge nennt, weiß nichts von ihm. Das alte Griechenland und Vorderasien war auch nicht der Boden, der von der Natur gegebene Vorbilder nach dieser Richtung bot, die der Erfinder der ersten, mit den rohesten Mitteln erstellten Seilbahn benutzen konnte. Dagegen liefern die tropischen Urwälder mit ihren Schlingpflanzen und Lianen, die den Affen oft genug als Brücke dienen, ein naheliegendes Beispiel. Und in den Wäldern Brasiliens und Neuguineas setzen die Eingeborenen an zwei übereinander ausgespannten Lianenzweigen, von denen mindestens der zweite mit bewußter Absicht entsprechend gezogen worden ist, über Bäche und schmale Flüsse.

Natürlich gehörte zu der Ausführung größerer Übergänge die Kenntnis und Fähigkeit der Anfertigung von Seilen, so daß für die erste Seilbrücke nur die alten Kulturländer I n d i e n und J a p a n in Frage kommen, die beide von stark zerklüfteten Gebirgen durchzogen werden. Entschieden eine der frühesten und urwüchsigsten Gestaltungen[1]) ist die in Abb. 2 nach einem alten japanischen Bild umgezeichnete, bei der die Seilbahn und der Wagen ausgeprägt vorhanden sind, wenn auch die Fortbewegung bergauf durch den direkten Angriff des mitfahrenden Mannes am Tragseil erfolgen muß. Ähnliche Seilbahnen mit nicht viel weiter entwickelter Technik finden sich noch heute in Indien, um Ströme zu überbrücken, und werden von den Eingeborenen viel benutzt (Abb. 3). Das Tragseil besteht aus zusammengedrehten Rohhautstreifen, das daran in Ösen auf-

Abb. 3. Moderne indische Seilbahn.

gehängte Zugseil ist aus Hanf geschlagen. Es geht von Ufer zu Ufer und dient dazu, den an einem gabelförmigen Holzreiter befestigten Sitz hin und her zu ziehen[1]). Neben dieser in Kaschmir befindlichen Seilbahn hängt noch eine einfache Seilbrücke über dem Fluß. Sie besteht aus zwei übereinander ausgespannten Seilen, die hier schon durch Verbindungsstücke im richtigen Abstand erhalten werden.

Bei der eigentümlichen Charakterveranlagung der orientalischen Völker erscheint eine zielbewußte Weiterentwicklung dieser einfachen Fördermittel von vornherein wenig wahrscheinlich; und es kann daher nicht überraschen, daß die Schwebefähre nach Abb. 3

Abb. 4. Alte japanische Seilbahn mit Zugseilen.

einen Rückschritt gegenüber einer älteren orientalischen Konstruktion bedeutet, die Abb. 4 nach einer alten japanischen Zeichnung[1]) darstellt. Die offenbar zweigleisige Bahn war dadurch ausgezeichnet, daß die Fördergefäße an Rollen über die Tragseile liefen, und anscheinend war hier sogar schon der für den späteren Seilbahnbau so wichtig gewordene Gedanke in die Praxis umgesetzt, das Gewicht des aufsteigenden Wagens

---

[1]) Dieterich, Die Erfindung der Drahtseilbahnen. Leipzig 1908.

durch das des absteigenden auszugleichen. Wenigstens deutet darauf
die ganze Anlage der Bahn sowie auch der Umstand hin, daß die oberen
Zugseile gespalten erscheinen. Vermutlich waren die Enden von zweien
dieser Seilstränge vereinigt und in der oberen Endstation über eine
Rolle geführt, während die beiden anderen Stränge für den Angriff
der Leute freiblieben, eine Anordnung,
die der Zeichner aus dem Gedächtnis
nicht mehr wiederzugeben wußte.

Im Abendlande wurden Seilbahnen
zuerst vorgeschlagen und wohl auch einmal verwendet von Kriegstechnikern für
den Transport von Geschützteilen, Ge-
schossen oder Baustoffen von Befesti-
gungswerken, nachdem die Erfindung der
schweren Geschütze das ganze Kriegs-
und Festungswesen in militärischer und
technischer Beziehung auf eine neue
Basis gestellt hatte. Natürlich sind die
ersten Skizzen derartiger Anlagen äußerst
roh und unbeholfen, wie Abb. 5 veranschaulicht, die eine stark verkleinerte
Wiedergabe der ältesten abendländischen
Darstellung einer Seilbahn bildet, eines
Blattes aus dem etwa 1411 nieder-
geschriebenen „Feuerwerksbuch" des

Abb. 5. Seilbahn des Johann
Hartlieb (1411).

Johann Hartlieb. Das um zwei Rollen laufende endlose Zugseil
dient auch gleichzeitig als Tragseil, was für die leichte Belastung
auch völlig ausreicht. Eine wenig später gebaute Anordnung, freilich mit getrenntem Zug- und Tragseil, ist die, welche Marianus
Jacobus Taccola in seiner
etwa 1440 entstandenen
Handschrift zeichnete [2]
(Abb. 6). Wegen des offenen
Zugseiles, das von Hand
über die Schlucht zurück-
geschleudert werden muß,
ist die Vorrichtung nach
unseren heutigen Anschau-
ungen entschieden einfacher
und roher als die des
Hartlieb.

Abb. 6. Seilbahn des Marianus Jacobus
Taccola (1440).

Eine technisch wesentlich
vollkommenere Ausführung
zeigt eine Figur in dem 1617 gedruckten Werke „Machinae novae" des
Faustus Verantius, die Abb. 7 wiedergibt [2]. Der Wagen läuft hier
mit zwei Rollen auf dem Tragseil, dessen Verankerung bzw. Spannvorrichtung die Abbildung nicht mehr enthält, und wird von den darin

[2] Beck, Beiträge zur Geschichte des Maschinenbaues. Berlin 1899.

sitzenden Leuten vermittels des endlosen am Wagen befestigten Zugseiles hin und her bewegt. Derartige Seilbahnen sind anscheinend in jener Zeit mehrfach ausgeführt worden. Eine solche um 1536 von den spanischen Eroberern Südamerikas zwischen Santanda und Merida angelegte Bahn ist bis Anfang der neunziger Jahre des vorigen Jahrhunderts in Betrieb gewesen und dürfte es wohl heute noch sein. Eine andere in Afrika errichtete wird in dem 1636 in Paris erschienenen Werk „L'Afrique" von Samson d'Ableville wie folgt beschrieben[3]); „Es bestand zu jener Zeit in der Provinz Guregra (Königreich Fez) eine bemerkenswerte Brücke über den Seboufluß, der zwischen so hohen Felsen hinfließt, daß diese Brücke 150 Faden (je 1,62 m) über dem Wasser liegt. Es ist ein Korb an zwei Seilen aufgehängt, die sich über zwei Scheiben

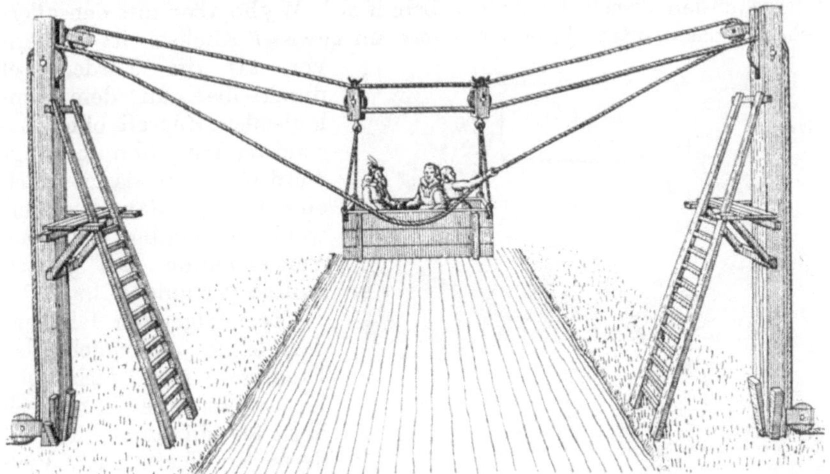

Abb. 7. Seilbahn des Faustus Verantius (1617).

drehen, die an der Spitze zweier starker, auf jeder Seite des Tales befindlicher Holzpfeiler angebracht sind; und diejenigen, die in diesem Korb sind — es können darin bis zu zehn Personen sitzen, — ziehen sich selbst von einer Seite zur anderen auf diesen Seilen, die ebenso wie der Korb aus Seebinse (jonc marin) gemacht sind."

Alle diese Anlagen arbeiteten mit hin und her gehendem Fördergefäß, so daß eine neue Ladung immer erst abgesandt werden konnte, wenn die vorhergehende ihren Weg vollendet hatte. Es war also ein Fortschritt, der von allergrößter Bedeutung hätte werden können, wenn die Konstruktion nicht wieder der Vergessenheit anheimgefallen wäre, als der Holländer Adam Wybe 1644 beim Bau der Danziger Festungswerke eine Seilbahn mit stetiger Wagenfolge zur Förderung großer

---

[3]) Cappelloni, Trasporti aerei. Mailand 1914.

Erdmassen ausführte. Die Abb. 8 zeigt eine verkleinerte Wiedergabe eines Stiches aus der in der Mitte des 17. Jahrhunderts verfaßten Danziger Chronik des R. Curicke. Eine die technische Ausführung deutlicher machende Skizze gibt Jacob Leupold in seinem „Theatrum machinarum hydraulicarum" aus dem Jahre 1714. Die auf der einen Seite der Bahn abgehenden vollen und auf der anderen Seite leer zurückkehrenden Fördergefäße vollführen einen geschlossenen Kreislauf und können einander in beliebig kurzen Abständen folgen, so daß sich selbst bei kleinen Einzellasten doch eine große Gesamtleistung der Bahn ergibt. Damit waren die Seilschwebebahnen aus einem Notbehelf zu einem Massentransportmittel geworden und wären schon damals imstande gewesen, im wirtschaftlichen Leben eine Rolle zu spielen, wenn die technische Durchbildung vollendeter gewesen wäre. Bei dem vorübergehenden Zweck der Anlage behalf sich Wybe aber mit den allerrohesten Elementen, ja es lag sogar ein gewisser Rückschritt insofern vor, als die Förderkübel unmittelbar an dem umlaufenden Zugseil ohne besonderes Tragseil aufgehängt wurden, wenn damit auch eine für die damalige Zeit wohl notwendig gewesene Vereinfachung der ganzen Anlage verbunden war.

Dem folgenden Jahrhundert fehlte zwar nicht das Interesse für technische Neuerungen, aber die mangelhafte Maschinentechnik hinderte den Fortschritt. Vielleicht mögen auch einzelne Berichte verlorengegangen

Abb. 8. Seilbahn des Adam Wybe (1644).

sein: einige andere von Nichtfachleuten verfaßte sind gänzlich unklar und vermögen uns, da sie zeichnerische Darstellungen nicht enthalten, keinen sicheren Eindruck von der Art der Ausführung zu geben.

Jedenfalls war die Kenntnis einer fortlaufend arbeitenden Seilschwebebahn völlig verloren gegangen, und die Erbauer der ersten Drahtriesen um die Mitte des 19. Jahrhunderts fingen wieder ganz von vorn an. Diese Riesen wurden gewöhnlich zur Herunterbeförderung von Holzstämmen aus hochgelegenen und unzugänglichen Wäldern benutzt. Da ihre Spannweite eine ziemlich erhebliche war, so konnten Hanfseile für die Laufbahn nicht in Frage kommen, und man spannte einen kräftigen Eisendraht von 6 bis 8 mm Stärke zwischen den Endpunkten aus. Die Holzladung wurde an einfachen Haken oder bei besseren Ausführungen an leichten Rollen daran aufgehängt und lief frei infolge ihres Eigengewichtes die schiefe Ebene bis unten herunter, wo sie durch Reisigbündel oder dergleichen abgefangen wurde[4]. Eine

---

[4] Fankhauser, Die Drahtseilriesen. Bern 1873.

solche Ausführung aus dem Jahre 1859, die von Hohenstein in Fai errichtet wurde[5]), zeigt z. B. die Abb. 9.

Auch jetzt noch werden in Gebirgsgegenden derartige urwüchsige Anlagen unter Verwendung eines alten Förderseiles oder dergl. errichtet, wenn es sich bei geringerer Tagesleistung um die vorübergehende Verbindung einer Gewinnungsstelle mit der tiefer gelegenen Abfuhrstraße handelt. Z. B. werden die nesterartig zerstreuten und ziemlich schnell abgebauten Nickel- und Chromerzlager in Neu-Kaledonien vielfach auf die Weise mit einem tiefer gelegenen Sammelpunkt verbunden. Die Länge solcher Drahtseilriesen beträgt selten mehr als 1 bis 1,2 km, oft weniger. Ihr wesentlicher Nachteil ist der, daß eine ganz bestimmte Neigung, etwa 1 : 5, dazu gehört, um den selbsttätigen Betrieb mit

Abb. 9. Drahtriese von Hohenstein (1859).

Sicherheit zu ermöglichen, und daß diese Neigung auch wieder nicht sehr überschritten werden darf, weil dann die gänzlich freie Last mit zu großer Geschwindigkeit unten ankommt und dort entweder selbst beim Anstoß Schaden erleidet oder die Bauteile der Endstation beschädigt.

Als eigentlicher Erfinder der Drahtseilbahnen im heutigen Sinne des Wortes gilt vielfach der Bergrat Freiherr von Dücker. Wenn auch v. Dücker selbst der Meinung war, ein ganz neues und hochwichtiges Transportmittel erfunden zu haben, so beweisen seine praktischen Ausführungen sowohl wie seine Veröffentlichungen und die Bekanntgabe seines Nachlasses[6]) im Grunde genommen das Gegenteil. Die Fortschritte gegen die älteren Ausführungen sind unbedeutend,

---

[5]) Uhlands praktischer Maschinenkonstrukteur, 1869.
[6]) Feldhaus, Zur Geschichte der Drahtseilschwebebahnen. Berlin 1911.

und die für ein gutes Arbeiten der Anlage als unerläßlich geltenden
Einzelheiten fehlen zum größten Teil noch gänzlich, so daß die beste
Ausführung v. Dückers mit einem Mißerfolg endete, enden mußte.

Zuerst erbaute er in Bad Oeynhausen eine Probeanlage (1861), von
der er in einer späteren Veröffentlichung[7]) die in Abb. 10 dargestellten
Einzelheiten bekannt gab. Neu ist hierin, wenn von der ihm jedenfalls
unbekannt gebliebenen Ausführung des Adam Wybe abgesehen wird,
gegenüber den Drahtriesen, daß die aus Rundeisen von $^1/_2$ Zoll Stärke
hergestellte Fahrbahn mehrfache Zwischenunterstützungen aufweist und
die Last seitlich am Wagen aufgehängt ist, um an den Unterstützungs-

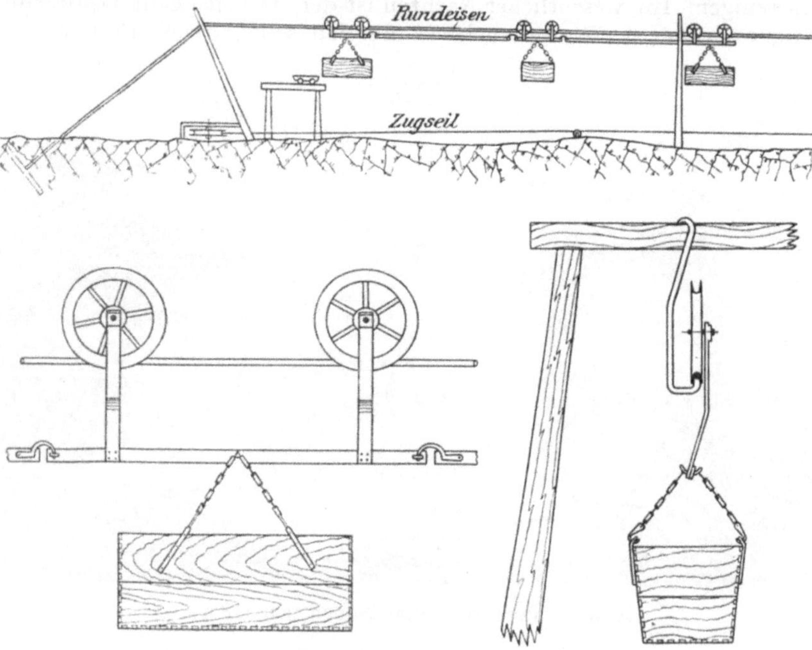

Abb. 10. Probeanlage von Dückers (1871).

stellen vorbeizukommen. Die Anlage war eingleisig, und das gezeichnete Zugseil, mit dem die Wagen durch eine Schleppkette oder dergleichen hätten verbunden werden müssen, fehlte: vielmehr wurde der
einzige vorhandene Wagen von Hand verschoben. Das Ganze ist also
etwa das, was wir heutzutage Hängebahn nennen, und es gehört die
ganze Hoffnungsfreudigkeit des Erfinders dazu, es als ein neues System
zu bezeichnen, denn Hängebahnen mit Zwischenstützen und allerdings
festen Holzschienen hatte der Hauptmann von Prittwitz bereits 1834
bei Posen ausgeführt[8]). Da die Anlage gegenüber einer gewöhnlichen
Schmalspurbahn mit Handbetrieb kaum Vorteile zu bieten schien, so

[7]) Deutsche Bauzeitung 1871.
[8]) Die schwebende Eisenbahn bei Posen. Berlin 1857.

dauerte es auch über 10 Jahre, bis eine gewerblichen Zwecken dienende Anlage nach v. Dückers Entwürfen in Deutschland zustande kam.

Inzwischen waren die Drahtseile zur allgemeineren Einführung gekommen, die ja die moderne Seilbahn erst ermöglichten. Das älteste bekannte Drahtseil ist ein in den Ruinen Pompejis aufgefundenes Stück eines Bronzedrahtseiles im Kreuzschlag, das sich jetzt im Nationalmuseum in Neapel befindet. Nachrichten über die Benutzung von Drahtseilen im Mittelalter finden sich in Notizen über den Harzer Bergbau bei Calvoer 1763 und Mathesius 1504—1566[1]). Etwas deutlicher sagt Leonardo da Vinci († 1519) in seinen technischen Notizen bei der Beschreibung eines Paternosterwerkes mit Tretrad[2]): „Das Seil für obiges Instrument muß von Drähten aus geglühtem Eisen oder Kupfer sein, anderenfalls ist es von geringerer Dauer, und die genannten müssen so dick sein wie Bogenschnüre.“ Aus diesen Worten geht jedenfalls hervor, daß Drahtseile bei den Ingenieuren jener Zeit allgemein bekannt waren.

Zu Anfang des 19. Jahrhunderts (1821/22) wurde bei Genf eine Drahtseilbrücke gebaut, deren einzelne Tragseile aus einer Anzahl nur wenig miteinander verdrehter Drähte bestanden, die durch eine äußere Hülle von darüber gewickelten dünnen Drähten zusammengehalten wurden. Es waren das also die Vorläufer der heutigen Spiralseile.

Das moderne Litzenseil im Längsschlag ist 1834 von dem Oberbergrat Albert in Clausthal erfunden und zuerst von Hand hergestellt worden. Schon drei Jahre später begann die fabrikmäßige Herstellung in dem bereits 1750 gegründeten Drahtwerk von Felten & Guilleaume in Köln. Kurz darauf wurde die Herstellung auch in England aufgenommen.

Die letzte Verbesserung bilden schließlich die 1884 von Latch & Bachlor in Birmingham herausgebrachten verschlossenen Seile.

Die erste wirkliche Drahtseilbahn wurde 1868 unabhängig von v. Dücker im Minengebiet Colorados durch den Ingenieur Cypher erbaut, der bald mehrere andere Ausführungen folgten. Sie besaßen zwei Tragseile, Zwischenunterstützungen und hatten hin- und hergehenden Betrieb, also auf jedem Tragseil einen Wagen, die durch ein oben über eine Seilscheibe laufendes Seil miteinander verbunden waren. Im Jahre 1867 hatte Hodgson die seitdem als englisches System bezeichnete Anordnung des Adam Wybe wiedererfunden, die die obere Skizze der Abb. 11 nach der ersten deutschen Veröffentlichung darstellt[9]). Während Wybe die Lasten mit Stricken an dem Zugseil befestigte, sind Hodgsons Gehänge starr und liegen mit einem nur durch die Reibung festgehaltenen Auflagerschuh auf dem Seil. In der unteren Skizze der Abb. 11 ist von ihm auch schon das Zweiseilsystem mit festliegendem Tragseil und dem an den Wagen angreifenden, ständig in gleicher Richtung bewegten Zugseil, wenn auch in allereinfachster Form, angegeben. Allerdings ist Hodgson mit diesem System, das er in seiner englischen Patentschrift beschreibt, der Ausführung weit

---

[9]) Berggeist, 1869.

vorangeeilt; denn er hat später seine Tätigkeit ausschließlich dem Einseilsystem zugewandt, das sich verhältnismäßig schnell einführte.

Erst auf Grund der guten Erfolge Hodgsons erhielt v. Dücker dann auch einige Ausführungen in Auftrag, deren erste in Schwarzehütte bei Osterode noch heute in Betrieb ist. Ihr Längsprofil zeigt

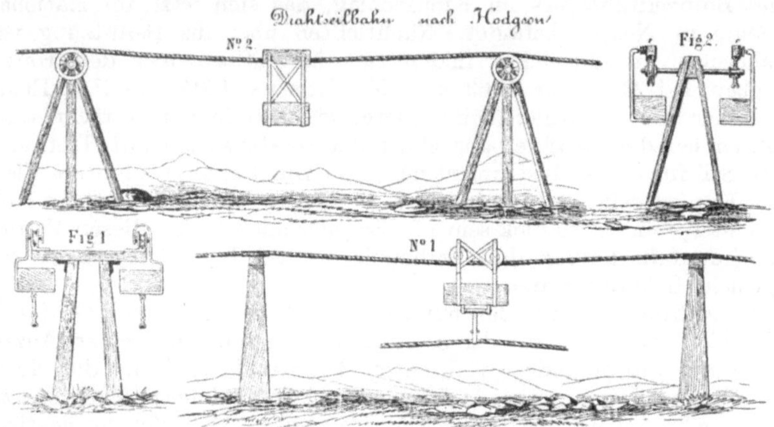

Abb. 11. Erste Skizze der Hodgsonschen Drahtseilbahnen (1869).

Abb. 12, worin die Höhen im zwölffachen Maßstab der Längen aufgetragen sind. Die noch aus Rundeisen von 26 mm Stärke zusammengeschweißte Laufbahn ist in dem hochgelegenen Gipsbruch an einem Erdbock E befestigt, während am anderen Ende bei W eine Winde steht, auf deren Trommel zur Veränderung der Spannung ein Stück Drahtseil,

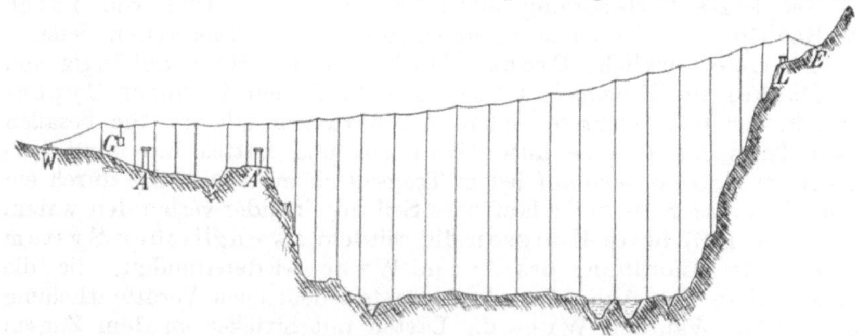

Abb. 12. Längsprofil der Bahn Schwarzehütte v. Dückers.

die Fortsetzung der Laufbahn, aufgewickelt werden kann. Um einen gewissen Spannungsausgleich selbsttätig herbeizuführen, ist außerdem zwischen den letzten Stützen bei G ein Gewicht in Form eines mit Steinen beschwerten Holzgestelles an der Laufbahn aufgehängt. L ist die Beladestelle; auf der gegenüberliegenden Seite befinden sich zwei Entladestellen A und A'. Die Gesamtlänge EW beträgt 447 m. Die

Abb. 13. Streckenansicht der Bahn Schwarzehütte.

Strecke mit den äußerst roh zusammengeschlagenen Holzstützen und der urwüchsigen Aufhängung der Rundeisenbahn gibt Abb. 13 nach einer Photographie wieder. Es ist also auch nur ein Drahtriese, allerdings mit Zwischenstützen, auf dem die drei Wagen (Abb. 14) nacheinander frei herunterlaufen. Am letzten Wagen wird eine Leine angehängt, an der sie dann alle drei mittels einer kleinen Winde nach dem Gipsbruch zurückgezogen werden.

Die erste Ausführung, die in den allgemeinen Grundzügen der später als deutsches Seilbahnsystem bezeichneten Anordnung entsprach, indem sie zwei nebeneinander fest verlagerte Tragseile als Fahrbahnen für die einzeln hintereinander

Abb. 14. Wagen der Bahn Schwarzehütte.

herfahrenden Wagen und ein vollständig umlaufendes, maschinell bewegtes Zugseil enthielt, — eine Bauart, die von Hodgson und Cypher bereits vorerfunden war, — wurde von v. Dücker 1872 in der Nähe von Metz bei einer Anlage zur Beförderung von Boden und Baumaterialien für einen Festungsbau errichtet. Die bei 41 m Steigung 1923 m lange Bahn konnte aber erst nach vielen Versuchen im Mai, Juni und Juli 1873 in Betrieb kommen, nachdem eine Zahl wesentlicher Verbesserungen angebracht worden war, die offenbar den an dem Bau tätigen behördlichen Technikern zu verdanken sind. Der bei dieser Bahn verwendete Mitnehmer für die Wagen, ein Schraubenkuppelapparat — der übrigens schon 1870 von Obach

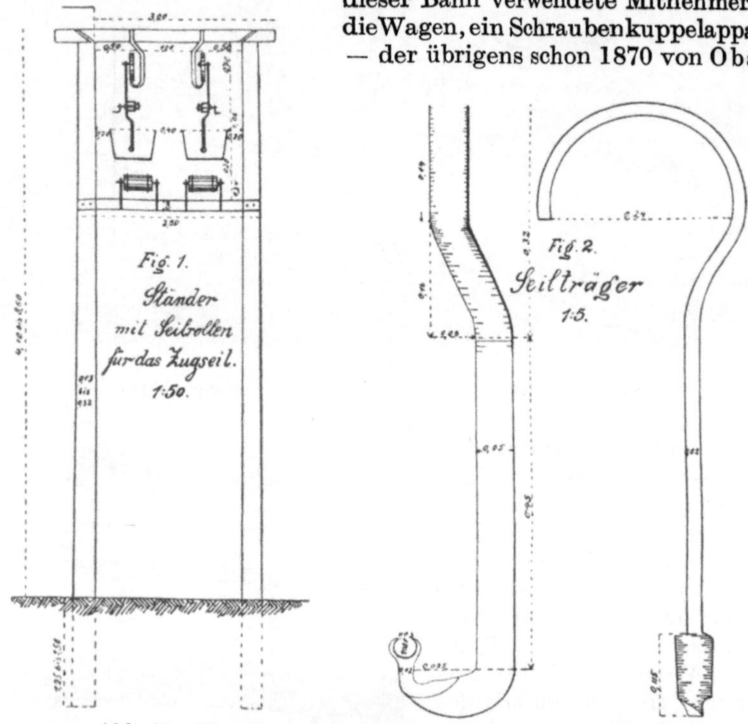

Abb. 15. Einzelheiten der Metzer Anlage v. Dückers.

in einem allerdings damals geheim gebliebenen österreichischen Privileg dargestellt worden war — ist ganz bestimmt nicht die Erfindung v. Dückers, da der amtliche Bericht über die Anlage [10]) ausdrücklich erwähnt, daß dieser Apparat auf Grund dortiger Versuche erst an Ort und Stelle konstruiert worden ist. Die Spannvorrichtungen für die Trag- und Zugseile waren an dieser Bahn noch so mangelhaft konstruiert, daß ein ganz außerordentlich hoher Seilverschleiß die Folge war. Eine Stütze und die zugehörigen Seilträger, in denen die Tragseile festgekeilt sind, stellt Abb. 15 nach einer Zeichnung v. Dückers[1]) dar.

[10]) Mitteilungen, herausgeg. vom Ingenieurkomitee, Heft 19, Berlin 1874.

Man kann die Metzer Anlage höchstens als Vorläufer der heutigen Bahnen nach dem Zweiseilsystem betrachten, das außer den doppelten Tragseilen und dem umlaufenden Zugseil noch eine Anzahl weiterer Einrichtungen besitzt, die erst einen dauernden und wirtschaftlichen Betrieb gewährleisten. Hierher ist im Gegensatz zur Bahn Metz—Sablon namentlich die freie Auflagerung der Seile auf den Tragschuhen zu rechnen, durch die in Verbindung mit der für jedes Tragseil unabhängigen freihängenden Tragseilspannvorrichtung Längenänderungen der Tragseile ausgeglichen werden. Dazu tritt die Zugseilanspannung durch ebenfalls frei hängende Gewichte, die es gestatten, den während des Betriebes unausbleiblichen Dehnungen des Zugseiles Rechnung zu tragen. Und schließlich ist von wesentlicher Bedeutung das enge Zusammenrücken der Laufräder der einzelnen Fahrzeuge und die pendelnde Aufhängung der Wagenkasten an den Laufwerken, wodurch nicht nur beliebige Steigungen des Geländes oder der Linienführung, sondern auch die sich vor den Auflagerschuhen an den Stützen bildende Steigung ohne Gefährdung und Beschädigung der Tragseile überwunden wird. Alle diese wichtigen zu dem System gehörenden Einzelheiten waren bei der Metzer Anlage nicht vorhanden. Sie war daher zweifellos ein Fehlschlag, was von den in Betracht kommenden Behörden sehr wohl erkannt wurde und dazu führte, daß Anlagen dieser Art nie wieder verwandt wurden. Hieraus erklärt sich auch der Umstand, daß zwischen den v. Dückerschen Konstruktionen und der heutigen Zweiseilschwebebahn jeder organische Zusammenhang fehlt.

In demselben Jahr, in dem v. Dücker seine Bahn errichtete, baute König im Schlierental des Kantons Unterwalden eine Bremsseilbahn von 2100 m Gesamtlänge und dem Gefälle 1 : 3, um Holz aus einem sonst unzugänglichen Wald herunterzuschaffen[4]). Es war eine Fortentwicklung der älteren, namentlich von Hohenstein gebauten Seilriesen, die in der Gesamtanordnung der vier Jahre früher von Cypher ausgebildeten Anlage ziemlich genau entsprach, nur waren die Einzelheiten äußerst roh zusammengeschlagen. Als Stützen dienten zum Teil vorhandene Bäume und dergl., an denen entsprechend der Anordnung von Hodgson für das englische Seilbahnsystem Rollen zur Auflagerung der Tragseile angebracht wurden. Erst später ersetzte man sie durch Tragschuhe, nachdem die Seile aus den Rollen öfter herausgesprungen waren. Wie mangelhaft die Einzelheiten durchgebildet waren, zeigt am besten die Angabe, daß bei dem doch recht erheblichen Gefälle der Anlage die herabgehende Last das Dreifache der hinaufgezogenen betragen mußte, damit die Wagen nicht auf der Strecke stehenblieben.

Eigentliche Fortschritte machte der Drahtseilbahnbau nur dort, wo sich ausgebildete Maschineningenieure seiner Konstruktion zuwandten. So brachte Hodgson das völlig durchkonstruierte und gut arbeitende englische System heraus, das freilich im allgemeinen nur für ziemlich kleine Förderleistungen wirklich vorteilhaft ist, und betrieb den Bau und die Herstellung aller Einzelteile als Sondergeschäftszweig. In Deutschland war es der Maschineningenieur Adolf Bleichert, der in den Jahren 1870 und 71 die Einzelheiten der Zweiseilbahn zum ersten Male sorgfältig ausarbeitete, so daß daraufhin ebenfalls die laufende Sonderherstellung begonnen werden konnte.

Seine ersten Entwürfe zeigen schon alle noch jetzt gebräuchlichen Formen, wenn auch bei den zuerst transportierten kleinen Lasten in verhältnismäßig leichter Ausführung. Zum Vergleich mögen die Abb. 16 und 17 dienen, deren erste die Gesamtanordnung einer Bleichertschen Stütze mit dem eine Knotenkupplung besitzenden Wagen und

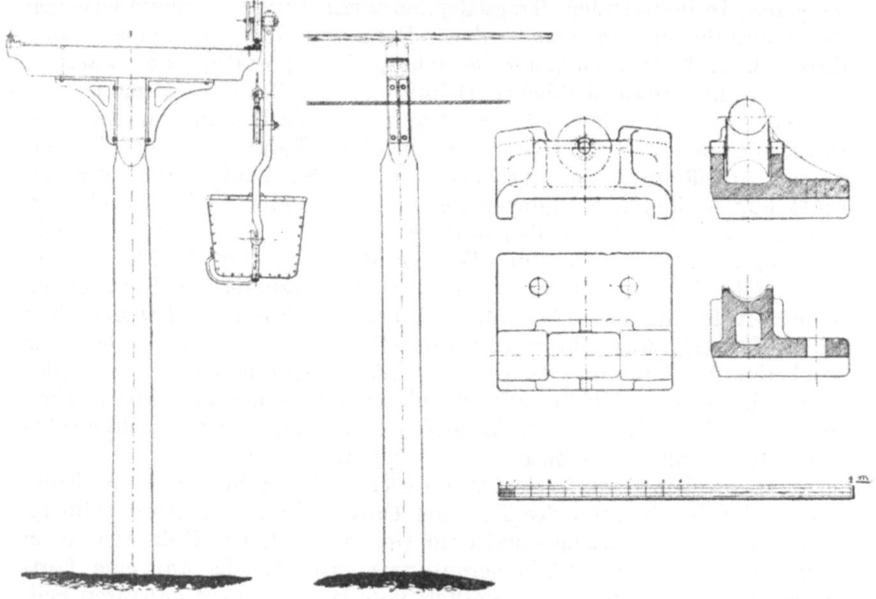

Abb. 16. Bleichertscher Entwurf einer Stütze.

in größerem Maßstab den Auflagerschuh mit einer zur Verminderung der Reibung eingelegten Tragrolle wiedergibt, während die zweite die Endspannvorrichtung der Tragbahn vermittels angehängter Gewichte darstellt. Auch die selbsttätige Zugseilspannvorrichtung wurde von Bleichert schon damals genau so angegeben, wie sie jetzt noch von manchen englischen Konstrukteuren bevorzugt wird. Alle Einzelheiten des Systems wurden dem Erfinder durch das D. R. P. 2934 geschützt.

Seine erste zur Ausführung gekommene Bahn in Teutschenthal bei Halle entwarf Bleichert als Oberingenieur der Halle - Leipziger Maschinenbau A.-G. in Schkeuditz im Jahre 1873. Einen bald nach ihrer Fertigstellung 1874 veröffentlichten Holzschnitt zeigt die Abb. 18 allerdings sehr verkleinert. Ihr folgte die Versuchsbahn auf der Ziegelei Brandt in Leipzig - Gohlis, wo weitere Verbesserungen erprobt wurden und die den Ausgangspunkt für das heute in der gansen Welt angewendete Zweiseilsystem bildet — mag man es nun Bleichertsches oder deutsches Seilbahnsystem nennen. Kurz darauf traten Bleichert

und der Betriebsingenieur Otto aus dem Dienst der Halle-Leipziger
Maschinenbau A.-G. aus und eröffneten ein gemeinsames Ingenieur-
bureau ausschließlich für den Bau von Drahtseilbahnen. Sie trennten
sich jedoch nach etwa zwei Jahren, und Otto errichtete bald darauf
in Schkeuditz eine selbständige Fabrik.

Natürlich dauerte es einige Zeit, bis die Firma Bleichert-Otto
in weiteren Kreisen bekannt wurde, und so kam es, daß inzwischen
noch verschiedene Einzelanlagen von anderer Seite gebaut wurden, die

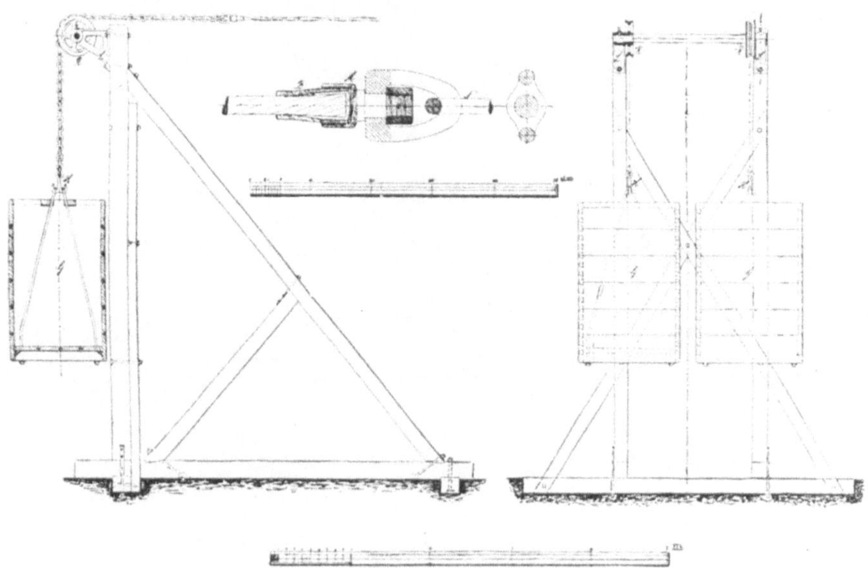

Abb. 17. Bleichertscher Entwurf einer Endspannvorrichtung.

in mancher Beziehung einen Rückschritt bedeuten. Durch eine recht
ausführliche Veröffentlichung[11]) ist die von Mölle in der Mitte der
70er Jahre bei Minden an-
gelegte, 920 m lange Seilbahn allgemeiner bekannt-
geworden. Sie überschritt
dicht hinter dem Stein-
bruch, aus dem Sandsteine
zur Weser zu fördern wa-
ren, einen 34 m hohen
Bergrücken und besaß auf
der Strecke zwei Bruch-
punkte. Mit dem Über-

Abb. 18. Erste Bleichertsche Drahtseilbahn
in Teutschenthal.

setzungsgetriebe an jenen Stellen waren die Bremsvorrichtungen verbunden, die die Geschwindigkeit der infolge ihres Gefälles selbsttätig

---

[11]) Mölle, Schwebende Bahn bei Minden. Leipzig 1877.

arbeitenden Teilstrecken regelten (Abb. 19). Auf der Strecke befanden sich immer 10 Wagen. Die einzelnen Zugseile waren offen und wurden mit ihren Endkauschen einfach in Haken gelegt, die an den Seilbahn-

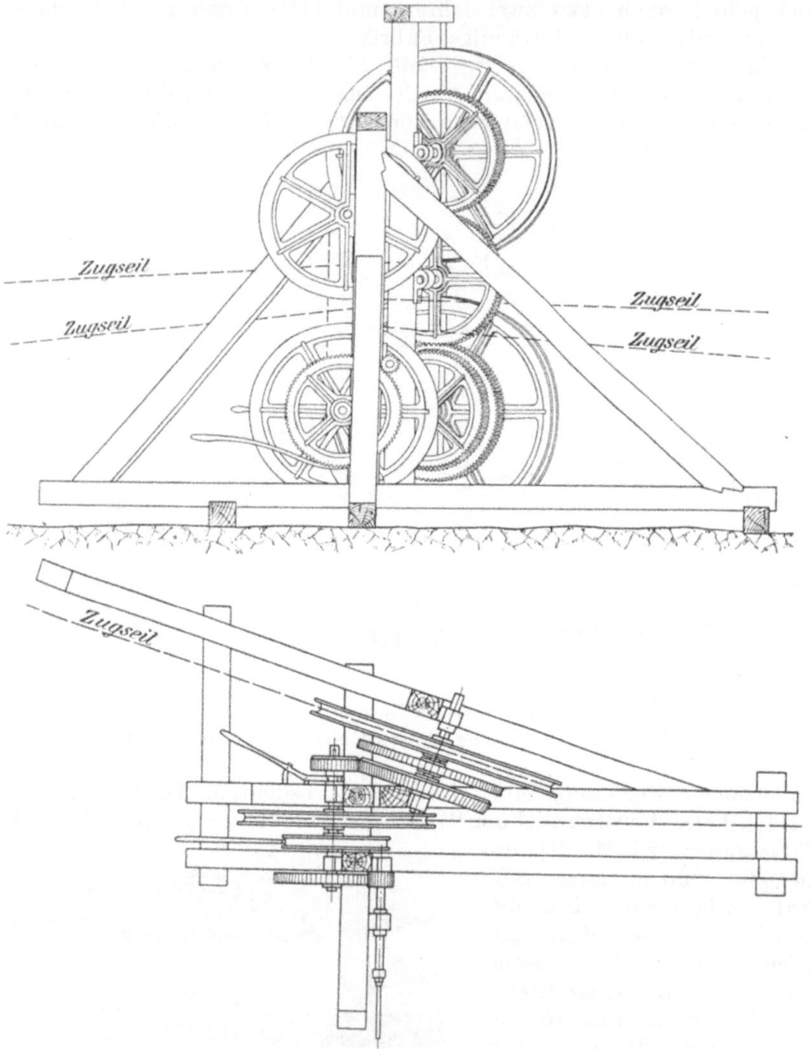

Abb. 19. Bruchpunkt der Mölleschen Seilbahn.

wagen befestigt waren. Die betreffende Teilstrecke mußte also zum An- und Abkuppeln der Wagen stets stillgesetzt werden, so daß zur Bedienung der Anlage 15 Mann erforderlich waren. Die heute so wichtige Ersparnis an Bedienungspersonal hatte damals noch keine besondere Bedeutung. Auffällig ist, daß das Längsprofil und die Stützenverteilung der Bahn fast völlig einer modernen Ausführung entspricht. Es wurde dies einfach durch Probieren erreicht, indem das ganze Profil im Maßstabe 1 : 50 an einer Wand aufgetragen und nun die Größe der Spanngewichte und die günstigste Lage der Stützen mit Messingketten und Belastungsgewichten ermittelt wurde, die zu dem Gewicht der Kette in demselben Verhältnis standen wie die Höchstlast 1500 kg zu dem Gewicht des Stahlseiles von 23 mm Durchmesser.

Eine wissenschaftliche Durchdringung aller in Frage kommender Verhältnisse erfolgte eben erst durch die beiden Spezialfabriken A. Bléichert & Co. und die inzwischen eingegangene Th. Otto & Comp., denen sich im Jahre 1877 die Maschinenfabrik A. W. Mackensen in Schöningen und 1880 die von J. Pohlig in Köln zugesellte. Seitdem gilt Deutschland als führend auf diesem Sondergebiet der Technik.

Das englische Seilbahnsystem, das in der von Hodgson überkommenen Form nur für geringe Leistungen und einfache Geländeverhältnisse vorteilhaft zu verwenden war, ist seit 1890 durch Roe verbessert worden. Es wurde dann in den letzten Jahren bei den sogenannten Feldseilbahnen nach mancher Richtung noch weiter durchgebildet, woran wieder die Firma A. Bleichert & Co. wesentlichen Anteil hatte.

3. Das Wesen der Zweiseil-Drahtseilbahn.

Das schematische Bild der Abb. 20 enthält alles Wesentliche zur Veranschaulichung der von Bleichert durch seine ersten Konstruktionen und Patente aus den Jahren 1873 und 74 — die 1877 zum Teil zu deutschen Reichspatenten umgewandelt bzw. erweitert wurden — in die technische Praxis eingeführten Zweiseilbahnen. Als Fahrbahn dienen zwei parallel ausgespannte Tragseile, die an dem einen Ende fest verankert sind und auf der freien Strecke in passenden Abständen von eisernen oder hölzernen Stützen getragen werden. Sie werden am anderen Ende wieder über Ablenkungsschuhe, die an dem Einlauf der Endstation angebracht sind, nach der Mitte abgelenkt, dort über Rollen geführt und durch daran angehängte Spanngewichte belastet, so daß sie unter allen Umständen bei jeder Belastungs- und Temperaturänderung die gleiche Spannung erhalten. Die nur in bestimmten Längen angelieferten Seile werden durch zusammengeschraubte Tragseilkupplungen zu einem durchlaufenden Strang verbunden. Auf dem einen Seil verkehren die vollen Wagen von der Beladestation nach der Entladestelle, auf dem anderen Seil kehren sie leer zurück. In den Stationen sind die Seile durch gebogene Hängebahnschienen verbunden, so daß ein vollkommen in sich geschlossener Ring entsteht.

Zur Bewegung der Wagen dient ein endloses, beständig in demselben Sinne umlaufendes Zugseil, das in den Stationen um große Endseilscheiben geführt wird und an welches die Wagen in regelmäßigen Abständen angeklemmt werden. Die eine Antriebsscheibe wird mit Hilfe einer Kegelräderzwischenübersetzung von einer Transmission oder besonderen Antriebsmaschine aus bewegt, falls die Bahn nicht hinreichend

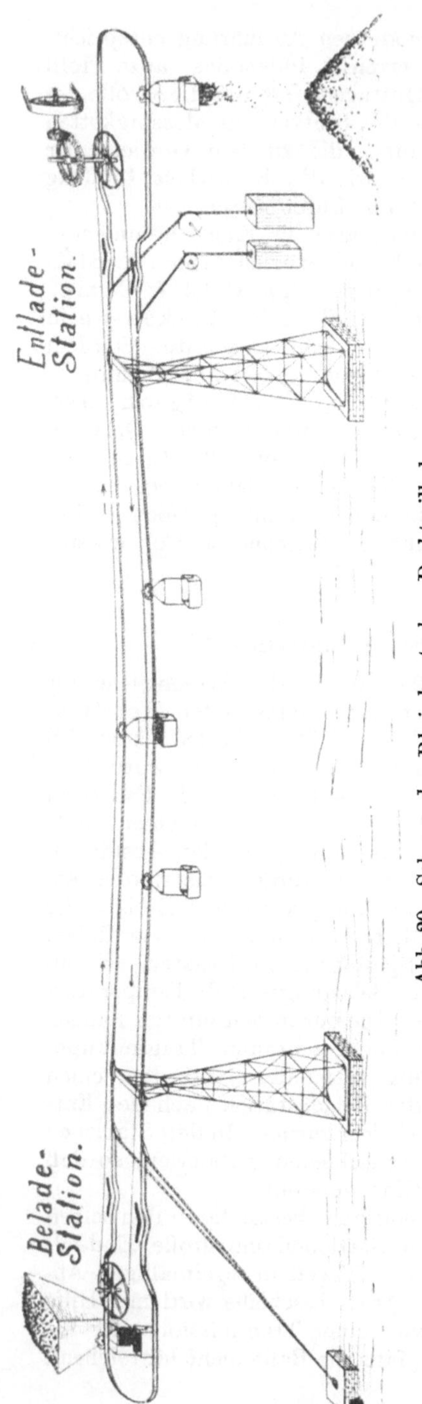

Abb. 20. Schema der Bleichertschen Drahtseilbahnen.

Gefälle besitzt, um selbsttätig zu arbeiten. Die Endseilscheibe in der Gegenstation wird als Spannscheibe beweglich auf einem in der Bahnachse verschieblichen Schlitten angeordnet und steht unter dem Einfluß eines entsprechenden Spanngewichtes, wenn diese Station um einen bestimmten Höhenunterschied tiefer liegt als die andere. Anderenfalls muß die Spannvorrichtung für das Zugseil, die infolge der mit der Zeit immer eintretenden Längenänderung des Seiles stets erforderlich ist, mit dem Antrieb oder der Bremsscheibe zusammengelegt werden.

Hinter der Aus- und Einlaufstelle jeder Station sind besondere Kuppeleinrichtungen angebracht, in denen das Zugseil durch kleinere Rollen so geführt wird, daß es sich von selbst in die Kupplungsbacken der Wagen einlegt bzw. daraus heraushebt. Gleichzeitig werden bei neuzeitlichen Bahnen die Kupplungsapparate der Wagen an diesen Stellen vermittels Kuppelschienen oder dgl. ebenfalls selbsttätig geschlossen oder geöffnet.

Auf der Strecke wird das Zugseil, soweit es nicht schon von den Wagen getragen wird, an den Stützen von Zugseiltragrollen unterstützt, die sich gewöhnlich dicht unterhalb des von den Wagen bestrichenen Raumes befinden.

Die Wagen besitzen meistens zwei möglichst dicht hintereinander angeordnete, mit tiefen Laufrillen versehene Räder, so daß sie im Winde frei nach der Seite auspendeln können. Das seitwärts herunterhängende Gehänge ist an einem Mittelbolzen derart befestigt, daß es seinerseits in der Fahrtrichtung beliebig auspendeln kann. Hierdurch wird die ziemlich tief unter dem Tragseil aufgehängte Last bis zu einer gewissen Grenze völlig frei im Raum beweglich, was für die Sicherheit des Transportes von Wert ist. Die Ausbildung der am Gehänge befestigten Kasten u. dgl. zur Aufnahme des Fördergutes richtet sich nach den besonderen Anforderungen, die das Material und die örtlichen Betriebsverhältnisse stellen. In den meisten Fällen sind es Blechkästen, die an zwei Tragzapfen in Haken des Gehänges ruhen und nach Auslösung einer Halteklaue selbsttätig auskippen. Ihre Beladung geschieht häufig aus Füllrümpfen in die von Hand daruntergeschobenen Wagenkasten.

Die weiteren Einzelheiten werden in den folgenden Abschnitten erörtert.

II. Die Konstruktionseinzelheiten.

1. Die Bauart der Seile.

Für die Laufbahnen wählt man, je nach der Größe des Raddruckes, der Menge der stündlich zu befördernden Wagen und den sonstigen Bau- und Betriebsverhältnissen der Bahn Seile verschiedener Konstruktion. Immer sind es grobdrähtige Spiralseile, so genannt, weil

die einzelnen Drähte nach einer einfachen Schraubenlinie gebogen sind, die ja im gewöhnlichen Leben durchweg als Spirale bezeichnet wird.

Die ältesten und meistbenutzten Laufseile sind die offenen Seile, wovon die Abb. 21 ein Probestück in der Ansicht zeigt. Da die Berührungsfläche zwischen

Abb. 21. Offenes Spiralseil.

Rad und Draht der punktförmigen nahekommt, so ist nur ein verhältnismäßig hartes Drahtmaterial brauchbar. Es werden also bei neuzeitlichen Anlagen stets sorgfältig gehärtete Drähte aus bestem Flußstahl von mindestens 9000, meist 12000 und oft sogar 14000 bis 15000 kg/cm² Zerreißfestigkeit genommen.

Für kleinere Einzellasten, besonders für die Leerseite der Seilbahn, genügt ein 19drähtiges Seil, das über dem Kerndraht eine Lage von 6 und darüber eine zweite von 12 Drähten besitzt (Abb. 22) und welches in Stärken bis 30 mm Durchmesser bei 3 bis 6 mm Drahtdurchmesser laufend hergestellt wird.

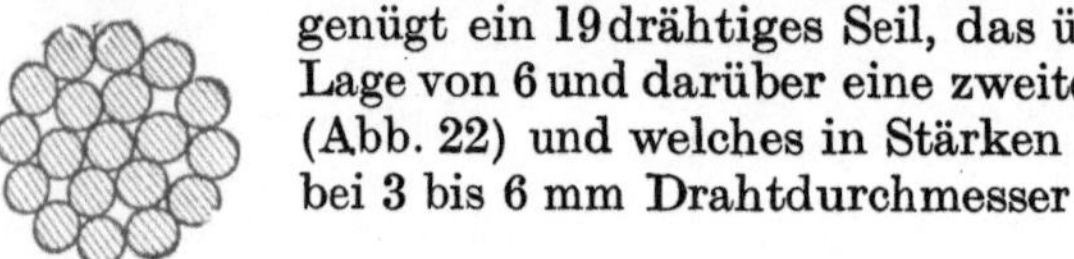

Abb. 22. 19drähtige offene Spiralseile.

Durchmesser d mm	Drahtstärke δ mm	Querschnitt F cm²	Gewicht q kg/m	Größte Länge L m
15	3,0	1,34	1,13	600
16	3,2	1,53	1,28	600
17	3,4	1,72	1,45	600
18	3,6	1,94	1,63	580
19	3,8	2,15	1,83	520
20	4,0	2,39	2,00	470
21	4,2	2,64	2,21	430
22	4,4	2,89	2,42	390
23	4,6	3,16	2,65	350
24	4,8	3,44	2,90	320
25	5,0	3,73	3,13	300
26	5,2	4,04	3,40	280
27	5,4	4,35	3,65	260
28	5,6	4,68	3,95	235
29	5,8	5,02	4,25	220
30	6,0	5,37	4,55	205

Bei größeren Lasten wird meist die 37drähtige Konstruktion gewählt, die noch eine Außenlage von 18 Drähten enthält und laufend von 27 bis 42 mm Durchmesser geliefert wird. Den Querschnitt eines solchen Seiles gibt die Abb. 23 wieder.

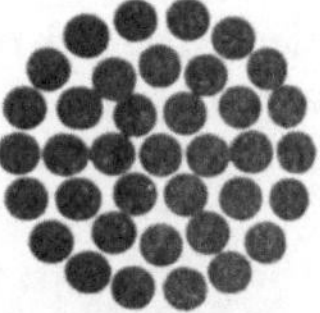

Abb. 23.

37drähtige offene Spiralseile.

Durchmesser d mm	Drahtstärke δ mm	Querschnitt F cm²	Gewicht q kg/m	Größte Länge L m
27	3,85	4,31	3,65	490
28	4,00	4,64	3,9	450
29	4,14	4,98	4,2	420
30	4,28	5,32	4,5	390
31	4,42	5,68	4,8	370
32	4,57	6,07	5,1	340
33	4,71	6,45	5,45	320
34	4,85	6,84	5,75	310
35	5,00	7,26	6,1	290
36	5,14	7,68	6,45	270
37	5,28	8,10	6,85	260
38	5,42	8,56	7,2	250
39	5,57	9,02	7,6	230
40	5,71	9,47	8,0	220
41	5,85	9,94	8,4	210
42	6,00	10,45	8,8	200

Verhältnismäßig selten kommt die in den Abb. 21 und 24 dargestellte Anordnung zur Verwendung, die über dem 19drähtigen Kern eine Lage von nur 14 entsprechend stärkeren Drähten aufweist, was den Vorteil bietet, daß die dem Raddruck unmittelbar ausgesetzten Drähte dicker sind und demnach nicht so leicht bis zum Verschleiß abgenutzt werden können. Natürlich ist bei gleichem Durchmesser sein Querschnitt geringer als der eines 37drähtigen Seiles.

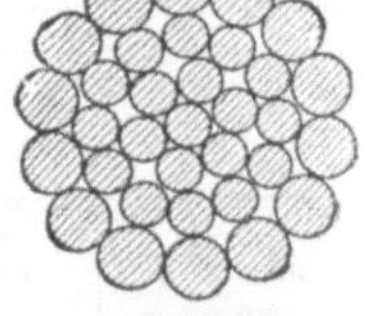

Abb. 24.

Der Drall der Drähte in den einzelnen Lagen des Seiles wird gewöhnlich nicht nach Abb. 21 durchweg gleich ausgeführt, sondern man läßt die Drallrichtung meistens in den aufeinanderliegenden Lagen abwechseln. Der Flechtwinkel, unter dem die Drähte gegen die Seilachse geneigt sind, beträgt gewöhnlich zwischen 15° und 20°. Bei den inneren Lagen nähert man sich etwa der unteren Grenze, bei der äußeren der oberen.

Die Drähte des offenen Seiles dürfen keine Löt- oder Schweißstellen enthalten, deren Festigkeit ja immer geringer ist, als die der benachbarten Drahtteile. Denn reißt einmal eine solche Stelle, so wickeln sich die beiden Enden des harten und völlig frei liegenden Drahtes auf mehrere Meter Länge ab und stören dann unter Umständen den Betrieb der Bahn ganz erheblich. Die Seile werden deshalb in ganz bestimmten Längen angeliefert, die sich daraus ermitteln, daß das Gesamtgewicht eines einzigen zusammenhängenden Drahtes etwa 48 bis 50 kg nicht überschreitet. Werden nur Drähte von etwa 40 kg Einzelgewicht verseilt, so sind die nach Angaben von Felten & Guilleaume in den Zusammenstellungen aufgeführten größten Seillängen bei den 19drähtigen Seilen um 20 v. H., bei den 37drähtigen um 16 v. H. zu verringern. Zu bemerken ist ferner, daß Drähte in der ganzen harten Beschaffenheit von i. M. 14 500 kg/cm² Zerreißfestigkeit nur in den Stärken bis zu 5,2 mm hergestellt werden. Eine weitere Eigentümlichkeit der offenen Seile ist die, daß sie häufige und kräftige

Abb. 25. Verschlossenes Tragseil.

Schmierung verlangen, weil sonst das Regenwasser mit Leichtigkeit bis ins Innere des Seiles eindringen kann.

Günstiger, aber freilich auch teurer sind die verschlossenen Spiralseile, von denen Abb. 25 ein Probestück in der Ansicht und Abb. 26 einen Querschnitt wiedergibt.

Ihr Hauptmerkmal bilden die S-förmigen Profildrähte der äußeren Schicht, unter der sich noch eine Lage Keildrähte befindet, die einen recht dichten Verschluß gegen das aus Runddrähten bestehende Seilinnere gewährt. Bei gleichem äußeren Durchmesser D besitzen diese Seile einen wesentlich größeren Drahtquerschnitt F als die offenen; im Mittel gilt hier $F = 0,685\,D^2$, gegenüber $F = 0,598\,D^2$ bei den 19drähtigen und $F = 0,592\,D^2$ bei den 37drähtigen offenen Seilen.

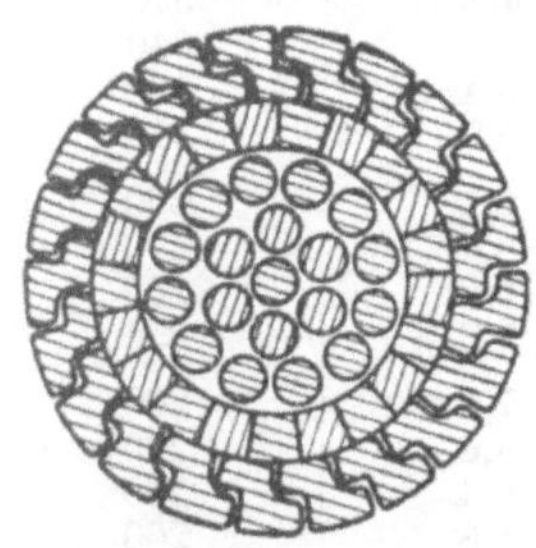

Abb. 26. Verschlossenes Seil mit Keildrähten.

Verschlossene Seile mit Keildrähten.

Durchmesser d mm	Querschnitt F cm²	Gewicht q kg/m	Durchmesser d mm	Querschnitt F cm²	Gewicht q kg/m
20	2,86	2,45	33	7,19	6,25
21	3,07	2,65	34	8,05	6,95
22	3,27	2,85	35	8,70	7,10
23	3,62	3,15	36	8,99	7,80
24	4,02	3,50	37	9,20	8,25
25	4,31	3,75	38	9,79	8,50
26	4,44	3,85	39	10,47	8,80
27	4,87	4,25	40	10,72	9,20
28	5,50	4,76	41	10,28	9,45
29	5,62	5,10	42	11,83	10,15
30	6,26	5,42	43	12,25	10,70
31	6,58	5,55	44	12,87	11,00
32	6,91	6,00	45	13,61	11,70

Über die angegebenen Stärken hinausgehende Seile (für Kabelbahnen) enthalten gewöhnlich zwei Lagen Keildrähte. Für sie gilt im Durchschnitt

$$F = 0,652\, D^2.$$

Eine andere, etwas billigere Ausführung der verschlossenen Seile ist die der Abb. 27 ohne die Lage der keilförmigen Drähte.

Abb. 27. Verschlossene Seile ohne Keildrähte.

Verschlossene Seile ohne Keildrähte.

Durch-messer d mm	Quer-schnitt F cm²	Gewicht q kg/m	Durch-messer d mm	Quer-schnitt F cm²	Gewicht q kg/m
20	2,70	2,3	33	7,00	5,9
21	2,77	2,4	34	7,12	6,0
22	3,05	2,6	35	7,98	6,8
23	3,40	2,9	36	8,32	7,1
24	3,82	3,2	37	8,84	7,5
25	4,00	3,4	38	9,10	7,7
26	4,35	3,7	39	9,72	8,2
27	4,74	4,0	40	10,02	8,5
28	4,93	4,2	41	10,65	9,0
29	5,33	4,5	42	11,30	9,5
30	5,80	4,9	43	11,61	9,8
31	6,16	5,2	45	12,43	10,5
32	6,38	5,4	46	12,80	10,9

Wegen der verwickelteren Gestalt der Formdrähte ist es nicht möglich, sie aus so hartem Material zu ziehen wie Runddrähte. Es wird deshalb für diese Seile nur Tiegelgußstahldraht von 9000 bis 10 000 kg/cm² sowie 12 000 kg/cm² Zerreißfestigkeit benutzt.

Um der im Laufe der Zeit etwas steigenden Beanspruchung der inneren Drähte gerecht zu werden, können jedoch die Runddrähte etwas härter, mit einer um 10 v. H. höheren Zerreißfestigkeit, angefertigt werden.

Auch bei den Seilen mit Profildrähten in der oder den äußersten Lagen beträgt der Flechtwinkel innen etwa 15° und in der äußeren Lage etwa 20°.

Außer der glatten, dem Verschleiß viel weniger ausgesetzten Oberfläche bieten sie noch den Vorteil, daß bei einem Drahtbruch die freien Enden nicht aus der Seiloberfläche heraustreten können. Es sind also auch Schweißstellen in den Drähten zulässig, und die in einem Stück lieferbare Seillänge hängt nur von Transportrücksichten ab.

Der Preis wird noch günstiger bei den sogenannten halbverschlossenen Seilen, deren schwächere Ausführungen die Abb. 28 im Querschnitt darstellt, während die stärkeren noch eine weitere

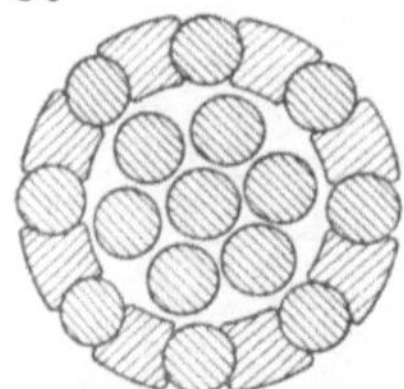

Abb. 28. Halbverschlossenes Spiralseil.

Lage von Runddrähten im Kern zeigen. In der äußeren Lage wechseln also Profildrähte mit Runddrähten ab, und ein gewisser Nachteil dieser Konstruktion liegt darin, daß die Beanspruchung der in dieser Lage befindlichen Drähte ihrer verschiedenen Form wegen nicht dieselbe ist. Die Hauptwerte dieser Seile enthält die folgende Zusammenstellung, wie die vorhergehenden ebenfalls nach Angaben von Felten & Guilleaume.

Halbverschlossene Spiralseile.

Durchmesser d mm	Querschnitt F cm²	Gewicht q kg/m	Durchmesser d mm	Querschnitt F cm²	Gewicht q kg/m
20	2,59	2,3	30	5,84	5,0
21	2,78	2,5	31	6,17	5,3
22	3,09	2,8	32	6,63	5,7
23	3,33	3,0	33	7,15	6,2
24	3,64	3,3	34	7,53	6,5
25	3,94	3,5	35	7,77	6,7
26	4,31	3,9	36	8,29	7,1
27	4,69	4,1	37	8,82	7,6
28	5,05	4,4	38	9,16	7,9
29	5,51	4,7	39	9,68	8,3
			40	10,48	9,1

Man verwendet jetzt die verschlossenen Seile fast allgemein für die beladene Bahnseite, wenn die Größe der Nutzlast über 300 bis 400 kg hinausgeht, oder wenn bei kleineren Lasten die Wagen dicht aufeinander folgen. Bei scharfen Übergängen der Bahnlinie über Bergkuppen, wo der Zugseildruck den Raddruck unter Umständen ganz bedeutend erhöht, werden ausschließlich Seile mit glatter Oberfläche genommen, wenn man nicht etwa den Übergang aus festen Hängebahnschienen herstellt.

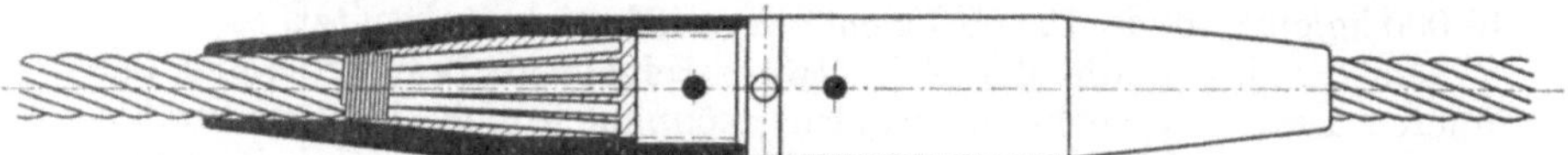

Abb. 29. Vergossene Tragseilkupplung.

Die einzelnen angelieferten Seilabschnitte müssen nun durch Muffenkuppelungen miteinander verbunden werden, deren Hülsen aus Gußstahl bestehen, damit die Laufbahn an der Verbindungsstelle so wenig als möglich verdickt wird. Bei der älteren, auch jetzt noch vielfach angewendeten Konstruktion nach Abb. 29 werden die einzelnen Drähte des Seiles, nachdem das Ganze an der passenden Stelle durch aufgewickelte dünne Drähte abgebunden ist, auseinandergezogen und von der anhaftenden Seilschmiere gut gesäubert, worauf die in einem Schmiedefeuer angewärmte Muffe aufgeschoben und mit einer harten Weißmetallegierung ausgegossen wird.

Nach dem Vorgang von A. Bleichert & Co, wird das auf der Baustelle recht lästige Eingießen der Metallegierung vermieden, indem die einzelnen in einem Kreis liegenden Drähte a, b, c des Seiles gegeneinander und die Muffenwand durch ringförmige Stahlkeile gedrückt werden, die zwei- bzw. bei stärkerem Seildurchmesser dreiteilig sind. Die Abb. 30 und 31 zeigen zwei derartige Ausführungen, deren erstere die Bauart für ein Seil mit zwei Drahtlagen über dem Kern wiedergibt, während die zweite dieselbe für ein Seil mit drei Drahtlagen veranschaulicht. Beide Muffenhälften H werden durch ein Schraubstück M fest miteinander verbunden und noch durch eingetriebene Dorne gesichert. Gegenüber den mit Weißmetall ausgegossenen Kupplungen bietet die Bleichertsche Konstruktion den Vorteil, daß keine Erwärmung von Muffen und Seilenden auf der Baustelle nötig ist, die leicht zu weit getrieben werden kann und dann zum Ausglühen der Drähte und zu einer Verringerung ihrer Festigkeit führt, oder die auch zu gering bleibt, so daß die Legierung leere Zwischenräume läßt, die die Festigkeit der Verbindung gefährden. Vor allen Dingen aber ist es ausgeschlossen, daß von der Reinigung der Drahtenden her etwa Säurereste im Seil zurückbleiben, die die Zerstörung der Drähte herbeiführen können.

Das Gewicht einer Tragseilkupplung beträgt je nach der Seilstärke etwa 7 bis 9 kg. Die Muffen können natürlich nicht ganz scharf nach dem Ende auslaufen. Um nun den beim Auf- und Ablaufen der Wagen auftretenden Stoß zu mildern, sitzen bei einer neueren Anordnung von J. Pohlig A.-G. auf beiden Seiten der Tragseilkupplung von ihr unabhängige, bewegliche Muffenstücke, die scharf nach vorn auslaufen und zur Sicherung ihrer Lage durch eine unter der Kupplung angebrachte Zugstange verbunden werden.

Da die Spiralseile wegen der großen Drahtstärke nicht über die Ablenkungsscheiben der Spannstationen geführt werden können, so wurde bei älteren Ausführungen das Spanngewicht mit Hilfe von kurzen

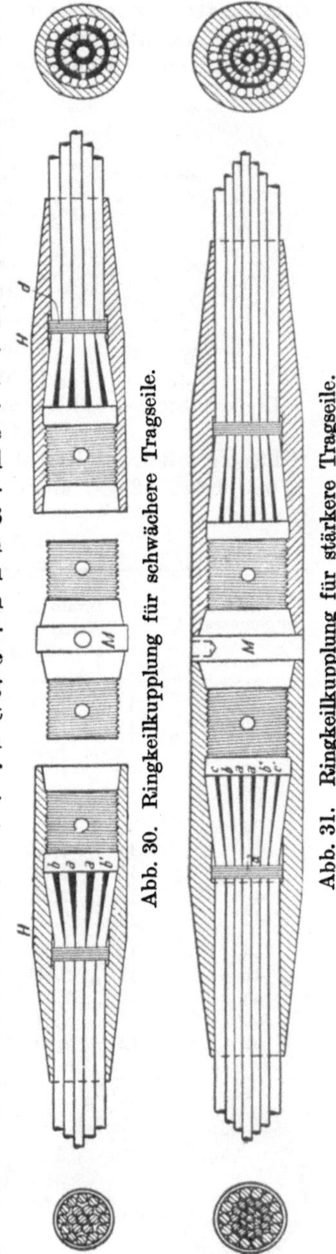

Abb. 30. Ringkeilkupplung für schwächere Tragseile.

Abb. 31. Ringkeilkupplung für stärkere Tragseile.

Spannketten angehängt. Wenn auch die Bewegung der Spanngewichte im allgemeinen eine recht geringe und häufig kaum bemerk-
bare ist, so verschleißen die aufeinander reibenden Kettenglieder
schließlich doch. Man nimmt deshalb jetzt
an der Stelle starke dreikantlitzige Seile
von möglichst glatter Außenfläche mit einer
Hanfseele, deren Querschnitt die Abb. 32
darstellt.

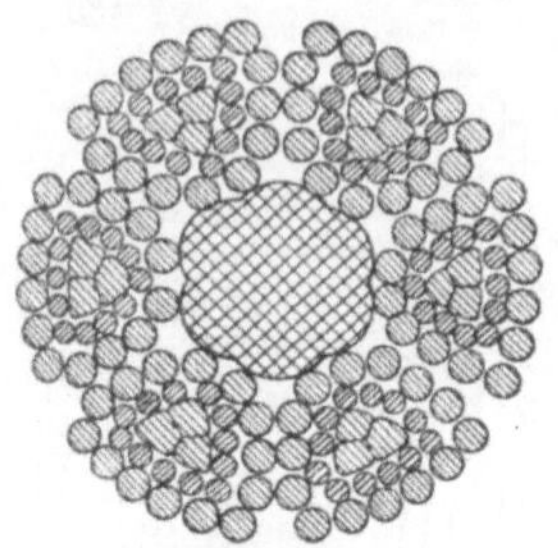

Abb. 32.
Dreikantlitziges Seil.

Jede der 6 Litzen besitzt einen aus drei
Dreikantdrähten zusammengesetzten Kern,
um den erst eine Lage dünner Runddrähte
und darauf eine zweite stärkerer Runddrähte
derart gelegt ist, daß die einzelnen Litzen
mit annähernd geraden Flächen aneinander-
stoßen. Die Formdrähte haben bei der Ausführung von Felten & Guilleaume eine Zerreißfestigkeit von 10 000 kg/cm², die Runddrähte eine solche von
13 000 bzw. 18 000 kg/cm².

Dreikantlitzige Seile.

Seil-durchmesser d mm	Anzahl und Stärke δ der inneren | äußeren Runddrähte		Querschnitt F der Rund- | aller Drähte cm²	cm²	Gewicht q kg/m
25	11 zu 1,10	11 zu 1,90	2,49	2,82	2,6
26,5	11 „ 1,15	11 „ 2,05	2,85	3,25	2,9
28,5	11 „ 1,25	11 „ 2,15	3,20	3,64	3,3
30	9 „ 1,41	12 „ 2,14	3,42	3,85	3,6
32	9 „ 1,68	12 „ 2,30	4,18	4,79	4,2
34	12 „ 1,55	14 „ 2,12	4,31	5,05	4,5
36	12 „ 1,70	14 „ 2,25	4,96	5,95	5,3
38	12 „ 1,77	14 „ 2,40	5,56	6,60	5,9
40	12 „ 1,84	14 „ 2,52	6,09	7,21	6,5
42	12 „ 1,92	14 „ 2,65	6,71	7,97	7,0
44	12 „ 2,00	14 „ 2,75	7,24	8,59	7,9
46	12 „ 2,16	15 „ 2,70	7,78	8,37	8,3
48	12 „ 2,25	15 „ 2,80	8,60	10,24	9,1
50	12 „ 2,44	15 „ 2,85	9,26	11,16	10,3
52	12 „ 2,50	15 „ 2,91	9,91	12,05	11,0

Abb. 33. Seilkausche mit Backenzahnklammern.

Die Verbindung mit
den Tragseilen erfolgt
ebenfalls durch Muffen-
kupplungen, in denen die
Litzen nach Wegnahme
der Hanfseele durch einen
eingetriebenen Dorn gegen
die Muffenwand gepreßt
werden.

Die Befestigung am Spanngewicht
geschieht am besten durch eine hinreichend große Seilkausche in Verbindung mit zwei Backenzahnklammern
etwa nach Abb. 33. Die Wirkungsweise
und Anordnung der Seilklammer wird
noch deutlicher durch die Abb. 34,
die die Bleichertsche Ausführung im geschlossenen Zustand, jedoch ohne Seil
darstellt. Die Verbindung ist so fest,
daß gewöhnlich eher das Seil nachgibt
und zerreißt als die Seilklammer [12]).
Wesentlich für diese Wirkung ist das
richtige Material der Klammer, ein
verhältnismäßig weicher, aber recht
zäher Flußstahl.

Abb. 34. Backenzahn Seilklammer.

Backenzahn - Seilklammer.

Nr.	1	2	3	4	5	6	7	8	9	10
Seilstärke . . . . mm $\Big\{$	6	10	14	17	21	26	32	38	44	50
	9	13	16	20	25	31	37	43	49	56
Gewicht . . . . kg	0,16	0,42	0,65	1,08	1,83	3,1	5,4	7,0	10,1	12,5
Festwert 1/t	1,34	1,16	1,00	0,88	0,82	0,78	0,74	0,72	0,71	0,70

Die angestellten Versuche ergaben, daß eine von i Bleichertschen
Backenzahnklammern zusammengehaltene Verbindung erst rutscht,
wenn die Seilspannkraft

$$S = \frac{i^2}{c}\, t$$

beträgt, worin der Festwert c der obigen Zusammenstellung zu entnehmen ist.

Für die Zugseile werden allgemein Litzenseile verwendet. Während
jedoch bei den für Aufzüge, Krane u. dgl. gewöhnlich gebrauchten Seilen im

Abb. 35. Kranseil in Kreuzschlag.

Abb. 36. Zugseil in Längsschlag.

Kreuzschlag der Drall der Litzen entgegengesetzt dem der einzelnen Drähte
verläuft (Abb. 35), weil die Seile bei dieser Ausführung etwas biegsamer
sind und sich unter der Last weniger leicht aufdrehen, wird im Seilbahnbau der Längsschlag mit gleichlaufendem Drall vorgezogen (Abb. 36), der

[12]) Uhlands prakt. Masch.-Konstr. 1916.

nach dem Erfinder auch als Albertschlag bezeichnet wird. Die Seile der letzteren Konstruktion besitzen eine wesentlich glattere Oberfläche, so daß sie unter dem Angriff der Wagenkupplungen weniger leiden und ihrerseits den Lederbelag der Antriebsseilscheiben mehr schonen.

Das Material der Zugseile ist ausschließlich gehärteter Stahldraht mit 12 000, meist 15 000, bisweilen auch 18 000 kg/cm² Zerreißfestigkeit. Gewöhnlich werden 42drähtige Seile benutzt aus 6 über einer Hanfseele geschlagenen Litzen von dem aus Abb. 35 ersichtlichen Querschnitt. Nur in besonderen Fällen wählt man die durch Abb. 36 veranschaulichten 72drähtigen Seile, deren Litzenkern wieder aus 6 Drähten besteht. Für die ersteren Seile ergibt sich der tatsächliche Drahtquerschnitt i. M. zu $F = 0{,}50\, D^2$, solange die Seile neu und ungereckt sind.

42drähtige Litzenseile im Längsschlag.

Durch-messer d mm	Draht-stärke δ mm	Quer-schnitt F cm²	Gewicht q kg/m	Durch-messer d mm	Draht-stärke δ mm	Quer-schnitt F cm²	Gewicht q kg/m
9	1,0	0,33	0,32	18	2,0	1,32	1,27
10	1,1	0,40	0,38	19	2,1	1,45	1,40
11	1,2	0,48	0,46	20	2,2	1,60	1,54
12	1,3	0,56	0,54	21	2,3	1,74	1,67
13	1,4	0,65	0,62				
				22	2,4	1,90	1,83
14	1,5	0,74	0,72	23	2,5	2,06	1,98
15	1,6	0,84	0,81	24	2,6	2,23	2,15
16	1,8	1,07	1,03	25	2,8	2,58	2,48
17	1,9	1,19	1,15	26	2,9	2,77	2,67

72drähtige Litzenseile im Längsschlag.

Durch-messer d mm	Draht-stärke δ mm	Quer-schnitt F cm²	Gewicht q kg/m	Durch-messer d mm	Draht-stärke δ mm	Quer-schnitt F cm²	Gewicht q kg/m
18	1,5	1,27	1,22	23	1,9	2,04	1,95
19	1,6	1,45	1,38	24	2,0	2,26	2,15
20	1,65	1,54	1,50	25	2,1	2,48	2,40
21	1,75	1,73	1,62	26	2,2	2,74	2,64
22	1,8	1,83	1,75				

Im Betriebe verlängert sich das Seil dadurch, daß die Drahtlitzen sich immer mehr in die Hanfseele hineindrücken, wobei der Durchmesser des Seiles unter Umständen um mehrere Millimeter abnimmt.

Die je nach der Stärke in mehr oder weniger großen Längen angelieferten Zugseilstücke müssen durch Spleißung zu einem endlosen Ring von genau passender Länge zusammengesetzt werden. Nach einer Vorschrift von J. Pohlig A.-G. sind zur Spleißung der sechslitzigen Seile auf jedem Seilende 60 Schlaglängen, d. h. Windungen der von den Litzen gebildeten Schraubenlinie nötig. Dahinter wird je ein kurzer Drahtbund gesetzt, bis zu dem die beiden Seilenden A und B aufgedreht werden, ohne daß dabei die einzelnen Litzen verbogen werden: vielmehr ist die Erhaltung der ursprünglichen Schraubenform der Litzen von wesentlicher Bedeutung.

Die frei werdenden Stücke der Hanfseelen werden bis zu den Drahtbunden abgeschnitten und dann die Litzen beider Seilenden gegenseitig bis an die abgebundenen Stellen so ineinander gesteckt, wie man etwa beim Falten der Hände die Finger zusammenlegt (Abb. 37). Nachdem dann der Drahtbund *a* am Seilende *A* entfernt ist, wird etwa die Litze *A 1* bis auf 50 Schlaglängen aus dem Seil herausgewunden und an ihre Stelle die in diese Richtung fallende Litze *B 1* des Seiles *B* genau passend eingelegt. Schließlich werden beide Seillitzen *A 1* und *B 1* auf

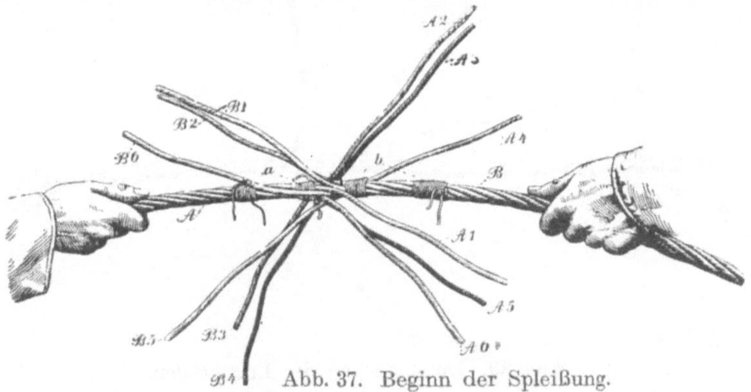

Abb. 37. Beginn der Spleißung.

etwa 10 Schlaglängen abgeschnitten und, damit sie sich bei der weiteren Arbeit nicht wieder lösen, mit einer Drahtschlinge leicht an das Seil angebunden (Abb. 38). Nun wird eine Litze überschlagen und *A 3* durch *B 3* in gleicher Weise ersetzt, wobei aber die Litze *A 3* nur auf 30 Schlaglängen aus ihrem Seil herausgewickelt wird. Die freien Enden werden

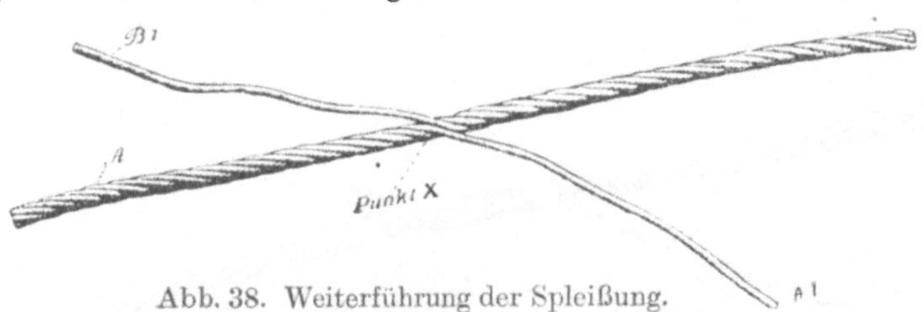

Abb. 38. Weiterführung der Spleißung.

wieder auf etwa 10 Schlaglängen gekürzt und vorläufig festgebunden. Ebenso wird mit den Litzen *A 5* und *B 5* verfahren, jedoch wird *A 5* nur auf 10 Schlaglängen gelöst. Darauf wird der Bund *b* am Seil *B* geöffnet, die Litze *B 2* auf 50 Schlaglängen herausgewunden und durch *A 2* ersetzt, darauf *B 6* auf 30 Schlaglängen herausgenommen und dafür *A 6* eingelegt und schließlich *B 4* auf 10 Schlaglängen gelöst und ihr Raum durch Einlegen der Litze *A 4* wieder gefüllt.

Beim Herausnehmen der 50 ersten Schlaglängen auf jeder Seite wird die Hanfseele vorteilhaft gleich bis auf 60 Schlaglängen durchgeschnitten und in mehrere kürzere Stücke zerteilt, während sie noch an ihrem Platz liegen bleibt. Um die noch freien Enden aller Litzen

zu verspleißen, wird jetzt auf jeder Seite der betreffenden Kreuzungsstelle je eine mit Handgriffen versehene Schelle in höchstens einer Schlag-
länge Abstand von der Kreuzung fest auf das Seil geschraubt und dann
das dazwischenliegende Seilstück mit den Handgriffen so weit aufgedreht, daß man leicht mit der Spleißahle zwischen den einzelnen
Litzen durchfahren kann. Die Litze A wird nun unmittelbar hinter

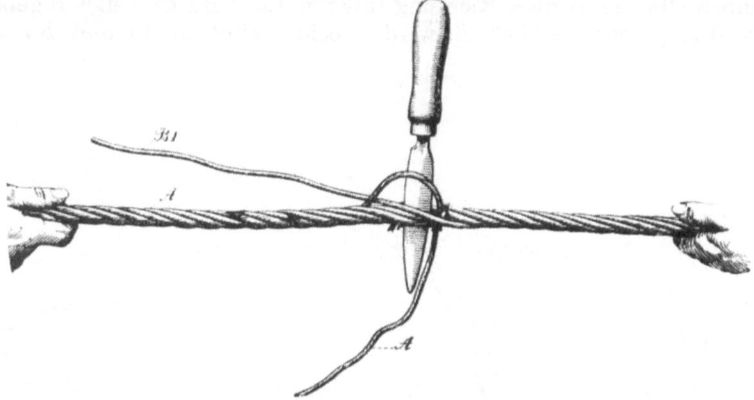

Abb. 39. Durchstecken der Litzenenden.

der Kreuzungsstelle neben der Gegenlitze B mit Hilfe der Spleißahle
quer durch das Seil gesteckt, wie Abb. 39 angibt, und entsprechend auf
der anderen Seite die Litze B, nachdem vorher an der Stelle die Hanfseele entfernt worden ist. Wenn die beiden durchgesteckten Litzenenden mit der Spleißzange ordentlich fest angezogen sind, ergibt sich so

Abb. 40. Durchgesteckte Litzenenden.

das Bild der Abb. 40. Der Rest der vorstehenden Litze wird so weit
abgeschnitten, daß er gerade ausgestreckt bis halb an die nächste Kreuzungsstelle reicht, und mit einem entsprechend dicken Faden geteerten
Hanfes umwickelt, der der vorher entfernten Hanfseele entnommen
werden kann, damit sie im Innern des Seiles größere Reibung und
infolgedessen mehr Halt hat. Die Litze wird dann mit Hilfe der Spleißahle an Stelle der herausgeschnittenen Hanfseele in das Seil eingelegt.
Wenn so alle 6 Kreuzungsstellen bearbeitet worden sind, wird schließlich das Ganze mit einem Kupferhammer auf hölzerner Unterlage gut
rund geklopft.

2. Die Berechnung der Seile.

Das schwere, im übrigen vorläufig leer angenommene Tragseil hängt zwischen seinen Unterstützungen nach einer Kettenlinie durch, die jedoch, da der Durchhang im Verhältnis zur Spannweite immer klein bleibt, durch eine Parabel ersetzt werden kann. Selbst bei den größten praktischen Ausführungen beträgt der dadurch begangene Fehler nicht mehr als 1 v. H. des ganzen Durchhanges.

Bezeichnet:

S die an irgendeiner Stelle des Seiles auftretende Spannkraft in kg,

H ihre wagerechte Seitenkraft in kg,

S_{max} die größte im Seil auftretende Spannkraft in kg,

S_m die in der Mitte des ausgespannten Seiles wirkende Spannkraft in kg,

F den Gesamtquerschnitt der Drähte des Seiles in cm²,

K_z die Zerreißfestigkeit des Seilmateriales in kg/cm²,

$\mathfrak{S}$ den Sicherheitsgrad, der an der Stelle der größten Spannkraft S_{max} noch besteht,

q das Gewicht des Seiles in kg/m,

γ das Einheitsgewicht des Drahtmateriales in kg/dm³,

ξ den Verseilungsfaktor, der angibt, wieviel länger die verwendeten Drähte sind als das daraus gefertigte Seil,

l den direkten Abstand zweier Stützpunkte in m,

a den wagerecht gemessenen Abstand zweier Stützpunkte in m,

h den lotrecht gemessenen Abstand zweier Stützpunkte in m,

y die Höhe der betreffenden Seilstelle über der Nullachse der Kettenlinie in m,

so gilt für die Kettenlinie

$$S = q \cdot y .$$

Ferner bestehen die Beziehungen

$$\mathfrak{S} \cdot S_{max} = F \cdot K_z \quad \text{und} \quad 10\,q = F \cdot \gamma \cdot \xi ,$$

und durch die Verbindung beider erhält man

$$\mathfrak{S} \cdot S_{max} = q \cdot \frac{10\,K_z}{\gamma\,\xi} .$$

Nun bezeichnet $\dfrac{10\,K_z}{\gamma\,\xi} = R$ eine in Metern gemessene Länge, diejenige, die das senkrecht herabhängende Seil haben müßte, um infolge seines Eigengewichtes an der oberen Befestigungsstelle zu zerreißen, die sogenannte Reißlänge.

Da diese Länge nur von Zahlen abhängig ist, die die Bauart des Seiles und das Drahtmaterial betreffen, so ist die Reißlänge für alle Seile von gleicher Konstruktion und Materialbeschaffenheit dieselbe, die in der folgenden Übersicht für die im vorstehenden Abschnitt beschriebenen Seile zusammengestellt ist.

Die Reißlänge der Seile.

Art der Seile	Zerreißfestigkeit K_z	Verseilungsfaktor ξ	Reißlänge R
Offene Seile	6 000 kg/cm² 12 000 „ 14 500 „	1,073	7 120 m 14 230 „ 17 200 „
Verschlossene Seile mit einer Lage Keildrähte	5 700 kg/cm² 9 500 „ 12 000 „	1,11	6 540 m 10 900 „ 13 780 „
Verschlossene Seile mit Runddrähten im Innern	5 700 kg/cm² 9 500 „	1,08	6 720 m 11 200 „
Halbverschlossene Seile	9 500 kg/cm² 12 000 „	1,14 (20—27 mm $\varnothing$) 1,10 (28—40 mm $\varnothing$)	10 610 u. 10 990 m 13 400 u. 13 900 „
Litzenseile 6 Litzen von je 7 Drähten 6 Litzen von je 12 Drähten	12 000 kg/cm² 15 000 „ 18 000 „	1,23 1,22	12 420 u. 12 530 m 15 520 u. 15 670 „ 18 620 u. 18 800 „

Wird noch beachtet, daß die Form der Kettenlinie nur von dem Abstand des Scheitelpunktes von der Achse abhängt, so folgt aus der Verbindung der beiden Gleichungen $S = q \cdot y$ und $S_{max} = \dfrac{q \cdot R}{\mathfrak{S}}$, daß bei gleichem Sicherheitsgrad und derselben Lage der Endpunkte die Kettenlinie für alle Seile gleicher Art und gleichen Materials dieselbe Form hat. Eine einfache Überlegung ergibt ferner, daß die wagerechte Seitenkraft H an jeder Stelle des Seiles denselben Wert hat.

Für die Berechnung des Tragseildurchhanges kann das Seilgewicht mit völlig ausreichender Genauigkeit zu $q \cdot l$ angesetzt werden. Dann folgt aus einer kurzen Rechnung der senkrechte Durchhang des leeren Seiles in der Mitte zu

$$ f_1 = \frac{q \cdot l \cdot a}{8 \cdot H} = \frac{q \cdot l^2}{8 \cdot S_m} = \frac{l^2}{8 \cdot \left(\dfrac{R}{\mathfrak{S}} - \dfrac{h}{2} \right)} . $$

Für die zahlenmäßige Ausrechnung ist der letztere Ausdruck der bequemste.

Die Formel vereinfacht sich noch, wenn der lotrechte Stützenabstand h im Verhältnis zum wagerechten a klein ist, so daß $l \infty a$ gesetzt werden kann. Man erhält in dem Falle

$$ f_1 = \frac{q \cdot a^2}{8 \cdot H} = \frac{a^2 \cdot \mathfrak{S}}{8 \cdot R} . $$

Da das Tragseil bei allen größeren Ausführungen nur an einem Endpunkt festgemacht wird, so vergrößern die daran hängenden Wagen noch den so berechneten Durchhang. Bewegt sich z. B. eine einzige

Einzellast P kg darüber, so erhält das jetzt als gewichtslos gedachte Seil an der Angriffsstelle der Last einen Knick — wenigstens in der Vereinfachung der ersten Annäherung — und weicht dort am meisten von der geraden Verbindungslinie der Stützpunkte ab. Eine einfache Rechnung ergibt dann, daß der Weg der Last ebenfalls eine Parabel ist, deren Gesamtdurchhang beträgt

$$f = f_1\left(1 + \frac{2 \cdot P}{q \cdot l}\right).$$

Befinden sich i Wagen vom Einzelgewicht P_0 kg im gleichmäßigen Abstand c auf dem fraglichen Seilabschnitt von der wagerecht gemessenen Länge a, so ergibt sich der Durchhang der Lastwegparabel aus derselben Formel, wenn nur gesetzt wird

$$P = P_0 \cdot \left[i - \frac{c}{2\,a} \cdot (i^2 - 1)\right].$$

Für eine annähernde Aufzeichnung der Parabel aus dem Durchhang f ist die Tangentenkonstruktion der Abb. 41 am vorteilhaftesten. Will man einzelne Punkte genau festlegen, so ist die Konstruktion

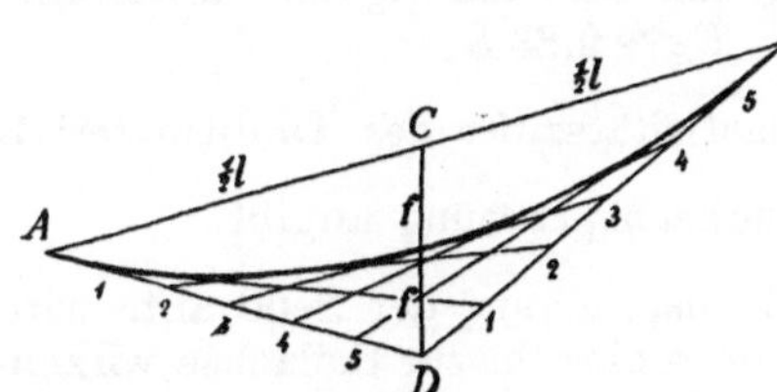

Abb. 41. Umhüllungskonstruktion der Parabel.

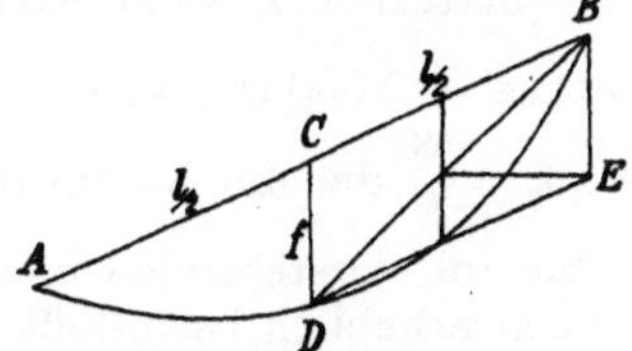

Abb. 42. Punktkonstruktion der Parabel.

nach Abb. 42 günstiger. Man zieht zuerst durch den Schnitt der Geraden BD mit der Lotrechten an der betreffenden Stelle eine Wagerechte, die die durch B gezogene Lotrechte in E schneidet, und zieht darauf DE. F ist dann der gesuchte Parabelpunkt.

Bei der üblichen Berechnung der Seile wird angenommen, daß sich die Spannkraft S gleichmäßig über alle einzelnen Drähte des Seiles verteilt und sie auch gleichmäßig beansprucht. Durch geeignete Wahl der Flechtwinkel und des Druckes, mit dem der Draht bei der Verseilung sich auf die innere Lage legt, ist es auch möglich, mindestens eine annähernd gleiche Kraftverteilung zu erzielen; nur der innerste gerade Draht wird naturgemäß überbeansprucht. Z. B. stellte Verfasser an einem halbverschlossenen 39 drähtigen Seil fest, daß bei einer Gesamtbelastung von rund 20 t auf jeden der

10 Formdrähte der äußersten Lage rund $^1/_{42}$,
10 dazwischen liegenden Runddrähte rund $^1/_{45}$,
12 Runddrähte der mittleren Lage rund $^1/_{39}$,
 6 Runddrähte der innersten Lage rund $^1/_{37}$,
den Kerndraht etwa $^1/_{15}$

der Gesamtbelastung entfiel.

Bei anderen Ausführungen waren die Ungleichförmigkeiten allerdings größer[13]), und man kann wohl im Durchschnitt annehmen, daß die innerste Lage mit etwa 1,2 des Mittelwertes, die mittlere mit dem Mittelwert und die äußerste mit etwa 0,95 des Mittelwertes der reinen Zugbelastung beansprucht wird. Freilich kommen bisweilen, auch bei Lieferungen erfahrener und als sorgfältig bekannter Fabriken, Seile vor, deren einzelne Lagen eine recht verschiedene Beanspruchung erleiden. Es hängt das zum guten Teil von reinen Zufälligkeiten der Herstellung ab.

Da die Spiralseile aus einer Anzahl ineinandergesteckter Schraubenfedern von allerdings großer Steigung bestehen, so ist klar, daß ihre elastische Gesamtdehnung größer ist als etwa die nebeneinander ausgespannter gerader Drähte. Bei den offenen Spiralseilen ist die Dehnungsziffer abhängig von der Belastung. Z. B. fand Verfasser[13]) an einem 37drähtigen Seil, dessen Drahtmaterial die Zerreißfestigkeit $K_z \backsim 7000 - 7500$ kg/cm² besaß, als Elastizitätsziffer des Seiles:

$$E_S \backsim 650\,000 + 206 \cdot \sigma_0 \text{ kg/cm}^2,$$

an einem verschlossenen Seil: $E_S \backsim 0,65 \cdot E$,
an einem halbverschlossenen mit der Zerreißfestigkeit des Drahtmaterials $K_z \backsim 11\,500$ kg/cm²: $E_S \backsim 0,83\,E$.

worin $E \backsim 2\,000\,000$ kg/cm² die Elastizitätsziffer des Drahtmaterials und $\sigma_0 = \dfrac{S}{F}$ die durchschnittliche Zugbeanspruchung angibt.

Die im vorstehenden erörterte Beanspruchung der Seildrähte wird ziemlich erheblich beeinflußt durch die senkrecht zur Seilachse wirkenden Raddrücke N. Das Seil erfährt dadurch eine Biegung, die sich allerdings nicht weit von der Druckstelle erstreckt. Die hieraus folgende Aufgabe der Spannungsberechnung ist nur lösbar, indem man zuerst die Formänderung des ganzen Seiles untersucht und dann daraus die Beanspruchung der einzelnen Drähte ableitet.

Es bezeichne:

$\dfrac{S}{n}$ die auf einen Draht in Richtung der Seilachse entfallende Spannkraft in kg,

$\dfrac{N}{m}$ die senkrecht dazu wirkende Belastung eines Drahtes in kg,

F_0 den Querschnitt eines Drahtes in cm²,
J das Trägheitsmoment des Drahtquerschnittes in cm⁴,
e den Abstand der äußersten Stelle eines Drahtquerschnittes von seiner Mittelachse in cm,
r den Halbmesser der Mittellinie einer Drahtschraube in cm,
φ den Flechtwinkel des Drahtes,
R_a und R_i den außen bzw. innen auf einen Draht von der darüber bzw. darunter gelegenen Lage ausgeübten Druck in kg/cm,
$\mu \backsim 0,15$ die Reibungsziffer zwischen den einzelnen Drähten,

---

[13]) Dinglers polytechn. Journ. 1909.

$$\zeta_1 = \frac{J}{F \cdot e^2} = 0{,}25 \text{ für den Kreisquerschnitt,}$$

$\sim 0{,}40$ für den Profildrahtquerschnitt des halbverschlossenen Seiles,

ζ_2 das Verhältnis der mittleren zur höchsten Schubbeanspruchung des Querschnittes (0,75 für den Kreisquerschnitt, 0,65 für den obigen Profildrahtquerschnitt),

$$\zeta_3 = \frac{J_p}{F \cdot e^2} = 0{,}50 \text{ für den Kreisquerschnitt,}$$

$\sim 0{,}45$ für den obigen Profilquerschnitt,

$\dfrac{1}{k}$ eine Zahl, die angibt, welcher Anteil der elastischen Formänderung einer allseitig freien Schraubenlinie sich in den ineinandergesteckten des Seiles nur ausbilden kann.

An einem halbverschlossenen Seil fand Verfasser[13]), wie zu erwarten war, daß der Betrag $\dfrac{1}{k}$ mit steigender Längsbelastung S stark abnimmt:

$$
\begin{array}{ccccccc}
S = & 10 & 12{,}5 & 15 & 17{,}5 & 20 & 22{,}5 \text{ t} \\
k = & 62{,}5 & 70 & 88 & 128 & 207 & 350,
\end{array}
$$

ferner

$$R_a + R_i \sim 145 \div 165 \text{ kg/cm.}$$

Die bekannte Grundgleichung der Biegungslehre lautet dann, natürlich mit der Elastizitätsziffer des ganzen Seiles, die so lange maßgebend ist, wie eben die Formänderung des Seiles betrachtet wird:

$$\frac{d^2\eta}{d^2\xi} \cdot E_S \cdot \sum \frac{J}{\cos\varphi} = \sum \frac{S}{n} \cdot \eta \,,$$

und eine zuerst von Isaachsen[14]) angegebene Rechnung bestimmt hieraus die größte Durchbiegung:

$$\eta_{\max} = \frac{N}{2 \cdot S} \cdot \sqrt{\frac{E_S \cdot \sum \dfrac{J}{\cos\varphi}}{S}} \,.$$

Die hieraus berechneten Werte stimmen recht gut mit den Versuchsergebnissen[13]) überein.

Die unmittelbar unter dem Rad sich bildende Krümmung hat den Halbmesser:

$$\varrho = \frac{2}{N} \cdot \sqrt{E_S \cdot S \cdot \sum \frac{J}{\cos\varphi}} \,.$$

Die weitere Rechnung liefert als größte, in einem Drahtquerschnitt auftretende Normalbeanspruchung:

$$\sigma = \frac{S}{n \cdot F_0} \cdot \left[\cos\varphi \cdot \left(1 + \frac{1}{\zeta_1 \cdot k} + \frac{\eta_{\max}}{r}\right) - \frac{n \cdot \mu \cdot (R_a + R_i)}{S} \cdot \left(1 + \frac{1}{\zeta_1 \cdot k} \cdot \frac{e}{r}\right) \right],$$

und als größte Schubbeanspruchung:

$$\tau = \frac{S}{n \cdot F_0} \cdot \left[\sin\varphi \cdot \left(\frac{1}{\zeta_2} + \frac{1}{\zeta_3 \cdot k}\right) - \frac{n \cdot \mu \cdot (R_a + R_i)}{S} \cdot \left(\frac{1}{\zeta_2} + \frac{1}{\zeta_3 \cdot k} \cdot \frac{e}{r}\right) \right],$$

[14]) Zeitschr. d. Ver. deutsch. Ing. 1907.

die nach der Formel:

$$\sigma_H = \frac{\sigma}{2} \cdot \left(1 + \sqrt{1 + \left(\frac{2\,\tau}{\sigma}\right)^2}\right)$$

zu einer Hauptspannung zusammenzusetzen sind.

Um ein Beispiel zu geben, werden für ein halbverschlossenes Seil von $K_z = 12\,000$ kg/cm² Zerreißfestigkeit und der Stärke $d = 35$ mm, das aus 29 Runddrähten von je 5 mm Durchmesser und 10 Profildrähten von 5 mm Höhe besteht, deren Flechtwinkel in den beiden inneren Lagen $\varphi = 15°\,30'$ und in der äußeren $\varphi = 19°\,20'$ beträgt, die folgenden Angaben festgesetzt bzw. berechnet:

Angenommene Bruchsicherheit $\mathfrak{S}$	5,0	4,5	4,0	
Mittlere Zugbeanspruchung σ_0	2400	2670	3000	kg/cm²
Gesamtspannkraft S	18,6	20,7	23,3	t
Raddruck N	0,4	0,6	0,8	t
Größte Durchbiegung η_{max}	0,27	0,35	0,39	cm
Normalbeanspruchung σ_1 ohne Biegung in den				
Formdrähten der äußeren Lage	1925	2140	2415	kg/cm²
Runddrähten ,, ,, ,, ...	1925	2130	2390	,,
,, ,, mittleren ,, ...	2280	2515	2815	,,
,, ,, inneren ,, ...	2395	2660	2975	,,
Normalbeanspruchung σ_2 mit Biegung in den				
Formdrähten der äußeren Lage	2820	3430	4045	,,
Runddrähten ,, ,, ,, ...	2820	3420	4000	,,
,, ,, mittleren ,, ...	3860	4790	5675	,,
,, ,, inneren ,, ...	5450	7730	8990	,,
Schubbeanspruchung τ in den				
Formdrähten der äußeren Lage	955	1070	1220	,,
Runddrähten ,, ,, ,, ...	810	910	1040	,,
,, ,, mittleren ,, ...	705	800	915	,,
,, ,, inneren ,, ...	745	855	975	,,
Hauptspannung ohne Biegung σ_{H_1}				
Formdrähte der äußeren Lage	2320	2580	2920	,,
Runddrähte ,, ,, ,, ...	2220	2460	2780	,,
,, ,, mittleren ,, ...	2480	2740	3080	,,
,, ,, inneren ,, ...	2610	2910	3260	,,
Hauptspannung mit Biegung σ_{H_2}				
Formdrähte der äußeren Lage	3110	3730	4380	,,
Runddrähte ,, ,, ,, ...	3040	3640	4250	,,
,, ,, mittleren ,, ...	3950	4910	5850	,,
,, ,, inneren ,, ...	5540	7830	9020	,,
Verhältnis der Hauptspannung ohne Biegung zur Durchschnittsspannung $\dfrac{\sigma_{H_1}}{\sigma_0}$				
Formdrähte der äußeren Lage	0,97	0,97	0,97	
Runddrähte ,, ,, ,, ...	0,93	0,93	0,93	
,, ,, mittleren ,, ...	1,03	1,03	1,03	
,, ,, inneren ,, ...	1,09	1,09	1,09	
Verhältnis der Hauptspannung mit Biegung zur Durchschnittsspannung $\dfrac{\sigma_{H_2}}{\sigma_0}$				
Formdrähte der äußeren Lage	1,30	1,40	1,46	
Runddrähte ,, ,, ,, ...	1,27	1,37	1,42	
,, ,, mittleren ,, ...	1,65	1,84	1,95	
,, ,, inneren ,, ...	2,31	2,93	3,01	

Im letzteren Falle hat die Bruchsicherheit der Drähte der inneren Lage unter dem Raddruck nur noch den Betrag $\mathfrak{S}' = \dfrac{4}{3,01} \backsim 1,33$.
Zu beachten ist jedoch, daß mit 9000 kg/cm² gerade erst die Elastizitätsgrenze des Materials erreicht ist. Erst eine darüber hinausgehende Beanspruchung würde mit der Zeit wachsende bleibende Dehnungen hervorrufen, die dann aber sogleich eine Entlastung der betreffenden Drahtlage bewirken, so daß dann die äußeren Lagen stärker beansprucht werden, die ja vorläufig eine ganz wesentlich geringere Anspannung erfahren. Die hier berechnete Beanspruchung kann also als Höchstbetrag gerade noch zugelassen werden. Die Verhältnisse bekommen noch ein wesentlich günstigeres Aussehen, wenn man beachtet, daß bei 9000 kg/cm² die elastische Dehnungsarbeit erst $20\,\dfrac{\mathrm{cm\ kg}}{\mathrm{cm^3}}$ beträgt, während die gehärtete Stahlsorte, die hier in Frage kommt, ein Arbeitsvermögen von i. M. $250\,\dfrac{\mathrm{cm\ kg}}{\mathrm{cm^3}}$ aufweist.

Bei der vorstehenden Berechnung ist vorausgesetzt worden, daß die Drähte sich bei der Biegung durch den Raddruck völlig frei gegeneinander verschieben können. Die Reibung zwischen den einzelnen Drähten und Drahtlagen wirkt aber dahin, daß sich das Seil auch im ganzen wie ein fester Stab verbiegt, wodurch natürlich die Beanspruchung der äußersten Lage ganz erheblich gesteigert wird. Wie sich jedoch diese Biegungsanstrengung verteilt, einerseits als Beanspruchung der einzelnen Drähte und andererseits als Beanspruchung des ganzen Querschnittes, ist zurzeit noch völlig unbekannt, obwohl eine diesbezügliche Versuchsreihe ohne sonderliche Schwierigkeiten durchzuführen wäre. Aus dem Grunde mußte bei der obigen Durchrechnung von einer Berücksichtigung dieses Umstandes abgesehen werden. Jedenfalls besteht die Tatsache, daß infolge dieser Zusatzbeanspruchung fast immer die Drähte der äußersten Lage bei Überanstrengung zu Bruch gehen.

Der vorstehenden Zusammenstellung entnimmt man noch das von vornherein einleuchtende Ergebnis, das die Zugspannkraft S um so höher zu wählen ist, je größer die Raddrücke N sind, damit die Biegung nicht zu hohe Drahtspannungen hervorruft. Man hat also die Sicherheit $\mathfrak{S}$, die gewöhnlich zu Anfang der Berechnung festgelegt wird, um so kleiner zu nehmen, je größer die auf das Seil im gewöhnlichen Betrieb einwirkenden Raddrücke sind. Einen ungefähren Anhalt dafür bietet ja die vorstehende Beispielrechnung. Außerdem richtet sich der Wert von $\mathfrak{S}$ noch nach dem Drahtmaterial, aus dem das Seil besteht, weil bei geringerer Festigkeit die Elastizitätsgrenze schon bei $^1/_2$ der Zerreißfestigkeit liegt, während sie bei hartem Material, wie im obigen Fall, das $^3/_4$fache beträgt.

In den für die Beanspruchung des Drahtes gegebenen Formeln ist die Vorspannung bzw. Vorbeanspruchung außer acht gelassen worden, die der Draht bei der Herstellung und dem Lagern des Seiles auf der Transporttrommel erlitten hat. Sie überschreitet die Streckgrenze des

Materials ganz erheblich, so daß nur noch ganz geringe elastische Spannungen zurückbleiben, deren Größtwerte im Inneren des Drahtes, freilich ziemlich dicht an der Außenkante auftreten[15]). Aus dem Grunde kann man ohne Fehler von ihrer Berücksichtigung absehen.

Die Stärke der Tragseile hängt von verschiedenen Umständen ab, die eine gewisse Erfahrung in der Abschätzung aller Einflüsse erfordern. Hierbei ist in erster Linie der Raddruck zu berücksichtigen, zweitens die Stunden- und Jahresleistung der Anlage und schließlich deren voraussichtliche Gesamtbetriebsdauer.

Bei Seilbahnen für langjährige und regelmäßige Benutzung ergibt die Formel

$$d \text{ mm} = 4 \cdot \sqrt[3]{2 \cdot N \text{ kg}}$$

eine gut mit den praktischen Ausführungen übereinstimmende Stärke der offenen Spiralseile; bei verschlossenen Seilen geht der Zahlenfaktor manchmal bis auf 3,5 herunter.

Die Länge der Seilparabel wird aus der Näherungsgleichung bestimmt:

$$L = l \cdot \left[1 + \frac{8}{3} \cdot \left(\frac{a \cdot f_1}{l^2} \right)^2 - \frac{64}{10} \cdot \left(\frac{a \cdot f_1}{l^2} \right)^4 \right].$$

Im allgemeinen erübrigt sich die Berechnung außer bei Anlagen mit sehr großen Spannweiten. Denn die elastische Verlängerung des Seiles gleicht gewöhnlich den Fehler völlig aus, der entsteht, wenn die Seillänge einfach durch Addition der geraden Abstände l der Stützpunkte bestimmt wird.

Der Durchhang des Zugseiles, das ja verhältnismäßig sehr viel weniger angespannt ist als die Tragseile, wird bei größerer freier Länge nur dann halbwegs richtig durch die Parabelannäherung bestimmt, wenn die beiden Endpunkte nahezu dieselbe Höhenlage haben. Bei stärkerer Neigung müssen die Formeln für die Kettenlinie benutzt werden.

Es gelten also mit den Bezeichnungen der Abb. 43 für die beiden Endpunkte die Beziehungen:

$$y_1 = \frac{S_1}{q} = y_0 \cdot \mathfrak{Cof} \frac{x_1}{y_0},$$

$$y_2 = \frac{S_2}{q} = y_0 \cdot \mathfrak{Cof} \frac{x_2}{y_0};$$

hierzu tritt noch die aus der Abb. 43 zu entnehmende Gleichung

$$\frac{x_1}{y_0} \pm \frac{x_2}{y_0} = \frac{a}{y_0}$$

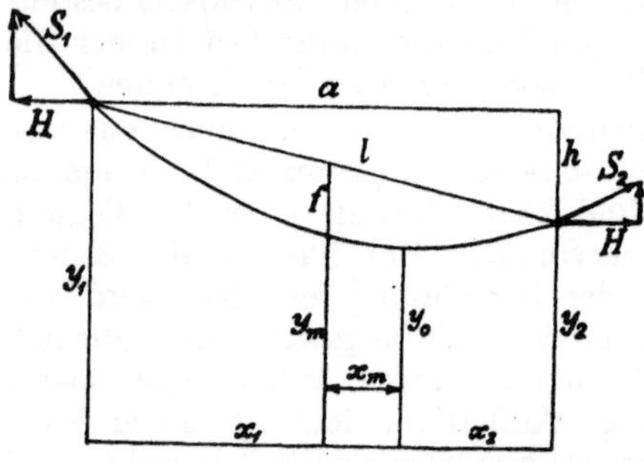

Abb. 43. Durchhang der Kettenlinie.

Durch Zusammenfassen der drei Gleichungen erhält man

$$\mathfrak{ArCof} \frac{S_1}{q \cdot y_0} \pm \mathfrak{ArCof} \frac{S_1 - q \cdot h}{q \cdot y_0} = \frac{a}{y_0}$$

[15]) Dinglers polytechn. Journ. 1913.

als Bestimmungsgleichung für y_0, die durch Probieren mit Hilfe der Tafel der Hyperbelfunktionen [16]) zu lösen ist. Das obere Vorzeichen gilt für geringe Neigungen, das untere für größere, wo der Scheitelpunkt der Kettenlinie sich außerhalb der fraglichen Strecke a befindet. Einen ersten Anhalt für die vorläufige Wahl von y_0 bietet die Tatsache, daß bei den meist vorkommenden Neigungen y_0 nur wenig kleiner als y_2 ist.

Gleichzeitig mit der Ordinate y_0 werden auch die Abszissen x_1 und x_2 des Scheitelpunktes gefunden. Man bestimmt dann für die Abszisse

$x_m = x_1 - \tfrac{1}{2} a$ die zugehörige Ordinate $y_m = y_0 \cdot \mathfrak{Co}\mathfrak{f} \dfrac{x_m}{y_0}$ und erhält schließlich den Durchhang

$$f = \frac{S_1}{q} - \frac{h}{2} - y_m \, .$$

Um die Länge des Zugseiles zu ermitteln, berechnet man wieder mit Hilfe der Tafeln der Hyperbelfunktionen die Länge vom Scheitelpunkt der Kettenlinie bis zum Endpunkt

$$L_1 = y_0 \cdot \mathfrak{Sin} \frac{x_1}{y_0}$$

bzw. bis zum anderen Endpunkt

$$L_2 = y_0 \cdot \mathfrak{Sin} \frac{x_2}{y_0}$$

und addiert bzw. subtrahiert beide Beträge, je nach der Lage des Scheitelpunktes zum niedrigeren Endpunkt.

Zur genaueren Berechnung der Drahtbeanspruchung eines Litzenseiles dient die Überlegung, daß die Zugkraft S auf die einzelnen Litzen ebenso einwirkt wie auf die Drähte des Spiralseiles. Die Litzen erfahren also im Ganzen, wie oben erörtert wurde, Zug-, Schub-, Biegungs- und Verdrehungskräfte bzw. -momente. Da die innere Lage hier aber nur aus der nachgiebigen Hanfseele besteht, so können sich die von den Biegungs- und Verdrehungsmomenten hervorgerufenen Verschiebungen viel stärker ausbilden als bei den Spiralseilen. Freilich liegen zur Zeit noch keine Versuche zur Bestimmung des hierfür maßgebenden Wertes k vor.

In den Litzen findet nun nochmals eine entsprechende Verteilung der Zug- und Schubkräfte statt. Es bietet also keine Schwierigkeiten, ähnliche, wenn auch längere Formeln für die Beanspruchung der einzelnen Drähte hinzuschreiben wie bei den Spiralseilen. Sie sind jedoch wertlos, solange nicht die darin vorkommenden Zahlenwerte durch Versuche bestimmt worden sind.

Vorläufig bleibt nur übrig, mit der alten Annahme zu rechnen, daß die Seilspannkraft S kg in den i Drähten des Seiles von der Stärke δ cm die überall gleiche Zugspannung hervorruft:

$$\sigma_0 = \frac{S}{i \cdot \frac{\pi}{4} \cdot \delta^2} \ \text{kg/cm}^2 .$$

---

[16]) Hütte I, S. 28/29.

Sicher dürften auch die Abweichungen von diesem Mittelwert wesentlich geringer sein als bei den Spiralseilen.

Beim Übergang über die Endseilscheibe verbiegt sich das Seil als Ganzes, indem die auf der Scheibe liegenden Litzen und Drahtteile sich durch Vergrößerung ihrer Krümmung stauchen und die ganz außen befindlichen sich durch Verkleinern ihrer Krümmung entsprechend verlängern. Bei parallel neben- und übereinander auf der Scheibe vom Durchmesser D cm liegenden Drähten von der Stärke δ cm ergibt eine einfache Überlegung die bei der Biegung auftretende Spannung zu

$$\sigma_b = E \cdot \frac{\delta}{D} \ \text{kg/cm}^2 ,$$

worin $E \infty 2\,000\,000$ kg/cm² die Elastizitätsziffer des Drahtmaterials ist. Da nun aber der größte Teil der Seilbiegung durch die geschilderte Verschiebung der Drähte gegeneinander ohne Inanspruchnahme der Elastizität des Drahtmaterials entsteht, so setzt man gewöhnlich in die vorstehende Gleichung die aus Zugversuchen bestimmte Elastizitätsziffer des ganzen Seiles ein, die bei den Zugseilen von Drahtseilbahnen i. M. $E_s = 0{,}35 \cdot E$ beträgt, und erhält so

$$\sigma_b = 0{,}35 \cdot E \cdot \frac{\delta}{D} \ \text{kg/cm}^2 .$$

Die vorstehenden Erörterungen machen klar, daß eine ziemlich weitgehende Herabsetzung des Wertes E sicherlich richtig ist; daß wohl auch der Faktor 0,35 zutrifft, lehrt die folgende Überlegung.

Die Biegungsbeanspruchung kommt nie allein vor, sondern stets in Verbindung mit einer größeren Zugbeanspruchung. Bei richtiger Wahl beider Beanspruchungen wird nun auf der einen Seite der Nullschicht durch die Biegung die Zugdehnung entsprechend verringert und auf der anderen Seite um einen gleichen Betrag vermehrt. Es ist nun nicht einzusehen, daß diese Verkleinerung bzw. Vergrößerung der Zugdehnung und -spannung nach einem anderen Gesetz erfolgen soll als die Zugdehnung selbst. Unter normalen Umständen können somit gegen die Zahl 0,35 keine Bedenken vorliegen[17]).

Für die Berechnung der im Zugseil auftretenden Spannkräfte gelten außer den im vorstehenden schon benutzten noch die folgenden Bezeichnungen:

l die in der Steigung gemessene Länge der Bahnlinie in m,
a die wagerechte Projektion der Bahnlänge in m,
h der Höhenunterschied der beiden Endpunkte in m,
Q die stündliche Förderleistung der Anlage in t,
p das Gewicht eines leeren Wagens in kg,
P das Gewicht der Wagenbelastung in kg,
n die Anzahl der auf einer Bahnseite befindlichen Wagen,
S_0 die auf der Seite der vollen Wagen unten im Zugseil herrschende Spannkraft in kg,
S_1 dieselbe oben,

<hr>

[17]) Dinglers polytechn. Journ. 1916.

S_0' und S_1' die entsprechenden Spannkräfte auf der Seite der leeren Wagen,

μ die Widerstandsziffer der Wagen, die je nach der Schmierung und Unterhaltung zwischen $^1/_{60}$ und $^1/_{100}$ liegt,

γ der Neigungswinkel zwischen l und a,

v die Fahrtgeschwindigkeit in m/sek.

Die um das zugehörige Zugseilgewicht erhöhte Last wird zerlegt in eine Seitenkraft parallel zu l, um die sich die Spannkraft vergrößert, und eine senkrecht dazu gerichtete, die den Bewegungswiderstand hervorruft. Man erhält so für die Seite der beladenen Wagen

$$S_1 = S_0 + [q \cdot l + n \cdot (p + P)] \cdot (\sin\gamma \pm \mu \cdot \cos\gamma),$$

worin bei Aufwärtsförderung das positive Vorzeichen von μ, bei Abwärtsförderung das negative zu nehmen ist. Ebenso wird für die Seite der leeren Wagen bei gleicher Förderrichtung

$$S_1' = S_0' + [q \cdot l + n \cdot p] \cdot (\sin\gamma \mp \mu \cdot \cos\gamma).$$

Die Anzahl der auf der Strecke nötigen Wagen bestimmt sich aus

$$n \cdot P \cdot v = \frac{1000\,Q \cdot l}{3600} \qquad \text{zu} \qquad n = \frac{0,278 \cdot Q \cdot l}{P \cdot v}\,.$$

Wird dies in die obige Gleichung eingesetzt, so ergeben die folgenden Umformungen:

$$\cos\gamma = \frac{1}{\sqrt{1 + \operatorname{tg}^2\gamma}} = \left(1 + \frac{h^2}{a^2}\right)^{-\frac{1}{2}} \sim 1 - \frac{1}{2} \cdot \frac{h^2}{a^2},$$

$$\sin\gamma = \frac{\operatorname{tg}\gamma}{\sqrt{1 + \operatorname{tg}^2\gamma}} \sim \frac{h}{a} \cdot \left(1 - \frac{1}{2} \cdot \frac{h^2}{a^2}\right),$$

$$l = \sqrt{a^2 + h^2} = a \cdot \left(1 + \frac{h^2}{a^2}\right)^{\frac{1}{2}} \sim a \cdot \left(1 + \frac{1}{2}\frac{h^2}{a^2}\right)$$

schließlich

$$S_1 = S_0 + Q \cdot a \cdot \left[\frac{q}{Q} + \frac{0,278}{v} \cdot \left(1 + \frac{p}{P}\right)\right] \cdot \left(\frac{h}{a} \pm \mu\right),$$

$$S_1' = S_0' + Q \cdot a \cdot \left[\frac{q}{Q} + \frac{0,278}{v} \cdot \frac{p}{P}\right] \cdot \frac{h}{a}\left(\mp \mu\right),$$

worin das positive Zeichen von μ für die Förderung nach aufwärts und das negative für die Förderung nach abwärts gilt.

Für den allgemeinen Fall, daß auf der einen Seite die Menge Q t stündlich in Wagen von der Belastung P kg und dem Eigengewicht p kg zu fördern sind, während auf der Gegenseite Q' t stündlich in Wagen vom Fassungsvermögen P' und dem Eigengewicht p' kg befördert werden, lauten die Gleichungen:

$$S_1 = S_0 + Q \cdot a \cdot \left[\frac{q}{Q} + \frac{0,278}{v} \cdot \left(1 + \frac{p}{P} + \frac{Q'}{Q} \cdot \frac{p'}{P'}\right)\right] \cdot \left(\frac{h}{a} \pm \mu\right)$$

und

$$S_1' = S_0' + Q' \cdot a \cdot \left[\frac{q}{Q'} + \frac{0,278}{v} \cdot \left(1 + \frac{p'}{P'} + \frac{Q}{Q'} \cdot \frac{p}{P}\right)\right] \cdot \left(\frac{h}{a} \mp \mu\right).$$

Erfolgt, wie gewöhnlich, die Rückförderung in einigen der sonst leer zurückgehenden Wagen vom Gewicht p kg, so fällt in der ersten Gleichung das dritte Glied der Klammer fort, während die zweite unverändert bleibt, wenn nur $p' = p$ gesetzt wird.

Die vorstehenden Gleichungen liefern unmittelbar die Spannkraft in der einen Endstation, wenn die in der anderen Station gegeben ist, gleichgültig ob und wieviel Gefällwechsel dazwischen liegen oder welche Durchhänge die Tragseile haben.

Während auf der geraden Strecke bei größerem Abstand der aufeinanderfolgenden Wagen das durchhängende Zugseil die Tragrollen der Stützen nur eben berührt, so daß dadurch keine nennenswerte Spannkrafterhöhung entstehen kann, legt es sich beim Übergang über eine Bergkuppe mit einer ziemlich hohen Druckkraft auf:

$$N_r = 2 \cdot S_x \cdot \sin\frac{\alpha}{2},$$

worin angibt:

S_x die nach den obigen Angaben berechnete Spannkraft in kg dicht vor der betreffenden Stelle,

α den Ablenkungswinkel des Zugseiles an der Stelle.

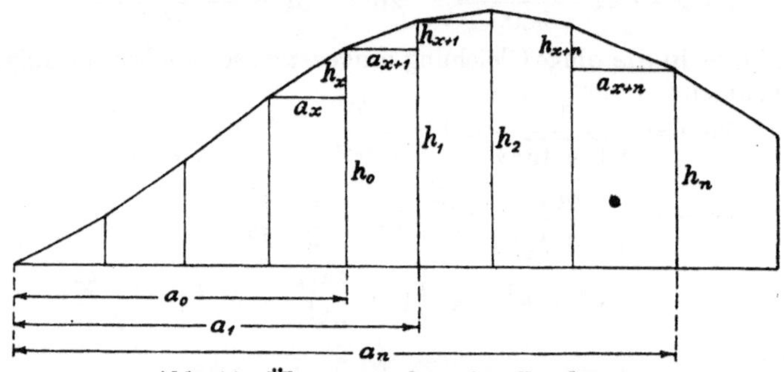

Abb. 44. Übergang über eine Bergkuppe.

Bei den in der Praxis nur zugelassenen Ablenkungen ist gemäß den Bezeichnungen der Abb. 44 genau genug

$$2 \cdot \sin\frac{\alpha}{2} \backsim \alpha \backsim \frac{h_x}{a_x} - \frac{h_{x+1}}{a_{x+1}},$$

und setzt man abkürzungsweise

$$A = Q \cdot \left[\frac{q}{Q} + \frac{0{,}278}{v} \cdot \left(1 + \frac{p}{P}\right)\right],$$

so wird

$$S_x = A \cdot (h_0 \pm \mu \cdot a_0)$$

und, wenn μ_r die Widerstandsziffer der Rolle bedeutet (vgl. S. 54),

$$S_{x+1} = S_x + \mu_r \cdot N_r + A \cdot (h_{x+1} \pm \mu \cdot a_{x+1})$$

$$= A \cdot \left[(h_0 \pm \mu \cdot a_0) \cdot \left(1 + \mu_r \cdot \left(\frac{h_x}{a_x} - \frac{h_{x+1}}{a_{x+1}}\right)\right) + h_{x+1} \pm \mu \cdot a_{x+1}\right]$$

$$\backsim A \cdot \left[h_1 \pm \mu \cdot a_1 + \mu_r \cdot h_0 \cdot \left(\frac{h_x}{a_x} - \frac{h_{x+1}}{a_{x+1}}\right)\right].$$

Wird die Überlegung weiter fortgesetzt bis zur letzten Stütze von der Ordnungszahl $x + n$ des Bergüberganges, auf der das Zugseil noch eine nennenswerte Ablenkung erfährt, so folgt schließlich, daß in den Gleichungen für S_1 und S_1' der letzte Klammerausdruck $\left(\dfrac{h}{a} \pm \mu\right)$ für jeden Bergübergang vergrößert wird um den Betrag

$$\pm \frac{\mu_r}{a} \cdot \left(h_0 \cdot \frac{h_x}{a_x} + \frac{h_{x+1}^2}{a_{x+1}} + \frac{h_{x+2}^2}{a_{x+2}} + \ldots + h_n \cdot \frac{h_{x+n}}{a_{x+n}}\right),$$

worin wieder das obere Vorzeichen für die Aufwärtsförderung gilt.

In gleicher Weise sind seitliche Ablenkungen des Zugseiles auf Rollenreihen zu berücksichtigen.

Die erforderliche Antriebsleistung berechnet sich zu

$$L = \frac{v}{75} \cdot (S_1 - S_1') \text{ PS.}$$

Setzt man hierin die vorstehenden Formeln für S_1 und S_1 ein, so folgt schließlich nach einigen Umformungen, wenn noch zur Abkürzung für jede Bergkuppe oder Winkel- bzw. Ablenkungsstation berechnet wird

$$c = \frac{h_0 \cdot h_x}{a_x} + \frac{h_{x+1}^2}{a_{x+1}} + \frac{h_{x+2}^2}{a_{x+2}} + \ldots + \frac{h_n \cdot h_{x+n}}{a_{x+n}},$$

die Antriebsleistung

$$L = \frac{Q \cdot h}{270} \pm [\mu \cdot a + \mu_r \cdot (c_1 + c_2 + \ldots)] \cdot \left[\frac{Q}{270} \cdot \left(1 + \frac{2\,p}{P}\right) + \frac{q \cdot v}{37,5}\right],$$

bzw. bei Förderung auf beiden Seiten der Bahn

$$270 \cdot L = (Q - Q') \cdot h \pm (\mu \cdot a + \mu_r \cdot \Sigma c) \cdot$$

$$\cdot \left[Q \cdot \left(1 + \frac{2\,p}{P}\right) + Q' \cdot \left(1 + \frac{2\,p'}{P'}\right) + 7,2 \cdot q \cdot v\right].$$

Wird hauptsächlich nach unten gefördert, so daß Q' als Hauptförderleistung der Bahn gilt, so fällt N häufig negativ aus. Die Bahn geht dann selbsttätig und die errechnete Leistung ist abzubremsen.

Zwischen den an der Antriebsscheibe angreifenden Kräften S_1 und S_1' besteht nun die für die Seilreibung auf der Scheibe geltende Beziehung $S_1 = S_1' \cdot e^{\mu' \alpha}$, worin angibt:

μ' die Reibungsziffer zwischen Seil und Scheibe,
α den vom Seil auf der Scheibe umspannten Winkel im Bogenmaß.

Damit eine möglichst große Kraft übertragen werden kann, werden die Antriebsscheiben fast stets mit Hirnleder ausgelegt, für das nach den allerdings nur an Flachseilen durchgeführten Versuchen von Köttgen bei feuchter Scheibe und in gewöhnlicher Weise geschmiertem Seil die Reibungsziffer $\mu' = 0,16$ zu setzen ist.

Bei wenig geneigten Bahnen, auf welchen nur geringe Lasten befördert werden, umschlingt das Zugseil die Scheibe zur Hälfte, und mit $\alpha \sim \pi$ erhält man

$$\frac{S_1}{S_1'} = 1{,}65$$

als größtes zulässiges Verhältnis der Spannkräfte. Die Leistung, die hierbei übertragen werden kann, beträgt

$$L_{max} = \frac{5{,}3}{1000} \cdot S_1 \cdot v \ \text{PS.}$$

Bei größeren Anlagen ist diese Leistung nicht ausreichend, weshalb der Umfassungswinkel durch die in Abb. 45 wiedergegebene Anordnung einer losen vorgelegten Scheibe auf etwa 2,75 π vergrößert wird. Man erhält dann als größtes zulässiges Verhältnis der beiden Seilspannkräfte

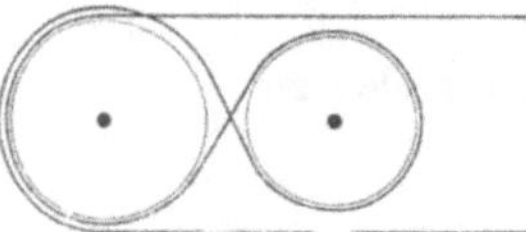

Abb. 45. Zugseilantrieb mit vorgelegter Scheibe.

$$\frac{S_1}{S_1'} = 4$$

und damit als größte mit Sicherheit auf das Seil übertragene Leistung

$$L_{max} = \frac{1}{100} \cdot S_1 \, v \ \text{PS.}$$

Wenn sehr große Antriebs- oder Bremsleistungen erforderlich werden, so wird die Antriebsscheibe mit drei Rillen versehen, die dann aber nicht mehr mit Hirnleder gefüttert werden, und die vorgelegte Scheibe erhält zwei Rillen.

Bei der hierfür zutreffenden Reibungsziffer $\mu' = 0{,}10$ zwischen dem geschmierten glatten Seil und der eisernen Scheibe ist die Übertragung gesichert, bis

$$\frac{S_1}{S_1'} = 5{,}6$$

wird.

Um völlig sicher zu gehen, bleibt man gewöhnlich um etwa 20 v. H. von den angegebenen Grenzwerten entfernt. Wenn besonders ungünstige Umstände, wie etwa Vereisung der Strecke, ein Gleiten des Zugseiles auf der Scheibe bewirken, so erhöht sich dadurch die Reibungsziffer derart, daß aus dem Gleiten irgendwelche Betriebsschwierigkeiten nicht entstehen. Es tritt vielmehr immer nur vorübergehend eine kurze Gleitperiode auf.

3. Die Stützen.

Die Seile liegen in schwach gewölbten und gut geglätteten gußeisernen Auflagerschuhen frei auf und können sich darin je nach der Belastung so verschieben, daß sich wohl der Durchhang ändert, aber ihre Zugbeanspruchung immer dieselbe bleibt. Die Länge der meist verwendeten Auflagerschuhe schwankt zwischen 0,6 und 1,2 m; sie ist abhängig von der vor der Stütze befindlichen Spannweite, damit die Krümmung des Seiles aus der Erhebung vor der Stütze in die dahinter folgende Senkung stetig und allmählich übergeht. Einen 0,6 m langen

Auflagerschuh von etwa 20 kg Gewicht, der fest auf den hölzernen Querbalken der Stütze geschraubt wird, stellt z. B. die Abb. 46 dar.

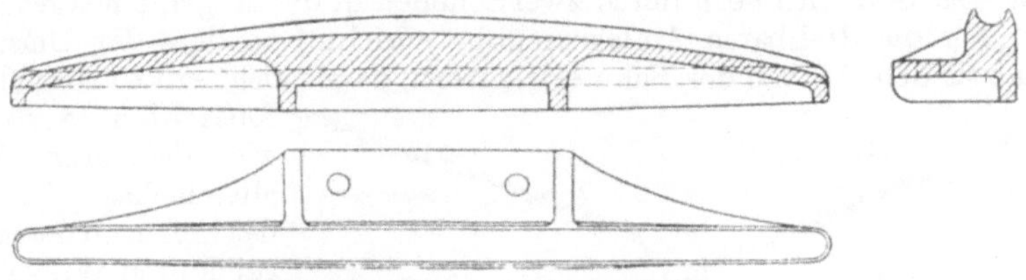

Abb. 46. Fester Auflagerschuh.

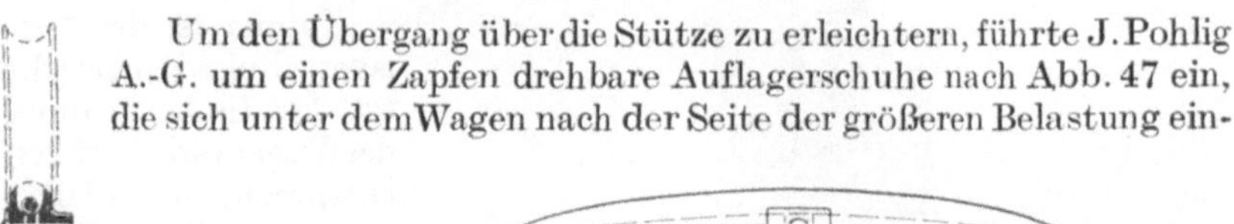

Um den Übergang über die Stütze zu erleichtern, führte J. Pohlig A.-G. um einen Zapfen drehbare Auflagerschuhe nach Abb. 47 ein, die sich unter dem Wagen nach der Seite der größeren Belastung ein-

Abb. 47. Drehbarer Auflagerschuh.

stellen. Zur Sicherung gegen Abgleiten von dem Zapfen greift ein in die Mitte eingelegtes Sperrstück in eine entsprechende Ausdrehung des

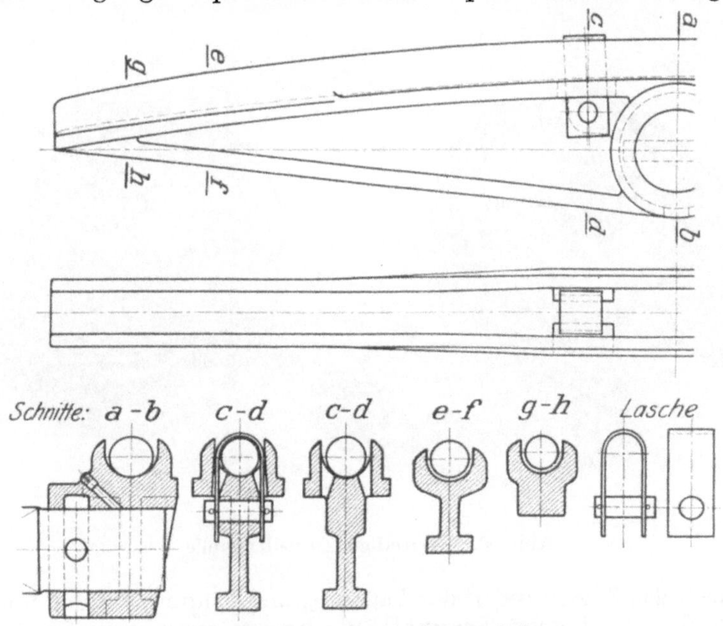

Abb. 48. Drehbarer Auflagerschuh.

Zapfens ein. Eine andere, 1,4 m lange und etwa 60 kg schwere Ausführung der inzwischen eingegangenen Seilbahn-A.-G. zeigt die Abb. 48.

Die Sicherung wird hier durch einen den Zapfen durchbohrenden Bolzen bewirkt, der von der unteren Aussparung des Auflagerschuhes aus zugänglich ist. Das Seil wird noch durch zwei Schellen in der Tragrille festgehalten.

Für die drehbaren Auflagerschuhe spricht besonders der Umstand, daß sie den Aufbau der Bahn erleichtern, da sie nicht ein so sorgfältiges Ausrichten verlangen wie die festen, deren Mittelachse den von den Seilen an der Stütze gebildeten Winkel halbieren muß.

Abb. 49.   Leichte Zugseiltragrolle mit Schutzbügel.

Immer ist der Auflagerschuh so eingerichtet, daß die Auskehlung der Wagenräder auf den entsprechend geformten Außenflächen des Schuhes aufläuft, damit das Tragseil nicht von beiden Seiten Druck bekommt. Von A. Bleichert & Co. werden diese Laufflächen an den Stellen der Bahn, wo eine stärkere Ablenkung des Zugseiles den Wagendruck erhöht, durch aufgeschraubte Stahlgußschienen gebildet, wie die Abb. 67 deutlich erkennen läßt.

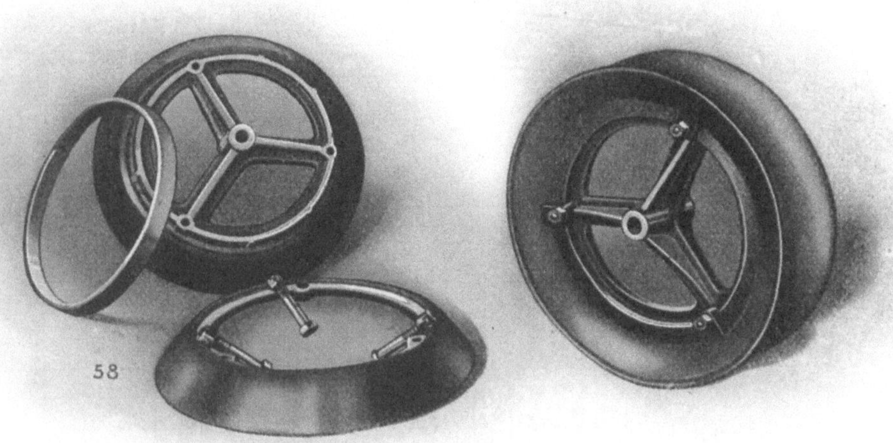

Abb. 50.   Dreiteilige Zugseiltragrolle.

Auch das Zugseil bedarf der Lagerung und Führung auf den Stützen durch die gußeisernen Tragrollen, die nur ausnahmsweise einmal fehlen können. Vielfach wählt man schmale und leichte Tragrollen gemäß Abb. 49, die nach dem Verschleiß billig zu ersetzen sind, häufig jedoch auch breite, kräftig gebaute Rollen, wie im Fall der Abb. 54. Oft

werden sie auch dreiteilig ausgeführt, was Abb. 50 nach der Ausführung
von Kaiser & Co. veranschaulicht. Der eingelegte, dem Verschleiß
hauptsächlich unterworfene Ring besteht aus zähem Schmiedeisen
oder einem weichen Stahl. Er muß von Zeit zu Zeit erneuert werden,

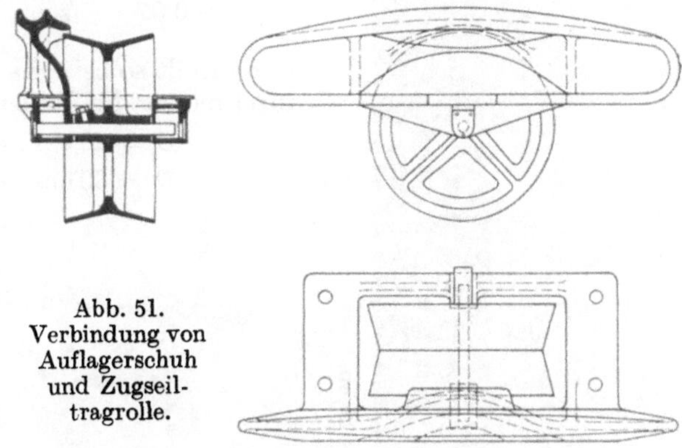

während die bei-
den Außenteile der
Rolle sich ziemlich
lange halten. Diese
billigen Tragrollen
bzw. Einlagen bil-
den das einzige
Element der
Drahtseilbahn,
das stärkerem Ver-
schleiß ausgesetzt
ist, da man natür-
lich Wert darauf
legt, . das Zugseil
nach Möglichkeit
zu schonen.

Abb. 51.
Verbindung von
Auflagerschuh
und Zugseil-
tragrolle.

Das Gewicht, einschließlich der Lagerung beträgt bei den breiten
Rollen von ungefähr 20 cm Durchmesser in der mittleren Kehle etwa
25 kg, bei den schmalen von ungefähr 30 cm Durchmesser etwa 16 bis 18 kg.

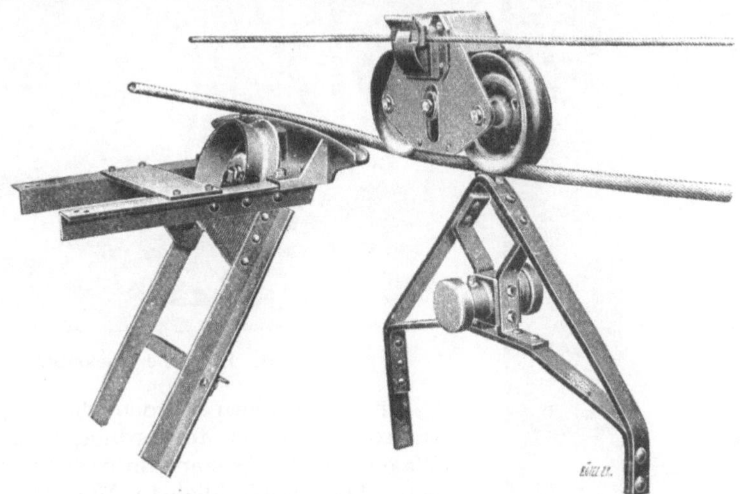

Abb. 52. Seilbahn mit Innenspur.

Bei besonders scharfen Übergängen der Bahnlinie verwendet man
vorteilhaft größere Zugseiltragrollen von etwa 0,6 m Durchmesser
(Abb. 62), die natürlich recht leicht gebaut sein müssen, damit sie
vom Zugseil schon bei ziemlich geringem Berührungsdruck in Drehung
versetzt werden können.

Die Rollen werden gewöhnlich fest auf schmiedeiserne Achsen aufgekeilt, deren Enden in gußeisernen Lagern laufen, die mit Starrfett geschmiert werden. Ihre Widerstandsziffer (vgl. S. 48) ergibt sich mit der hier geltenden Zapfenreibungsziffer

$$\mu_1 \sim 0{,}07 \qquad \text{zu} \qquad \mu_r = \mu_1 \cdot \frac{d}{D}\,.$$

Man erhält so bei etwa $d = 2{,}5$ cm Wellendurchmesser für Rollen von

$$D = 20 \text{ cm} : \mu_r \sim 0{,}009\,,$$
$$D = 30 \text{ cm} : \mu_r \sim 0{,}006\,.$$

Abb. 53. Bahn mit hölzernen Bockstützen.

Abb. 54. Hölzerne Bockstütze.

Im allgemeinen werden die Zugseiltragrollen so tief angeordnet, daß die Wagen darüber bequem hinweggehen können. Das gebräuchlichste Maß von der Rille des Tragseilauflagerschuhes bis zur Mitte der Zugseiltragrollen ist etwa 2,0 bis 2,25 m. Damit das Zugseil nicht etwa bei Schwankungen im Winde neben die Tragrollen fällt und sich dann, wenn es von einem an die Stütze herankommenden Wagen wieder angehoben wird, unter der Tragkonstruktion der Rollen festsetzt, bringt man eiserne Schutzbügel oder

mindestens hölzerne Schutzlatten an, die so weit auskragen, daß sie das Zugseil mit Sicherheit auffangen und auf die Tragrollen führen (vgl. Abb. 49).

In gewissen Fällen (vgl. S. 53) läßt man das Zugseil nicht außerhalb
der Tragseile umlaufen, sondern zwischen ihnen. Die Zugseiltragrollen
müssen dann in etwa gleicher Höhe liegen wie die Auflagerschuhe, und
ihre Lagerung wird gewöhnlich mit dem Auflagerschuh vereinigt, wie die
Abb. 51 nach einer Skizze von J. Pohlig A.-G. angibt. Eine entsprechende Aus-
führung von
A. W. Macken-
sen veran-
schaulicht die
Abb. 52.

Die Auf-
lagerschuhe
und Zugseil-
tragrollen
werden nun
auf den aus
Holz oder Ei-
sen hergestell-
ten Stützen
angebracht,
die je nach den
Umständen
sehr verschie-
dene Höhe
und Form ha-
ben können.
Die Wahl des
Materiales
richtet sich
meist nach
den in der be-
treffenden Ge-
gend dafür ge-
zahlten Prei-
sen und nach

Abb. 55. Bahn mit umbauten Holzstützen.

der voraussichtlichen Gebrauchsdauer der Bahn. Anlagen zur Heranschaffung von Baumaterialien oder dgl. erhalten wohl immer hölzerne
Stützen; ebenso herrschen sie in waldreichen Gegenden vor. Dagegen
bilden in Industriegebieten die Bahnen mit eisernen Stützen die Regel;
und Bergwerksunternehmungen, deren Erschöpfung in absehbarer Zeit
nicht erwartet werden kann, verwenden fast stets eiserne Stützen,
besonders dann, wenn die Bahnlänge eine größere ist. Tropische
Gegenden, in welchen das Holz von den Termiten zerfressen wird,
machen Eisenstützen zur Bedingung, und aus dem Grunde müssen
dort sogar Holztransportbahnen gänzlich in Eisen konstruiert werden.

Der Form nach unterscheidet man Bock- und umbaute Stützen. In Holz werden die ersteren jetzt ziemlich selten ausgeführt. Ein Streckenbild einer auf typischen Bockstützen von A. W. Mackensen

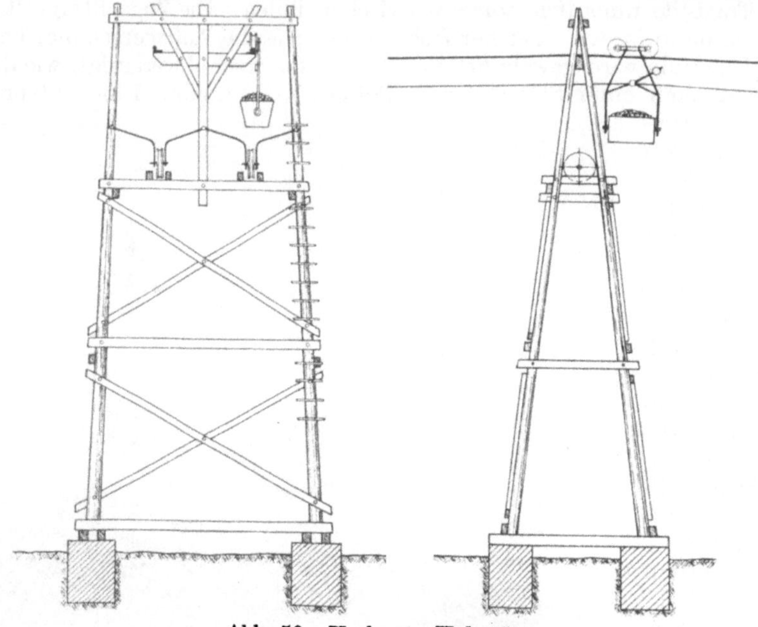

Abb. 56. Umbaute Holzstütze.

erbauten Bahn, die stündlich 85 m³ Kohlen zu fördern hat, zeigt z. B. die Abb. 53. Eine schon stark verbreiterte Bockstütze nach Ausführung von A. Bleichert & Co. gibt die Abb. 54 wieder.

Am gebräuchlichsten sind die umbauten Stützen, die Abb. 55 in einem Streckenbild einer Bleichertschen Bahn und Abb. 56 nach einer Zeichnung von Th. Otto & Comp. darstellt. Sie werden in schärferen Bruchpunkten der Bahnlinie auch als Doppelstützen ausgebildet, wie Abb. 57 nach einer Bleichertchen Aus-

Abb. 57. Hölzerne Doppelstütze und umbaute Holzstützen.

führung angibt. Eine im oberen Teil noch besonders verstärkte Konstruktion von 40 m Höhe zeigt die Abb. 58, die zu einer von Kaiser & Co. gebauten Holztransportbahn gehört.

Wie man bemerkt, sind die Hauptpfosten durchweg Rundhölzer, die Quer- und Diagonalverbindungen Halbhölzer. Nur die zur Unterstützung der Auflagerschuhe und Tragrollen dienenden Balken sind allseitig bearbeitete Kanthölzer. Der Holzbedarf läßt sich überschlägig für Stützen zwischen $h = 4,5$ und 18 m Höhe aus $V \sim 0,55 \cdot h + 0,4\,\mathrm{m}^3$ ermitteln. Hierzu kommen noch Holzverbandschrauben, Anker usw. im Gewicht von etwa $G \sim 2 \cdot h + 25\,\mathrm{kg}$.

Oft werden die Hauptpfähle einfach 1,5 m tief in den Boden eingegraben und dann mit fettem Lehm oder Ton fest umstampft. Die dicht an der Erdoberfläche befindlichen Stellen der Pfosten fallen aber ziemlich schnell der Fäulnis anheim, selbst wenn sie mit Teer oder Kupferchlorid bestrichen worden sind. Einen guten Schutz bietet allein das Umstampfen mit Beton bis etwa 20 cm über dem Erdboden, wenn darauf geachtet wird, daß auch die Unterfläche der Pfosten noch auf einer hinreichend starken Betonsohle steht. Meistens werden die Stiele in Schwellen verzapft, die auf gemauerten oder besser aus Beton gestampften Fundamenten liegen. Bei gutem Baugrund sind für vier

Abb. 58. Umbaute Doppelstütze von 40 m Höhe.

Fundamentblöcke bis zu einer Höhe der Stütze von $h = 12$ m etwa

$$V \sim 0,6 \cdot h + 2,5 \text{ m}^3$$

Beton erforderlich, bei höheren Stützen genügt schon $V \sim 0,5 \cdot h$ m³.

Abb. 59. Bahn mit eisernen Stützen.

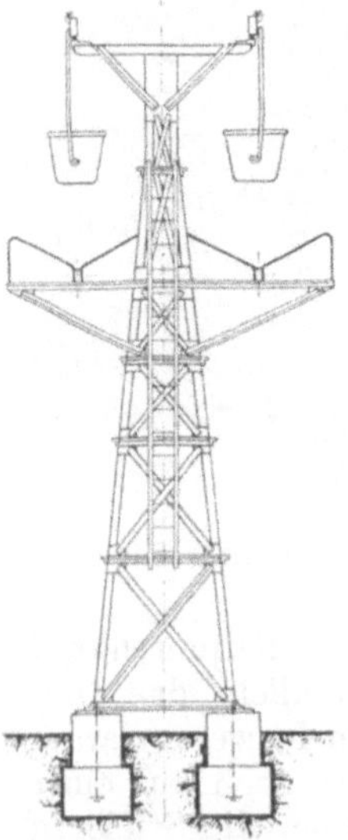

Abb. 60.   Eiserne
Bockstütze.

Eiserne Stützen werden allgemein aus Winkel- und Flacheisen in Bockform zusammengenietet. Die Abb. 59 zeigt ein Streckenbild einer Bleichertschen Bahn mit derartigen Stützen, die die Abb. 60 in technischer Darstellung wiederholt. Das Gewicht solcher Eisenstützen beträgt i. M. bis zu $h = 20$ m Höhe etwa $G \sim 160 \cdot h$ kg, darüber hinaus etwa $G \sim 30 \cdot h + 6 \cdot h^2$ kg.

Um den zur Vermeidung der Transportschwierigkeiten oft an Ort und Stelle vorgenommenen Zusammenbau nach Möglichkeit zu erleichtern, haben Kaiser & Co. für geringere Belastung die in Abb. 61 dargestellte Konstruktion ausgebildet, bei der in jedem Trapezfeld nur eine Winkeleisendiagonale angeordnet ist.

Um die Stützen in der Werkstatt genau passend zusammenbauen zu können und doch keine großen Transportschwierigkeiten zu verursachen, setzt J. Pohlig A.-G. die eisernen Stützen aus etwa 3,8 m langen Stücken zusammen (Abb. 62). Die Einzelteile können wegen ihres verhältnismäßig kleinen Gewichtes und geringen Umfanges sehr bequem an die Verwendungsstelle befördert und dort zusammengeschraubt werden. Sie werden nach ganz bestimmten Normalien hergestellt, die in zwei Ausführungen durchkonstruiert sind, für leichtere Lasten und geringere Seildrücke bzw. für schwere Beanspruchung. Nur das unterste Stück wird je nach Bedarf in verschiedenen, ebenfalls normalisierten Abstufungen gebaut, so daß kleine, da-

Abb. 61. Eiserne Bockstütze leichter Ausführung.

Abb. 62. Aus Einzelteilen zusammengesetzte Eisenstütze.

zwischenliegende Höhenunterschiede durch die entsprechende Festlegung der Oberkante des Fundamentes auszugleichen sind. Damit auch die Fundamente nach einigen wenigen Zeichnungen, die nicht verwechselt werden können, angelegt werden, führt Pohlig das unterste Stück dieser Stützen nicht als Kegelstumpf sondern in prismatischer Form aus.

Über die allgemeine Formgebung sei noch bemerkt, daß die Eckpfosten fast durchweg im Verhältnis 1 : 10 gegen die Lotrechte geneigt werden. Vorteilhafte Abmessungen des Kopfstückes ergeben sich wenn der obere Abstand der Pfosten, von Außenkante bis Außenkante gemessen, etwa 0,40 m beträgt. Damit die Diagonalen des guten Aussehens halber annähernd parallel ausfallen, werden die wagerechten Füllglieder etwa in den Abständen

$$0,7\text{—}0,8\text{—}1,0\text{—}1,3\text{—}1,75\text{—}2,25 \text{ m}$$

angeordnet, so daß die Längen etwa eine arithmetische Reihe zweiter Ordnung bilden.

Eine besondere Form der eisernen Stützen (Abb. 63) hat die Firma A. Bleichert & Co. für die Doppelbahnen geschaffen. Sie besitzt einen verhältnismäßig leichten Unterbau, auf den sich ein steifer, die vier Auflagerschuhe tragender Rahmen aufsetzt, so daß damit der sich in gewissem Sinne widerstrebenden Forderung, ausreichende

Abb. 63. Eiserne Stütze für Doppelbahnen.

Festigkeit mit leichter Ausführung zu vereinigen, in vorzüglicher Weise entsprochen wird.

Nachdem sich der Betonbau mit und ohne Eiseneinlagen allgemein eingeführt hat, lag es nahe, auch die Drahtseilbahnstützen daraus aufzuführen. Die Abb. 64 bringt z. B. ein Streckenbild einer von Ernst Heckel auf gestampften Betonstützen erbauten Bahn und Abb. 65 eine Bleichertsche Eisenbetonstütze. Es hat sich jedoch ergeben, daß derartige Stützen nur wirtschaftlich sind bei Bahnen für

Abb. 64. Bahn mit Betonstützen.

Zementfabriken, die den erforderlichen Zement nur zum Selbstkostenpreise rechnen.

Die Höhe der Stützen ist, falls die Bahn über angebautes Land, Straßen usw. hinweggeht, so zu bemessen, daß ein vollbeladener Erntewagen frei unter den Seilbahnwagen durchfahren kann. Hieraus folgt unter den üblichen Verhältnissen bei Stützenabständen von 70 bis 100 m eine Höhe der Auflagerschuhe über dem Erdboden von ungefähr 7 bis 8 m. Allerdings kann diese Höhe nur auf ungefähr ebenem oder schwach welligem Gelände innegehalten werden. Die Kurve, in der die Stützpunkte eines sich nach unten durchsenkenden Seilstranges angeordnet werden müssen, kann ja nicht die Parabel sein, die das auf derselben Länge frei ausgespannte Seil annehmen würde, sondern muß einen geringeren Durchhang haben, damit sich das Tragseil nicht etwa bei nur einseitiger Belastung von der Stütze abhebt. Es ergeben sich daraus bei tieferen

Abb. 65. Eisenbetonstütze.

Einschnitten wesentlich höhere Stützen. Denn einerseits muß dafür gesorgt werden, die freie Spannweite so weit zu verringern, daß der Seildurchhang des schlaffen Zugseiles nicht bis auf den Grund des Tales herunterreicht; andererseits muß auch der sich leicht vor einer großen, stark belasteten Spannweite bildende Knick in der Seillinie auf das zulässige Maß heruntergebracht werden. So ist man gelegentlich gezwungen; Stützen bis zu 50 und 55 m Höhe auszuführen Eine hölzerne Stütze von 40 m Höhe gibt z. B. die Abb. 58 wieder, eine eiserne von sogar 55 m Höhe die Abb. 66 nach einer Bleichertschen

Ausführung. Die letztere zeigt, daß der untere Teil zur Verringerung des beanspruchten Raumes noch durch in der Mitte der Seitenfläche angeordnete ⊥-Eisen verstärkt wird.

In gewissen Fällen ist wieder eine Erniedrigung der Stütze dadurch möglich, daß nicht der gewöhnliche, das Seil oben frei lassende Auflagerschuh verwendet wird, sondern ein mit einer kurzen Überwurfkappe versehener (Abb. 48), der das Seil unter Umständen bis auf die Freihangparabel herunterzieht. Die Abb. 67 stellt z. B. eine solche nur 3,1 m hohe Stütze mit seitlich an den langen Auflagerschuh angeschraubten Stahllaufflächen nach einer Bleichertschen Ausführung dar.

Abb. 66. Eiserne Stütze von 55 m Höhe.

Die Stützen werden beansprucht in lotrechter Richtung durch das Gewicht der Seile, der darauf befindlichen Wagen mit ihren Lasten und ferner durch die senkrechten Seitenkräfte, deren Größe in jedem Fall durch die Kräftezerlegung ermittelt werden muß. Dazu kommen in wagerechter Richtung, und zwar in die Bahnlinie fallend die wagerechten Seitenkräfte der Trag- und Zugseilspannkräfte, ferner die Reibungskräfte, die die Bewegung der Tragseile in den Auflagerschuhen hervorruft, und schließlich quer zur Bahnlinie der auf die Seile und Wagen wirkende Winddruck. Das Eigengewicht der Stütze und der auf sie selbst kommende Winddruck brauchen nur bei Ausführungen von größerer Höhe Berücksichtigung zu finden.

Zur rechnerischen Ermittlung der vom Tragseil herrührenden Stützendrücke bestimmt man die größten Durchhänge f_{x-1} und f_{x+1} zu beiden Seiten der betreffenden Stütze mit der Ordnungszahl x und erhält dann mit den Bezeichnungen der Abb. 68:

Abb. 67. Niedrige Eisenstütze mit langem Tragschuh.

$$\operatorname{tg}\varphi_x'' = \frac{h_x - h_{x-1} + 4\,f_{x-1}}{a_{(x-1)-x}},$$

$$\operatorname{tg}\varphi_x' = \frac{h_{x+1} - h_x - 4\,f_{x+1}}{a_{x-(x+1)}}$$

als ungünstigste Neigung der Seilspannkräfte S_x gegen die Wagerechte. Damit ergibt sich leicht[18]) die lotrechte Seitenkraft des Stützendruckes N

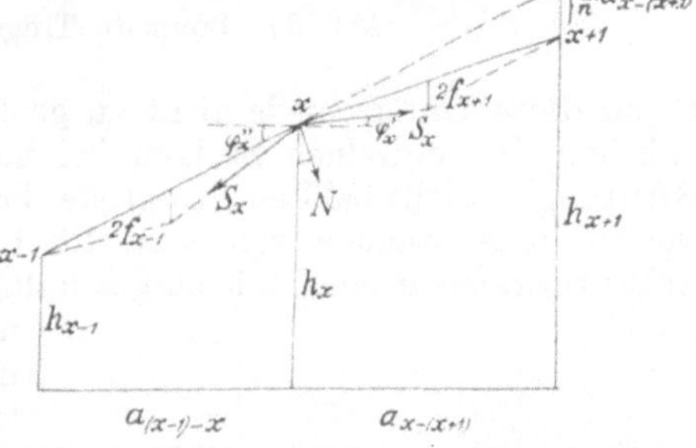

Abb. 68. Kräfteermittlung an einer Stütze.

$$N_1 = S_x \cdot \left(\frac{\operatorname{tg}\varphi_x''}{\sqrt{1 + \operatorname{tg}^2\varphi_x''}} - \frac{\operatorname{tg}\varphi_x'}{\sqrt{1 + \operatorname{tg}^2\varphi_x'}} \right)$$

und die wagerechte Seitenkraft

$$N_2 = S_x \cdot \left(\frac{1}{\sqrt{1 + \operatorname{tg}^2\varphi_x'}} - \frac{1}{\sqrt{1 + \operatorname{tg}^2\varphi_x''}} \right).$$

N_2 hat die Richtung der in die Spannweite $a_{x-(x+1)}$ zeigenden Spannkraft S_x, wenn sich ein positiver Wert ergibt, anderenfalls die umgekehrte.

---

[18]) Die Fördertechnik, 1915.

4. Die Tragseilspannvorrichtungen.

Die Tragseile finden nun auf den Auflagerschuhen bei den freilich sehr geringen Bewegungen, die sie unter dem Einfluß der durch ihre jeweilige Stellung auf der Strecke den Durchhang bzw. die Spannung ändernden Wagen machen, eine gewisse Reibung, die zwar durch gute Schmierung der Auflagerstellen mit Starrfett nach Möglichkeit verringert wird. Im allgemeinen kann man wohl als Reibungsziffer zwischen Seil und Auflagerschuh $\mu \sim 0{,}10$ ansetzen, so daß bei mehrfacher Folge derselben größeren Ablenkung auf der Stütze schließlich doch eine nicht unbedeutende Veränderung der Seilspannkraft eintreten kann.

Abb. 69. Doppelte Tragseilverankerung.

Damit diese Unterschiede nicht zu groß werden und die Seilabschnitte zwischen den einzelnen Stützen bei verschiedenen Temperaturen und Belastungen nicht bald eine zu große, bald zu kleine Spannung erhalten, werden in Abständen von etwa 1,8 bis 2,5 km Zwischenspann- und Ankerstationen in die Linie eingeschaltet. Ihre Anordnung richtet sich nach den örtlichen Verhältnissen und dem Aufbau der Endstationen. Wenn angängig, führt man die Spann- bzw. Verankerungsstationen doppelt, für beide an der Stelle zusammentreffende Seilstücke in gleicher Weise aus.

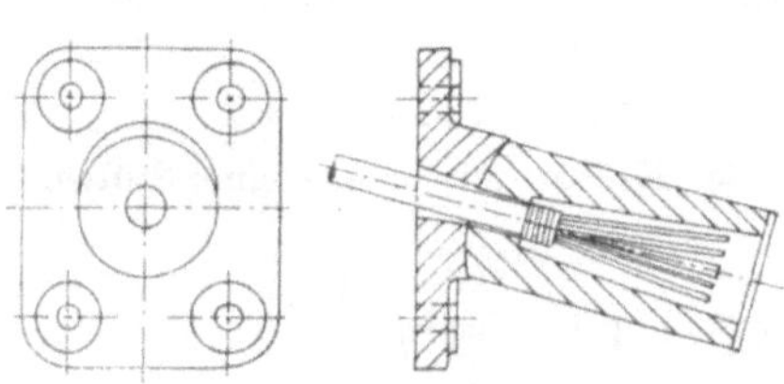

Abb. 70. Tragseil-Endmuffe.

Eine solche doppelte Verankerung in Eisenkonstruktion zeigt z. B. die Abb. 69 nach einer Bleichertschen Ausführung. Auf jeder Seite werden die beiden Tragseile über besonders geformte Auflagerschuhe nach der Mitte zu abgelenkt und dort an der Eisenkonstruktion nebeneinander vermittels Endmuffen befestigt, die aus einer Stahlgußhülse auf kugelförmiger Unterlage bestehen (Abb. 70).

Der Seilzug überträgt sich dann durch die senkrechten Endpfosten und die schrägen Gitterstreben auf die Fundamente. Zwischen den Ablenkungsschuhen wird die Fahrbahn durch Hängebahnschienen gebildet, die an der oberen Querkonstruktion aufgehängt sind: zur Führung der Wagen, die auf der freien Strecke im Winde seitlich auspendeln, wird unter den Laufschienen noch je eine Winkeleisenführungsschiene angebracht.

Eine doppelte Spannvorrichtung Bleichertscher Bauart ist in Abb. 71 dargestellt, eine davon im allgemeinen Bau etwas abweichende Konstruktion zeigt die Abb. 72. An die ebenfalls nach der Mitte der Linie abgelenkten Tragseile sind Dreikantlitzenseile angeschlossen, die am Gegenende der Spannstation über große Stahlgußseilscheiben von

Abb. 71. Doppelte Tragseilspannvorrichtung in Eisenkonstruktion.

0,8 bis 1,2 m Durchmesser zu den aus Betonwürfeln in Winkeleisenrahmen bestehenden Spanngewichten geführt werden. Die größeren Gewichte spannen das stärkere Tragseil der beladenen Wagen, die anderen das schwächere Leerseil. Ein Strebenkreuz in der Mitte der Gesamtkonstruktion bzw. die kräftigen Endstreben nehmen wieder die schräggerichteten Auflagerkräfte der Seilscheiben auf. Früher wurden an Stelle der Anschlußseile oft Ketten verwendet, auch jetzt noch bisweilen, wenn am Anlagekapital gespart werden muß. Sie bilden jedoch immer ein unsicheres Glied in der ganzen Konstruktion, da ungeschmiertes Schweiß- oder Flußeisen bei dauerndem Reiben aufeinander sehr stark verschleißt. Schmierung hilft hier gar nichts, weil das Fett von der nahezu punktförmigen Berührungsstelle unter der großen Belastung weggedrückt wird und nur dahin wirkt, daß Staub und Sand sich erst recht daran festsetzen.

Seltener kommt die Verbindung von Verankerung und Spannstation vor, wie sie Abb. 73 nach einer Skizze von Th. Otto & Comp.
in Holzkonstruktion veranschaulicht. Eine etwas andere Bauart von

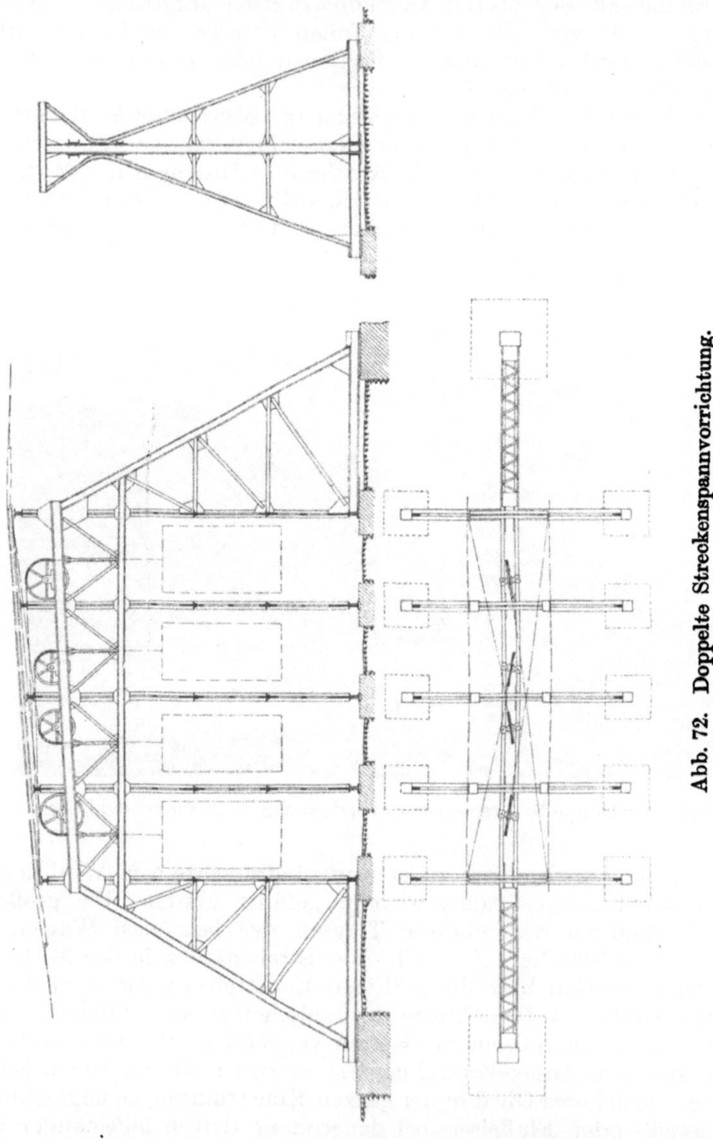

Abb. 72. Doppelte Streckenspannvorrichtung.

Carstens & Fabian, bei der die Kräfte hauptsächlich von den lotrechten Pfosten aufgenommen werden, gibt die Abb. 74 wieder, eine
verhältnismäßig leichte Eisenkonstruktion nach einer Ausführung von
A. W. Mackensen die Abb. 75.

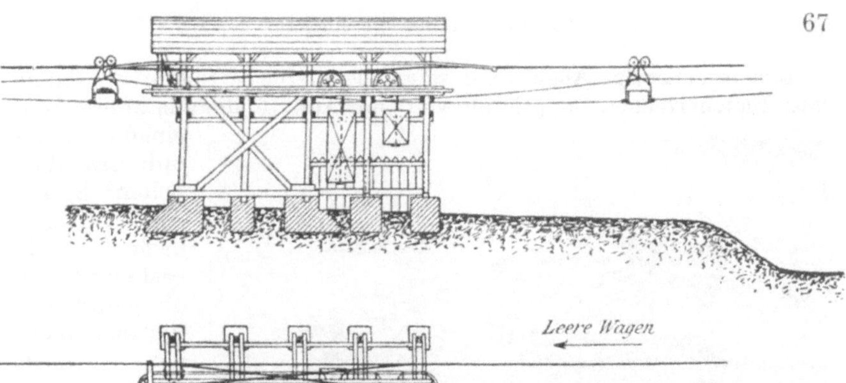

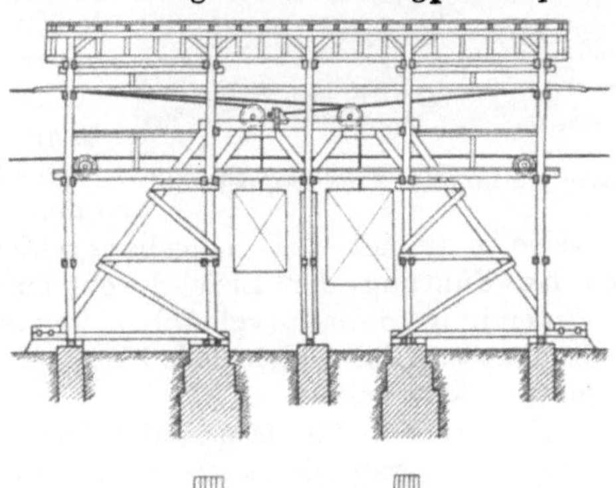

Abb. 73.   Tragseil-Verankerung und -Spannstation in Holz.

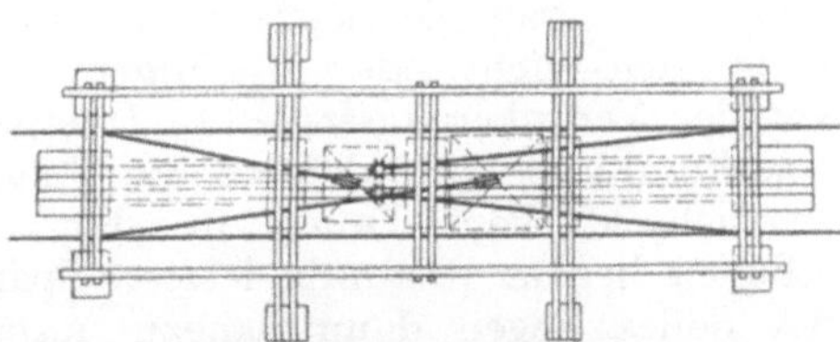

Abb. 74.   Trag-
seil-Verankerung
und -Spann-
station in Holz.

Abb. 75. Tragseil-Verankerung und -Spannstation in Eisen.

Eine eigenartige Ausbildung zeigt die vierfache Spannvorrichtung einer Bleichertschen Doppeldrahtseilbahn, Abb. 76, die aus zwei nebeneinander angeordneten doppelten Spannvorrichtungen nach Abb. 71 besteht: nur ist die ganze Ausführung wegen der besonders schweren Tragseile, die hier abzuspannen sind, entsprechend kräftiger gestaltet.

Abb. 76. Doppelte Spannvorrichtung für eine Doppelbahn.

Die Fahrbahn dieser Zwischenstationen wird nach dem Vorgang von Bleichert immer aus Hängebahnschienen hergestellt, die z. B. auch bei Führung der Linie durch Tunnels zur Anwendung kommen (vgl. Abb. 269), vor welchen die Tragseile dann gleichfalls abzuspannen oder zu verankern sind.

Die in Abb. 70 dargestellte feste Verankerung der Tragseile kann nachteilig wirken, wenn sich dicht oder in einiger Entfernung vor der Verankerungsstelle ein Übergang über eine Bergkuppe befindet, wo die Tragseile mit ziemlich starkem Druck in den Auflagerschuhen liegen. Denn die letzten Spannweiten des Seiles liegen dann nahezu unbeweglich, und ihre Anspannung verändert sich somit jedesmal unter den darüber wegfahrenden Wagen je nach ihrer Stellung. Dadurch kann das unbewegliche Seil besonders bei hoher Kälte schädliche Überbeanspruchungen erfahren (vgl. S. 453), die durch eine elastische Befestigung vermieden werden. Die unmittelbare Zwischenschaltung von kräftigen Bufferfedern ist jedoch bei den großen Kräften, die aufzunehmen sind, wenig zweckmäßig. Günstiger ist eine Verkleinerung der Federkraft bei gleichzeitiger Vergrößerung ihrer Zusammendrückung mit Hilfe einer Hebelübersetzung nach der Abb. 77.

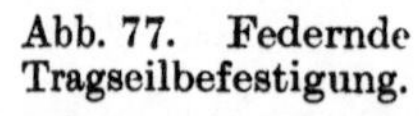

Abb. 77. Federnde Tragseilbefestigung.

5. Die Linienführung.

Bevor an die Konstruktion und genaue Kostenberechnung einer Drahtseilbahn herangetreten werden kann, muß erst die Linienführung bis ins einzelne festgelegt sein.

Bei kürzeren Bahnen ist sie im allgemeinen einfach, denn wenn die Endpunkte gewählt sind, — und sie pflegen sich in solchen Fällen aus den örtlichen Verhältnissen von selbst zu ergeben —, so sind beide nur durch eine gerade Linie zu verbinden. Man muß dann noch feststellen, welche fremden Grundstücke überschritten werden und hat gegebenenfalls mit den Eigentümern ein Pachtabkommen zu treffen. In lotrechter Richtung ergeben sich selten Schwierigkeiten, da die Drahtseilbahn sich vor jedem anderen Transportmittel dem gegebenen Gelände am besten anpaßt. Ein Beispiel dafür, wie die Tragseile sich dem Bodenprofil in einem gleichmäßigen Kurvenzug anschließen, gibt z. B. die Abb. 78 wieder.

Ein ähnliches Profil zeigt die Abb. 79 für eine längere Bahn, die zwei Erhebungen von rund 50 bis 60 m Höhe und ein dazwischenliegendes Tal von insgesamt 1,5 km Breite überschreitet und die dazu dient, in gerader Linie Kalisalze von der am Schacht gelegenen Mühle zur Chlorkaliumfabrik zu schaffen. Man sucht natürlich die Stützen möglichst in gleichem Abstand anzuordnen, muß jedoch aus den verschiedensten örtlichen Gründen oft davon absehen, wie z. B. im Fall

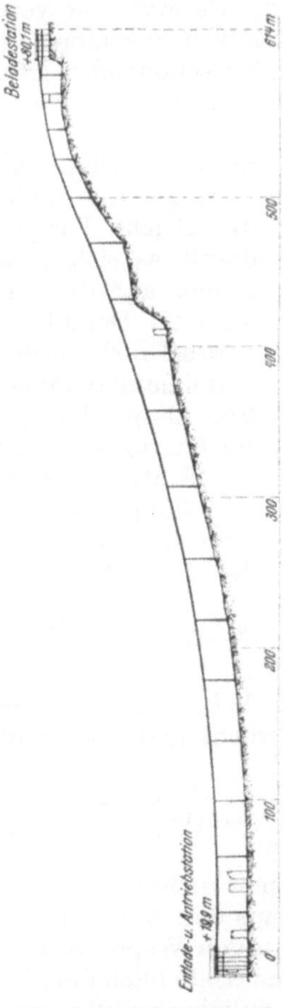

Abb. 78. Längsprofil der Bruchstein-Transportbahn in Dossenheim (Bleichert).

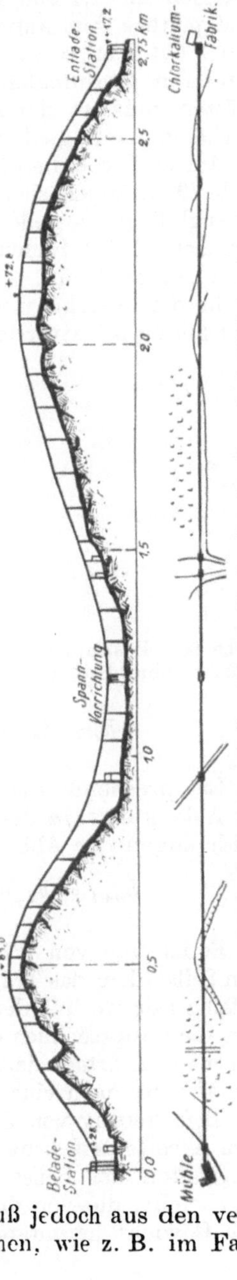

Abb. 79. Längsprofil der Drahtseilbahn Dietlas-Dorndorf (Bleichert).

der Abb. 79 bei der Bergkuppe dicht hinter der Beladestation oder bei
km 0,90 an dem Einschnitt. Auch wenn einige verhältnismäßig niedrige
Schutzbrücken über Hauptwege dicht beieinander stehen, wie etwa
zwischen km 1,4 und 1,5 der Abb. 79, so müssen sich die betreffenden
Stützpunkte dem anpassen. Als Durchschnittsabstand bei einer Höhe
von 7 bis 8 m, so daß ein beladener Erntewagen mit Sicherheit unter
der Bahn hindurchfahren kann, rechnet man 60 bis 80 m. Niedrige
Stützen müssen, damit die Seilbahnwagen oder das zwischen ihnen
frei hängende Zugseil nicht aufstoßen, dichter zusammengerückt werden.

Auf steileren Bergkuppen, wie etwa der vor der Beladestation der
Abb. 79, drängen sich die Stützen zusammen, weil man im Interesse
eines glatten, die Seile möglichst schonenden Überganges den Neigungs-
unterschied auf beiden Seiten einer Stütze nur ausnahmsweise größer
als 1 : 10 annimmt.

In der Senke verlegt man die Seillinie in einer Parabel, deren
Durchhang selbstverständlich geringer sein muß als der eines frei über
die gleiche Länge ausgespannten Seiles,
damit es sich noch mit einem gewissen
Druck auf die Stütze legt. Gewöhnlich
wird als Durchhang dieser Schmiegungs-
parabel nicht mehr als 0,70 bis 0,80 des
Durchhanges eines über dieselbe Strecke
frei hängenden Seiles zugelassen. Die
zeichnerische Bestimmung der Höhenlage
der Stützpunkte bei gegebener Längen-
verteilung ergibt sich am besten nach
Abb. 42. Rechnerisch findet man [18]) mit
den Bezeichnungen der Abb. 80

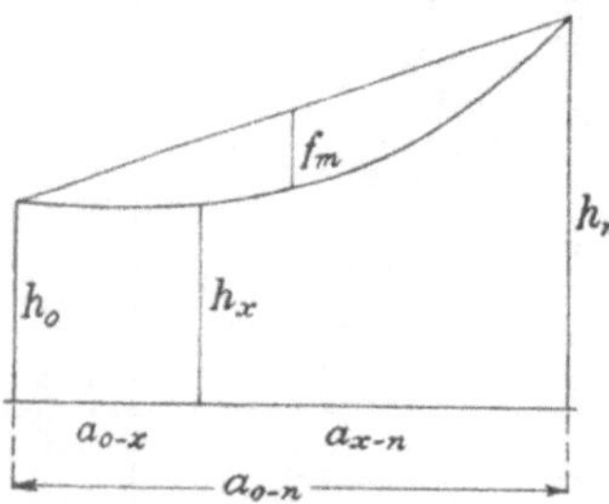

Abb. 80. Bestimmung der
Punkte einer Stützparabel.

$$h_x = h_0 + \frac{h_n - h_0}{a_{0-n}} \cdot a_{0-x} - \frac{4 \cdot f_m}{a_{0-n}} \cdot a_{0-x} \cdot a_{x-n} \cdot$$

Entsprechend erhält man beim Übergang über eine Bergkuppe für
die Ablenkung $1/n$ des wagerecht gemessenen Abstandes mit den Bezeichnungen der Abb. 68

$$h_{x+1} = h_x + (h_x - h_{x-1}) \cdot \frac{a_{x-(x+1)}}{a_{(x-1)-x}} - \frac{1}{n} \cdot a_{x-(x+1)} \cdot$$

Es ist nun von Wichtigkeit zu untersuchen, ob sich nicht etwa in
den Seilsenken das Tragseil aus den Auflagerschuhen heraushebt, wenn
zufällig nur ein Teil der Bahn von Wagen besetzt ist. Gerade bei Bahnen, die hauptsächlich oder ausschließlich dem Personenverkehr dienen,
hat man mehrfach dadurch unliebsame Weiterungen gehabt, wie z. B.
die Abb. 81 nach einer englischen Ausführung zeigt, die in China für
die Beförderung von Arbeitern von der hochgelegenen Wohnstelle aus
zum Arbeitsplatz benutzt wird. Um bei stärkerem Wind ein seitliches
Weggleiten des Seiles zu verhüten, hat man nachträglich Vorreiber
angebracht, die von dem vorbeifahrenden Wagen, der das Seil durch
sein Gewicht herunterdrückt, angehoben werden. In anderen Fällen,

z. B. bei der Personenbahn Lana-Vigiljoch, hat man sich damit geholfen, daß die Seilschuhe Kappen erhielten, wie sie Abb. 48 angibt.

Bei Gütertransportbahnen zieht man bisweilen absichtlich die Tragseile durch solche Überwurfkappen in den Auflagerschuhen bis auf die Freihangparabel herunter, um dadurch die Höhe der erforderlichen Stützen nicht unbedeutend zu verringern. Ein Streckenbild einer derartigen Anlage bringt z. B. die Abb. 67, bei der jedoch die in der Mitte befindliche Stütze auf km 1,9 der Profilzeichnung Abb. 89 nicht mehr zu erkennen ist. Für Bahnen, die bei regelmäßigem Betrieb in ziemlich dichter Folge mit Wagen besetzt sind, so daß die Seile im allgemeinen gar nicht das Bestreben haben, sich abzuheben, ist dieses Verfahren entschieden sehr vorteilhaft und ohne Bedenken.

Zur Veranschaulichung der Verhältnisse bei einer Seilsenke sind in Abb. 82 die Ordinaten im 12fachen Maßstab der Längen aufgetragen. Eine Anzahl Wagen vom Gesamtgewicht P rückt im gleichen Abstande c auf die Seilsenke, so daß nur noch die obersten beiden Felder unbesetzt bleiben. Um den ungünstigsten Fall zu untersuchen, wird vorausgesetzt, daß eine noch ziemlich weit hinter dem letzten Feld 5 befindliche Tragseilspannvorrichtung infolge der Reibung, die das Seil in den folgenden Auflagerschuhen fin-

Abb. 81. Abheben eines Tragseiles von der Stütze.

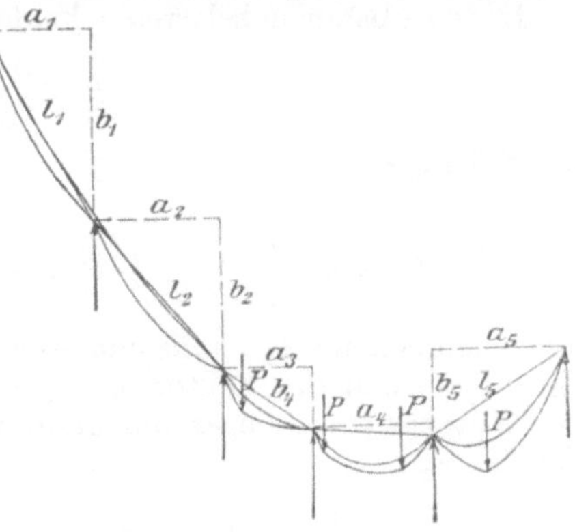

Abb. 82. Teilweise besetzte Seilsenke.

det, keinen Einfluß mehr hat. Die Reibung in den Auflagerschuhen des zu untersuchenden Streckenabschnittes kann, wie eine genaue

Zahlenrechnung [18]) lehrt, vernachlässigt werden, weil ja die Tragseile sich hier nur mit geringem Druck auf die Stützen legen. Dagegen wirkt eben der wesentlich größere Auflagerdruck des durch die Wagen noch beschwerten Seiles auf der Strecke bis zur Spannvorrichtung dahin, daß es dort in den Schuhen festliegt und sich somit nur aus dem oberen Teil der Senke herauszieht.

In den mit P belasteten Feldern vergrößert sich die Seillänge infolge des von den Lasten herrührenden Durchhanges. Man erhält gemäß Abb. 83 für eine einzige Last auf dem betreffenden Feld bei dem mit der Kraft S_0 angespannten Seil

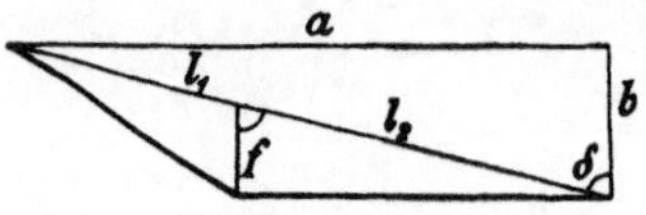

Abb. 83. Seillänge bei einer Last im Felde.

$$f = \frac{P}{S_u} : \left(\frac{1}{l_1} + \frac{1}{l_2}\right) = \frac{P}{S_u} \cdot \frac{l_1 \cdot l_2}{l}$$

und daraus die Verlängerung

$$\Delta l = \sqrt{l_1^2 + f^2 + 2 \cdot f \cdot l_1 \cdot \cos\delta} + \sqrt{l_2^2 + f^2 - 2 \cdot f \cdot l_2 \cdot \cos\delta} - l$$

oder nach einigen Umformungen

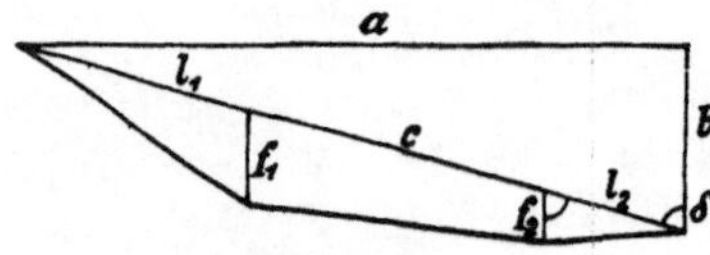

Abb. 84. Seillänge bei zwei Lasten im Felde.

$$\Delta l = \frac{f^2 \cdot l}{2 \cdot l_1 \cdot l_2} = \frac{l_1 \cdot l_2}{2 \cdot l} \cdot \left(\frac{P}{S_u}\right)^2 .$$

Ebenso ergibt sich, wenn zwei Lasten auf derselben Strecke stehen mit den Bezeichnungen der Abb. 84

$$f_1 = \frac{P}{S_u} : \left(\frac{1}{l_1} + \frac{1}{l_2 + c}\right) + \frac{l_1}{l_1 + c} \cdot \frac{P}{S_u} : \left(\frac{1}{l_2} + \frac{1}{l_1 + c}\right)$$

und

$$\Delta l = \left(\frac{P}{S_u}\right)^2 \cdot \frac{c}{2\,l^2} \cdot \left[(l_1 - l_2)^2 + c \cdot (l_1 + l_2) + \frac{4 \cdot l_1 \cdot l_2}{c} \cdot (l_1 + l_2 - c)\right] .$$

In den oberen unbelasteten Feldern ist mit

$$f = \frac{a \cdot l \cdot q}{8 \cdot S_0}$$

die Seillänge

$$L_1 = a_1 \cdot \left[1 + \frac{1}{2} \cdot \left(\frac{b_1}{a_1}\right)^2\right] + \frac{q^2 \cdot a_1^3 \cdot \left[1 - \frac{1}{2} \cdot \left(\frac{b_1}{a_1}\right)^2\right]}{24 \cdot S_0^2}$$

und entsprechend L_2. Falls nun Abheben erfolgt, streckt sich die Länge $L_1 + L_2$, wenn der Faktor m angibt, um welchen Anteil die Parabel der Stützpunkte weniger durchhängt als die gleiche freie Länge, auf den Betrag

$$L_{1,2} = (a_1 + a_2) \cdot \left[1 + \frac{1}{2} \cdot \left(\frac{b_1 + b_2}{a_1 + a_2}\right)^2\right]$$

$$+ \left(\frac{m \cdot q}{4,9 \cdot S_0}\right)^2 \cdot (a_1 + a_2)^3 \cdot \left[1 - \frac{1}{2} \cdot \left(\frac{b_1 + b_2}{a_1 + a_2}\right)^2\right]$$

und der Unterschied ergibt sich zu

$$\varDelta L = \frac{1}{2} \cdot \left(\frac{b_1^2}{a_1} + \frac{b_2^2}{a_2} - \frac{(b_1 + b_2)^2}{a_1 + a_2} \right) + \left(\frac{q}{4{,}9 \cdot S_0} \right)^2 \cdot \left[a_1^3 \cdot \left(1 - \frac{1}{2} \cdot \left(\frac{b_1}{a_1} \right)^2 \right) \right.$$

$$\left. + a_2^3 \cdot \left(1 - \frac{1}{2} \cdot \left(\frac{b_2}{a_2} \right)^2 \right) - m^2 \cdot (a_1 + a_2)^3 \cdot \left(1 - \frac{1}{2} \cdot \left(\frac{b_1 + b_2}{a_1 + a_2} \right)^2 \right) \right] .$$

Damit nun kein Abheben stattfindet, muß sein

$$\varDelta L > \Sigma \varDelta l .$$

Die Rechnung wird genau genug, wenn, wie hier geschehen, für den oberen, leeren Teil eine Durchschnittsspannkraft S_0 eingesetzt wird und für den unteren, mit Wagen besetzten ebenso S_u. Sie ist etwas umständlicher, als sonst Rechnungen, die in der Praxis benutzt werden sollen, gewöhnlich sein dürfen; wie aber die obigen Beispiele zeigen, ist sie unter Umständen recht wichtig.

Um das Abheben zu verhüten, ist, wie auch die Skizze 82 andeutet, auf dem steileren Ast der Senke, wo die Seillänge verhältnismäßig wenig größer ist als die gerade Verbindungslinie der Stützpunkte, der Stützenabstand weiter zu nehmen als auf dem flacheren Ast.

Ein anschauliches Beispiel für die Linienführung einer normalen Bahn von ziemlich großer Länge bildet das in Abb. 85 dargestellte Profil der von A. Bleichert & Co. für die Gewerkschaft Heiligenroda gebauten Anlage, deren Linie weder durch Einschnitte und Schluchten noch durch Straßen oder Wasserläufe gestört wird.

Ergeben sich bei den Verhandlungen mit den Grundbesitzern Schwierigkeiten, so wird man entweder, wenn dies auf Grund des Berggesetzes möglich ist, zur Enteignung schreiten oder man muß die Linie um das fragliche Grundstück herumführen. Einen Beleg für den letzteren Fall bietet die Hüttenroder Kalkbahn, deren Profil und Plan die Abb. 86 wiedergibt und die sonst nur durch den besonders gleichmäßigen Abstand der Stützen voneinander bemerkenswert wäre. Die in der Mitte der Linie angeordnete Winkelstation wurde nur deshalb nötig, weil die Besitzer der in der geraden Verbindungslinie der Stationen gelegenen Grundstücke unannehmbare Forderungen stellten und den Kalkwerken nicht das den Bergwerken vorbehaltene Enteignungsrecht zustand. Eine derartige Lösung bringt in den meisten Fällen keine Erschwerung oder Verteuerung des Betriebes mit sich, da die Kurve der Winkelstation bei geeigneten Einrichtungen von den Wagen selbsttätig durchfahren werden kann, ohne daß sich dort Bedienungsmannschaften aufhalten. Freilich werden die Anlagekosten um den Preis der Beschaffung der Winkelstation höher.

Wenn der Ablenkungswinkel sehr klein ist und auf der Strecke schwere Wagen in dichter Folge hintereinander verkehren, kann wohl einmal eine Kurve in die freie Strecke eingelegt werden. So enthält z. B. die auf S. 233 beschriebene Bleichertsche Seilbahn zwischen den Zechen Schleswig und Courl bei Dortmund eine solche Kurve von allerdings 10 km Halbmesser bei einem Ablenkungswinkel von 18°. Jedoch sind

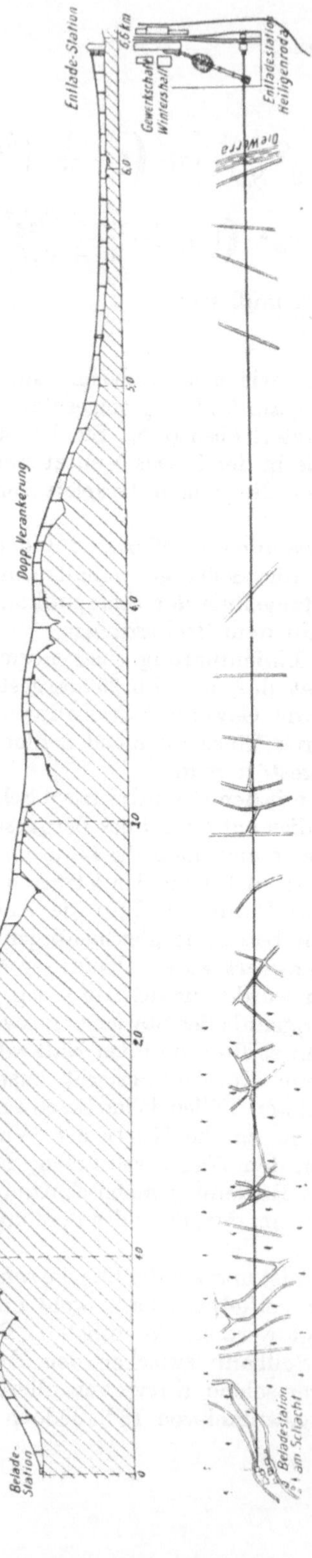

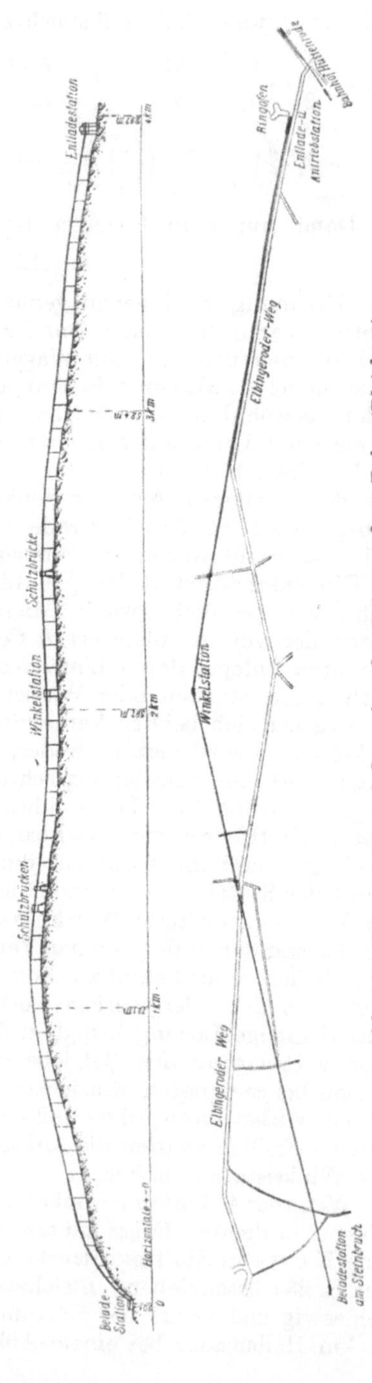

Abb. 85. Längsprofil der Drahtseilbahn Heiligenroda (Bleichert).

Abb. 86. Längsprofil und Lageplan der Hüttenrodaer Bahn (Bleichert).

die Anwendungsmöglichkeiten derartiger Kurven ziemlich geringe, und im allgemeinen ist bei Ablenkung in wagerechter Ebene immer eine besondere Winkelstation einzubauen.

Bei besonders unebenem Gelände ist die gerade Richtung der Drahtseilbahn bisweilen technisch und wirtschaftlich unvorteilhaft, beispielsweise dann, wenn in der direkten Verbindung der Endstationen ein höherer Berggipfel liegt, der sich durch Einschalten einer Winkelstation umgehen läßt, oder wenn in der Geraden sehr große Spannweiten erforderlich würden. Man erhält durch eine solche Umgehung der Hindernisse unter Umständen weit geringere Steigungen in der Linie und daraus folgend kleinere Beanspruchungen des Zugseiles und des Antriebes, also mindestens eine im Betriebe billigere Anlage. Bisweilen können die Ersparnisse an Gründungen, Aufstellungskosten und der bequemeren Heranschaffung der Baumaterialien so viel ausmachen, daß sich trotz der Mehrausgaben für die Winkelstation im ganzen eine billigere Linienführung ergibt.

Ein bemerkenswertes Beispiel hierfür bildet das in Abb. 87 dargestellte Längsprofil einer von Kaiser & Co. in den Siebenbürger Karpathen erbauten Drahtseilbahn zur Holzförderung, die bei 24,7 km Länge der Hauptlinie 8 Winkelstationen enthält [19]). Besonders der erste Teil der Bahn weist sehr starke, sonst ungewöhnliche Richtungsänderungen nach jeder Seite auf,

---

[19]) v. Hanffstengel, Die Fördertechnik. 1915.

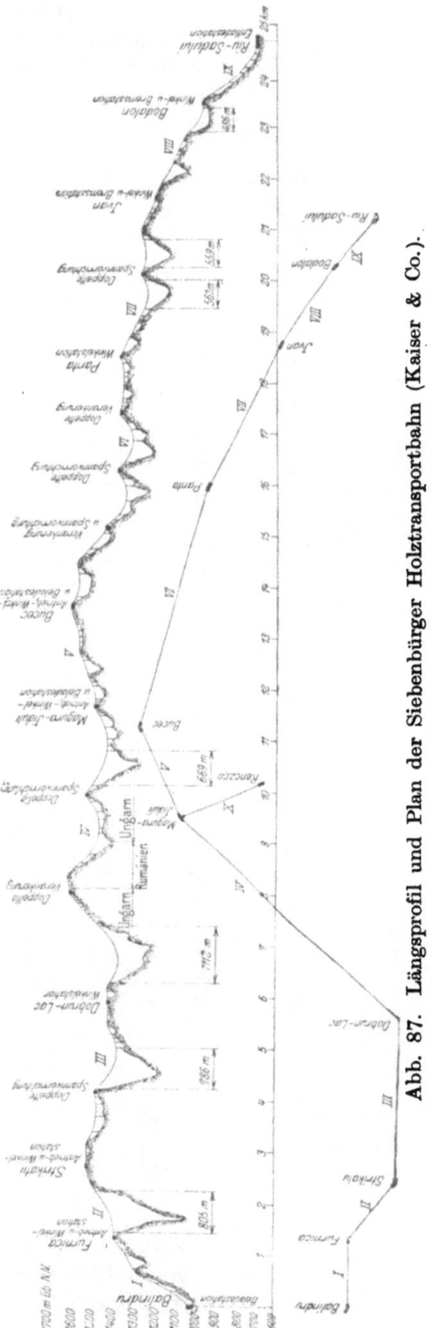

Abb. 87. Längsprofil und Plan der Siebenbürger Holztransportbahn (Kaiser & Co.).

nur um mehrere ganz besonders hohe Berggipfel zu umgehen, deren Bewältigung die Anlage- und Betriebskosten ganz wesentlich erhöht hätte. Ähnliche

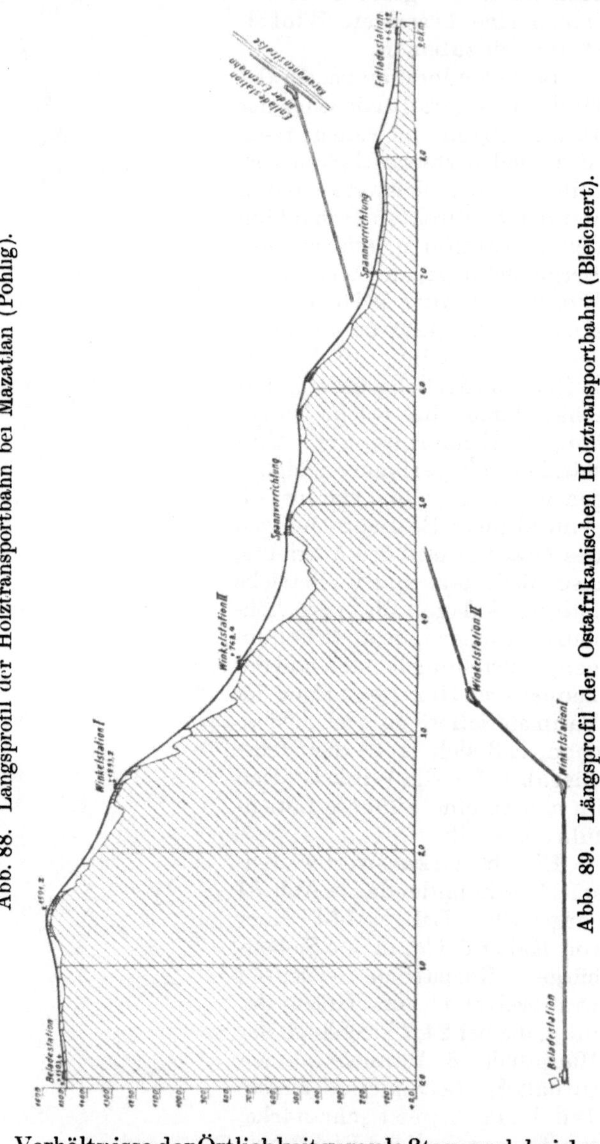

Abb. 88. Längsprofil der Holztransportbahn bei Mazatlan (Pohlig).

Abb. 89. Längsprofil der Ostafrikanischen Holztransportbahn (Bleichert).

Verhältnisse der Örtlichkeit veranlaßten auch bei der von A. Bleichert & Co. in Ostafrika errichteten Holztransportbahn der Firma Wilkins & Wiese die Anordnung zweier Bruchpunkte in der Linie (Abb. 89).

Würde man hier die Linie von der Beladestation aus in
gerader Richtung bis nach der Endstation durchgeführt
haben, so hätte man die vorteilhaften Stützpunkte beiden
Winkelstationen I und II aufgeben müssen, und es wäre
dann eine freie Spannweite von mehr als 2 km nötig geworden, die ganz außerordentliche Maßnahmen bedingt hätte.

Ein weiteres Beispiel der Art bildet das in Abb. 88 dargestellte Längsprofil einer von J. Pohlig A.-G. zur Heranbringung von Brennholz in Mexiko erbauten Anlage.
Hier ist annähernd in der Mitte der Strecke an
einem günstigen Platze eine Winkelstation eingelegt worden, von der aus auch der Antrieb der
beiden Strecken stattfindet.

Alle drei Profile zeigen ferner, daß Schluchten
und Täler von sogar recht großer Breite noch verhältnismäßig geringe Schwierigkeiten machen.
Sie werden einfach in einer großen
Spannweite überbrückt, die, wie die
eingetragenen Maße der Abbildungen lehren, mehr als 1,1 km Länge haben können.
In einem derartig zerklüfteten Gebiet richtet sich naturgemäß die Stützenentfernung und Anordnung allein und ausschließlich nach dem Gelände. Nun hängt
beispielsweise ein verschlossenes Tragseil
bei vierfacher Sicherheit auf 1100 m Länge
zwischen den auf gleicher
Höhe angenommenen Stüt-
zen allein infolge seines
Eigengewichtes um 54 m
durch und das verhältnis-
mäßig lose angespannte
Zugseil reicht zwischen den
einzelnen Wagen noch wei-
ter herunter, so daß also
große Spannweiten nur bei
hinreichend tiefen Gelände-
einschnitten ausführbar
sind. Um flachere Täler sicher und vorteilhaft zu überschreiten, müssen deshalb
häufig an den Anfang der
Spannweite recht hohe Stützen angeordnet werden, wie
bei Kilometer 2 der Abb. 89
eine solche von 32 m Höhe.

Wesentlich schwieriger
ist der Übergang über

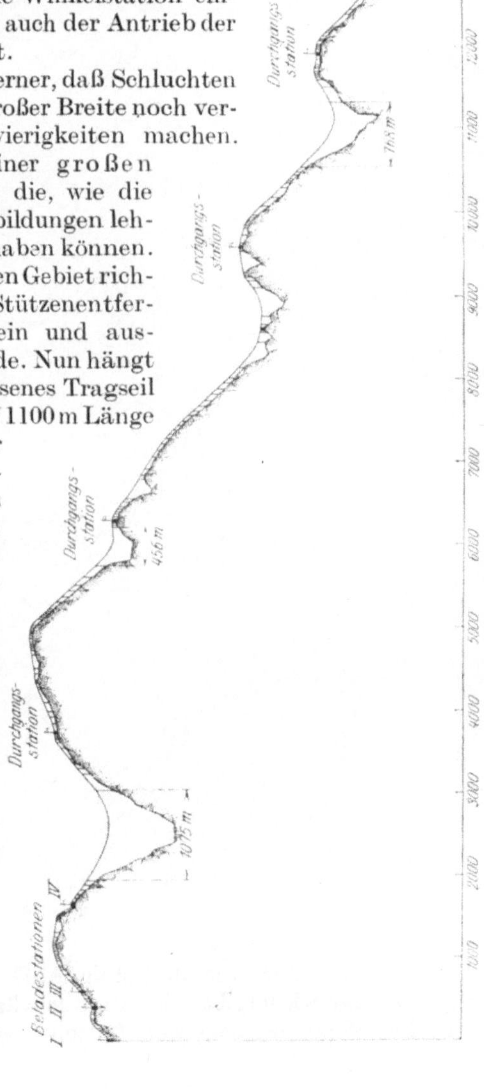

schmale **Bergkämme** oder steil abfallende Höhenrücken. Dort stehen
die Stützen dicht beieinander, weil die Ablenkung an jeder Stütze nur
den schon oben genannten, verhältnismäßig klei-
nen Betrag haben kann, und weil die Durchhänge
zwischen den auf den Abhängen angeordneten,
immer ziemlich niedrigen Stützen nur klein ausfallen dürfen. Deut-
lich bringt diese Ver-
hältnisse die Abb. 90
zur Anschauung, die

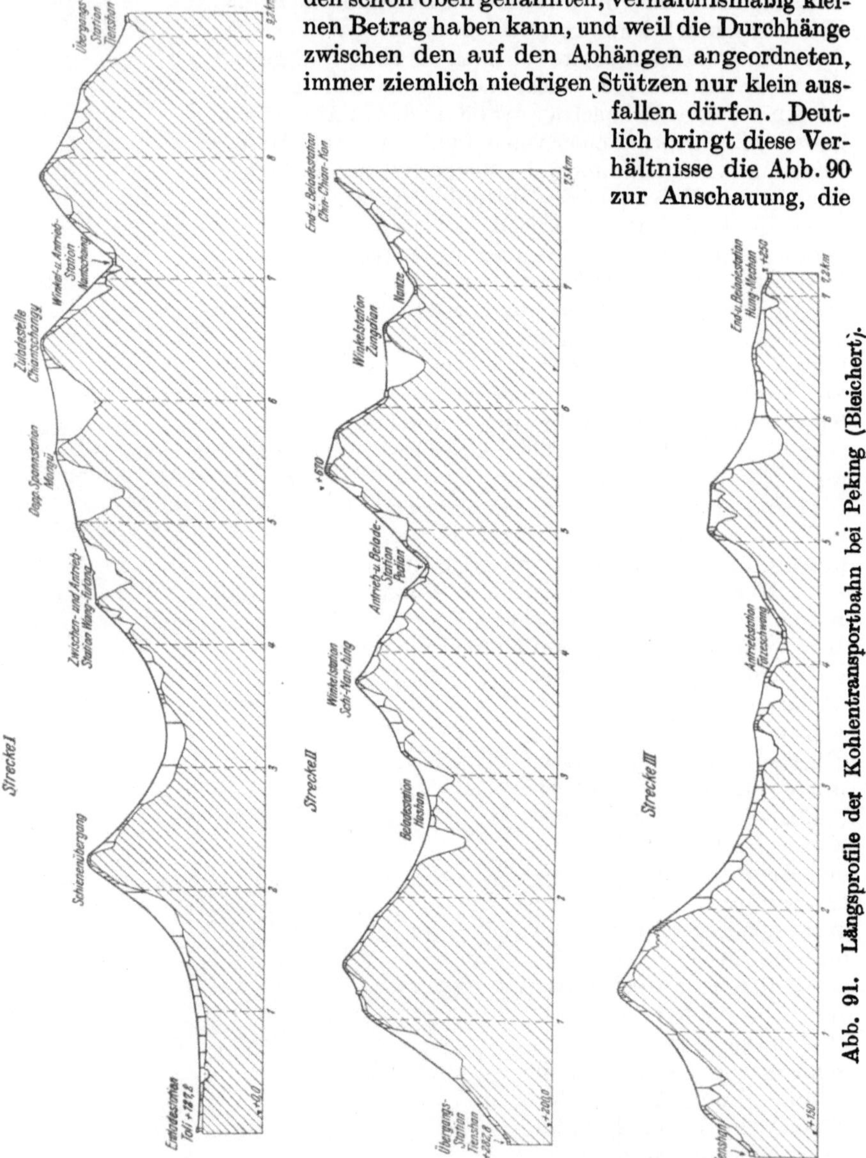

Abb. 91.   Längsprofile der Kohlentransportbahn bei Peking (Bleichert).

das Längsprofil einer von **J. Pohlig A.-G.** in Spanien erbauten Erz-
transportanlage wiedergibt, die stündlich 35 t Eisenerz zu fördern hat.
In gleicher Weise ergaben sich für eine von A. Bleichert & Co. bei

Peking zum Transport von Kohlen errichtete, aus mehreren Zweigen bestehende Bahnanlage die Profile der Abb. 91.

Einzelne schroff ansteigende Spitzen oder auch geringere Erhebungen, die einem größeren Höhenrücken vorgelagert sind, müssen bisweilen wie im Fall einer Eisenbahn einen mehr oder weniger tiefen, aber verhältnismäßig schmalen und immer nur kurzen Einschnitt enthalten, wie z. B. in Abb. 89 an der höchsten Stelle der Bahn. Oft wird auch der Übergang über Bergkuppen durch einen Einschnitt so schlank gestaltet, wie es für die gute Erhaltung der Tragseile nötig ist. Ganz spitze Berg-

Abb. 92. Übergangsstation an einem Bruchpunkt.

kämme werden deshalb am vorteilhaftesten und billigsten mit einem Tunnel durchquert, was z. B. die Abb. 268 zeigt. Um von einer annähernd wagerechten Strecke ohne Herstellung eines hier besonders tief ausfallenden Einschnittes den plötzlichen Übergang auf eine stark geneigte zu ermöglichen, hat Th. Otto & Comp. einmal die in Abb. 92 dargestellte Anordnung einer Übergangsstation getroffen. Das Tragseil ruht in drehbaren Auflagerschuhen, die ihrerseits an langen Pendelgehängen befestigt sind, und auch das Zugseil wird von ebenfalls an langen Gehängen angebrachten Tragrollen getragen, so daß sich sowohl die Tragseilauflagerschuhe als auch die Zugseiltragrollen je nach

der Stellung der Wagen vor und hinter der Station beliebig einstellen
können. Die Wagen laufen in der Station auf Schienen, die dicht über
dem Tragseil angeordnet sind. Außerdem sind noch Führungsschienen
vorhanden, um ein seitliches Auspendeln des Wagengehänges und Anschlagen gegen eine Tragrolle zu verhüten.

Wie z. B. auch die Abb. 91 erkennen läßt, verlangt die Anordnung
der Beladestation an einer bestimmten Stelle, wo die Heranbringung
des Fördergutes bequem und leicht von statten gehen kann, sehr oft,
daß die Bahn in die Station mit starkem Gefälle einläuft oder aus ihr
ansteigt. Die Tragseile werden auf diesen kurzen Strecken durch die
ungleichmäßige Verteilung des Raddruckes (vgl. S. 118) erheblich mehr

Abb. 93. Einlauf in eine Gefällstrecke mit Hängebahnschienen.

beansprucht als auf dem übrigen Teil der Bahn, und man zieht es
deshalb bisweilen vor, derartige kurze Steilstrecken auf festen Hängebahnschienen auszuführen. Den Einlauf in eine solche Gefällstrecke
zeigt die Abb. 93 nach einer Ausführung von Th. Otto & Comp.

Besondere Eigentümlichkeiten weisen noch die Bahnen von sehr
großer Länge auf. Wollte man hier das Zugseil in einem ununterbrochenen Strang durchführen, so müßte es unbequem starke Abmessungen erhalten, um den im oberen Teil der Strecke auftretenden
Beanspruchungen gewachsen zu sein, während es in den tiefer gelegenen
Teilen der Bahn nur gering beansprucht wäre und infolgedessen sehr
weit durchhängen würde. Aus dem Grunde pflegt man sogar im ebenen
Gelände mit einer einzigen Zugseilstrecke nicht gern über 10 km
hinauszugehen und bleibt gewöhnlich noch darunter. Bei mehreren

Zugseilstrecken ist es aber ganz gleichgültig, ob die einzelnen Strecken in derselben Richtung oder unter einem beliebigen Winkel zusammenstoßen, und die Linie jeder Teilstrecke kann in der jeweilig vorteilhaftesten Richtung verlegt werden. So zeigt z. B. das Streckenbild der großen Bleichertschen Drahtseilbahn im Kordillerengebirge, Abb. 268, eine Anzahl von Knickpunkten, wo die Wagen jedesmal von einer Strecke auf die andere über Hängebahnschienen von Hand geschoben werden. Ähnlich liegen die Verhältnisse bei der Holztransportbahn nach Abb. 87. Natürlich wird der Durchmesser des Zugseiles für jede Strecke nach der ihm zukommenden Höchstbelastung gewählt. Allerdings muß bemerkt werden, daß diese wirtschaftlich günstigste Bemessung der Zugseile nur dann möglich ist, wenn der am Wagen befindliche Kupplungsapparat imstande ist, Seile von zum Teil stark abweichendem Durchmesser mit der gleichen Sicherheit zu greifen.

Die vorstehenden Beispiele lassen erkennen, daß fast in allen Fällen, wo es sich um größere Anlagen handelt, das geschulte Auge und die Erfahrung des Fachmannes dazu gehört, um diejenige Linienführung zu bestimmen, die tatsächlich unter Berücksichtigung aller Umstände die geringsten Baukosten und den vorteilhaftesten Betrieb gewährleistet. In Gegenden, deren Bodengestaltung mit hinreichender Genauigkeit in Karten festgelegt ist, wird man häufig durch Ausarbeitung eines oder mehrerer Entwürfe auf Grund der Generalstabskarten und Katasterpläne die günstigste Linienführung mit guter Sicherheit ermitteln können, die dann für die Ausführung von einem Feldmesser genau zu vermessen ist. In Ländern, wo derartige Aufnahmen nicht vorliegen, überläßt man zweckmäßigerweise die Auswahl der Trasse und Absteckung der Linie einem Fachmann oder der ausführenden Firma.

6. Die Seilbahnwagen.

Die Wagen setzen sich aus drei in der Regel wiederkehrenden Elementen zusammen, Laufwerk, Gehänge und Kasten.

Am stärksten schwankt in der Formgebung der Wagenkasten, der sich dem jedesmaligen Transportgut und -zweck genau anschließen muß. Für die meisten losen Massengüter wird ein aus Stahlblech gebogener und mit Winkel- und Flacheisen beschlagener, annähernd rechteckiger Kippkasten verwendet, wie ihn z. B. Abb. 94 nach einer Bleichertschen Konstruktion zeigt. Er ist an dem Wagengehänge frei drehbar aufgehängt, so daß er bei Auslösung der an der einen Stirnwand befindlichen Verriegelung von selbst umkippt. Zu dem Zweck ist eine Feststellgabel

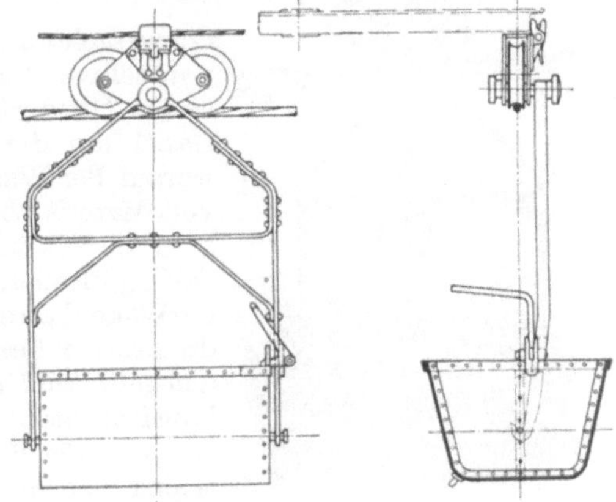

Abb. 94. Kastenwagen für lose Massengüter.

an der Kastenwand befestigt, in die sich ein am Gehänge drehbarer
Winkelhebel einlegt, dessen zweiter Arm so gestaltet ist, daß er mit
Sicherheit gegen einen entsprechend angeordneten Anschlag stößt, und dann zurückfallend die Entleerung des
unterhalb seiner Schwerachse aufge-
hängten Kastens während der Fahrt
hervorruft. Bei an-
deren Ausführungen
greift eine an der
Kastenwand be-
festigte Gabel um
das Gehänge. Diese
Anordnung wird ge-
wöhnlich getroffen,
wenn der Ka-
sten von Hand
ausgekippt
werden soll:
der betreffende
Arbeiter hat
nur die Gabel
herumzuschla-

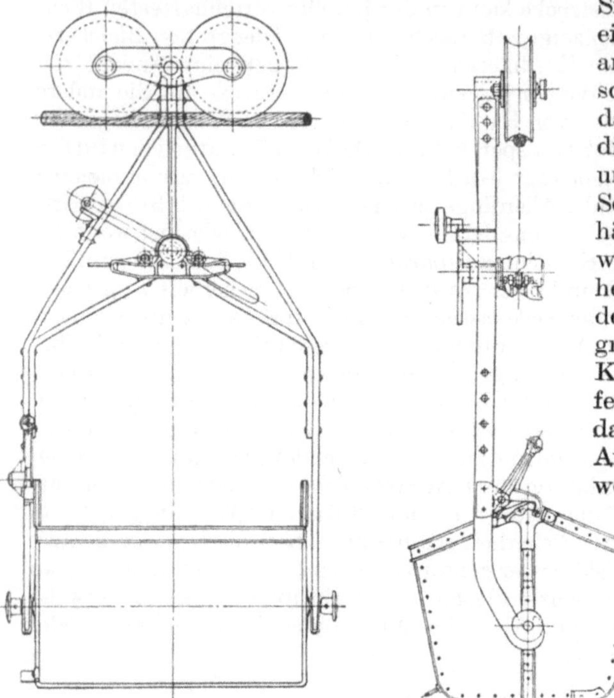

Abb. 95. Seilbahnwagen mit selbsttätig aufkippendem Kasten. gen und der
unter der
Schwerachse aufgehängte Kasten entleert sich
von selbst. Der Arbeiter dreht ihn dann an
einem Handgriff wieder herum und legt die
Gabel um die Hängestange des Gehänges,
worauf der Wagen wieder zur Neuaufnahme
von Material bereit ist.

Eine besondere Anordnung hat J. Pohlig
A.-G. getroffen, um dieses Aufrichten des leeren Wagenkastens selbsttätig zu bewirken. Der
dreiarmige Feststellhaken der Abb. 95 hält
den gefüllten Kasten in der gezeichneten Stellung fest. Stößt nun der obere Hebelarm gegen
einen an der Entladestelle angebrachten Anschlag, so hebt sich der Haken und gleichzeitig
erteilt der untere Fortsatz dem Wagenkasten
einen Anstoß, der die Kippbewegung einleitet.

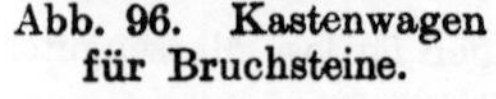

Abb. 96. Kastenwagen
für Bruchsteine.

Es geschieht dies, weil hier der Schwerpunkt von Kasten und Inhalt im
allgemeinen nur wenig über der Aufhängeachse liegt. Sobald sich der

Kasten entleert hat, schwingt er von selbst in die aufrechte Stellung
zurück, da sich jetzt sein Schwerpunkt unter der Aufhängeachse befindet. Hierbei schnappt
der Feststellhaken ein
und hält den Kasten wie-
der fest.

Da scharfkantige
Bruchsteine, besonders
wenn sie aus einem Silo
in den Kasten stürzen,
die Wandungen mit der
Zeit stark angreifen, so
sind bei einer in Abb. 96
wiedergegebenen Blei-
chertschen Ausführung
nur die Stirnwände aus
kräftigen Blechen herge-
stellt und der übrige Teil
besteht aus leicht aus-
wechselbaren Holzknüp-
peln.

Einen besonders gro-
ßen Kasten für ein sehr
leichtes Material (Torf),

Abb. 97. Kastenwagen für Torftransport.

dessen Seitenwände zur Gewichtsverringerung aus Bandeisenstäben
gebildet sind, veranschaulicht die Abb. 97. (Ernst Heckel G. m. b. H.)

Wenn die in dem Kasten zu befördernden Güter, etwa Chemikalien oder dergl.,
gegen Regen usw. geschützt werden müssen,
erhält der im übrigen unveränderte Kasten
leichte Deckel aus Eisenblech, was z. B.
die Abb. 98 nach einer Bleichertschen Ausführung darstellt.

Diese Kippkasten können in jeder beliebigen Größe hergestellt werden, wie z. B.
aus Abb. 118 hervorgeht, die einen Kasten
von 1 m³ Inhalt zeigt. Die Ausklinkung entspricht hier im allgemeinen der bei Abb. 94
beschriebenen. Man geht jedoch bei sehr
schweren und großen Lasten mehr und mehr
von der Verwendung der Kippkasten ab.
Denn beim Auskippen gerät der ganze Wagen
immer etwas ins Pendeln, und zwar umso-
mehr, je größer die Last und ihr Schwer-
punktsweg ist. Wenn also besonderer Wert

Abb. 98. Kastenwagen
für Chemikalien.

darauf gelegt wird, daß der Wagen sich so wenig wie möglich bewegt,
werden Kasten mit Bodenentleerung vorgezogen. Eine Pohligsche
Ausführung der Art bringt die Abb. 99 in Aufnahmen von beiden Seiten.

Abb. 99. Kastenwagen mit Bodenentleerung.

Abb. 100. Plattformwagen
zum Faßtransport.

Wenn der oben über den Wagenkasten hervorragende Hebel gegen einen Anschlag stößt, so fällt eine am Unterteil des Kastens drehbare Kurbel herum und die beiden Klappen öffnen sich durch ihr Eigengewicht bzw. unter dem Einfluß der Last. Mit Hilfe einer kleinen, an der anderen Stirnseite angebrachten Gelenkkettenwinde werden die Klappen wieder geschlossen. Einen Seitenentleerer mit Eselsrückenboden stellt die Abb. 116 nach einer Ausführung der inzwischen eingegangenen Benrather Maschinenfabrik dar, dessen Auslösung durch Auflaufen der seitlichen Rolle auf eine Führung bewirkt wird.

Für andere Güter werden häufig Plattformwagen benutzt. Einen solchen zum Faßtransport dienenden gibt z. B. die Abb. 100 nach einer Pohligschen Ausführung wieder. Einen Wagen mit besonders großer Plattform für den Transport von Strohballen und dergl. zeigt die Abb. 101 nach einer Bleichertschen Skizze, einen Hängebahnwagen zur Beförderung von Ziegelsteinen

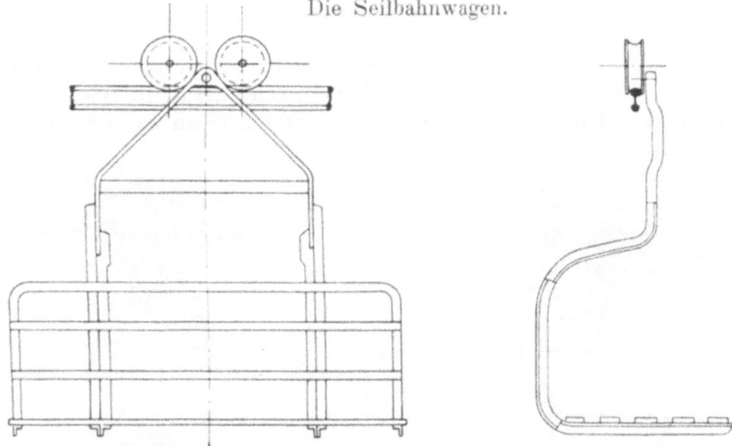

Abb. 101. Plattformwagen für Strohballen.

in den Trocken-
schuppen mit meh-
reren Tragbrettern
nach einer Pohlig-
schen Ausführung
die Abb. 102.

Bisweilen ist es
zweckmäßig, vor-
handene Schmal-
spurgleise weiter zu
benutzen, so daß die
Wagen sowohl auf
der Hängebahn als
auch auf den
Schmalspurgleisen

verwendbar sein
müssen. Eine solche
Konstruktion stellt
die Abb. 103 dar,
bei der die Gehänge
in einfacher Weise
(vgl. S. 162) abge-
nommen werden
können, wenn der
Unterteil auf den
Schmalspurgleisen
weiterfahren soll.
Auch eine Art Platt-
formwagen, nur mit
einer Rückwand

Abb. 102. Hängebahnwagen zum Ziegeltransport.

Abb. 103. Vereinigter Hänge- und
Schmalspurbahnwagen.

Abb. 104. Halbgeschlossener
Wagen für Mehlsäcke.

und einem vorn angebrachten Schutzbügel ist der in Abb. 104 wiedergegebene Wagen zum Transport von Mehl oder dergl. in Säcken.

Der Kasten kann ganz in Wegfall kommen, wenn es sich etwa um

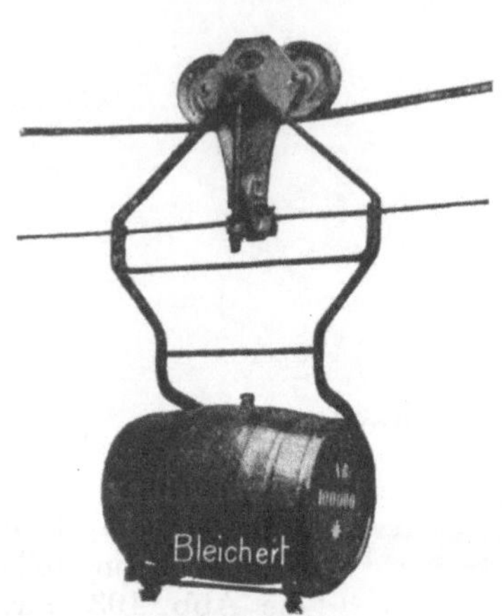

Abb. 105.
Faßtransportwagen.

Abb. 106. Wagen zum Transport
von Holzscheiten.

den Transport von immer gleich großen Fässern handelt oder von
Brennholzscheiten, wie das die Abb. 105 und 106 nach Ausführungen
von Bleichert bzw. Pohlig veranschaulichen. Die Enden der Ge-

Abb. 107. Doppelwagen für Langholz.

hänge werden dann bügelartig ausgebildet, so daß sie das Faß oder
den Holzstapel hinreichend weit umfassen.

Auch Langholz jeder Größe und Stärke wird in ähnlicher Weise von
zwei in dem erforderlichen Abstand hintereinander fahrenden Wagen-
gehängen befördert (Abb. 107). Ebenso wird Schnittholz auf rechteckig

abgebogenen Bügeln transportiert: nur wird, wie die Abb. 108 an einer Bleichertschen Skizze erkennen läßt, das sorgsam zusammengebaute Stapel noch durch mehrere Schraubenbügel zusammengehalten, damit nichts von der Ladung abrutschen kann. Bisweilen hängt man die Holzstämme nur in Ketten ein, die an zwei ziemlich kurzen Gehängen befestigt sind, (vgl. Abb. 117).

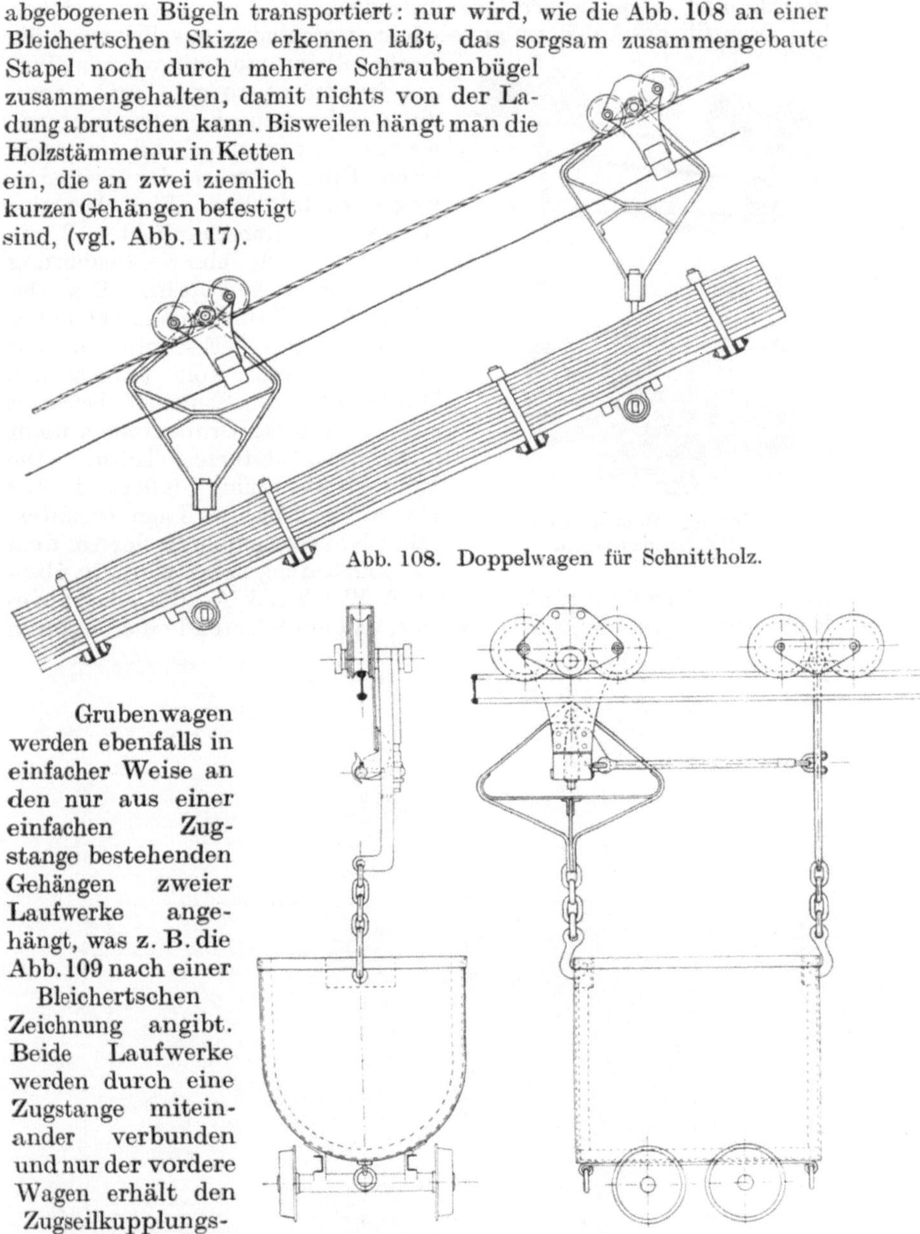

Abb. 108. Doppelwagen für Schnittholz.

Grubenwagen werden ebenfalls in einfacher Weise an den nur aus einer einfachen Zugstange bestehenden Gehängen zweier Laufwerke angehängt, was z. B. die Abb. 109 nach einer Bleichertschen Zeichnung angibt. Beide Laufwerke werden durch eine Zugstange miteinander verbunden und nur der vordere Wagen erhält den Zugseilkupplungsapparat. Ein Schaubild einer solchen

Abb. 109. Doppelgehänge für Grubenwagen.

Anordnung nach einer Pohligschen Ausführung ist die Abb. 110. Da zu jedem Grubenwagentransport zwei Laufwerke gebraucht werden und außerdem an jedem auf der Zeche befindlichen Grubenwagen die Haken bzw. Ösen für das Anhängen angebracht werden müssen, selbst wenn die

Abb. 110. Doppelgehänge für Grubenwagen.

Drahtseilbahn nur mit wenigen Wagen besetzt ist, so geht man neuerdings mehr dazu über, die Gruben wagen auf entsprechend eingerichteten Plattformen der Seilbahnwagen zu befördern. Eine derartige Anordnung veranschaulicht z. B. die Abb. 112 nach einer Ausführung von Carstens & Fabian. Das Gehänge des Seilbahnwagens hat unten einen kräftigen ⊐-Eisenrahmen, auf dem zwei vorn weit aufgebogene Winkeleisen als Schienen befestigt sind, so daß der Grubenwagen nicht nach vorn abstürzen kann. Die Rückwärtsbewegung hindert ein nur bis zur wagerechten Lage herunterfallender Verschlußbügel, der vor dem Aufschieben angehoben wird. Die überhaupt erste Ausführung, die 1902 von A. Bleichert & Co. in Niemce abgeliefert wurde, gibt die Abb. 111 wieder, und ein Schaubild einer dadurch

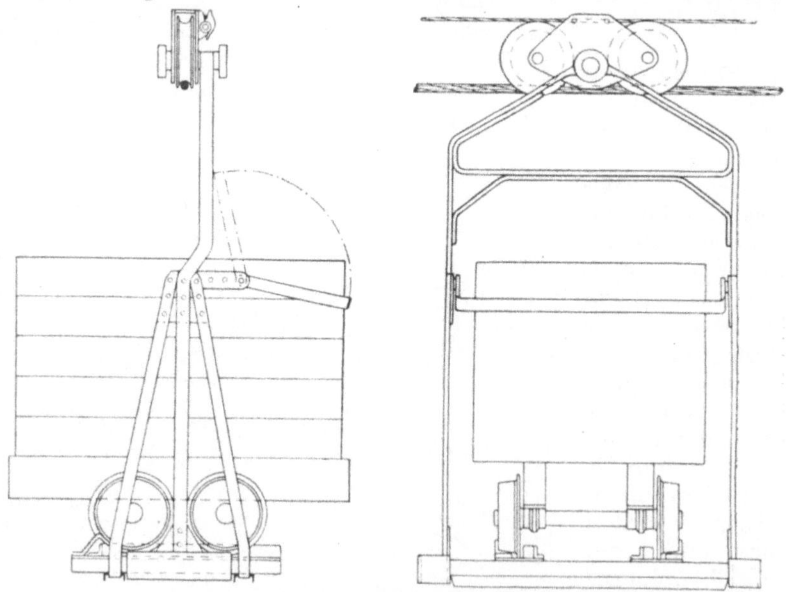

Abb. 111. Plattformwagen für Grubenwagen.

verbesserten, daß auf der Entladestation der Wagen nach der anderen Seite durchgeschoben werden kann, weil der obere Verschlußbügel über beide Seiten des Grubenwagens greift (vgl. S. 229), die Abb. 113. Der dargestellte Grubenwagen faßt 1000 kg Kalisalze, sein Eigengewicht mit

Abb. 112. Plattformwagen
für Grubenwagen.

Abb. 113. Plattformwagen
für Grubenwagen.

dem des Plattformgehänges und Seilbahnlaufwerkes beträgt nahezu ebensoviel.

Bisweilen ist das Gehänge nur noch andeutungsweise vorhanden, wenn es sich etwa um den kurzen Transport von Säcken oder Fässern in Hanfseilschlaufen oder an Ketten handelt.

Vielfach ist es zur bequemen Beladung vorteilhaft, die Kasten von der hochgelegenen Hängebahn herunterzulassen, ohne daß man, wie es früher oft geschah, den ganzen Wagen mit Hilfe eines Kranes abhebt. Man hängt dann den Kasten vermittels Ketten am Gehänge auf und senkt bzw. hebt ihn durch eine damit fest verbundene Winde. Eine solche Anordnung zum Transport von Roheisenmassel ist die in Abb. 114 dargestellte

Abb. 114. Plattformwagen
mit Windwerk.

Bleichertsche, bei der die Plattform an Gelenkketten hängt und noch besonders an den verlängerten Gehängen geführt wird.

Bei einer Ausführung von Carstens & Fabian (Abb. 115) hängt der
ziemlich tief herunterzusenkende Wagenkasten an zwei Drahtseilen, die

Abb. 115. Kastenwagen mit elektrisch betriebenen Seilwinden.

auf je eine in dem Rahmen des Gehänges angeordnete Windentrommel
aufgewickelt werden. Auf ihrer Achse sitzt ein Schneckenrad, und die
darin eingreifende Schnecke wird von einem fahrbaren Elektromotor

aus mit Hilfe einer eingelegten Kardanwelle angetrieben. Zur Sicherung gegen unbeabsichtigtes Lösen während der Fahrt greift noch ein Haken unter den Querriegel des Kastengehänges.

Bei den Wagen für besondere Zwecke ergibt sich die Größe der in einem Wagen aufzunehmenden Nutzlast gewöhnlich von selbst. Bei Kastenwagen hängt die Wahl des Inhaltes eines Kastens von der Gesamtfördermenge der Anlage ab und zum Teil von den Einrichtungen der Endstationen. Im allgemeinen wird man die zeitliche Wagenfolge so annehmen, daß in jeder Endstation nicht mehr als zwei Wagenschieber zum Empfang, Umführen, Be- oder Entladen und zum Zurückführen der Wagen nötig werden. Dem entspricht etwa ein Zeitabstand von 35 bis 25 Sekunden, je nach der Länge des Weges. Man sucht ferner den Wageninhalt so groß zu nehmen, daß die Arbeitskraft des Wagenschiebers annähernd ausgenutzt wird: die untere Grenze hierfür ist eine Nutzlast von 300 kg. Andererseits muß man darauf achten, daß der Inhalt auch nicht zu schwer ausfällt, damit die Tragseile der Bahn nicht unnötig stark zu machen sind.

Das Gewicht eines Wagenkastens leichter Bauart von nur 1,5 hl Inhalt beträgt etwa 45 kg, das eines Kastens

Abb. 116. Wagenkasten mit Seitenentleerung und L-Eisengehänge.

von 3 hl Inhalt etwa 70 kg: ein Kasten von 5 hl Inhalt hat bei Ausführung aus 3 mm starken Blechen bereits 100 kg, ein solcher von 8 hl Inhalt etwa 160 kg, bei Ausführung mit Bodenklappen etwa 190 kg Gewicht.

Verschiedene Ausführungsformen von Gehängen sind bereits in den vorhergehenden Abbildungen dargestellt. Sie bestehen gewöhnlich aus zwei kräftigen Flacheisen, die je nach den besonderen Ansprüchen gebogen werden und meistens noch durch eine oder mehrere, ebenfalls aus Flacheisen gebildete Verbindungen gegeneinander abgesteift werden. Oft wird diese Absteifung wieder versteift, entweder durch angenietete Flacheisenschrägen, wie das z. B. die Abb. 94 angibt, oder durch eine oder zwei bis zur Aufhängung durchgehende lotrechte Eisen gemäß Abb. 95 oder 99.

Eine eigenartige Ausbildung des Gehänges aus zwei halbkreisförmig gebogenen ⊏-Eisen gibt die Abb. 116 nach einer Ausführung der Benrather Maschinenfabrik wieder. Sie läßt jedenfalls den Raum oberhalb des Kastens für die Beladung vollkommen frei.

Bei den Bleichertschen Rundholzgehängen der Abb. 107 ist noch zu erwähnen, daß die Bügel, auf denen die Holzstämme aufliegen, sich in dem eigentlichen Gehänge frei drehen können, so daß etwaige Zerrungen und Verschiebungen einer nicht ganz sorgfältig befestigten Last sich nicht auf das Laufwerk übertragen können.

Ein kurzes Gehänge, an dem die Stämme mit Hilfe von Ketten angehängt werden, um jede Rückwirkung auf den Wagen auszuschließen, zeigt die Abb. 117 nach einer Konstruktion von Kaiser & Co. Zum Ausgleich des Gehängegewichtes ist der untere Teil so verlängert, daß der Schwerpunkt des Ganzen sich genau unter der Laufwerkmitte befindet.

Die Formgebung des Gehänges ist ferner noch von der Anbringung des Zugseilkupplungsapparates abhängig. Eine vollkommen freie Ausbildung, etwa nach Abb. 116 ist nur dann möglich, wenn die Zugseilkupplung an dem Laufwerk angebracht ist; und ältere Ausführungen, wie die der Abb. 96 oder 104, oder andere, auch noch jetzt verwendete, wie etwa die der Abb. 95 oder 100, bedingen eben eine ganz bestimmte Anordnung der Querversteifung.

Das leichteste Gehänge dürfte immerhin noch 25 kg wiegen, ein Gehänge für einen Kasten von 4 hl Inhalt wiegt ungefähr 45 kg, ein solches für einen Kasten von 7 hl Inhalt etwa 65 kg. Die Befestigung

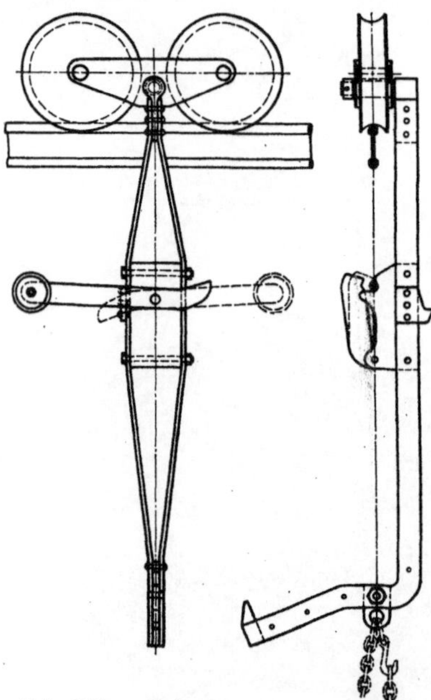

Abb. 117. Gehänge zum Langholztransport.

am Tragbolzen des Wagens erfolgt fast stets durch Warmaufschrumpfen.

Das Laufwerk besteht gewöhnlich nach der von Pohlig 1885 eingeführten und jetzt von fast allen Firmen angenommenen Konstruktion im wesentlichen aus zwei Stahlblechwangen, die durch die festliegenden Tragzapfen der Räder miteinander verbunden sind. Die weitere Absteifung der Wangen zu einem starren Gehäuse geschieht durch Stehbolzen und ein in der Mitte verschraubtes Zwischenstück aus Gußeisen. Bisweilen werden die Wangen auch aus durchbrochenem Stahlformguß hergestellt, um das Gewicht des Wagens nach Möglichkeit zu verringern.

Die Räder sind immer aus Tiegelgußstahl. Jedes andere Material hat sich beim Laufen über die harten und gar nicht so ebenen

Spiralseile wegen zu starker Abnutzung nicht bewährt. Ihre Größe ist ziemlich durchweg die gleiche, 25 cm Durchmesser in der Hohlkehle: sie steigt nur gelegentlich, bei ganz schweren Lasten, auf 30 cm (Abb. 117).

Die Achsen sind nach der gebräuchlichen, von Bleichert erfundenen Anordnung hohl und werden mit Starrschmiere gefüllt, die bei Erwärmung durch die Reibung aus radialen Löchern in die Schmiernute der Lauffläche austritt. Die Achsenbohrung wird durch eine einfache Verschlußschraube abgeschlossen. Ursprünglich war wie bei den Staufferbuchsen, deren Patent nach einem Übereinkommen zwischen Bleichert und Stauffer die Bleichertsche Konstruktion mit enthielt, die Anordnung so getroffen, daß das Fett von dieser Verschlußschraube nach und nach in die Lauffläche gepreßt wurde, wozu die Schraube von Zeit zu Zeit an allen Wagen nachgestellt werden mußte. Es ergab sich jedoch, daß es durch geeignete Formgebung der Schmiernuten möglich ist, das eingeschlossene Fett durch die umlaufenden Laufräder von selbst in die Lauffläche saugen zu lassen.

Eine hiervon abweichende Konstruktion hatte die Benrather Maschinenfabrik A.-G. gewählt, indem die Achsen aus einem vollen Stahlstück bestanden, und die mit einer Mangan- oder Phosphorbronze ausgebuchsten Radnaben eine Schmierkammer enthielten, so daß sich das Fett gleich von vornherein auf der Lauffläche befand.

Das Material der Achsen ist meistens eine harte Phosphorbronze, die sich nur wenig abnutzt. Da die Radnaben nur an der unteren Seite der Achsen anliegen, so können die letzteren nach größerer Abnutzung halb herumgedreht werden, wodurch ihre Lebensdauer annähernd verdoppelt wird.

Da die stark angespannten Laufseile ziemlich starr sind, so ist der Hebelarm des Rollwiderstandes etwa zu $s = {}^1/_3$ mm anzusetzen. Die Zapfenreibungsziffer μ_1 beträgt bei der hier allein vorkommenden Schmierung mit Starrfett bei völlig kalten Wagen etwa 0,10 und sinkt bei eingelaufenen, etwas warm gewordenen Achsen auf etwa 0,055. Mit dem Laufraddurchmesser $D = 25$ cm und dem Achsendurchmesser $d = 3,5$ cm erhält man hieraus die Widerstandsziffer

$$\mu = \frac{2 \cdot s + \mu_1 \cdot d}{D} \sim \frac{1}{100}$$

bei eingelaufenen Wagen und

$$\mu \sim \frac{1}{60}$$

bei Beginn der Förderung im Winter.

Zur Verminderung des Wagenwiderstandes hat man nach dem Vorgang von Pohlig Rollen- oder Kugellager angewandt, die neben einem ganz unbedeutenden Schmiermittelverbrauch den Vorzug eines besonders leichten Ganges bieten. Man erreicht damit, daß die Widerstandsziffer ziemlich unveränderlich den Betrag

$$\mu \sim \frac{1}{150}$$

annimmt. Der allgemeineren Anwendung steht jedoch der höhere Preis entgegen.

Als es sich zuerst darum handelte, große Lasten von 1 t und mehr Gewicht zu transportieren, ordnete man zwei gewöhnliche Laufwerke hintereinander an, wie es die Abb. 107 bis 109 zeigen. Die J. Pohlig-A.-G. führte zuerst das sogenannte Doppellaufwerk ein, das die Abb. 118 mit Gehänge und Kasten wiedergibt. Je zwei gewöhnliche

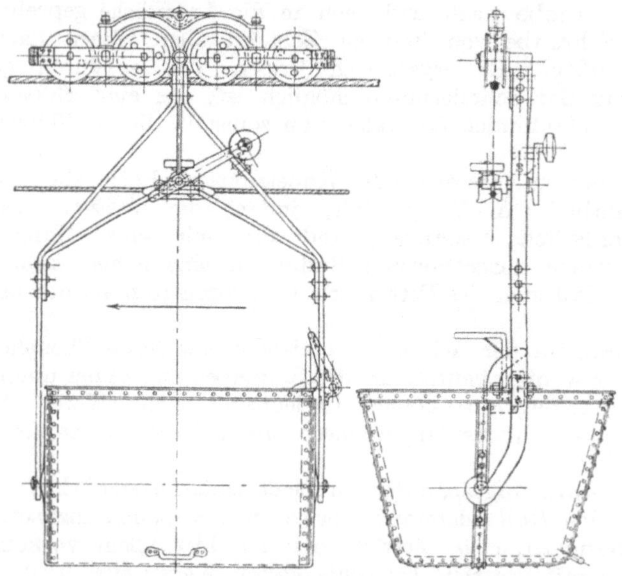

Abb. 118. Doppellaufwerk von J. Pohlig A.-G.

Laufräder werden durch leichte Stahlblechwangen miteinander verbunden und die so erhaltenen beiden Laufwerke werden ihrerseits durch einen über den Rädern angeordneten und sich ihnen in der Formgebung gut anschließenden Bügel zu dem Doppellaufwerk vereinigt. Das Gehänge greift in üblicher Weise an dem Mittelbolzen dieses Bügels an. Um eine leichte Beweglichkeit in den wagerechten Hängebahnkurven der Stationen zu erzielen, drehen sich die Laufwerke an senkrechten, langen Zapfen, die in Augen des Bügels stecken, und um eine gute Nachgiebigkeit des Wagens beim Übergang über die Auflagerschuhe der Stützen usw. zu erreichen, können sich die beiden Laufwerke noch um ihre wagerechten Drehzapfen bewegen.

Bei der Ausführung der Firma A. W. Mackensen befindet sich der Querarm, der die beiden Laufwerke in sonst gleicher Weise verbindet, unterhalb des Tragseiles (Abb. 119), und das entsprechend gekürzte Gehänge pendelt um den unterhalb der Zugseilkupplung

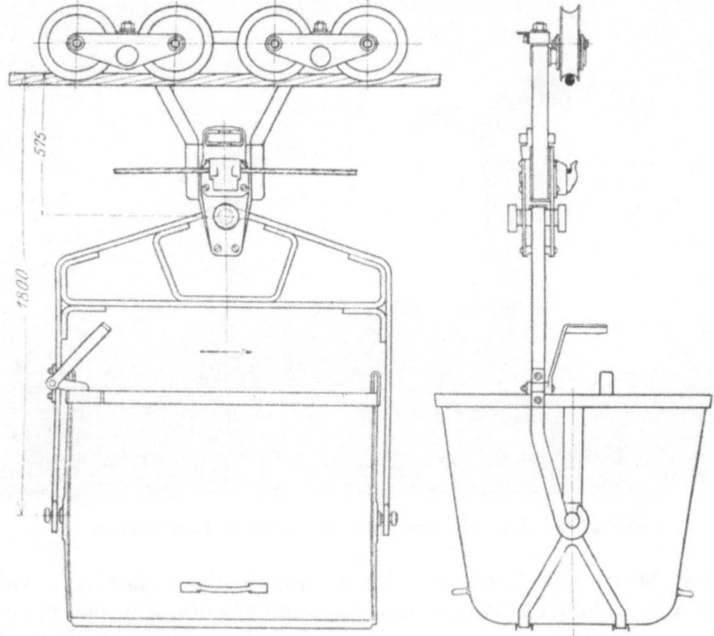

Abb. 119. Doppellaufwerk von A. W. Mackensen.

angebrachten Mittelbolzen. Auch bei der Bleichertschen Form des vierrädrigen Laufwerkes liegt das aus Stahlformguß bestehende Verbindungsstück seitlich und unterhalb des Tragseiles, wie die Darstellung der Abb. 120 angibt.

Der Schritt zur nochmaligen Verdoppelung, wie ihn die Abb. 121 zeigt, war dann leicht gemacht. Es handelt sich bei der betreffenden Bahn um die Förderung von Stämmen bis zu 18 m Länge und bis zu 1,5 m Durchmesser, deren Einzelgewichte ungefähr 3 t betragen.

Wenn jetzt noch nach einem von ganz anderen Gesichtspunkten ausgehenden englischen Vorbild (Abb. 435) zwei Bahnen auf denselben Stützen nebeneinander angelegt werden (Abb. 63), deren mit großen Einzellasten beladene

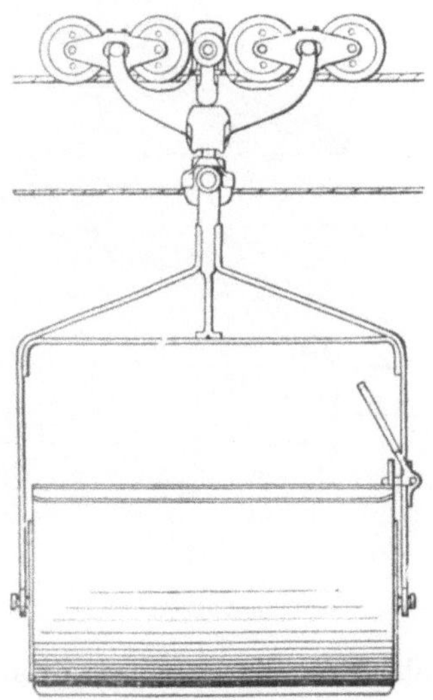

Abb. 120. Doppellaufwerk von A. Bleichert & Co.

vierrädrige Wagen sich verhältnismäßig dicht folgen, so lassen sich Förderleistungen von 500 t/St erreichen, wie z. B. bei der von A. Bleichert & Co.

Abb. 121. Doppelwagen mit vierrädrigen Laufwerken.

für die Mines et Carrières de Flammanville erbauten Anlage.
Zur Verbindung der Wagen mit dem umlaufenden Zugseil verwandte

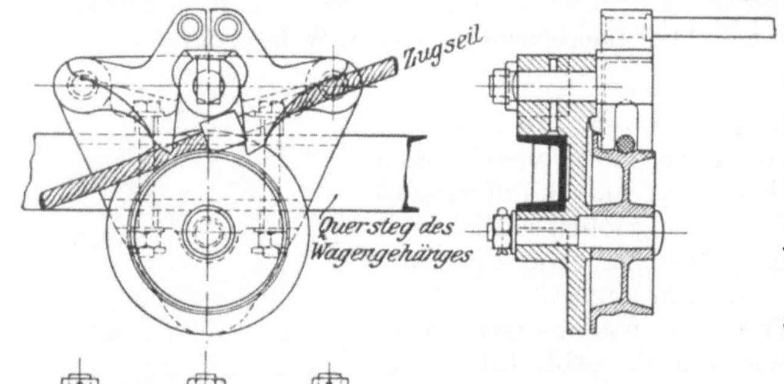

Abb. 122. Klinkenkupplung von Otto.

Bleichert
bei seinen
ersten Bah-
nen kleine
Muffen,
die in den
festgesetz-
ten Wagen-
abständen
auf das Seil
gesteckt
wurden und
in einen Haken des Wagengehänges
von Hand eingelegt wurden.

Als Beispiel eines selbsttätigen
Greifers der Art werde der früher
viel benutzte und sich durch besondere Einfachheit auszeichnende
Ottosche Klinkenapparat beschrieben. Oberhalb einer das Zugseil tragenden und führenden Guß-
stahlrolle sind zwei symmetrische, gabelförmige Klinken drehbar gelagert (Abb. 122). Sie haben an einem oberen Ansatz je einen Stift,

der an den Kuppelstellen der Stationen über passende Ausrück-
schienen geführt wird. Der Mitnehmerknoten am Zugseil hebt dann
die erste Klinke an und nimmt darauf den Wagen an der zweiten mit
sich fort.

Diese Knotenkupplungen sind durch die Verbesserung der Klemm-
backengreifer jetzt gänzlich außer Gebrauch gekommen. Ihnen haftete
besonders der Nachteil an, daß die Leistung der Bahn durch den Abstand der Knoten unveränderlich festgelegt war und das Zugseil an
ihrer Befestigungsstelle nicht geschmiert und untersucht werden konnte,
also leicht dem Verrosten ausgesetzt war, falls man sie nicht alle paar
Wochen versetzte.

Bleichert erfand bald die in Abb. 123 dargestellte Exzenter-
Klemmbackenkupplung, die bei einer großen Zahl älterer Anlagen noch ihren Dienst tut. An dem zwischen zwei Querriegeln des
Wagengehänges (Abb. 96 und 104) befestigten Hauptkörper K ist eine
lose Seilrolle R gelagert, deren
Achse mit Starrfett aus der
Kapsel S geschmiert wird. Auf
der Achse des Hebels H befindet
sich im Innern des Gehäuses K
ein Exzenter, das bei Aufrecht-
stellung des Hebels das Segmentstück E fest auf das von der
Rolle R getragene Seil preßt.
Zur Einstellung der Rolle gegenüber dem Segmentstück E je
nach der Seilstärke dient die
Stellschraube P. Der Apparat
wird von Hand betätigt, indem
ein Arbeiter den Hebel H an
dem Handgriff herumdreht. Dagegen geschieht das Auslösen
selbsttätig durch Anschlagen
des Hebels H gegen eine an

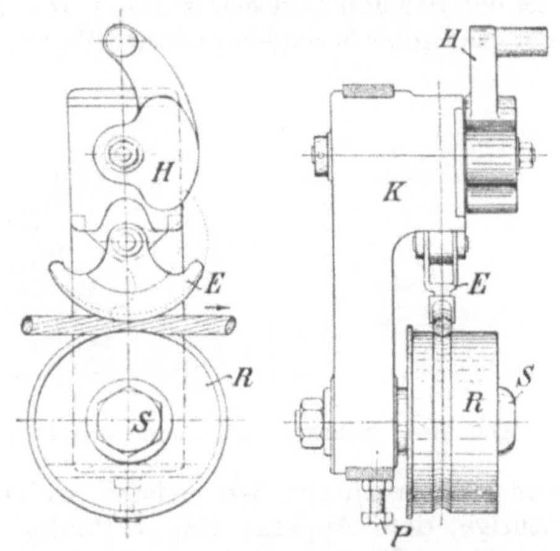

Abb. 123. Exzenter-Klemmbackenkupplung
von Bleichert.

der Entkuppelstelle angebrachte Ausrückerplatte. Kommt der Wagen
auf der Strecke ins Gefälle oder in eine Steigung, so hat er das
Bestreben, vorzugleiten bzw. zurückzufallen. Hierdurch wird die
Rolle R und die nach beiden Seiten etwas exzentrisch verlaufende
Druckbacke E ein wenig nach der einen oder anderen Richtung gedreht. Der dabei auf das Zugseil ausgeübte Klemmdruck entspricht
somit der Neigung, in der sich der Wagen befindet. Es war dies
ein Vorzug jener Kupplung, der aber den Nachteil mit sich brachte,
daß die Druckfläche eine sehr kleine war, mit der sie das Seil zusammen-
preßte.

Der zweitälteste und infolge seiner Einfachheit und Billigkeit auch
jetzt noch bisweilen ausgeführte Apparat ist die 1887 von Otto erfundene Schraubenkupplung, die gleichzeitig und unabhängig
auch von Obach angegeben wurde. Sie besteht bei der heutigen

Ausführung (Abb. 124) im wesentlichen aus zwei Scheiben, deren eine fest mit dem kräftigen Quersteg des Wagengehänges verbunden ist, während die andere um einen oberen Bolzen schwingt, dessen Lage gegenüber der ersten Scheibe der Seilstärke entsprechend eingestellt werden kann. Die Nabe der festen Scheibe ist als Mutter einer flachgängigen Schraube ausgebildet, die bei einer Drehung die schwingende Scheibe an die feste heranzieht und so das sich von unten einlegende Zugseil festklemmt. Im übrigen vollzieht sich das Ankuppeln und Lösen ebenso wie bei dem vorbeschriebenen Bleichertschen Apparat. Wie die Abb. 124 andeutet, kann sich die Klemmbacke auf der Außenseite des Gehänges gegen Seilscheiben legen, die eine Ablenkung in wagerechter Richtung bewirken.

Da die Pressung, mit der die Kupplung festgedrückt wird, von dem Arbeiter abhängt, so ist beiden Apparaten eine gewisse Unsicherheit gemeinsam, und man benutzte sie deshalb nur zu Steigungen bis etwa 1 : 4. Der Sicherheit wegen pflegte man die erste Stütze ziemlich dicht bei der Station und etwas höher anzulegen als die Kuppelstelle, damit ein mangelhaft angekuppelter Wagen sich hier schon löst und wieder langsam zurückläuft. Einen wesentlichen Fortschritt bedeutete die 1885 von Werner erfundene Verbesserung des Otto-Obachschen Apparates, die zuerst von J. Pohlig übernommen wurde

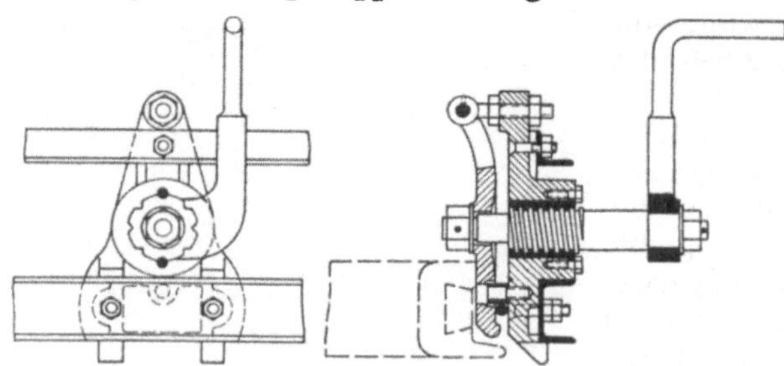

Abb. 124. Schraubenkupplung von Otto und Obach.

und jetzt auch von den meisten anderen Firmen ausgeführt wird. Die heutige, dem Apparat von J. Pohlig gegebene Ausführungsform zeigt die Abb. 125.

Eine Spindel a besitzt ein kurzes Stück Rechtsgewinde b von starker Steigung und ein feineres Linksgewinde c: sie ist in dem Auglager n des Wagengehänges drehbar und trägt am freien Ende den Anschlaghebel h mit einer Gewichtsrolle i. Schlägt diese Rolle gegen einen Anschlag, so wird die Spindel gedreht und die beiden Klemmbacken k und l werden fest gegen das Zugseil z geschraubt. Das Rechtsgewinde b, das nur etwa einen halben Gewindegang bildet, bewirkt infolge seiner Steilheit, daß sich die Klemmbacke k dem Seil zu Anfang der Drehung sehr schnell nähert. Sie wird nun so eingestellt, daß das steile Gewinde abgelaufen ist, wenn das Seil gerade berührt wird, und bei der weiteren Bewegung der Spindel preßt jetzt das feine Gewinde c die Backe l langsam, aber mit großer Kraft an das Seil. Zu Schonung des letzteren sind beide Klemmbacken mit leicht auswechselbaren Bronzefuttern p versehen.

Das An- und Abkuppeln erfolgt völlig selbsttätig ohne Mitwirkung des Wagenschiebers. An der Kuppelstelle (Abb. 126) ist die Laufschiene nach unten durchgebogen und das Zugseil wird so geführt, daß sich dort die geöffnete Kupplung mit ihren Rollen o daraufsetzt. Wird nun der Wagen in der Fahrtrichtung weitergeschoben, so läuft die Gewichtsrolle i des nach rückwärts liegenden Hebels h auf die Leitschiene q auf. Dadurch wird der Hebel in eine nahezu senkrechte

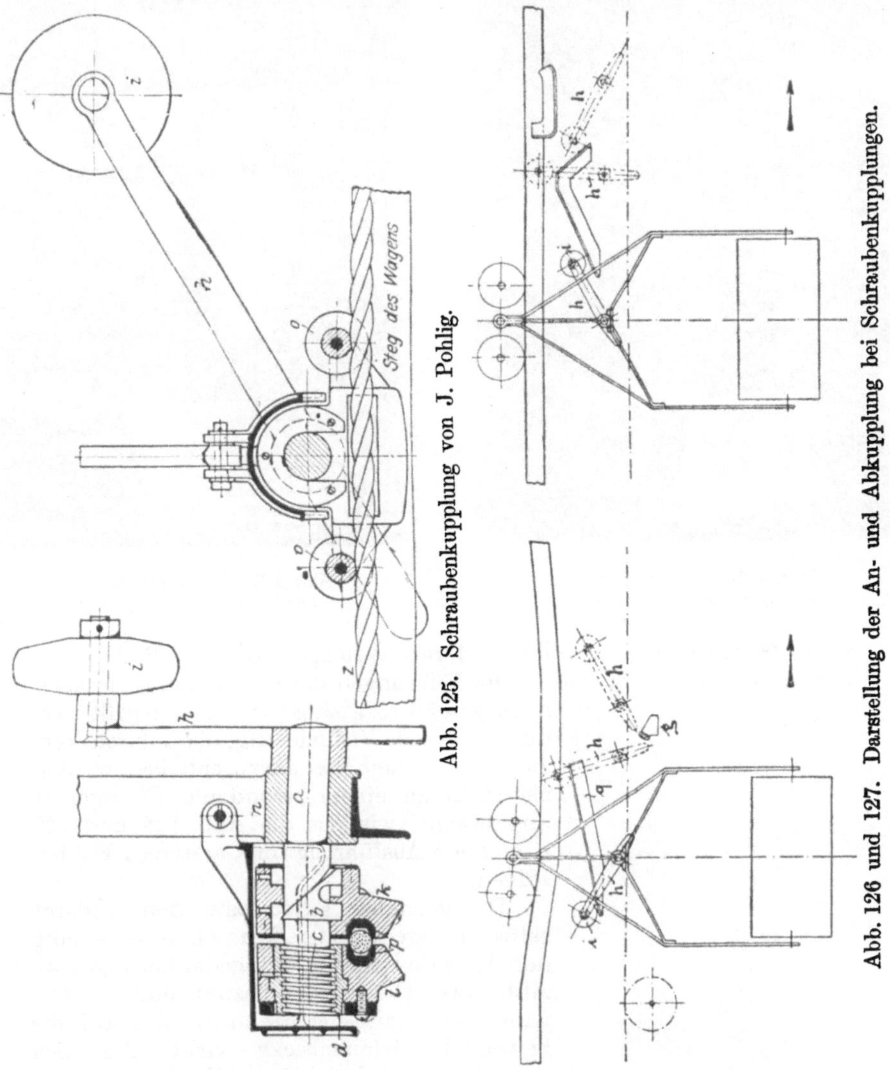

Abb. 125. Schraubenkupplung von J. Pohlig.

Abb. 126 und 127. Darstellung der An- und Abkupplung bei Schraubenkupplungen.

Stellung gebracht, worauf seine untere Verlängerung gegen einen Querriegel g stößt, so daß er in die punktiert gezeichnete Schlußlage nach vorn überfällt.

Beim Auskuppeln läuft die Rolle i auf eine zuerst ansteigende Leitschiene auf (Abb. 127) und wird dann, nachdem der Hebel h die

senkrechte Stellung angenommen hat, durch eine zweite Schiene nach
rückwärts herumgeschlagen. Damit das Gewicht nicht mit einem Stoß

Abb. 128. Ankuppelstelle
der Schraubenkupplung.

Abb. 129. Entkuppelstelle
der Schraubenkupplung.

zurückfällt, ist die erste Schiene derart verlängert, daß die Rolle i von
beiden Seiten umfaßt wird. Die Führungen der Gewichtsrolle müssen

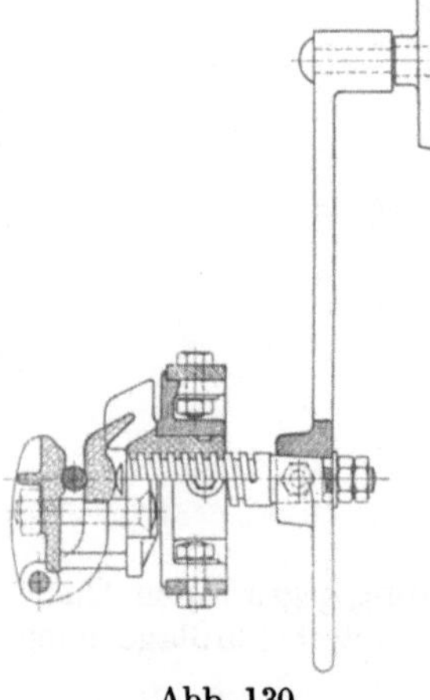

Abb. 130.
Schraubenkupplung von
Carstens & Fabian.

naturgemäß sòrgfältig zusammengepaßt werden. Um jede Veränderung, etwa durch Verziehen der Traghölzer auszuschließen, werden
sie stets an einem besonderen Eisengerüst
angebracht, wie das die Abb. 128 und 129
nach einer Ausführung von Carstens & Fabian
zeigen.

Die genannte Firma baut den Apparat
selbst in vereinfachter Form ohne Benutzung
des Wernerschen Grundgedankens gemäß
Abb. 130. Die Spindel besitzt nur ein Gewinde von mittlerer Steigung, das auf die
bewegliche Klemmbacke wirkt, die sich
um einen in der festen Klemmbacke gelagerten Bolzen dreht. Infolgedessen wird
die bewegliche Klemmbacke nicht exzentrisch beansprucht. Damit sich der ganze
Apparat in Neigungen der Bahn nach der
Richtung des Zugseiles einstellt, ist die

Gewindemutter in dem Tragkörper frei drehbar gelagert. Letzterer ist wieder mit zwei Querstäben des Wagengehänges verschraubt.

Mit den im Vorstehenden beschriebenen, am Wagengehänge angebrachten Kupplungen ist das Durchfahren von Kurven am Zugseil

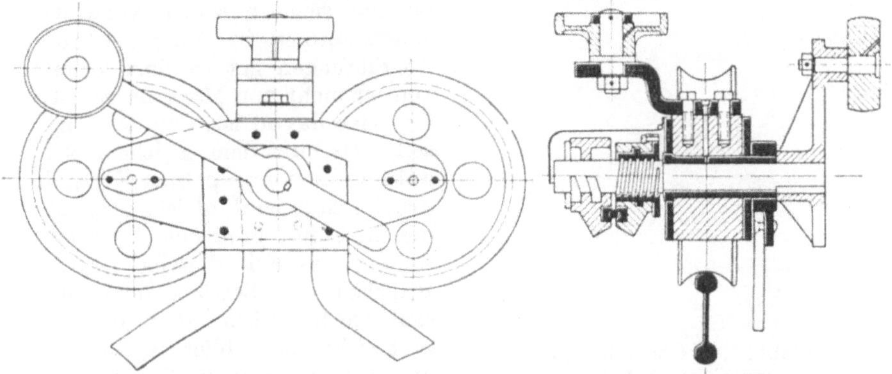

Abb. 131. Oberseilkupplung von J. Pohlig A.-G.

nicht gut möglich. Pohlig und Otto haben deshalb nach dem Vorgang von A. Bleichert & Co. (Abb. 136) ihren sogenannten Universalkupplungsapparat für diesen Zweck vom Gehänge in das Laufwerk verlegt, indem sie den Mittelbolzen, an dem das Gehänge angreift, gleich als Schraubenspindel ausführten, wie die Abb. 131 darstellt. Im übrigen entspricht die Anordnung nahezu vollständig der in den Abb. 125 bis 127 angegebenen. Um beim Befahren von Kurven ein Auspendeln des Wagens infolge der Zentrifugalkraft zu verhindern, befindet sich über dem Laufwerk noch eine Druckrolle, die sich gegen entsprechende Führungsschienen legt. Bei neueren Ausführungen hat J. Pohlig A.-G. die eine Stahlblechwange des Wagens noch nach unten verlängert und darin eine zweite Führungsrolle angebracht, wie Abb. 132 zeigt.

Ein Nachteil haftet diesem Apparat noch an, daß sich nämlich nur die eine äußere Backe gegen eine Umführungsscheibe legen kann, und infolgedessen nur nach derselben Seite gekrümmte Kurven durchfahren werden

Abb. 132. Wagen mit Oberseilkupplung von J. Pohlig A.-G.

können. Carstens & Fabian haben das bei ihrer Umbildung der gebräuchlichen Schraubkupplung vermieden, indem sie die Klemmbacken nach dem Bleichertschen Vorbild über den Wagen hinausragen lassen (Abb. 133). Die bewegliche Klemmbacke ist als

Doppelhebel ausgebildet, und ihr unterer Fortsatz wird von der Schraubenspindel in gewöhnlicher Weise bewegt. Zur Einstellung entsprechend dem Seildurchmesser dient eine Stellschraube in dem Doppelhebel, deren Lage durch eine Stellplatte gesichert wird.

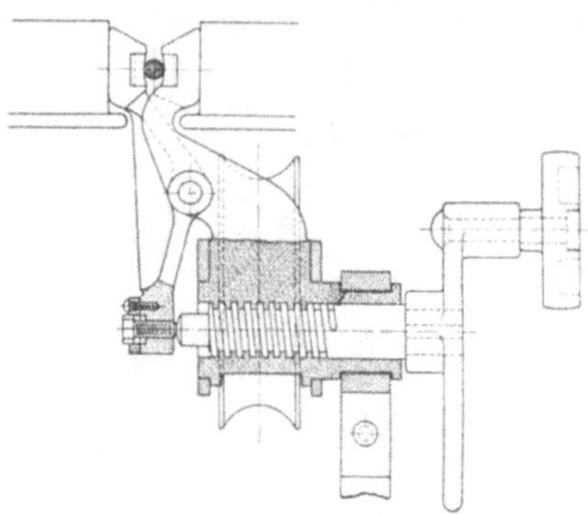

Abb. 133. Oberseilkupplung von Carstens & Fabian.

Der Schraubenkupplungsapparat hat sich in seinen verschiedenen Formen in Tausenden von Ausführungen gut bewährt, trotzdem er nicht von Mängeln frei ist. Der eine davon ist, daß das Zugseil stets mit dem gleichen, der größten Last angepaßten Klemmdruck erfaßt wird, gleichgültig, ob die Last nun groß oder klein ist, solange das Seil dieselbe Stärke beibehält. Im Betriebe verringert sich die Seilstärke aber mit der Zeit nicht unerheblich (vgl. S. 34) und der Apparat muß neu eingestellt werden, sobald der Hebel mit der Gewichtsrolle i der Abb. 125 sich zu weit umlegt. Dabei läßt J. Pohlig A.-G. die Mutter d in der Klemmbacke l entsprechend verschieben, wobei zur Sicherung der gegenseitigen Lage beider Teile die aufgesetzte Platte dient.

Abb. 134. Amerikanische Drahtseilbahn.

Dieser Nachteil der Abhängigkeit der Wirkung von der richtigen Zugseilstärke bringt es mit sich, daß die Kupplung bei langen Bahnen mit mehreren Unterabschnitten des Zugseils unvorteilhaft werden kann. Denn das Seil muß dort auf der ganzen Länge der Bahn mindestens annähernd dieselbe Stärke haben und es können Schwierigkeiten entstehen, wenn etwa ein Stück des Zugseiles aus irgend einem Grunde durch ein neues von natürlich größerer Dicke ersetzt wird. Ein weiterer Nachteil der Seilbahnen mit am Wagengehänge angebrachter Kupplung ist der, daß sich bei ungünstiger Anordnung der Stützen und Zugseilführungen das Gehänge in starken Steigungen schief einstellt, was z. B. die Abb. 134 nach einer amerikanischen Ausführung zeigt. Naturgemäß kann in solchen Fällen der Rauminhalt des Wagenkastens nicht voll ausgenutzt werden, wenn kein Material herausfallen soll.

Vermieden werden die aufgezählten Nachteile bei den am Laufwerk angebrachten Kupplungen, die durch das Gewicht des Gehänges und der daran hängenden Last ausgedrückt werden. Zum erstenmal war die Wirkung des Gehängegewichtes benutzt worden in einer anscheinend nie zur Ausführung gelangten amerikanischen Patentanmeldung von Rosenholz im Jahre 1892 [21]).

Unabhängig hiervon erfand Spitzeck 1893 eine Anordnung, die er nach Aufgabe seiner Monteurstellung bei A. Bleichert & Co. in mehreren von ihm gebauten Anlagen zur Ausführung brachte: Von Hängestangen, die an den Laufradachsen befestigt sind, wird die untere Klemmbacke der Kupplung und eine Stützrolle getragen. Darauf setzt sich die zweite Klemmbacke, die vermittels einer mittleren Hängestange an dem Laufwerk hängt. Das Zugseil wird also von zwei Seiten mit einer Kraft gefaßt, die gleich dem Gehängegewicht mit der Last ist, so daß der Apparat nur für Bahnneigungen brauchbar ist, die man heutzutage als gering bezeichnet. Die Entkupplung geschieht mit Hilfe

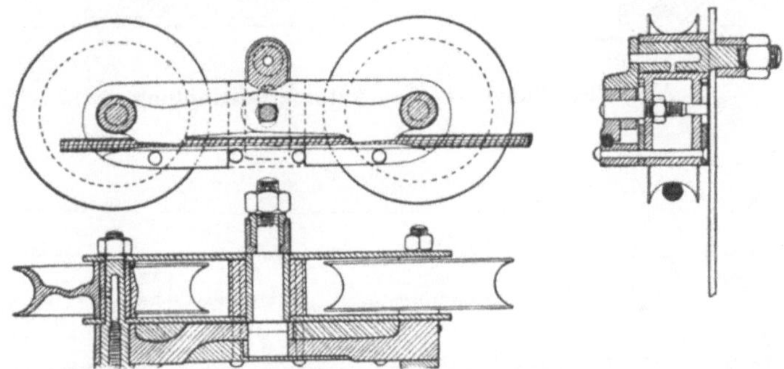

Abb. 135. Gewichtskupplung mit Hebelübersetzung von Spitzeck.

eines Drehsternes und eines Exzenters. Zu seiner Entlastung ist außerdem noch eine Tragrolle vorgesehen, die das Gehänge durch Auflaufen auf eine an der Kuppelstelle der Station fest angeordnete Schiene mit anhebt.

Spitzeck führte jedoch bereits im nächsten Jahr eine Bahn in Linz a. Rhein aus, bei deren Zugseilkupplung eine Hebelübersetzung vorhanden war, wie die Abb. 135 angibt. Die untere Klemmbacke sitzt hier dicht oberhalb des Tragseiles seitlich neben den Laufrädern fest am Laufwerk. Das Gehänge wirkt auf zwei Hebel ein, die sich um die verlängerten Laufradachsen drehen und das Zugseil mit ihren als Klemmbacken ausgebildeten unteren Fortsätzen erfassen. Ihr Übersetzungsverhältnis beträgt etwa $\ddot{u} = 1 : 3,5$.

Ohne von diesen Vorläufern zu wissen, erfand 1894 Streitzig, Oberingenieur von A. Bleichert & Co., die in Abb. 136 wiedergegebene „Automat"-Kupplung, die für viele andere vorbildlich geworden ist.

---

[21]) Wettich, Fördertechnik 1914.

Der Mittelbolzen M, an dem das Wagengehänge G hängt, ist in einem gußeisernen Gleitkörper K drehbar gelagert, so daß das Gehänge in der Fahrtrichtung frei ausschwingen kann. Der Körper K kann sich seiner-

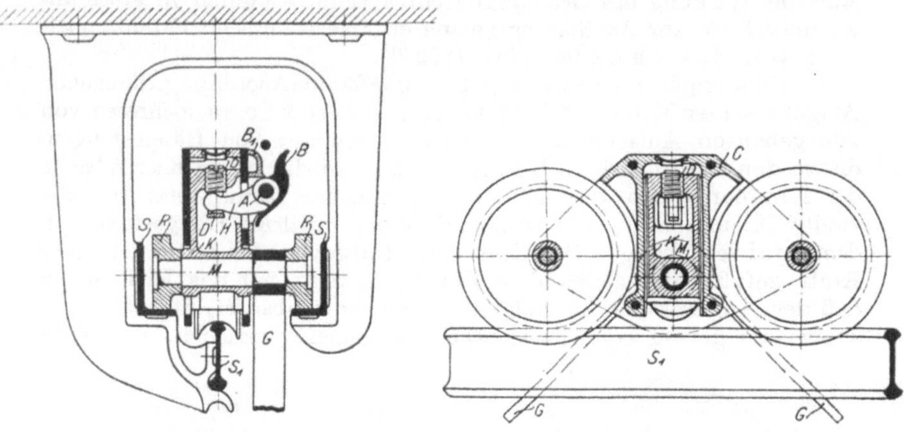

Abb. 136. Bleichertsche „Automat"-Kupplung.

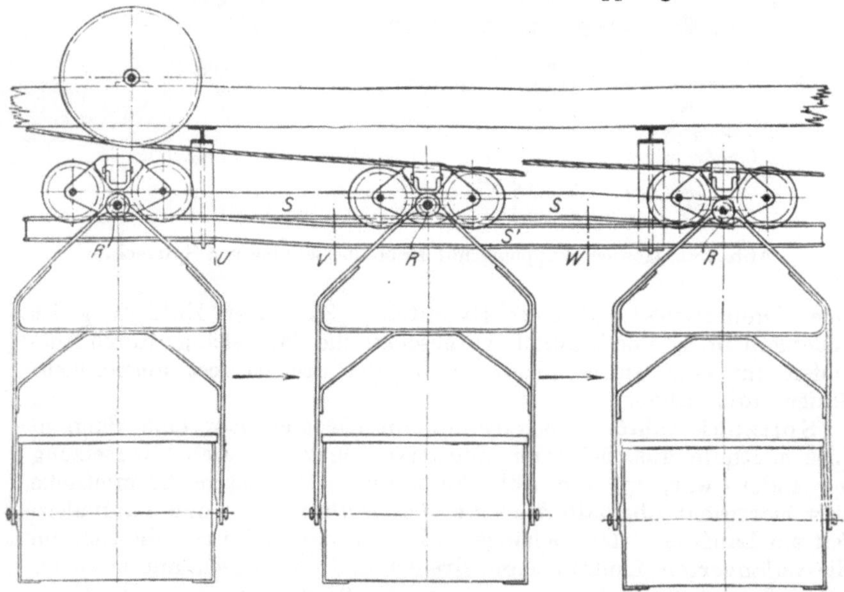

Abb. 137. Darstellung des Kuppelvorganges bei dem Bleichertschen Gewichtskuppelapparat.

seits in einem Gehäuse auf- und abbewegen, das aus den beiden Wangen des Laufwerkes und dem ihren Abstand begrenzenden Körper C ge-bildet ist. In den oberen Teil von K ist ein stählernes Druckstück D

eingesetzt, das auf den um den Bolzen A schwingenden Hebel H einwirkt, dessen über A hinausgehende Fortsetzung B bei Abwärtsbewegung des Gleitkörpers K das Zugseil fest gegen die an der Laufwerkswange angebrachte

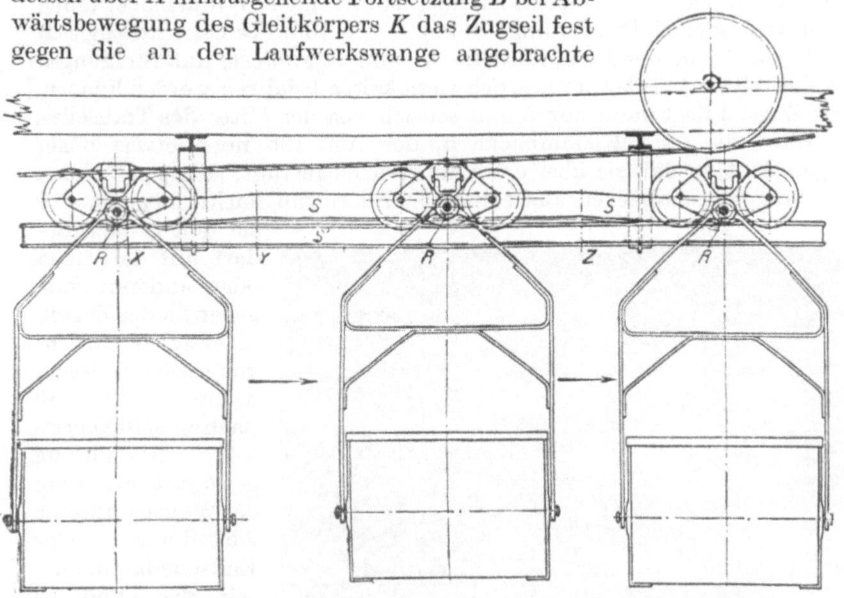

Abb. 138. Entkuppelstelle der Bleichertschen „Automat"-Kupplung.

Klemmbacke B preßt. Die Klemme wird zum Ankuppeln geöffnet, indem die auf dem Mittelbolzen M sitzenden Rollen R auf Kuppelschienen S auflaufen, die wagerecht liegen, während sich die eigentliche Laufschiene S_1 etwas senkt.

Die Führung des Zugseiles an der Ankuppelstelle und die Anordnung der Lauf- und Kuppelschienen zeigt die Abb. 137. Die Stelle, auf der die Klemme voll geöffnet ist, wird durch die Buchstaben VW begrenzt. Beim Auskuppeln wiederholt sich der Vorgang in umgekehrter Weise, indem hier die Kuppelschienen S ansteigen (Abb. 138). Geöffnet ist die Klemme auf der Strecke YZ.

Die Hebelübersetzung ist so gewählt, daß der Klemmdruck etwa das 2,5fache des Gehängegewichtes beträgt. Die ganze Anordnung baut sich

Abb. 139. Unterseilkupplung von Bleichert.

so eng, daß das Zugseil nur 8 cm von der Mitte des Laufseiles entfernt ist, wenn die Kupplung oben am Laufwerk sitzt. Bei Bahnen mit großen Neigungen wird sie unter das Tragseil verlegt, wie die Abb. 139 angibt,

indem die eine Wange des Laufwerkes sich nach unten fortsetzt und
das Gleitstück den das Festklemmen bewirkenden Winkelhebel durch
Vermittlung einer Druckstange bewegt (Abb. 105). Dabei wird zugleich
die Übersetzung des Klemmdruckes so weit vergrößert, daß Steigungen
im Verhältnis 1:1 damit ohne Schwierigkeiten befahren werden können.
Das Zugseil liegt dann nur 5 mm seitlich von der Mitte des Tragseiles.

Wird die feste Klemmbacke B_1 der Abb. 136 noch etwas höher
angeordnet, so daß sie über das Laufwerk hinausragt, so ist es bei den
schmalen Klemmbacken aus zähem Stahlformguß leicht möglich, daß

Abb. 140. Kurvenumführung bei Oberseil.

sie sich je nach Bedarf auf der einen oder anderen Seite gegen die das Zugseil ablenkende Umführungsscheibe legen. Diese in Abb. 140 nach einer Bleichertschen Ausführung gezeigte Umführung des Wagens um eine Ablenkungs- oder Endscheibe am Zugseil, die schon bei Besprechung der Abb. 133 erwähnt wurde, ist bereits bei der ersten Durcharbeitung der Kupplung von Streitzig angegeben worden.

Durch diese einfache bauliche Anordnung ist die Verwendungsmöglichkeit der Seilbahnen eine erheblich größere geworden als
bisher. Man kann jetzt, wie spätere Beispiele zeigen werden, Schütt-
güter an einer Stelle aufgeben und an einer anderen Stelle der Fabrik
nach Durchfahren beliebiger Krümmungen selbsttätig abgeben, ohne
daß die geringste Bedienung erforderlich wird. Um diesen Vorteil auch
bei Unterseilapparaten zu erreichen, hat die Firma A. Bleichert & Co.
bei ihren Doppellaufwerken eine Ausführungsform zur Anwendung gebracht, bei der die ganz schmalen Klemmen das Zugseil von oben her
greifen (Abb. 113).

Da der ganze Kupplungsvorgang sich völlig stoßfrei vollzieht, so
macht es keine Schwierigkeiten, sogar mit der hohen Geschwindigkeit

von 3 m/sek zu fahren, während man zu Anfang nicht über 1 bis 2 m/sek hinausging und diese Geschwindigkeit vor der Einführung des selbsttätigen Kuppelapparates nicht über 1,5 m/sek erhöhte. Am gebräuchlichsten ist jetzt, je nach der Gesamtförderleistung der Bahn, die Fahrtgeschwindigkeit 2,0 oder 2,5 m/sek.

Mit Hilfe der vollkommen selbsttätig und stoßfrei arbeitenden Kuppelapparate ist die Leistungsfähigkeit der Drahtseilbahnen nicht allein infolge der möglich gewordenen Steigerung der Fahrtgeschwindigkeit gestiegen, sondern auch deshalb, weil die Arbeit der Wagenschieber sich sehr vereinfacht hat und darum sehr viel schneller ausgeführt werden kann als früher. Es kann so die Zeitfolge der Wagen sehr kurz gehalten werden derart, daß bis zu 250 Wagen in der Stunde aus der Station herausgeschoben werden. Dabei folgen sich die Wagen also in Abständen von 14,4 Sekunden, und die Gesamtförder-

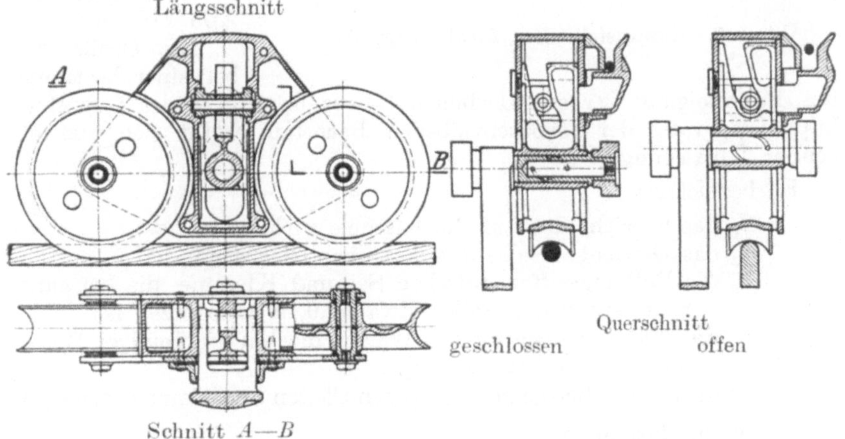

Abb. 141. „Ideal“-Kupplung von Ceretti & Tanfani.

leistung der Bahn, wie sie von Bleichert z. B. für die Vivero Iron Ore Co. gebaut worden ist, beträgt bei 1 t Nutzinhalt jedes Wagens 250 t/St.

Die älteste Weiterbildung des Gewichtskuppelapparates ist die sogenannte „Ideal“-Kupplung von Ceretti & Tanfani, die in Deutschland von A. W. Mackensen ausgeführt wird. Betätigt wird sie in der durch die Abb. 141 veranschaulichten Anordnung ebenfalls vermittels der an dem Mittelbolzen sitzenden Kuppelrollen. Das Gleitstück hat hier einen schräg verlaufenden Schlitz, in dem sich eine aus gehärtetem Tiegelgußstahl hergestellte Rolle verschiebt, deren Achse an dem inneren Teil der wagerecht verschiebbaren, gleichfalls aus Tiegelgußstahl geformten äußeren Klemmbacke befestigt ist. Durch Anheben des Gleitstückes öffnet sich also die Klemme, deren Übersetzung rund 1 : 3 beträgt. Um sie beliebig groß zu machen, steht die hierfür erforderliche Hubhöhe des Gleitstückes nicht zur Verfügung. Bei einer älteren

Ausführung ohne Druckrolle war der Apparat selbstsperrend, so daß noch eine besondere Abdrückschiene an der Kuppelstelle nötig wird, wie die Abb. 142 zeigt. Bemerkt sei noch, daß Mackensen die Kuppelrolle zuerst unten am Gehänge des Wagens anbrachte. Eine Ausführungsform mit dem unterhalb des Tragseiles angeordneten Kuppelapparat, mit dem auch Links- und Rechtskurven am Zugseil durchfahren werden können, gibt die Abb. 119 wieder.

Abb. 142. Kuppelstelle der „Ideal“-Kupplung.

Die Größe der bei einer bestimmten Bahnneigung tgγ erforderlichen Übersetzung $\ddot{u}$ des Gewichtskuppelapparates der vorbeschriebenen Bauarten ergibt sich aus folgender Überlegung.

Es bezeichne:

G_1 das Gewicht der auf die Klemme wirkenden Last,
G_2 das Gewicht des Laufwerkes ohne Gleitstück,
μ_0 die Reibungsziffer zwischen Seil und Klemme, die bei guter Schmierung des Seiles etwa zu 0,12 anzusetzen ist,
μ die Widerstandsziffer der Wagen, die bei ungünstiger Witterung etwa 0,016 beträgt,
$\mathfrak{S}$ die notwendige Sicherheit gegen Gleiten der Klemme, etwa 1,1.

Dann gilt die Beziehung

$$G_1 \cdot \cos\gamma \cdot \ddot{u} \cdot 2 \cdot \mu_0 = (G_1 + G_2) \cdot (\sin\gamma + \mu \cdot \cos\gamma) \cdot \mathfrak{S}$$

und hieraus folgt

$$\ddot{u} = \frac{\mathfrak{S}}{2 \cdot \mu_0} \cdot \left(1 + \frac{G_2}{G_1}\right) \cdot (\mathrm{tg}\gamma + \mu) .$$

Ist z. B. $G_1 = 150$ kg und $G_2 = 65$ kg, so wird für

tg$\gamma =$	0,0	0,1	0,2	0,3	0,4	0,6	0,8	1,0
$\ddot{u} =$	0,12	0,77	1,43	2,08	2,74	4,06	5,38	6,68

Man bemerkt, daß bei den gegebenen Zahlenwerten die übliche Übersetzung der gebräuchlichen Klemmapparate für Oberseil zwischen 2,5 bis 3,5 nur für Neigungen zwischen 1 : 2,8 bis 1 : 2,0 brauchbar ist. Die Klemmwirkung kann nun nach dem Vorgang von J. Pohlig A.-G. dadurch vergrößert werden, daß man die Klemmbackenflächen um 45° gegen die Richtung der Klemmkraft neigt (Abb. 154). Die Übersetzung braucht dann nur das 0,71 fache des obigen Betrages zu sein.

Ein Nachteil dieser Gewichtsklemmapparate ist der, daß gerade in den größten Steigungen die Klemmkraft sich bei sonst gleicher Last verringert. Man entgeht dem dadurch, daß der Kuppelapparat selbstsperrend gemacht wird. Der Verfasser erzielte dies durch ein Kurvenschubgetriebe mit hoher Übersetzung. Eine in größerem Umfang angewandte Konstruktion der Art war die in Abb. 143 dargestellte Verbindung mit einer Schraube, die die Benrather Maschinenfabrik baute. Das Gehänge mit dem Mittelbolzen wird dadurch angehoben, daß eine Druckschiene die auf dem langen Arm eines dreiarmigen Hebels sitzende Kuppelrolle herunterdrückt. Der dritte Arm des Hebels greift dann in eine Gabel ein, deren Drehachse eine Schraube bildet, auf der die bewegliche äußere Klemmbacke befestigt ist. Durch die Schwenkung der Gabel wird die Schraube in die sich dabei drehende Mutter hineingezogen und die Klemme auf die Weise geschlossen.

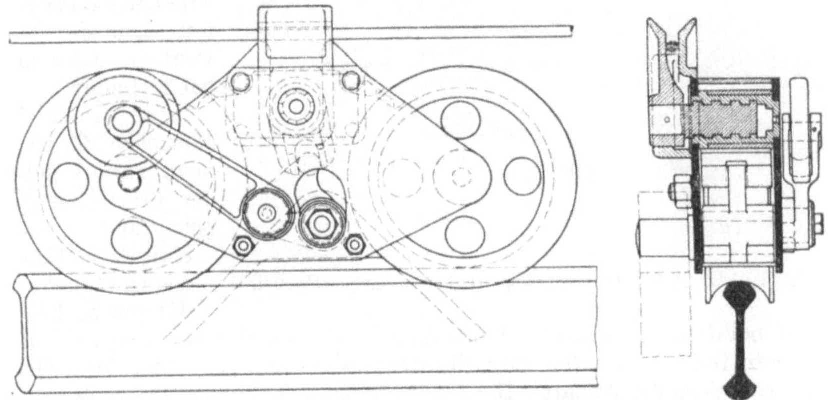

Abb. 143. Gewichtskuppelapparat der Benrather Maschinenfabrik A.-G.

Infolge der Selbstsperrung des Mechanismus ist der Klemmdruck in jeder Steigerung derselbe bei der Ankupplung erreichte. Die bei der größten Neigung $\operatorname{tg}\gamma$ des Tragseiles erforderliche Übersetzung des Apparates wird dann

$$\ddot{u}' = \ddot{u} : \sqrt{1 + \operatorname{tg}^2\gamma}\,,$$

und mit den Zahlen des obigen Beispieles ergibt sich die Reihe:

$$\ddot{u}' = 0{,}12 \qquad 0{,}77 \qquad 1{,}40 \qquad 1{,}99 \qquad 2{,}54 \qquad 3{,}49 \qquad 4{,}39 \qquad 4{,}72.$$

Gerade bei Bahnen mit starken Steigungen ist somit der durch die Selbstsperrung erzielte Gewinn von Bedeutung. Da die Bewegung der Schraube selbst bei ziemlich großem Ausschlag der Kuppelrolle an dem langen Hebelarm verhältnismäßig gering ist, so muß dieser Apparat wieder auf die betreffende Zugseilstärke genau eingestellt werden, wodurch der Vorteil der Gewichtswirkung zum Teil wieder vernichtet wird.

Bei dem Gewichtskuppelapparat von Ernst Heckel, den die Abb. 144 in einer Ausführung für Unterseil darstellt, endet die eine nach unten verlängerte Wange des aus Stahlformguß hergestellten Laufwerkes in einer senkrechten Führung für das Gleitstück, dessen Kuppelrolle aus seinem Unterteil herausragt. In einer gekrümmten Aussparung des Gleitstückes bewegt sich nun ein Stein, der auf einen geraden zweiarmigen Hebel einwirkt, dessen zweiten Arm die bewegliche Klemmbacke bildet.

Auf die Bleichertsche Grundform zurück geht der Gewichtskuppelapparat von Kaiser & Co. Als bewegliche Klemmbacke

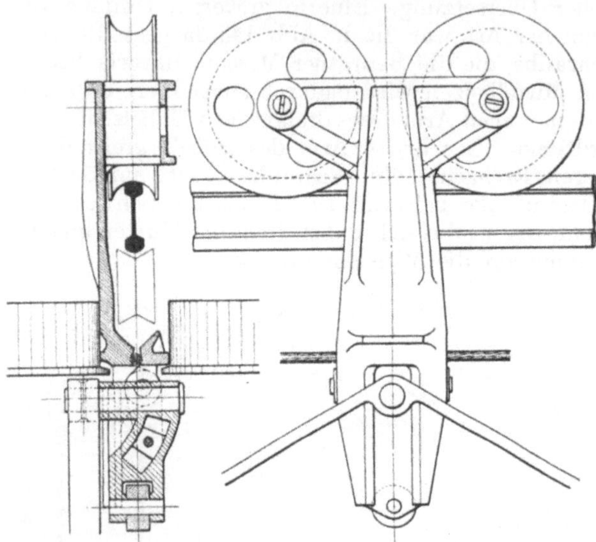

Abb. 144. Gewichtskuppelapparat von Ernst Heckel.

dient bei dem Apparat für Oberseil nach Abb. 145 der Winkelhebel. Die Grobeinstellung auf den Zugseildurchmesser, die deshalb erforderlich ist, weil derselbe Apparat für alle beliebigen Seildurchmesser benutzt

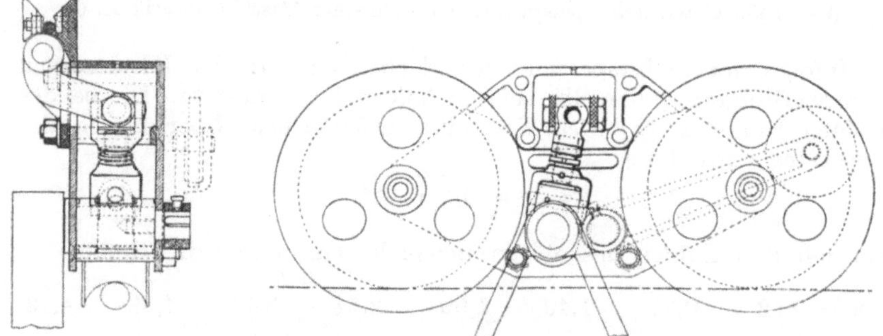

Abb. 145. Oberseilkuppelapparat von Kaiser & Co.

wird, besorgt eine Schraube mit Rechts- und Linksgewinde in der kurzen Zugstange, die hier das Gleitstück ersetzt. Die Kuppelrolle und ihre Betätigung entspricht der an der Abb. 143 beschriebenen. Die in Abb. 146 wiedergegebene Skizze der Entkuppelstelle zeigt die Zugseilführung, die hinter der eigentlichen Kuppelstelle stark nach unten

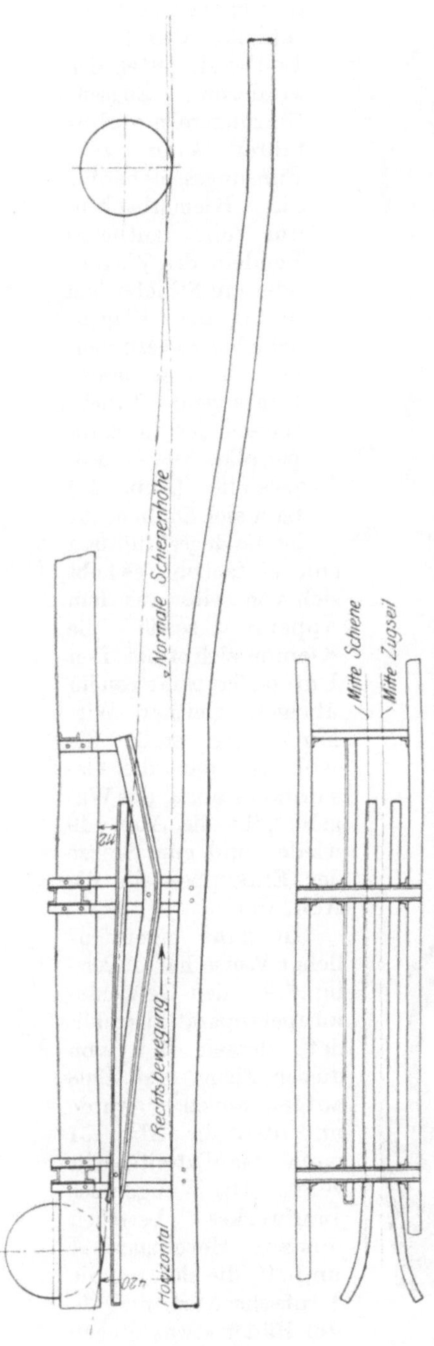

Abb. 146. Entkuppelstelle des Oberseilapparates von Kaiser & Co.

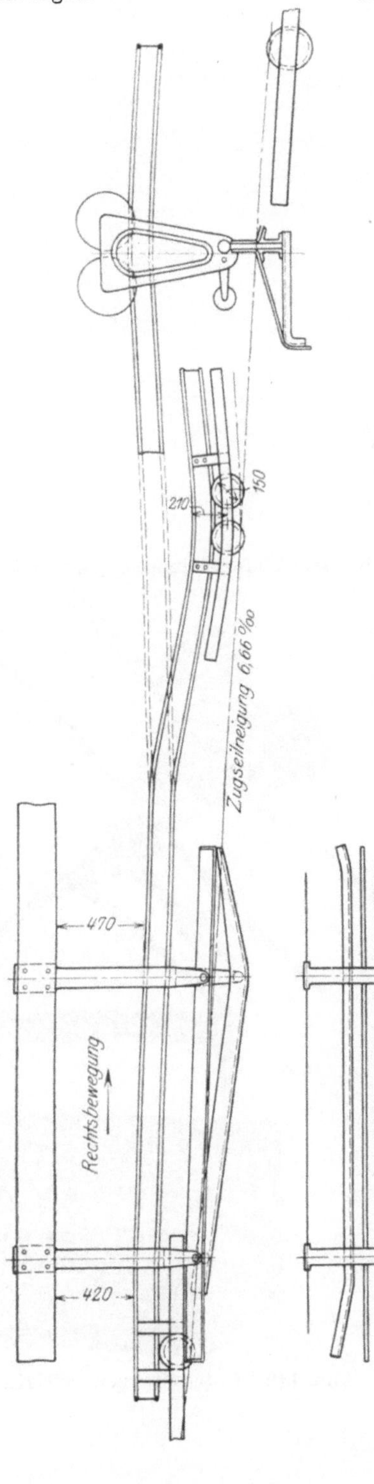

Abb. 147. Ankuppelstelle des Oberseilapparates von Kaiser & Co.

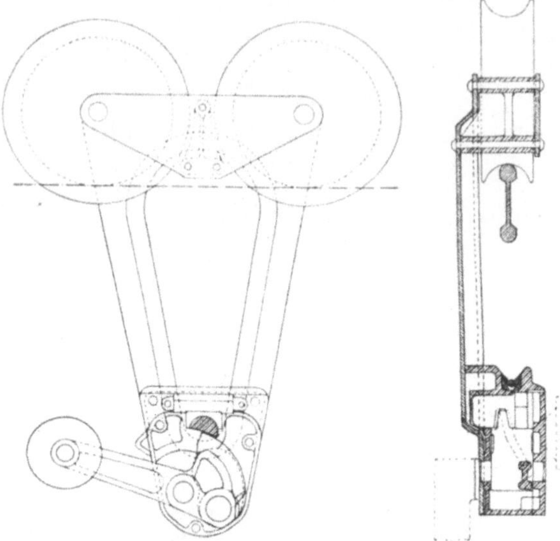

Abb. 148. Unterseilkuppelapparat von Kaiser & Co.

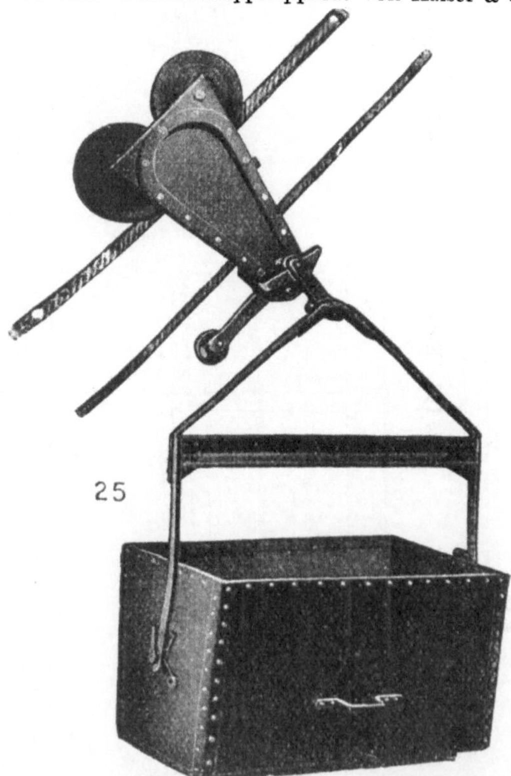

Abb. 149. Unterseilwagen von Kaiser & Co.

durchgebogene Laufschiene, damit das Laufwerk unter der vorderen Zugseilführungsrolle vorbeifahren kann, zwei Führungsschienen für die Klemmbacken, um ein seitliches Pendeln des Wagens oder ein Schiefziehen durch den Wagenschieber zu verhüten, und die weit heruntergezogene Druckschiene für die Kuppelrolle. Die Ankuppelstelle (Abb. 147) baut sich ähnlich, nur ist die Zugseilführung eine einfachere: es hebt sich von selbst aus dem Apparat, sowie die Klemme sich öffnet. Den Unterseilapparat von im übrigen gleicher Wirkungsweise stellt die Abb. 148 dar, die Gesamtanordnung des Wagens gibt die Abb. 149 wieder und eine Skizze der Einkuppelstelle die Abb. 150.

In ganz eigentümlicher Weise hat J. Pohlig A.-G. den Gewichtskuppelapparat ausgebildet, dessen Bau von dieser Firma erst 1908 aufgenommen wurde und den die Abb. 151 nach der Patentschrift zeigt. Die Wangen des Laufwerkes bestehen aus zwei Hebelpaaren A und A', die sich um die Laufachsen B und B' der Räder etwas drehen können. Das Wagengehänge greift an dem Mittelbolzen O an, auf dem die Kuppelrollen L und L' sitzen und mit dem die eine Klemm-

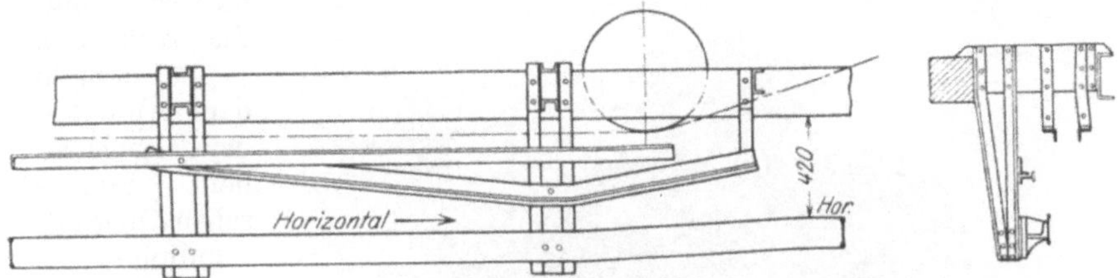

Abb. 150. Ankuppelstelle des Unterseilapparates von Kaiser & Co.

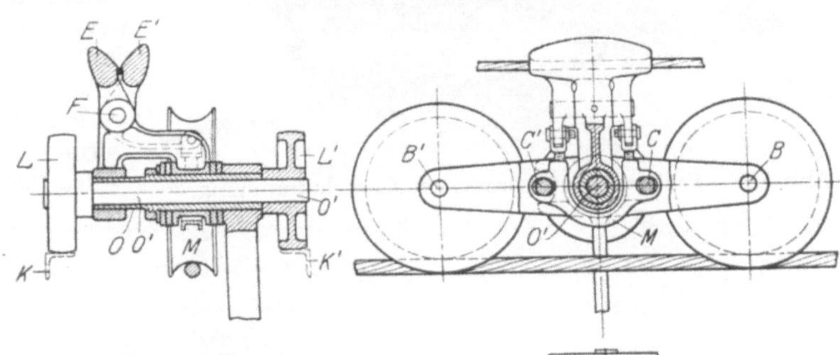

backe E verbunden ist. Die andere Klemmbacke E' ist der zweite Arm eines um F drehbaren Winkelhebels: sie wird, wenn die Kuppelrollen von ihren Leitschienen ablaufen, durch zwei Zugstangen angezogen, die an den Zapfen C und C' angreifen. Letztere machen beim Senken des Gehänges einen kürzeren Weg als der Mittelbolzen O, da sie dem Drehzapfen B bzw. V' näher sind, und dadurch wird die Kupplung geschlossen. Die Bewegung der den Hebelmechanismus bildenden Wangenteile veranschaulicht die Abb. 152, deren obere Figur den Mittelbolzen in der höchsten Lage zeigt, während die untere die gegenseitige Lage bei vollzogener Ankupplung darstellt. Ein Schaubild des

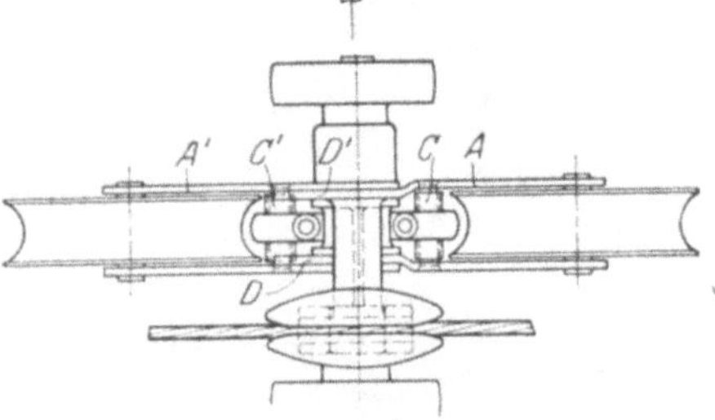

Abb. 151. Gewichtskuppelapparat von J. Pohlig A.-G.

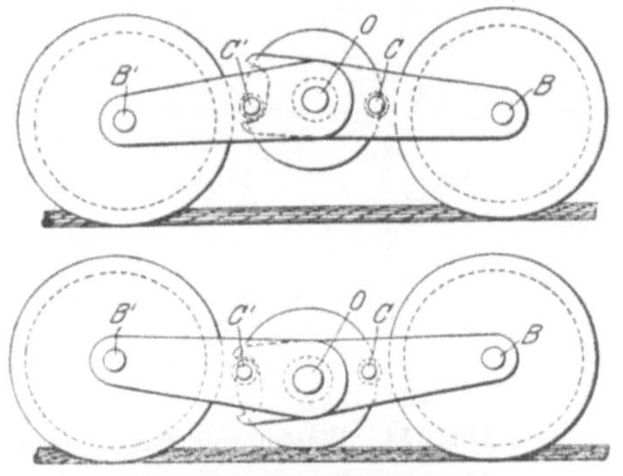

Abb. 152. Wangenbewegung beim Pohligschen Kuppelapparat.

ganzen Laufwerkes, das naturgemäß nur für geringe Bahnneigungen verwendet wird, aber für die Durchfahrung beliebiger Kurven sehr vorteilhaft ist, bringt die Abb. 153.

Bei dem in der Abb. 154 wiedergegebenen Pohligschen Oberseilkupplungsapparat für das Doppellaufwerk ist eine doppelteHebelübersetzung vorgenommen worden. Der Mittelbolzen

Abb. 153. Pohligsches Laufwerk mit Gewichtskupplung.

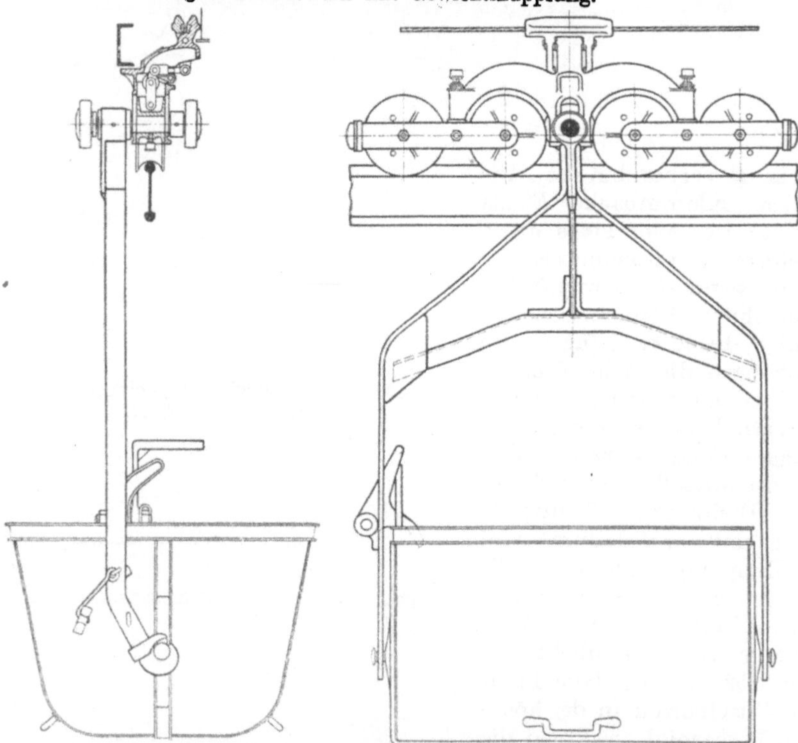

Abb. 154. Wagen mit Oberseilkupplungsapparat von Pohlig.

mit den Kuppelrollen ist der bekannte. An dem zwischen den beiden Laufwerkwangen geführten Gleitstück greift eine Stangenverbindung an, deren letzter Drehbolzen durch eine Lasche in gegebenem Abstand von einem am Gestell festen Bolzen gehalten wird. Bei Aufwärtsbewegung des Gleitstückes schiebt sich deshalb der letzte Zapfen der Stangenverbindung von der Mitte des Laufwerkes weg, und eine daran angesetzte Druckstange, die durch eine Schraube auf den betreffenden Seildurchmesser eingestellt wird, bewegt die als zweiarmigen Hebel ausgebildete Klemmbacke, die das Seil gegen die zweite mit dem Gestell aus einem Stück bestehende drückt. Die in die Stahlformgußhebel eingelegten eigentlichen Klemmstücke sind wieder so geformt, daß jedes das Seil an zwei Stellen erfaßt. Dadurch wird die Klemmwirkung noch weiter erhöht, so daß sich eine im ganzen sechsfache Übersetzung ergibt.

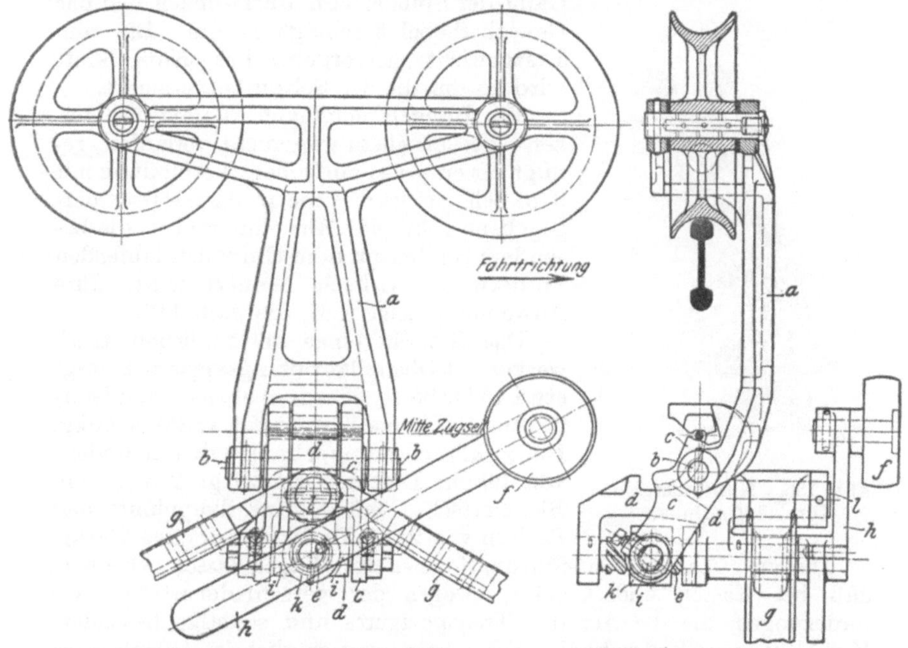

Abb. 155. Kupplung mit Schrauben- und Gewichtswirkung.

Eine beachtenswerte Vereinigung der Schrauben- und Gewichtskupplung hat Heinold angegeben [22]). Ihre erste Ausführung als Unterseilkupplung ohne Übersetzung der Gewichtswirkung zeigt die Abb. 155. Der untere gegabelte Teil der Stahlformguß-Hängewange a trägt an den beiden Zapfen l die untere Klemmbacke c derart, daß sie um l frei schwingen kann. In der oberen Klemmbacke d ist die Spindel e gelagert, die von der Gewichtsrolle f an dem zweiarmigen Hebel h vermittels Leitschienen nach Abb. 126 bewegt wird. Das Gehärge g sitzt lose drehbar an dem Tragzapfen l der Klemmbacke d. Die Klemmbacke c faßt nun mit zwei Zapfen i in Ausbohrungen der Spindelmutter k ein

---

[22]) Zeitschr. d. Ver. deutsch. Ing. 1915.

und stützt sich so darauf. Beide Klemmbacken werden noch durch einen zahnartigen Eingriff der einen in die andere so geführt, daß das Mittelstück von c am Vorderteil von d entlanggleitet, während sich bei entgegengesetzter Kraftrichtung zwei hakenförmige Fortsätze von c an entsprechende Ohren von l legen. Das Zugseil wird von der Seite her in die Kupplung eingeführt, und die Klemmbacke d hat das Bestreben, sich unter dem Einfluß des Gehängegewichtes der Backe c zu nähern, während zunächst noch die auf Druck beanspruchte Spindel e die Schließung verhindert. Letztere tritt erst ein, wenn die Rolle f angehoben und damit die Spindel e gelüftet wird. In dem Augenblick, wo das Zugseil gerade erfaßt wird, wechselt die Kraftrichtung; der tote Gang der Spindel wird überwunden und der Gewichtshebel h schlägt herum. Die vom Lastgewicht hervorgebrachte Kuppelkraft wird so um die der Schraube vermehrt.

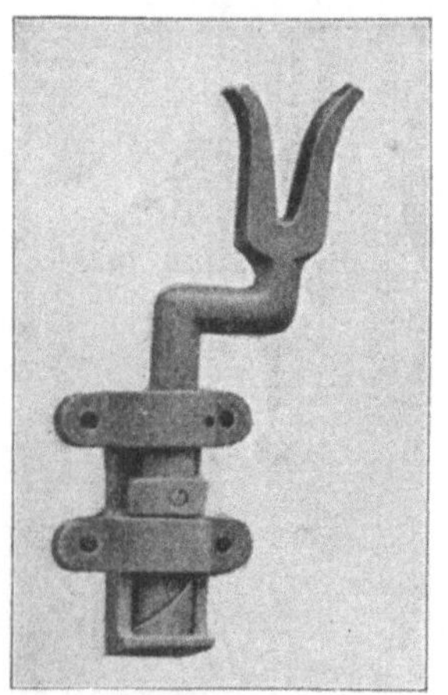

Abb. 156. Mitnehmergabel für Hängebahnen.

Für Hängebahnanlagen, die auf der ganzen Strecke nahezu wagerecht verlaufen, genügt oft eine viel einfachere Verbindung mit dem Seil. Es ist dies die in Abb. 156 wiedergegebene gekröpfte Mitnehmergabel, die besonders bei den auf dem Erdboden laufenden Förderwagen vielfach benutzt wird. Ihre Anwendung zeigt z. B. die Abb. 115.

Das Gewicht eines gewöhnlichen Laufwerkes mit Oberseilkupplungsapparat beträgt etwa 75 bis 85 kg, das eines ebensolchen Laufwerkes mit Unterseilapparat etwa 85 bis 100 kg. Ein Pohligsches Doppellaufwerk mit Rädern von 20 cm Durchmesser wiegt 205 kg, ein Bleichertsches mit Unterseilkupplung und Rädern von 25 cm Durchmesser etwa 230 kg.

Die vielgestaltigen Ausführungsformen der Wagen lassen erkennen, daß bei Kasten und Gehänge wegen der verschiedenartigen Anforderungen, die die Art des Transportgutes und sonstige besondere Verhältnisse stellen, wohl eine Schematisierung möglich ist, jedoch keine eigentliche Massenfabrikation nach ein für allemal feststehenden Normalien, die das Ideal des heutigen Fabrikbetriebes ist. Sie ist nur beim Laufwerk durchführbar, da aber auch bis in die geringste Kleinigkeit; und welchen Wert sie hat, ergibt sich aus folgendem.

Trotz des besten Materials ist naturgemäß Abnutzung und schließlicher Verschleiß unvermeidlich, wo bewegte Teile aufeinanderlaufen. Ein sofort passender Ersatz — und nur der ist ja allein brauchbar — kann aber nur durch Massenerzeugung nach einmal festgelegten, unveränderlichen Normalien erfolgen. Nur auf diese Weise ist es möglich, selbst nach vielen Jahren Teile zu liefern, die ohne jede Nacharbeit mit den vorhandenen richtig zusammenwirken, sobald sie in das Laufwerk eingeschoben sind. Selbstverständlich müssen die Werkstatteinrichtungen einer Arbeit von immer gleicher Genauigkeit besonders angepaßt sein, was heutzutage nur in Spezialfabriken geschehen kann, und dann muß eine entsprechend scharfe Kontrolle jedes einzelne Arbeitsstück bereits während der Erzeugung und noch einmal nach der Fertigstellung prüfen. Dazu dienen die sogenannten Toleranzlehren in der Hand eigens dafür angestellter Leute. Ein solches Meßwerkzeug mit gehärteten Stahlflächen, das z. B. zum Prüfen von Bolzen eines bestimmten Durchmessers dient, hat zwei Öffnungen, von denen die eine beispielsweise $^1/_{100}$ mm kleiner, die andere um denselben Betrag größer ist, als das richtige Maß. Letzteres ist nun von der Werkstatt mit ausreichender Genauigkeit innegehalten worden, wenn die weitere Lehre über den Bolzen geht, die engere aber nicht mehr. Gehen beide Lehren darüber, so ist der Bolzen zu dünn, läßt sich keine von beiden herüberschieben, ist er zu dick. In beiden Fällen wird das Stück von dem Materialverwalter zurückgewiesen. Entsprechende bolzenähnliche Lehren werden für Bohrungen usw. benutzt.

Die sich immer wiederholende gleichmäßige Herstellung aller Einzelstücke und Ersatzteile ist naturgemäß sowohl für die Fabrik als auch die Abnehmer von hohem Wert. Sie bringt aber auch einen gewissen Nachteil mit sich, daß nämlich eine später als zweckmäßiger oder günstiger erkannte Ausführungsform kaum oder gar nicht einzuführen ist, ohne das ganze Normengebäude umzuwerfen oder mindestens unübersichtlich zu machen. Aus dem Grunde bleiben die Firmen bei der einmal festgelegten Konstruktion, und so kommt es beispielsweise, daß J. Pohlig A.-G. nur selten von dem Wernerschen Schraubenkupplungsapparat abgeht.

Ein weiterer nicht unerheblicher Grund mindestens für die Anbringung des Kupplungsapparates am Wagengehänge ist der, daß der von den beiden Laufwerksrädern auf das Tragseil ausgeübte **Raddruck** bei jeder Neigung des Seiles praktisch der gleiche ist, wenn er sich auch bei größeren Steigungen verringert.

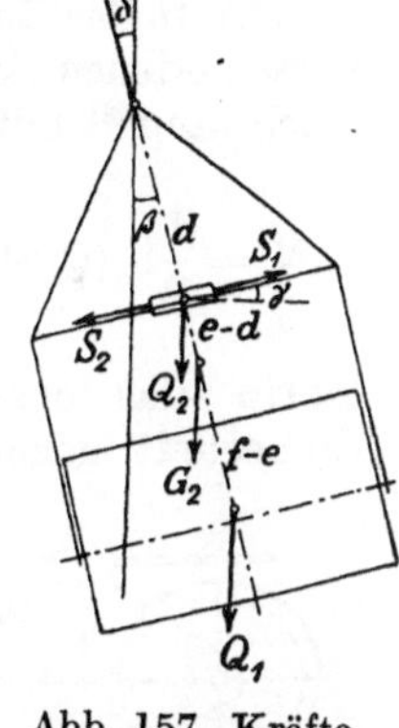

Abb. 157. Kräfte am Wagen und Gehänge auf geneigter Bahn.

Bezeichnet

G_1 das Gewicht des Laufwerkes in kg,
G_2 das Gewicht des Gehänges in kg,
Q_1 das Gewicht des Kastens einschließlich der Ladung in kg,
Q_2 das Gewicht des von dem betreffenden Wagen getragenen Zugseilstückes in kg,

so ergeben die Gleichgewichtsbedingungen gemäß Abb. 157 die Raddrücke zu

$$N = \frac{G_1}{2} \cdot \left[\cos\gamma \mp \frac{r-c}{a/2} \cdot \sin\gamma + \frac{1}{\operatorname{tg}\delta - \operatorname{tg}\gamma} \cdot \right.$$

$$\left. \cdot \left(\sin\gamma + \operatorname{tg}\delta \cdot \left(\frac{1}{\cos\gamma} - \cos\gamma \right) \mp \frac{r-c}{a/2} \cdot \left(\frac{1}{\cos\gamma} - \cos\gamma - \operatorname{tg}\delta\sin\gamma \right) \right) \right],$$

worin das obere Vorzeichen für das auf der Steigung obere Rad gilt. Der Einfachheit halber ist hierbei der geringe Einfluß des Bewegungswiderstandes des Laufwerkes außer Ansatz gelassen worden.

Für die Neigung der vom Gehänge auf das Laufwerk ausgeübten Kraft P gegen die Lotrechte erhält man

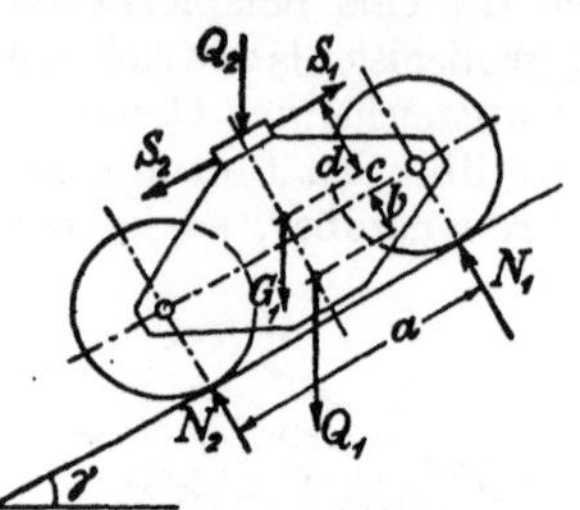

$$\operatorname{tg}\delta = \frac{Q_1 + Q_2 + G_1 + G_2}{(Q_1 + Q_2 + G_2)\cdot\operatorname{cotg}\gamma - G_1\cdot\operatorname{tg}\gamma}$$

und damit den Unterschied der beiden Zugseilspannkräfte

$$S_1 - S_2 = \frac{G_1}{\cos\gamma}\cdot\frac{\operatorname{tg}\delta\cdot\operatorname{tg}\gamma}{\operatorname{tg}\delta - \operatorname{tg}\gamma}$$

Abb. 158. Kräfte am Wagen auf geneigter Bahn.

bzw. die Neigung des Gehänges gegen die Lotrechte aus

$$\operatorname{cotg}\beta = \operatorname{cotg}\delta + \left[\frac{Q_1}{G_1}\cdot\left(\frac{f}{d} - 1\right) + \frac{G_2}{G_1}\cdot\left(\frac{e}{d} - 1\right)\right]\cdot\left(\operatorname{cotg}\gamma - \operatorname{cotg}\delta\right).$$

Greift das Zugseil, wie bei allen Gewichtskuppelapparaten und auch verschiedenen Schraubkupplungen am Wagen an, so ergibt eine gleiche Rechnung[23]) mit den Bezeichnungen der Abb. 158 die Raddrücke

$$N = \frac{1}{2}\cdot(Q_1 + Q_2 + G_1)\cdot\cos\gamma \pm \left(Q_1\cdot\frac{d + b}{a} + G_1\cdot\frac{d - c}{a}\right)\cdot\sin\gamma,$$

worin das obere Vorzeichen wieder für das obere Rad gilt. Die Sicherheit gegen Abheben des weniger belasteten Rades von der Fahrbahn bestimmt sich aus

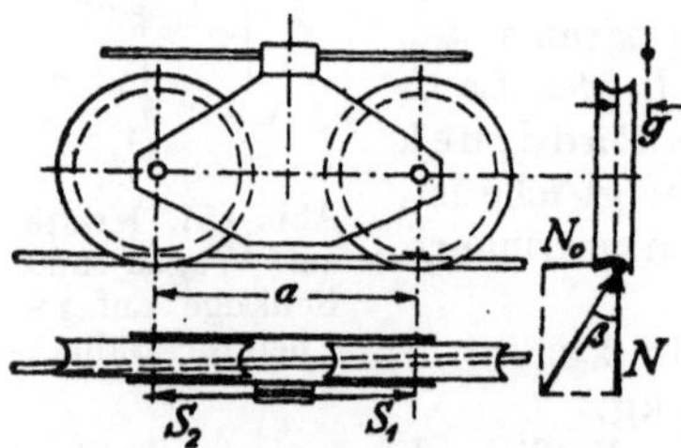

$$\mathfrak{S} = \frac{\frac{1}{2}\cdot(Q_1 + Q_2 + G_1)}{Q\cdot\dfrac{d + b}{a} + G_1\cdot\dfrac{d - c}{a}}\cdot\operatorname{cotg}\gamma.$$

Hiernach wäre die Anordnung mit über dem Tragseil angebrachten Kupplungsapparat noch auf recht großen Steigungen mit hinreichender Sicherheit verwendbar. Es muß jedoch beachtet werden, daß das

Abb. 159. Verstellung des Wagens auf dem Tragseil.

Zugseil gewöhnlich ziemlich weit seitlich vom Tragseil angreift, wodurch eine gewisse Schiefstellung des Laufwerkes auf dem Tragseil entsteht, die übertrieben durch die Abb. 169 veranschaulicht wird.

---

[23]) D. p. J. 1909.

Aus der Momentengleichung

$$N_0 \cdot a = (S_1 - S_2) \cdot g$$

erhält man mit

$$S_1 - S_2 = (Q_1 + Q_2 + G_1) \cdot \sin\gamma$$

und den obigen Werten für die Raddrücke N die Neigung des Gesamtraddruckes gegen die Lotrechte aus

$$\operatorname{cotg}\beta = \frac{N_{\min}}{N_0} = \frac{a}{2 \cdot g} \cdot \operatorname{cotg}\gamma - \frac{Q_2 \cdot \dfrac{d+b}{g} + G_1 \cdot \dfrac{d-c}{g}}{Q_1 + Q_2 + G_1}.$$

Man läßt nun für diesen Winkel β nicht mehr als $30°$ zu, um noch eine hinreichende Sicherheit beim Anfahren der Wagen auf etwa vereisten Tragseilen zu haben. Hieraus ergibt sich erst bei gegebenen Abmessungen und Belastungen die größte Neigung $\operatorname{tg}\gamma$, die noch mit Sicherheit befahren werden kann.

Die Verhältnisse werden auf größeren Steigungen sofort wesentlich günstiger, wenn der Kupplungsapparat unter dem Tragseil angebracht wird, weil dann der Ausschlag $g \backsim 0$ gemacht werden kann. Im übrigen gelten dieselben Formeln wie oben, nur sind die Hebelarme d und c mit entgegengesetztem Vorzeichen zu nehmen. Die Folge hiervon ist, daß jetzt das obere Rad mit dem kleineren Druck auf dem Tragseil lastet.

Damit nun die Raddrücke nicht zu sehr voneinander abweichen haben A. Bleichert & Co. bei Bahnen mit großen Steigungen an der den Kupplungsapparat tragenden Wange des Laufwerkes zwei Anschläge angebracht, und das Gehänge legt sich in den großen Steigungen je nach der Fahrt- oder Neigungsrichtung gegen den einen oder anderen. Es ist das entschieden der einfachste Weg zur Lösung der Aufgabe. Damit der Wagenkasten lotrecht hängt, erhält das Gehänge noch ein dicht unter den Anlagestellen angebrachtes Gelenk.

Eine andere Lösung, mit exzentrischem Angriff des Gehänges, die bei Bahnen mit mehreren Gegensteigungen erst eine allerdings selbsttätige Umstellung erfordert, wurde vom Verfasser angegeben.

Die Raddrücke werden nahezu gleich und $\operatorname{cotg}\beta$ recht groß, wenn man die Last Q_1 dicht an der Zugseilklemme angreifen läßt, wie es bei dem Bleichertschen vierrädrigen Laufwerk oder dem Wagen mit Unterseilkupplung von Kaiser & Co. und E. Heckel geschieht. Neuerdings ist die Firma A. Bleichert & Co. auch beim zweirädrigen Laufwerk zu dieser Anordnung übergegangen, wie die Abb. 232 zeigt.

7. Die End- und Zwischenstationen.

Wesentlich mehr als die Einzelheiten der Strecke passen sich die baulichen Einrichtungen der Stationen den Bedürfnissen des einzelnen Falles an, so daß man wohl eine Anzahl von Normalfällen aufstellen kann, jedoch kaum zwei Stationen verschiedener Anlagen findet, die sich völlig gleichen. Eine immer gestellte wichtige Forderung, die jedesmal wieder eine andere Anordnung bedingt, ist die, daß die Wege vom Stationseinlauf bis zu den Belade- oder Entladestellen möglichst kurze sind, damit man mit einer kleinen Bedienungsmannschaft für die hier notwendige Verschiebung von Hand auskommt. Bei geringeren Fördermengen und einfachen Be- bzw. Entladeverhältnissen soll oft ein Mann zur Bedienung der ganzen Station genügen.

Die typische Form der **oberen** in Holz gebauten **Station einer Bremsseilbahn** stellt die Abb. 160 nach einer Bleichertschen Skizze dar. Die beiden Tragseile a und b werden am ersten Querbinder der Station durch entsprechend geformte Ablenkungsschuhe nach der Mitte

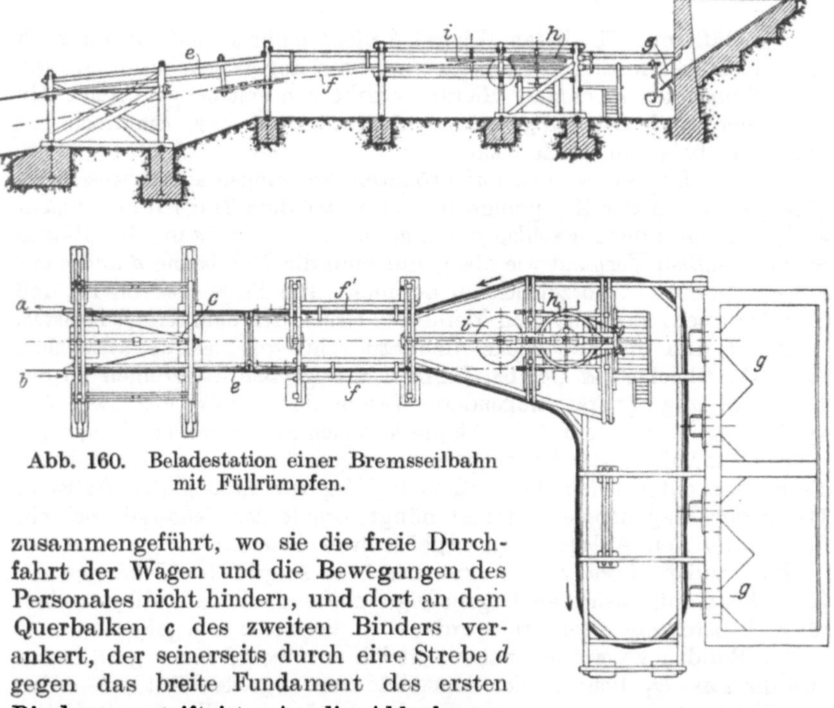

Abb. 160. Beladestation einer Bremsseilbahn
mit Füllrümpfen.

zusammengeführt, wo sie die freie Durchfahrt der Wagen und die Bewegungen des Personales nicht hindern, und dort an dem Querbalken c des zweiten Binders verankert, der seinerseits durch eine Strebe d gegen das breite Fundament des ersten Binders versteift ist. An die Ablenkungsschuhe schließen sich Hängebahnschienen e an, die die beiden Seile in einer je nach der Örtlichkeit verschieden geformten Schleife miteinander verbinden.

An der mit f bezeichneten Stelle kuppeln sich die leer heraufkommenden Wagen vom Zugseil ab, werden hier von einem Arbeiter in Empfang genommen und vor eine der Auslaufschnauzen g der Füllrümpfe gefahren, deren Verschlußschieber vom Arbeiter durch einen mit einer Zugstange verbundenen Hebel geöffnet wird, worauf die Ladung in die Wagen hineinrutscht. Der Mann schiebt nun nach Schließung des Schiebers den Wagen bis zur Ankuppelstelle f'

zurück, die der ersten gegenüberliegt, um dann wieder nach f über-
zutreten und einen neu einlaufenden Wagen zu empfangen.

Hinter der Kuppelstelle geht das Zugseil in der Station über die
Scheibe h, und zwar zweimal derart, daß es zuerst die Scheibe h auf
etwa $^5/_8$ ihres Umfanges umgibt, dann in entgegengesetzter Richtung
um die vorgelagerte Scheibe i läuft und von dort wieder in demselben
Sinne über den Bogen von etwa $^5/_8$ des Umfanges in der zweiten Rille
der Hauptscheibe herumgeht, wie die frühere Abb. 45 deutlicher zeigt.
Auf der Welle der Seilscheibe h sitzen noch zwei Bremsscheiben, deren
Bänder durch Handräder angespannt werden und je nach der Besetzung
der Bahn mit Wagen, nach Wind, Schmierung und Feuchtigkeitsgrad
des Seiles mehr oder weniger fest gezogen werden müssen, wenn die
Anlage mit gleichmäßiger Geschwindigkeit laufen soll.

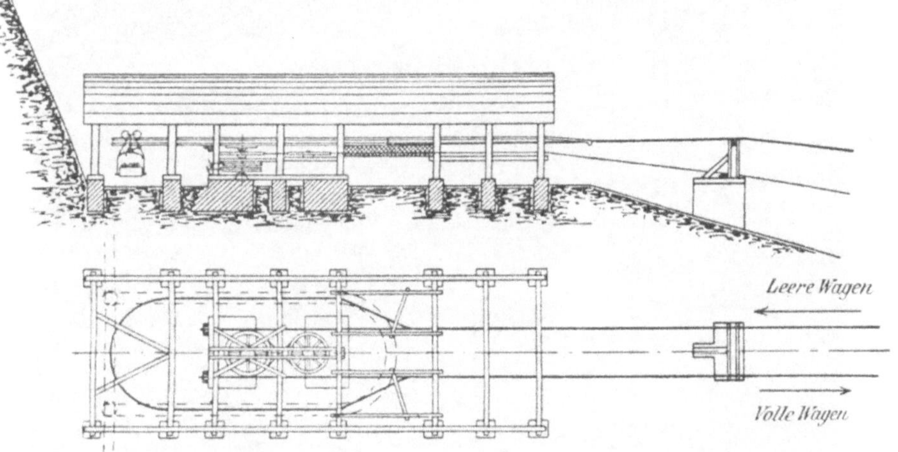

Abb. 161. Beladestation einer Bremsseilbahn mit Unterwagen.

Die in Abb. 161 nach einer Zeichnung von Th. Otto & Comp. dargestellten Station ist im allgemeinen ähnlich ausgeführt. Die Tragseile
sind hier an dem festen Gestell verankert, das die Hauptzugseilscheibe
mit den Bremsscheiben trägt. Auf Anfordern der Gewerbeinspektion
ist — unnötigerweise — unter dem Zugseil noch ein Schutznetz aus-
gespannt, das den von der einen Seite nach der anderen übertretenden
Arbeiter schützen soll, falls das Seil einmal zu Bruch geht.

Nur die Beladung der Wagen ist eine andere. Die Wagenkasten
werden beim Einlaufen in die Station auf Unterwagen gesetzt, deren
Gleise in der Abb. 161 gestrichelt sind, und zwar einfach dadurch, daß
das Gleis der Unterwagen sich an der betreffenden Stelle etwas anhebt.
Sie werden dann in den Steinbruch geschoben und kehren über Dreh-
scheiben beladen nach der anderen Seite der Seilbahn zurück. Dort
besitzt das Gleis der Unterwagen ebenfalls etwas Gefälle, und die Wagengehänge, die von einem Arbeiter in richtiger Lage gehalten werden,

greifen unter die Zapfen der Kasten, sobald der Unterwagen auf der
schiefen Ebene genügend weit vorgeschoben wird, wie das die Abb. 162
nach einer Bleichertschen Ausführung angibt.

Die Beladung aus dem Silo hat den Vorteil, daß sie einen flotten
und gleichmäßigen Betrieb der Seilbahn gewährleistet, auch wenn die
Arbeit im Steinbruch einer Sprengung wegen unterbrochen werden muß.
Der Absturz des Fördergutes in die Füllrümpfe erfolgt dann gewöhnlich
vermittels Kippwagen. Die Beladung mit Hilfe von Unterwagen vermeidet das Umladen; die Wagenkasten der Seilbahn können ja auf den
leicht verlegbaren Schmalspurgleisen an jede beliebige Stelle des Stein-

Abb. 162. Einhängen der Wagenkasten in die Gehänge.

bruches gebracht werden. Sie hat ferner den Vorteil, daß die Seilbahnwagen sehr geschont werden, deren Zapfen und Achsen bei dem plötzlichen Hineinstürzen der Last aus den Füllrumpfverschlüssen stark beansprucht werden, besonders wenn das Fördergut nicht gleichmäßig ist,
sondern aus großen und kleinen Steinen besteht. Man hat deshalb in
solchen Fällen mehrfach wieder den Unterwagen vor die Siloausläufe
gestellt, dessen Schienen so wenig steigen, daß er nur eben die Gehänge
der Seilbahnwagen entlastet.

Benötigt die Bahn zu ihrem Antrieb Arbeit, so tritt an die Stelle
der Bremsscheibe ein großes Kegelrad, das von einem Antriebsvorgelege
aus bewegt wird, auf welches ein Elektromotor, eine Lokomobile oder
auch eine vorhandene Transmission einwirkt. Wenn der Kraftüberschuß

einer abwärts fördernden Bahn nur gering ist, wird auch beides miteinander vereinigt, Bremsvorrichtung und Antrieb, damit bei ungenügender Besetzung der Strecke oder bei vereisten Seilen keine Schwierigkeiten auftreten, die sich am ersten bei der Ingangsetzung bemerkbar machen. Ein Beispiel einer solchen Vereinigung enthält die Abb. 163, die die mit Ausnahme der Bedachung in Eisenkonstruktion ausgeführte Beladestation der von A. Bleichert & Co. für die Firma Wilkins & Wiese in Ostafrika gebauten Bahn darstellt. Trotzdem die Anlage die steilste zur Zeit vorhandene Drahtseilbahn ist, mußte doch ein Antrieb eingebaut werden, weil sie auch zum Bergtransport aller möglichen Waren dient und im oberen Teil eine Gegensteigung von 90 m Höhe besitzt (vgl. das Profil Abb. 89). Es hat sich tatsächlich mehrfach ergeben, daß, wenn die großen bergabgehenden Lasten sich zufällig

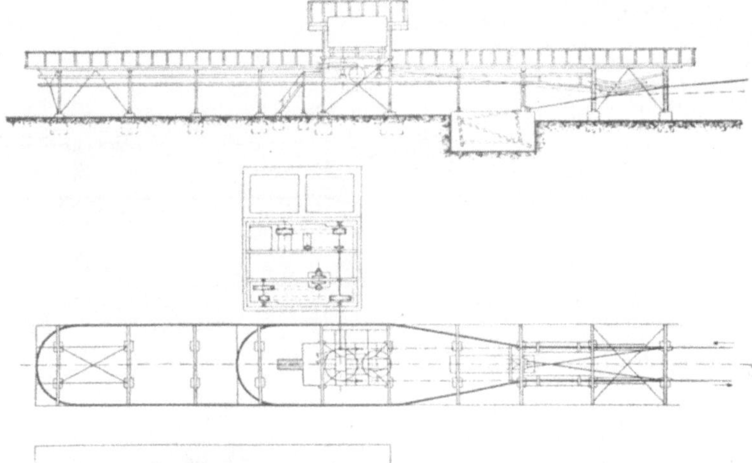

Abb. 163. Beladestation der Usambara-Gebirgsbahn.

in ungünstiger Stellung, z. B. auf der Gegensteigung und in den Zwischenstationen befanden, bei gleichzeitiger Förderung nach oben vorübergehend, eine nicht unbedeutende Antriebsleistung gebraucht wurde.

Die Normalform einer Entladestation ohne Antrieb zeigt die Abb. 164. Hier werden die beiden sich kreuzenden Tragseile nach Übergang der angeschlossenen feindrähtigen Spannseile über die Rollen m durch angehängte Spanngewichte k angespannt. Die herankommenden Wagen werden von der Kuppelstelle p aus von Hand über einen der sich seitlich anschließenden Füllrümpfe gefahren, dort durch Umkippen entleert und dann nach der Ankuppelstelle q zurückgebracht. Damit die für die ersten Füllrümpfe bestimmten Wagen nicht einen unnötig langen Weg zurückzulegen haben, werden sie über Weichen sogleich hinter dem dritten Füllrumpf nach der Gegenseite geschoben. Aus den Behältern gelangt das Fördergut

über auslegbare Schurren oder Rutschen, wie im Schnitt *AB* angegeben, in die Eisenbahnwagen. Das Zugseil geht über die Leitscheibe *o*, die auf einem verschiebbaren Schlitten gelagert ist, so
daß es durch das darauf einwirkende Gewicht *n* immer die gleiche

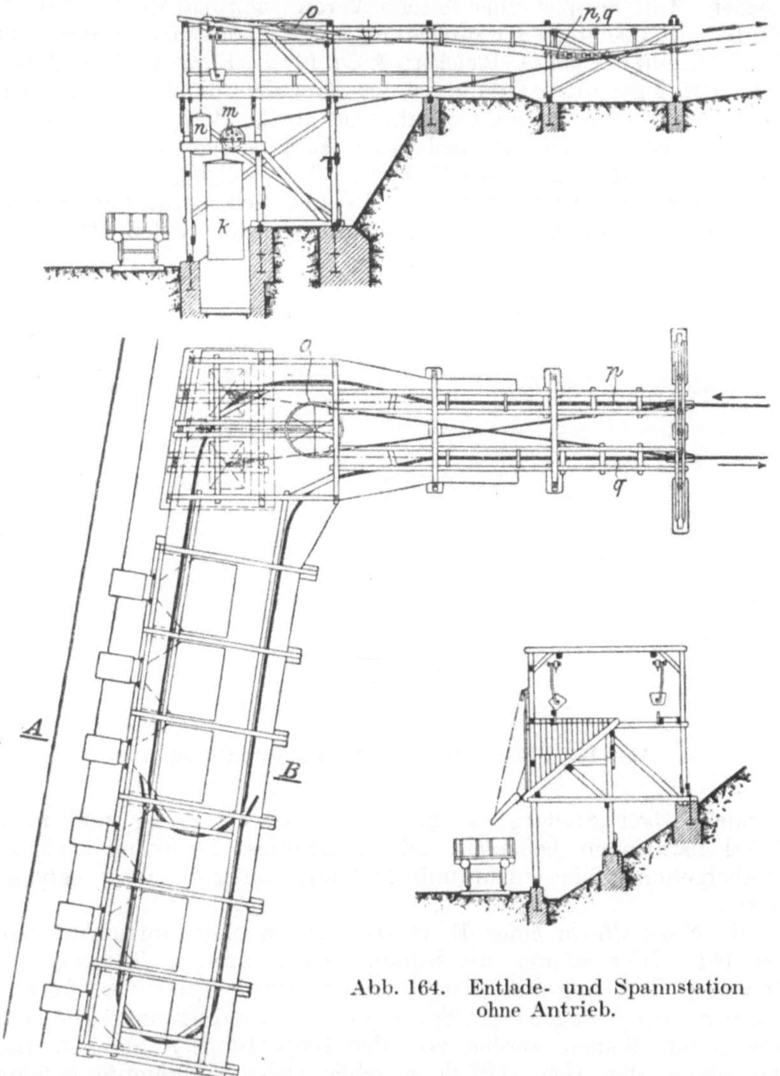

Abb. 164.　Entlade- und Spannstation
ohne Antrieb.

Anspannung erhält, wenn es sich auch im Betriebe allmählich verlängert oder wenn sein Durchhang bei wechselndem Wagenabstand
eine Änderung erfährt.

　　Noch einfacher, freilich auch seltener, ist die Entlade- und Antriebsstation, die Abb. 165 nach einer Skizze von J. Pohlig A.-G.

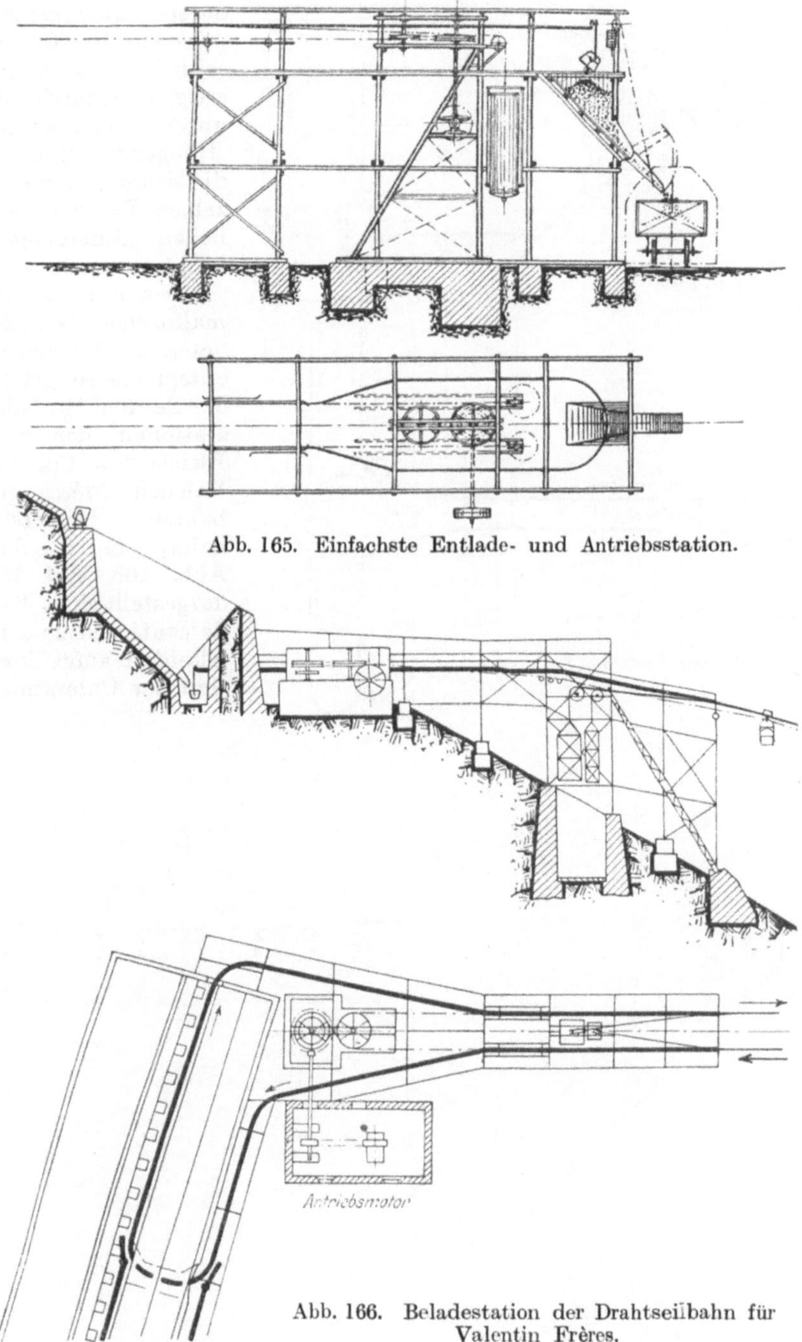

Abb. 165. Einfachste Entlade- und Antriebsstation.

Abb. 166. Beladestation der Drahtseilbahn für
Valentin Frères.

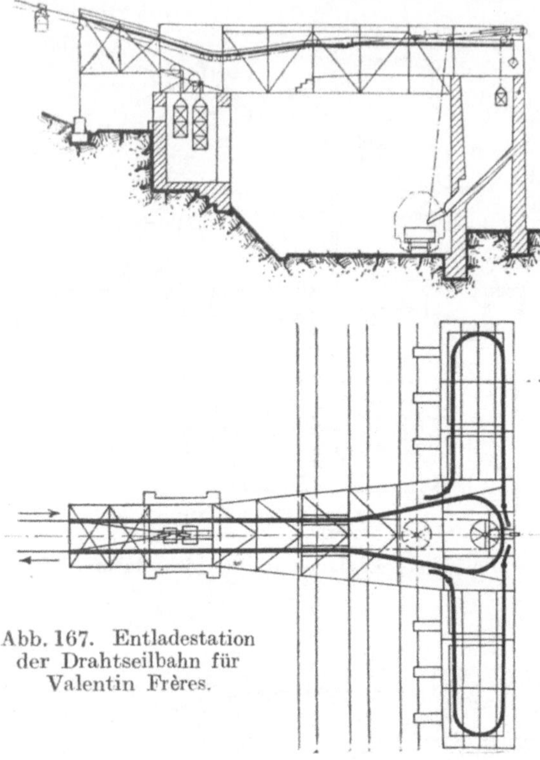

Abb. 167. Entladestation
der Drahtseilbahn für
Valentin Frères.

darstellt. Im allgemeinen wird die Drahtseilbahn erst völlig ausgenutzt durch mitunter weitverzweigte Hängebahnschlüsse, die sich in jedem einzelnen Fall den örtlichen Bedingungen leicht anpassen.

Den oben als Normalformen bezeichneten Ausführungen entsprechen ungefähr die Be- und Entladestationen der von Bleichert & Co. für Valentin Frères gebauten Drahtseilbahn, die in den Abb. 166 und 167 dargestellt sind. Beide Stationen sind in Eisenbau aufgeführt, und der Unterschied

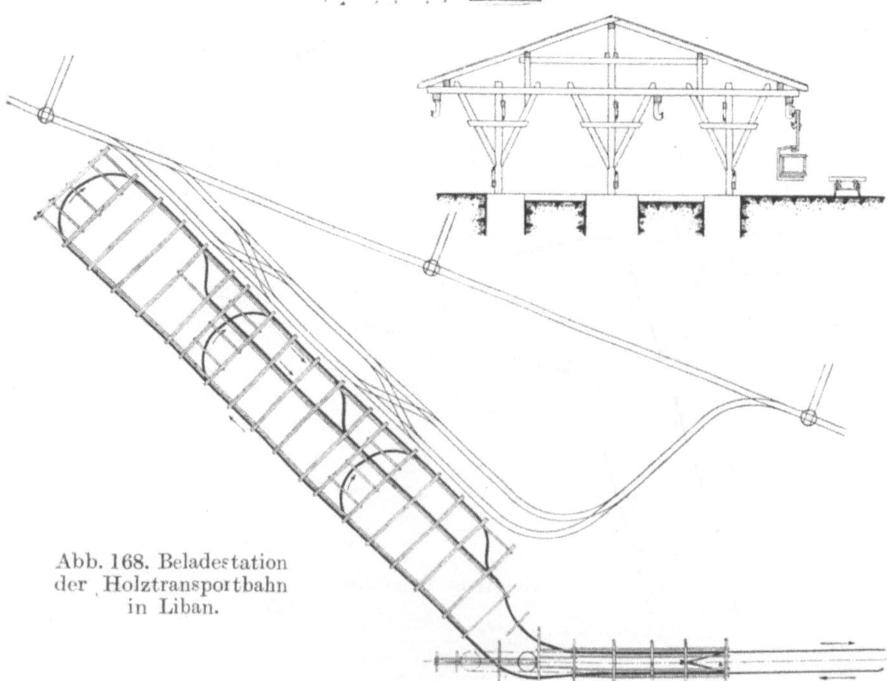

Abb. 168. Beladestation
der Holztransportbahn
in Liban.

ist im wesentlichen der, daß die Tragseilspannvorrichtung sich auch in der oberen Station befindet. Immerhin ergeben sich im einzelnen noch verschiedene weitere Abweichungen, die zum Teil durch die örtlichen Verhältnisse und besondere Anforderungen des Betriebes bedingt wurden.

In den Stationen setzt sich die Fahrbahn häufig in umfangreichen Hängebahnanlagen fort, auf deren Schienen

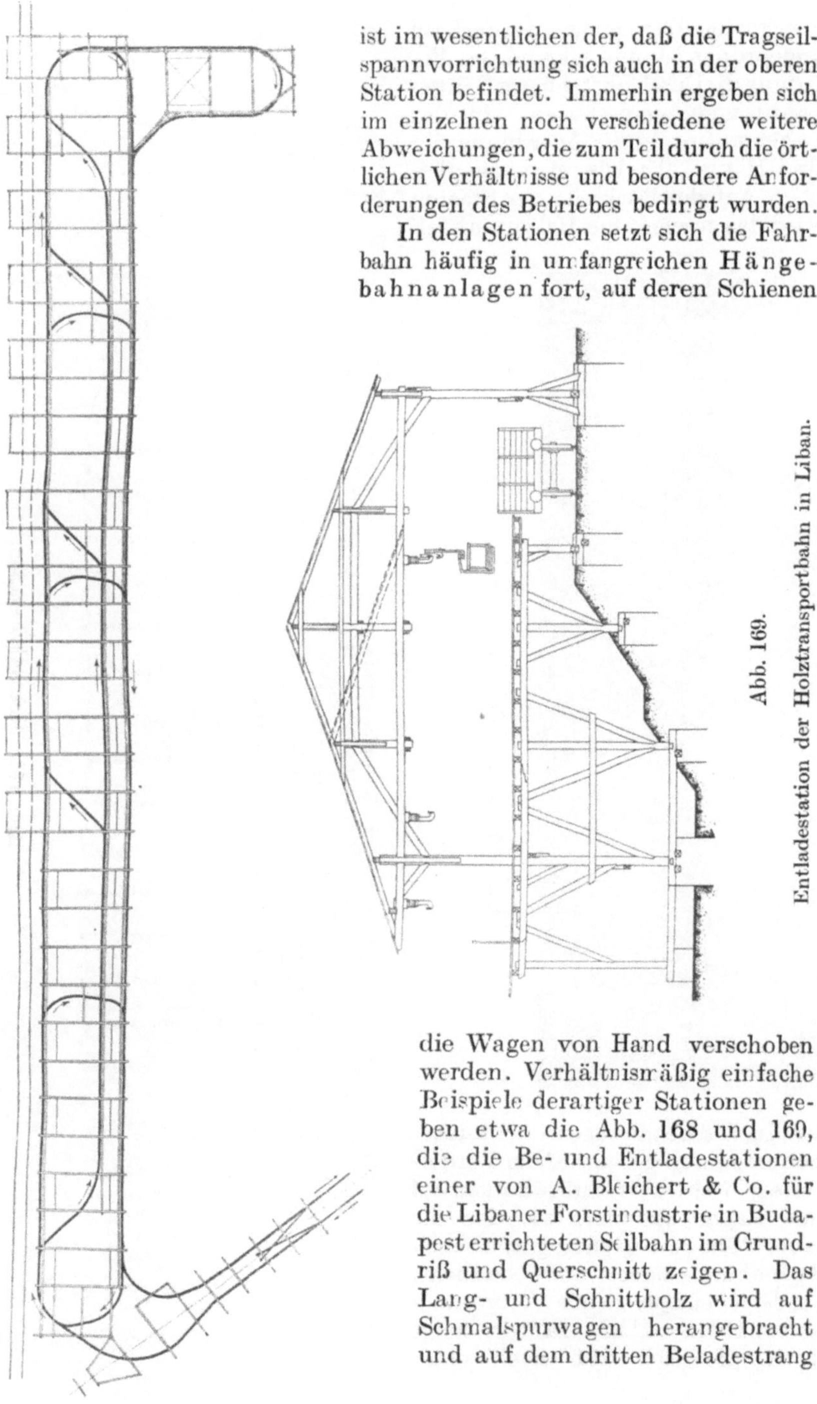

Abb. 169.

Entladestation der Holztransportbahn in Liban.

die Wagen von Hand verschoben werden. Verhältnismäßig einfache Beispiele derartiger Stationen geben etwa die Abb. 168 und 169, die die Be- und Entladestationen einer von A. Bleichert & Co. für die Libaner Forstindustrie in Budapest errichteten Seilbahn im Grundriß und Querschnitt zeigen. Das Lang- und Schnittholz wird auf Schmalspurwagen herangebracht und auf dem dritten Beladestrang der Station übernommen, der deshalb angeordnet ist, um während der Beladung die Durchfahrt anderer Hängebahnwagen zu gestatten. In der Gegenstation ist die Anordnung der drei Hängebahngleise etwa die gleiche. Auf der Rückseite der Station wird das geschnittene Holz unmittel-

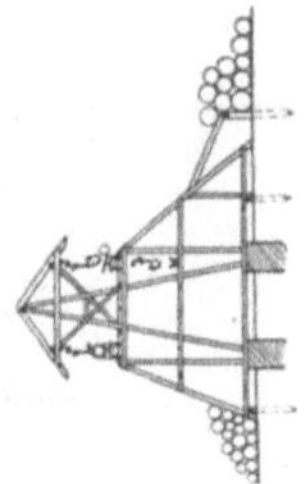

Abb. 170. Ansicht der Entladestation in Liban.

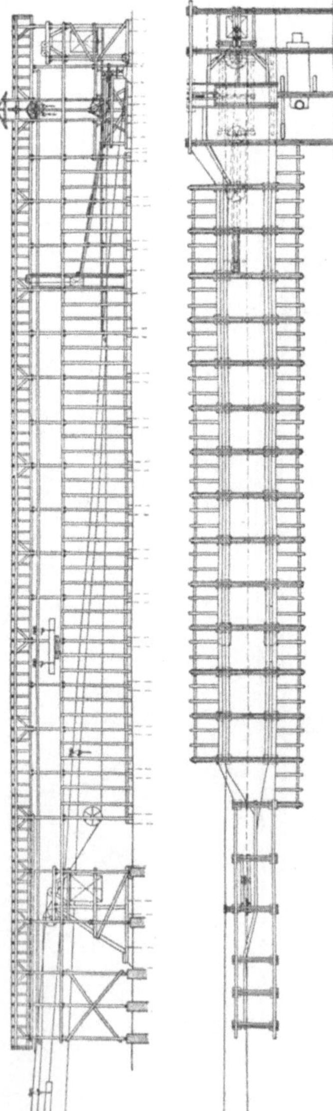

Abb. 171. Holzentladestation.

bar in Eisenbahnwagen über leichte Schurren abgegeben, auf der Vorderseite gleitet es über schräge Balken auf das Lager hinunter, wie das die Abb. 170 nach einer photographischen Aufnahme genauer veranschaulicht.

Eine entsprechende Anordnung einer Holzverladestation zeigt noch die Abb. 171 nach einer

Zeichnung von Carstens & Fabian. Die ankommenden Stämme laufen auf einem hochgelegenen Hängebahngleise bis zur Entladestelle, werden dort auf Entlade-Unterwagen gesetzt und so auf das Holzlager heruntergerollt, wie es der Querschnitt andeutet. Die leeren Gehänge können dann von Hand bis an das Stationsende verschoben werden, wo sie auf einem Bremsfahrstuhl in das untere Stockwerk heruntergelassen werden. Dort findet die Beladung mit Brennholz oder dgl. statt und sogleich wieder die Ankupplung an das Zugseil. Sie werden dann auf dem zweiten, bis hinten durchgeführten Tragseil wieder in die Höhe und an das Ende der Station geschafft. Die Einzelheiten der Seilführung und der Anordnung des Antriebes ergibt die Abb. 171.

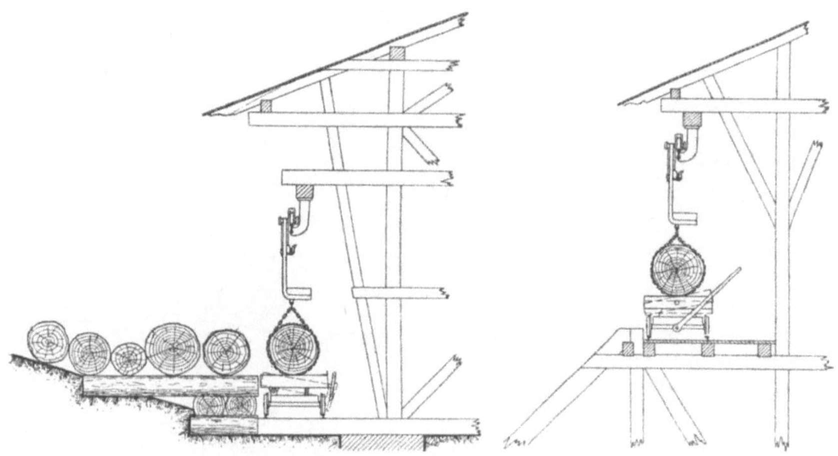

Abb. 172 und 173.
Be- und Entladung der Drahtseilbahnen für Rundholzstämme.

Die Beladung der Drahtseilbahngehänge mit den schweren Holzstämmen erfolgt mit Hilfe von kleinen Windenwagen, auf die die Stämme nach Abb. 172 hinaufrollen, worauf die Wagenplattform gesenkt wird, sobald die Gehängeketten um den Stamm geschlungen sind. Die Entladung zeigt die Abb. 173: Der Windenwagen wird unter den frei hängenden Stamm geschoben, darauf wird seine Plattform gehoben, so daß die Ketten schlaff werden und leicht abgenommen werden können, und nun wird die Plattform einfach nach außen umgekippt, so daß der Stamm die schrägen Balken der Station herunterrollt.

Im allgemeinen sind gerade die End- und oft auch Zwischenstationen von Holztransportbahnen ziemlich lang gebaut, wie die Beispiele der Abb. 168—171 bezeugen. Jedoch sind ausgedehnte Hängebahnanlagen auch sonst sehr häufig, wie z. B. die Skizze 174 einer Bleichertschen Anlage angibt, wo in beiden Stationen eine weitgehende Verzweigung

der anschließenden Hängebahnen vorliegt. An die Beladestation ist
sogar noch eine zweite Zubringe-Drahtseilbahn angeschlossen, deren
Antrieb von der Hauptanlage aus erfolgt, ohne daß dafür eine
besondere Antriebsmaschine usw. nötig wird. Weitere Ausführungen
der Art werden noch im folgenden Abschnitt eingehender beschrieben
werden.

Wesentlich ist an den angegebenen Beispielen, daß mindestens die
eine Station unmittelbar an die Fabrikanlage des betreffenden Werkes
herangebaut wird. Darin eben liegt ein großer Vorteil der Drahtseilbahn gegenüber den Feld- und Industriebahnen, daß sie in bequemer

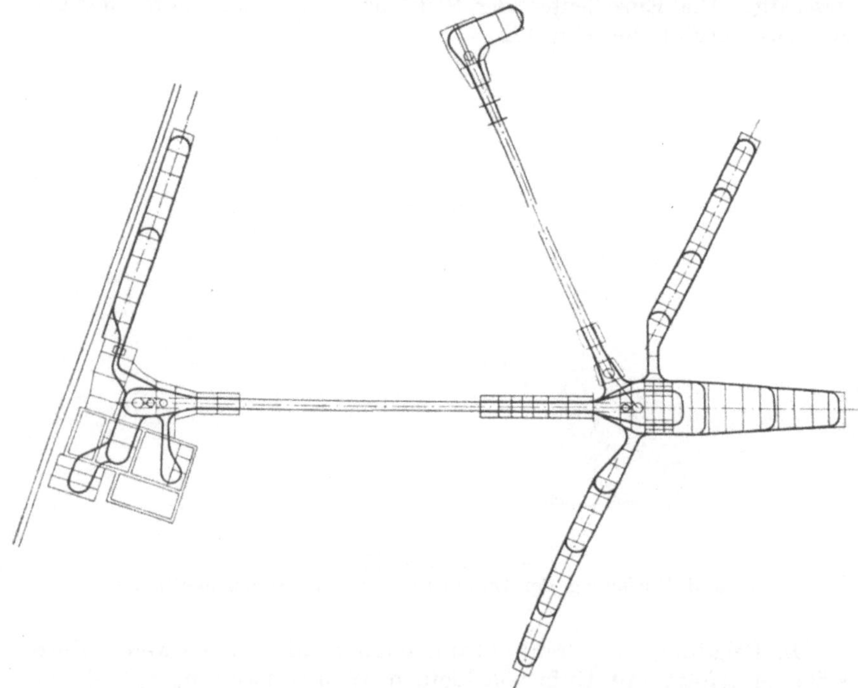

Abb. 174. Endstationen mit verzweigten Hängebahnanschlüssen.

Weise, ohne den Raum zu beengen, bis ins Innere der Fabrik- und
Werksanlagen an die jedesmalige Gebrauchsstelle herangeführt werden kann.

Noch deutlicher veranschaulichen das die photographischen Wieder-
gaben der Entladestation der Chlorkaliumfabrik Heiligenroda (Abb. 175
und 176), die bis zum obersten Stockwerk des Fabrikgebäudes hinauf-
geführt ist, um das Material von oben in die Mühlen zu bringen, wobei
für die Spanngewichte der Trag- und Zugseile mehr als genügend Höhe
zur Verfügung steht. Die Innenansicht der Station zeigt verschiedene
durch Weichen voneinander abschaltbare Stränge, die unmittelbar über
die Beschicktrichter der Salzbrecher hinweggehen.

Abb. 175. Außenansicht der Entladestation in Heiligenroda.

Abb. 176. Blick in die Entladestation in Heiligenroda.

9*

Abb. 177. Endstation der Drahtseilbahn Brühl.

Unter Umständen kann der Einlauf der Drahtseilbahn in das Fabrikgebäude noch einfacher gestaltet werden, wie z. B. die Abb. 177 zeigt,
die die von J. Pohlig A.-G. gebaute Entladestation der Zuckerfabrik

Brühl darstellt. Am einfachsten ist jedenfalls die durch Abb. 278 veranschaulichte Einführung.

Andererseits macht sich die Drahtseilbahn den unbestreitbaren Vorteil der einfachen Feldbahn, bei jedem Wechsel der Arbeitsstelle schnell und bequem verlegt werden zu können, häufig zunutze, indem sie sie als Zubringemittel verwendet. Ein Beispiel dafür gibt die Abb. 178 wieder, die im Vordergrunde den bereits in Abb. 162 genauer darge-

Abb. 178.

stellten Übergang von der Feldbahn zur Drahtseilbahn zeigt. Die Abbildung läßt deutlich erkennen, daß die Anlage einer maschinell betriebenen Feldbahn hier große Schwierigkeiten und Kosten verursacht hätte, ohne daß sich eine so zentrale, die Abbaustelle überall frei lassende Lage der Endstation ergeben hätte.

Oft geht man aber auch in Fällen wie dem vorliegenden mit langen Hängebahnschlei-

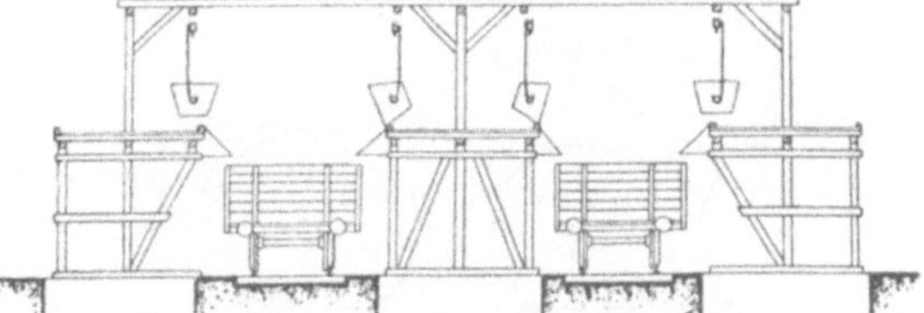

Abb. 179. Braunkohlenverladestation.

fen bis dicht an die Gewinnungsstellen, aus dem einfachen Grunde, weil die hochgelagerte Hängebahnschiene stets frei von Schmutz usw. bleibt und sich der Geländegestaltung nicht genau anzupassen braucht, so daß die Wagen immer leicht und bequem verschoben werden können, was naturgemäß die Leistung des einzelnen Arbeiters wesentlich steigert. Als Beispiel einer solchen Anlage sei die Beladestation der Abb. 174 genannt.

Als Sonderkonstruktion sei noch der Querschnitt durch eine Braunkohlenverladestation wiedergegeben (Abb. 179). Da die böhmische

Braunkohle durch hartes Aufschlagen auf den Boden des Eisenbahnwagens leicht in kleine Stücke von geringerem Wert zerfällt, so ist es wesentlich, sie langsam aus den Seilbahnkasten herausgleiten zu lassen, und die Entladestationen dieser Drahtseilbahnen haben aus dem Grunde ganz bestimmte Abmessungen, die sich den Maßen der Eisenbahnwagen aufs genauste anschließen.

Abb. 180. Endumführungsstation einer Haldenbahn.

Besondere Beachtung verdienen noch die selbsttätigen **Endumführungsstationen**, bei welchen die Wagen, ohne sich vom Zugseil zu lösen, die Endscheibe des Zugseiles umfahren. Sie finden namentlich bei Haldenbahnen und oberhalb von Siloanlagen Verwendung. Eine einfache Endstation dieser Bauart in Holzkonstruktion, die allerdings durch kräftige Spannseile an einem schweren Betonfundament verankert ist,

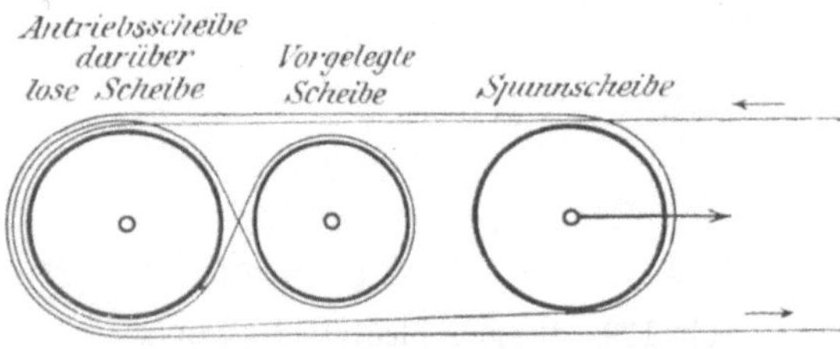

Abb. 181. Zugseilführung mit Spannscheibe.

zeigt z. B. die Abb. 180 nach einer Ausführung der Benrather Maschinenfabrik. Weitere Ausführungen ähnlicher Art werden im folgenden Abschnitt beschrieben werden.

In der Gegenstation muß dann der Antrieb mit der Zugseilspannung vereinigt werden, was durch die in Abb. 181 skizzierte Seilführung mit einer auf der doppelrilligen Antriebsscheibe liegenden losen Leitscheibe geschieht. Diese Anordnung wird immer gewählt, wenn die Endscheibe der Gegenstation aus irgendeinem Grunde feststehen muß.

Eine von den vorbeschriebenen äußerlich stark abweichende Ausbildung der Endstation ergibt sich, wenn die Beladung der Seilbahn von einem Schiff aus erfolgen soll. Die entsprechend hochgebaute Station enthält dann einen Füllrumpf, der von einem Selbstgreifer oder einem einfachen Kübel vom Schiff aus mit Hilfe eines Kranes gefüllt wird, aus dem die Wagen der Seilbahn in gleichmäßiger Folge gespeist werden. Eine derartige Anlage mit einer Führerlaufkatze, die den Greifer vom Ausleger bis zum Füllrumpf und zurück verfährt, und dazwischen verlaufender Draht-

Abb. 182.   Beladestation am Wasser mit Führerlaufkatze und Füllrumpf.

seilbahn veranschaulicht die Abb. 182 nach einer Ausführung von Carstens & Fabian.

Man ist sogar soweit gegangen, die ganze Beladestation mit dem Füllrumpf in bewegliche Verladekrane einzubauen. Beispiele dafür bilden die Abb. 366 und 401. Im letzteren Falle sind auch die Kuppelstellen der Drahtseilbahn mit in dem fahrbaren Kran untergebracht. Bei derartigen Anordnungen besteht die Laufbahn der Seilbahnwagen mindestens im Verschiebebereich des Verladekranes aus festen Hängebahnschienen, auf welchen die Anschlußstellen der im Krangestell befindlichen Endstation vermittels beweglicher und federnder Weichenzungen gleiten, so daß der Betrieb der Bahn durch das Verfahren des Kranes in keiner Weise gestört wird. Daß jedoch eine gleiche Gestaltung bei minder großen Fördermengen auch mit sehr einfachen Mitteln

Abb. 183.   Uferstation mit Beladekran und Becherwerk.

Abb. 184.   Schiffsentladung mit Hilfe eines Drehkranes.

möglich ist, lehrt z. B. die Abb. 183. Hier kommt Kies und Sand in Kähnen heran und das Material wird entweder vermittels eines Drehkranes oder durch ein Becherwerk in den Füllrumpf der Station gefördert. Die ganze von A. Bleichert & Co. erbaute Anlage ist, soweit irgend möglich, in Holzbau errichtet, so daß die Beschaffungskosten recht gering sind.

Bisweilen wurde auch, besonders wenn Umladungen den Wert des Fördergutes beeinträchtigen können, der leere Drahtseilbahnwagen in das Schiff heruntergelassen und nachher durch einen maschinell bewegten Drehkran wieder in die Höhe gezogen, wie die Abb. 184 ebenfalls nach einer Bleichertschen Ausführung zeigt. Die Wagen erhalten dann eine Öse, in die der Kranhaken eingreift. Da aber der Betrieb der Seilbahn von der Schnelligkeit der Beladung des einzelnen Wagens abhängig wird, so kommt man mehr und mehr von dieser einfach scheinenden Betriebsweise zurück, sobald eine größere stündliche Förderleistung der Bahn verlangt wird.

Die Zwischenstationen langer Drahtseilbahnen, die eingeschaltet werden, um die Abmessungen des Zugseils nicht über praktisch bequeme Stärken anwachsen zu lassen, bestehen im Grunde aus zwei zusammengebauten Endstationen.

Es kommt allerdings selten vor, daß die Station in der geraden Linie der Bahn ohne jede Ablenkung liegt. Gewöhnlich pflegen derartige Zugseilunterbrechungen gleich mit einer Richtungsänderung der Bahn zusammenzufallen, wie das z. B. die Abb. 185 darstellt. Sie gibt eine Winkelstation der von Bleichert gebauten Argen-

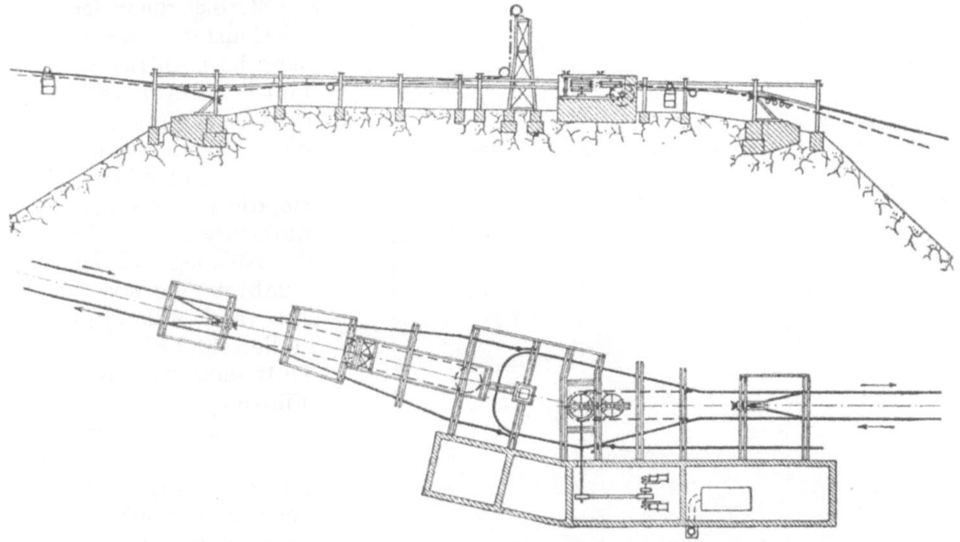

Abb. 185. Winkelstation VI der Argentinischen Drahtseilbahn.

tinischen Bahn wieder. Die Station befindet sich auf einer Bergkuppe, und es war das Gegebene, die Tragseile auf beiden Seiten fest zu verankern, da der Raum für die Spanngewichte erst durch Sprengung hätte gewonnen werden müssen. Das eine Zugseil hat hier seine Endspannscheibe, während das zweite seinen Antrieb durch eine Dampfmaschine erfährt.

Zerfällt das Zugseil nur in zwei gesonderte Kreisläufe und ist die Energie, die dem zweiten zu- oder abzuführen ist, nur gering, so verbindet man gewöhnlich seine Treib- bzw. Bremsscheibe mit der dann natürlich fest gelagerten Endscheibe des ersten Zugseiles. Bei älteren Ausführungen wurde diese Verbindung meist durch eine Übertriebswelle bewirkt, an deren beiden Enden Zahnritzel sitzen, die in größere, auf den Wellen der betreffenden Zugseilscheiben sitzende Kegelräder eingreifen. Eine derartige Anordnung enthält z. B. die

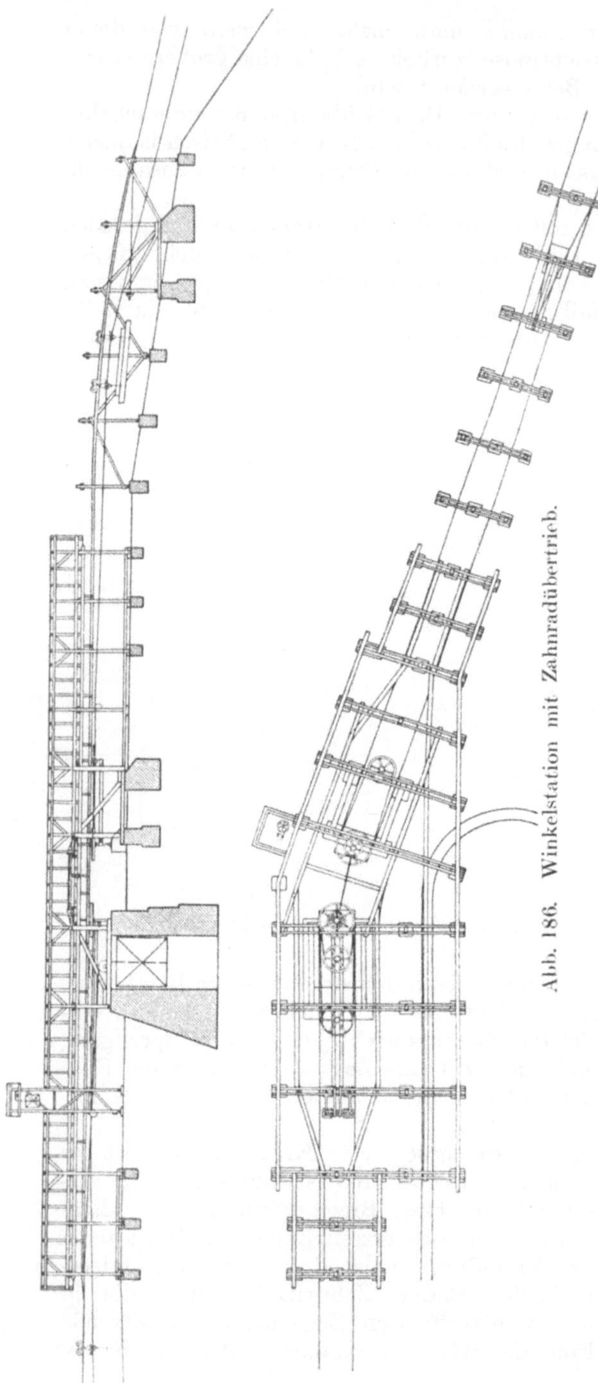

Abb. 186. Winkelstation mit Zahnradübertrieb.

nach einer Zeichnung von Carstens & Fabian hergestellte Abb. 186. Eine neuere Ausführung desselben Grundgedankens gibt die Abb. 187 nach einer Bleichertschen Zeichnung wieder. Das Zugseil der oberen Strecke, die in der Endstation Bremsung bzw. Antrieb erfährt (vgl. Abb. 163), geht beim Einlauf in die Winkelstation über eine Rollenbatterie, die es so weit herunterdrückt, wie für die Neigung auf der dahinterliegenden An- und Abkuppelstelle erforderlich ist, läuft dann über zwei Führungsrollen nach der hier doppelrilligen Endseilscheibe mit fester vorgelegter Scheibe — damit der umspannte Winkel auch unter den ungünstigsten Umständen für den Antrieb bzw. die Bremsung der zweiten Strecke ausreicht — und darauf über eine verschiebbare Spannscheibe mit langem Hub und eine lose Umführungsscheibe wieder zurück. Die Anordnung entspricht also genau der Skizze 181. Das auf die Spannscheibe einwirkende Gewicht

hängt hier, um seinen Hub auf die Hälfte zu verringern, in einer Schleife
und befindet sich in demselben in den Fels eingesprengten Schacht, der
die Tragseilspanngewichte aufnimmt. Die gleichfalls doppelrillige Haupt-

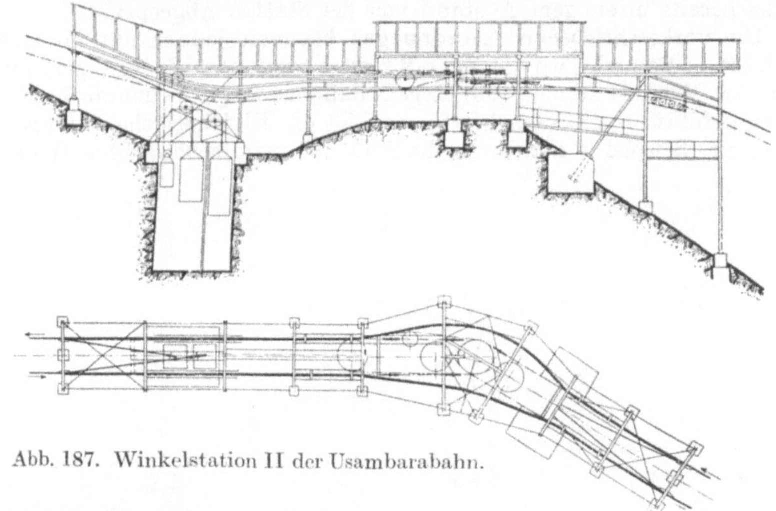

Abb. 187. Winkelstation II der Usambarabahn.

scheibe des zweiten Zugseiles sitzt fest auf derselben Welle wie die Endscheibe des oberen Kreislaufes, im übrigen entspricht die Seilführung
hier der Skizze 45. Da sich hinter der Station gleich wieder ein starkes

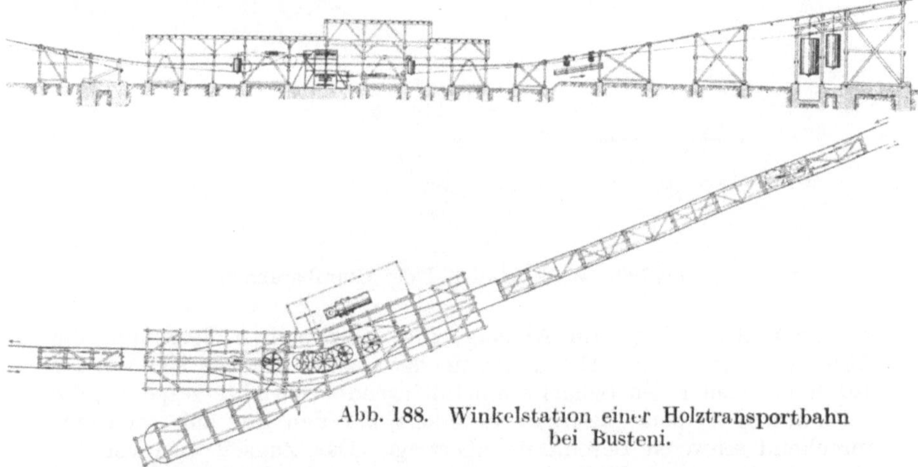

Abb. 188. Winkelstation einer Holztransportbahn
bei Busteni.

Gefälle befindet, so ist das Zugseil auch beim Auslauf über eine Rollenbatterie geleitet, die die richtige Neigung für die Kuppelstelle sichert.

Eine erwähnenwerte Ausführung einer zur Anspannung und zum
Antrieb der beiden anschließenden Zugseilstrecken dienenden Winkelstation zeigt noch die Abb. 188 nach einer Skizze von **J. Pohlig A.-G.**

Die beiden Antriebe erfolgen von derselben Königswelle aus in verschiedener Höhe. Um bei dem ungünstigen Baugrund die Herstellung tiefer Gruben für die Spanngewichte der Tragseile zu vermeiden, werden diese bereits in einigem Abstand von der Station abgespannt.

Die vorbeschriebenen Anordnungen kommen jedoch nur für lange Bahnen in Betracht, wo das Zugseil zerlegt werden muß; im allgemeinen gilt für Winkelstationen die Regel, daß das Zugseil ununterbrochen durchgeführt wird. Auch hierfür enthält die Bleichertsche Usambarabahn ein Beispiel in der durch die Abb. 189 veranschaulichten Winkel-

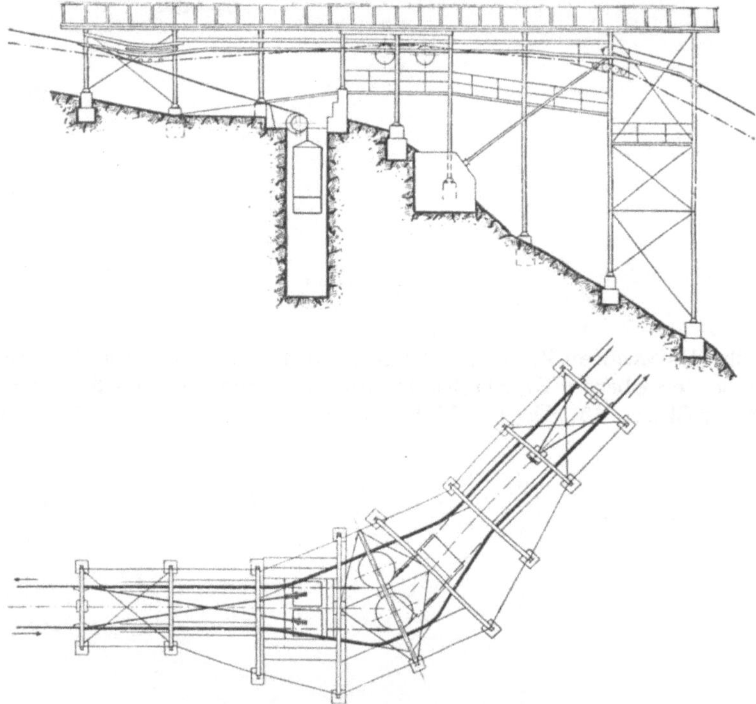

Abb. 189. Winkelstation I der Usambarabahn.

station I, deren Lage am Abhang einer ganz steilen Bergkuppe die Abb. 262 wiedergibt. Die Tragseile der oberen Strecke sind wieder durch in einen tiefen Schacht hineinhängende Gewichte gespannt, die der unteren an dem Eisenbau verankert, der den Zug auf einen entsprechend schweren Betonklotz überträgt. Das Zugseil wird vor den Kuppelstellen durch Rollenbatterien in passender Weise geführt und außerdem vor und hinter den Ablenkungsscheiben von 1,8 m Durchmesser durch große Tragrollen unterstützt. Die Wagen werden hier, da die Arbeitslöhne niedrig sind, ebenso wie bei den Ausführungen der Abb. 185—188 auf Hängebahnschienen von Hand an der Winkelstelle vorbeigeschoben.

Das gebräuchlichste ist allerdings in Gegenden, wo die Arbeitskräfte nicht ganz besonders billig sind, daß man die Wagen nicht vom Zugseil abkuppelt, sondern sie am Seilgreifer mit um die Umführungsscheiben

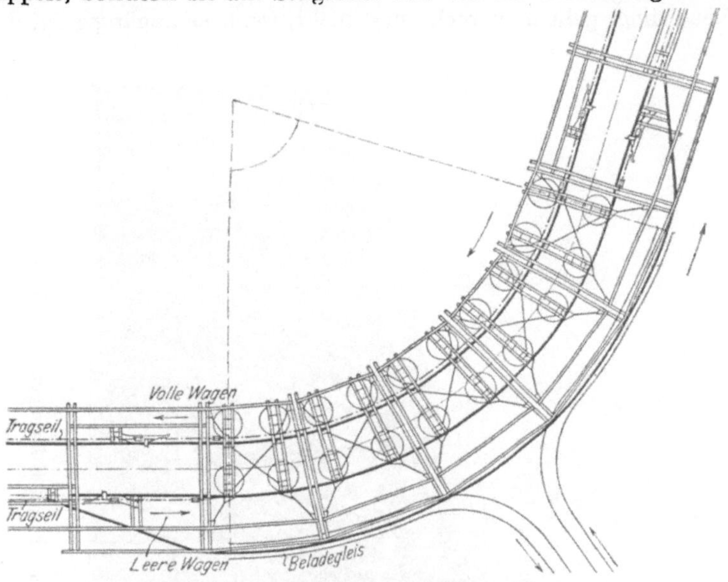

Abb. 190. Selbsttätige Winkelstation.

gehen läßt. Die Gesamtanordnung einer solchen selbsttätigen Ablenkungsstation zeigt die Abb. 190 nach einer Bleichertschen Skizze. Die Ablenkung erfolgt durch eine Reihe von hintereinander angeordneten Seilscheiben und darunter angebrachte Führungsschienen für das Wagengehänge. Derartige Stationen arbeiten vollkommen selbsttätig, ohne daß auch nur eine Aufsichtsperson dabei bleibt. Den Querschnitt einer solchen Anlage stellt die Abb. 191 dar.

Die Station der Abb. 190 hat noch die Eigentümlichkeit, daß nach Bedarf die Wagen auf der Leerseite abgekuppelt werden können, um auf einem

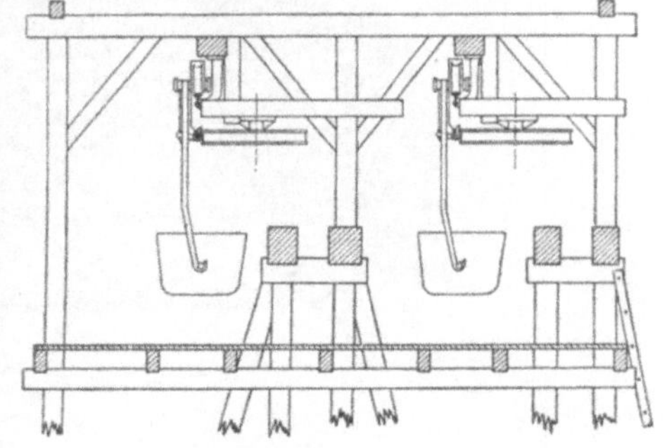

Abb. 191. Querschnitt einer selbsttätigen Winkelstation.

parallel laufenden Beladegleis von Hand verschoben und beladen zu werden.

Eine besonders umfangreiche, trotzdem ohne jede Beaufsichtigung arbeitende Anlage der Art mit zwei gegenläufigen Krümmungen, die durch ein gerades Zwischenstück miteinander verbunden sind, ist die in Abb. 192 dargestellte, von A. Bleichert & Co. für die Zeche Scharnhorst gebaute.

Neuerdings geht man mehr und mehr, wenn es angängig ist, davon

Abb. 192. Selbsttätige Winkelstation mit S-förmigem Grundriß.

ab, die Ablenkung durch eine Reihe von Seilscheiben zu bewirken, sondern läßt den Wagen um eine einzige, hinreichend groß ausgeführte Scheibe die ganze Ablenkung bis zu 180° machen. Eine Winkelstation der Art zeigt z. B. die Abb. 193 nach einer Benrather Ausführung.

Abb. 193. Winkelstation mit je einer Umführungsscheibe.

Abb. 194. Umführungsstation mit Ablenkung um 180°.

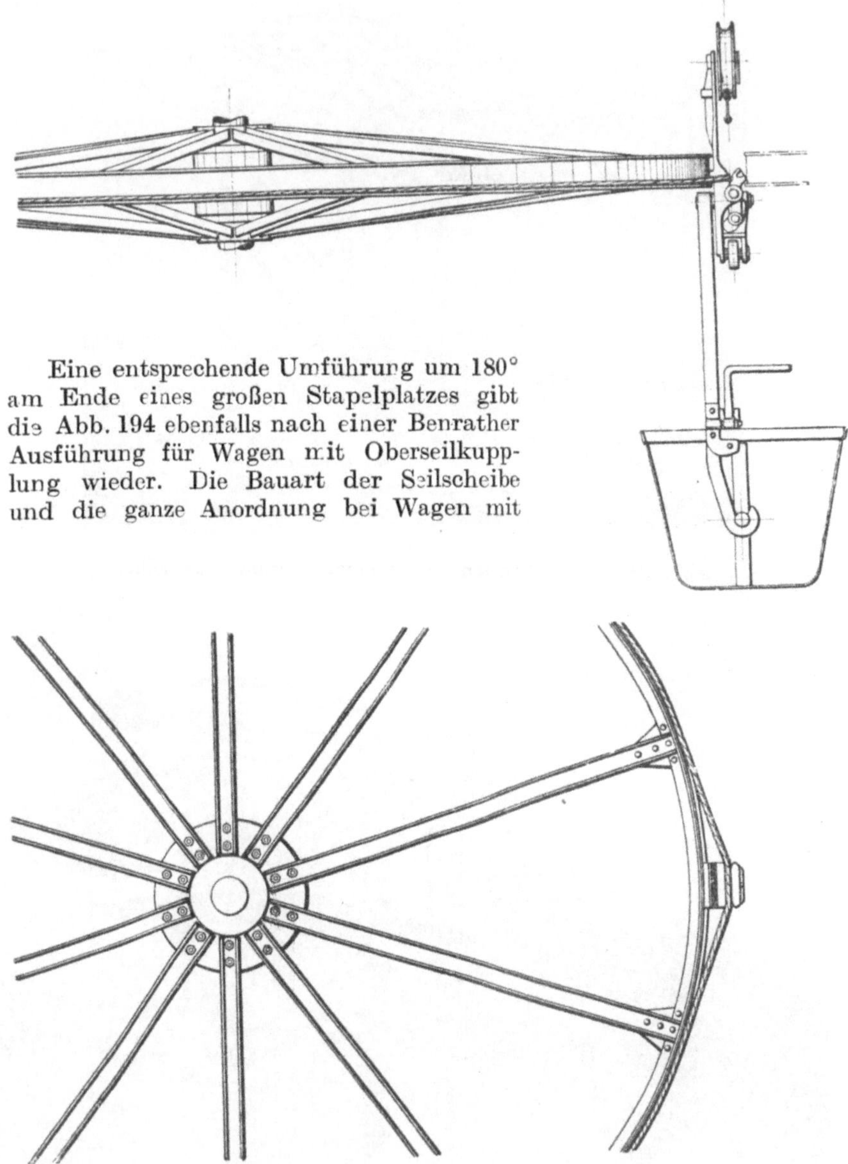

Eine entsprechende Umführung um 180°
am Ende eines großen Stapelplatzes gibt
die Abb. 194 ebenfalls nach einer Benrather
Ausführung für Wagen mit Oberseilkupplung wieder. Die Bauart der Seilscheibe
und die ganze Anordnung bei Wagen mit

Abb. 195.   Umführungsseilscheibe.

Unterseilkupplung zeigt die Abb. 195 nach einer Skizze von Ernst
Heckel G. m. b. H. Eine Reihe weiterer Ausführungen wird noch
im folgenden beschrieben werden.

8. Die Stationseinzelheiten.

Die Führung des Zugseiles beim Einlauf in die Station ist, wie schon aus den Angaben des Abschnittes 7 hervorgeht, sehr verschieden; sie richtet sich in erster Linie nach der Neigung der sich an die Station anschließenden Strecke.

Ist der vor der Station befindliche Teil der Strecke annähernd wagerecht, so kann die Kuppelstelle nahezu bis an den Stationsbeginn vorgeschoben werden, wie das etwa die Abb. 196 nach einer Bleichertschen Skizze für Wagen mit Oberseilkupplung darstellt. Unter der vorn am Ein- bzw. Auslauf befindlichen Rolle ist die Fahrbahn etwas nach unten durchgebogen, damit der Wagen unter dieser Führungsrolle hindurchfahren kann. Das Zugseil steigt dann etwas an derart, daß es etwa in der Mitte der Kuppelstelle beim Einlauf aus der Kupplung herausgerissen wird bzw. beim Auslauf sich darin einlegt, und wird dann weiter bis zur Antriebs- bzw. Spannseilscheibe geleitet. Diese einfachste Anordnung ist freilich nur dann brauchbar, wenn sich das Seil noch mit einem gewissen, auch nicht zu hohem Druck von

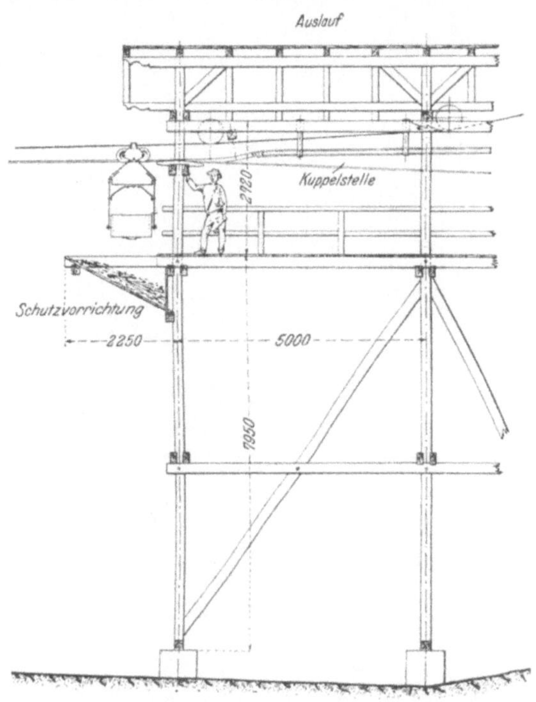

Abb. 196. Stationsauslauf mit Kuppelstelle.

unten gegen die vordere Führungsrolle legt, falls nicht ein gerade darunter befindlicher Wagen es davon abzieht.

Ist die Strecke vor der Station stärker nach oben oder unten geneigt, wobei dann, gemäß den Darlegungen des Abschnittes 5, gewöhnlich Wagen mit Unterseilkupplung zur Verwendung gelangen, so muß das Zugseil in einem hinreichend großen Bogen in die Station eingeführt werden. Es wird also eine Rollenbatterie zur Führung nötig, die z. B. der vordere Teil der Abb. 197 nach einer Zeichnung der Seilbahn-Gesellschaft für eine Umführungsstation mit Endseilscheibe zeigt. Die davor liegende Strecke fällt stark nach unten ab (Abb. 353), und so ist die Zahl der Führungsrollen eine ziemlich große. Eine entsprechende

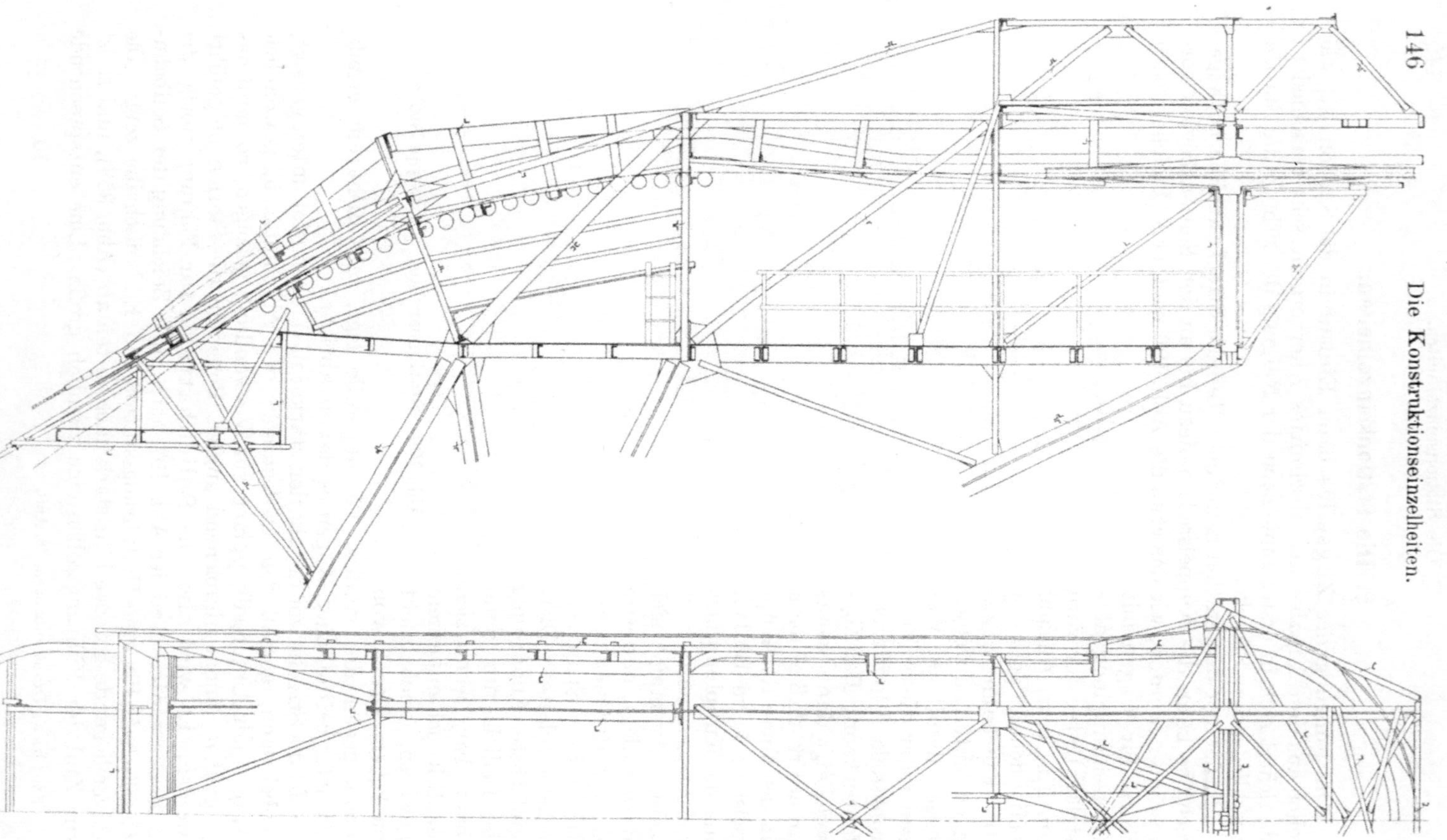

Abb. 197. Rollenbatterie bei fallender Strecke.

Rollenbatterie für eine vor der Station stark ansteigende Strecke gibt die Abb. 198 nach einer Ausführung von Ernst Heckel wieder. Um jedes Pendeln des Wagens und damit etwa ein Herausspringen des Seiles aus der Führung zu verhüten, wird er in der oberen Rille der Räder noch durch eine Flacheisenschiene geführt und unten am Gehänge durch eine weitere Winkeleisenschiene.

Die Rollenführung wurde bisher in jedem einzelnen Fall nach einem eigenen, für die betreffende Stelle gezeichneten Entwurf hergestellt. Hieraus ergeben sich gelegentlich Schwierigkeiten, wenn die von einem Nichtfachmann aufgenommene Vermessung des Geländes gerade an dem fraglichen Punkt ungenau war, was bei Bahnen für die Kolonien oft genug vorkommt, oder wenn erst beim Aufbau der Stationen vom Bauherren eine Verschiebung nach der einen oder anderen Richtung vorgeschrieben wird. Um ihnen zu entgehen, setzt A. Bleichert & Co. nach einer neueren, patentierten An-

Abb. 198. Rollenbatterie bei steigender Strecke.

ordnung die Rollenbatterie aus einzelnen, kurzen Segmentstücken von gleicher Länge zusammen, die durch passende Einstellung der Klemmlaschen beliebig gegeneinander geneigt werden können.

Eine **Endumführungsscheibe** von dem meist benutzten Durchmesser 4 m mit einem aus zwei Winkeleisen und einem darübergeleg-

Abb. 199. Endumführungs-Seilscheibe.

ten Flacheisenband gebildeten Kranz und $\Box$-Eisenspeichen brachte bereits die Abb. 195. Eine andere, ebenso große Ausführung der Benrather Maschinenfabrik mit Winkeleisenspeichen, die gegeneinander noch durch aufgenietete Flacheisenstäbe versteift sind, gibt die Abb. 199 wieder.

Die Spannseilscheiben haben gewöhnlich 2 m Durchmesser, entsprechend dem Abstand beider Zugseiltrümer auf der Strecke. Bei den gebräuchlichsten Anordnungen drehen sie sich um einen lotrecht stehenden kurzen Achsenstumpf, der in einem Lagerschuh befestigt wird, dessen unterer Teil zu Gleitplatten ausgebildet ist, die sich auf gußeisernen Gleitschienen unter dem Einfluß eines Spanngewichtes verschieben. Die Länge der Gleitschienen wird entsprechend der Bahnlänge und bisweilen auch der Dichtigkeit der Wagenfolge gewählt. Gewöhnlich wird für Bahnen von etwa 1 km Länge der Weg der Spannscheibe zu 2—3 m angenommen; für jeden Kilometer Bahnlänge mehr wird 1 m zugeschlagen. Um die Beweglichkeit der Spannscheibe zu vergrößern, setzte sie die Benrather Maschinenfabrik auf einen kleinen Spannwagen, den die Abb. 200 veranschaulicht.

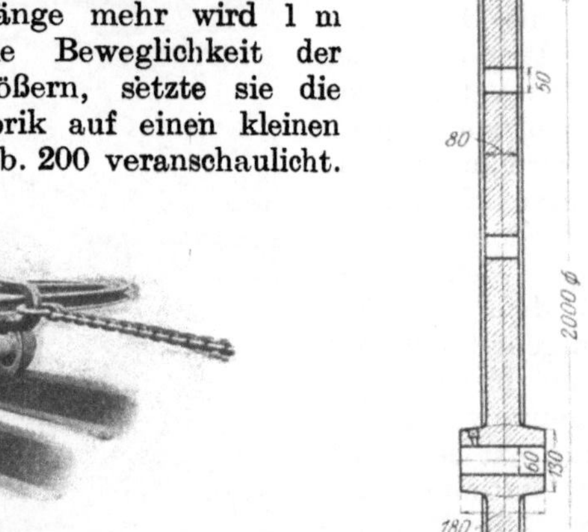

<table>
<tr><td align="center">Abb. 200.
Endseilscheibe mit Spannwagen.</td><td align="center">Abb. 201. Endseilscheibe
als Spanngewicht.</td></tr>
</table>

Das Spanngewicht greift hier vermittels einer Kette an, was man mit Rücksicht auf den Verschleiß schlecht geschmierter Ketten unter den ständigen kleinen Bewegungen heutzutage meist vermeidet. In einem Falle hat die Seilbahn-Gesellschaft die Scheibe selbst gleich als Spanngewicht ausgebildet. Die Achse der 2 t wiegenden Gußeisenscheibe nach Abb. 201 wird zwischen zwei ⊏-Eisen lotrecht geführt.

Den Antrieb einer Bahn mit großer Seilscheibe von 4 m Durchmesser stellt die Abb. 202 nach einer Benrather Zeichnung dar. Der 750 Umdrehungen in der Minute machende Elektromotor wirkt mit einem Rohhautritzel auf ein Gußeisenzahnrad mit der Übersetzung 30 : 100 ein, daran schließt sich ein zweites Rädervorgelege im Verhältnis 15 : 90 und hierauf folgt die Kegelradübersetzung im Verhältnis 20 : 160. Die Scheibe macht also

$$750 \cdot \frac{30}{100} \cdot \frac{15}{90} \cdot \frac{20}{160} \sim 4{,}8 \ \text{Umdrehungen}$$

in der Minute, denen eine Zugseilgeschwindigkeit von 1 m/sek entspricht, die gewöhnlich bei Betrieben für Lagerplätze u. dgl. mit solchen Umführungen gewählt wird.

Um beim Stillsetzen der Anlage eine Rückwärtsbewegung mit Sicherheit auszuschließen, sitzt auf der Vorgelegewelle des Kegelritzels noch

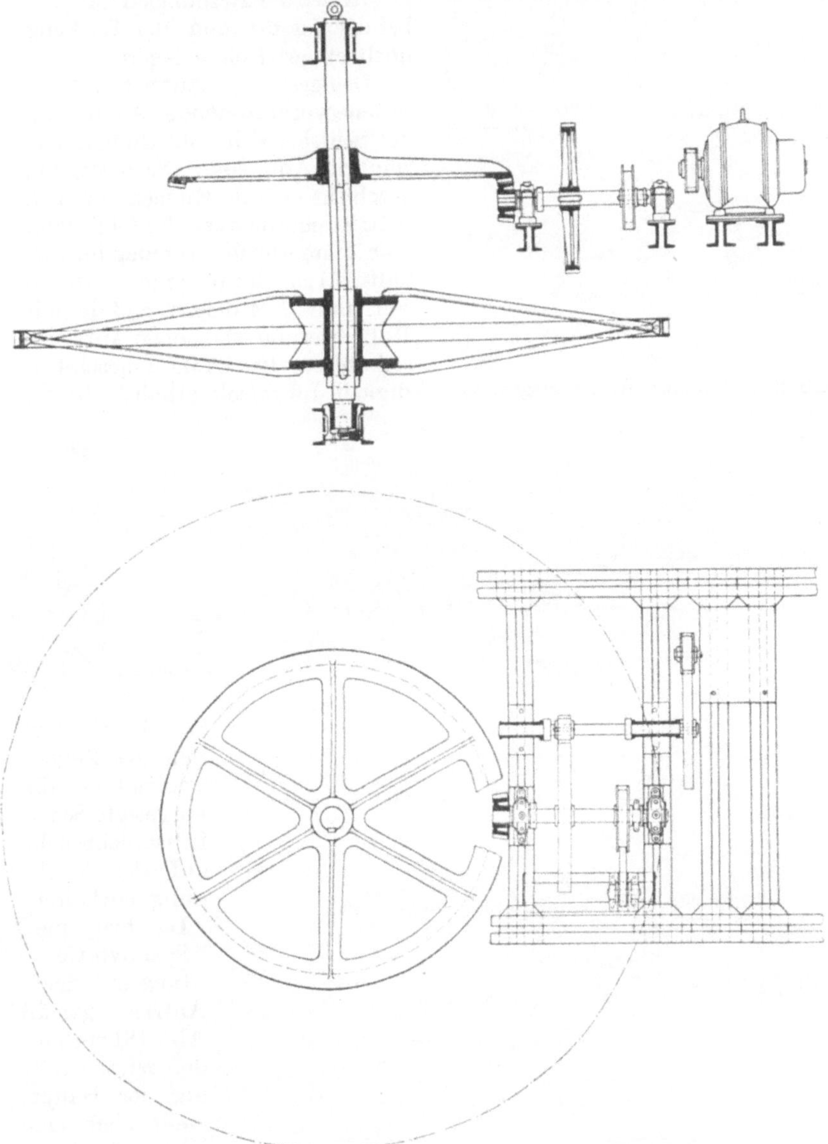

Abb. 202. Zugseilantrieb mit wagerechter Scheibe.

ein Sperrad, in das eine Sperrklinke unter dem Einfluß ihres Gewichtes dauernd eingreift. Damit dieses Rückwärtsgesperre geräuschlos wirkt,

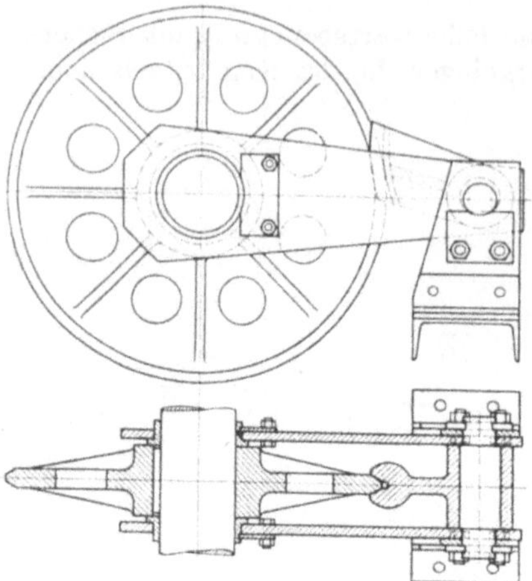

Abb. 203. Stummes Rückwärtsgesperre.

hatte die Seilbahn-Gesellschaft die Ausführung der Abb. 203 getroffen. Die Zapfen der Reibungsklinke sind behufs Verstärkung der Wirkung noch exzentrisch gelagert.

Den gesamten Antrieb mit der seltener vorkommenden Anordnung der Seilscheibe in lotrechter Ebene zeigt die Abb. 204. Die Bewegung geschieht mittels Riemen von dem Antriebsmotor aus. Es folgt dann eine Zahnräderübersetzung im Verhältnis 1:5, darauf eine zweite im Verhältnis 1:4 derart, daß die mit Holzfütterung versehene Antriebsseilscheibe die Umfangsgeschwindigkeit 1,6 m/sek erhält. In die

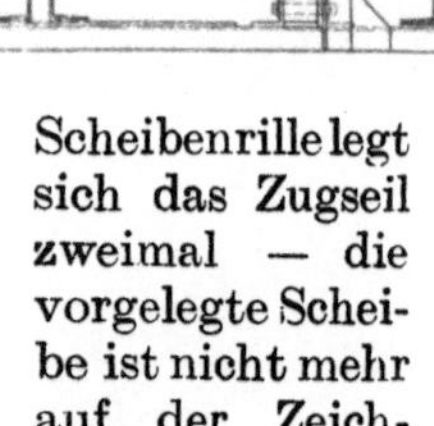

Scheibenrille legt sich das Zugseil zweimal — die vorgelegte Scheibe ist nicht mehr auf der Zeichnung enthalten. Da hier die Spannvorrichtung mit dem Antrieb gemäß Abb. 181 verbunden ist, so sitzt auf der Hauptwelle noch eine lose Umlenkungsscheibe. Mit dem Zahnrad der Zwischenvorlegewelle

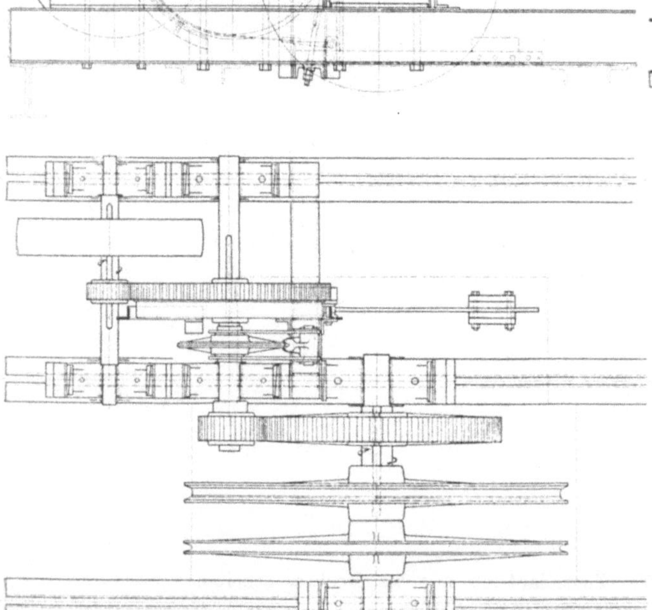

Abb. 204. Zugseilantrieb mit lotrechter Scheibe.

ist eine Bremsscheibe zusammengegossen, auf die sich ein Stahlbremsband legt; ferner sitzt auf derselben Welle noch das stumme Gesperre der Abb. 203.

Bei der meist üblichen Anordnung gemäß Abb. 202 mit wagerecht liegender Seilscheibe macht es sich für die gebräuchlichen Seilgeschwindigkeiten von 2—2,5 m/sek sehr leicht, daß das große Kegelrad ungefähr dieselben Abmessungen, etwa 2,1 m Außendurchmesser, erhält wie die Seilscheibe und es liegt nahe, der Einfachheit halber den Zahnkranz seitlich auf den Seilscheibenkranz aufzuschrauben (Abb. 205). Immerhin findet sich diese im allgemeinen vorteilhafteste Ausführung verhältnismäßig selten.

Abb. 205. Antriebsseilscheibe mit Zahnkranz.

Gebräuchlicher ist es bei Bremsseilbahnen, eine Bremsscheibe mit der Hauptseilscheibe zusammenzugießen. Das Bremsband wird dabei gewöhnlich mit Holzeinlagen versehen. Sobald die abzubremsende Leistung einen größeren Betrag erreicht, werden mindestens zwei Bremsscheiben angeordnet, wovon eine zur Aushilfe dient und nur bei Stillsetzung der Bahn angezogen wird. Das

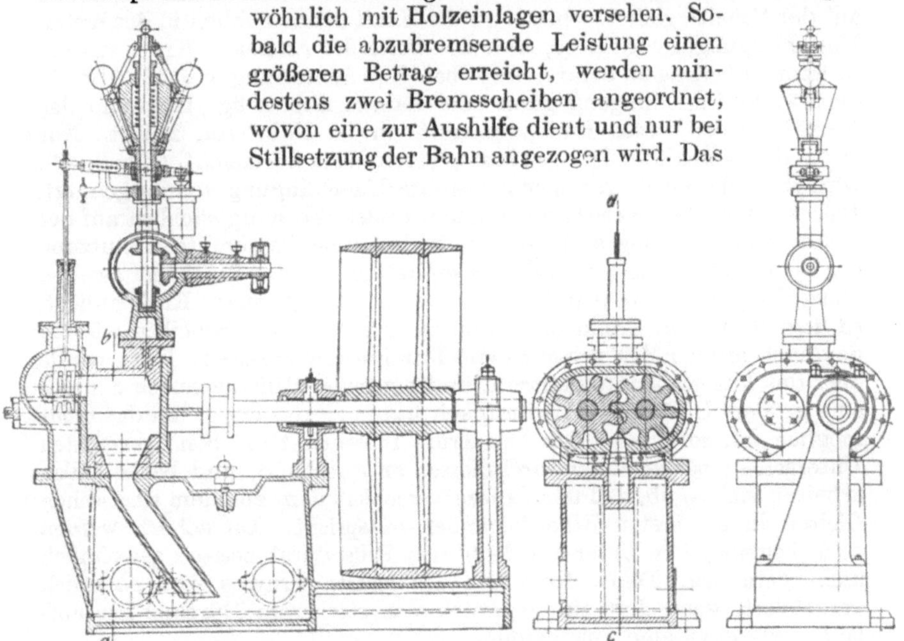

Abb. 206. Wasserdruckbremsregler von Schrieder.

andere Bremsband wird soweit angezogen, daß es annähernd die untere Leistung der Bahn abbremst. Die sich je nach der Laststellung und -größe dann noch ergebenden Spitzen werden durch eine zweite selbsttätig wirkende Vorrichtung vernichtet.

Eine sehr viel benutzte Einrichtung dieser Art ist der mit Wasserdruck arbeitende Bremsregler von Schrieder, den die Abb. 206

darstellt. Ein entsprechend der abzubremsenden Leistung bemessener Riemen setzt die Riemenscheibe des Apparates von der Vorgelegewelle der Seilbahn aus in Bewegung und treibt so ein Kapselradpumpwerk. Dieses saugt Wasser aus dem als Behälter ausgebildeten Fundamentrahmen des Apparates und drückt es durch ein entlastetes Drosselventil wieder in den Kasten zurück. Ein zweiter kleiner Riemen bewegt den über dem Pumpwerk angeordneten Schwungkugelregler, von dessen Muffe das Drosselventil verstellt wird, sobald die Umdrehungsgeschwindigkeit der Vorgelegewelle etwa infolge der vergrößerten Zugwirkung einzelner ins Gefälle gekommener Wagen zu steigen beginnt. Das Ventil wird dann mehr oder weniger geschlossen und hemmt so die Drehung des Kapselwerkes, das jetzt als kräftige Bremse auf die Vorgelegewelle zurückwirkt.

Die Spannung des Zugseiles sinkt beim Übergang über die Treib- bzw. Bremsseilscheibe von ihrem Höchstwert bis auf den niedrigsten, und es findet dadurch eine elastische Zusammenziehung bzw. Ausdehnung statt, die zur Folge hat, daß das Seil immer etwas auf der Scheibe gleitet. Nun wird die Kraft hauptsächlich in der ersten Umschlingung der Scheibe, von der Seite der größeren Kraft aus gerechnet, übertragen derart, daß bei der Anordnung gemäß Abb. 45 die zweite Umschlingung ganz oder nahezu unbeteiligt ist, wenn das Verhältnis der beiden Endspannkräfte in der Nähe von 2 liegt. Nur wenn das Verhältnis den größtmöglichen Wert 4 erreicht (vgl. S. 50), wird auch die zweite geringer gespannte Umschlingung voll ausgenutzt. Das ziemlich stetige elastische Gleiten findet also hauptsächlich auf der ersten Umschlingung statt und ruft dort eine bestimmte Abnutzung der Ledereinlage oder des Holzbelages hervor. Da das Seil in der zweiten Umschlingung gegebenenfalls unbewegt und mit geringer Kraft anliegt, so liegt dort kein Grund zur Abnutzung vor und die Scheiben würden demnach mit der Zeit verschiedene Durchmesser erhalten. Dann würde aber das lose gespannte Seiltrum in der zweiten Rille derselben Scheibe eine größere Umfangsgeschwindigkeit haben als das erste. Da das nicht möglich ist, so rutscht das lose Trum in seiner Rille beim geringsten Unterschied beider Rillendurchmesser entsprechend, und beide Rillen arbeiten sich so ab, daß der Gesamtverschleiß dem aus dem elastischen Gleiten in der ersten Rille folgenden entspricht. Tatsächlich werden auch bedeutendere Unterschiede in den Rillendurchmessern gewöhnlich nicht gefunden. Dieses Rutschen des loseren Trumes wird natürlich vergrößert, wenn dort ein Seilstück von stärkerem Durchmesser aufläuft, wie etwa eine Spleißstelle.

Der nur Energie verzehrende Verschleiß der Scheibenrille für das losere Trum, der bei dem Spannkraftverhältnis 2 die Hälfte des ganzen Verschleißes beträgt, kann vermieden werden, wenn man die beiden Rillen nicht wie gewöhnlich fest miteinander kuppelt, sondern ein Planetengetriebe zwischenschaltet[24]). Dieser von der Gesellschaft für Förderanlagen Ernst Heckel m. b. H. weiter ausgebildete und verbesserte

---

[24]) Ohnesorge, Zeitschr. d. Ver. deutsch. Ing. 1919; D. R. P.

Antrieb mit lotrecht stehenden Seilscheiben ist in Abb. 208 wiedergegeben, und zwar für eine Seilführung nach Skizze 207, die keine vorgelegte Scheibe nötig hat und doch denselben Winkel umfaßt wie die
Anordnung der Abb. 45. An dem auf der Zwischenwelle lose sitzenden
Zahnrad vom Halbmesser $r_0 = 72$ cm, das auch durch eine Riemenscheibe ersetzt werden kann, befinden sich zwei Planetenräderpaare
von den Halbmessern $r_1 = 12$ cm bzw. $r_2 = 18$ cm, die mit je einem
Zahnrad $r_3 = 24$ cm bzw. $r_4 = 18$ cm auf der Zwischenwelle in Eingriff stehen.

Wird nun das Hauptantriebsrad 0 durch ein bestimmtes Dreh-
moment M_0 mit n_0 Umdrehungen in der Minute gedreht, so ist bei
vorläufig fest gedachtem Rad 3 die Drehzahl n_4 des Rades 4 bekanntlich

$$n_4 = n_0 \cdot \left(1 - \frac{r_3}{r_1} \cdot \frac{r_2}{r_4}\right).$$

Mit den gegebenen Zahlenwerten folgt hieraus $n_4 = n_0 \cdot (-1)$. Es
läßt sich also bequem erreichen, daß $n_4 = n_0 \cdot (-\tfrac{1}{2})$ wird und dabei
das Rad 3 mit

$$n_3 = n_0 \cdot (+ \tfrac{1}{2})$$

Umdrehungen in derMinute
umläuft, daß mithin beide
Ritzel und damit beide Seilscheiben sich mit gleicher
Geschwindigkeit in ent-

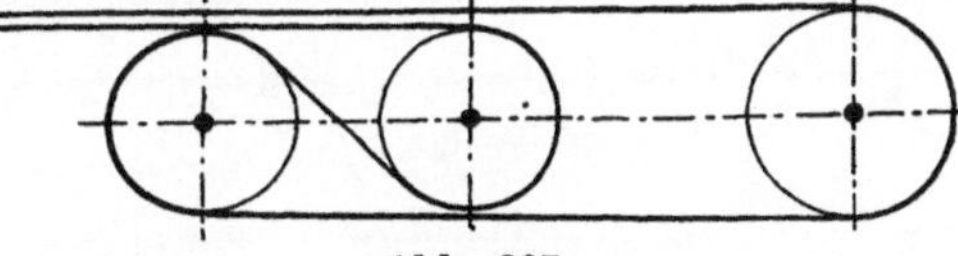

Abb. 207.
Seilführung bei zwei getrennten Scheiben.

gegengesetzten Richtungen drehen. Zwischen den Zahndrücken P_4 am
Rade 4, P_3 am Rade 3 und P_0 am Rade 0 bestehen nun die Zusammenhänge

$$+ P_0 = - P_4 + P_3$$

und

$$+ P_0 \cdot r_0 = - P_4 \cdot r_4 + P_3 \cdot r_3 .$$

Hieraus ergibt sich

$$P_4 = P_0 \cdot \frac{\dfrac{r_0}{r_3} - 1}{\dfrac{r_3}{r_4} - 1} , \qquad P_3 = P_0 \cdot \frac{\dfrac{r_0}{r_4} - 1}{\dfrac{r_3}{r_4} - 1}$$

oder mit den gegebenen Zahlenwerten

$$P_4 = 6 \cdot P_0 \quad \text{und} \quad P_3 = 9 \cdot P_0,$$

so daß die Antriebsmomente betragen

$$M_1 = 1{,}5 \cdot P_0 \quad \text{und} \quad M_2 = 3 \cdot M_0,$$

also

$$M_1 : M_2 = \tfrac{1}{2} .$$

Mit der Übersetzung der Drehrichtungen ist auch gleich eine derartige Übersetzung der Drehmomente verbunden, wie sie für die volle
Ausnutzung beider Scheiben nötig ist. Freilich ist in dem Fall die Abnutzung schon ungefähr die gleiche. Das Getriebe bietet aber auch

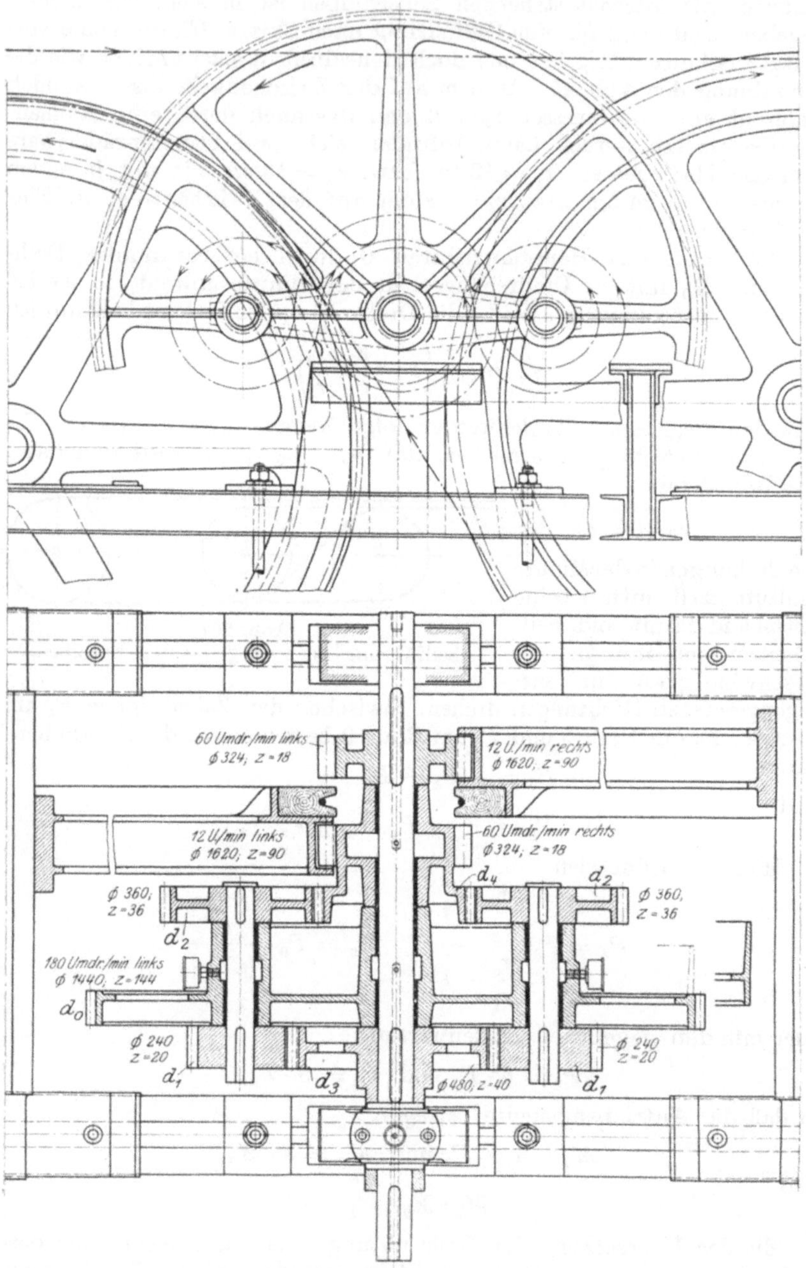

Abb. 208. Seilscheibenantrieb mit Planetengetriebe.

dann noch den Vorteil, daß zufällige Ungleichmäßigkeiten der Seildurchmesser und auch der Rillendurchmesser in einfacher Weise durch Änderung der gegenseitigen Scheibengeschwindigkeiten ausgeglichen werden.

Bei schweren Antrieben sind drei Treibscheiben nötig (vgl. S. 50). Der Antrieb der ersten entspricht dann dem der Abb. 208; an Stelle der zweiten Treibscheibe ist jedoch ein weiteres Ausgleichsgetriebe angeordnet (Abb. 209), das aber im allgemeinen nur kraftverteilend wirkt und sich unter günstigen Regelverhältnissen überhaupt nicht bewegt. Die beiden letzteren Scheiben haben somit den zur ersteren entgegengesetzten Drehsinn. Die Übersetzungsverhältnisse sind so gewählt, daß

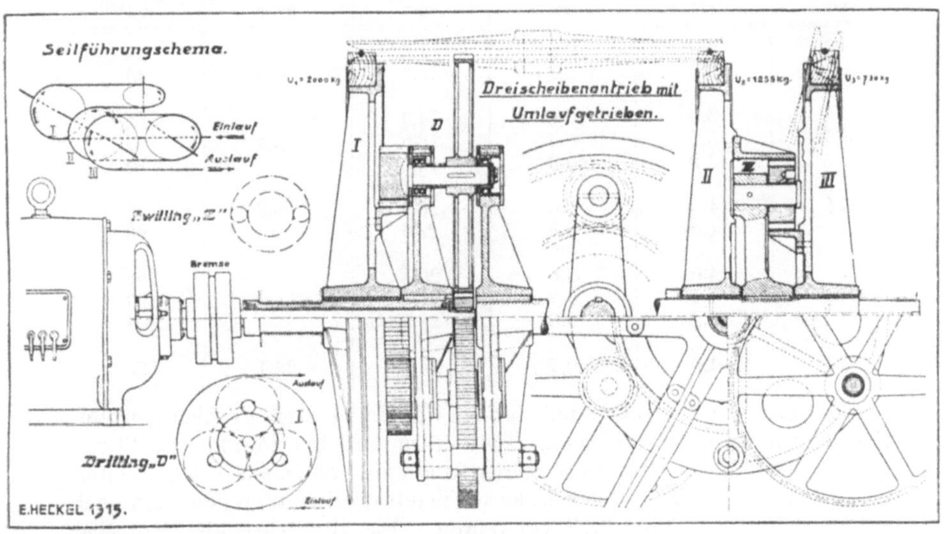

Abb. 209.

entsprechend einer jeweils vorhandenen halben Umschlingung die Umfangskräfte das Verhältnis 1 : 1,7 haben. Die Entfernung von der ersten bis zur dritten Scheibe entspricht der Spur der Drahtseilbahn. Für die Anordnung ist die Spaltung der Hauptwelle in ein volles und ein ausgebohrtes Stück kennzeichnend; sie ist vergleichbar mit einer gekröpften Kurbelwelle, bei der die Verbindung der beiden Wellenstücke durch zwei aufgezogene Kurbelscheiben und dem dazwischen angebrachten Kurbelzapfen hergestellt wird.

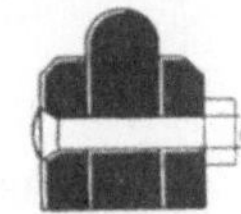

Abb. 210.
Flacheisenhängebahnschiene.

An die Tragseile der Strecken schließen sich in den Stationen feste Hängebahngleise an. Als Schienenprofil wurde in erster Zeit allgemein ein oben abgerundetes Flacheisen verwendet, das auch jetzt noch bei leichten Einzellasten oft genug benutzt wird. Ein solches von 10 cm Höhe und 3,5 cm Breite zeigt die Abb. 210 mit der zugehörigen Verlaschung.

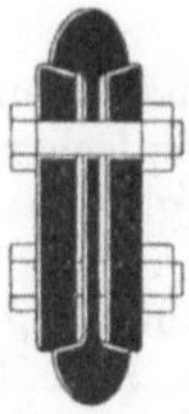

Die Konstruktionseinzelheiten.

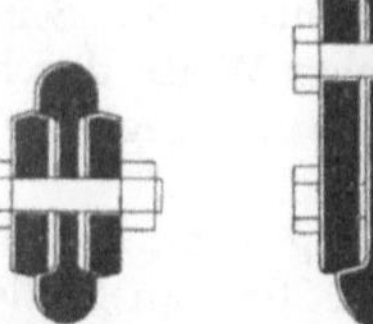

Abb. 211. Abb. 212.
Doppelkopf-
hängebahnschienen.

Bei einem Eigengewicht von 26 kg/m besitzt diese Schiene ein Widerstandsmoment von 55 qcm.

Infolge der geringen Tragfähigkeit der Flacheisen ist man bald zu Doppelkopfprofilen gemäß den Abb. 211 und 212 übergegangen. Hierfür gilt die folgende Zusammenstellung aus dem Profilbuch der Hüstener Gewerkschaft, Abt. Soest.

| Höhe h | Kopfbreite b | Stegstärke s | Gewicht der | | Widerstands- |
| | | | Schiene | Lasche | moment |
cm	cm	cm	kg/m	kg/m	cm³
12	2,8	0,6	11,8		44
	3,0	0,8	13,6	6,0	47
13	3,0	0,6	14,0		62
	3,0	0,7	16,0	6,4	64
	3,2	0,9	18,0		67
14	4,0	0,6	20,8	9,6	92
	4,2	0,8	23,0		93
16	4,0	0,6	20,1		106
	4,1	0,7	21,4	11,2	107
	4,2	0,8	22,7		108
20	4,0	0,7	22,4	22,1	203

Die Länge der Laschen beträgt bei den drei ersten Profilen gewöhnlich 30 cm, bei dem von 16 cm Höhe 35 cm und bei dem letzten 40 cm.

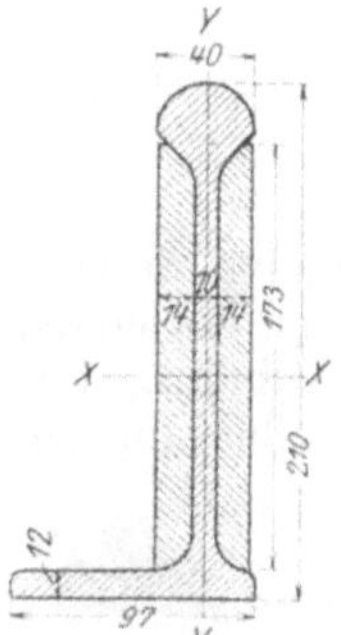

Da diese Schienen nur eine geringe seitliche Steifigkeit besitzen, so werden bisweilen auch Schienen nach Skizze 213 verwendet. Die Gewerkschaft Deutscher Kaiser liefert z. B.:

$h = 21$ cm, Gewicht der Schiene 30,8 kg/m,

$b_0 = 4$ cm, Gewicht der Laschen 18,8 kg/m,

$b_u = 9,7$ cm, Widerstandsmoment $W_x = 196$ cm³,

$s = 1$ cm, Widerstandsmoment $W_y = 22,3$ cm³.

Abb. 213.
Kopfschiene mit
Versteifungsfuß.

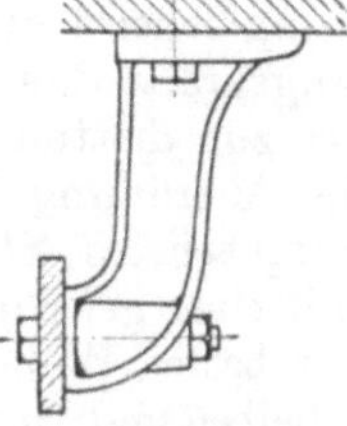

Abb. 214.
Amerikanischer
Hängeschuh.

Getragen werden die Hängebahnschienen meistens von gußeisernen Hängeschuhen, wovon die Abb. 214 eine amerikanische Ausführung wiedergibt, bei der die Last der oben nicht einmal abgerundeten Flacheisenschiene unmittelbar von dem Schraubenbolzen aufgenommen werden muß. Die einschlägigen deutschen Firmen lassen die Schiene mit der Unterkante auf einem

Vorsprung des Hängeschuhes aufliegen, wodurch die Befestigungs-schrauben entlastet werden. Eine solche Konstruktion zeigt z. B. die Abb. 215 für die Befestigung an hölzernen Trag-balken oder auch ⊥-Eisen, bei der die an der obe-ren Endplatte angreifenden Zuganker das ganze Gewicht aufzunehmen haben. Wird die Station aus Profileisen gebaut, so wählt man als Träger

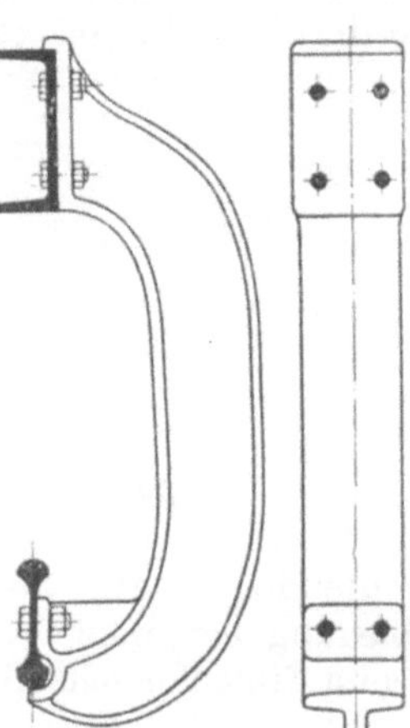
Abb. 216.

für die Schuhe meist ⊏-Eisen, an welchen sie zur Entlastung der Befestigungsschrauben mit einer übergreifenden Leiste hängen, wie Abb. 216 nach einer Blei-chertschen Zeichnung darstellt.

Das Gewicht derartiger Schu-he beträgt je nach ihrer Größe zwischen 18—24 kg. Bisweilen werden die Schienen auch mit Hilfe ganz niedriger Stützschuhe von etwa 7 kg Gewicht oben auf die Tragkonstruktion gesetzt,

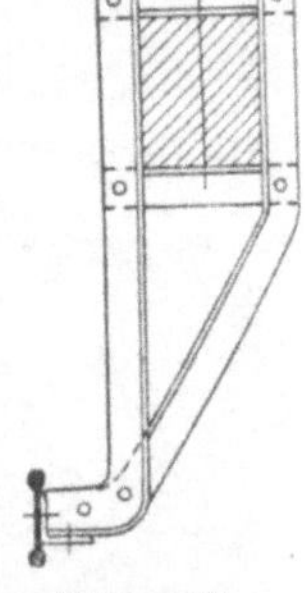
Abb. 217.
Winkeleisen-aufhängung der Schiene.

Abb. 215.
Hängeschuh für Holzbauten.

wie das z. B. die Abb. 75 veranschaulicht.

Eine freilich seltener vorkommende, aus Winkel-eisen zusammengenietete Aufhängung der Schiene zeigt die Abb. 217.

Den Anschluß an die Tragseile vermittelt eine gewöhnlich 1—1,5 m lange, unten ausgehöhlte Übergangsweiche, die meistens auf den Tragseilen aufliegt. Hiermit pflegt jedoch eine ungünstige Beanspruchung der Seile verbunden zu sein und man legt deshalb heutzutage häufig die Übergangs-weiche auf den Ablenkungsschuh für das Tragseil gemäß der nach einer Pohligschen Zeichnung hergestellten Abb. 218. Bei einer der Firma A. Bleichert & Co. geschützten Ausführung laufen die Wagenräder auf der Zunge mit dem Außenteil ihrer Rille wie auf den Trag-schuhen der Stützen, wodurch ein stoßfreier und etwaige Schwankungen dämpfender Einlauf der Wagen erzielt wird. Von der Seilbahn-Gesell-schaft ist in ge-eigneten Fällen das Tragseil un-mittelbar an der anschließenden Hängebahnschie-ne verankert wor-den, was die Abb. 219 genauer wie-dergibt.

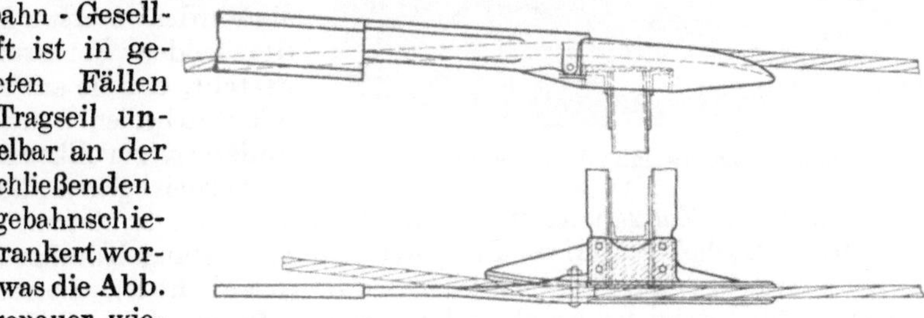
Abb. 218. Ablenkungsschuh und Übergangsweiche.

Dicht hinter der Kuppelstelle biegen die Schienen gewöhnlich seitlich ab mit einem Halbmesser, der bei den einlaufenden Wagen für die Seilgeschwindigkeit 1,5 m/sek im allgemeinen 5 m, für Seilgeschwindigkeiten über 2 m/sek etwa das Doppelte beträgt. Auf der Seite der aus-

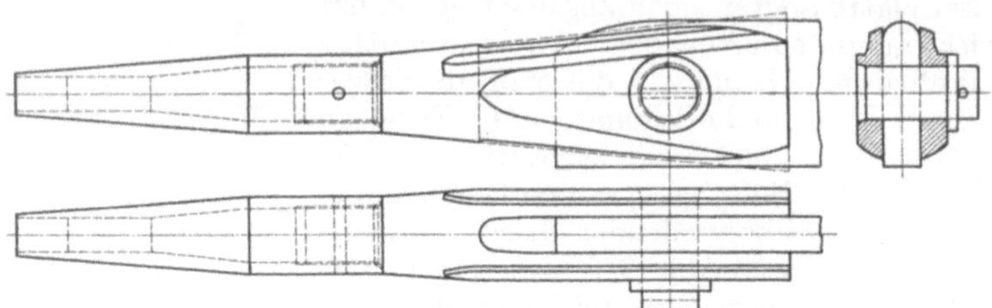

Abb. 219. Tragseilverankerung der Hängebahnschiene.

laufenden Wagen, die von Hand herangeschoben werden, hat die Abbiegung fast immer 5 m Halbmesser. Um die Wagengeschwindigkeit beim Einlaufen schnell zu verringern und beim Auslaufen ohne besondere Anstrengung des Arbeiters zu erhöhen, verlegt man die Schienen am vorderen Teil der Station mit einer geringen Neigung nach der Strecke hin, die bei den kleinen Wagengeschwindigkeiten etwa 1:100, bei den großen bis 1:50 beträgt. Stets liegt die Oberkante der Schienen 1,8 bis 2,0 m über dem Fußboden, so daß der freie Durchgang darunter nicht behindert wird.

Zur Verbindung der einzelnen Stränge der Hängebahnanlage miteinander dienen die Weichen. An sie werden in erster Linie die beiden Forderungen gestellt, daß sie einerseits leicht zu bedienen sind und andererseits vollkommene Sicherheit gegen die infolge verkehrter Zungenstellung möglichen Unglücksfälle bieten.

Abb. 220. Drehweiche in einer Station.

Man unterscheidet nun im Drahtseilbahn- bzw. Hängebahnbau zwei Weichenformen, deren gebräuchlichste die Drehweiche ist. Sie besteht aus einer annähernd wagerecht schwingenden Zunge, deren Drehachse in einer Lasche des Nebengleises liegt, während sich die dem Kopfprofil

des Hauptstranges entsprechend behobelte Spitze auf das durchgehende
Hauptgleis auflegt, was z. B. die Abb. 220 nach einer Bleichertschen
Ausführung zeigt. Da die Zunge in der normalen Stellung geschlossen
ist, so bleibt die Weiche in Ruhe, wenn der Wagen vom Haupt- auf das
Zweiggleis oder umgekehrt übergeht. Soll er auf dem Hauptgleis bleiben,
so wird die Weiche bei Fahrt gegen die Spitze von dem Verschiebearbeiter durch Ziehen an einer Kette oder durch Anheben von Hand
geöffnet, ohne daß dabei die Fahrt verlangsamt, also Zeit verloren wird.
Bei der Fahrt in entgegengesetzter Richtung schneidet der Wagen die
Weiche auf, die sich nach der Durchfahrt von selbst wieder schließt,
da der Drehzapfen nicht genau senkrecht steht. Ein Herunterfallen
der Wagen ist also
ausgeschlossen.

Falls der abzwei-
gende Strang selten
befahren wird, wie
z. B. ein Abstellgleis
oder dgl., so wird
die   Anordnung
durch geringe Nei-
gung des Drehzap-
fens nach der ande-
ren Seite auch so
getroffen, daß die
Drehweiche   beim
Befahren des Zweig-
gleises vom Arbeiter
jedesmal durch den
Kettenzug erst ge-
schlossen   werden
muß und sich hinter
dem Wagen selbst-
tätig wieder öffnet.

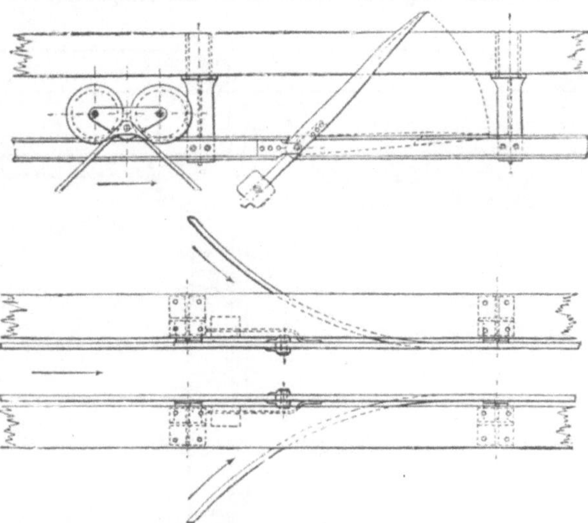

Abb. 221. Von rückwärts befahrene Klappweiche.

Trotz ihrer vielfachen Verwendung hat die Konstruktion den Nachteil, daß die Wagen auf der schrägen Spitze der
Weichenzunge in die Höhe gedrückt werden müssen.

Die zweite Form bilden die von der Firma Adolf Bleichert & Co.
eingeführten Klappweichen nach Abb. 221, in der die Aufsicht von
oben sowohl für die Rechts- wie für die Linksweiche gezeichnet ist. Die
Zunge schwingt hier in einer senkrechten Ebene und ist für gewöhnlich
geöffnet, so daß sie beim Befahren des Nebenstranges in Ruhe bleibt.
Wird der Wagen vom Hauptstrang herangeschoben, so drückt er von
rückwärts kommend die Zunge von selbst herunter, die hinter ihm durch
das Gegengewicht sofort wieder angehoben wird. Soll der Wagen in
umgekehrter Richtung auf das Nebengleis übergehen, so schließt der
Arbeiter die Zunge, während er den Wagen vorbeiführt, durch Ziehen
an einer Kette (Abb. 222).

Mit Hilfe dieser Klappweiche läßt sich auch die ganz selbsttätig
wirkende Kreuzung zweier Schienenstränge ausbilden, ohne daß der

Wagen herunterfallen kann: Werden beide Schienenstränge immer nur in einer Richtung befahren, so werden die **Klappweichen** derart an-geordnet, daß der Wagen sie von rück-wärts kommend auf-legt; wenn kein Wa-gen da ist, lassen sie die Durchfahrt auf dem kreuzenden Strang frei (Abb. 223). Die Ausfüh-rung für die Durch-fahrt nach jeder Richtung, also auch gegen die „Weichen-spitze", zeigt die Abb. 224. Der von rückwärts kommen-de Wagen hebt die um den Zapfen o drehbare Winkel-eisenschiene S an, die vermittels der Hebelverbindung m die Klappweiche K niederdrückt. Für den Fall, daß der Wagen in der ein-gezeichneten Stel-lung von der ande-ren Seite herange-schoben wird, ist dort ein Anschlag H angebracht, der sich um den Bolzen Z

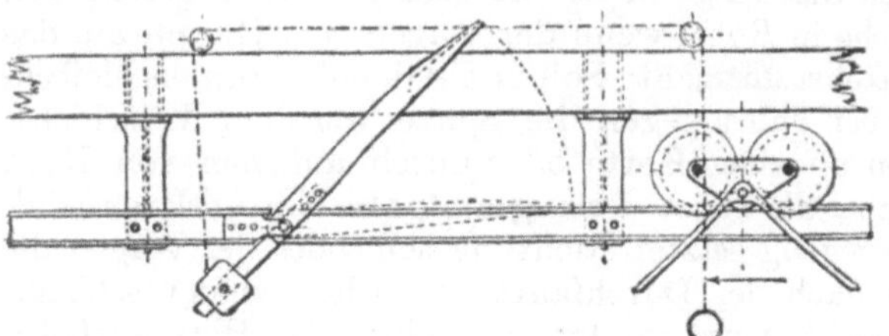

Abb. 222. Gegen die Spitze befahrene Klappweiche.

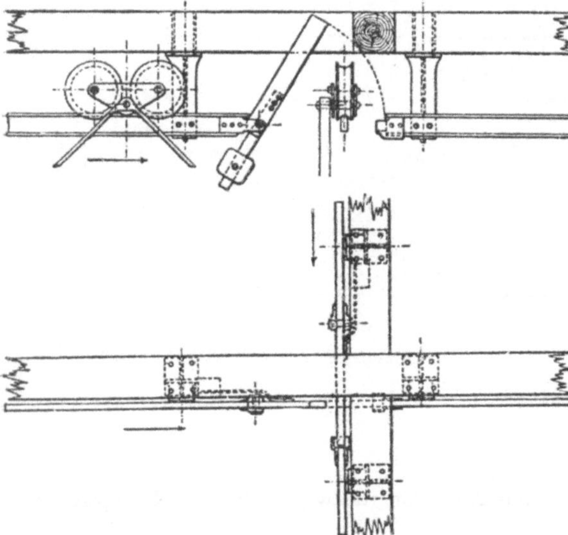

Abb. 223. Gleiskreuzung mit Klappweichen, von rückwärts befahren.

dreht und vermittels des an dem Hebel L angreifenden abgefederten Schnurzuges die Weiche herunterschlägt. Der andere Strang enthält genau

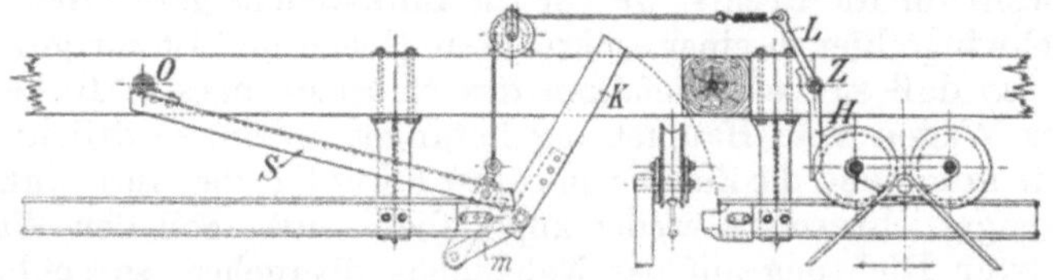

Abb. 224. Gleiskreuzung mit gegen die Spitze befahrenen Weichen.

die gleiche Einrichtung; die Durchfahrt ist also jederzeit frei und der — gleichgültig von welcher Seite — herankommende Wagen schließt selbsttätig die Verbindung, die sich hinter ihm sofort wieder öffnet. Die Abb. 225 gibt noch ein Bild der praktischen Ausführung wieder.

Neuerdings werden bei rechtwinkligen Kreuzungen oft Hängedrehscheiben an Stelle der Weichen benutzt, wie z. B. die Abb. 226 nach einer Pohligschen Zeichnung darstellt. An dem Drehscheibenträger t befindet sich ein kurzes Schienenstück, auf das der Wagen geschoben wird. Eine damit verbundene selbsttätige Einfallklinke sorgt dafür, daß sich die Drehscheibe nicht unter dem Wagen bewegt. Die am Schienenträger angebrachten Winkeleisenstücke s versperren die Einfahrt auf dem unterbrochenen Schienenstrang.

Abb. 225. Ansicht einer Gleiskreuzung (Bleichert).

Wenn es sich darum handelt, die Hängebahnschienen zweier verschiedener Stockwerke miteinander zu verbinden, so kann dies etwa nach Abb. 171 geschehen, falls genügend Länge zur Entwicklung der schiefen Ebene verfügbar ist. Gewöhnlich wird man jedoch senkrechte Aufzüge oder Niederlaßvorrichtungen einschalten müssen. Am einfachsten vollzieht sich der Vorgang, wenn die beladenen Wagen in ein tieferes Stockwerk zu schaffen sind und die leeren wieder zurück. Die Niederlaßvorrichtung wird dann allein von dem Gewicht der Nutzlast betätigt, und es ist nur eine Bremsvorrichtung nötig, die ein zu schnelles Fahren verhindert, wozu natürlich die Schachtverschlüsse mit ihren Sicherheitsverriegelungen oben und unten treten. Sollen die beladenen Wagen nach aufwärts

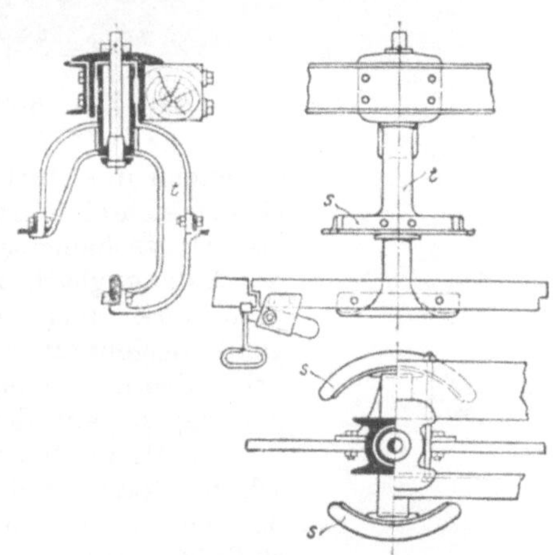

Abb. 226. Hängedrehscheibe.

geschafft werden so ist ein von einer Wellenleitung aus vermittels Riemen oder gewöhnlich elektrisch angetriebener Aufzug der üblichen Bauart zu verwenden. Die Einleitung der Bewegung erfolgt von Hand, und die Verriegelung der Türen ist so eingerichtet, daß sie nur geöffnet werden können, wenn die Schalen in richtiger Höhe dahinterstehen. Eine solche Ausführung zeigt

z. B. die Abb. 227 im Betriebe.

Gegen die Anordnung derartiger Aufzüge in von Hand betriebenen Hängebahnanlagen ist nichts einzuwenden, da die Steuerung des Aufzuges und das Öffnen bzw. Schließen der Türen von dem den Wagen hineinschiebenden Arbeiter einfach mit übernommen wird. Anders ist

Abb. 227. Aufzug in einer Hängebahnanlage.

es jedoch in selbsttätig arbeitenden Anlagen, deren Wagen sich ohne Aufsicht entweder am Zugseil oder als Elektrohängebahnen bewegen. Dort erfordert der Aufzug gleich zwei Bedienungsleute, in jedem Stockwerk einen, deren Arbeitskraft nicht genügend ausgenutzt wird. Man hat für den Fall in Schraubenlinie steigende Hängebahnschienen vorgeschlagen, auf denen die Wagen von einer sich in der Mitte drehenden Spindel in die Höhe geschoben oder auch heruntergelassen werden. Eine der besten Anordnungen dieser Art von Tobias stellt die Abb. 228 nach der Patentzeichnung dar. Auf der Drehspindel sitzen oben und unten Querarme mit Rollen, über die je eine endlose Kette gelegt ist. Die Kette legt sich einfach gegen den in den Aufzug hineinfahrenden Wagenkasten und schiebt ihn nach aufwärts vor sich her, während sie, entsprechend der Steigung der Schienen, über die Endrollen läuft. Bei Abwärtsförderung legt sich die Kette mit ihrer Führung vor den Wagen-

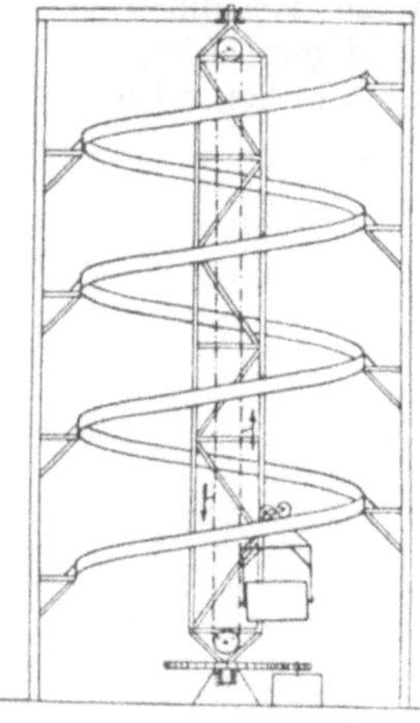

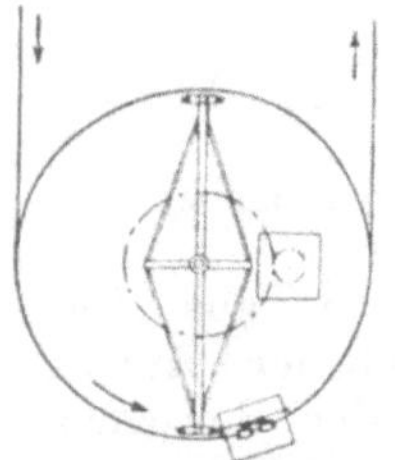

Abb. 228.
Selbsttätiger
Schneckenaufzug.

kasten und wirkt so bremsend. Selbstverständlich ist eine Anhaltevorrichtung anzubringen, die den Wagen oben nur dann auf die Schraubenschienen laufen läßt, wenn die Haltekette mit ihrer Führung gerade davorsteht.

Die Einrichtung hat sich nicht eingeführt, weil für jede Bewegung nach oben und unten ein getrennter Apparat erforderlich ist, wenn der Apparat nicht sehr verwickelt werden soll. Mehr Erfolg haben die Paternosterwerke gehabt, wovon die Abb. 229 eine Ausführung der J. Pohlig A.-G. für das Hochofenwerk in Dillingen wiedergibt. Die beiden Laschenketten mit ziemlich langen Gliedern laufen oben und unten über entsprechende Scheiben und tragen eine Anzahl kurzer Schienenstücke, auf die die Seilbahnwagen hier von Hand aufgeschoben werden. Es bietet aber nicht die geringsten Schwierigkeiten, Haltevorrichtungen vor dem Aufzug anzubringen, die den von selbst herankommenden Wagen nur dann auflaufen lassen, wenn sich eine Aufzugschiene in richtiger Stellung davor befindet. Die Einzelheiten der Kette zeigt die Abb. 230.

In größeren Hängebahnanlagen mit Zugseilbetrieb soll die Be- oder auch Entladung häufig an wechselnder Stelle erfolgen, zu welchem Zweck die Wagen gerade an dem betreffenden Ort angehalten werden müssen. Es ist dann eine verfahrbare Kuppelvorrichtung anzuordnen, in der das Zugseil so geführt wird, daß der Wagen sich beim Einlaufen abkuppelt und kurz darauf nach der Beladung wieder angekuppelt wird. Eine derartige Ausführung für den Oberseilapparat einer mit Gewichtswirkung arbeitenden Wagenkupplung zeigt z. B. die Abb. 231 nach einer Ausführung von Kaiser & Co.

Als besondere Nebeneinrichtungen der Stationen stehen obenan die Kontrollapparate über die Förderleistung der Bahn.

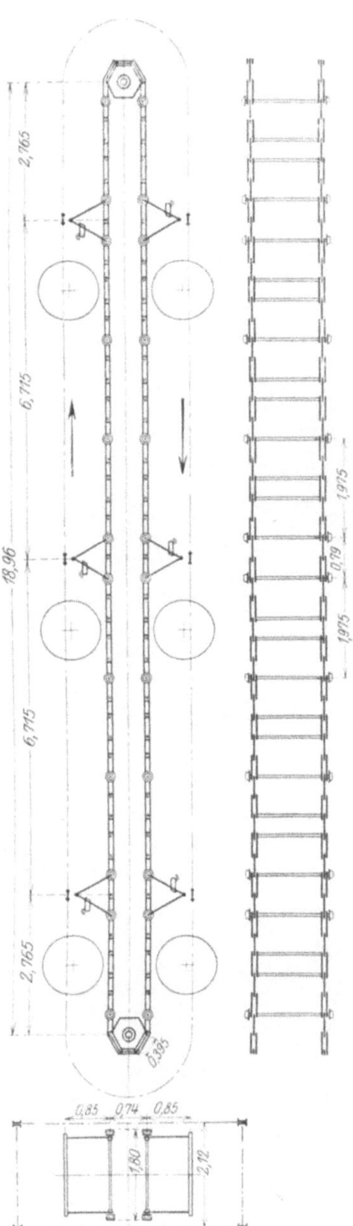

Abb. 229.

Paternosterwerk in Dillingen.

11*

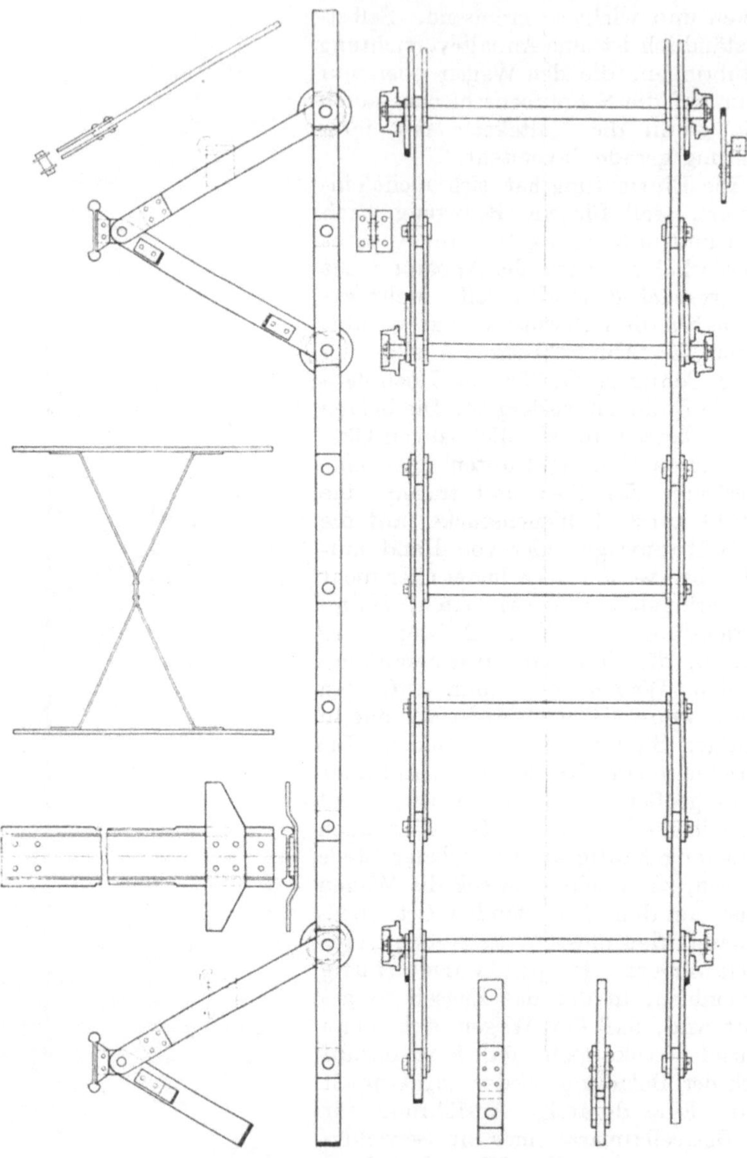

Abb. 230. Kette des Paternosterwerkes.

Für einen gleichmäßigen Betrieb ist es hauptsächlich bei Bremsseilbahnen von wesentlicher Bedeutung, daß der vorgesehene Wagenabstand auch annähernd innegehalten wird. Das macht bei ziemlich
dichter Wagenfolge keine Schwierigkeiten, denn die Verschiebearbeiter

der Endstationen gewöhnen sich
dabei sehr schnell an das gleichmäßige Ablassen der Wagen im
richtigen Abstande. Bei großen
Wagenabständen, wie sie z. B. bei
Holztransporten die Regel bilden,
ist jedoch der vorhergehende Wagen häufig schon hinter einem
Bergrücken, mitunter auch im
Nebel den Blicken entschwunden,
so daß hier ein hörbares Signal
zur Ankündigung der Ablaßzeit erforderlich wird. Es besteht vielfach
aus einer von der Hauptwelle der
Seilbahn aus durch einen Schnur-
trieb bewegten Schraube, deren
zweiteilige Mutter sich in einer
Führung verschiebt, bis sie nach
einer eingestellten Zahl von Umdrehungen von einem Keilstück
auseinandergespreizt wird und dabei
einen Klöppel anhebt. Eine
von ihr beim Hingang zu-
sammengedrückte Spannfeder
schiebt dann die offene Mutter wieder zurück, wobei der
fallende Klöppel das Glocken-
zeichen gibt, und am Anfang
der Schraube wird die Mutter wieder geschlossen. Von
J. Pohlig A.-G. ist eine solche
Vorrichtung mit einem Sperrarm verbunden worden, der
das frühere Ablassen der Wagen verhindert.

Bei Massengütern, deren
Einzelwert gering ist, wie
z. B. bei Kohle, Erz, Gestein
u. dgl., genügt es häufig,
die gelieferte Menge durch
Zählung der in einer Schicht
abgelassenen Wagen zu be-
stimmen. Natürlich darf der
Apparat nicht etwa von Hand
beliebig oft in Bewegung gesetzt werden können oder
durch mehrfaches Hin- und
Herschieben des Wagens an

Abb. 231. Verfahrbare Kuppelschienen.

der Zählstelle, ferner soll er ungenügend gefüllte oder leere Wagen nicht mitzählen. Die einfachste Ausführung besteht aus einem kurzen

Abb. 232. Zählapparat.

Schienenstück, das auf einem besonders geformten Hängebahnschuh federnd gelagert ist. (Abb. 232). Mit der Schiene ist ein Zählapparat gewöhnlicher Bauart verbunden, der sich in einem verschlossenen Schranke befindet. Die Feder wird so gewählt, daß sie nur bei annähernder Vollfüllung des Wagens hinreichend nachgibt, um den Zähler vorwärts zu schalten. Damit nun jeder Wagen nur einmal über die Zählstelle gebracht werden kann, ist dahinter ein Sperrarm angeordnet, der sich nur nach einer Richtung drehen kann.

Genauere Ergebnisse liefert natürlich eine selbsttätige Wage, wovon die Abb. 233 eine schematische Skizze nach Angaben von Carl Schenck wiedergibt. Die leeren Wagen werden alle auf das gleiche Gewicht gebracht und dieses mit dem Gewicht des beweglichen Schienenstückes in der Wage selbst ausgeglichen, so daß stets nur die reinen Nettogewichte gewogen und durch einen Zählapparat addiert werden. Das kleinste

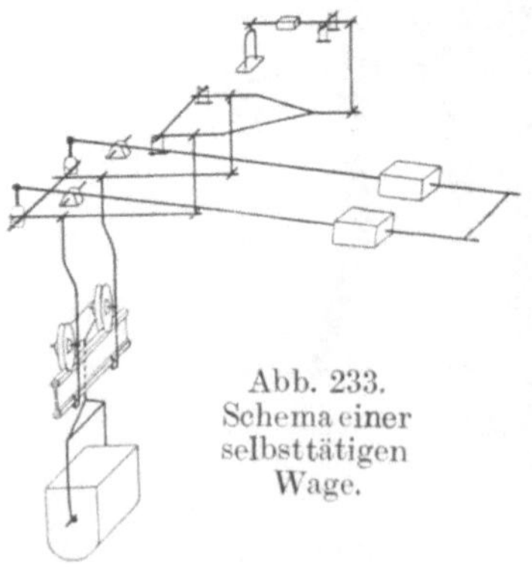

Abb. 233.
Schema einer
selbsttätigen
Wage.

Nettogewicht, das in dem betreffenden Betrieb vorkommt, wird durch Aufsetzen von Gewichten auf die in der Skizze oben angeordnete Schale ausgeglichen, so daß nur noch die jeweiligen Unterschiede der wirklichen Last gegen dieses Mindestgewicht durch Verschieben des Laufgewichtes bis zur wagerechten Einstellung des Wagebalkens festzustellen sind. Bei einzelnen Konstruktionen werden nun diese Gewichtsunterschiede vom Zählwerk unmittelbar addiert, und die Anzahl der abgewogenen Wagen wird durch einen zweiten Apparat gezählt.

Bei den neueren Ausführungen wird jedoch sofort das Gesamtgewicht der Nettolasten addiert. Vor und hinter der Wägeschiene werden Sicherheitsknaggen eingebaut, die verhüten, daß ein auf oder über die Wage geschobener Lastwagen noch einmal zurückfahren

und so doppelt gewogen wird.   Die Gesamtanordnung einer Wage
von A. Spieß G. m. b. H. gibt die Abb. 234 wieder.

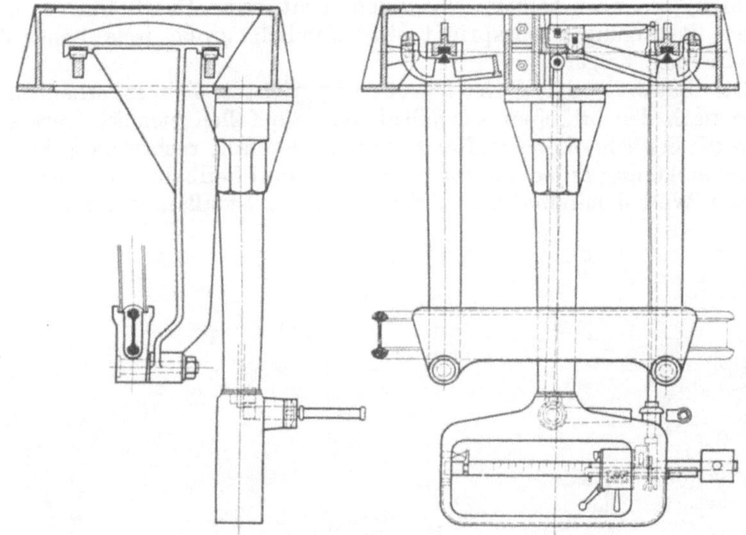

Abb. 234. Selbsttätige Wage.

9. Die Schutzbrücken und Schutznetze.

Die gewöhnlichen Schutzbrücken und Schutznetze haben, worauf
ausdrücklich hingewiesen sei, den Zweck, den Verkehr unterhalb der
Seilbahn gegen etwa herabfallende Teile aus übervoll beladenen Wagen
zu schützen. Ein Schutz gegen herabfallende Wagen wird in der Regel
nicht beansprucht, weil er überflüssig ist, denn bei richtig gebauten
und gut unterhaltenen Drahtseilbahnen wird wegen der tiefen Auskehlung der Laufwerksräder ein Entgleisen der Wagen überhaupt nicht
eintreten. Allerdings muß bemerkt werden, daß bei der Kreuzung von
Eisenbahnlinien bisweilen auch diese Forderung des Schutzes gegen
herabfallende Wagen gestellt wird.

Im allgemeinen können deshalb die Schutzkonstruktionen leicht
gehalten werden, und zwar um so leichter, je näher sich die Schutz-
flächen den Tragseilen befinden, weil dann die Aufschlaggeschwindig-
keit etwa herausfallender Körper nur klein ist. Das muß sogar
geschehen, weil es hier nicht darauf ankommt, daß jeder Teil der
Konstruktion möglichst starr und widerstandsfähig ist, sondern
vielmehr so ausgebildet sein soll, daß seine elastische Federung einen
möglichst großen Anteil des Arbeitsvermögens des fallenden Körpers
aufnimmt. Natürlich müssen Holzbelag und Tragbalken so stark
sein, daß sie die Belastung durch die Seil- und Wagengewichte, das

Eigengewicht, Schneedruck oder Windkraft bzw. Arbeiter mit ihren
Werkzeugen ohne unzulässige Durchbiegungen aushalten. Dagegen
kann der herabfallende Körper eine weitgehende Formänderung hervorrufen, die aber selbstverständlich nicht zum Bruch führen darf.
Diesen Bedingungen entspricht eine ziemlich große freie Länge der
betreffenden Träger.

Die Bauweise der Schutzbrücken richtet sich in erheblichem
Maße nach den örtlichen Verhältnissen. Sie fallen ziemlich kurz aus,
wenn die Seilbahn die betreffende Straße ungefähr rechtwinklig kreuzt.
Bisweilen kommt es jedoch vor, daß Straße und Seilbahn nur einen ganz
kleinen Winkel miteinander bilden, was bei Straßen von nur 4,5 m

Abb. 235. Hölzerne freie Schutzbrücke.

Breite Schutzbrücken oder ähnliche Konstruktionen bis zu 35 m Länge
erfordern kann. Ausdrücklich werde bemerkt, daß Nebenwege mit
geringem Verkehr gewöhnlich ungeschützt bleiben, ohne daß sich
daraus unliebsame Folgen ergeben.

Befindet sich der zu überbrückende Weg ziemlich weit unterhalb
der Tragseile der Drahtseilbahn, so wird die Ausführung besonders einfach, wie die Abb. 235 nach einem Pohligschen Bau darstellt. Derartige
Brücken werden fast immer in Holz errichtet; sie erhalten eine Breite
von 4—4,2 m. Im vorliegenden Fall, wo die Spannweite über einer
Straße I. Klasse ziemlich groß ist, besteht der Bau aus zwei vereinigten
Hänge- und Sprengewerken. Um das Abrollen irgendeines auf die
Brücke gestürzten Stückes zu verhüten, erhält sie meistens seitlich
hinreichend hohe Bretterwände.

Bei geringer Spannweite, wie etwa bei der ebenfalls von J. Pohlig A.-G. gebauten Brücke der Abb. 236, genügt oft ein leichtes Schutzgerüst aus bombiertem Wellblech.

In sehr vielen Fällen liegen die Tragseile der Seilbahn so tief, daß die Brücke mit einer Stütze vereinigt werden kann oder auch muß.

Abb. 236. Eiserne Schutzbrücke von kleiner Spannweite.

Eine einfache Ausführung der Art in Holzkonstruktion gibt die Abb. 237 nach einer Zeichnung von Th. Otto & Comp. wieder. Hier ist zum Schutz gegen das Abrollen einzelner Stücke eine seitliche Bretterverschalung angeordnet.

Einen größeren Bleichertschen Bau von im übrigen gleicher Art zeigt die Abb. 238. Die Tragkonstruktion ist ein doppeltes Hängewerk. Wie vielfach bei Brücken von größerer Spannweite sind die Tragseile an beiden Enden der die Straße schiefwinklig kreuzenden Brücke in gewöhnlicher Weise gelagert.

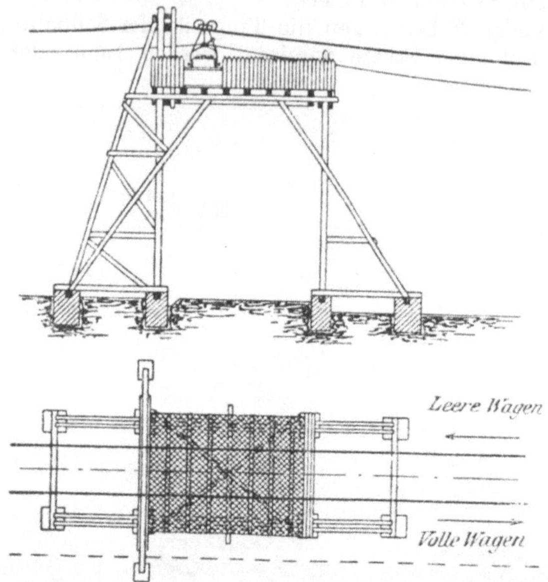

Abb. 237. Hölzerne Schutzbrücke mit Stütze.

Abb. 238. Hölzerne Schutzbrücke mit beiderseitiger Tragseilunterstützung.

Oft führt man auch bei gleichen und größeren Spannweiten der Brücken die Hauptträger als Parallelträger aus, was z. B. die Abb. 239 nach einer Ausführung von Kaiser & Co. darstellt.

Bei besonders großen Längen ist bisweilen die Hängebrücke sehr vorteilhaft, die mit den Seilbahnstützen vereinigt wird, wie Abb. 240

Abb. 239. Hölzerne Schutzbrücke mit Stütze.

Abb. 240. Hängebrücke.

nach einer Ausführung von A. W. Mackensen zeigt. Die Tragkabel der Brücke, die vermittels kurzer Auflageschuhe auf dem oberen

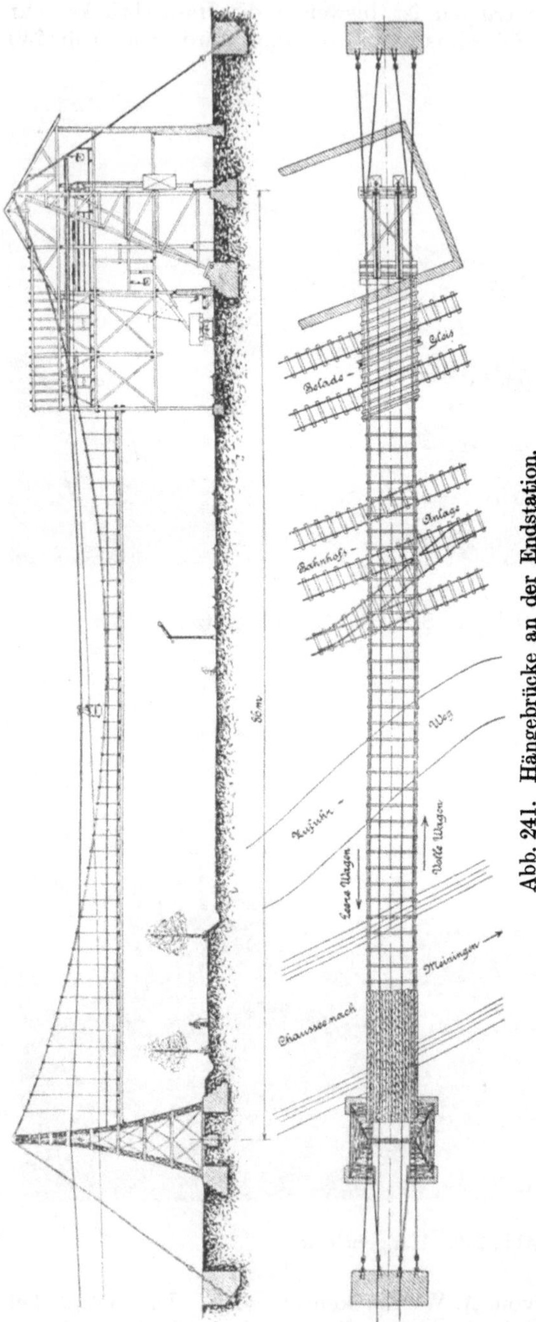

Abb. 241. Hängebrücke an der Endstation.

Querbalken zu Stützen aufliegen, werden an entsprechend schweren Fundamentblöcken aus Beton verankert. Eine ähnliche Konstruktion in Verbindung mit der an der Eisenbahn gelegenen Endstation gibt die Abb. 241 nach einer Zeichnung von Th. Otto & Comp. wieder.

Werden die Stützen der Drahtseilbahn in Eisen ausgeführt, so errichtet man auch meist eiserne Schutzbrükken. Eine derartige Normalausführung Bleichertscher Bauart mit doppeltem Bohlenbelag und Unterstützung der Tragseile an jedem Brükkenende ist z. B. in Abb. 242 dargestellt. Eine entsprechende Ausführung mit nach außen weit übergreifendem Schutzdach, deren Tragseilunterstützung wegen der besonders schweren Lasten, die darüber hinweggehen, stark versteift worden ist, zeigt die Abb. 243. Im Gegensatz zu den anderen Abbildungen fehlen hier die Zugseiltragrollen, da bei der dichten Wagenfolge der Bahn ein Aufliegen des Zugseiles nicht zu erwarten ist.

Gelegentlich kommen natürlich auch ganz aus dem üblichen Rahmen herausfallende Bauarten vor, wie z. B. im Fall der Abb. 244. Hier ist von der Seilbahn-Gesellschaft die Schutzbrücke über eine Straße von 12 m Breite in glücklicher Weise mit einer Stütze von 24 m Höhe vereinigt worden. Sehr hohe und deswegen gar nicht mehr so leichte Bauten ergeben sich, wenn die Tragseile der Bahn hoch über der betreffenden Straße oder Eisenbahn liegen und nun gefordert wird, daß die Schutzbrücke auch beim etwaigen Herabfallen ganzer Wagen hinreichende Sicherheit bietet. Da das Längsprofil der Seilbahn wohl immer gestattet oder gar verlangt, daß an der fraglichen Stelle eine Stütze steht, so führt man dann die Schutzbrücke im Interesse der Leichtigkeit des ganzen Baues bis oben hinauf. Man kommt so zu Ausführungen, wie sie z. B. die Abb. 245 nach einer von Bleichert in Belgien erbauten Anordnung wiedergibt.

Bei größerer Ausdehnung des zu schützenden Gebietes, z. B. beim Übergang über Fabrikhöfe oder andere Baulichkeiten, ist die Schutzbrücke im allgemeinen nicht geeignet. Wenn man sie schon ausführt, so besteht die Fahrbahn nicht mehr aus Seilen, sondern, um die ganze Anlage so niedrig wie möglich zu bauen, aus Hängebahnschienen. Gewöhnlich erhält der Bau dann noch einige schmale Zwischenunterstützungen. Eine derartige Ausführung von Carstens & Fabian zeigt z. B. die Abb. 246.

Abb. 242. Eiserne Schutzbrücke.

Abb. 243.
Eiserne Schutzbrücke mit Kragdach.

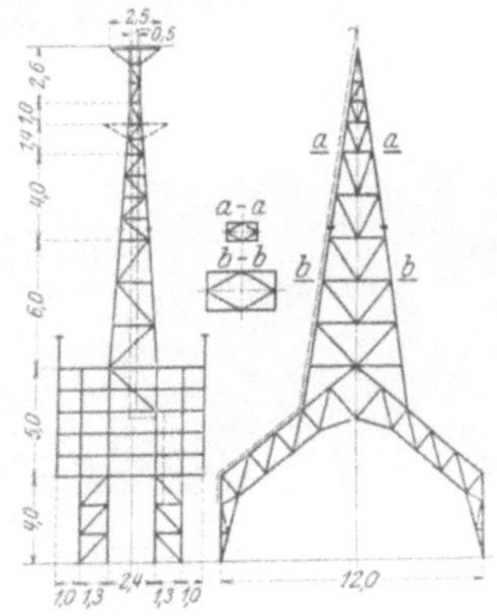

Abb. 244. Eiserne Schutzbrücke
mit Mittelstütze.

Abb. 245. Hohe Schutzbrücke über einer Eisenbahnlinie.

Abb. 246. Lange Schutzbrücke mit Hängebahngleisen.

Eine entsprechende 90 m lange, von J. Pohlig A.-G. gebaute Schutzbrücke über mehrere Eisenbahngleise, bei der die Tragseile neben den Hängebahnschienen durchlaufen, bringt die Abb. 247 bei.

Hat man die nötige Höhe zur Verfügung, so bleibt man lieber bei den Seilen als Laufbahnen und deckt die betreffende Stelle durch ein

Abb. 247. Schutzbrücke mit Hängebahngleisen.

Schutznetz ab, das noch den Vorteil bietet, nicht soviel Licht wegzunehmen. Das Netz wird von zwei Spiralseilen getragen, die sich auf zwei mit entsprechenden Auslegern versehene Stützen der Bahn auflegen und dahinter an kräftigen Fundamenten verankert sind. Beide Seile werden durch Winkeleisenquerstege im richtigen Abstand voneinan-

Abb. 248. Schutznetz über einem Gehöft.

der gehalten, und darüber legt sich ein hinreichend feinmaschiges Netz, das nur kleine Stückchen durchläßt, die beim Auftreffen keinen Schaden anrichten können. Da die Stützen durch die senkrechte Mittelkraft des nach beiden Seiten wirkenden Seilzuges eine recht bedeutende Mehrbeanspruchung erfahren, so werden sie oft durch Verdoppelung der die Ecksäulen bildenden Winkeleisen verstärkt. Ein hiernach gebautes Bleichertsches Schutznetz, das ein Bauernhaus mit Hof und Garten überspannt, stellt die Abb. 248 dar. Eine ähnliche Ausführung, bei der die Hauptstütze zur Aufnahme des seitlichen

Abb. 249. Mehrteiliges Schutznetz mit Seitenschutz.

Winddruckes noch durch Zuganker gehalten wird, gibt die Abb. 249 nach einem Pohligschen Bau wieder. Ein auf Holzstützen lagerndes Schutznetz mit drei nebeneinander verlegten Tragseilen, zum Schutz einer Straße I. Klasse, zeigt die Abb. 250 nach einer Zeichnung von Th. Otto & Comp.

Da die einzelnen Abteilungen des Schutznetzes schon für sich eine Mulde bilden, wie die Abb. 250 andeutet, und die einzelnen Maschen des Netzes dem Rollen etwa aufgefallener Stücke ziemlich erheblichen Widerstand bieten, so ist im allgemeinen ein seitlicher Schutz gegen herabrollende Stücke nicht nötig. Er wird jedoch oft genug besonders von J. Pohlig A.-G. vorgenommen, wie die Abb. 249, 251, 253 ergeben. Das Drahtnetz ruht auf entsprechend aufgebogenen Winkeleisenträgern, die hier von vier parallel ausgespannten Spiraleisen getragen werden.

Bei der von J. Pohlig A.-G. auf dem Bahnhof Köln-Gereon erbauten Drahtseilbahn wurde an einer Stelle, wo die Personenzuggleise gekreuzt werden, eine vollkommen dichte Abdekkung mit Wellblech vorgeschrieben. Außerdem mußten die Stützen für die Seilbahn und das Netz sich dem verfügbaren, oft sehr knappen Raum anpassen, so daß die Ausführung entstand, von der das Schaubild 251 einen Überblick gibt. Einige Einzelheiten des Baues enthält die Abb. 252 in technischer Darstellung. Eine eigenartige Ausführung ist auch die von J. Pohlig A.-G. für das Stahlwerk Hoesch in Dortmund errichtete gemäß

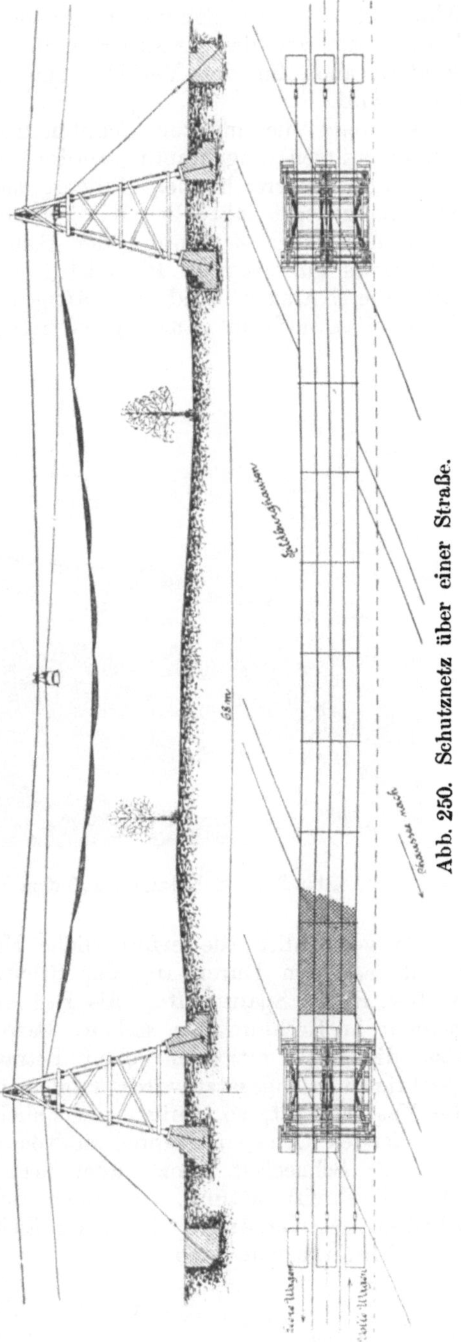

Abb. 250. Schutznetz über einer Straße.

Abb. 253, wo das Schutznetz in der Mitte noch einen Laufsteg besitzt, der von den Arbeitern nicht nur zur Begehung der Strecke, sondern auch für den Verkehr von einer Station zur anderen benutzt wird.

Während die meisten Schutznetze an den zugehörigen Drahtseilbahnstützen angebracht werden, indem man nötigenfalls bei weit auseinanderstehenden Stützen den Teil, der nicht zu schützen ist, unabgedeckt läßt, bringt die Abb. 254 ein für sich errichtetes Netz nach einer Zeichnung der Seilbahn-Gesellschaft bei. Es ist beiderseits auf eisernen Pendelstützen gelagert, und die vier Spiralseile, die es tragen, sind in kräftigen Betonfundamenten verankert, deren eines noch in ganz eigenartiger Weise gestützt wird.

Abb. 251. Schutznetz auf dem Bahnhof Köln-Gereon.

Da gewöhnlich die erforderliche Höhe zur Verfügung steht, so wählt man den Durchhang der Schutznetze in der Mitte zu etwa 5—6 v. H. der Spannweite. Als Belastung ist natürlich das Eigengewicht in Rechnung zu stellen. Dazu kommt meistens eine Schneelast, die nicht mit dem vollen Betrag der sonst bei Bauten vorgeschriebenen angesetzt wird; sondern da ein Teil des Schnees durch die Maschen fällt, so genügt gewöhnlich, je nach der Höhenlage des betreffenden Ortes, die Annahme von 50 bzw. 75 kg/m². Oft kann man die Schneelast ganz außer Acht lassen und rechnet nur mit einer Rauhreifbelastung, die nach den praktisch erprobten Vorschriften des Verbandes deutscher Elektrotechniker bei einer Draht- bzw. Seilstärke von d cm zu

$$q = 0{,}5 \cdot d + 0{,}19 \text{ kg/m}$$

anzusetzen ist.

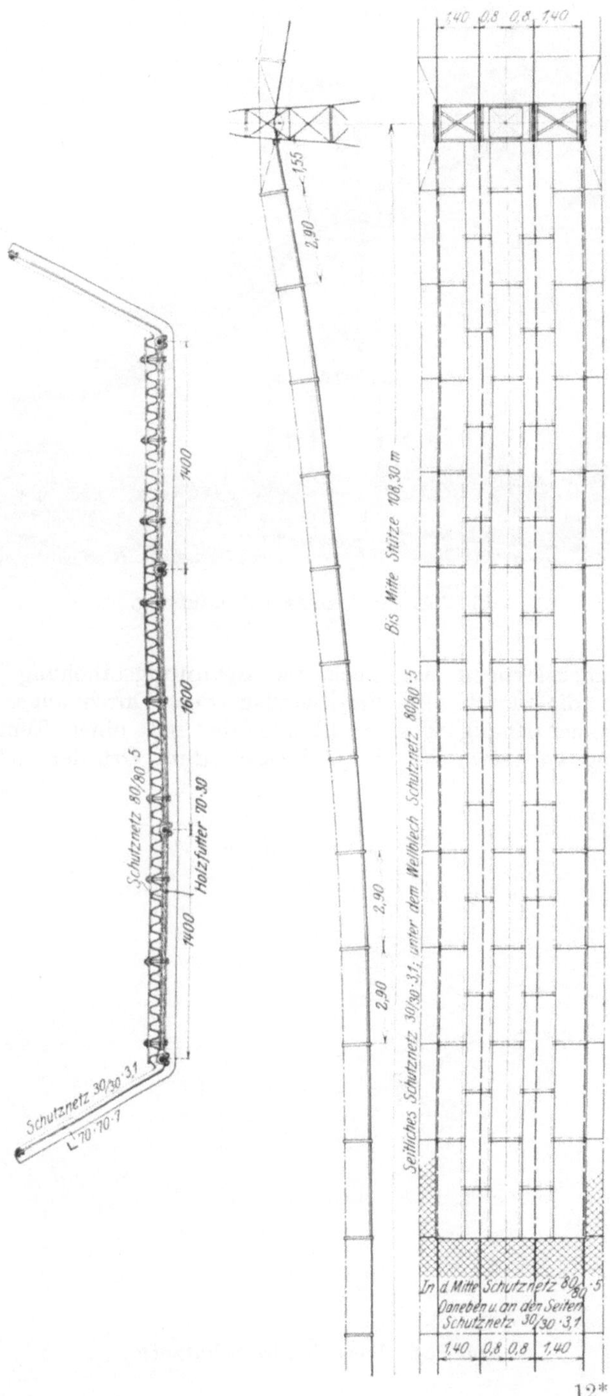

Abb. 252. Einzelheiten des Schutznetzes mit Wellblechabdeckung.

Abb. 253. Schutznetz mit Laufsteg.

Zu berücksichtigen ist noch die Spannungserhöhung in den Tragseilen, die durch die Verringerung des Durchhanges infolge der Zusammenziehung des Stahlmaterials bei einer Temperaturerniedrigung von etwa 20—25° C je nach dem Ort der Aufstellung eintritt.

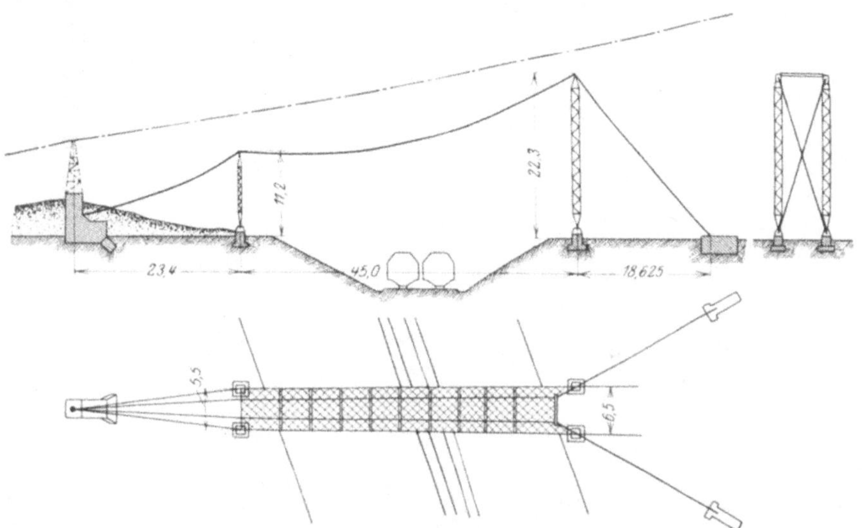

Abb. 254. Freistehendes Schutznetz.

Bezeichnet

l die auf der geraden Verbindungslinie gemessene Länge der Schutznetztragseile zwischen den beiden Stützen in m,

f den Durchhang bei der Verlegung in der Mitte des Schutznetzes in m,

t den Temperaturunterschied in ° C,

$\alpha = \dfrac{0{,}01123}{1000}$ die Ausdehnungsziffer des Stahlmaterials,

H die parallel zu l wirkende Seilspannkraft bei der Verlegung in kg,

H_t die entsprechende Seilspannkraft nach der Temperaturerniedrigung um $t°$,

so gilt, wenn die Seile in den Auflagerschuhen festgeklemmt sind,

$$\frac{H_t}{H} = 1 + \frac{1}{2} \cdot \alpha \cdot t \cdot \left(1 + \frac{3}{8} \cdot \frac{l^2}{f^2} \right).$$

Da die Höchstbelastung nur gelegentlich einmal vorkommt, so kann man die Sicherheit gegen Bruch zu der im Hochbau in solchen Fällen üblichen 2,5fachen ansetzen.

Das gleiche gilt für die Berechnung von Schutzbrücken, besonders wenn verlangt wird, daß sie für den Absturz eines Wagens berechnet werden. Als fallender Körper ist dann nur der Wagenkasten mit Inhalt anzusetzen, denn das Gehänge und Laufwerk sind nach einem bekannten Grundsatz der Mechanik im Augenblick des Fallens lose und spannungslos mit dem Kasten verbunden, so daß sie frei weiterfallen, wenn der Wagenkasten bereits aufgehalten wird, und erst dann mit ihrem Gewicht entsprechend geringerer Wucht aufschlagen, wenn der bei weitem größere Stoß des Kastens schon beendet ist.

Bezeichnet

G_1 das Gewicht des Kastens und seiner Füllung in kg,

G_2 das Gewicht des getroffenen Gliedes der Tragkonstruktion in kg,

s die freie Fallhöhe des Kastens in cm,

f die Durchbiegung des getroffenen Trägers unter der auffallenden Last in cm,

η den Wirkungsgrad des Stoßes,

so ist die auf die Tragkonstruktion übertragene Fallarbeit in cmkg

$$A = G_1 \cdot (s \cdot \eta + f)$$

und hierin ist bekanntlich

$$\eta = 1 - \frac{G_2}{G_1 + G_2},$$

wenn der Stoß als unelastisch aufgefaßt wird. Das trifft hier zu, denn das lose Fördergut im Kasten wird unelastisch zusammengerüttelt, außerdem treten örtliche Verbiegungen und Eindrücke sowohl am Kasten als auch an dem Bohlenbelag der Brücke auf, so daß ein nennenswerter Rückprall nicht stattfindet. Auch wenn eine geringe Elastizität des

Stoßes vorausgesetzt wird, ändert sich das Ergebnis innerhalb der Genauigkeitsgrenzen der Rechnung gar nicht.

Es ist nun die Frage, was als Gewicht der getroffenen Konstruktion anzusetzen ist. Wenn der betreffende Teil unter dem Stoß gleichmäßig vorwärts getrieben würde, wäre natürlich das ganze Gewicht zu rechnen. Nun liegt der Träger aber gewöhnlich an beiden Enden frei auf und wird dazwischen von der fallenden Last getroffen. Seine Biegungslinie kann vorläufig, wie alle nicht zu stark gewölbten Bogen, ohne merklichen Fehler als gewöhnliche Parabel angesehen werden, und die durchschnittliche Verbiegung ist demnach $\frac{2}{3} f$. Entsprechend ist also das Gewicht der vom Stoß bewegten Masse zu $\frac{2}{3} G_2$ anzusetzen. Der anderweitig angegebene [25]) Faktor $\frac{1}{2}$ ist unzutreffend, da er eine geradlinig begrenzte, dreieckförmige Biegungslinie voraussetzt.

Damit wird schließlich die Fallarbeit

$$A = \left(\frac{G_1 \cdot s}{G_1 + \frac{2}{3} G_2} + f \right) \cdot G_1 .$$

Ihr muß die Biegungsarbeit des getroffenen Trägers entsprechen:

$$A = \tfrac{1}{2} \cdot P \cdot f,$$

worin P die am Ende der Durchbiegung vom Träger ausgeübte Gegenkraft ist, die sich stets ganz erheblich größer ergibt als das Gewicht G_1, da ja $\tfrac{1}{2} f < f + s \cdot \eta$ ist.

Setzt man demnach an $P = n \cdot G_1$, so wird die Durchbiegung f, wenn die auffallende Last die Länge l zwischen den beiden Auflagern in die Abschnitte a_1 und a_2 teilt, bekanntlich

$$f = \frac{n\,G_1}{3} \cdot \frac{\alpha}{J} \cdot \frac{a_1^2 \cdot a_2^2}{l} = n \cdot f_0 ,$$

worin f_0 die durch die statisch wirkende Belastung G_1 hervorgerufene Durchbiegung an der betreffenden Stelle darstellt.

Durch Gleichsetzen der beiden Ausdrücke für A erhält man hiermit

$$G_1 \cdot (s \cdot \eta + n \cdot f_0) = \tfrac{1}{2} \cdot n^2 \cdot G_1 \cdot f_0 ,$$

also

$$n = 1 + \sqrt{\frac{1 + 2 \cdot \eta \cdot s}{f_0}}$$

als sogenannten dynamischen Faktor [26]). Er gilt jedoch nur so lange genau, als die Beanspruchung unterhalb der Proportionalitätsgrenze des Materials bleibt.

Genau so wenig, wie man nun etwa eine Eisenbahnbrücke so berechnet, daß die Konstruktionsglieder bei einer Zugentgleisung nicht über die Elastizitätsgrenze hinaus beansprucht werden, kann unter Außerachtlassung aller wirtschaftlichen Gründe gefordert werden, daß die Schutzbrücken der Drahtseilbahnen, die ebenso häufig oder selten

———————

[25]) Müller, Z. d. B. 1913.

[26]) Zschetsche, Zeitschr. d. Ver. deutsch. Ing. 1894; Müller, Z. d. B. 1913.

von abstürzenden Wagen getroffen werden wie Eisenbahnbrücken von
entgleisenden Lokomotiven, dabei keine über die Elastizitätsgrenze des
Materials hinausgehende Beanspruchung erfahren[27]). Wenn aber die
Streckgrenze des Materials überschritten wird, ist die Spannungsver-
teilung über irgendeinen Querschnitt des getroffenen Trägers etwa die
durch Abb. 255 gegebene, wobei vorausgesetzt wird, daß die Dehnungskurven des Trägermaterials für Zug und Druck wenigstens annähernd gleich sind. Zur Erleichterung der Rechnung wird ferner die
nur einen geringen Fehler ausmachende
Vereinfachung der Dehnungskurven
durch zwei Gerade vorgenommen.

. Es ist nun reichlich sicher. gerechnet, wenn man von der ganzen
Dehnungsarbeit $\mathfrak{A}$ des Materials bis
zum Bruch den $\mathfrak{S} = 2{,}5$ten Teil als
höchstzulässige Anstrengung ansetzt[27]),
so daß von der Gesamtdehnungsfläche
auf jeder Hälfte des stärkst beanspruchten rechteckigen Trägerquer-
schnittes etwa ein Stück bis zur Beanspruchung σ abgeschnitten wird
(Abb. 255). Ersetzt man es durch
die gestrichelte Dreieckfläche von der
Höhe σ_{zul}, so ist σ_{zul} so zu wählen,
daß das Moment der Dreieckfläche in
bezug auf die Nullachse gleich dem

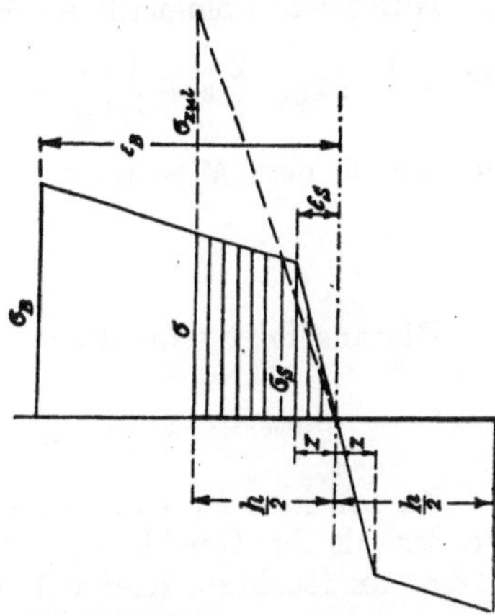
Abb. 255. Biegungsspannungen bei
Überschreitung der Streckgrenze.

Moment der bis σ reichenden Trapezfläche in bezug auf dieselbe Achse ist.

Man entnimmt der Abb. 255 den Zusammenhang

$$\frac{\sigma - \sigma_S}{\sigma_B - \sigma_S} = \frac{\dfrac{h}{2} - z}{(\varepsilon_B - \varepsilon_S) \cdot \dfrac{z}{\varepsilon_S}}$$

oder

$$\frac{\sigma}{\sigma_S} - 1 = \frac{\dfrac{\sigma_B}{\sigma_S} - 1}{\dfrac{\varepsilon_B}{\varepsilon_S} - 1} \cdot \left(\frac{h}{2z} - 1\right) = \varphi \cdot \left(\frac{h}{2z} - 1\right).$$

ferner als Inhalt der Biegungsfläche

$$F = \frac{1}{2} z \cdot \sigma_S + \frac{1}{2}\left(\frac{h}{z} - z\right) \cdot (\sigma_S + \sigma)$$

$$= \frac{1}{2} \cdot z \cdot \sigma_S \cdot \left[\frac{h}{2z} + \left(1 + \varphi\left(\frac{h}{2z} - 1\right)\right) \cdot \left(\frac{h}{2z} - 1\right)\right],$$

---

[27]) Pfütze, Z. d. B. 1913; Senft, Z. d. B. 1915.

der gleichzusetzen ist dem $\mathfrak{S}$ten Anteil der Dehnungsarbeit $\mathfrak{A}$;

$$F = \frac{\mathfrak{A}}{\mathfrak{S}} \cdot \frac{z \cdot E}{\sigma_S}.$$

Hieraus ergibt sich dann

$$\frac{h}{2z} - 1 = \frac{1}{\varphi} \cdot \left(-1 + \sqrt{1 - \varphi + \frac{2 \cdot \varphi \cdot E \cdot \mathfrak{A}}{\mathfrak{S} \cdot \sigma_S{}^2}} \right).$$

Nun ist das Moment der Biegungsfläche in bezug auf die Nullachse

$$M = \frac{1}{2} \cdot z \cdot \sigma_S \cdot \frac{2}{3} z + \frac{1}{2}\left(\frac{h}{2} - z\right) \cdot (\sigma_S = \sigma) \cdot \left(z + \left(\frac{h}{2} - z\right) \cdot \frac{1}{3} \cdot \frac{2\sigma + \sigma_S}{\sigma + \sigma_S} \right),$$

das gleich dem Moment der gestrichelten Dreieckfläche sein muß:

$$M = \frac{1}{2} \cdot \frac{h}{2} \cdot \sigma_{\text{zul}} \cdot \frac{2}{3} \cdot \frac{h}{2}.$$

Hieraus folgt schließlich

$$\sigma_{\text{zul}} = \sigma_S \cdot \left[\varphi \cdot \frac{h}{2z} + (1 - \varphi) \cdot \left(3 - \frac{6z}{h} - \frac{4z^2}{h^2} \right) \right].$$

Zu beachten ist, daß dies ein rein ideeller Wert ist, der häufig genug größer als die Bruchfestigkeit des Materials ausfällt. Z. B. fand Verfasser an feuchtem Kiefernholz

$$\sigma_S \backsim 390 \text{ at}, \qquad \varepsilon_S \backsim 0{,}0061, \qquad E \backsim 63\,000 \text{ at},$$

$$\sigma_B \backsim 405 \text{ at}. \qquad \varepsilon_B \backsim 0{,}0225.$$

Damit wird $\varphi = 0{,}0144$ und bei $\mathfrak{S} = 2{,}5$facher Sicherheit gegen Bruch $\frac{2z}{h} = 0{,}28$, somit $\sigma_{\text{zul}} = 820$ at.

Selbstverständlich wird nicht jeder von der Drahtseilbahn überschrittene Weg durch eine Schutzbrücke abgedeckt, denn wenig befahrene Feld- und Nebenwege haben den Schutz ebensowenig nötig wie die angrenzenden Äcker. Nur Straßen mit stärkerem Verkehr, der sich nicht von den Zwischenräumen zwischen zwei Drahtseilbahnwagen abhängig machen kann, werden überbrückt, ebenso natürlich alle Eisenbahnstrecken mit Ausnahme selten befahrener Anschlußgleise u. dgl., ferner unter der Drahtseilbahn gelegene Gehöfte oder von ihr in größerer Höhe überschrittene Fabrikhöfe, wenn häufig unter der Bahnstrecke gearbeitet werden muß.

III. Beispiele aus der Anwendung der Drahtseilbahnen.

Die Darlegungen des Abschnittes II geben zwar Aufschluß über die Konstruktionseinzelheiten und ihre Benutzung, vermögen jedoch nicht einen ausreichenden Überblick über die vielgestaltige Verwendung der Drahtseilbahnen zu verschaffen. Deshalb sollen im folgenden Gesamtbeschreibungen von Einzelanlagen zusammengestellt werden, die nach irgendeiner Richtung hin als typische oder hervorragende Beispiele angesehen werden können.

1. Große Gebirgsbahnen.

Die ersten Drahtriesen haben der Erschließung von sonst für Fuhrwerke unzugänglichen Gebirgsstellen gedient (vgl. z. B. Abb. 9), und das

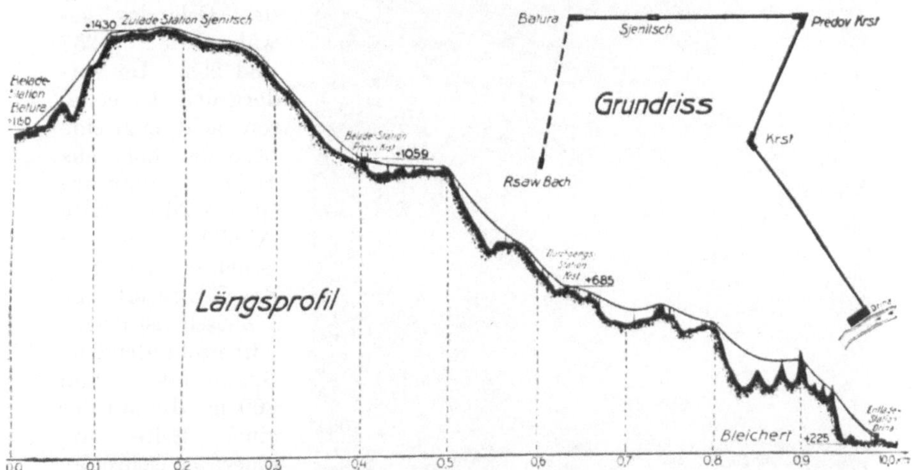

Abb. 256. Längsprofil und Plan der Holztransportbahn Prometna Banka.

ist auch heute noch der Zweck vieler vorhandener und zum Bau kommender Drahtseilbahnen. Naturgemäß können gerade in gebirgigen Gegenden die Verkehrsstraßen — sowohl Eisenbahnen wie Chausseen — nicht ein so dichtes Netz bilden wie etwa in der Ebene und deshalb haben wenigstens die neueren Anlagen der Art gewöhnlich eine recht bedeutende Länge.

So ist z. B. die von A. Bleichert & Co. gebaute **Holztransportbahn der Prometna Banka** in Serbien, die Holzstämme bis zu 18 m Länge und 3000 kg Einzelgewicht befördert, 9,75 km lang. Sie durchzieht ein äußerst schwieriges und anderweitig überhaupt unzugängliches Gebirge, wie das Längsprofil der Abb. 256 deutlich erkennen läßt, dessen Höhen im $2^1/_2$fachen Maßstab der Längen aufgetragen sind. Die drei Beladestationen Batura, Sjenitsch und Predov Krst liegen in einer geraden Linie, die erstere am Fuße eines hohen Gebirgskammes, die zweite auf dem Kamm selbst und die dritte wieder hinter dem Kamm an seinem Fuße. In der letzteren biegt die Seilbahn in einem Winkel von etwa 110° um, jedoch ist auf $^4/_{10}$ der Endstrecke bis zur Entladestation am Drinafluß noch eine Winkelstation Krst eingeschaltet, um günstigere Unterstützungs- und Steigungsverhältnisse zu erzielen. Die Anlage soll später noch eine annähernd rechtwinklige und etwa 2,6 km lange Fortsetzung bis zum Rsawbach erhalten.

Einen Einblick in die Gestaltung des Geländes gewähren die Abb. 257 und 258. Im Vordergrund der ersteren sieht man eine besonders hohe, aus Holz gezimmerte Stütze; die zweite Abbildung zeigt ein Stück einer weiten, das Gebirgstal ohne Zwischenstützen überschreitenden Spannweite von 800 m, die auf der einen Seite von einer so schroffen Bergkuppe begrenzt wird, daß zur Gewinnung eines guten und sicheren Überganges in das dahinterliegende Gefälle ein Tunnel durchgeschlagen werden mußte.

Abb. 257. Hohe Holzstütze der serbischen Bahn.

Wo es angängig ist, legt man das Sägewerk gleich oben im Walde an, um nur verkaufswürdige Lasten und nicht auch den ganzen Abfall mit zu transportieren. Zur Beförderung von Schnittholz, dessen Kanten geschont werden müssen, und das sich viel leichter verschiebt als rohe Stämme, dienen dann Doppelwagen nach Abb. 108, deren Verwendung das Schaubild 259 noch besser klarmacht.

Die Entladestationen solcher Bahnen, die nur Stammholz nach
dem tiefer gelegenen Sägewerk befördern, erhalten gewöhnlich eine
größere Länge, als sonst üblich ist, um die Hölzer nach Art und
Verwendungszweck von vornherein ohne besondere Mehrarbeit auf
dem Platze zu trennen. Die Station wird dann so hoch gelegt,

Abb. 258. Talübergang der serbischen Holztransportbahn.

daß die Stämme nach Lösung von den Seilbahnwagengehängen
mit Hilfe eines daruntergefahrenen Schmalspurwagens (vgl. die
Abb. 173) auf einem schrägen Balkenrost sogleich nach der Lagerstelle rollen bzw. gleiten, wie die Abb. 260 nach einer Bleichertschen Ausführung darstellt. Eine besonders hochgebaute Station
dieser Art, die ausgedehnte Balkenroste für das Abrollen der Stämme

Abb. 259.
Schnittholzdoppelwagen mit Schraubbügeln.

besitzt, zeigt die Abb. 261, ebenfalls nach einer Bleichertschen Ausführung.

Eine ähnliche Anlage, nur von wesentlich größerer Länge, insgesamt 26,3 km, wurde von **Kaiser & Co.** in den Siebenrichter - Waldungen an der Grenze zwischen Ungarn und Rumänien errichtet. Ihr Längsprofil ist bereits in Abb. 87 wiedergegeben worden. Die stündliche Gesamtförderleistung beträgt bei voller Inanspruchnahme 1000 cbm Rundholz, davon werden 400 cbm in der Endstation im Lotrutal aufgegeben, die 1005 m über dem Meeresspiegel liegt. Die nächste Station befindet sich in nur 1,15 km Abstand auf der Furnikahöhe, 375 m über der Ausgangsstation. Dort werden der Bahn auch noch

Abb. 260.   Entladestation einer Rundholztransportbahn.

Stämme zugeführt, und die steigende Strecke I erhält hier ihren Antrieb durch eine Heißdampflokomobile. Dahinter ist ein breites Tal
mit einer Spannweite von 805 m bei 105 m Steigung zu überschreiten
bis zur Antriebs- und Winkelstation Strikatu, die ebenfalls wieder als
Zuladestation dient und wo eine Lokomobile den Antrieb der II. und
III. Teilstrecke bewirkt.

Die folgende Winkelstation Dobrunlac ist nur eine Durchgangs-
station. In der anschließenden längsten Teilstrecke IV findet sich eine
freie Spannweite von 1112 m, der eine starke Steigung von rund 200 m
Höhenunterschied folgt. Von dem Grenzkamm zwischen Ungarn und
Rumänien fällt die Strecke dann wieder um 130 m bis zur Station
Magura-Jidului, in der sich der Antrieb für diese 5,7 km lange Strecke

Abb. 261. Entladestation einer Rundholztransportbahn.

befindet. Auch von hier werden wieder Stämme aus den umliegenden
Waldungen weiterbefördert, und eine 1,3 km lange Zubringestrecke bringt
außerdem Hölzer von der Station Renczco heran. Der Anschluß mußte
so ausgebildet werden, daß die Nebenstrecke über die Hauptstation
Magura hinweggeführt wird, um die etwa in zu großer Menge von dort
einlaufenden Hölzer erst einmal zu lagern. Dabei war auch der Fall
zu berücksichtigen, daß die Nebenstrecke arbeitet, während die Hauptstrecke außer Betrieb ist.

Die nächste Station an der höchsten Stelle der Bahn, 1606 m über dem
Meeresspiegel, ist Bucec. Hier ist wieder eine Lokomobile aufgestellt, die
den Antrieb für die Teilstrecken V—IX übernimmt, soweit für die letztere
bei etwa nur heraufgehenden Lasten, wie Lebensmittel usw., ein Antrieb
nötig ist. Um günstige Bau- und Betriebsverhältnisse für die Bahn zu
erlangen, mußten in die abfallende Strecke noch die Winkelstationen

Panto, Ivan und Bodalu eingeschaltet werden. Die beiden letzteren sind mit kräftigen Wasserdruck-Bremsreglern ausgerüstet. Bemerkt sei, daß die den Antrieb besorgenden Lokomobilen Leistungen von 70 bzw. in

Abb. 262. Winkelstation I der Usambara-Gebirgsbahn.

Bucec 100 PS entwickeln. Die Fördergeschwindigkeit beträgt 2 m/sek. Eine mehrfach auf den letzten Strecken vorkommende Stütze von 40 m Höhe zeigt die Abb. 58. Die Entladestation Riusadului befindet sich 686 m über dem Meeresspiegel.

Eine wegen der Ungunst des Geländes wohl noch schwierigere Anlage der Art ist die von A. Bleichert & Co. gebaute 8,9 km lange Bahn
in Ostafrika, die die Hochfläche des Schummewaldes mit der Usambara-
Eisenbahn verbindet. Diese Hochebene Westusambaras, die sich mit
einzelnen Kuppen bis auf 2500 m über dem Meeresspiegel erhebt, liegt
i. M. etwa auf 2000 m Höhe und ihre Ränder fallen an vielen Stellen
nahezu senkrecht (vgl. Abb. 262) bis in die Massaisteppe ab, die sich auf
ungefähr 500 m Höhe über dem Meeresspiegel ausbreitet. Da dem
Hauptgebirgsstock, durch tiefe Schluchten davon getrennt, noch einzelne niedrigere, wenn auch fast ebenso steile Höhenrücken vorgelagert
sind, so war es äußerst schwierig, sogar eine für die Drahtseilbahn geeignete Linie ausfindig zu machen. Es gelang nur dadurch, daß die

Abb. 263. Steilste Strecke der Usambara-Gebirgsbahn.

Linie zweimal an den steilen Abhängen zweier Bergkegel durch Winkelstationen abgelenkt wurde, für die der geringe erforderliche Platz nur
durch größere Sprengarbeiten zu gewinnen war. So ist schließlich das
bereits in Abb. 89 dargestellte Profil erhalten worden, dessen Höhen
im doppelten Maßstab der Längen aufgetragen sind, und das die bei
der Festlegung der Strecke und dem Bau der Bahn entstandenen
Schwierigkeiten kaum ahnen läßt.

Die Anlage ist zur Zeit die steilste Seilbahn der Welt: Ihr Hauptteil
von dem noch erhöhten Rande der Hochebene bis an die unten in der
Steppe gelegene Eisenbahnstation Mkumbara hat das Gesamtgefälle
1 : 4,8, und unterhalb der ersten Winkelstation befindet sich ein Gefälle
von 41° oder 86%. Die Winkelstation selbst mit dem umgebenden Gebirgs-
gelände ist auf dem Schaubild 262 dargestellt, eine technische Skizze davon
ist die Abb. 189. Von dem anschließenden Streckenteil gibt die Abb. 263

Abb. 264. Größte Spannweite der Usambara-Gebirgsbahn.

ein anschauliches Bild; nach **abwärts** geht gerade ein geschnittener Stamm, nach oben werden Wasserleitungsrohre geschafft. Die größte freie Spannweite der Bahn mußte trotz der geschickten Anordnung der Winkelstationen noch eine Länge von 900 m erhalten, die Abb. 264 wiedergibt. Im Hintergrunde des Bildes erkennt man die untere Winkelstation und oben auf der Höhe die obere; im Vordergrunde erscheint ein Teil der Spannvorrichtung für die Tragseile. Um einen Begriff von den steilen Gebirgsabfällen und der Kühnheit der Linienführung zu erhalten, muß man sich vergegenwärtigen, daß die wagerechte Länge zwischen den Endpunkten der Strecke, soweit diese auf dem Bilde erkennbar ist, noch keine 2 km beträgt bei 710 m, also fast $^3/_4$ km Höhenunterschied von der Spannstation bis zur oberen Winkelstation.

Die Bahn dient einem doppelten Zweck, einmal soll sie die in dem Urwald vorhandenen Zedern- und Podocarpusstämme bis zu 2 t Einzelgewicht unzerlegt zur Eisenbahn ins Tal befördern und dann hat sie Nahrungsmittel und sonstige Waren nach oben zu bringen. Da es nicht vorgesehen wurde, ganz starke Stämme von häufig 2 m Durchmesser am Stammende in einer Ladung zu befördern, so ist von den Eigentümern Wilkins & Wiese am Ausgangspunkt der Seilbahn ein vollständiges, modern eingerichtetes Sägewerk angelegt worden. Später, wenn der Wald mehr und mehr gelichtet sein wird, soll eine ausgedehnte Besiedelung des die günstigsten klimatischen Verhältnisse für Ackerbau und Viehzucht bietenden Geländes stattfinden, und die Bahn wird so das wichtigste Beförderungsmittel für den ganzen Güterverkehr der Gegend und auch für Personen bilden.

Das Zugseil der Anlage ist wegen der großen Länge der Bahn in zwei einzelne Kreisläufe zerlegt worden, die in der unteren Winkelstation II zusammentreffen, aber zwangläufig miteinander verbunden sind, wie Abb. 187 angibt. Die Entladestation in der Ebene der Eisenbahn zeigt die Abb. 265.

Bei reinem Abwärtstransport arbeitet die Bahn selbsttätig und entwickelt einen ziemlich erheblichen Energieüberschuß; da jedoch der oberste Teil der Strecke eine nicht unbedeutende Gegensteigung besitzt (vgl. Abb. 89) und die Aufwärtstransporte mitunter größer sind als die abwärts gehenden, so ist auch maschineller Antrieb durch einen Elektromotor vorgesehen. Weil ja in den Abfallhölzern Brennmaterial im Überfluß zur Verfügung steht, wird die überschüssige Energie durch einen selbsttätigen Bremsregler nach Abb. 206 aufgezehrt.

Während hier wertvolle Hölzer als Ladegut und die Besiedelungsfähigkeit des Hinterlandes den Bau einer solchen außergewöhnlich kühnen Bahnanlage rechtfertigen, hat anderwärts die große Wirtschaftlichkeit der Drahtseilbahnen umfangreiche Anlagen dieser Art in schwierigen Gebirgsgegenden hervorgerufen, selbst wenn es sich um verhältnismäßig billige Fördergüter wie beispielsweise Kohle handelte. So ist in China ein Bleichertsches Drahtseilbahnnetz von insgesamt 23 km Länge erbaut worden, das sich weit in den Gebirgen westlich von Peking verzweigt, um die dort befindlichen Kohlenlager aufzuschließen und die Kohle nach der Station Toli, dem Endpunkt einer Zweigstrecke der chinesischen Zentralbahn zu schaffen. Ein Stück einer Teilstrecke zeigt die Abb. 266, die auch die Unzugänglichkeit des Gebirges gut erkennen läßt. Wie zerklüftet und für jedes andere maschinelle Transportmittel einfach unwegsam es ist, geht noch genauer aus den Profilen der drei Strecken hervor, die die Abb. 91 enthält. Die Höhen sind darin im 4fachen Maßstab der Längen dargestellt. Da die Berge gänzlich von Wald entblößt sind, so wird die ganze Gegend nicht selten durch Stürme

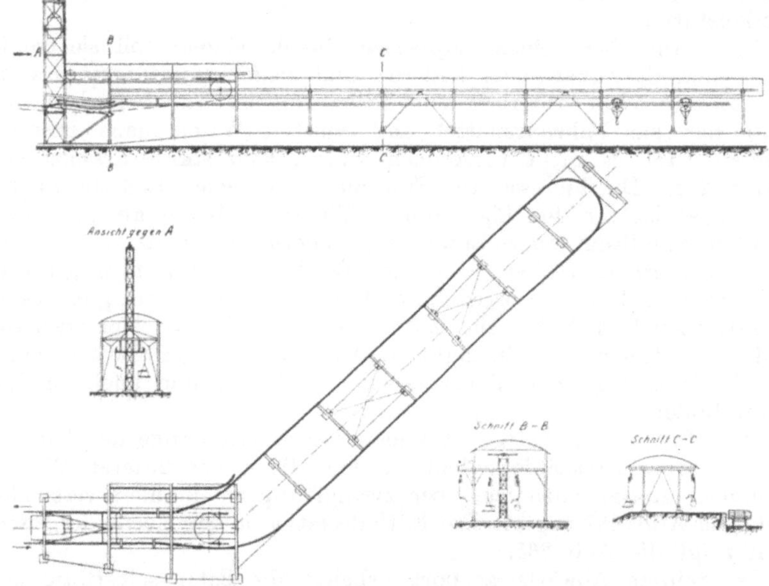

Abb. 265.   Entladestation der Usambarabahn.

in ein einziges Staubmeer gehüllt, wodurch z. B. die Vermessungsarbeiten, die außerdem mitten im harten Winter vorgenommen werden mußten, für die europäischen Ingenieure zeitweise unmöglich gemacht wurden.

Die Ausbeutung dieser Kohlenlager ist schon eine ziemlich alte, freilich erfolgte der Transport bisher auf den Rücken von Eseln und Kamelen, die in langem, endlosem Zug die schmale Straße zu Tal zogen. Jedoch beginnen jetzt die Spediteure, die einflußreiche Gilde der Pekinger Salzkaufleute, den Transport im großen nach europäischer Weise zu betreiben und die Grubenbesitzer zu sachgemäßem Bergbau zu veranlassen.

Die erste große Anlage ähnlicher Art und noch immer die bedeutendste ist die von Bleichert für die Argentinische Republik zur

Erschließung der hoch in den Kordilleren, 4600 m über dem Meeresspiegel, also fast auf der Höhe der Montblanc-Kuppe gelegenen Famatina-Minen im Jahre 1904 vollendete Seilbahn. Schon seit Jahrhunderten wurde in dieser kaum zugänglichen Einöde Kupferbergbau betrieben, dessen Erträgnisse auf schmalen Saumpfaden durch Maultiere zu Tal geschafft werden mußten, was ungefähr 3 Tage in Anspruch nahm und die Tonne Erz um 54 Mark verteuerte. Als die Minen an eine englische Gesellschaft zu scharfer Ausbeutung verpachtet wurden, forderte diese eine gute Bahnverbindung mit der nächsten Stadt Chilecito, bei der Schmelzwerke zur Verhüttung der Erze angelegt werden sollten. Jedoch scheiterten alle vorgeschlagenen Projekte an den Schwierigkeiten des Geländes, und selbst den Amerikanern, die als wagemutige Eisenbahnpioniere bekannt sind, schien die Herstellung einer regelmäßigen, sicheren Verbindung unausführbar, bis man sich entschloß, die deutsche Seilbahntechnik zur Hilfe zu rufen.

Die auf Grund eingehender Geländestudien erbaute 34 km lange Drahtseilbahn schließt sich in Chilecito auf 1080 m Meereshöhe, noch im Gebiet der brennenden Tropensonne, an die Eisenbahn an und steigt anfänglich, in der Ebene sich hinziehend, nur wenig an, bis sie bei Kilometer 9 die erste Zwischenstation erreicht, von denen im ganzen sieben vorhanden sind, die die Bahn in acht miteinander verbundene

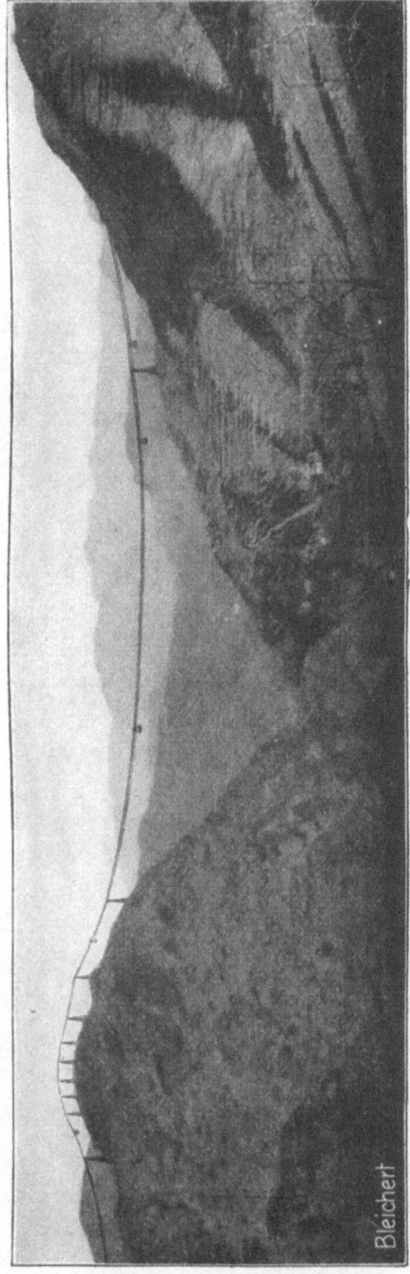

Abb. 266. Streckenbild der Kohlentransportbahn bei Peking.

Abb. 267. Untere Strecke der Kordillerenbahn.

und durch besondere Maschinen angetriebene Teilstrecken zerlegen. Hier beginnt das eigentliche Gebirge (Abb. 267), in dem die Linie dauernd ansteigt, oft im Verhältnis $1:2$, wobei sie zwischenliegende Täler mit Spannweiten von 700 bis 800 m mehrere 100 m über der Talsohle überschreitet, wie das Längsprofil der Anlage (Abb. 268) erkennen läßt. Darin sind die Endstationen mit A, die Zwischen- bzw. Winkelstationen mit C, die Spannvorrichtungen auf der Strecke mit B und die Einschnitte bzw. Tunnels mit E bezeichnet. An zwei Stellen mußte man nämlich, um zu scharfe Bruchpunkte der Seillinie zu vermeiden, entgegenstehende Bergkuppen durchtunneln. Der größere dieser Tunnels hat eine Länge von 275 m, und die

Laufbahn besteht darin aus den S. 80 angeführten Gründen aus Hängebahnschienen, die vermittels einer Eisenkonstruktion an der Decke des Tunnels aufgehängt sind (Abb. 269). Im ganzen besitzt die Bahn 275 Seilstützen, von denen einige die bedeutende Höhe von 50 m aufweisen.

Die Anlage hat nach ihrer Fertigstellung den Erfolg gezeitigt, daß die Fracht für 1000 kg sich bei einer stündlichen Leistung von 40 t auf 5,30 Mark stellt, also auf den zehnten Teil des früheren Betrages. Dabei kann die frühere Jahresförderung von 4000 t jetzt mit Hilfe der Seilbahn in 4 Tagen erledigt werden; letztere hat also die Ausnutzung der Minen ganz riesig gesteigert. Außerdem gestattet die Bahn, die auch während der schlimmsten Schneestürme arbeitet (Abb. 270), das ganze Jahr hindurch zu fördern, während man vorher,

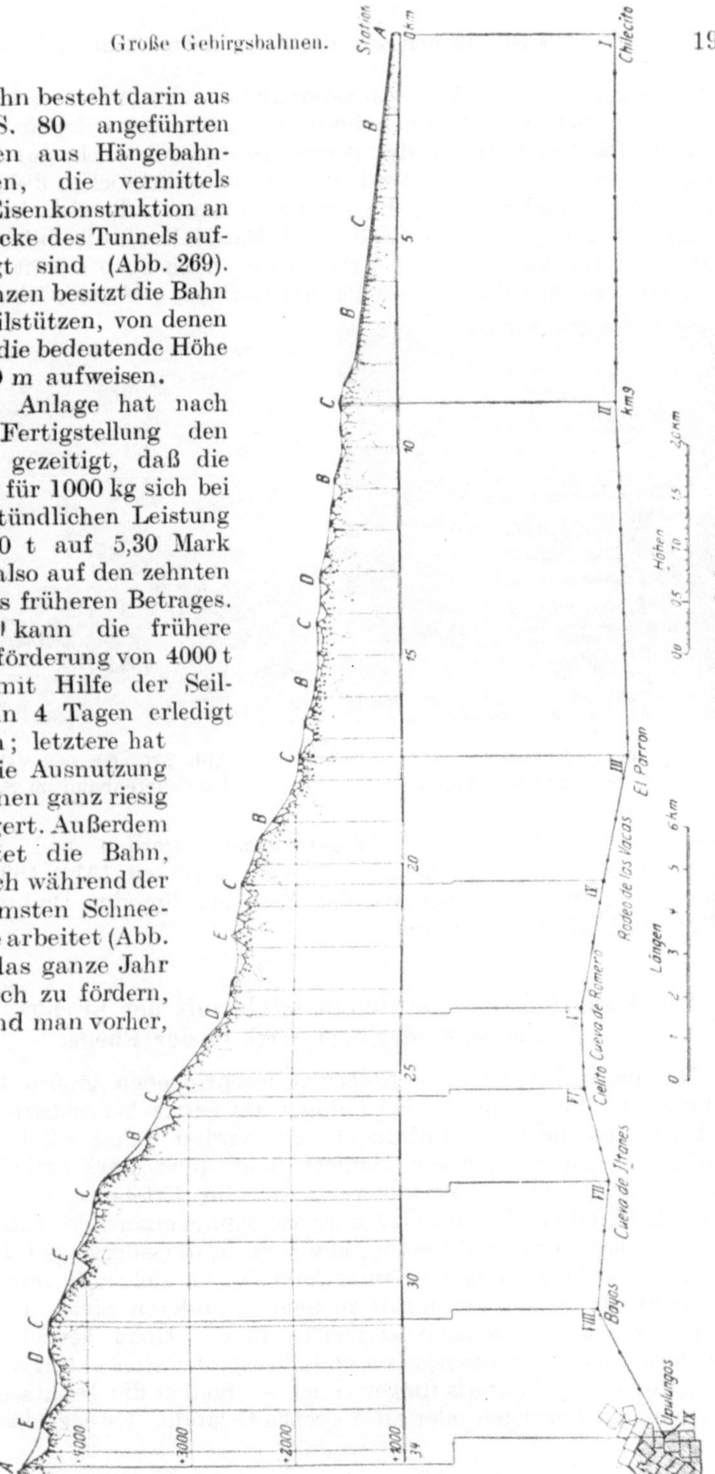

Abb. 268. Längsprofil der Kordillerenbahn.

mit Rücksicht auf die Witterungsverhältnisse, den Frachtverkehr und damit den Betrieb der Minen höchstens 4 Monate aufrecht erhalten konnte. Die Durchhaltung des Bergbaubetriebes ist nicht nur dadurch möglich geworden, daß die Drahtseilbahn ununterbrochen die Erze zu Tal fördert, sondern auch die für den gesamten Betrieb der Minen nötigen Baustoffe, Arbeitsgeräte und Materialien, die Lebensmittel und sogar das Wasser für die Arbeiter usw. nach oben schafft. Ferner vermittelt sie fast den ganzen Personenverkehr auf das Gebirge, für

Abb. 269. Ende einer Tunnelstrecke der Kordillerenbahn.

Abb. 270. Obere Strecke der Kordillerenbahn im Schnee.

den besondere geschlossene Wagen gebaut worden sind, die die Insassen gegen alle Unbilden des Wetters schützen (Abb. 469). Auf diese Weise ist der Wagenpark der Bahn ein für eine Drahtseilbahn selten reichhaltiger geworden.

2. Die Verbindung der Gewinnungsstelle mit der Eisenbahn, dem Wasserwege oder dem Werk in der Ebene.

Die im vorhergehenden Abschnitt beschriebenen großen Gebirgsbahnen erschließen mehr oder weniger das ganze benachbarte Gebiet und ein ausgedehntes Hinterland. Sie werden daher selten für ein einziges Transportgut allein benutzt, wenn auch eines natürlich den größten Anteil an der Verfrachtung hat. Ihr Erfolg ist der, daß die sonst den größten Teil des Gewinnes verschlingenden Förderkosten auf einen geringen Bruchteil herabgesetzt werden, der allerdings infolge der Tilgung und Verzinsung des Anlagekapitales an sich noch immer hoch erscheint, da es im Verhältnis zu dem an anderen Stellen aufzuwendenden durch die Bauschwierigkeiten in die Höhe getrieben wird. Die geringsten Betriebsausgaben und Transportkosten — auf die Tonne des geförderten Materials umgerechnet — ergeben die Drahtseilbahnen in einem nur hügeligen oder auch ebenen Gelände. Es liegt dies daran, daß dort die technischen Schwierigkeiten der Linienführung, der Heranschaffung des gesamten Baumaterials und der Aufstellung fortfallen, ohne daß im übrigen die Bahnen eine geringere Länge zu haben brauchen. So ist z. B. im Wolgagebiet Rußlands eine Drahtseilbahn von mehr als 80 km Länge errichtet worden. Gewöhnlich pflegt die Bahnlänge allerdings kleiner zu sein, weil die betreffenden Gebiete meist von geeigneten Schienen- oder Wasserwegen in dichterem Netz durchzogen sind; am häufigsten liegt sie zwischen 0,2—4 km. Im folgenden sollen nun einige Beispiele solcher Bahnen vorgeführt werden, die an Stellen errichtet wurden, wo auch andere Beförderungsmittel technisch anwendbar waren und die Drahtseilbahn doch wegen ihrer einfachen Anlage und des billigen und bequemen Betriebes vorgezogen wurde.

Eine häufig vorkommende Aufgabe ist die Verbindung von Steinbrüchen oder Tonlagern u. dgl. mit der nächstgelegenen Eisenbahnstation. Die Steinbrüche pflegen vielfach an einem Abhang zu liegen, während die Eisenbahn in einiger Entfernung davon durch die Täler oder die vorgelagerte Ebene geht. In dem Fall ist die Drahtseilbahn entschieden von vornherein das vorteilhafteste Beförderungsmittel, insofern, als sie oft von selbst läuft, ohne Energiezufuhr durch einen Motor, da die beladenen Wagen die leichteren leeren Wagen wieder zur Beladestelle zurückziehen.

Die Abb. 79 zeigte schon das Längsprofil einer solchen, seit einer Reihe von Jahren immer gleichmäßig arbeitenden Anlage, die zum Transport von Porphyr-Bruchsteinen in Dossenheim bei Heidelberg gebaut worden ist. Der an der „Bergstraße" gelegene Steinbruch zerfällt in mehrere Galerien, die sich in etwa 130—180 m Höhe über der Rheinebene befinden. Die dort abgesprengten und grob von Hand zerkleinerten Steine werden in jeder Galerie auf Kippwagen zu einer Siloanlage gebracht und in die durch Abb. 271 veranschaulichten einzelnen Abteilungen derselben abgestürzt. Den Silos entnimmt die Bleichertsche Drahtseilbahn von insgesamt 620 m Länge die Bruchsteine und schafft sie nach den an der Eisenbahn und Landstraße stehenden Brechern, von wo das fertige Chausseematerial verladen wird.

Bei dem Höhenunterschied von etwa 100 m zwischen Beladestation und der Beschickbühne der Steinbrecher und dem fast gleichmäßig abfallenden Gelände wäre auch noch die Anlage eines Bremsberges möglich gewesen, wie er in Tonwerken besonders häufig vorkommt, wobei die weitere Verbindung durch eine Schmalspurbahn herzustellen gewesen wäre. Dann hätte man aber am Brechwerk noch Elevatoren aufstellen müssen, die die Bruchsteine vom Erdboden aus auf die Höhe der Einwurftrichter der Steinbrecher förderten. Dazu wäre als weiterer besonderer Nachteil der größere Raumbedarf der Bremsberganlage und Schmalspurbahn getreten, der gerade im vorliegenden Falle, wo zur Zeit des Baues das Quadratmeter des dortigen vorzüglichen Ackerbodens mit etwa 3 Mark bewertet wurde, recht erhebliche Grunderwerbskosten verursacht hätte. Außerdem hätte die Überschreitung der vorhandenen Verkehrswege ohne Störung des beiderseitigen Betriebes nur mit einer

Abb. 271. Siloanlage und Beladestation in Dossenheim.

bedeutenden Erhöhung der Anlage- bzw. Betriebskosten bewerkstelligt
werden können.

Der mit der höchsten Galerie des Porphyrbruches in Verbindung
stehende Silo ersetzt seinerseits wieder einen Bremsberg von etwa
60 m Förderhöhe und gewährleistet vor allen Dingen eine vollkommen
gleichmäßige, von den selbstverständlichen Unregelmäßigkeiten des
Steinbruchbetriebes unabhängige Materialentnahme. Die Kuppelstation der Seilbahn ist davon mit Rücksicht auf besondere örtliche
Verhältnisse etwa 40 m entfernt, und man hat nun die Kuppelstelle
der leer ankommenden Wagen höher angeordnet als die der abgehenden
vollen, derart, daß die ersteren von der Einlaufstelle aus dem Füllort
mit Gefälle zulaufen und umgekehrt die vollen wieder von selbst im
gleichen Gefälle nach der Kuppelstelle zurückkehren. In der Entladestation entkuppeln sich die Wagen selbsttätig und laufen den Füll-
trichtern der verschiedenen Steinbrecher oder den beiden dort an-

Abb. 272. Flußübergang der Drahtseilbahn Itzehoe.

geordneten Silos für rohe Bruchsteine zu. Die entsprechenden
Weichen werden von den die Steinbrecher bzw. Silos bedienenden
Arbeitern, die von ihrem Platze die Art des im herankommenden
Wagen enthaltenen Materials frühzeitig genug erkennen können, von
dort aus durch dünne Zugseile eingestellt. Für die unmittelbare Bedienung der Seilbahn sind also nur zwei Mann, in jeder Kuppelstation
einer, erforderlich.

Außerordentlich kennzeichnend ist auch die von A. Bleichert & Co.
erbaute Drahtseilbahn der Portlandzementfabrik Alsen bei Itzehoe,
weil sie eine der längsten in der Ebene gebauten Seilbahnen ist und
außer verschiedenen Feldwegen und öffentlichen Straßen ein schiff-
barer Fluß, der Stör, überschritten werden mußte. Da gefordert
war, daß die Schiffe mit ihren hohen Masten ungehindert unter der
Drahtseilbahn durchfahren sollten, war es nötig, die Stützen auf
beiden Ufern des Flusses so hoch auszuführen, daß das Zugseil, welches infolge seiner geringen Spannung wesentlich mehr durchhängt als
das Tragseil, im ungünstigsten Falle noch immer 46 m über dem Wasser
frei läßt. Das erforderte eine Höhe der Stützen von 52 m, die Abb. 272

im Gelände zeigt. Naturgemäß verteuern derartige außergewöhnlich hohe Stützen die Anlage etwas, jedoch wäre jede andere Transportvorrichtung, z. B. eine durch Dampfkraft oder elektrisch betriebene Schmalspurbahn, wegen der erforderlichen Grunderwerbskosten und des Umweges über die nächstgelegene Straßenbrücke von vornherein unlohnend gewesen, abgesehen davon, daß die unmittelbaren Betriebskosten einer Drahtseilbahn wegen ihres selbsttätigen Arbeitens verschwindend gering sind gegenüber denen einer Schmalspurbahn.

Der Zweck der Drahtseilbahn ist die Verbindung eines mächtigen Tonlagers mit der zur Zementfabrik führenden Nebenbahn. Jedoch ist die Schwebebahn nicht bis in die Grube hineingeführt, sondern schließt sich an eine doppelte Seilförderanlage an, die die Schmalspurwagen aus der Grube hinauf zur Seilbahnstation bringt

Abb. 273. Seilförderanlage für die Drahtseilbahn Itzehoe.

(Abb. 273). Die leichten Schmalspurgleise und auch die ganze Seilförderanlage können nötigenfalls einfacher von einem Punkt, der abgebaut ist, nach einer anderen Stelle umgelegt werden als die Hängebahnen oder die Endstation der Drahtseilbahn, die feste Tragkonstruktionen braucht, um die schweren und stark angespannten Tragseile zu halten. Aus dem gleichen Grunde werden oft Schienenseilbahnen als Zubringer zur Drahtseilbahn benutzt (vgl. Abb. 282).

Die leer auf der Drahtseilbahn zurückkommenden Wagenkasten werden aus dem Gehänge herausgehoben und in der bei Abb. 162 beschriebenen Weise auf Unterwagen abgesetzt. Es ist dies die übliche Verbindung einer Schmalspurbahn mit einer Drahtseilbahn. Die Arbeiter erlangen sehr bald eine große Geschicklichkeit im An- und Abhängen der Kasten, so daß auch diese Arbeit von einigen wenigen Leuten ausgeführt wird.

Die Entladestation der Anlage ist ein langgestreckter, hochliegender Bau, den die Abb. 274 darstellt. An seinem Eingang lösen sich die

Abb. 274. Entladestation der Drahtseilbahn Itzehoe.

Abb. 275. Übergang der Drahtseilbahn Dombasle über das Flußtal.

Wagen selbsttätig vom Zugseil, worauf sie von Hand bis an die Rutschen geschoben werden, auf denen das Material in die bereitstehenden Kleinbahnwagen fällt.

Eine ähnliche, wenn auch nur kurze Bahn von 575 m Länge ist die ebenfalls von Bleichert gelieferte der Solvaywerke in Dombasle an der Meurthe, die stündlich 200 t Kalksteine vom Steinbruch nach dem Fluß zu fördern hat, wo die Entladung in Kähne erfolgt. Einen Teil der Strecke zeigt die Abb. 275. Sie überschreitet das Flußtal und den daneben liegenden Kanal auf einer Reihe eiserner Stützen, deren Fundamente so hoch aufgebaut sind, daß sie bei Überschwemmungen noch immer aus der Flut emporragen. Auch wird eine im Tal entlanglaufende Eisenbahnlinie überschritten, die durch eine hohe, gleichzeitig als Doppelstütze ausgebildete Schutzbrücke gegen etwa herabfallende Teile der Last gesichert ist. Die Bahn geht am Ende auf einer festen Brücke über den Fluß und Kanal hinweg und biegt dann im rechten Winkel ab, um so die sich am

Abb. 276. Entladestation der Drahtseilbahn Dombasle.

Ufer entlangziehende Stapelanlage zu bestreichen (Abb. 276). Die Wagen umfahren sowohl die Ablenkungsscheibe der Winkelstation als auch die Endumführungsscheibe ohne Lösung vom Zugseil, so daß an der Entladestelle nur ein Mann gebraucht wird, der von Zeit zu Zeit den Anschlag versetzt, der die Wagen über den Silos selbsttätig zum Auskippen bringt. Als Transportgefäße dienen hier vollständige Förderwagen, die auch in der durch Abb. 162 veranschaulichten Weise in die Seilbahngehänge eingehängt werden und deren Inhalt 1000 kg beträgt. Sie folgen sich bei der großen Stundenleistung der Bahn in Zeitabschnitten von i. M. 18 Sekunden oder, da die Zugseilgeschwindigkeit 1,25 m/sek beträgt, in 22,5 m Abstand.

In den beiden vorbesprochenen Fällen bildet die Drahtseilbahn nur ein Glied des ganzen Transportsystems, indem sie die Lagerstelle des Materials mit der Eisenbahn oder dem Fluß verbindet, während die Fernverkehrswege den Weitertransport zum Werk übernehmen. Wenn möglich, wird man suchen, diesen Zwischentransport mit der Eisenbahn oder zu Schiff zu vermeiden, und wird das Werk entweder an den Endpunkt der Drahtseilbahn legen, die Eisenbahn also nur für den Abtransport der fertigen Erzeugnisse benutzen oder aber das Werk am Lagerort des Rohmaterials errichten und die Produkte mit der Drahtseilbahn zur Eisenbahnstation schaffen. Da man die Fertigfabrikate, die oft eine sorgfältige Verpackung erfordern, ungern mehr als nötig umladet, ist die erstgenannte Anordnung die häufigere, wenigstens bei Neuanlagen.

Die Drahtseilbahn erweist sich oft auch dann noch als vorteilhafter wie andere Transportmittel, wenn die Grube schon dicht bei der Eisenbahn bzw. dem Werk liegt, wie es z. B. bei den Säch-

Abb. 277. Beladestation der Drahtseilbahn in Liebertwolkwitz.

sischen Tonsteinwerken in Liebertwolkwitz der Fall ist, deren Bleichertsche Bahn nur eine Länge von 200 m besitzt. Das Tonlager erstreckt sich hier bei geringer Breite über eine ganz beträchtliche Länge in gerader Richtung, und die ziemlich schnell ab- und wieder aufzubauende Beladestation der Seilbahn (Abb. 277) wird von Zeit zu Zeit, dem fortschreitenden Abbau folgend, nach hinten zurückgezogen. Jede andere Transportvorrichtung würde den Ton unten in der Fabrik abgeben, und es wären noch Aufzüge bzw. Elevatoren nötig, um ihn nach den Aufgabetrichtern der Verarbeitungsmaschinen zu schaffen. Die Seilbahn mündet dagegen ungezwungen oben in das Fabrikgebäude ein (Abb. 278), und in dieser zweckmäßigsten und zugleich einfachsten Zubringung des Transportgutes liegt gerade bei kurzer Bahnlänge ihr wesentlichster Vorteil.

Abb. 278.
Einmündung der Drahtseilbahn Liebertwolkwitz in das Fabrikgebäude.

Eine' nach anderer Richtung beachtenswerte Anlage ist die der Hüttenroder Kalkwerke bei Blankenburg am Harz. Hier war zunächst zu entscheiden, ob man das Werk an den 4 km von der Eisenbahnstrecke Blankenburg—Rübeland entfernten Steinbruch oder an die Station Hüttenrode legen sollte. Man entschloß sich zu dem letzteren Platz, weil sich dadurch auch für die ankommenden Güter, wie Baumaterialien und Kohlen die geringsten Frachtkosten ergaben. Und gerade der letztere Umstand pflegt bei Neuanlagen von Fabriken oft entscheidend zu sein, wenn größere Mengen von Kohlen oder Rohstoffen mit der Eisenbahn ankommen. Ursprünglich hatte man die Absicht, zur Zubringung der Kalksteine nach der Fabrik eine Schmalspurbahn zu bauen, kam jedoch davon ab, weil die Linie über eine freiliegende, unwirtliche Hochebene führt und daher im Winter häufigen

Abb. 279.   Winkelstation und Streckenbild der Bahn Hüttenrode.

Betriebsstörungen durch Schneeverwehungen und Rauhreif ausgesetzt gewesen wäre. Auch stellte sich bei genauer Durchprüfung heraus, daß eine Schmalspurbahn im Betrieb teurer gewesen wäre als die schließlich von A. Bleichert & Co. errichtete Drahtseilbahn, deren stündliche Förderleistung 75 t beträgt.

Der im Steinbruch gewonnene Kalkstein wird in den Drahtseilbahnwagenkästen auf untergesetzten Unterwagen bis an die Beladestelle der Seilbahn gebracht, wo die Kästen in der üblichen Weise in die Gehänge eingehängt werden. Das Profil und den Lageplan der Seilbahn gibt die Abb. 86 wieder. Infolge von Schwierigkeiten, die von einigen Grundstücksbesitzern gemacht wurden, war es nicht möglich, die Seilbahnlinie in gerader Richtung zwischen Steinbruch und Werk zu ziehen, vielmehr mußte in der Mitte der Strecke die in Abb. 279 abgebildete Winkelstation eingeschaltet werden, die zwar die Anlagekosten etwas erhöhte, aber den Betrieb in keiner

Weise verteuert oder erschwert, da sie von den Wagen ganz selbsttätig am Zugseil durchfahren wird. Die Drahtseile sind in der
Winkelstation abgespannt und durch Hängebahnschienen ersetzt,
während das Zugseil über zwei Batterien wagerecht liegender Führungsrollen, sowohl auf der Voll- wie auf der Leerseite, allmählich
aus der neuen Richtung in die andere übergeführt wird. Die ganze
Anordnung geht aus der technischen Darstellung der Abb. 280 deutlich hervor.

In die Endstation bei der Ziegelei mündet die Seilbahn ziemlich
hoch ein (Abb. 281); ihr Antrieb erfolgt dort von einer Lokomobile
aus vermittels zweier Riemenvorgelege und einer Zahnradübersetzung.
An die Station schließen sich ausgedehnte Hängebahnstrecken an,
auf denen die vom Zugseil bereits vor der Antriebsstelle gelösten
Wagen von Hand bis zu einer der drei Niederlaßvorrichtungen A_1,
A_2, A_3 geschoben werden. In diesen Doppelaufzügen gehen die

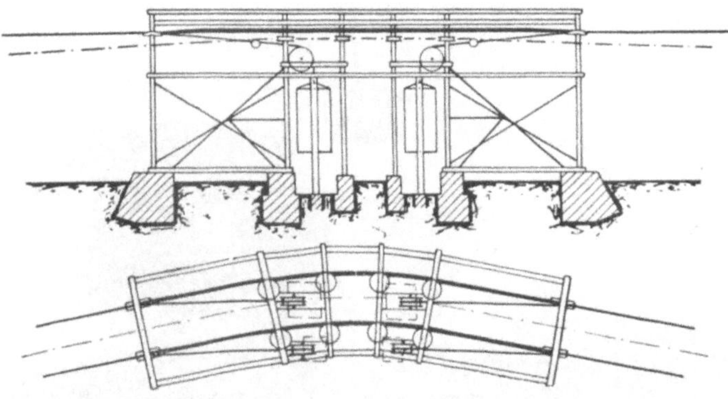

Abb. 280. Anordnung der Winkelstation Hüttenrode.

vollen Wagen abwärts und die leeren aufwärts; infolgedessen arbeiten
sie ohne Antriebsmotor, denn der herabgehende volle Wagen zieht
den unten auf die Gegenschale geschobenen leeren von selbst in die
Höhe. Es ist nur ein Bremsgetriebe nötig, um die Geschwindigkeit
in angemessenen Grenzen zu halten und die Förderschalen rechtzeitig
still zu setzen.

Im unteren Stockwerk gelangt der Wagen auf eine kurze Gleis-
schleife, wo sein Kasten mit Hilfe geneigter Gleise auf Unterwagen
gesetzt wird, die den Kalkstein auf den Schmalspurgleisen nach den
Ringöfen befördern. In das hochgelegene Hängebahngerüst sind
noch einige Füllrümpfe eingebaut, in die die Hängebahnkasten ausgekippt werden können und aus denen die Verladung in Landfuhrwerke bzw. bei R_1 und R_2 in Eisenbahnwagen stattfindet. Die
umfangreiche Hängebahnanlage mit ihren Bremsaufzügen ist errichtet worden, um das in Abb. 281 angedeutete Lager bequem
beschütten zu können, so daß der Ringofenbetrieb sowohl wie die

Verladung von dem Steinbruch gänzlich unabhängig geworden ist und dieser wieder von der Abnahme des gewonnenen Materials durch die Öfen.

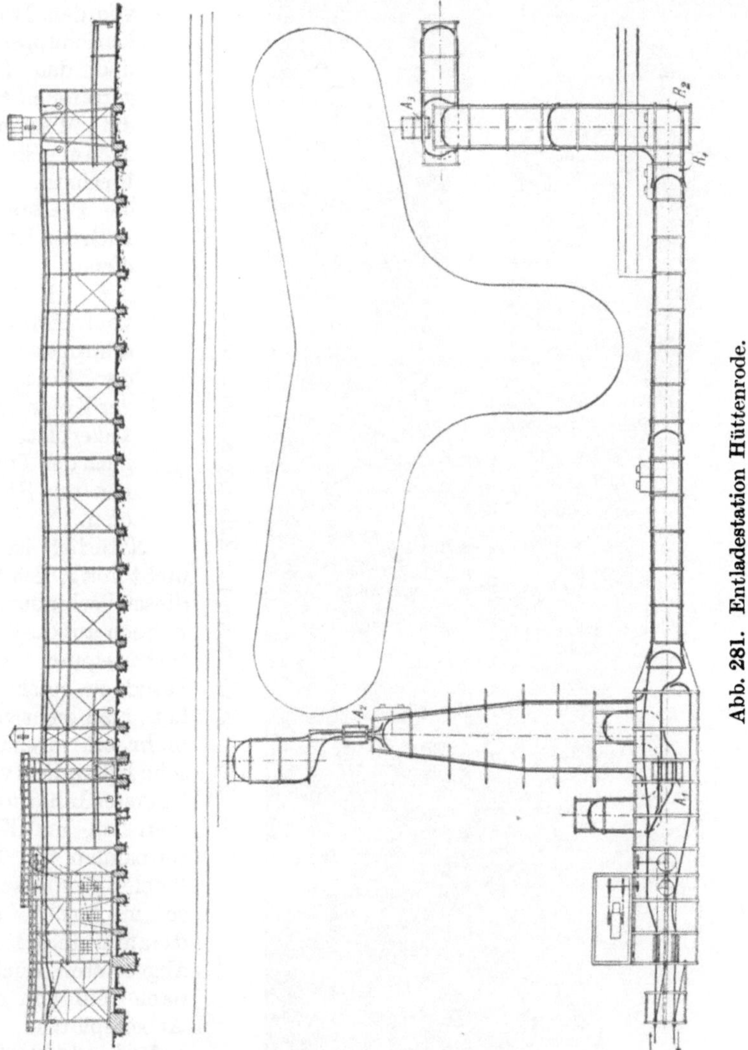

Abb. 281. Entladestation Hüttenrode.

Noch weit ausgedehntere Anschluß - Hängebahnen finden sich bei anderen Anlagen, um das Fördergut unmittelbar zu den Verbrauchsstellen zu bringen. Das ist beispielsweise der Fall in der Stuttgarter Zementfabrik in Schelklingen. Außer verschiedenen Bleichertschen Drahtseilbahnen besitzt das Werk ein weit verzweigtes

Abb. 282. Beladestation mit Zubringe-Kettenförderanlage.

Hängebahnnetz für die folgenden Förderungen:

1. der Rohsteine von den Trokkenschuppen und den Lagerräumen für die Mischung nach den Steinbrechern,
2. der Preßsteine nach den Ringöfen,
3. der Klinker vom Klinkerschuppen nach der Mühle,
4. der Kohle vom Lagerplatz nach den Trokken- und Ringöfen.

Natürlich ist es nicht nötig, sich bei diesen Verbindungsbahnen auf die Weiterbewegung von Hand zu beschränken, man zieht vielmehr oft mechanische Hilfsmittel vor. In erster Linie kommen Seil- und Kettenbahnen in Betracht, beispielsweise im Bruch, um die auf Untergestelle abgesetzten Kasten nach und von den Arbeitsplätzen zu befördern (Abb. 282), oder in Bergwerken, um die Wagen vom Schacht zur Drahtseilbahnstation zu schaffen (Abb. 283). Eine eigenartige

Anlage ist ein Drahtseilbahn-Bremsberg als Zubringer der Hauptbahn, den die Abb. 284 nach einer Ausführung von Carstens & Fabian veranschaulicht.

Aber auch die Hängebahnen lassen sich in einfacher Weise mit Hilfe eines ständig umlaufenden Zugseiles betreiben, besonders wenn keine erheblichen Neigungen zu befahren sind. Es genügt dann schon zur Kupplung mit dem Zugseil die einfache Gabel, und eine solche Hängebahn mit selbsttätiger Kurvenumführung zum Kohlentransport für ein Kalkwerk zeigt z. B. die Abb. 285 nach einer Ausführung von Carstens & Fabian.

Nicht selten werden aber auch besondere Drahtseilbahnen angelegt, um das Material auf die Lagerplätze zu stürzen. Falls die

Abb. 283. Zubringekettenbahn für eine Zeche.

Hauptbahn in erheblichem Gefälle arbeitet, läßt sich die durch die abwärtsgehende Ladung erzeugte überschüssige Kraft zum Antrieb dieser Verteilanlagen vorteilhaft ausnutzen, wie es zum Beispiel bei der Zementfabrik Labatlan in Ungarn geschieht. Längsprofil und Lageplan dieser von A. Bleichert & Co. erbauten Anlage sind in der Abb. 286 wiedergegeben. Die nahezu $3^1/_2$ km lange Hauptstrecke verbindet den älteren, zuerst in Angriff genommenen Kalksteinbruch mit einer Zentralstation auf dem Fabrikhofe. An die Beladestation des unteren Steinbruches schließt sich eine Zweigbahn von 240 m Länge an, die zu einem rund 100 m höher gelegenen Steinbruch führt, dessen Endstation die Abb. 287 darstellt. Von der Zentralstation in der Fabrik zweigen zwei Entladestrecken von je 115 m Länge ab, auf welchen die Wagen während der Fahrt selbsttätig

14*

Abb. 284. Drahtseilbahn-Bremsberg.

Abb. 285. Hängebahn mit Seilbetrieb und Gabelkuppelung.

ausgekippt werden (Abb. 288), indem beliebig verstellbare Anschläge die entsprechend verlängerte Festhaltung des Wagenkastens umlegen. Die Umführungsseilscheiben am Ende der Abzweigstrecken werden von den Wagen, ohne jede Bedienung durch Menschenhand, am Zugseil umfahren, so daß nur in der Zentralstation Bedienungsmannschaft gebraucht wird.

Die überschüssige Energie der schweren abwärtsgehenden Lasten der Abzweigbahn für den oberen Steinbruch wird durch Bremsen vernichtet. Da auch die Hauptbahn beträchtliches Gefälle hat, wird ein Teil der hier freiwerdenden Energie zum Antrieb der beiden Zweigstrecken in der Fabrik benutzt, indem die Hauptseilscheiben der Zweigstrecken durch eine Wellenleitung mit der Endseilscheibe der Hauptbahn verbunden sind. Außerdem ist noch ein Motor vorgesehen, der dann in Tätigkeit tritt, wenn die Förderleistung der Hauptstrecke aus irgendeinem Grunde bedeutend verringert wird.

In vollkommenster Weise läßt sich die Verteilung des Materials bis zu den einzelnen Arbeitsstätten durchführen, wenn das Laufwerk der Wagen außer der Seilklemme noch mit einem Elektromotor versehen ist, der die Fortbewegung des Wagens auf den beliebig verzweigten Hängebahnstrecken des Werkes übernimmt. Diese Vereinigung von Seil- und elektrischem Antrieb ist eine Erfindung der Firma Bleichert & Co. (Oberingenieur Müller), der überhaupt die

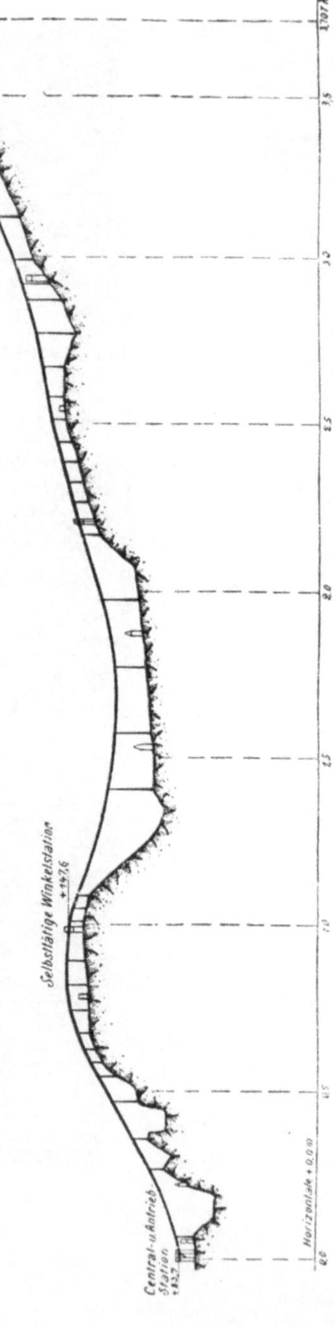

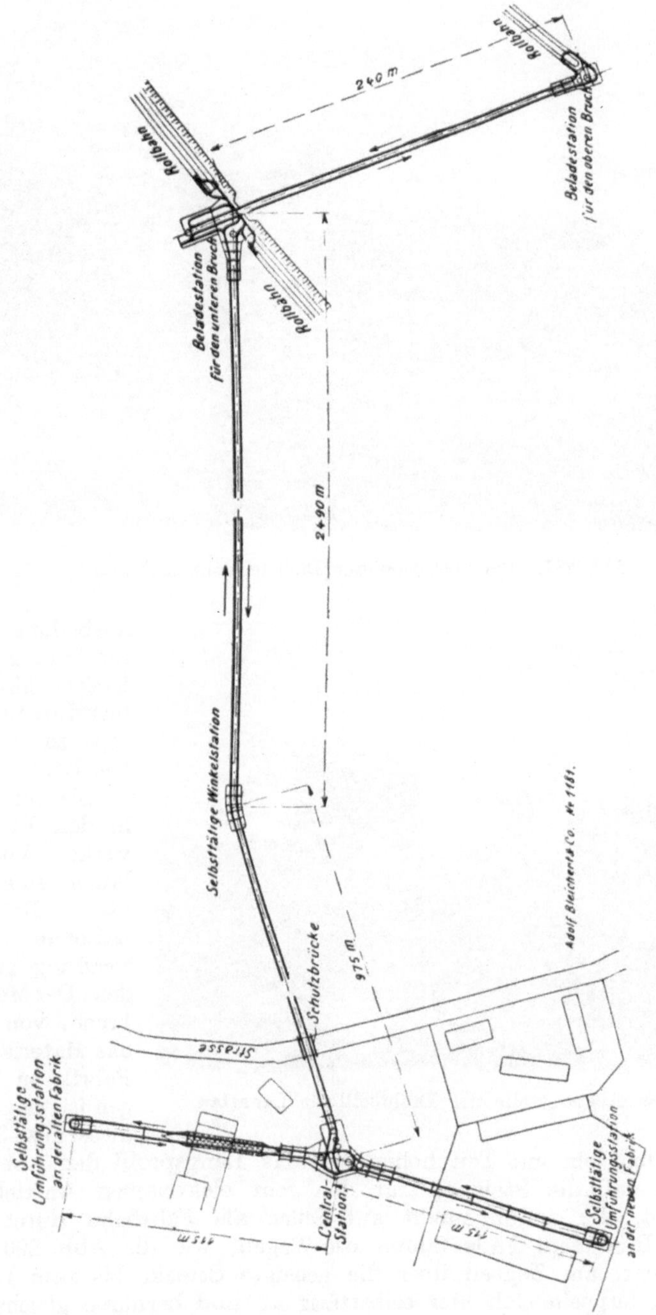

Abb. 286. Längsprofil und Lageplan der Drahtseilbahn Labatlan.

Abb. 287. Beladestation der Drahtseilbahn Labatlan.

Abb. 288. Absturzstelle der Drahtseilbahn Labatlan.

Ausbildung und Einführung der Elektrohängebahnen in Europa zu verdanken ist.

Sie hat z. B. in den Eternitwerken Vöcklabruck eine für viele Betriebe passende Verwendung gefunden: Der Mergelbruch, von dem das Material zur Fabrik zu bringen ist, liegt von dieser etwa 300 m entfernt und ein gut Teil höher, wie das Längsprofil der Abb. 289 zeigt, so daß die Steigung für den rein elektrischen Antrieb zu groß wird, der zudem nicht auf Seilen als Fahrbahn durchführbar ist. In diesem Falle fahren die Wagen, wie die Abb. 290 veranschaulicht, am Zugseil über die geneigte Strecke bis zum Lagerschuppen, kuppeln sich hier selbsttätig ab und berühren gleichzeitig mit dem Gleitbügel die Stromleitung, worauf sie elektrisch betrieben

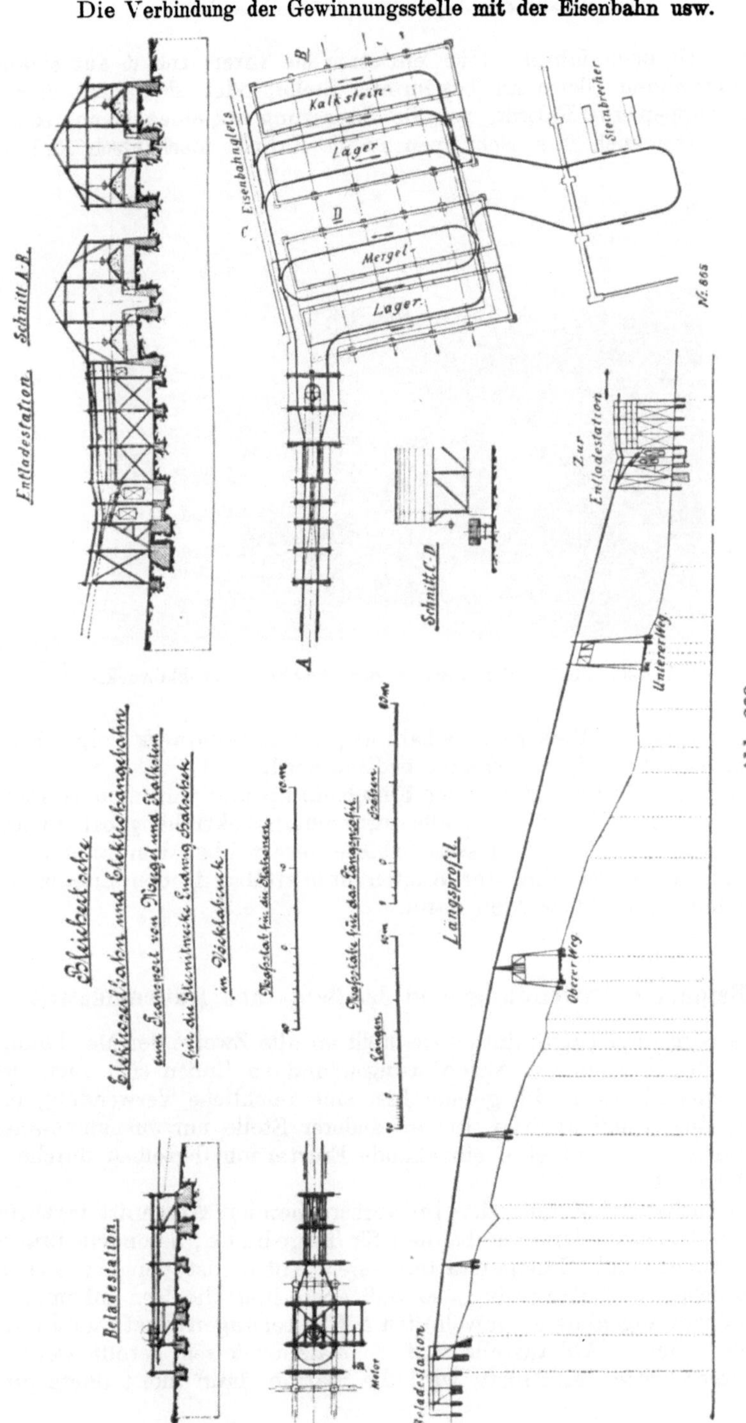

Entladestation. Schnitt A-B.
Kalkstein-
Lager
Mergel
Lager.
Eisenbahngleis
Steinbrecher
Schnitt C-D.
Zur Entladestation
Untererweg
Oberweg
Langsprofil.
Beladestation.
Motor
Skizze
Elektrozeilbahn und Elektrohängebahn
Beladestation.
Nr. 865

Abb. 289.

in den Schuppen fahren. Hier entleeren sie ihren Inhalt auf einem der verzweigten Gleise an bestimmter Stelle, oder sie fahren durch den Schuppen zur Fabrik, wo die Entleerung in einen Steinbrecher erfolgt. Um auch vom Schuppen in die Fabrik mechanisch fördern

Abb. 290. Beginn der ansteigenden Strecke in Vöcklabruck.

zu können, ist ein Elektrohängebahnwagen mit Windwerk vorgesehen, der von einem einzigen Arbeiter bedient wird.

Der Kalkstein kommt mit der Eisenbahn an und wird zum Vorratsschuppen oder zur Fabrik ebenfalls durch einen Elektrohängebahnwagen mit Windwerk befördert, dessen Schiene derart über dem Eisenbahngleis angebracht ist, daß der Kasten unmittelbar in den Eisenbahnwagen hineingesenkt werden kann.

3. Besondere Anwendungen in der Berg- und Hüttenindustrie.

Die Berg- und Hüttenindustrie stellt an alle Zweige der Maschinentechnik ihre besonderen Anforderungen und so finden sich auch bei den Drahtseilbahnen, die gerade hier eine reichliche Verwendung erfahren, Eigentümlichkeiten, die an anderer Stelle nur ausnahmsweise wiederkehren, so daß eine eingehende Erörterung derselben durchaus am Platze ist.

Am nächsten kommen den im vorhergehenden Abschnitt beschriebenen Anlagen die Drahtseilbahnen für Tagebaue, besonders Braunkohlengruben und Erzlagerstätten. Der Abbau ist derselbe wie in Steinbrüchen und Tongruben, so daß auch hier die leer ankommenden Seilbahnwagenkästen gewöhnlich auf Unterwagen gesetzt und nach der eigentlichen Abbaustelle auf Schmalspurgleisen gerollt werden. Bei vorgeschrittenem Abbau wird die Station dann meist durch eine anschließende Hängebahn verlängert, wie z. B. die Abb. 291 erkennen läßt, die ein schon weit abgebautes Braunkohlenfeld mit einer Bleichertschen Drahtseilbahn zeigt.

Allerdings besteht gewöhnlich der Unterschied, daß die Fördermenge erheblich größer ist als die von Steinbrüchen u. dgl.; so ist die dargestellte Anlage für eine Leistung von 143 Wagen in der Stunde mit je 7 hl Inhalt gebaut. Die stündliche Fördermenge beträgt somit mindestens 100 cbm Braunkohle. Häufig wird diese Förderung noch um ein gut Teil überschritten, so daß täglich bei Tag- und Nachtschicht bis 2000 t über die Strecke gehen.

Eine der bemerkenswertesten Drahtseilbahnanlagen in bezug auf die tonnenkilometrische Leistung ist die ebenfalls von A. Bleichert & Co. errichtete der Orconera Iron

Abb. 291. Drahtseilbahn mit Hängebahnanschluß in einer Braunkohlengrube.

Ore Co. im Eisenerzbezirk Biscayas. Während man dort früher nur die Lager reicher Erze abbaute, ist man jetzt dazu übergegangen, auch die umfangreichen ärmeren Lager zu verwerten, deren Erz durch einen Waschprozeß angereichert werden muß. Da es große Schwierigkeiten machte, das zum Waschbetrieb erforderliche Wasser

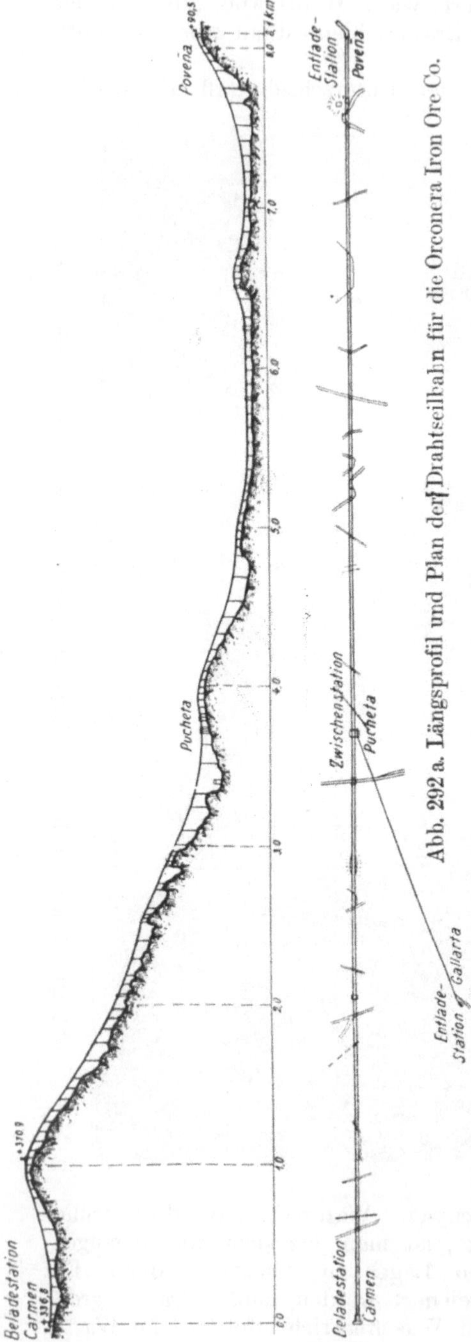

Abb. 292 a. Längsprofil und Plan der Drahtseilbahn für die Orconera Iron Ore Co.

bis zum Erzfeld Carmen zu bringen und von dort wieder abzuführen, so entschloß man sich, die mit Lehm, Ton usw. versetzten Erze erst einmal über eine Entfernung von 8,1 km bis zu einem Hügel in der Nähe der Meeresküste bei Povena zu transportieren. Dort, wo die Wasserzu- und -abführung leichter zu bewerkstelligen war, wird das Fördergut gewaschen und darauf das angereicherte Erz wieder zurück zu einer Zwischenstation Pucheta geschafft. Von hier aus erfolgt die Beförderung vermittels einer Zweigbahn nach der Station Gallarta der der Gesellschaft gehörigen Eisenbahnlinie zur Verfrachtung. Diese Drahtseilbahn wurde auf der Hauptstrecke als Doppelbahn ausgebildet. Ihr Längsprofil und den Lageplan zeigt die Abb. 292a, ferner ist die Anordnung der drei Stationen in Abb. 292b wiedergegeben.

Bei der Beladestation Carmen befindet sich eine große Füllrumpfanlage, vor deren Auslaufschurren. sich ein Hängebahnstrang entlangzieht, auf dem die Seilbahnwagen beider Linien durch Öffnung der Füllrumpfverschlüsse beladen werden. Die Wagen werden dann an das Zugseil angekuppelt, fahren daran durch die Zwischenstation Pucheta hindurch und werden in der Entladestation Povena von einer Absturzbrücke auf das Lager entleert. Dieses ist mit mäßig geneigter Sohle angelegt, so daß das Material den darunterstehenden Trommeln der Wäsche allein infolge seines

Eigengewichtes zurutscht. Ein der Absturzbrücke parallellaufender Gurtförderer sammelt nachher das gewaschene Erz wieder und führt es zu zwei weiteren, im Zickzack angeordneten Förderbändern, die es um ungefähr 30 m anheben und in einen Überladerumpf werfen, aus dem ein Teil der von der Absturzbrücke leer zurückkehrenden Wagen wieder beladen wird. Die zum Rücktransport bestimmten Wagen unterscheiden sich von den anderen durch eine etwas andere Gestaltung der selbsttätigen Auslösevorrichtung, die beim Durchlaufen der Zwischenstation Pucheta durch einen Anschlag betätigt wird. Die Entleerung erfolgt dort während der Fahrt der Wagen in einen großen Füllrumpf, aus dem das Erz wieder in die Wagen der Nebenlinie abgezogen wird. Diese kippen es schließlich bei der Eisenbahnstation Gallarta in Füllrümpfe aus, die es in die

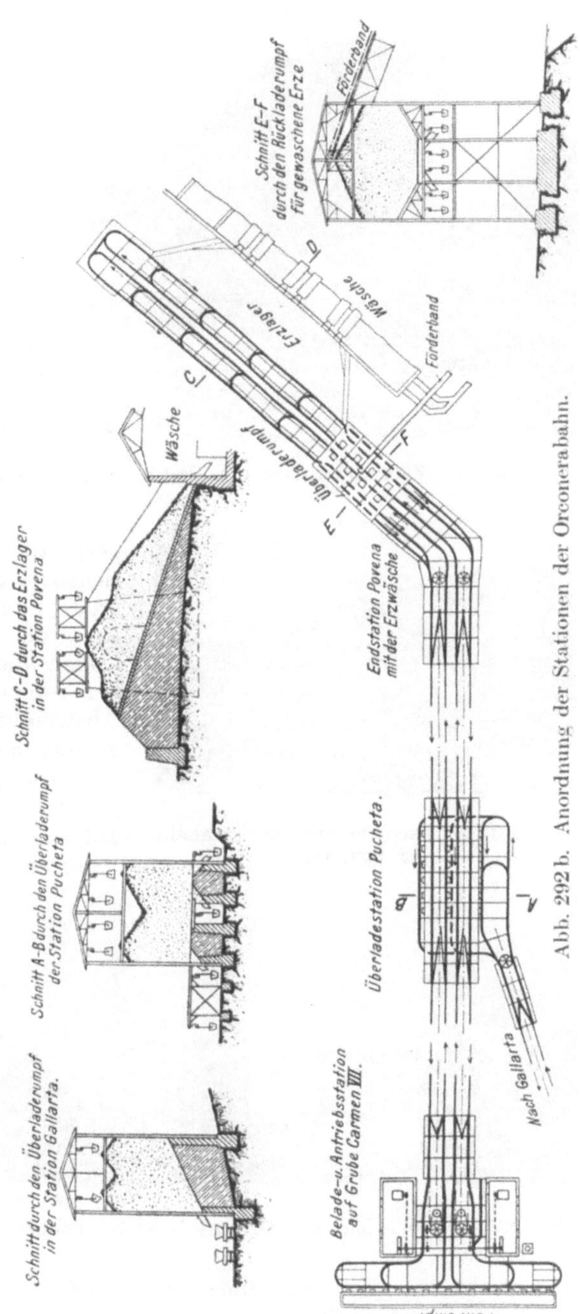

Abb. 292 b. Anordnung der Stationen der Orconerabahn.

Abb. 293. Füllrumpfanlage der Endstation Gallarta.

Abb. 294. Streckenbild der Orconerabahn bei Povena.

Abb. 295. Streckenbild der Orconerabahn bei Pucheta.

Selbstentlader der nach Bilbao führenden Eisenbahn abgeben. Ihren Ausbau zeigt die Abb. 293.

Die Abb. 294 und 296 gewähren ein anschauliches Bild der Hauptstrecke und zeigen auch, wie stark besiedelt das Land ist. Auf der ersteren ist links oben noch die Endstation Povena sichtbar, auf der zweiten eine große Spannweite von 200 m nahe der Zwischenstation Pucheta; die letztere selbst mit der nur einfach ausgeführten Abzweigbahn ist im Hintergrunde der Abb. 295 erkennbar.

Zum Antrieb der Hauptstrecke dienen zwei in Povena aufgestellte 100pferdige Elektromotoren. Die Rückförderung der gewaschenen Erze bis Pucheta erfolgt über eine Länge von 4,3 km, von wo bis zur Eisenbahnstation Gallarta noch 1,8 km sind. Die verlangte Förderleistung beträgt 210 t ungewaschener und 105 t gewaschener Erze für die Stunde. Damit ergibt sich eine stündliche Gesamtleistung von

$$210 \cdot 8{,}1 + 105 \,(4{,}3 + 1{,}8) = 2430 \text{ tkm},$$

wohl die bedeutendste tonnenkilometrische Leistung, die mit Drahtseilbahnen bisher erzielt worden ist.

Eine Anlage, die mit der gewöhnlichen Anordnung und dem einfachen zweirädrigen Laufwerk eine Förderleistung von 150 t/St und da-

Abb. 296. Streckenbild der Orconerabahn bei Pucheta.

mit wohl die Grenze des auf die Weise möglichen erreicht, ist die 1906 von J. Pohlig A.-G. für die Deutsch-Luxemburgische Bergwerks- und Hütten-Akt.-Ges. gebaute $12^3/_4$ km lange Bahn zur Förderung von

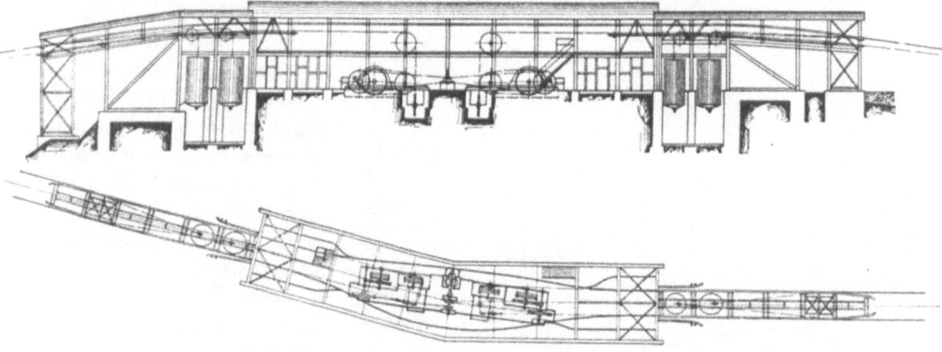

Abb. 297. Winkel- und Antriebsstation der Bahn Oettingen-Differdingen.

Minette aus den in der Nähe von Oettingen gelegenen Erzgruben zur Hochofenanlage in Differdingen[28]). Vorher wurde die Minette dem Hochofenwerk von der Prinz-Henri-Bahn zugeführt, wobei sich die Förderkosten einschließlich der notwendigen Umladung auf rund 1,30 M/t stellten. Die in der kurzen Zeit von nur 10 Monaten errichtete

---

[28]) Pietrkowski, Glückauf 1907.

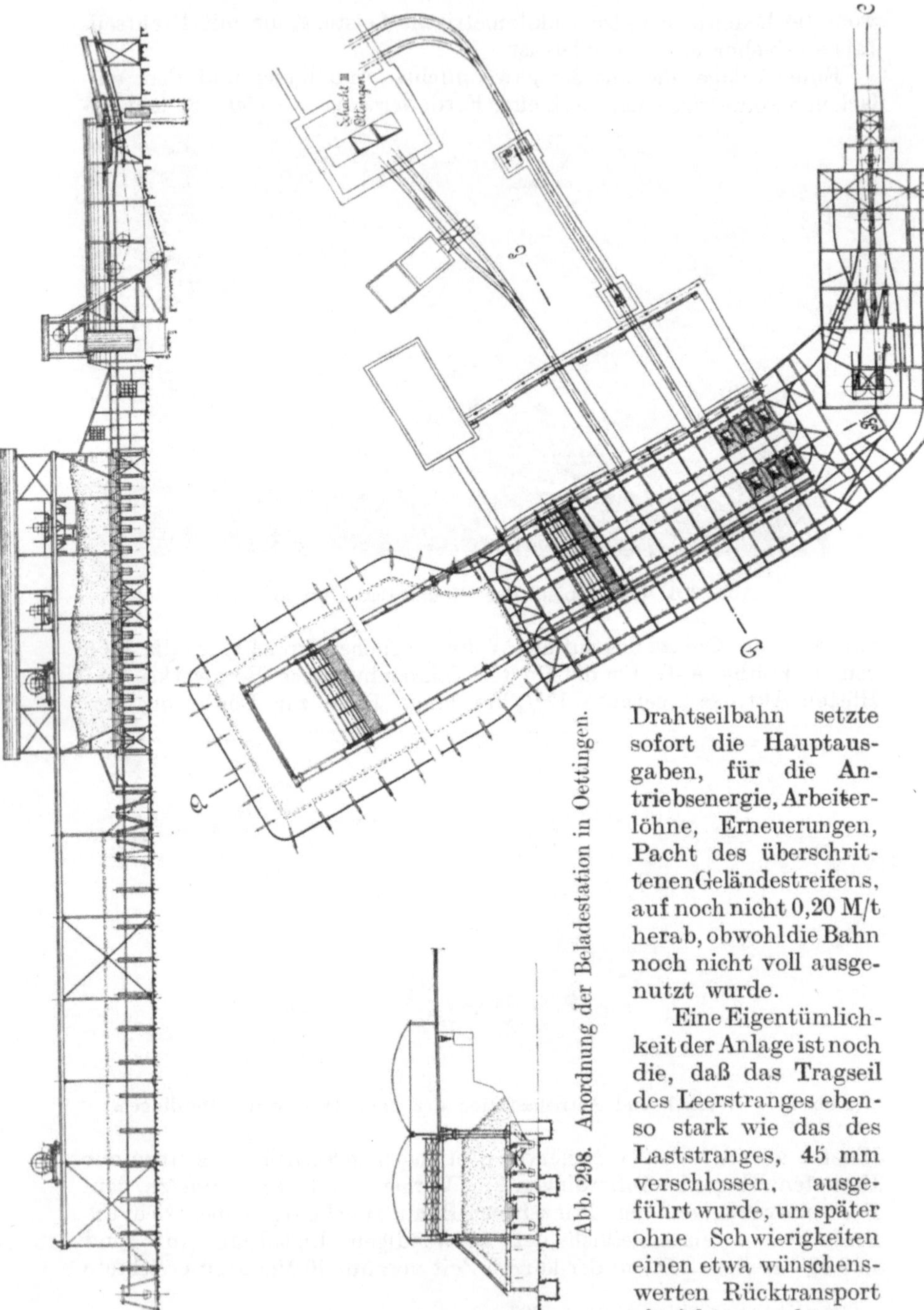

Abb. 298. Anordnung der Beladestation in Oettingen.

Drahtseilbahn setzte sofort die Hauptausgaben, für die Antriebsenergie, Arbeiterlöhne, Erneuerungen, Pacht des überschrittenen Geländestreifens, auf noch nicht 0,20 M/t herab, obwohl die Bahn noch nicht voll ausgenutzt wurde.

Eine Eigentümlichkeit der Anlage ist noch die, daß das Tragseil des Leerstranges ebenso stark wie das des Laststranges, 45 mm verschlossen, ausgeführt wurde, um später ohne Schwierigkeiten einen etwa wünschenswerten Rücktransport einrichten zu können.

Etwa in der Mitte der Strecke erfährt die Bahnlinie eine geringe Ablenkung in der Winkel- und Antriebsstation, die Abb. 297 darstellt. Den Antrieb des mit 2,5 m/sek umlaufenden Zugseiles von 20 mm Durchmesser bewirkt dort ein Elektromotor von 70 PS Leistung, der die in lotrechten Ebenen liegenden Seilscheiben beider Antriebe vermittels Riemen und Zahnrädervorgelege bewegt. Die Umführung der 5 hl = 750 kg fassenden Seilbahnwagen um den Antrieb erfolgt von Hand.

Die Anordnung der Beladestation in Oettingen zeigt die Abb. 298. Am Abhang des vor der Schachtanlage aufgeschütteten Geländeteiles ist eine Füllrumpfanlage errichtet, der die Grubenwagen von der Hängebank aus im Gefälle zulaufen, wie das im Hintergrund der Abb. 299 zu erkennen ist. Über den Füllrümpfen befinden sich zwei, ebenfalls von Pohlig gelieferte Kreiselwipper, in denen gleichzeitig je 6 Grubenwagen ausgekippt werden können. Damit die Grubenwagen auch selbsttätig wieder aus den Wippern zurückrollen, ist das vor dem Abfahrgleis gelegene Schienenstück für die Wipperbrücke beweglich angeordnet und wird vermittels eines Handhebels gesenkt, so daß sich die Brücke entsprechend schräg stellt. Da die entlastete Brücke unter der Einwirkung eines Gegengewichtes von selbst wieder in die wagerechte Lage zurückkehrt und die Grubenwagen sich selbsttätig an eine Förderkette anschlagen, die sie wieder auf die Höhe der Hängebank zurückbringt, so ist

Abb. 299. Beschickung der Füllrumpfanlage in Oettingen.

zur Bedienung des Wippers usw. nur ein Mann erforderlich. An die Füllrumpfanlage schließt sich noch ein längerer Lagerplatz an, um den die Hängebahngleise der Drahtseilbahn herumgeführt sind (Abb. 300.)

Auch die in Abb. 301 gezeichnete Entladestation besitzt wieder eine Füllrumpfanlage von 1000 t Fassungsvermögen mit einer Reihe von darüber hinweggeführten Hängebahngleisen. Die Erze werden daraus in daruntergeschobene Eisenbahnwagen abgezogen. Man beabsichtigte, die Seilbahn später zu verdoppeln, und hat den für die zweite Endstation schon vorgesehenen Raum vorläufig mit Aufstell-

Abb. 300. Lagerplatz mit Mehrfachkreiselwippern.

gleisen ausgefüllt, die sämtliche Wagen der bestehenden Anlage für Untersuchungen und Ausbesserungen aufnehmen können.

Auch in allen anderen Bergbaubetrieben sieht man Drahtseilbahnen in großer Menge, namentlich in den Kohlenbezirken, wo sie oft verhältnismäßig nahe beieinander aufgestellt sind, wenn auch die Dichtigkeit des Eisenbahnnetzes in diesen Gebieten größere Längen der einzelnen Drahtseilbahnen meist ausschließt. Ihr Zweck ist gewöhnlich nur, die Kohlen von der Schachtanlage nach der Separation bzw. der Kokerei zu bringen oder die Waschberge usw. zu entfernen, und es erscheint natürlich von vornherein als das vorteilhafteste, wenn irgend möglich dieselbe Anlage für beide Transporte zu benutzen.

Ein Beispiel dafür bietet die Drahtseilbahn der Zeche „Konstantin der Große“. Die aus Schacht VI der Zeche zutage kommenden Grubenwagen werden von der Hängebank aus zuerst unter das Hängebahngleis der an das Schachtgebäude angebauten Drahtseilbahnstation gefahren und dort vermittels Ketten an die Laufwerke angehängt. Sie gehen dann über die Seilbahn bis nach der rund 1,6 km entfernten Station in der Schachtanlage I, von wo sie auf Hängebahngleisen von Hand bis zur Wäsche gestoßen, dort vom Gehänge gelöst, in den Wipper gefahren und entleert werden. Hierauf werden sie sofort wieder mit Waschbergen zum Versatz der zu Schacht VI gehörigen abgebauten Strecken gefüllt, an die Laufwerke gehängt und zur Station zurückgestoßen. Der Transport der schweren Grubenwagen über die Drahtseilbahn bringt zwar eine nicht

unerhebliche Mehrbelastung der Seilbahn mit sich, da die sonst gebräuchlichen Seilbahnkübel ein wesentlich geringeres Gewicht haben, ergibt aber den Vorteil, daß keinerlei Umladungen mit ihren besonderen Einrichtungen wie Füllrümpfen, Bedienung usw. erforderlich werden, daß also das Material auf dem ganzen Wege von der Gewinnungs- bis zur Verbrauchsstelle in demselben Gefäß bleibt. Die Anlage

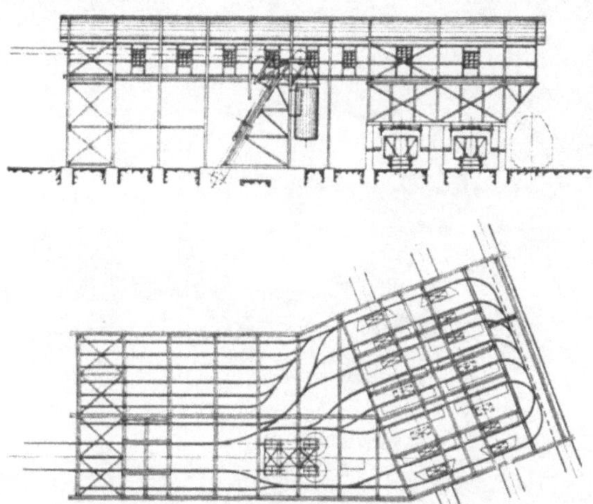

Abb. 301.   Entladestation in Differdingen.

der Zeche „Konstantin der Große“ ist noch dadurch bemerkenswert, daß die Grubenwagen an einem einzigen gewöhnlichen Seilbahnlaufwerk aufgehängt werden, während man sie bei etwas größeren und schwereren Ausführungen an zwei hintereinander angeordneten und durch eine gelenkige Kuppelstange verbundenen Laufwerken anzuhängen pflegt (vgl. Abb. 109), um so die Last auf 4 Räder zu verteilen und die Tragseile entsprechend zu schonen.

Aus den erörterten Gründen kommt man nach dem Vorbild von A. Bleichert & Co. mehr und mehr zu den dort veranschaulichten Plattformwagen. Der Betrieb gestaltet sich dann in folgender Weise:

In der Endstation läuft der Seilbahnwagen, nachdem er sich selbsttätig vom Zugseil abgekuppelt hat, auf der Hängebahnschiene bis nach dem Beladepunkt hin, wird dort durch eine Verriegelung vor den Ablaufschienen des Grubenwagens angehalten, wo sich gleichzeitig, ebenfalls selbsttätig, der den Grubenwagen festhaltende Rahmen anhebt, und nun kippt der Arbeiter mit Hilfe einer ·Zugstange die Plattform etwas nach vorn, so daß der schwere Wagen mit Leichtigkeit heruntergezogen werden kann. Den Vorgang veranschaulicht die Abb. 302 nach der von A. Bleichert & Co. für die Schachtanlage Brefeld der staatl. Berginspektion in Staßfurt gebauten Anlage. Umgekehrt kippt sich beim Aufschieben des Wagens die Plattform von selbst etwas nach der hinteren Seite, so daß der vollbeladene Wagen sich ebenfalls leicht aufschieben läßt und sogleich die richtige Stellung einnimmt, bei der der überfallende Sicherungsrahmen ihn ohne weiteres festhält. Dabei stellt sich gleichzeitig noch das Stück der Hängebahnschiene, auf der das Seilbahnlaufwerk steht, etwas schräg, so daß es nach Lösung seiner Verriegelung vermittels des zweiten Handhebels selbsttätig bis zum Auslauf der Station abrollt und sich dort, ebenfalls ohne menschliche Mitwirkung, mit dem Zugseil kuppelt. Infolge dieser Einrichtung, deren Einzelheiten die Abb. 303 in technischer Darstellung wiedergibt, braucht die ganze Drahtseilbahn bei einer stündlichen Förderleistung von 45 t nur einen Mann zur Bedienung, d. h. die ganze Arbeit wird von den sowieso im Werk tätigen Leuten ausgeführt, ohne daß sie nennenswert Zeit verlieren.

Abb. 302. Aufschieben des Grubenwagens in der Station.

Neben der Kohlen-, Erz- oder Salzförderung kann die Drahtseilbahn ohne jede Änderung gleichzeitig auch zum Aufschütten der Berge auf die Halde benutzt werden, wie es z. B. bei der von A. Bleichert & Co. gebauten Bahn der Kohlengruben von Grand Hornu in Belgien der Fall ist. In der Separation des Werkes werden

die Kohlen in Seilbahnwagenkasten abgezogen und dann darin nach
einer 2 km entfernten Schiffsbeladestelle am Condé-Mons-Kanal geführt, von der die Abb. 304 eine Gesamtansicht und Abb. 305 verschiedene Einzelheiten nach einer technischen Zeichnung wiedergibt.
Hier werden die Seilbahnwagen mit Gehänge und Laufwerk auf
2 Niederlaßvorrichtungen, die sich an die Hängebahnschienen der
Station anschließen, in die Kähne heruntergelassen und dort ausgekippt. Die ohne Antrieb allein infolge des Übergewichtes der
heruntergehenden Kohlen arbeitenden Vorrichtungen können beliebig

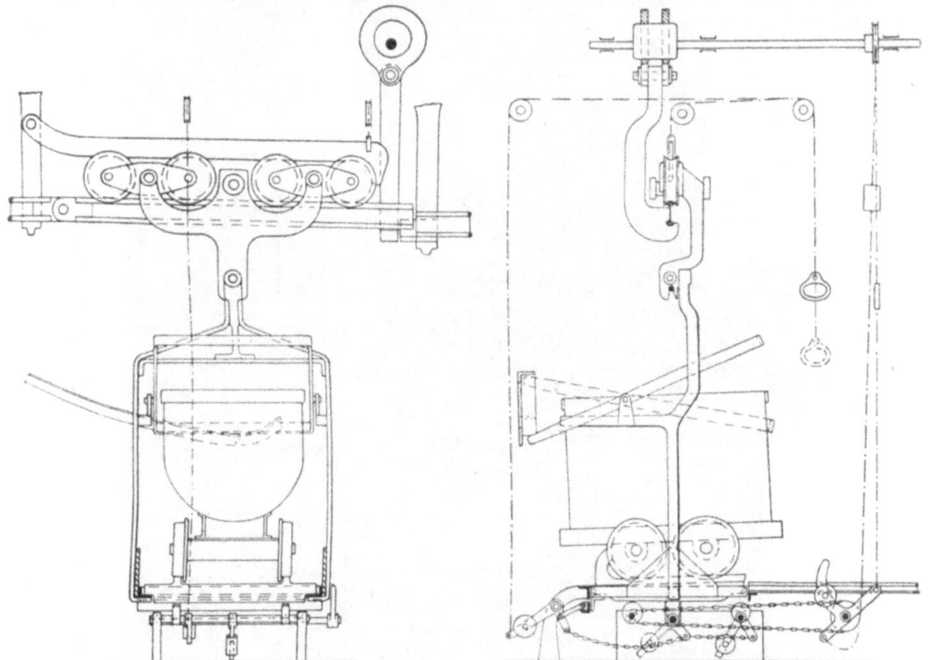

Abb. 303.   Anordnung der Beladestelle der Plattformwagen (Bleichert).

längs des Ufers verschoben werden, so daß die Beladung des Kahnes
ohne Verholen und die dadurch verursachten Betriebsunterbrechungen,
Zeitverluste und Unkosten vor sich gehen kann.

Die Waschberge werden ebenfalls in der Separation aufgegeben
und gehen über die Seilbahn mit nach der Endstation. Hier werden die
Bergewagen in der Regel wieder auf das Rückkehrgleis geschoben und
entleeren sich dann selbsttätig beim zweiten Überschreiten der Halde,
über die die Seilbahn hinweggeht (Abb. 337). Für den Fall, daß einmal
auf längere Zeit nur Berge zu fördern sind, kann auch auf dem zum
Kanal führenden Strang der Seilbahn ein sonst zurückgezogener Anschlag eingerückt werden, so daß die Entleerung gleich auf dem Hinweg
stattfindet.

Abb. 304.   Ansicht der Schiffsbeladestelle der Drahtseilbahn Grand Hornu.

Die Bahn befördert stündlich 150 Wagen, die je 500 kg Kohle oder 750 kg Berge fassen, so daß die gesamte Stundenleistung 75 t Kohlen bzw. 110 t Berge beträgt. Vor Errichtung der Seilbahn wurde die ganze Förderung durch eine Schmalspurbahn mit Lokomotivbetrieb bewirkt, deren Leistung wegen des nur eingleisigen Ausbaues recht gering war. Außerdem ergab die Kreuzung mehrerer Landstraßen und zweier Staatsbahnlinien eine Reihe von Unbequemlichkeiten, die sich noch vermehrten, als die Halden immer höher anwuchsen, so daß die Verteilung des Materials anfing, große Schwierigkeiten und vor allen Dingen unverhältnismäßig hohe Kosten zu machen.

Mitunter kommt auch der umgekehrte Fall vor, daß eine Kohlentransportbahn an irgendeinem Zwischenpunkte Material von einer vorhandenen Halde zu Versatzzwecken aufnehmen soll. Dann ist eine entsprechende Zwischenstation nötig, wie bei der Bleichertschen Anlage der Zeche Dannenbaum bei Bochum, die zur Verbindung der Schächte Schiller und Eulenbaum mit Dannenbaum I dient. Die Bahn ist zur Aufnahme von Bergen in einem Winkel geführt derart, daß an der Knickstelle die Zwischenstation liegt. Hier werden die zurückkehrenden Wagen vom Zugseil abgekuppelt, beladen und wieder angekuppelt.

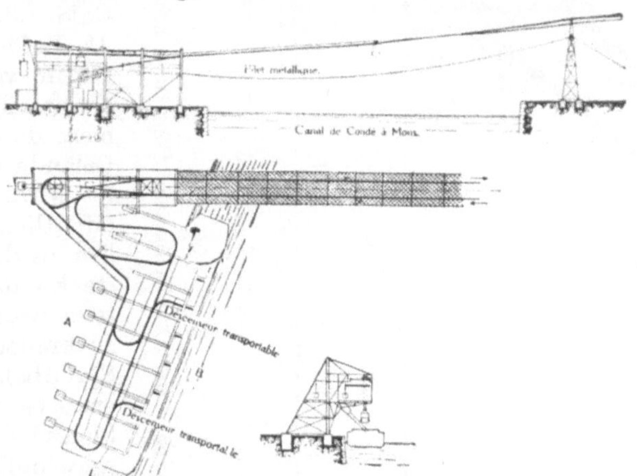

Abb. 305.   Die Schiffsbeladestation Grand Hornu.

Soll kein Versatzmaterial aufgenommen werden, so laufen die Wagen durch die Station selbsttätig hindurch, ohne daß die dann ausgerückten Kuppelstellen in Wirkung treten.

Seitdem die abgebauten Grubenbaue in immer größerem Maßstabe versetzt werden, sind recht bedeutende Anlagen entstanden, die nur der Heranschaffung von Versatzmaterial dienen. Zuerst und in größtem Maßstabe ist diese Aufgabe von der Harpener Bergbau-Aktiengesellschaft durchgeführt worden.

Ihre beiden Zechen Scharnhorst und Courl sind jede etwa 4,7 km von einer großen Schlacken- und Bergehalde entfernt, die dem Hörder Werk des „Phönix" gehört und bei der Zeche Schleswig unweit Dortmund gelegen ist. Hier werden schon seit langer Zeit die von der Zeche Schleswig geförderten Berge und die Aschen und Schlacken des Hörder Hochofenwerkes zugebracht und abgestürzt, so daß mittlerweile ein Lager entstanden ist, das sich noch ständig schnell vergrößern würde,

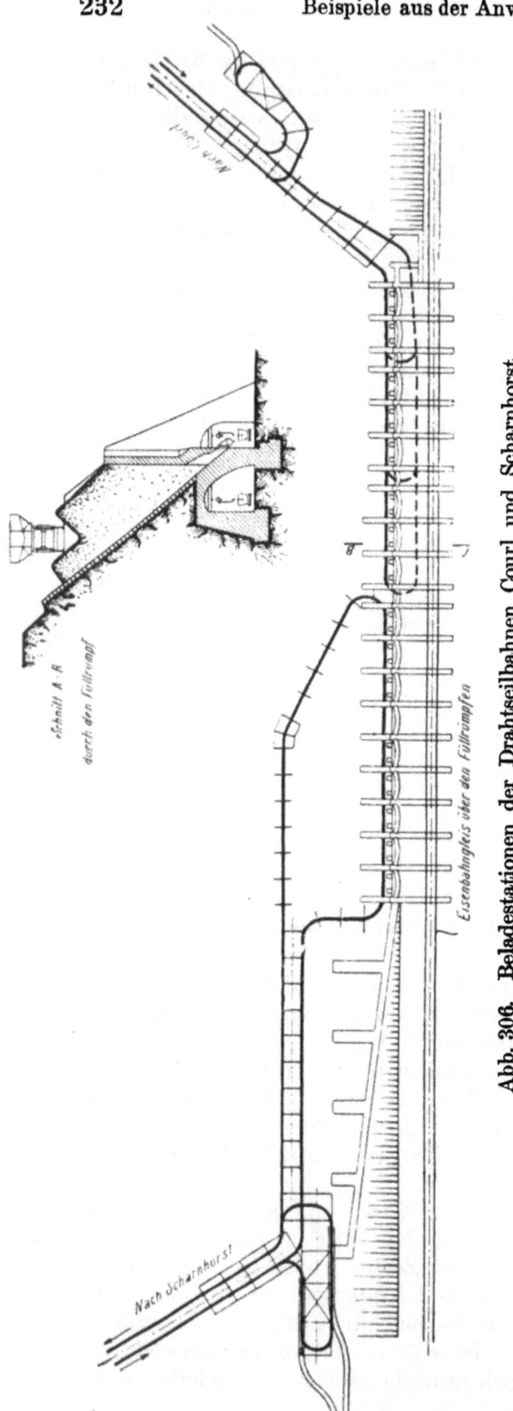

Abb. 306. Beladestationen der Drahtseilbahnen Courl und Scharnhorst.

wenn man den Betrieb in der bisherigen Weise fortsetzte. Da nun der „Phoenix" das Gelände für andere Zwecke frei bekommen möchte und andererseits die Harpener Bergbau-Aktiengesellschaft für ihre beiden neuen Zechen große Mengen von Versatzmaterial benötigt, ist zwischen beiden Gesellschaften ein Vertrag abgeschlossen worden, wonach Harpen das neu herangeschaffte Material sofort weiterbefördert und die Halde allmählich ganz abbaut. Als Beförderungsmittel konnten im vorliegenden Fall nur Drahtseilbahnen in Frage kommen, da das zwischenliegende Gelände intensiv bewirtschaftet wird und eine Reihe von öffentlichen Wegen und Straßen in der Nähe mehrer sich stark entwickelnder Ortschaften sowie zwei Staatsbahnlinien zu kreuzen sind, so daß eine Standbahn wegen der Grunderwerbskosten und sonstigen Sicherheitsmaßnahmen unerschwinglich teuer geworden wäre.

Um lästige Umladungen zu vermeiden, senden beide Zechen leere Grubenwagen, die mittels Ketten an je 2 Laufwerken hängen (Abb. 109), nach der Halde, wo sich die Beladestationen befinden. Die Grubenwagen werden hier von den Gehängen gelöst und auf Feldbahngleisen zu den jeweiligen Förderpunkten gefahren, wo sie vollgeschaufelt werden.

Für die Verladung des in Eisenbahnwagen — in der Hauptsache in Talbot-Selbstentladern — neu herankommenden Materials ist das

Entladegleis der Eisenbahn über eine Reihe von 22 großen gemauerten
Füllrümpfen hinweggeführt, die, wie Abb. 306 zeigt, an die Halde herangebaut sind. Ihr Fassungsvermögen beträgt 3300 cbm Versatzmaterial,
eine Menge, die zum Ausgleich der Schwankungen in An- und Abfuhr
ausreicht. Die Bewegung der Eisenbahnwagen auf den oberen Ver-
schiebe- und Entladegleisen erfolgt durch ein Rangierspill.

Vor den Entladeschurren der Füllrümpfe laufen zwei getrennte
Hängebahnzweige entlang, auf denen die Wagen zur Ersparnis von
Bedienungsmannschaften mit Hilfe eines Knotenseiles mit etwa $^1/_7$ m/sek
Geschwindigkeit herumbewegt werden. Die ziemlich langen Gruben-
bahnwagen werden nun während der Fahrt beladen, indem ein Mann
die Verschlußklappe des Füllrumpfes vermittels einer Zugkette für
wenige Sekunden öffnet. Dabei häuft sich die Ladung gewöhnlich im
vorderen Teil des Wagens etwas an, während der hintere nicht ganz

voll wird, wes-
halb eine Ab-
streichvorrich-
tung eingebaut
wurde, die die
Ladung gleich-
mäßig verteilt.

Die Bleichert-
sche Seilbahn
nach der Zeche
Courl hat eine
Gesamtlänge
von 4725 m bei
einem Gefälle von
28,5 m. Sie ist da-
durch besonders
beachtenswert,
daß sie nicht ge-

Abb. 307. Übergang über die Eisenbahngleise auf Zeche Courl.

radlinig, sondern in einem schwachen Bogen von 10 km Halbmesser
verlegt ist. So konnten bestimmte Grundstücke umgangen werden,
ohne daß eine Winkelstation nötig wurde. Vor der Endstation überschreitet die Seilbahn die Verladegleise und Koksöfen der Zeche
(Abb. 307), die durch Schutznetze abgedeckt sind. Am Schacht werden
die Grubenwagen auf Schienen gesetzt und auf der vorhandenen Berge-
brücke der Hängebank zugeführt.

Die zweite, etwas später ebenfalls von Bleichert & Co. gebaute
Drahtseilbahn zur Zeche Scharnhorst ist geradlinig und besitzt eine
Länge von 4620 m bei 25,5 m Gefälle. Ursprünglich war geplant, daß
sie in die Vorderseite des in Abb. 192 sichtbaren Schachtgebäudes
eintreten sollte, später wurde jedoch beschlossen, sie von der anderen
Seite in das Gebäude einzuführen, so daß eine mehrmalige Ablenkung
stattfinden mußte. Auch diese, bereits in Abb. 192 wiedergegebene
Umführung erfolgt vollkommen selbsttätig, ohne daß überhaupt jemand
zur Überwachung dabei ist. Nachdem die Seilbahnlaufwerke vom

Abb. 308. Beladestation der Sandtransportbahn Oberrothenbach.

Zugseil abgekuppelt sind, werden die Grubenwagen auf Schienen abgesetzt und laufen nun entweder im Gefälle nach dem einen Schacht oder werden von einer Kettenbahn nach dem zweiten Schacht geschleppt. Die leeren Wagen laufen an einer weiter zurückliegenden Kuppelstelle der Drahtseilbahn wieder zu, bis wohin die Laufwerke und Gehänge vom Zugseil zurückgebracht werden. Hier hängt man die Grubenwagen wieder an die Laufwerke an und bringt sie zur Halde zurück.

Zu beachten ist die bis vor kurzem bei Seilbahnen ganz ungewöhnlich hohe Leistung der Anlage: Es werden auf jeder Bahn stündlich 170 Wagen gefördert, die je nachdem nun Erde, Asche oder granulierte Schlacke geladen ist, eine Nutzlast von 800 bis 1300 kg enthalten; durchschnittlich kann mit 1 t Nutzlast gerechnet werden, so daß die stündliche Förderleistung bei 2 m/sek Fahrgeschwindigkeit 170 t beträgt. Diese Ziffer ist um so bemerkenswerter, als statt leichter Hängebahnkasten die schweren Grubenwagen hin- und hertransportiert werden müssen. Die Kosten der Förderung belaufen sich einschließlich Tilgung und Verzinsung auf 34 Pf/t, einen Betrag, der mit Rücksicht auf die schwierigen Verhältnisse und kostspieligen Bauten in den Endstationen als gering bezeichnet werden muß.

Eine weitere, recht bedeutende Anlage zur Heranschaffung von Versatzmaterial ist die des Erzgebirgischen Steinkohlen-Aktien-Vereins, bei der es sich um die Überwindung von Schwierigkeiten ganz anderer Art handelte. Die abgebauten Grubenfelder sollten nach dem Spülversatzverfahren mit Sand wieder ausgefüllt werden. Die beiden Sandarten in der Nähe der Schächte des Vereins bei Schedewitz und Zwickau sind nun in so hohem Grade tonhaltig, daß sie mit dem Spülwasser einen schlammigen Brei bilden, aus dem sich das Wasser nach dem Einbringen in die Grube nicht wieder in dem nötigen Umfange abscheidet. Erst in größerer Entfernung entsprach ein Sandlager den Anforderungen. Hier wurde nun ein Löffel- und ein Eimerkettenbagger aufgestellt, die den Sand in Züge von Kippwagen oder Bodenentleerern verladen; in diesen wird er mit Hilfe einer Lokomotive nach der Verladestation einer Seilbahn gebracht, wo er in große, aus Beton aufgeführte Taschen von oben abgestürzt wird (Abb. 308).

Nun enthält auch dieser Sand noch reichlich tonige Beimischungen und klebt infolgedessen zusammen, so daß er nicht mit Füllschnauzen in die in regelmäßiger Folge herankommenden Seilbahnwagen abgezogen werden kann. Die nach dem natürlichen Böschungswinkel des Materiales abgeschrägten Taschen sind deshalb vorn offen, und ein davor verschiebbarer Eimerkettenbagger zieht den Sand heraus und läßt ihn über seine hintere Schüttrinne in die Seilbahnwagen der Drahtseilbahn laufen. Der elektrisch betriebene Bagger verfährt sich nach einer einfachen Umschaltung selbst von einer Tasche zur andern; auch kann auf diese Weise die eine Tasche, in die der an einigen Stellen der Grube gewonnene Formsand entladen wird, für sich bedient werden.

Die von A. Bleichert & Co. gelieferte Seilbahn hat ferner die Aufgabe, die Kohlen für den Betrieb der in der Sandgrube arbeitenden Lokomotive heranzuschaffen. Zu dem Zweck verläuft neben der Beladestation in einem Geländeeinschnitt ein Eisenbahngleis, auf dem ein Kippwagen verkehrt, in den die Kohlen aus den Seilbahnwagen abgestürzt werden. Der volle Kohlenwagen wird dann auf einer Schrägstrecke mit Hilfe einer Winde emporgezogen und in einen hölzernen Silo ausgekippt, von dem aus die Versorgung der Lokomotive stattfindet.

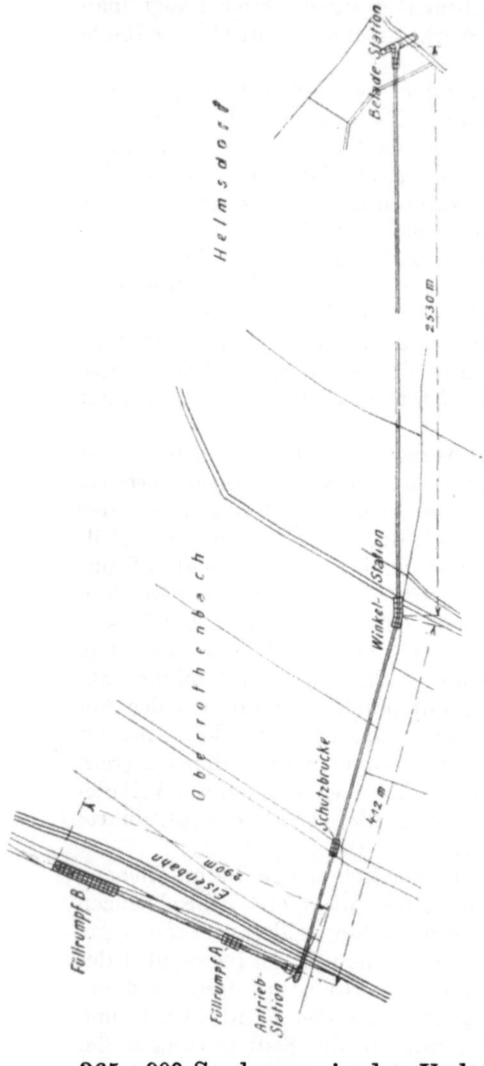

Den Lageplan der gesamten Anlage zeigt die Abb. 309. Etwa 2,5 km vor der Beladestation befindet sich eine selbsttätig durchfahrene Winkelstation, die von der Antriebsstation noch 412 m entfernt ist. An die Endstation schließt sich eine 290 m lange, maschinell betriebene Zweigstrecke mit festen Hängebahnschienen als Gleisen an, die die Sandwäsche A durchläuft und in einer großen Füllrumpfanlage B für die Verladung des Sandes in die Eisenbahnwagen endet (Abb. 310).

Der Betrieb geht nun in folgender Weise vor sich: Während der Morgenstunden durchlaufen die ankommenden, gefüllten Sandwagen die Wäsche ohne anzuhalten und kippen dabei ihre Ladung in die Endfüllrümpfe aus. So werden je nach dem Bedarf der Schächte allmorgendlich 365—900 Sandwagen in den Verladesilo entleert. Die Auslaufschurren jedes einzelnen Behälters sind nun so groß gebaut, daß der ganze Inhalt einer Tasche auf einmal in einen darunterstehenden offenen Eisenbahnwagen hinausschießen kann, denn wegen des Backens des Sandes ist eine andere Entleerung mit geringerer Geschwindigkeit

Abb. 309. Lageplan der Drahtseilbahn Oberrothenbach.

nicht möglich. Auf die Weise nimmt die Beladung eines ganzen Zuges von 16 Selbstentladern noch nicht 15 Minuten in Anspruch.

In die Sandwäsche, die zum Zweck einer möglichst vollkommenen Ausnutzung des angelegten Kapitals errichtet wurde, fördert die Seilbahn nur mittags etwa 200—300 Wagen. Der ankommende Sand wird nach Einstellung eines entsprechenden Anschlages selbsttätig in einen Füllrumpf abgestürzt, aus dem ihn ein Elevator aufnimmt und in das Dachgeschoß der Wäsche fördert. Hier gelangt er in eine Reihe von Trommelsieben mit verschiedener Maschenweite, worin er nach Korngröße sortiert wird, während die anhaftenden Lehm- und Tonteile durch Wasserspülung entfernt werden. Der sortierte Sand kann auf der Vorderseite der Wäsche aus den entsprechenden Taschen über Schurren unmittelbar in Eisenbahnwagen abgezogen werden.

Eine verschiedenen Zwecken dienende und in mancher Beziehung eigenartige Anlage [29]) ist die von J. Pohlig A.-G. für die Deutsch - Luxemburgische Bergwerks- und Hütten - A. - G. bei Dortmund ausgeführte, deren Lageplan die Abb. 311 wiedergibt. Die von der Zeche

Abb. 310. Entladestation der Drahtseilbahn Oberrothenbach.

Wiendahlsbank abgebaute Magerkohle kann erst nach Mischung mit Fettkohle, wie sie in größerer Menge nur auf der Zeche Kaiser Friedrich gewonnen wird, mit Vorteil verkokt werden; die Zeche benötigt ferner, da ihre Abbaubetriebe unmittelbar unter der Stadt Dortmund liegen, schon seit Jahren große Mengen fremden Versatzmaterials, die ihr bislang von dem Dortmunder Hochofenwerk des „Phoenix" für den Preis von 0,10 M/t durch eine Drahtseilbahn angeliefert wurden. Als die Zechen Glückauf Tiefbau, Kaiser Friedrich, Tremonia und das Eisenwerk Union in eine Hand kamen, veranschlagte man den Gewinn, der durch die Verbindung der Zechen miteinander und mit dem Hochofenwerk der Union infolge der unmittelbaren Anlieferung des Kokes an die Hochöfen und die Rücklieferung des Schlackensandes an die Zechen entsteht, auf jährlich 400 000 Mark.

Die übliche oberirdische Ausführung wurde dadurch unmöglich, daß nicht nur 4 Eisenbahnstrecken mit starkem Verkehr überschritten

[29]) **Rath**, Glückauf 1913.

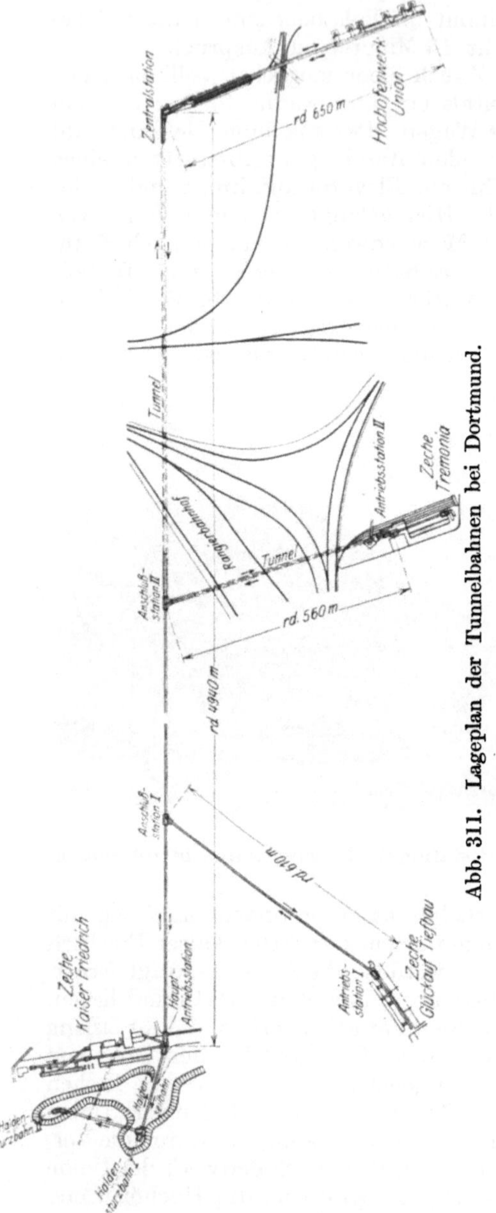

Abb. 311. Lageplan der Tunnelbahnen bei Dortmund.

wurden, sondern auch der Verschiebebahnhof Dortmunderfeld zweimal gekreuzt werden mußte. Denn von seiten der Eisenbahnverwaltung wurde gefordert, daß bei den Überquerungen des Bahnhofes jedesmal eine starre Schutzbrücke aufgestellt würde, deren Stützen den Bahnkörper nicht berühren durften, was für diese Brücken freitragende Spannweiten von 300 m ergab. Daß die Überquerung von Bahnhöfen mit lebhaftestem Verkehr und Betrieb keine solchen Schwierigkeiten bereitet, wenn die Anlage von der Eisenbahn selbst gebaut wird, lehrt z. B. die Abb. 409. Eine vollkommen unterirdische Verbindung in einer Tiefe von 40 bis 50 m unter Tage erwies sich ebenfalls als unausführbar, da hierbei eine Wasserentziehung der durchfahrenen Gebiete der Emscher und des Rüpingbaches zu befürchten war, was unabsehbare Schwierigkeiten verursacht hätte. Man entschloß sich schließlich zu der Anlage oberirdischer Drahtseilbahnen lediglich mit Untertunnelung der gekreuzten Bahnstrecken und Bahnhöfe.

Die 1630 m lange Strecke Wiendahlsbank—Kaiser Friedrich ist unabhängig von den anderen und bietet keine Besonderheiten. Sie fördert in täglich 8 Stunden 450 t Feinkohle von der Wäsche auf Wiendahlsbank zur Kokerei auf Zeche Kaiser Friedrich. Der Inhalt der Wagenkasten beträgt 450 kg, die Fördergeschwindigkeit 1,5 m/sek und die Antriebsenergie 15 PS. Die Länge der Hauptstrecke Kaiser Friedrich—Zentralstation beträgt 4340 m, der Anschluß Glückauf Tiefbau—Anschlußstation I

610 m, der Anschluß Tremonia—Anschlußstation II 560 m, die Strecke von der Zentralstation bis zum letzten Hochofen der Union 650 m. Um die Arbeiten schnell durchzuführen, wurden die Erdarbeiten und Tunnelbauten an fünf Unternehmer vergeben, die ihre Tätigkeit ungefähr gleichzeitig aufnahmen. Der Haupttunnel wurde von beiden Enden und von der Mitte aus durch einen 22 m tiefen Schacht in Angriff genommen. Der Vortrieb im mittleren Teil erfolgte nach dem Schildverfahren mit Hilfe von Preßluft. Die Gesamtkosten der Erdarbeiten und Tunnelstrecken betrugen rund 1 200 000 Mark, so daß im Durchschnitt 1 lfd. m 723 Mark kostete.

Einen Querschnitt durch die Tunnelstrecke zeigt die Abb. 312 Die Laufschienen haben ein der Abb. 213 entsprechendes Profil, die Wagenkasten sind für das Aus- kippen und hauptsächlich die Aus- nutzung des Tunnelraumes beson- ders günstig geformt. Im oberen Teil des Tunnels können verschie- dene Wasserleitungsrohre usw. auf der Tragkonstruktion der Seilbahn gelagert werden.

Auf den oberirdischen Strecken haben die verschlossenen Tragseile auf beiden Seilen der Bahn 50 mm Durchmesser, nur auf der Leerseite des Abzweiges nach der Zeche Glück- auf Tiefbau, wo keine Schlacken- wagen verkehren, liegt ein Seil von 30 mm Durchmesser.

Um ein Kreuzen der Wagen in den Anschlußstationen zu ver- meiden, sind diese zweistöckig aus- geführt worden. In dem oberen Stockwerk verkehren die von dem Hochofenwerk Union kommenden

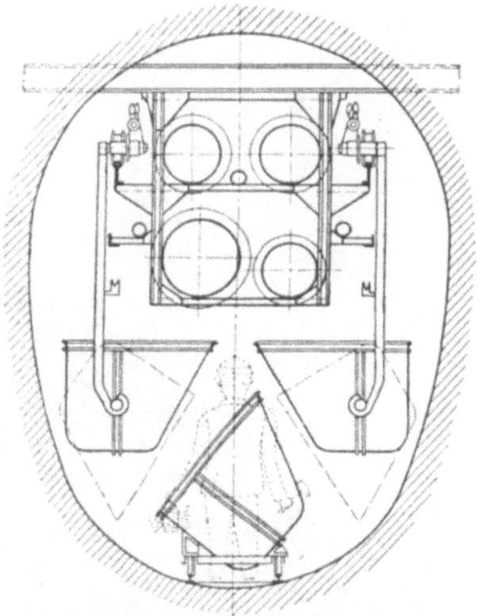

Abb. 312. Querschnitt der Tunnel- strecken bei Dortmund.

Wagen, in dem unteren die dahin zurückkehrenden. Vor den An- schlußweichen sind selbsttätige Blockeinrichtungen, und ebenso sind selbsttätige Umstellvorrichtungen der Anschlußweichen angeordnet, so daß in jedem Stockwerk der Station nur ein Mann zur Bedienung nötig ist.

Die stündliche Leistungsfähigkeit der Anlage beläuft sich auf 102 t Koks, 56 t Kohle und 63 t Schlacke bei der Fördergeschwindigkeit 2,5 m/sek. Sie verteilt sich derart, daß die Zeche

Kaiser Friedrich . . 47 t/St Koks und 24 t/St Kohle,
Glückauf Tiefbau . . 28　,,　　,,　　,, 16 ,,　　,,
Tremonia . . . . . 27　,,　　,,　　,, 16 ,,　　,,

liefert. Jeder vierte zurückkehrende Wagen wird mit Schlacke gefüllt. Das Fassungsvermögen der Wagenkästen beträgt 1,3 cbm, so daß ein Wagen 650 kg Koks oder 1000 kg Kohle oder 1300 kg Schlacke fördert.

Eine Ansicht der Strecke zwischen dem Hochofenwerk und der Zentralstation gewährt die Abb. 313. Von dem Untergeschoß der im Hintergrund sichtbaren Zentralstation steigt die Seilbahn zuerst ziemlich steil auf die in Beton ausgeführten Kohle- und Koksbunker an und dann mit geringerer Neigung, der sich die Abschlußfläche der Silos anschließt, bis zur Höhe der Hochofengichten. Unten ist auf jeder Seite der Bunker an ihren Auslaufschurren ein Hängebahnstrang, ebenfalls mit Seilbetrieb vorbeigeführt, der die dort entnommenen Vorräte in das obere Stockwerk der Zentralstation zurückführt.

Abb. 313. Kohlen- und Koksbunker der Union.

Eine ebenfalls eigenartige, von A. Bleichert & Co. für die Zeche Caroline errichtete Anlage stellt die Abb. 314 dar, deren Höhen im vierfachen Maßstab der Längen aufgezeichnet sind. Es ist das Längsprofil einer 1,2 km langen Drahtseilbahn gewöhnlicher Bauart, die jedoch in einen tonnlägigen Schacht von 200 m Länge und 50 m Teufe hineingeht. Auf die Weise wird das Fördergut unmittelbar von der Drahtseilbahn aus dem Hauptstollen des Bergwerks zutage und dann weiter fortgeschafft, ohne daß dazwischen eine Schachtförderung mit ihrer Fördermaschine und den sonstigen kostspieligen, eine dauernde Überwachung bedürfenden Einrichtungen nötig wird.

Da die Förderung der Zeche von der Eisenbahn nicht immer gleichmäßig abgenommen werden kann, so ist man häufig gezwungen, einen

Teil der Förderung vorläufig zu lagern und später bei Mehrbedarf oder besserer Stellung von Eisenbahnwagen wieder aufzunehmen. Wenn es sich um den regelmäßigen Ausgleich mit Hilfe eines dauernd oder häufiger benutzten Lagerplatzes handelt, erweist sich die Drahtseilbahn als vorteilhafteste Transportvorrichtung. Sie allein gestattet ohne irgendwelche Schwierigkeiten, daß der Stapelplatz an beliebiger Stelle, unter Umständen ziemlich weit von der Zeche entfernt, angelegt werden kann, und stürzt das Fördergut je nach Wunsch klassiert an bestimmter Stelle ab, ohne daß dort dafür Bedienung gebraucht wird.

Allerdings haben derartige Anlagen nur noch selten Drahtseile als Fahrbahnen, höchstens in dem Zubringeteil zwischen Zeche und Lagerplatz. Es sind gewöhnlich sogenannte Hängebahnen mit festen Schienen, die im übrigen wie Drahtseilbahnen betrieben werden. Bisweilen sind solche Hängebahnen auch an Stellen ausgeführt worden, wo man heutzutage eine Schwerlast-Drahtseilbahn mit vierrädrigen Laufwerken bauen würde. Eine derartige, von J. Pohlig A.-G. für die Ungarische

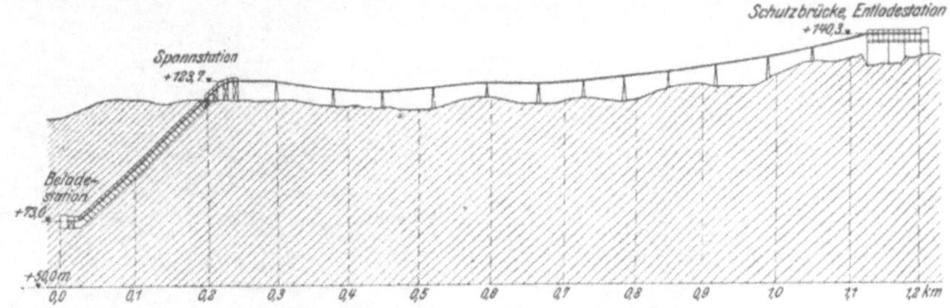

Abb. 314. Längsprofil der Drahtseilbahn der Zeche Caroline.

Allgemeine Kohlenbergbau-A.-G. in Tatabanya errichtete Anlage hat z. B. eine Gesamtlänge von 2,10 km, und die einzelnen Trägerstützen stehen je 20 m voneinander entfernt. Der Grund zu dieser Ausführung war die damals, als vierrädrige Laufwerke noch unbekannt waren, große Förderleistung von 292,5 t/St Kohlen. Da jeder Wagen von 7,5 hl Inhalt 0,65 t faßt, so folgen sich die Wagen bei 2,5 m/sek Geschwindigkeit noch in 20 m Abstand.

Eine ähnliche Anlage, von 640 m Gesamtlänge, mit rechteckigem Querschnitt des Gerberschen Hauptträgers, die von A. W. Mackensen gebaut ist, veranschaulicht die Abb. 315.

Die Gesamtanordnung einer Stapelplatz - Hängebahn, die von A. Bleichert & Co. für den Schacht Rheinelbe III der Gelsenkirchener Bergwerks - A. - G. entworfen und ausgeführt worden ist, stellt die Abb. 316 dar.

Die Beladung der Drahtseilbahnwagen erfolgt aus dem Füllrumpf E, der sich in einem Anbau des Schachtgebäudes III befindet und in den die Kohle aus den Förderwagen vermittelst der Kreiselwipper D abgegeben wird. Die Wagen fahren dann am Zugseil auf der an der Außenwand des Gebäudes C mit Auslegerkonsolen befestigten Schräg-

Abb. 315. Schwere Hängebahnanlage.

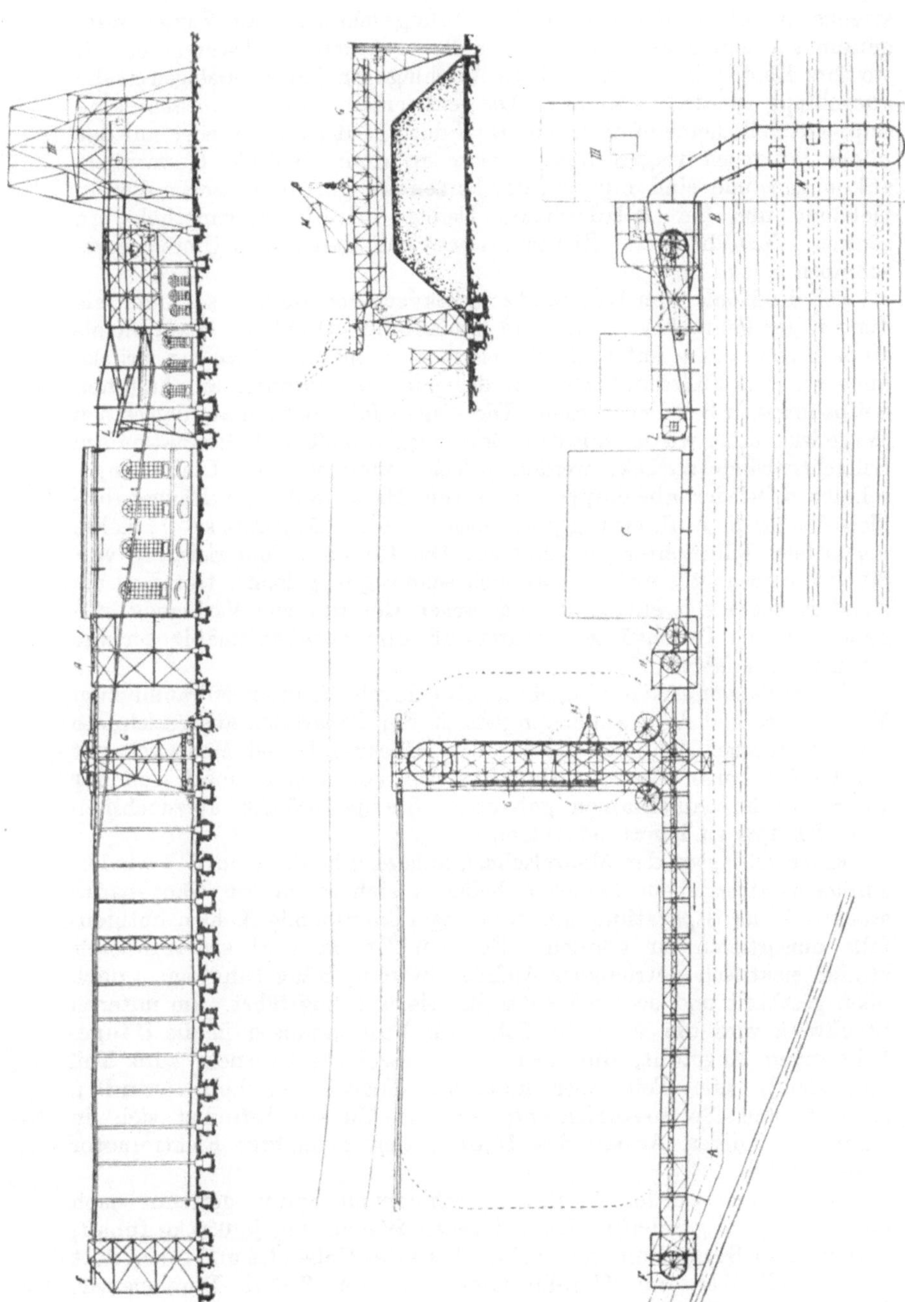

Abb. 316. Gesamtanordnung der Drahtseil-Hängebahn für Zeche Rheinelbe III.

strecke hinauf, werden um die Umführungsscheibe F am Zugseil mitgenommen und gehen ebenso über die verfahrbare Absturzbrücke G,
wo ihre Kasten durch einstellbare Anschläge an jeder beliebigen Stelle
ausgekippt werden können. Die entleerten Wagen müssen eine
doppelte Seilscheibenumführung H, J durchlaufen, um wieder auf der
höher gelegenen wagerechten Strecke an dem Gebäude C vorüberzukommen, und sind nun auf der kurzen Länge, die zwischen diesem
Gebäude und der Beladestation bleibt, auf die Ausgangshöhe zu
senken. Dazu dient eine Zickzackstrecke mit den beiden Umführungsscheiben K und L.

Soll die Kohle vom Lagerplatz zurückverladen werden, so nimmt sie
der auf der Fahrbrücke G hin und her laufende Drehkran M vermittels
eines Selbstgreifers auf und gibt sie in den auf der Mitte der Brücke
angeordneten Füllrumpf ab, von dem aus die darunter angehaltenen
Seilbahnwagen beladen werden. Die Wagen fahren dann auf demselben
Wege wie vorher wieder mit dem Zugseil gekuppelt nach der Station am
Schachtgebäude zurück, werden jedoch schon vor der Umführungsscheibe K wieder abgekuppelt und von Hand auf dem Hängebahngleis N über die Aufbreitung geschoben, in deren Apparate sie die Kohle
vermittelst Fülltrichter ausschütten. Die für eine Förderleistung von
50 t/St berechnete Anlage hat sich schon gut gelohnt, trotzdem sie
ziemlich verwickelt erscheint und wegen der nur zur Verfügung stehenden engen Durchgänge naturgemäß nur verhältnismäßig geringe
Benutzung erfährt.

In der Gesamtanlage einfachere, aber durch die größeren räumlichen
Verhältnisse und die Hängebahngleise in der Separation ausgezeichnete
Bahnen gleicher Art sind die für den Hillebrand- und Menzelschacht
der Grafen Hugo, Lazy, Arthur Henckel von Donnersmark von der
Benrather Maschinenfabrik gebauten, die je 100 t/St aufzunehmen
bzw. 200 t/St zu lagern gestatten.

Einen Gleisplan der Menzelschachtanlage gibt die Abb. 317 wieder.
Einige handbetriebene Strecken befinden sich im oberen Hängebankstockwerk der Separation, um vom Lager kommende Kohlen nötigenfalls umsortieren zu können. Zu dem Zweck wird sie vermittels
zweier elektrisch betriebener Aufzüge in den Hängebahnwagen nach
oben geschafft und so wieder der Klassierung zugeführt. Im unteren
Stockwerk wird die sortierte Kohle aus Füllschnauzen in die Hängebahnwagen eingefüllt, die über ein verzweigtes Gleisnetz zum Teil
von Hand, zum Teil aber auch am Zugseil verschoben werden.
Antrieb und Spannvorrichtung für das Zugseil befinden sich in
einem besonderen Anbau des Hauses; der zugehörige Elektromotor
leistet 20 PS.

Die Kohlen werden in acht verschiedenen Sorten getrennt nach
dem Lagerplatz geschafft. Die beladenen Wagen, mit je 650 kg Inhalt,
verlassen die Separation an der einen Ecke des Gebäudes und gehen dort
am Zugseil über eine Umführungsscheibe von 3,75 m Durchmesser.
Dann werden sie auf der Innenseite der in Abständen von je 3,9 m
unterstützten Hängebahn am Lager entlang geführt. Ein Bild der

Hängebahnstrecke am Hillebrandschacht gibt die Abb. 194 wieder. Sie läßt die Einzelheiten, darunter auch die pendelnde Tragrolle zur Führung des Zugseils, deutlich erkennen.

Von der Innenseite der Bahn werden die Wagen vermittelst Weichen, die auf den durchlaufenden Schienen schleifen, auf eine in der Längsrichtung des Stapelplatzes verschiebbare Absturzbrücke von 120 m Länge vollkommen selbsttätig am Zugseil übergeführt. Auf der Brücke befinden sich, entsprechend den acht Kohlensorten, acht verschieden lange Anschlaghebel, und zwar auf dem ersten von den Wagen befahrenen Strang. Der Auslösehebel am Wagenkasten ist verstellbar

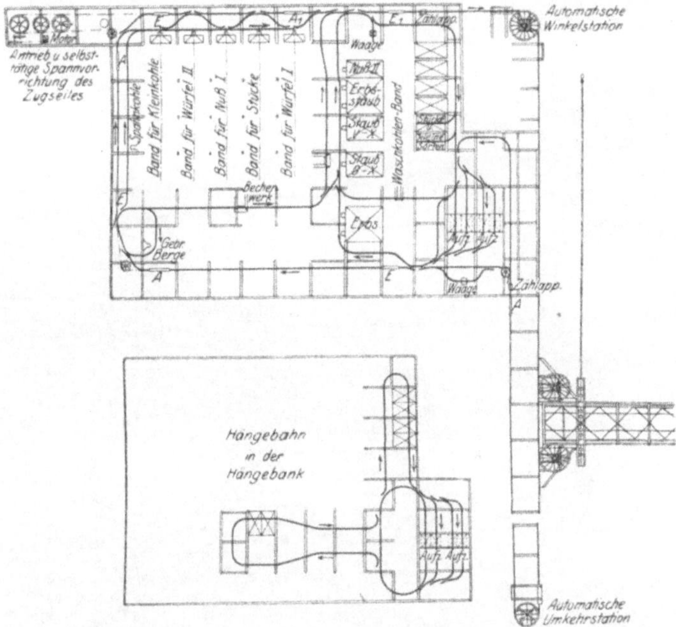

Abb. 317. Gleisplan in der Separation des Menzelschachtes.

und wird von dem Arbeiter, der den Wagen zum Ankuppeln ans Zugseil in die Kuppelstelle der Separation schiebt, mit Hilfe einer dort angebrachten Lehre je nach der Kohlensorte eingestellt. Je nachdem nun der Hebel am Wagen höher oder tiefer steht, löst sich der Kasten auf der Brücke an dem entsprechenden Anschlageisen selbsttätig aus und stürzt seinen Inhalt ab.

Auf dem zweiten rücklaufenden Strang der Brücke kann der Lauf der Wagen in der Mitte unterbrochen werden, wo eine Bühne für die dort erforderlichen Arbeiter angebracht ist. An jener Stelle findet die Wiederbeladung aus einem kleinen Füllrumpf statt, falls Kohlen nach der Separation zurückgebracht werden sollen. Die Kuppelstellen sind ausrückbar, so daß die Wagen ohne jede Bedienung glatt durchlaufen, wenn sie leer zur Separation zurückkehren sollen.

Auf dem oberen Teil der Brücke bewegt sich in der ganzen Länge eine Laufkatze mit Selbstgreifer, der die Kohlen vom Platze aufnimmt und entweder am freien Ende direkt in Eisenbahnwagen abgibt, oder in den in der Mitte befindlichen Füllrumpf. Eine Ansicht der Brücke und des Stapelplatzes am Hillebrandschacht zeigt die Abb. 318, eine technische Darstellung des Lagers am Menzelschacht mit der zugehörigen Brücke die Abb. 319.

Sie ist als Fachwerksparallelträger ausgebildet und liegt auf drei Stützen auf, deren beide äußeren entsprechend den Längenänderungen des Brückenträgers infolge von Temperaturschwankungen auspendeln

Abb. 318.   Verladebrücke am Hillebrandschacht.

können. Die Gesamtlast ruht auf 16 Stahlgußlaufrädern, von denen je vier auf die beiden Endstützen entfallen, während der Druck der Mittelstützen durch 8 Laufräder auf zwei, in einem Abstand von 2 m verlegte Schienen übertragen wird. Verfahren wird die ganze Brücke durch drei auf den Unterwagen der Stützen gesetzte Drehstrommotoren von 16 PS Höchstleistung, die den Laufrädern von 0,8 m Durchmesser die Fahrtgeschwindigkeit 30,6 m/Min erteilen. Der gleichmäßige Gang aller Motoren wird dadurch erreicht, daß die drei Anlasser durch einen einzigen Hebel gesteuert werden. Dabei ist jedoch die Einrichtung getroffen, daß der Kranführer auch jeden Motor einzeln bedienen kann, um auf die Weise eine Stütze wieder heranzuholen, die aus irgendeinem Grunde, z. B. Schleifen der Laufräder infolge von Eis oder dgl., zurückgeblieben sein sollte. Die Steuerung der Fahrmotoren erfolgt von einem festen Führerhause aus, das über der Pendelstütze bei der Seilbahnstrecke in die Brücke eingebaut ist.

Die Laufkatze besteht aus einem genieteten Gerüst, auf dem das Hub- und das Katzenfahrwerk befestigt sind; daran hängt das wetterdicht verschalte Führerhaus, in dem alle Steuerapparate untergebracht sind. Das Fahrwerk wird angetrieben durch einen gleichen Motor wie die Brückenverschiebung; ein Schneckengetriebe mit dem Übersetzungsverhältnis 1 : 12 und ein Stirnräderpaar mit den Zähnezahlen 38 : 39 gibt den Laufrädern von 0,6 m Durchmesser eine Fahrtgeschwindigkeit von 3 m/sek. Bei der Brücke am Menzelschacht liegt die äußerste Tragschiene 7,5 m tiefer als die an der Hängebahn befindliche, so daß die ganze Brücke eine Neigung von $6^{1}/_{4}$ v. H. erhalten mußte. Infolgedessen war das Katzenfahrwerk mit einer Winde auszurüsten, deren Seilscheiben sich auf zwei parallel ausgespannten und an den Brückenenden fest verankerten Zugseilen abrollen, die je einmal um die Scheiben geschlungen sind.

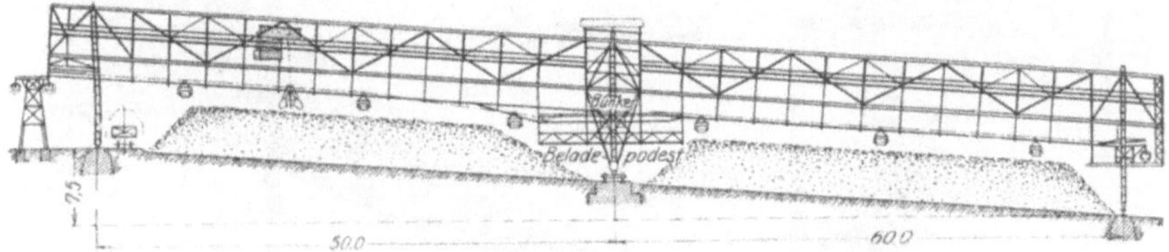

Abb. 319. Verladebrücke am Menzelschacht.

Das Hubwerk besitzt einen Antriebsmotor von 50 PS Höchstleistung, der dem daranhängenden Selbstgreifer die Geschwindigkeit 35 m/Min erteilt. Der Zweikettengreifer hat ein Fassungsvermögen von 3 cbm und kann in jeder beliebigen Höhenlage geöffnet werden. Die Kohle wird dadurch sehr geschont, weil der Kranführer sie sanft aus dem Greifer herausgleiten lassen kann, was bei Einkettengreifern nicht so bequem möglich ist.

Eine langgestreckte Stapelanlage, bei der sich infolgedessen die Brücke erübrigt, ist die in Abb. 320 nach einer Ausführung von Ernst Heckel G. m. b. H. dargestellte. Sie empfiehlt sich freilich nur dann, wenn die Wiederaufnahme in Landfuhrwerke erfolgt.

Wie die Bergwerke machen auch Hüttenwerke für den Transport ihrer Rohmaterialien und Erzeugnisse ausgedehntesten Gebrauch von Drahtseilbahnen jeder Bauart.

Eine der häufigsten Anwendungen ist die für den Betrieb der Kokerei und für ihre Verbindung mit den Hochöfen, die z. B. von der Aktiengesellschaft für Hüttenbetrieb in Duisburg-Meiderich in großartigstem Maßstabe durchgeführt worden ist. Aus den Kohlenbehältern der Wäsche wird die Kohle in die Wagen einer mehrfach verzweigten Hängebahn abgezogen, an die sich eine kurze, mit Drahtseil betriebene

Linie anschließt, die zur Mischanlage führt, wo die Wagen wieder ausgekippt werden. Die hier verarbeitete Kohle wird auf einer Hängebahn
weiterbefördert, die sich in einer Schleife unter der Mischanlage herzieht
und durch ausrückbare Kuppeleinrichtungen mit einer zweiten Drahtseilbahn in Verbindung steht. Diese führt etwas ansteigend zu der in
Abb. 321 rechts befindlichen Zentralstation an der Kokerei und ist
rückwärts nach der Wäscherei verlängert, wo sie ihren Antrieb gemeinsam mit der ersten Linie erhält, so daß auch unmittelbar von der Wäsche
nach der Kokerei gefördert werden kann, wenn die Kuppelstellen bei
der Mischanlage ausgeschaltet werden. Die zweite Linie umschließt die
Koksofenanlage in der Höhe vollständig, wobei die Wagen am Zugseil

Abb. 320. Hängebahnanlage um einen lang gestreckten Stapelplatz.

selbsttätig um in den Eckpunkten angeordnete Kurvenscheiben
herumgeführt werden. Sie entleeren sich dann auf der Strecke ebenfalls
selbsttätig durch Anstoß an einen einstellbaren Anschlag in eine der vier
Stampfmaschinen und kehren schließlich leer nach der Mischanlage
oder Wäsche zurück. Die Stampfmaschinen werden auf Gleisen an den
Koksofenbatterien entlanggefahren und schütten ihren Inhalt unmittelbar in die Öfen aus, so daß der ganze Transport der Kohle von der
Wäsche bis in die Öfen maschinell vor sich geht.

Der abgelöschte Koks wird gleichfalls mit Hängebahnen weiter-
transportiert, indem er von den Rampen der Koksöfen in Hängebahnwagen übergeladen wird, deren Oberkante in ungefähr gleicher Höhe
mit den Rampen liegt, und die auf ihrem Gleis von Hand verschoben

Abb. 321. Ansicht der Seilbahnanlage bei den Koksöfen in Duisburg-Meiderich.

Abb. 322.   Zweite Ansicht der Seilbahnanlage bei den Koksöfen in Duisburg-Meiderich.

werden. Dieses Gleis steht durch eine Reihe von Weichen mit der
unten um die Ofenbatterie herumführenden Koksseilbahn in Verbindung, und an jeder Abzweigstelle können die Wagen vom Zugseil dieser
vierten Bahn abgekuppelt und auf den Beladestrang übergeführt werden.
Das innere Gleis der Koksseilbahn liegt auf jeder Seite der Koksöfen
senkrecht unter der Kohlenzubringebahn (vgl. Abb. 321 und 322), jedoch
werden die Wagen nicht vollständig im Kreise um die Koksöfen herumgeleitet, sondern sie kehren nach Umfahren der hinteren Umführungsscheiben auf einem äußeren, höher gelegenen Strang zur Zentralstation
zurück. Dieser äußere Strang der Bahn IV bietet die Möglichkeit, die
Hängebahnwagen über fahrbare Rutschen in Eisenbahnwagen aus-
zuleeren, die auf dem rechten, in Abb. 322 sichtbaren Eisenbahngleis
stehen. Eine Gesamtansicht der Koksofenanlage mit ihren verschiedenen
Seilbahnen liefert die Abb. 321 von einem erhöhten Standpunkte aus; eine

Abb. 323. Drahtseilbahn zu den Hochöfen in Duisburg-Meiderich.

von der Hüttensohle aus aufgenommene Ansicht mit der Zentralstation
in der Mitte bietet die Abb. 322. Beide zusammen geben ein äußerst
anschauliches Bild der ganzen von A. Bleichert & Co. erbauten Anlage.
Gewöhnlich erfolgt der Transport des Kokes nach dem Hochofenwerk
auf einer fünften Drahtseilbahn, die sich ebenfalls an die Zentralstation
anschließt, derart, daß jede Umladung vermieden wird. Die Wagen
durchfahren zunächst eine Kokssieberei, wo Koks vollkommen selbsttätig abgestürzt werden kann, überschreiten dann das Koksbeladegleis
unter einem recht spitzen Winkel und werden dann wieder selbsttätig
über die Ablenkungsscheiben einer Kurvenstation geleitet bis zur End-
und Antriebsstation der Linie bei den Hochöfen, vor der die darunter
befindlichen Eisenbahngleise durch Brücken und Schutznetze gegen
etwa herabfallende Stücke gesichert sind, wie die Abb. 323 auf der
rechten Seite erkennen läßt.
In der Endstation werden sämtliche Wagen abgekuppelt und über
eine selbsttätig wirkende Wage mit Schreibwerk auf die sechste Linie

Abb. 324. Ansicht der Seilbahnanlage bei den Hochöfen in Duisburg-Meiderich.

übergeschoben, die sich neben den Hochöfen etwas über der Gichtbühne hinzieht. Darunter befinden sich an den Öfen Füllrümpfe, in die sich die Kokswagen von selbst je nach Einstellung der betreffenden Anschläge, entleeren, worauf sie bis zur Ausgangsstelle zurückkehren und von da wieder zur Kokerei gehen. Auf der Gichtbrücke ist noch eine von Hand betriebene Hängebahn vorhanden, deren Wagen aus den Füllrümpfen beladen, dann nach dem betreffenden Ofen gefahren und in die Gicht ausgekippt werden.

Wird ausnahmsweise Koks mit der Eisenbahn befördert, so wird er entweder unmittelbar aus den Eisenbahnwagen in Hängebahnwagen übergeladen oder auch auf eine schräge Rampe geworfen, von der er sich ebenfalls in die Hängebahnwagen abziehen läßt. Diese fahren am Zugseil bis an das Ende einer siebenten Drahtseilbahnstrecke und werden von hier aus auf einer sich quer zur Achse der Füllrümpfe hinziehenden achten Linie nach Aufstellgleisen gebracht, von wo aus sie in der Reihe der Erzwagen durch Aufzüge auf die Gichtbühne gehoben werden.

Die herankommenden, die Erze zuführenden Eisenbahnwagen werden über die in Beton ausgeführten Füllrümpfe gefahren, die in Abb. 324 links sichtbar sind, und dort senkrecht nach unten entladen. Unter den Füllrümpfen laufen quer zu den oberen Eisenbahngleisen Tunnel entlang, in welchen die Hängebahnwagen vermittels einfacher in den Bodenflächen der Erztaschen angeordneter Verschlußöffnungen beladen werden, worauf man sie auf die neunte Seilbahnlinie schiebt, auf der sie am Zugseil nach den Gichtaufzügen fahren. Vor jedem Aufzug befindet sich eine Reihe paralleler Aufstellgleise, auf denen die Wagen nach Chargen zusammengestellt und je nach Bedarf abgefertigt werden. Für den Fall, daß ein Aufzug stillgesetzt werden muß, sind die einzelnen Gichtbühnen miteinander durch Hängebahngleise verbunden, so daß die Möllerung dann von einem benachbarten Aufzuge herangebracht werden kann. Die leeren Wagen werden in den Aufzügen wieder herabgelassen, auf eine Linie X geschoben und gelangen von dort über Umführungsscheiben auf die andere Seite der Füllrümpfe, wo sie an irgendeinem der Querstränge wieder abgekuppelt und von neuem beladen werden.

Die ganze, von Adolf Bleichert & Co. entworfene und ausgeführte Anlage läßt an Einheitlichkeit und Einfachheit des Transportes nichts zu wünschen übrig, obwohl die beschriebenen Seilbahnen und Hängebahnen nicht gleichzeitig entstanden sind, sondern erst im Laufe der Zeit auf den heutigen Stand gebracht wurden. Am ältesten ist die Erzförderanlage, dann entstanden die Bahnen bei der Kokerei, während die Verbindungslinie V, das Schlußglied in der Kette des mechanischen Transportes, zuletzt in Betrieb gesetzt wurde. Die Länge aller Drahtseilbahnen beträgt rund 3,1 km, ihre stündliche Gesamtleistung 280 t.

Die Förderung des Erzes auf die Gicht durch senkrechte Aufzüge war hier durch die Verhältnisse geboten, bringt aber gewisse Nachteile mit sich. Denn einmal sind oben und unten Leute erforderlich, um die Aufzüge zu bedienen, die bei Anordnung einer selbsttätigen, stetig

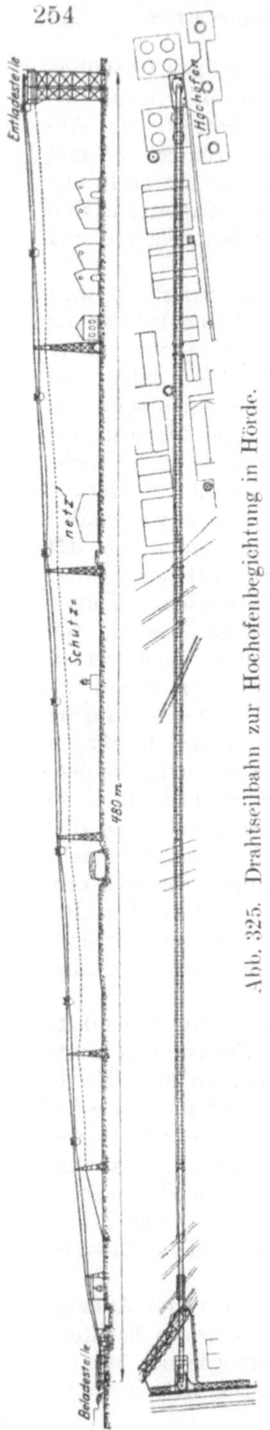

Abb. 325. Drahtseilbahn zur Hochofenbegichtung in Hörde.

wirkenden Transportvorrichtung entbehrt werden können. Andererseits ist die Leistungsfähigkeit von Transportvorrichtungen mit hin und her gehendem Betrieb immer eine ganz bestimmte, die sich auch vorübergehend nicht steigern läßt, denn mit dem Absenden einer Ladung muß immer gewartet werden, bis die vorhergehende am Ziel angelangt und ein leeres Fördergefäß wieder auf den Aufzug geschoben ist. Da die ganzen Übersetzungsverhältnisse des Getriebes vom Motor bis zur Windentrommel für eine bestimmte Höchstgeschwindigkeit eingerichtet sind, so sind Änderungen nur durch zeitraubende, langwierige Arbeiten möglich, so daß eine gelegentliche Steigerung der Leistung so gut wie ausgeschlossen ist. Infolgedessen sind Drahtseilbahnen mit ihrem stetigen Betrieb, die durch schnelleres Einschieben von Wagen beliebig überlastet werden können, für große Anlagen das Gegebene. Sie haben sogar vor Schrägaufzügen, die den ganzen, unten zusammengestellten Möller mit einem Male auf die Gicht heben und dort entleeren, den Vorzug, daß sie sich gegenseitig als Aushilfe dienen, da man die verschiedenen Öfen miteinander durch leichte Brücken verbindet, über die von Hand bediente Hängebahnen gehen, welche alle Öfen in einfachster Weise an jede beliebige Zuführungsseilbahn anschließen.

Am einfachsten wäre es, das Erz gleich von der Grube aus mit einer Drahtseilbahn auf die Gicht der Hochöfen zu bringen. Dazu wird man aber nur ausnahmsweise einmal in der Lage sein. Im allgemeinen muß es erst irgendwo auf dem Hüttenboden aufgestapelt und gemischt werden. Wenn das betreffende Lager einen gewissen Abstand von den Hochöfen hat, so ergibt sich ganz von selbst die in Abb. 325 dargestellte Anlage, die von J. Pohlig A.-G. für das Hörder Hochofenwerk des Phoenix erstellt worden ist.

Befindet sich das Erzlager, wie es meistens der Fall ist, dicht vor den Hochöfen, so erhält die Drahtseilbahn die Form einer verhältnismäßig leichten Schrägbrücke mit festen Hängebahnschienen, über die das Zugseil die Förderwagen hinaufzieht. Die älteste Ausführung

der Art ist die von Adolf Bleichert & Co. 1900 für die Maximilianshütte
in Unterwellenborn gebaute, die Abb. 326 wiedergibt. Aus den Erz-
behältern wird das Material in die Seilbahnwagen abgezogen und dann
über die Schrägbrücken selbsttätig bis auf die Gicht gebracht, wo einige
wenige Arbeiter die Wagen auf ebenfalls maschinell betriebene, zu den

Abb. 326. Schrägseilbahn zur Hochofenbegichtung in Unterwellenborn.

einzelnen Gichten führende Seilbahnstränge ablenken. Die Oberkante
der Vorratstaschen liegt nur wenig über der Hüttensohle, so daß sie
bequem mit Hilfe von darüber weggeführten Eisenbahn- und Schmalspurgleisen mit Erz, Kalkstein und Koke gefüllt werden können. Die
Länge der Seilförderung beträgt, von Seilscheibe zu Seilscheibe gemessen,

95 m bei der Gesamtsteigung von 30,6 m. Die stündliche Fördermenge
jeder Schrägbrücke beträgt 150 Wagen von je 4,5 hl Inhalt, die sich
bei 1 m/sek Fahrtgeschwindigkeit in etwa 24 m Abstand folgen. Bei
der Förderung von Erzen braucht jede Brücke etwa 20 PS zum Antrieb.

In gewissem Sinne eine Verdoppelung der beschriebenen bildet die
auf Tafel I nur zur Hälfte dargestellte Anlage der Dillinger Hüttenwerke, die von J. Pohlig A.-G. gebaut worden ist. Die auf der einen
Seite der vier Hochöfen befindlichen Erztaschen werden von vier
darüber der Länge nach hinweggeführten Eisenbahngleisen aus gefüllt.
Darunter verlaufen quer kurze Hängebahngleise, in deren Wagen die
Erze aus Füllschnauzen abgezogen werden und die sich an je ein vor
und hinter den Erztaschen entlang geführtes Verbindungsgleis anschließen. Auf jeden Hochofen fördert von hier aus eine Schrägbrücke,

Abb. 327.   Die Erzzuführungsbrücken der Dillinger Hüttenwerke.

deren Antrieb sich dicht vor den Erzrümpfen befindet. Eine eingebaute
selbsttätige Wage stellt das Gewicht jeder auf die Gicht gehenden
Wagenladung fest und summiert das Ergebnis. Neben der Antrieb-
station ist noch ein Abstellgleis angeordnet, auf dem die Möllerung
vollständig zusammengestellt werden kann, ehe sie dann in kurzen
Abständen hintereinander abgelassen wird. Ein Gesamtbild der vier
Erzzuführungsbrücken mit der darunter gelegenen Gichthalle gibt die
Abb. 327.

Auf der anderen Seite der Hochöfen befinden sich die Koksöfen,
auf deren Ausdrückseiten wieder handbetriebene Hängebahnen entlang
gezogen sind. Auch hier sind durch eingelegte Kurven mit Weichen-
anschlüssen die von Hand zu durchstoßenden Strecken in bequemer
Weise unterteilt. Zwischen je zwei Hochöfen ist eine Gichtbrücke in
die Höhe geführt, deren Einzelheiten völlig denen der Erzbrücken entsprechen. Durch Verbindungen mit den benachbarten Hängebahnen

Abb. 328. Die Koksofenbahnen der Dillinger Hüttenwerke.

Abb. 329. Die Hochofenbegichtung der Dillinger Hüttenwerke.

Stephan, Drahtseilbahnen. 3. Aufl.   17

und Brücken sowohl unten auf der Hüttensohle als auch oben auf der
Gichtbrücke sind alle etwa erforderlichen Aushilfen geschaffen. Ein
Bild der Koksofenbahn sowie der Anlagen auf den Hochofenbühnen
geben die Abb. 328 und 329.

Das System hat sich ausgezeichnet bewährt und ist in zahlreichen
Ausführungen wiederholt worden, bis es durch die Einführung des elektrischen Einzelantriebes für Hängebahnwagen eine bedeutende Vervoll-
kommnung erfahren hat, indem dadurch die Bewegung auf den wagerechten Strecken wesentlich vereinfacht und erleichtert wurde. Eine
besonders übersichtliche und planmäßig durchgebildete Anlage der
Art ist die des Hüttenwerkes der Gebrüder Stumm in Neunkirchen,
die von A. Bleichert & Co. entworfen und ausgeführt wurde.

Erz und Kalksteine werden dem Werk in Eisenbahnwagen zugeführt,
deren Gleise über einer dreifachen Reihe von großen, aus Beton erbauten
Taschen en-
digen, in die
das Material
abgeworfen
wird. Unter
diesen be-
deckten Erz-
taschen ver-
laufen der
Länge nach
drei Tunnel,
die die Gleise
von Elektro-
hängebahnen
enthalten, de-
ren Wagen
durch Rut-
schen mit
Rundschie-

Abb. 330.   Beladetunnel unter den Erzfüllrümpfen
in Neunkirchen.

berverschlüssen von einigen wenigen, allein dafür angestellten Arbeitern beladen werden. Den Blick in einen solchen Beladetunnel
mit den Rutschen und ihren Verschlüssen gibt die Abb. 330 wieder.
Die dort beschäftigten Arbeiter haben nur die Klappe zu öffnen
und gelegentlich etwas nachzuhelfen, wenn sich große Erzstücke
etwa stauen. Mit der Bewegung der Wagen haben sie nichts zu
tun; diese halten vor der Auslauföffnung an, wenn der Arbeiter
vermittels eines kleinen Handschalters die elektrische Schleifleitung
an der Stelle stromlos macht, und werden nach beendeter Füllung
durch Einschalten des Stromes wieder in Bewegung gesetzt. Wenn
etwa während des Füllens weitere Wagen herankommen, so
bleiben sie im richtigen Abstand von selbst stehen, so daß ein Zu-
sammenstoß ausgeschlossen ist, und fahren ebenfalls selbsttätig
näher heran, sobald der erste Wagen sich in genügender Entfernung
befindet.

Abb. 331. Aufstellgleise für die Hochofenbegichtung in Neunkirchen.

Abb. 332. Blick auf die Füllrümpfe und Aufstellgleise in Neunkirchen.

Die Beladegleise vereinigen sich auf einem kurzen Strang, wo das Gewicht der einzelnen Wageninhalte gewogen und summiert wird. Dann werden die Wagen durch eine Kehre mit anschließenden Weichen auf eines der vier Aufstellgleise geleitet, deren Ansicht die Abb. 331 zeigt, und dort nach Chargen für die einzelnen Öfen hintereinander geordnet.

17*

Hier warten sie solange, bis der Mann, der am Fuße der Schrägbrücke
seinen Stand hat, durch Einschalten des Stromes den ersten Wagen
eines Stranges in Bewegung setzt, worauf die anderen in dem durch das
Blocksystem vorgeschriebenen Abstand automatisch nachrücken. Jeder
Wagen ist ferner mit dem Bleichertschen Kuppelapparat für Unterseil
versehen, der selbsttätig, ohne daß die Wagen ihre Fahrt unterbrechen,
die Kupplung mit dem ständig auf der Schrägbrücke umlaufenden Zugseil herstellt, das dort den Antrieb übernimmt. Einen Überblick von
der 12 m über Hüttensohle befindlichen Hochofenbühne auf den unteren
Teil der Schrägbrücke, die Aufstellgleise und das Erz- bzw. Kalkstein-
lager gewährt die Abb. 332, einen Blick in die Schrägbrücke herunter
gibt Abb. 333 wieder.

Abb. 333. Schrägbrücke in Neunkirchen.

Die Wagen kuppeln sich oben wieder selbsttätig vom Zugseil ab und
fahren auf der Wagerechten unter Strom weiter. Durch Einstellen der
verschiedenen Weichen werden sie von einem obenstehenden Mann
nach den einzelnen Öfen abgelenkt und dann in die Gichtschüssel ausgekippt, um darauf zur Schrägbrücke zurückzukehren und am Zugseil
wieder herunterzufahren. Unten gelangen sämtliche Wagen auf einem
neben den Füllrümpfen entlanglaufenden Strang nach der Hinterseite
des Lagergebäudes, wo sie von dem Quergleis aus durch Einstellen der
Weichen wieder auf einen der drei Beladestränge geführt werden.
Die notwendige, vom Betrieb immer geforderte Aushilfe ist durch
doppelte Ausführung der Schrägbahn getroffen. Sowohl für das Hinauf-
fahren als auch die Abwärtsfahrt stehen je zwei Stränge zur Verfügung,
so daß, selbst wenn nur eine Sicherung durchschmelzen sollte, der

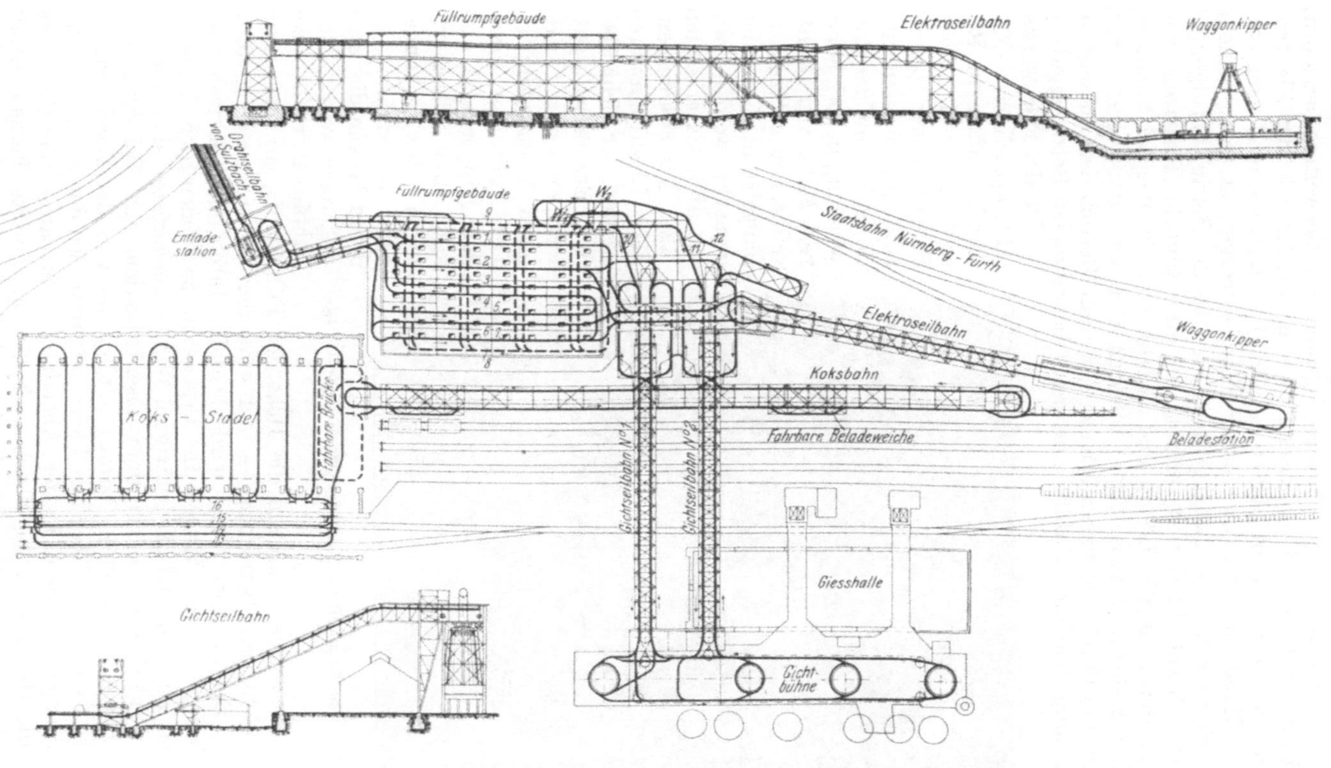

Abb. 334. Gesamtanordnung der Hängebahnen in Rosenberg.

Betrieb ungehindert auf der danebenliegenden Strecke weitergehen kann. Zur gesamten Erz- und Kalksteinförderung werden von der Elektrohängebahn in der Schicht nur 16 Arbeiter benötigt, während man vorher bei Handmöllerung und senkrechten Aufzügen in jeder Schicht 78 Arbeiter für dieselbe Tätigkeit brauchte. Da der Betrieb naturgemäß Tag und Nacht durchgeht, ergibt sich eine tägliche Ersparnis von 124 Arbeitern, für die Löhne und Unfallkosten in Wegfall kommen, die früher durch gegenseitiges Anfahren der von Hand gestoßenen Wagen und durch die verschiedenen mit dem Betrieb der Aufzüge in Verbindung stehenden Unfälle einen recht bedeutenden Betrag ergaben.

Abb. 335. Beschickung des Kokslagers in Rosenberg.

Bei der Eisenwerks-Aktiengesellschaft Maximilianshütte in Rosenberg, auf deren Schrägbrücken bereits S. 255 hingewiesen wurde, ist im Lauf der Entwicklung in noch höherem Maße von Drahtseilbahnen und Elektrohängebahnen Gebrauch gemacht worden, wie die Abb. 334 erkennen läßt. Die ankommenden Eisenbahnwagen werden hier nicht über den Erztaschen entleert, sondern mit Hilfe eines Waggonkippers. Der Füllrumpf unter dem Kipper wird nun von einer Bleichertschen Elektrohängebahn unterfahren, in deren Wagen die Erze abgezogen werden. Eine Schrägseilstrecke befördert die Wagen dann auf die Höhe der Füllrümpfe, wo sie — nun wieder elektrisch betrieben — auf eins der Absturzgleise geführt werden. Der Koksschuppen wird ebenfalls durch eine Elektrohängebahn bedient, deren Wagen im Gegensatz zu denen der Erzbahn noch mit einer elektrisch betätigten Winde ausgerüstet sind, die die leeren Wagenkasten neben dem Eisenbahngleis zur Beladung mit Koks absetzt (Abb. 335). Darauf werden sie von der Winde wieder angehoben und dann über das Lager gefahren, wo der Mann, der die ganze Anlage von dem in der Abbildung sichtbaren Häuschen aus durch die der Firma A. Bleichert & Co. geschützte Fernsteuerung überwacht und bedient, den Kasten wieder senkt und unmittelbar über der Schüttstelle zum Kippen bringt, so daß der Koks nicht durch den Sturz leidet. Alle Materialien werden schließlich durch ein System von Drahtseilhängebahnen über die Schrägbrücken auf die Gichtbühne und nach den einzelnen Hochöfen befördert.

In Abb. 336 ist noch der Lageplan einer entsprechenden Elektrohängebahnanlage wiedergegeben, derjenigen der Buderusschen Eisenwerke in Wetzlar, die ebenfalls von A. Bleichert & Co. erbaut worden

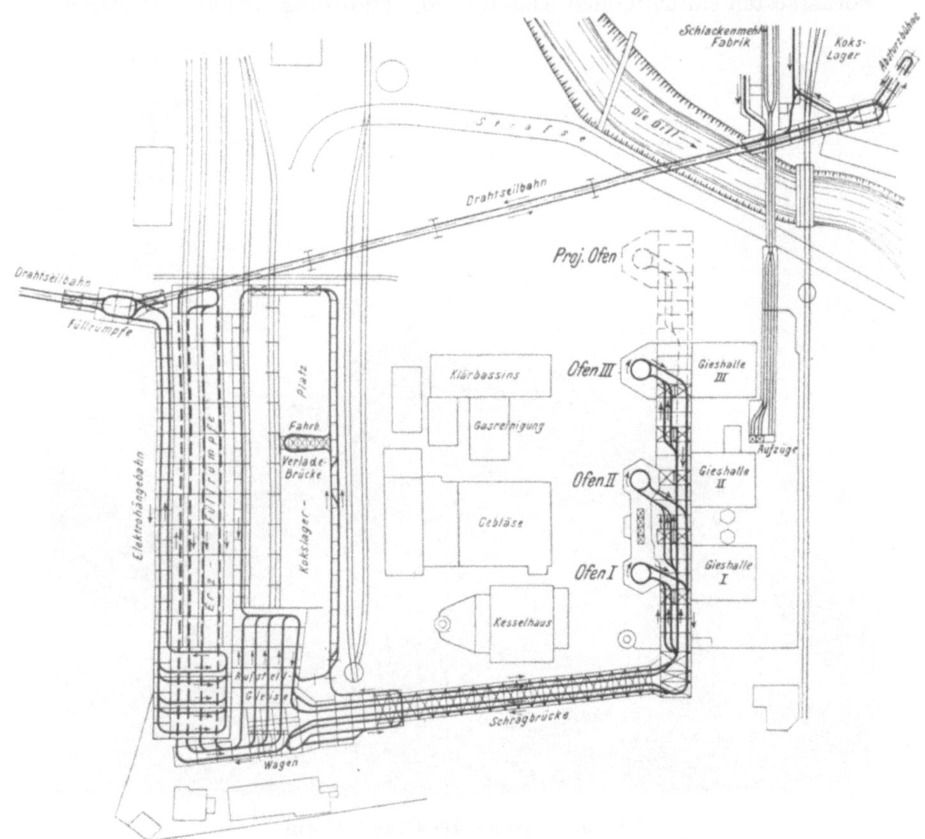

Abb. 336. Lageplan der Elektrohängebahnen in Wetzlar.

ist. Die Erze kommen mit der Eisenbahn an, ebenso der Koks, doch wird ein Teil des letzteren, sowie der Kalkstein, auch durch Drahtseilbahnen zugebracht, von deren Endstationen eine Elektrohängebahn den Weitertransport in die dafür bestimmten Silokammern übernimmt. Unter den Füllrümpfen geht eine Reihe von Elektrohängebahnsträngen entlang, die das dort entnommene Material der Gichtseilbrücke zuführen. Der Koks wird von dem mit der Eisenbahn beschickten Lager vermittels einer fahrbaren Beladebrücke aufgenommen und dann von der vor dem Lager entlang laufenden Elektrohängebahn ebenfalls zu den Aufstellgleisen der Schrägbrücke gebracht, auf der, wieder aus Sicherheitsgründen, zwei Seilbahnen in die Höhe gehen.

Es ist klar, daß derartige umfangreiche Anlagen mit ihren großen Kunstbauten und den zwar stark verminderten, aber immer noch ziemlich zahlreichen Bedienungsmannschaften einen nicht unerheblichen Anteil an den Erzeugungskosten des Roheisens haben. Die gesamten Förderkosten einschließlich Tilgung und Verzinsung, Löhne und soziale

Abb. 337. Halde bei Grand Hornu.

Lasten, Ausbesserungsarbeiten und Energiebedarf beliefen sich im Jahr 1912 im Durchschnitt auf 1,40—1,50 M. für die Tonne erzeugten Roheisens bei Anwendung von Schrägbrücken und Elektrohängebahnen, während die Kübelbegichtung mit Schrägaufzügen in einem Fall 1,40, sonst 1,60—1,75 M. für die Tonne Roheisen ergab[30]).

In Fällen, wo die räumliche Entwicklung die Anordnung einer Schrägbrücke nicht gestattet, muß man notgedrungen auf die Förderung

---

[30]) Lilge, Hochofenbegichtungsanlagen unter besonderer Berücksichtigung ihrer Wirtschaftlichkeit, Berlin 1913.

in lotrechter Richtung zurückkommen. Jedoch geht man mehr und mehr aus den schon S. 162 erörterten Gründen von den üblichen Aufzügen ab und ersetzt sie durch stetig arbeitende Kettenförderer, was z. B. die Abb. 229 nach einer von J. Pohlig A.-G. für den Versuchshochofen der Dillinger Hütte ausgeführten Skizze zeigt.

Bergbau- und Hüttenbetriebe erzeugen gewaltige Mengen von Rückständen. Oben war bereits kurz darauf hingewiesen, wie man die zur Beförderung der gewonnenen Kohle dienenden Drahtseilbahnanlagen mit Vorteil gleichzeitig zum Abtransport der Waschberge benutzt, und ein Streckenbild der dort (S. 229) beschriebenen Anlage mit der Halde gibt die Abb. 337. Meist werden jedoch besondere Einrichtungen hierfür erforderlich. Von dem alten System der Gleisbahnen kommt man mehr und mehr ab, weil es nicht möglich ist, damit größere Steigungen und Gefälle zu nehmen und so das Gelände auf die günstigste Weise auszunutzen. Drahtseilbahnen, die eigens für den Transport von Schiefer oder Hochofenschlacke gebaut werden, haben sich deshalb schon seit langen Jahren eingebürgert und finden immer mehr Verbreitung.

Sie unterscheiden sich häufig gar nicht von den gebräuchlichen Drahtseilbahnen. Hinzu kommt allein auf jedem der beiden Tragseile, die in derselben Stärke ausgeführt werden, ein Anschlag, der die Verriegelung der Wa-

Abb. 338. Langer Anschlag zum Auskippen
der Wagenkasten.

genkasten während des Vorbeifahrens auslöst und so den Kasten zum Auskippen bringt. Damit sich das im Winde seitlich ausschlagende Zugseil nicht verfängt, wird der Anschlag häufig bis unter den freien Raum der Wagenkasten verlängert und trägt dort außerdem die richtige Lage bestimmenden Gegengewicht eine Zugseilleitrolle, wie Abb. 338 nach einer Bleichertschen Ausführung angibt. Bisweilen wird dieser Anschlag auch nur soweit heruntergeführt, wie es nötig ist, um den Verriegelungshebel des Kastens herumzuschlagen. Um auch bei stärkeren Pendelungen von Wagen und Anschlagvorrichtung im Winde das Entladen mit Sicherheit zu erreichen, erhält der Anschlag dann eine hinreichend lange Führungsschiene, wie es z. B. die Ausführung von Th. Otto & Comp. in

Abb. 339. Kurzer Anschlag auf der Strecke.

Abb. 340. Umführungsstation einer Haldenseilbahn.

Abb. 339 zeigt. Er wird von Zeit zu Zeit von einem langsam bis an die betreffende Stelle in einem festgebundenen Wagenkasten mitfahrenden Mann versetzt, und das ist mit Ausnahme der Wagenschieber in der Beladestation die einzige Bedienung, die die Anlage erfordert. Die Endstation am Schluß der Halde enthält nur eine Umführungsseilscheibe von gewöhnlich 3,5 bis 4,0 m Durchmesser, um welche die Wagen am Zugseil herumgehen, wie die Abb. 340 nach einer Ausführung der Seilbahn-Gesellschaft veranschaulicht.

In der Weise aufgeschüttete Halden nehmen die Form eines langen Dammes an. Ein Beispiel zeigt die Abb. 341, die Aufriß und Lageplan einer von A. Bleichert & Co.

für die Kalizeche Marie Louise in Oschersleben errichteten Haldenseilbahn wiedergibt. Die Tragseile liegen hier in der verhältnismäßig
geringen Höhe von 15 m. Eine andere, ebenfalls nach einer Bleichert-

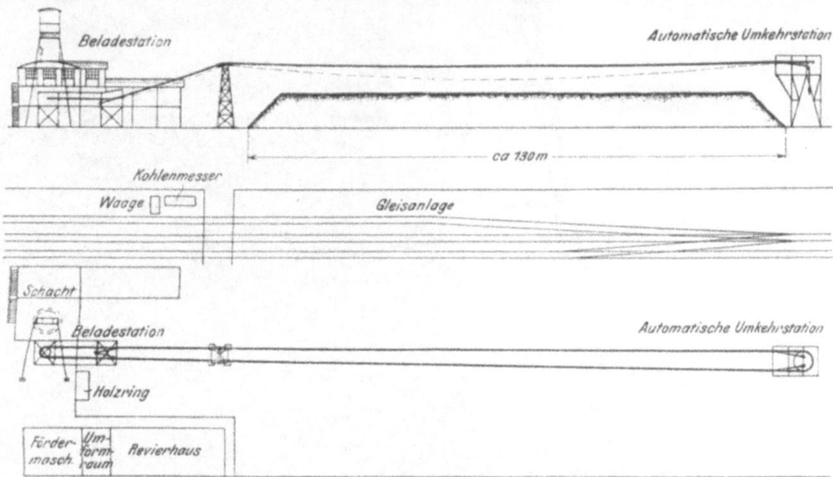

· Abb. 341. Haldenseilbahn in Oschersleben.

schen Ausführung aufgenommene Abb. 342, stellt die eben begonnene
Halde der Kali-Gewerkschaft Wintershall in Heringen mit einer 30 m
hohen Holzstütze und einem rahmenförmig ausgebildeten Entlade-
anschlag dar. Die Stütze
wird später wie die
rechts und links von ihr
gelegenen Unterstützun-
gen von dem abgestürz-
ten Schlamm eingeschüt-
tet werden.

Für kleine Verhält-
nisse, z. B. zur vorläu-
figen Ablagerung der
Rückstände chemischer
Fabriken, genügt oft
eine kurze Hängebahn-
anlage, wie sie etwa die
Abb. 343 nach einer
Ausführung von A. W.
Mackensen wiedergibt.
Eine durch die Lage
der Halde im Verhältnis

Abb. 342. Haldenseilbahn in Heringen.

zur Beladestation bemerkenswerte Anlage ist die in Abb. 344 dargestellte einer von Adolf Bleichert & Co. in Glamorgan (Schottland)
errichteten Haldenseilbahn. Die Höhen der Hauptzeichnung sind im

Abb. 343. Haldenhängebahn einer chemischen Fabrik.

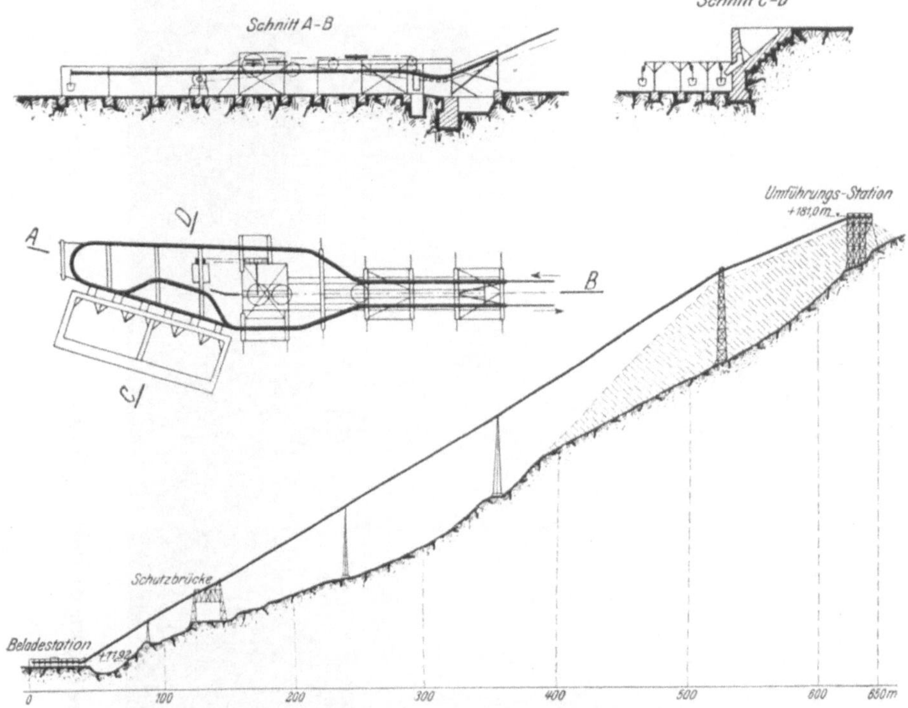

Abb. 344.　Längsprofil und Beladestation der Haldenseilbahn in Glamorgan.

doppelten Maßstab der Längen aufgetragen, so daß die eiserne, später zuzuschüttende Mittelstütze eine Höhe von 35 m besitzt. Die Entnahme des Schüttmaterials aus Füllrümpfen und den Gesamtaufbau der Antriebsstation veranschaulichen die Nebenzeichnungen.

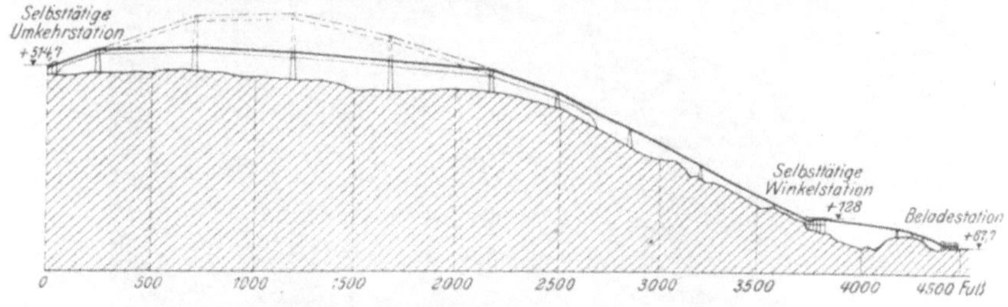

Abb. 345.　Haldenseilbahn in Aberaman.

Wenn die Aufschüttung der Halde bis zur vollen Höhe längere Jahre erfordert, kann man die Stützen der Drahtseilbahn zuerst niedriger halten und erhöht sie erst später, dem Bedarf folgend. Eine solche, ebenfalls Bleichertsche Ausführung für die Powell Steam Coal Co. in

Abb. 346. Dreieckförmige Halde in Belgien.

Aberaman zeigt die Abb. 345, deren Höhen ebenfalls doppelt so groß
wie die Längen gezeichnet sind. Die Absturzstelle liegt auch wieder auf
einer Anhöhe, und die Wagen müssen aus örtlichen Gründen erst eine
allerdings keine Aufsicht erfordernde Winkelstation durchlaufen, um
zur Halde zu gelangen, die vorläufig nur auf 17 m Höhe angeschüttet
werden soll, jedoch mit der Zeit bis auf 45 m, entsprechend etwa 50 m
Stützenhöhe ansteigen wird. Die Stützen werden natürlich von vornherein demgemäß stark bemessen.

Ist der für die Halde verfügbare Raum von beschränkter Länge,
dafür aber von größerer Breite, so werden gelegentlich wohl die sonst
dicht nebeneinander liegenden beiden Stränge der Seilbahn auseinandergezogen, wie z. B. im Fall der Abb. 346, die eine von J. Pohlig A.-G.
für ein belgisches Hüttenwerk erbaute Anlage darstellt. Die Bahn verläuft vom Werk aus in der üblichen Bauweise bis zu der in der Mitte
der Abb. 346 sichtbaren Trennungsstation. Dort teilen sich die beiden

Abb. 347. Halde mit Hängebahnanlage in Roux.

Stränge derart, daß die Wagen eine Dreieckfläche umfahren, deren beide
Eckstationen in der Abbildung links und rechts als gut verankerte
Umführungsstellen erscheinen.

In weitaus den meisten Fällen legt man die Endstation der Drahtseilbahn auf Stützen möglichst hoch und schließt an sie, nachdem dahinter einmal ein bis zu ihrer Höhe gehender Haufen angeschüttet ist,
eine Hängebahn mit niedrigen, auf der Halde stehenden Stützen an,
auf der die Wagen von Hand weiter geschoben und entleert werden.
Hiervon macht man besonders dann Gebrauch, wenn die Längsachse
des Haldenplatzes etwa winkelrecht zur Achse der Drahtseilbahn verläuft, wie das die Abb. 347 einer von J. Pohlig A.-G. für die Société
Anonyme des Charbonnages du Nord de Charleroi in Roux gelieferten
Anlage veranschaulicht. Diese Handhängebahnen können leicht immer
weiter ausgebaut, mit Zweigstrecken versehen oder auch im Kreise
herumgeschwenkt werden. Es ist das ein recht gebräuchliches System
der Haldenbeschickung, weil die Beschaffungskosten für den Ausbau

der Handhängebahnen sehr gering sind. Dafür erfordert es aber unter Umständen ganz bedeutende Ausgaben für Arbeitslöhne, die z. B. im Jahr 1910 bei einer Anlage des belgischen Hochofenwerkes Providence bei Marchienne au Pont täglich rund 60 Franken, also im Jahr über 22 000 Franken betrugen.

Um die Halde möglichst hoch aufschütten zu können, muß man die Endstation von vornherein recht hoch bauen. So hat z. B. die in Abb. 348 dargestellte, von J. Pohlig A.-G. für ein westfälisches Kohlenbergwerk in Eisen errichtete Endstation eine Höhe von 45 m. Sie ist

Abb. 348.   Endstation von 45 m Höhe.

noch dadurch auffällig, daß darin auch die übliche Tragseilspannvorrichtung angebracht ist und ferner das Zugseil durch das in der Abbildung erscheinende kleinere Gewicht gespannt wird. Die Umführung der Wagen von der einen Bahnseite auf die andere erfolgt also hier ausnahmsweise durch Bedienungsmannschaften.

Da Eisenbauten gegen das Anschlagen herabfallenden Gesteines sehr empfindlich sind, so darf bei voller Aufschüttung der Fuß der Halde, wie es seit der Aufnahme schon geschehen ist, nur bis an die Station heranreichen. Um ein beengtes Gelände besser auszunutzen, hat deshalb A. Bleichert & Co. die in Abb. 349 wiedergegebene Sonderbauart gebaut. Die Wagen gelangen auf die Höhe der Endstation über eine

Schrägbrücke, und die Endumführungsscheibe, bei deren Umfahrung das Auskippen des Wagenkastens erfolgt, um jedes Pendeln zu vermeiden, wird von Zeit zu Zeit um ein Stück herumgeschwenkt, so daß schließlich ein Bogen von 150 bis 180° beschüttet werden kann. Die Umführungsseilscheibe kragt so weit aus, daß herunterfallende Steine nur eben bis an den Fuß der Eisenkonstruktion rollen können.

Um den Eisenbau gegen Beschädigungen und den Rostangriff infolge der Anlagerung feuchter

Abb. 349.   Haldenseilbahn mit drehbarer Kurvenstation.

Berge zu schützen, hat die Seilbahn-Gesellschaft bei einer Ausführung für die Zeche Freie Vogel und Unverhofft bei Hörde[31]) den in der

Abb. 350.   Eiserne Turmstation mit Umbetonierung.

Mitte der kegelförmig anzuschüttenden Halde stehenden Stationsturm durch vollständige Umbetonierung gesichert (Abb. 350). Die Abspannung gegen den Zug der Tragseile erfolgt durch vier unter 45°

---

[31]) Heinold, Der Bergbau 1915.

geneigte rückwärtige Spannseile von je 40 mm Durchmesser. Da das
Schüttmaterial unter Umständen in Brand geraten und dann ein Besteigen der Halde gefährlich werden kann, so sind diese vier Seile als
Steigleiter ausgestaltet wor-
den, indem die beiden unteren
die Sprossen tragen und die
beiden oberen als Geländer
dienen. Ausgleichrollen bewirken, daß die Zugkraft sich
gleichmäßig über die Seile
verteilt. Außerdem nehmen
noch zwei, in der Aufsicht
von oben gegen die Seilbahnstrecke einen Winkel von je
60° einschließende Spann-
seile den auf den Turm kommenden Winddruck auf. Um
die Endverschlüsse der Abfangeseile gut zugänglich zu

Abb. 351. Betonturm auf 110 m erhöht.

machen, hat man die Seile in den Betonfundamenten durch gebogene
Rohre wieder nach oben geführt, so daß sie dort senkrecht zur Funda-
mentoberfläche austreten, und am Ende in üblicher Weise durch Schellen
gefaßt und in einer Stahl-
muffe vergossen.

Der Stationskopf ent-
hält eine Umführungsseil-
scheibe von 5 m Durch-
messer und ist insgesamt
10 m lang bei 5 m Breite.
Abgestürzt wird das Ma-
terial gleichmäßig an zwei
sich schräg gegenüber-
liegenden Ecken des Tur-
mes einfach dadurch, daß
die Hälfte der Wagenge-
hänge den Auslösehebel
nach rechts und die an-
dere Hälfte nach links
abgebogen hat. Da die
Abb. 350 ungefähr $^3/_4$ der
ganzen Bahn wiedergibt,
so genügte für die nach-

Abb. 352. Turmstation mit Führungsschläuchen.

giebige Verankerung der Tragseile die Einschaltung von kräftigen Federn.
Von Ernst Heckel G. m. b. H. wurde für das Röchlingsche Hochofenwerk in Völklingen ein entsprechender Turm aus Kesselschüssen
zusammengesetzt und dann innen ausbetoniert, so daß eine starke Säule
entstand, die natürlich ebenfalls durch mehrere Spannseile noch gehalten wird. Die von den Wagen selbsttätig durchfahrene Endstation

der Seilbahn war an diesem Turm so angebracht, daß sie bei Ansteigen der Halde nach oben verschoben werden konnte. Bei dem ersten Ausbau hatte der Turm die Höhe von 50 m. Nach vierjährigem Betrieb wurde er dann auf 110 m erhöht und die Station sogleich bis oben hingehoben, wie die Abb. 351 zeigt. Es ergab sich jedoch, daß bei stärkerem Wind das Schüttmaterial zu weit verweht wurde, und man hat deshalb an jeder Seite der Endstation einen entsprechend weiten Schlauch heruntergehängt, der das Gut bis ungefähr auf die Haldenhöhe leitet (Abb. 352).

Zu einem eigenartigen Ausbau der Endstation wurde die Seilbahn-Gesellschaft bei der für die Zeche Adolph von Hansemann errichteten Haldenseilbahn auf dem Wege über die Kabelkrane (vgl. S. 387) geführt [32]. Die alte, bereits 35 m hohe Halde war nur nach vorn erweiterungsfähig. Als günstigste Form erwies sich ein die Grenzen des verfügbaren Geländes berührender Kegel von 79,5 m Höhe. Bei der riesigen Menge von 185 t/St, die gelegentlich abzustürzen ist, kam nur eine Drahtseilbahn in Frage, deren Turm von 80 m Höhe aber bei einer den obigen entsprechenden Ausführung die Anlage unverhältnismäßig verteuert hätte. Man entging der Schwierigkeit durch ein nur 68 m langes und 56 m hohes Stützgerüst nach Abb. 353—356, dessen Kopf die Abb. 197 in technischer Darstellung brachte.

Abb. 353. Pendelnde Endstütze.

Den Gesamtaufbau der Gruben- und Waschberge aus den über der Antriebstation angeordneten Füllrümpfen in einer einzigen Spannweite von 210 m fördernden Anlage zeigt die Abb. 355. Die Eisenbahngleise

[32] Heinold, Der Bergbau 1914.

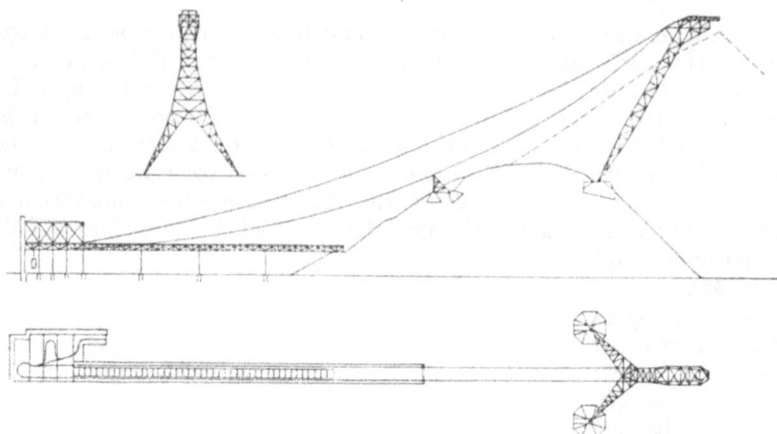

Abb. 354 und 355. Haldenseilbahn der Zeche Adolph von Hansemann.

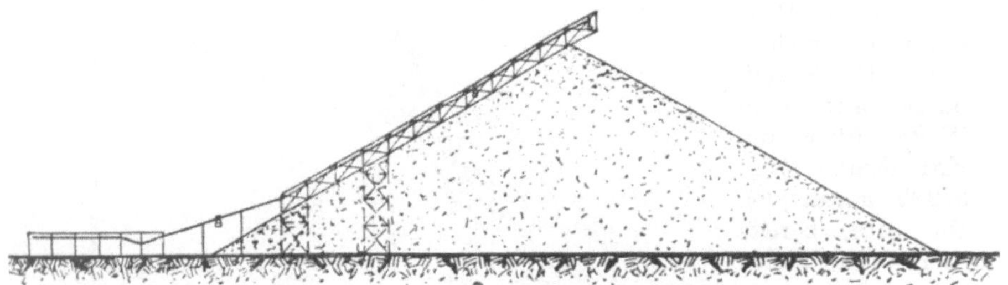

Abb. 356. Brückenanordnung zur Aufschüttung kegelförmiger Halden.

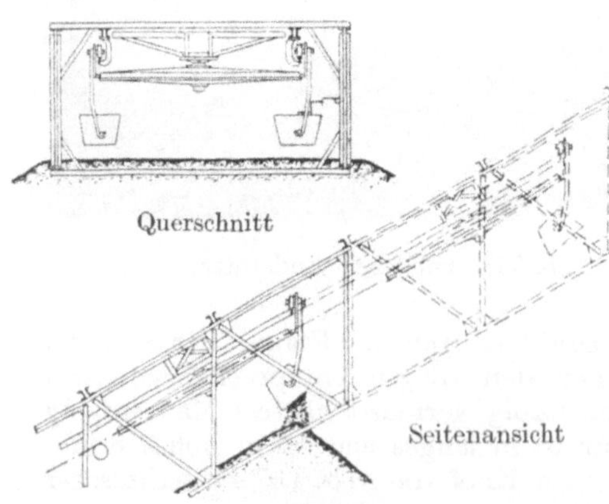

Abb. 357.
Einzelheiten der Haldenbeschickungsbrücke.

bei der Zeche werden durch ein Schutznetz von 116 m Spannweite und 94 m Netzlänge abgedeckt und außerdem noch durch die alte, zum Anschütten der ersten Halde dienende Förderbrücke. Um die Fundamente der Pendelstütze auf der Halde so sicher wie möglich festzulegen und voneinander unabhängig zu machen, sind die beiden Fußpunkte der Säule 30 m auseinandergesetzt worden.

Zur Vermeidung umfangreicher Holzbauten wurde die Stütze bis zu der Stelle, wo der eigentliche Kopf ansetzt, in lotrechter Stellung zusammengebaut. Dann wurden die verschlossenen Tragseile der Bahn von 37 bzw. 26 mm Stärke daran befestigt, ebenso die 6 Rückhaltseile, von denen sich 4 nach unten hin als Schutznetztragseile fortsetzen, während die beiden anderen an einem Zwischenspannbock verankert sind. Hierauf wurde die Stütze in die Schräglage von 60° gegen die Wagerechte gesenkt. Damit sich die Zugkräfte der Seile gleichmäßig auf den Eisenbau übertragen, endigen die Abfangeseile in Muffen mit nachstellbaren Spannankern, die ihrerseits wieder von je einer kräftigen Bufferfeder gehalten werden.

Die freilich vielfach ausgeführten und entschieden zur Zufriedenheit arbeitenden Turmseilbahnen haben den einen Nachteil, daß der Turm bzw. die Endstation sehr bedeutende Anschaffungs- und Baukosten verursacht, die von vornherein in ganzer Höhe verauslagt werden müssen. Vorteilhafter ist es, den Haldenkegel mit einer kurzen Schrägbahn von einem Ende her zu beginnen und ihn durch den wenig Kosten und Arbeit

Abb. 358. Seilbahn mit Haldenbrücke.

machenden Anbau eines weiteren Endstückes allmählich zu vergrößern.

Aus dieser Überlegung ging das Bleichertsche Haldenseilbahnsystem hervor, das skizzenhaft durch die Abb. 356 veranschaulicht wird. Den Kopf der Haldenseilbahn in Ansicht und Querschnitt zeigt die Abb. 357 deutlicher.

Es wird eine unter dem Böschungswinkel ϱ des Materials ansteigende Brücke errichtet, auf der die Wagen durch ein Zugseil bewegt werden, um am höchsten Punkte, wo die Umkehrscheibe angebracht ist, selbsttätig auszukippen und dann entleert zurückzukehren. Wenn die Flanke

Abb. 359. Seilbahn mit Haldenbrücke in Marchienne au Pont.

des entstehenden Kegels die Unterseite der Brücke erreicht hat und deren auskragenden Feldern Unterstützung gewährt, wird dann ein neues Glied angebaut und die Umkehrscheibe entsprechend hinausgeschoben.

Eine nach diesem Verfahren im Entstehen begriffene Halde stellt z. B. die Abb. 358 dar, eine schon ältere, nämlich die des Eisenwerks Providence, die auf eine vorhandene flache Halde aufgesetzt worden ist, die Abb. 359, eine entsprechende Ausführung von J. Pohlig A.-G. für ein belgisches Hüttenwerk die Abb. 360.

Das Einbauen neuer ansteigender Brückenglieder kann so lange fortgesetzt werden, bis die Fußpunkte des Kegels den Rand des Schüttgeländes berühren. Nun kann man, falls das Gelände einen in Richtung

der Seilbahn ver-
laufenden länge-
ren Streifen bil-
det, wagerecht
weiterbauen,
oder, wenn das
Gelände sich
senkrecht zur
Richtung der
Schrägbrücke
weiter ausdehnt,
die Brücke zur
Seite ablenken
bzw. seitwärts
Ausleger mit
kleinen Seiltrie-
ben oder auch
Transportbän-
dern u. dgl. an-
setzen. Jeden-
falls wird auf
diese Weise das
verfügbare Ge-
lände ohne mehr
Handarbeit, als
das gelegentliche
Ansetzen neuer
Brückenglieder
erfordert, am
besten und mit
den geringsten
Beschaffungsko-
sten ausgenutzt.
Was für ge-
waltige Mengen
mit einer nach
diesen Gesichts-
punkten von
vornherein er-
richteten Hal-
denbahn aufge-
stapelt werden
können, veran-
schaulicht die
umstehende Ta-
belle, der der gewöhnliche Böschungswinkel von 35° und eine
durchschnittliche Tagesleistung von 200 cbm Material zugrunde gelegt ist.

Abb. 360. Halde mit Schrägbrücke in Belgien.

Haldenhöhe	Grundkreis-durchmesser	Aufgeschüttete Menge	Zum Aufschütten verbrauchte Zeit		
m	m	cbm	Tage	= Jahre	+ Monate
30	86	58 100	290	1	—
35	100	91 600	460	1	5,5
40	115	138 500	700	2	3,5
45	129	197 000	1 000	3	3,5
50	143	267 700	1 350	4	5
55	158	359 500	1 800	6	—
60	172	464 700	2 350	7	9,5
65	186	588 700	2 950	10	—
70	200	733 100	3 700	12	3,5
75	215	907 600	4 550	15	2
100	286	2 150 000	10 800	36	—
125	358	4 200 000	21 000	70	—

Die Zeit, die zwischen dem Ansetzen von zwei weiteren Brücken-
gliedern entsprechend einer jedesmaligen Erhöhung um etwa 5 m
verstreicht, beträgt also bei 30 m Haldenhöhe ungefähr ein halbes Jahr, bei 70 m Höhe dagegen
schon 3 Jahre und nimmt beständig zu. Die
Kosten für die Erweiterung der Anlage sind daher ganz außerordentlich gering und stehen in
gar keinem Verhältnis zu den
Ausgaben, die der Ausbau und
das Umsetzen einer Hängebahn-

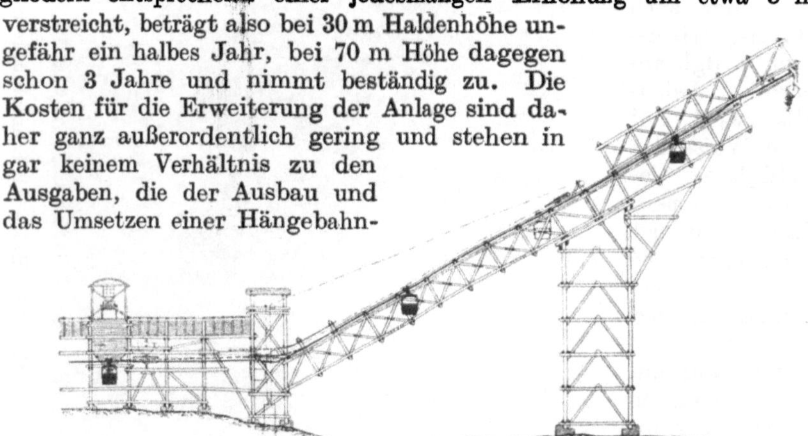

Abb. 361. Schrägbrücke in Holz.

anlage mit Handbetrieb erfordert, ganz abgesehen von den dabei
aufzuwendenden Löhnen.

Statt in Eisen, wie es bei den vorhergehenden Berechnungen angenommen wurde, kann die stückweise vorgeschobene Schrägbrücke
auch in Holz ausgeführt werden, wie es z. B. die Abb. 361 nach einer
Zeichnung von Kaiser & Co. angibt. Da die Brücke hier in bequemster
Weise um je ein Feld verlängert werden kann, so ist die Zugseilspannvorrichtung, um das Anspleißen ganz kurzer Stücke zu vermeiden,
weit auf die Schrägbrücke hinaufgelegt worden.

Das Bleichertsche System hat allerdings bei Anlagen, die große
Mengen auf die Halde stürzen, dadurch eine gewisse Abänderung erfahren, daß man dann die Schrägbrücke mit der ersten Stütze gleich
für den Bedarf der ersten Jahre hinstellt. Beispielsweise ist das bei der

in Abb. 362 dargestellten, von Adolf Bleichert & Co. im Jahre 1911 für die Brakpan-Goldmine in Südafrika gebauten Anlage geschehen, deren einzige Stütze eine Höhe von nicht weniger als 50 m hat und die in der Stunde 180 t ausgelaugte Goldquarze auf die Halde schüttet. Die Stütze, die heute schon fast eingeschütet ist, wurde zuerst aufgestellt,

Abb. 362. Schrägbrücke mit Stütze von 50 m Höhe.

während das unterste, 80 m lange und 80 t schwere Glied der Schrägbrücke auf dem Boden zwischen der Stütze zusammengebaut wurde. Dann wurden die Querverbindungen der Stütze nacheinander wieder gelöst und die Brücke in drei Absätzen nachgezogen, bis sie in die richtige Lage gekommen war und mit der Stütze vereinigt werden konnte.

4. Drahtseilbahnen in Gasanstalten und Elektrizitätswerken.

Die Anlagen für die Koks- und Erzförderung der Hüttenwerke finden ihr Gegenstück bei ungefähr der gleichen Fördermenge und auch sonst ähnlicher Ausbildung in den Transportvorrichtungen der Gasanstalten und Elektrizitätswerke. Namentlich solche Werke, die am Wasser liegen, brauchen für die Heranschaffung der Kohlen vom Ufer bis zum Lager und den Verbrauchsstellen sowie zur Lagerung der Koksmengen mehr oder weniger ausgedehnte Anlagen. Freilich kommen wirkliche Drahtseilbahnen mit ausgespannten Laufseilen dafür verhältnismäßig selten in Frage, da die örtlichen Verhältnisse häufig mehrfache seitliche Ablenkungen bei oft recht kurzen Längen vorschreiben, für deren Bewältigung feste Hängebahnen vorteilhafter sind.

Ein Beispiel einer größeren Drahtseilbahnanlage bieten die auf Tafel II dargestellten, von J. Pohlig A.-G. für das Gaswerk in

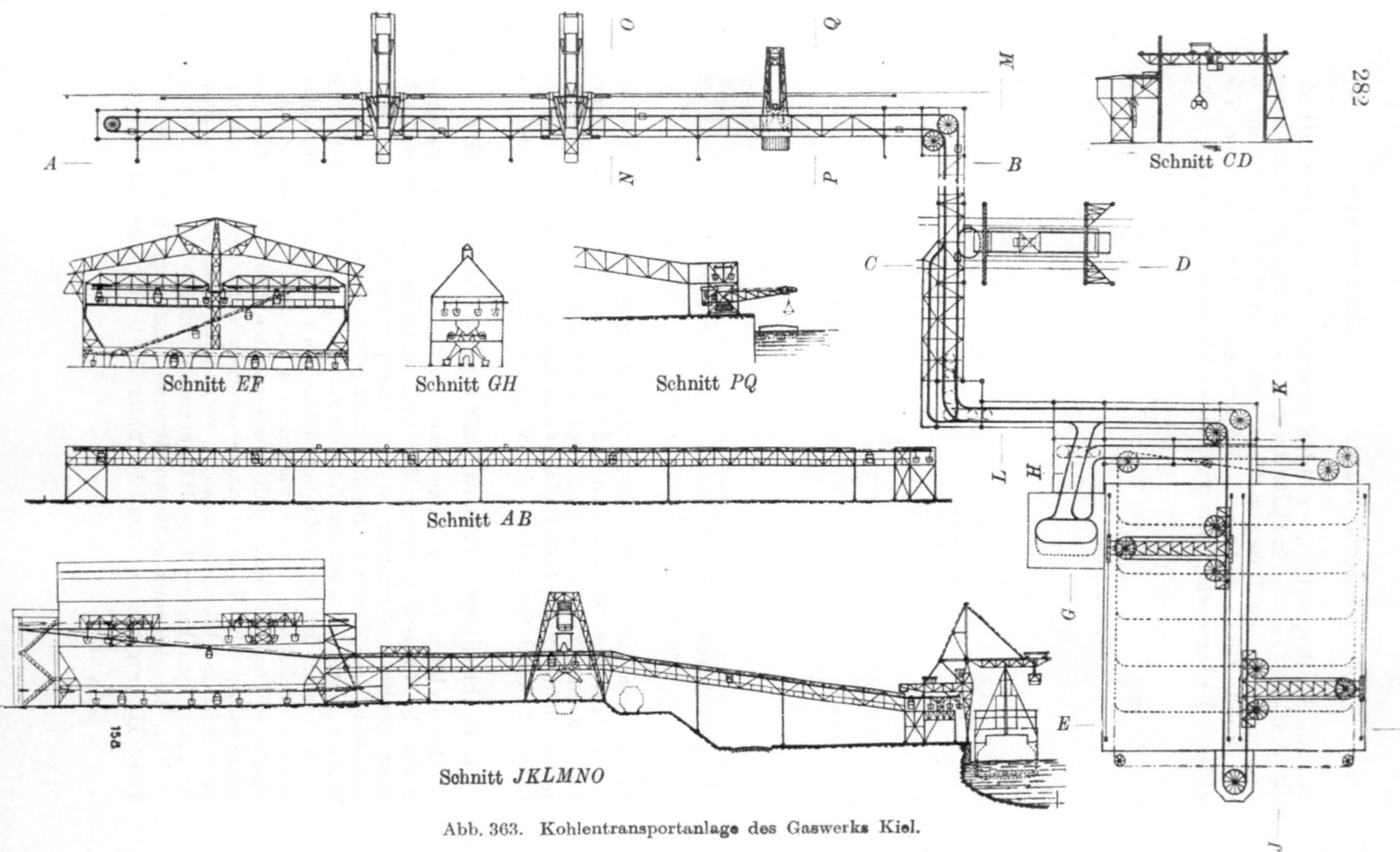

Abb. 363. Kohlentransportanlage des Gaswerks Kiel.

Königsberg erstellten Fördereinrichtungen. Am Ufer befinden sich zwei seitlich verfahrbare Huntsche Schrägaufzüge, die die Kohlen den Kähnen vermittels Honescher Selbstgreifer entnehmen und in einen kleinen, auf dem Aufzugsgerüst angebrachten Füllrumpf abgeben, aus dem sie in die Wagen der darunter entlang laufenden Hängebahn abgezogen werden. Nach Überschreitung der Uferstraße auf zwei Eisenkonstruktionen gehen die Wagen auf die Tragseile über und vollführen den Kreislauf $L\,K\,N\,G\,B\,D\,P\,L$. Dabei kann die Kohle in den gedeckten Lagern von einer der Absturzbühnen auf dieses Lager abgegeben oder bei Q in einen Füllrumpf abgeworfen werden, von dem sie in die Wagen einer zweiten Drahtseilbahn $Q\,A\,C\,E$ gelangt, die sie in die Retortenhäuser bei A fördert. Die Strecke $Q\,J$ geht so niedrig durch das Kohlenlager, daß die mittels Selbstgreifer von den Kranbrücken aus aufgenommenen Kohlen darin bequem abgegeben und so wieder in den Kreislauf gebracht werden können. Mit Hilfe eines Aufzuges kann übrigens die mit der Eisenbahn eintreffende Kohle ebenfalls auf die Absturzbühne der Retortenhäuser geschafft werden. Ferner befindet sich an der Ecke des Kohlenschuppens bei K ein Becherwerk, das die von den Eisenbahnwagen heruntergeschaufelten Kohlen auf die Verteilungsseilbahn bringt.

Eine wesentlich gedrängtere, sonst aber dem Sinne nach gleichartige Anlage mit festen Hängebahnschienen wurde von Kaiser & Co. für das Kieler Gaswerk gebaut (Abb. 363). Sie zerfällt in drei, allerdings zusammengeführte und zusammenarbeitende Einzelbahnen, deren erstere den Transport der auf dem Wasserwege herankommenden Kohlen übernimmt. Der sich am Ufer entlang ziehende Hängebahnstrang bildet zugleich die Fahrbahn für zwei große Halbportalkrane mit zurückziehbaren Auslegern, die die Entladung der Kohlendampfer bewirken. Ihre Entladekübel schütten sie in einen kleinen, an die Eisenkonstruktion angebauten Bunker aus, von wo sie in die Seilbahnwagen abgezogen werden. Ein dritter, unter der Hängebahnanlage entlang verfahrbarer Drehkran dient zur Entladung von Kohlenkähnen auf ein dahinter befindliches Lager. Die Hängebahn biegt dann mit Hilfe großer Ablenkungsscheiben rechtwinklig ab und steigt über die Uferstraße hinweg auf das erhöhte Gelände der Gasanstalt an, wo die Entladung der mit der Eisenbahn ankommenden Kohlenwagen vermittels Selbstgreifer stattfindet. Die vom Greifer gefaßte Kohle wird auch hier in einen kleinen Zwischenbunker geschüttet und von dort den Seilbahnwagen zugeführt.

Dicht dahinter liegt die Antriebstation für den ersten Hängebahnkreis mit einer Abstell- und Ablenkungsweiche. Unmittelbar daran schließt sich rechtwinklich der auf das gedeckte Kohlenlager führende Hängebahnkreislauf an, von dem die Wagen über zwei verfahrbare Absturzbrücken geleitet werden, die eine völlig gleichmäßige Beschickung des Lagers gestatten. Vom Lager wieder aufgenommen wird die Kohle aus Füllverschlüssen auf handbetriebene Hängebahnen, die sich quer darunter entlang ziehen und in je eine Hauptstrecke mit Zugseilbetrieb münden. Vor der Stirnwand des Lagers steigt diese Strecke schräg an, um wieder die Höhe der anderen Bahnen zu erreichen und die Kohle dem oberen Geschoß des Brechergebäudes zuzuführen, wohin sie übrigens auch unmittelbar von dem zweiten Hängebahnkreis aus gelangen kann.

Das Ganze ist eine entsprechend verkleinerte Wiedergabe der unten beschriebenen Anlage des Tegeler Gaswerkes der Stadt Berlin. Eine in mancher Beziehung einfachere Anordnung ist die aus dem Umbau einer älteren Anlage entstandene des Charlottenburger Gaswerkes II, die Tafel III nach einer Zeichnung von J. Pohlig A.-G. wiedergibt.

Für gewöhnlich soll die Kohle auf dem Wasserwege herankommen. Sie wird dort mit Hilfe leichter Drehkrane durch Honesche Greifer aus den Kähnen gehoben und in dahinter angeordnete Füllrümpfe von je

Abb. 364. Entladeanlage am Landwehrkanal in Charlottenburg.

50 t Inhalt geschüttet (Abb. 364). Unter den Füllrumpfverschlüssen ist eine Hängebahn mit Seilbetrieb entlang geführt, deren beide Stränge nach Überschreitung einer öffentlichen Straße das langgestreckte, rechtwinklig zum Kanal gelegene offene Kohlenlager umgeben. Die Wagen können dort auf eine der beiden verfahrbaren unteren Absturzbrücken geleitet werden, wo sie ihren Inhalt auf das Lager ausschütten. Sie können sich jedoch auch in einen Füllrumpf von 180 t Inhalt entladen, von wo die Kohle auf ein Transportband zur Weiterschaffung in ein entfernteres Retortenhaus fällt, oder in die am Ende des einen Ofenhauses angebrachten Bunker bzw. bei N auf mehrere Förderbänder.

Die Wiederaufnahme vom Lager erfolgt mittels Selbstgreifer von den höheren, die Absturzbrücke umfassenden Greiferbrücken (Schnitt CD) aus, von deren Zwischenbunkern die Kohle wieder in die Wagen der

Abb. 365. Schiffsentladeanlage in Tegel.

Hängebahn gleitet. Die Greiferbrücken kragen nach der anderen Seite soweit aus, daß sie zwei Eisenbahngleise überspannen und so das Lager auch von der Eisenbahn aus beschicken können. Außerdem kann von dem ersten Gleis aus ein unmittelbares Entladen in das tiefer gelegene Lager erfolgen.

Noch erheblich größer sind die Drahtseilbahnanlagen in den Gaswerken Mariendorf und Tegel. In dem erstgenannten wird nur die

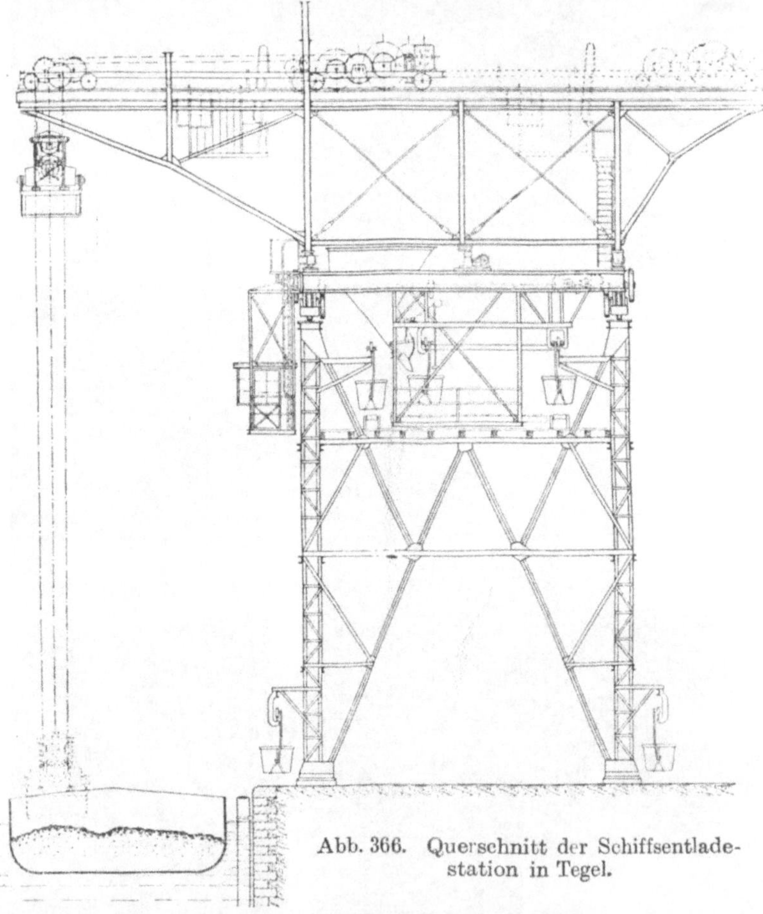

Abb. 366.   Querschnitt der Schiffsentlade-
station in Tegel.

Kohle, im zweiten auch der Koks mit Drahtseilbahnen befördert, und zwar beträgt die stündliche Leistung zur Zeit 200 t, die später bei vollem Ausbau der Werke je auf 600 t erhöht werden soll. In beiden Werken sind die Transporteinrichtungen von A. Bleichert & Co. erstellt worden. Die Tegeler Anlage, deren gesamte Gleislänge bei vollem Ausbau 40 km betragen wird — bis jetzt sind 18 km ausgeführt —, ist wohl, soweit Transporte innerhalb von Werken in Frage kommen, als die umfangreichste Förderanlage der Welt anzusehen.

Der größte Teil der Kohlen und sonstigen Massengüter, wie Schamotte, Reinigermasse usw., kommt auf dem Wasserwege an das Werk
heran. Der mit dem Tegeler See in Verbindung stehende Hafen gestattet das gleichzeitige Entladen zweier Kohlenkähne von je 600 t
Ladefähigkeit, eines dritten Fahrzeuges mit anderen Gütern und noch
das Beladen eines vierten Kahnes mit Koks. Die zur Kohlenentladung
dienenden Krane mit durchlaufender Laufkatze und Greiferbetrieb stehen
zu je zweien nebeneinander auf einem Untergestell, das auf einem Hochgerüst am Ufer verfahren werden kann (Abb. 365); außerdem ist jeder
Kran für sich um einen bestimmten Winkel schwenkbar, so daß das ganze
Untergestell nur dann verfahren zu werden braucht, wenn der betreffende Teil des Kahnes gänzlich entleert ist. Der Greifer schüttet die
aufgenommene Kohle in einen Füllrumpf, der etwa in der Mitte des
Untergestells eingebaut ist (Abb. 366) und woraus sie in die Wagen
der zum Kohlenspeicher gehenden Drahtseilbahn abgezogen wird. Die

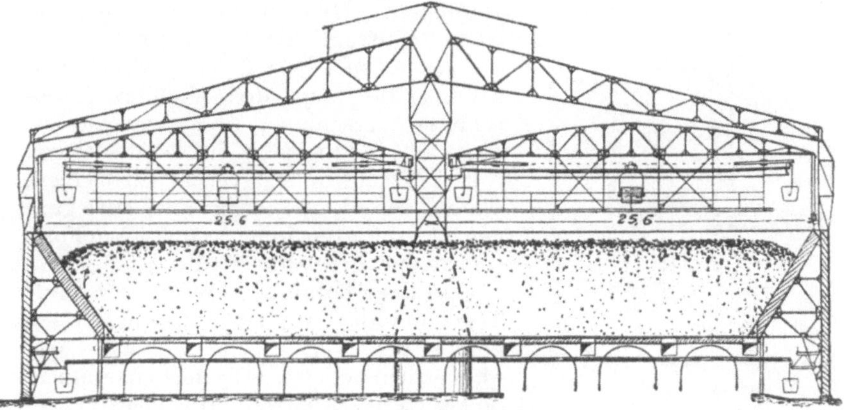

Abb. 367. Querschnitt durch den Kohlenlagerschuppen Tegel.

Wagen werden von dem mit dem Kranuntergestell fest verbundenen
Füllgleis vermittels federnder Weichenzungen auf das Hauptgleis der
Seilbahn von Hand übergeschoben, kuppeln sich dort selbsttätig mit
dem Zugseil und wandern nun nach dem Hauptstrang, der den Kohlenschuppen von 574 m Länge und 52 m Breite in der Mitte durchzieht
(vgl. den Lageplan Abb. 368).

Die Verteilung der Kohlen im Speicher geschieht vermittels vier
durch den ganzen Schuppen in der Längsrichtung verfahrbarer Absturzbrücken, über die das Zugseil der Bahn die Wagen ablenkt (Abb. 367),
und zwar verschieben sich die Brücken nach der Entleerung eines jeden
Wagens selbsttätig um ein geringes Stück, so daß die frisch hereinkommende Kohle über der alten in dünner Schicht ausgebreitet wird
und Zeit hat, völlig zu trocknen. Dadurch werden Selbstentzündung
und die sonst bei der Vergasung infolge feuchter Kohle stattfindenden
Verluste und Gasverschlechterungen mit Sicherheit vermieden. Als
Aushilfe für alle Fälle befindet sich am Hafen zur ebenen Erde noch

Abb. 368. Gesamtanordnung der Seilbahnen des Gaswerkes Tegel.

eine handbetriebene Hängebahnanlage (vgl. Abb. 366), deren Wagen durch einen mit Dampfantrieb versehenen Aufzug auf die Höhe der Schuppenladebahn gehoben werden können.

Erwähnt sei, daß die erste Verteilungsbrücke für das Lager einer Gasanstalt u. dgl. von der Berlin-Anhaltischen Maschinenbau-A.-G. gebaut wurde. Jedoch kuppelten sich die Seilbahnwagen schon auf dem geraden Strang vom Zugseil ab und rollten nach dem Übergang auf die Brücke auf ihren etwas geneigten Fahrschienen frei herunter, bis sie sich am Ende der Brücke wieder an das Zugseil anschlugen. Hiermit waren natürlich gewisse Unzuträglichkeiten verbunden, und die von A. Bleichert & Co. bewirkte Einführung der mit drei Umführungsseilscheiben versehenen Absturzbrücke mit wagerechter Laufbahn, auf der die Wagen mit dem Zugseil fest verbunden bleiben, bildete, wie die vorhergehenden Darlegungen schon zeigten, einen wesentlichen Fortschritt der Seilbahntechnik.

Der Eisenbahnanschluß der Gasanstalt Tegel mündet an der entgegengesetzten Seite in das Werk ein, wie aus dem Lageplan ersichtlich ist. Die dort ankommenden Kohlen werden vermittels eines Wagenkippers in einen Füllrumpf entladen, aus dem sie wieder in hier unter der Geländesohle entlang geführte Drahtseilbahnwagen abgezogen werden, die dann über mehrfache stumpfwinkelige Ablenkungen nach dem am Ende des großen Kohlenschuppens gelegenen Kohlenverteilungsgerüst gehen, von dem sie entweder nach den Retortenhäusern oder auch in den Speicher weiter wandern. Haben die Eisenbahnwagen keine aufklappbaren Stirnwände, so daß sie für den Wagenkipper nicht geeignet sind, so werden sie auf ein Entladegleis geschoben und dort von Hand in die danebenstehenden Seilbahnwagen entleert.

Aus den Lagerkammern des Speichers werden die Kohlen unten entnommen. Es sind 50 solcher Kammern vorhanden mit je 20 in zwei Reihen angeordneten Entleerungsöffnungen im Boden, so daß 1000 Füllrumpfverschlüsse gewöhnlicher Bauart nötig gewesen wären. Um die Beschaffungskosten zu verringern, hat man deshalb in jedem Entleerungsgang nur einen fahrbaren Abziehtrichter angeordnet, der vor die mit Roststäben abgeschlossene Öffnung gefahren, daran verschraubt wird und dann nach Wegnahme der Stäbe betriebsfertig ist. Dieser patentierte Verschluß

Abb. 369. Zickzackstrecke und Verteilungsgerüst in Tegel.

gestattet, wie durch Versuche an Ort und Stelle nachgewiesen wurde, stündlich bis zu 120 t Förderkohle abzuziehen. Die mit Kohle gefüllten Seilbahnwagen werden von Hand bis an den das Gebäude seitlich durchlaufenden Strang (Abb. 367) geschoben, kuppeln sich dort mit dem Zugseil und werden am Ende des Kohlenschuppens vermittels einer im Zickzack ansteigenden Seilbahnstrecke auf das in Höhe der Absturzbahn angeordnete Verteilungsgerüst gebracht (Abb. 369), auf das auch die vom Hafen und vom Eisenbahnanschluß kommenden beiden Seilbahnen ausmünden.

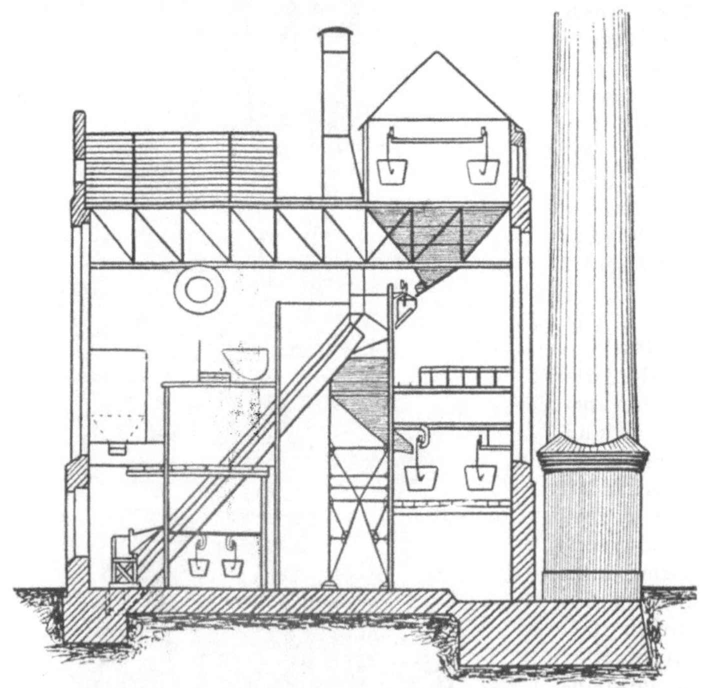

Abb. 370.   Querschnitt durch das Retortenhaus in Tegel.

'In dieser Verschiebestation wird die von den drei genannten Stellen herangeschaffte Kohle über die ein Stockwerk tiefer aufgestellten Kohlenbrecher gleichmäßig verteilt, und man hat es hier in der Hand, jede beliebige der drei Zubringebahnen je nach Bedarf mehr oder weniger mit Wagen zu besetzen. Als Aushilfe für die Schrägstrecken im Fall der Auswechslung eines Zugseiles oder dgl. befindet sich hier noch ein lotrechter Aufzug. Aus den Brechern gelangt die Kohle wieder in Drahtseilbahnwagen, die nun über die langgestreckten Bunker der Retortenhäuser hinweggeführt werden, wo sie sich in bekannter Weise durch Anstoßen an Anschläge entladen. Aus diesen Bunkern wird die Kohle in fahrbare Ladegefäße übernommen, die gerade die Ladung einer Schrägretorte enthalten (Abb. 370).

Der aus den Retorten abgezogene Koks fällt im alten Retortenhaus in eine Brouwersche Schlepprinne, in der er abgelöscht und zu mehreren über das Gebäude verteilten Becherwerken geschafft wird, die ihn in höher gelegene Füllrümpfe abgeben. Von hier aus gelangt er wieder in die Wagen einer Seilbahn, die senkrecht unter der Kohlenzubringebahn durch das Gebäude geht und in Abb. 368 punktiert angegeben ist. Im neuen Retortenhause wird der Koks durch einen Löschwagen aufgenommen (Abb. 371), in einem heb- und senkbaren Wassergefäß abgelöscht und dann an eine große Anzahl seitlich angeordneter Füllrümpfe abgegeben, aus denen er in die Wagen einer Drahtseilbahn abgezogen wird. Bei diesem Verfahren bleibt der Koks während der Transporte im allgemeinen in Ruhe, es wird somit dadurch, daß keine großen Grusverluste auftreten, ein wertvolleres Erzeugnis erzielt. Die

beiden Koksbahnen führen aus den Retortenhäusern zum Kokslagerplatz (Abb. 372), der von einer im Hintergrunde des Bildes sichtbaren niedrigen Verschiebebrücke überspannt ist, auf die die Wagen am Zugseil übergehen, falls sie nicht unmittelbar nach der Koksaufbereitungsanstalt wandern und ihre Ladung dort abgeben.

Zur Wiederaufnahme des Koks dient die zweite, im Vordergrund der Abb. 372 erscheinende, auf dem Eisenbau der Zubringebahn laufende Brücke mit einer Pendelstütze an dem einen Ende, auf der eine Laufkatze für einen Selbstgreifer von $3^1/_2$ cbm Inhalt verkehrt. Der Greifer fördert in einen in die Hauptstütze eingebauten Füllrumpf, aus dem der

Abb. 371. Löschwagen im Retortenhaus Tegel.

Koks in die Wagen einer zweiten, den ganzen Platz umspannenden Seilbahn abgezogen wird, die im Lageplan (Abb. 368) strichpunktiert gezeichnet ist und die ihn dann zur Aufbereitungsanlage schafft. Hinter der Aufbereitungsanlage befindet sich wieder eine Hauptverschiebestation der Drahtseilbahn für die Koksförderung, an die sich außer den bisher beschriebenen Koksbahnen noch die am Rande des Grundstückes verlaufende, nach dem Hafen führende Bahn anschließt, die dort eine Entladestelle auf der Wasserseite gegenüber der Kohlenaufnahmestelle und auf der anderen Seite an der Spandauer Straße besitzt. Außerdem zweigt davon eine nach der anderen Richtung verlaufende Strecke ab, die an der Beladestelle für Landfuhrwerk in der Berliner Straße vorüber, durch das Kesselhaus über die Bunker für die Kesselfeuerung hinweg bis zur Koksladestelle des Eisenbahnanschlusses geht.

Zur Abführung der Asche und Schlacke aus den mit Koks geheizten Generatoröfen ist im Retortenhause noch eine weitere Hängebahn zur

Abb. 372. Kokslagerplatz in Tegel.

ebenen Erde angeordnet, die wegen ihrer geringen Leistung von Hand betrieben wird und bis zu dem Kohlenverteilungsgerüst geht, von wo aus die Weiterbeförderung in die nach dem Hafen zurückkehrenden Wagen erfolgen kann.

Die Kohlentransportbahn des Gaswerkes Mariendorf entspricht im allgemeinen der Tegeler. Es sind dort am Ufer zwei Greiferkrane mit Laufkatzenbetrieb auf einem verschiebbaren Unterbau aufgestellt, der jedoch auf dem festen Erdboden steht, da für die Steigung der Drahtseilbahn auf die Höhe des Lagers eine hinreichende Längenentwicklung möglich war. Die über den freien Kohlenlagerplatz gehende Seilbahn ist an Parabelträgerbrücken aufgehängt. Die Wiederaufnahme der Kohle erfolgt durch Drehkrane, die auf der Obergurtung der fahrbaren Verteilungsbrücke hin und her laufen (Abb. 373).

Ganz besondere Schwierigkeiten bot die ebenfalls von A. Bleichert & Co. erbaute Kohlenförderanlage des Elektrizitätswerkes Rummels-burg bei Berlin, weil das Gelände äußerst unregel-mäßige Grenzen besitzt und durch eine mittlere Ein-schnürung in zwei Hälften zerlegt wird. Nur die Schwebebahn war in der Lage, die beiden Gelände-flächen organisch mitein-ander zu verbinden, und nur dank ihrer Anpassungs-fähigkeit war es möglich, die Anlage in naturgemäßer Weise ohne jede Betriebs-erschwerung so auszubauen, daß der unmittelbar an der Spree gelegene Teil des Grundstückes für die Lage-rung der Kohle und die andereHälfte hauptsächlich für das Kessel- und Maschi-nenhaus und die zugehöri-gen Anlagen ausgenutzt wurde, wobei sogar noch vor dem Kesselhaus ein ziemlich großer Kohlen-lagerplatz frei blieb. Im Kesselhause selbst befindet sich unter dem Dach, in Eisenkonstruktion ausge-führt, ein durchlaufender Kohlenbunker von 1500 t Inhalt, in dessen Boden für jeden Kessel zwei Aus-laufschurren mit Schieber-verschlüssen angebracht sind, durch die die Kohlen

Abb. 373. Kohlenlager im Elektrizitätswerk Mariendorf.

selbsttätig in die Trichter der mechanischen Feuerung rutschen.

Bei der Durchbildung der Förderanlage ging man von der Forderung aus, daß bei einer Leistung von 50 t/St. folgende vier Transporte mög-lich sein sollten: vom Schiff in den Kesselhausbunker, vom Schiff auf einen der drei Lagerplätze, von einem der Lagerplätze nach dem Kesselhaus bzw. im Fall eines Kohlenbrandes auch auf einen anderen

Lagerplatz, vom Eisenbahnwagen des nur als Aushilfe des Wassertransportes in Frage kommenden Eisenbahnanschlusses in das Kesselhaus oder auf eines der Lager. Ferner sollte die Förderung vom Kahn auf einen der beiden an der Spree gelegenen Lagerplätze und die Überladung von dem dritten Lager in das Kesselhaus gleichzeitig möglich sein. Diese letzte Bedingung führte dazu, die Seilbahn in zwei Strecken zu zerlegen, wofür außerdem noch der Umstand maßgebend war, daß man bei kürzeren Transporten nicht die ganze Bahn in Betrieb halten wollte, was unnötigen Energieverbrauch und Verschleiß ergeben hätte.

Abb. 374. Schrägbahnkran und Beladestation in Rummelsburg.

Zur Entnahme der Kohle aus dem Kahn dient ein Huntscher Kran mit schräg ansteigender Laufbahn und feststehender Winde (Abb. 374), der mit einem Selbstgreifer Bleichertscher Bauart von 2 m³ Fassungsvermögen arbeitet. Er wirft die Kohlen in einen Füllrumpf, aus dem sie in regelmäßiger Folge in Hängebahnwagen abgezogen werden. Die Wagen werden beim Weiterstoßen über eine selbsttätig summierende Wage geleitet

Abb. 375. Absturz- und Beladebrücke in Rummelsburg.

und dann in der neben dem Kran angeordneten Uferstation der Hängebahn mit Drahtseilbetrieb an das Zugseil angekuppelt. Sie zweigen auf der Strecke selbsttätig auf die in Abb. 375 dargestellte, über das Lager in der Längsrichtung verschiebbare Absturzbrücke ab, auf der sie durch Anstoßen des Entleerungsriegels an einen verstellbaren

Anschlag auskippen, werden dann auf der am Ende des Lagerplatzes befindlichen Antriebsstation der Bahn von Hand auf die Leerseite übergeleitet und kehren so schließlich zur Uferstation zurück.

Soll die Kohle weiter auf den Lagerplatz am Kesselhaus oder direkt in dessen Bunker gefördert werden, so laufen die Wagen in der Winkel- und Antriebsstation auf die zweite Seilbahnstrecke über, die gemeinsam mit der ersten durch einen 15 pferdigen Elektromotor angetrieben wird; vermittels ausrückbarer Kupplungen kann aber jede Bahn für sich allein betrieben werden. Von der zweiten Strecke gehen die Wagen nach Einstellung der Ablenkungsweichen der Verladebrücke des dritten Lagerplatzes auf diese über und kippen dort selbsttätig aus, oder sie gehen am Lager bis zur Umkehrscheibe entlang und kommen nach zweimaliger Ablenkung um je 90° ins Kesselhaus, wo die Entleerung ebenfalls

Abb. 376. Selbsttätige Entladung in die Kesselhausbunker in Rummelsburg.

durch verstellbare Anschläge selbsttätig während der Fahrt erfolgt (Abb. 376). Um die groben Stücke zurückzuhalten, die für die Beschickungsvorrichtung der Kessel ungeeignet sind, hat man die Bunker durch einen Rost aus Flachstäben abgedeckt, auf dem die betreffenden Stücke liegen bleiben und gelegentlich von einem die Aufsicht ausübenden Mann zerschlagen werden.

Die Rückverladung vom Lager in die Seilbahn und von da ins Kesselhaus oder auf einen anderen Lagerplatz erfolgt durch Drehkrane mit Selbstgreifern, die oben auf den Brücken entlangfahren und so jeden Punkt des Platzes bequem erreichen können. Sie werfen die aufgenommene Kohle in Füllrümpfe, die in der Mitte der Brücke angebracht sind und aus denen sie wieder den Seilbahnwagen über Entladeschurren zufließt.

Die Beförderung der Kohle vom Eisenbahnwagen aus nach den Bunkern geschieht in der Weise, daß sie vom Wagen in eine Kohlengrube des dritten Lagerplatzes geschaufelt wird, aus der sie der Greifer des Drehkranes entnimmt und in die Seilbahnwagen vermittels des mittleren Füllrumpfes der Verladebrücke übergibt.

Nach einer Aufstellung der Betriebsleitung des Werkes beliefen sich im Jahre 1913 die Förderkosten, die alle Arbeitslöhne und Gehälter, die Antriebsenergie, Schmiermaterial und Ausbesserungskosten umfassen, auf 25,7 Pfg/t bei Förderung der Kohle vom Kahn auf das Lager oder ins Kesselhaus und auf 20,2 Pfg/t bei Förderung vom Lager ins Kesselhaus. Dabei sind in dem betreffenden Jahre mit dem Greifer der Uferstation 61 000 t aufgenommen worden, wovon 17 150 t unmittelbar in die Bunker des Kesselhauses gingen; vom Lager nach dem Kesselhause wurden 26 600 t geschafft.

Wenn so, wie im vorstehenden gezeigt wurde, die Drahtseilbahn den gesamten Materialtransport eines Werkes ganz oder nahezu allein mit dem besten Erfolg bewirken kann, so kommen immerhin genug Ausführungen vor, bei denen sie nur ein Glied eines aus den verschiedensten Einrichtungen zusammengesetzten Transportsystems bildet. Ein neuzeitliches Beispiel der Art ist die von J. Pohlig A.-G. für das Stickstoffwerk in Golpa erbaute Braunkohlenzubringeanlage.

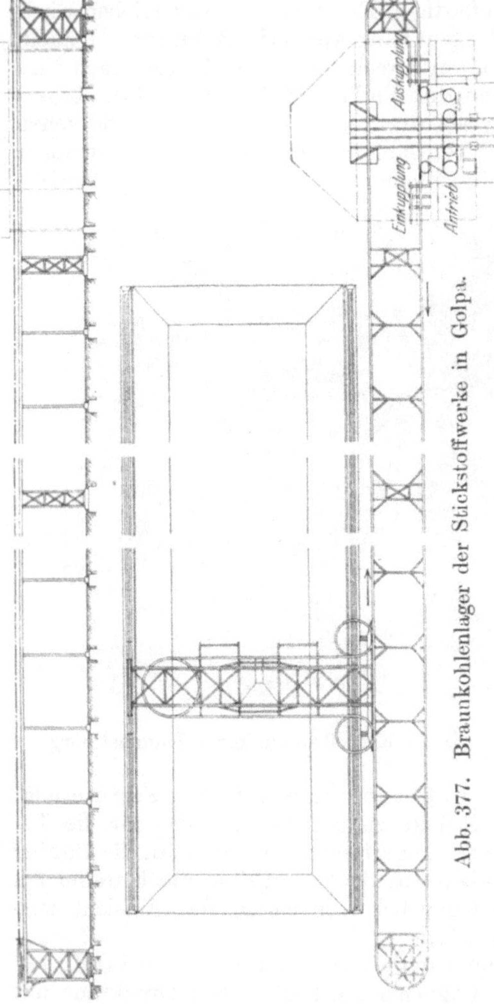

Abb. 377. Braunkohlenlager der Stickstoffwerke in Golpa.

Aus dem Tagebau gelangen die Braunkohlen an das Werk vermittels einer Standbahn mit Kettenförderung. Diese mündet in dem oberen Stockwerk des Brechergebäudes, wo die Förderwagen von zwei Wippern unmittelbar auf die Walzenbrecher ausgekippt werden. Bei starkem Bedarf wird das ganze herankommende Brennmaterial sofort gebrochen und fällt dann in einen großen Füllrumpf, aus dem es auf zwei

Stahltransportbänder gleitet. Nach dem Übergang über eine selbsttätige Wage steigen die Bänder unter einem Winkel von etwas 45° auf einen vor der Mitte der Kesselhäuser stehenden Turm an, von dem aus die weitere Verteilung ebenfalls durch Transportbänder stattfindet.

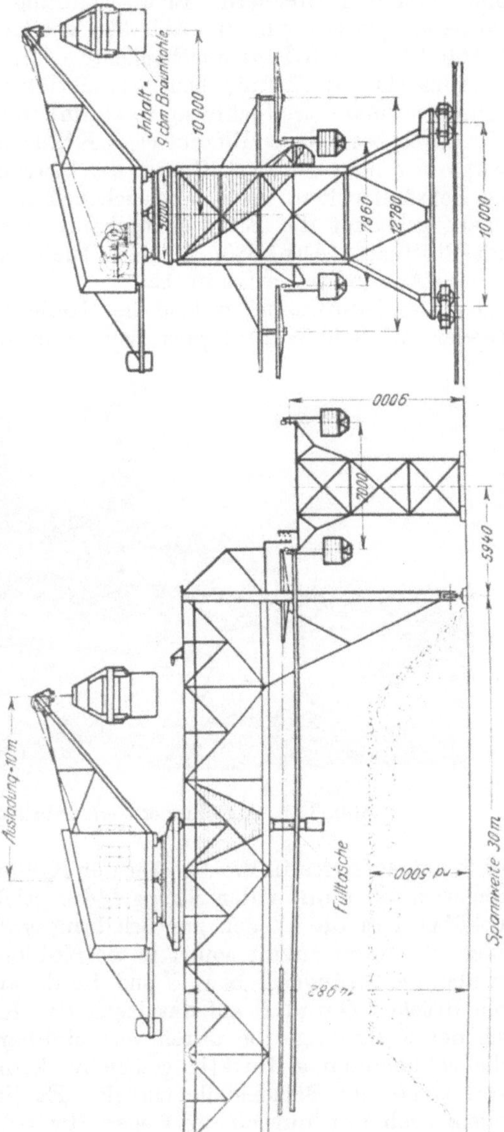

Ist die Zufuhr größer als der augenblickliche Bedarf, so wird durch Umstellung einiger Klappen in den Schüttrichtern der Wipper ein Teil der Braunkohlen ungebrochen in einen kleinen Nebenbunker geleitet, von dem sie in die Wagen einer Hängebahn mit Zugseilbetrieb abgezogen werden. Der Antrieb des Zugseiles befindet sich unmittelbar neben der Füllstelle, so daß ein Mann die ganze Überwachung und Bedienung dort ausüben kann. Die Hängebahn zieht sich an dem 160 m langen und 28 m breiten Stapelplatz entlang. Die bereits in der Abb. 99 dargestellten Wagen mit Bodenentleerung gehen von ihr in bekannter Weise auf eine Verteilungsbrücke über, von der das Lager gleichmäßig 5,5 m hoch beschickt werden kann.

Zur Wiederaufnahme läuft oben auf der Brücke ein Drehkran von 14 t Tragfähigkeit mit einem Selbstgreifer, der die Kohlen in einen kleinen Zwischenbunker ausschüttet, von wo aus sie wieder in die Seilbahnwagen gleiten, die sich im Bedarfsfalle an der Stelle vom Zugseil lösen und von dem den Füllrumpfverschluß bedienenden Mann durch

Abb. 378. Absturz- und Aufnahmebrücke in Golpa.

Weiterschieben um ein kurzes Stück wieder angekuppelt werden. Sie entladen sich dann wieder in den die Transportbänder speisenden Füllrumpf unter den Brechern. Eine Zeichnung der Hängebahn und des Kohlenstapelplatzes gibt die Abb. 377 wieder; die Brücke wird durch die Abb. 378 und 379 veranschaulicht.

Kennzeichnend für die bisher beschriebenen Anlagen ist die Verwendung normaler Seilbahnwagen, so daß der Aufwärtstransport entweder durch besondere Hilfsmittel — Krane mit Selbstgreifern usw. — bewirkt wird oder durch Auffahren der Wagen über mehr oder weniger lange Schrägstrecken. Eine in manchen Fällen bequemere Lösung der Aufgabe gestattet die Elektrohängebahn, die z. B. im Gaswerk der Stadt Stuttgart (Abb. 380) in einer Bleichertschen Ausführung ausgedehnte Anwendung erfahren hat.

Die Eisenbahnwagen, welche die Kohle heranbringen, fahren hier entweder auf den Wagenkipper, von dem aus die Kohle vermittels

Abb. 379. Ansicht der Verladebrücke in Golpa.

eines Schrägaufzuges in die Brecher der Kohlenaufbereitungsanlage gehoben wird, oder unter den Strang L der Elektrohängebahn, von dem Kippkübel a in die Wagen zur Beladung von Hand heruntergelassen werden, die ihren Inhalt sofort in die Kohlenbrecher abgeben können oder über die Stränge M bzw. N und die daran anschließenden verfahrbaren Brücken O und P auf das Lager des Kohlenschuppens schaffen. Nach der Entladung, die durch verschiebbare Schalter an beliebiger Stelle vollkommen selbsttätig geschieht, kehren die Wagen auf demselben Wege zur Beladestelle zurück. Es liegt also ein sogenannter Pendelbetrieb mit nur einem Wagen für jeden Kohlenschuppen vor. Entsprechend vollzieht sich die Wiederaufnahme vom Lager und die Förderung zu den Kohlebrechern. Die gebrochene Kohle wird aus den Schurren unter den Brechern in herabgelassene Wagenkasten abgezogen, die ebenfalls wieder von Elektrowindenwagen hochgehoben und über die Gleise Q, R, S, T, U, V in die Kohlenbunker oberhalb der

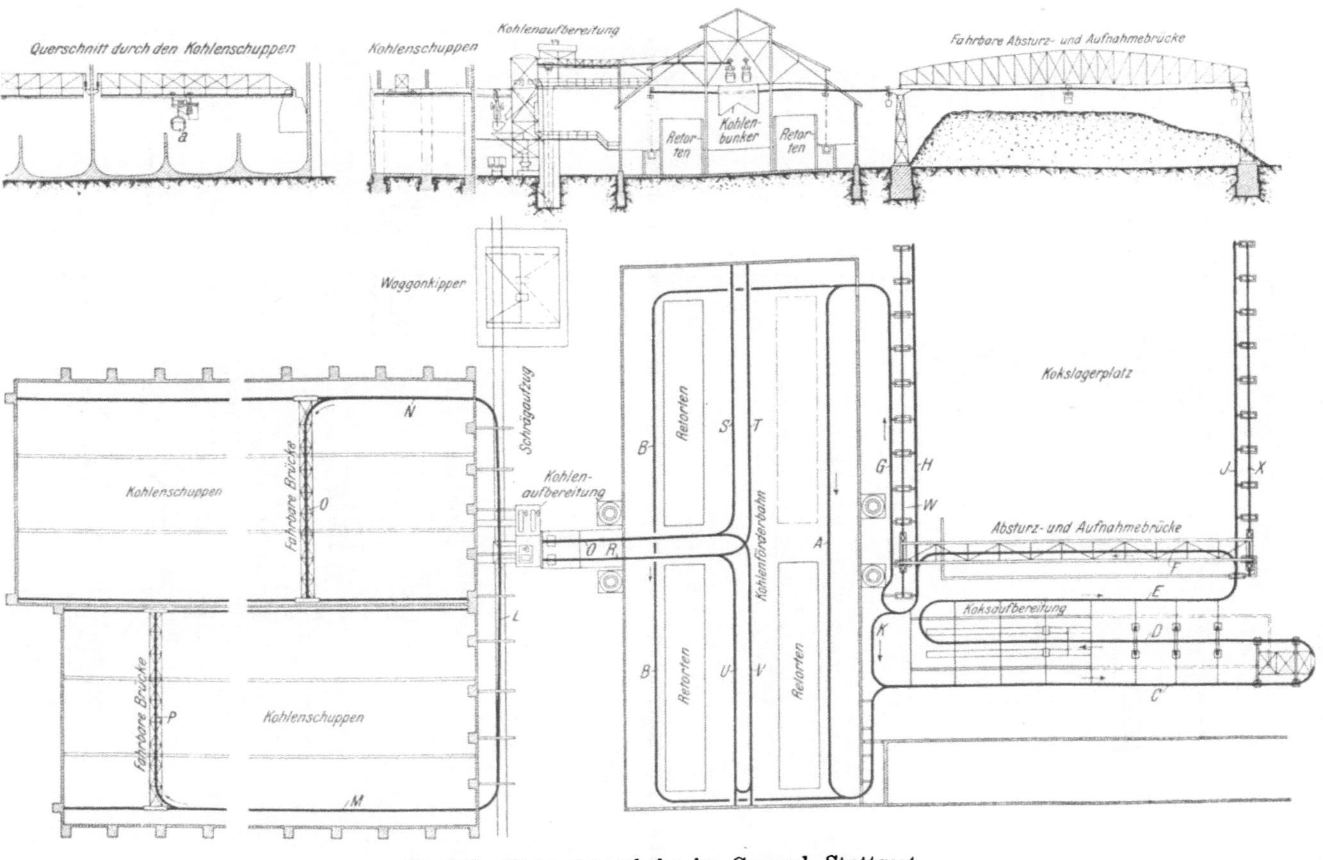

Abb. 380. Elektrohängebahn im Gaswerk Stuttgart.

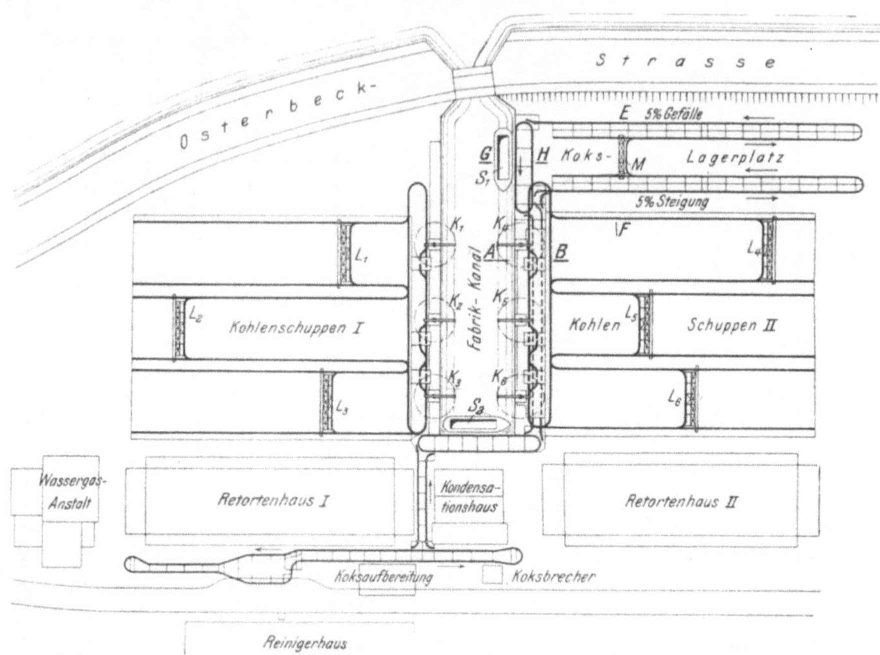

Abb. 381.   Lageplan der Elektrohängebahnen im Gaswerk Hamburg-Billwärder.

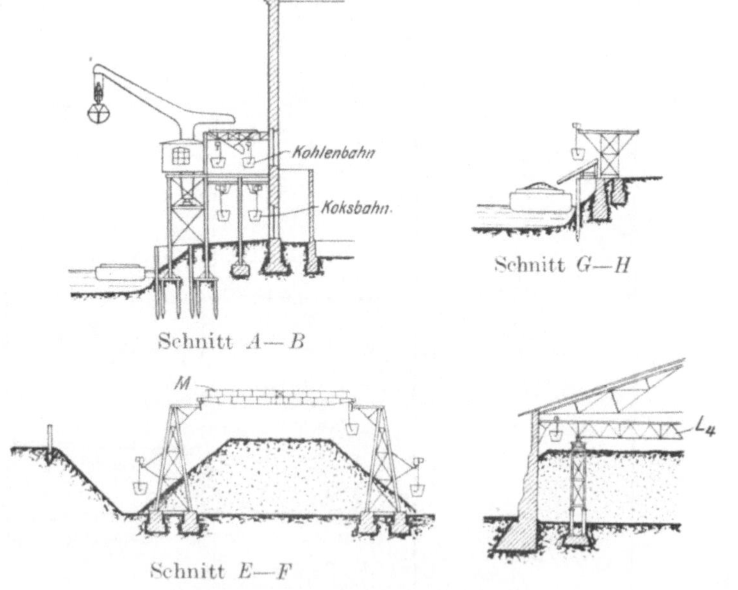

Abb. 382.   Querschnitte der Anlage Hamburg-Billwärder.

Retorten entleert werden, ohne daß Bedienungsmannschaften dabei nötig sind.

Der aus den Schrägretorten entfallende Koks gelangt wieder sogleich in Elektrowindenwagen, wird darin gelöscht und dann auf den Strängen A, B, C, D, E durch die Koksaufbereitungsanlage geleitet und schließlich von der verfahrbaren Brücke F auf das Kokslager herabgesenkt. Die leeren Wagen kehren dann über das Gleis G wieder ins Retortenhaus zurück. H und J sind die Hängebahngleise längs des Kokslagers, an die sich die Brücke F anschließt. W und X die Fahrbahnen dieser Absturz- und Aufnahmebrücke.

Man erkennt, die Elektrohängebahn hat den Vorteil, daß man bei nicht zu großen Förderleistungen und kurzen Wegen häufig mit eingleisigen Strängen auskommen kann und daß das Abgeben und Aufnehmen des Fördergutes durch dieselben Windenwagen erfolgen kann. Ein weiterer Vorteil ist der, daß die Elektrohängebahn sich den engsten Räumlichkeiten noch gut einfügt, die anderen Transportmitteln nicht mehr genügend Raum bieten würden.

Abb. 383. Fahrbare Koksseparation und Schleifenbahn in Hamburg-Billwärder.

Deutlich zeigt dies z. B. die ebenfalls von A. Bleichert & Co. erbaute Kohlen- und Kokstransportanlage des Gaswerkes Billwärder in Hamburg, dessen Lagerplan nach der allerdings nicht ganz so zur Ausführung gelangten Entwurfszeichnung in Abb. 381 gegeben ist, während die Abb. 382 einige Einzelheiten des Entwurfes im Aufriß darstellt. Die ankommende Kohle wird von den Drehkranen K_1 bis K_6 vermittels Selbstgreifer aus den Kähnen entnommen und in rückwärts belegene Füllrümpfe ausgeschüttet, aus welchen sie in

Elektrohängebahnwagen abgezogen wird, die sie durch die Kohlenschuppen I und II fahren und dort von den Brücken L_1 bis L_6 auf das Lager abgeben. Gegenüber dieser Regelausführung bietet die Kokstransportanlage in mancher Hinsicht besonderes Interesse: Der aus den Retorten kommende Koks wird durch zwei Transportrinnen in Hochbehälter von je 16 cbm Fassungsraum gehoben. Von hier wird er entweder in die fahrbare Koksseparation ausgeschüttet oder in Elektrohängebahnwagen der in Abb. 381 allein dargestellten Schleifenbahn, die ihn zum Lager schaffen. Über der letzteren, schon 11 m hoch gelegenen Bahn befindet sich in 16,5 m Schienenhöhe noch eine Elektrohängebahn mit Pendelbetrieb, deren Wagenkasten von 2,5 cbm Inhalt herabgesenkt und aus den Bunkern der Separation beladen wird, wie das Abb. 383 veranschaulicht. Der Wagen gibt den Koks dann in große, aus Eisenbeton hergestellte Bunker von insgesamt 750 m³ Fassungsraum ab, von denen aus die Verladung in Eisenbahnwagen und Straßenfuhrwerke, sowie auch in die Wagen der auf das Lager führenden Schleifenbahn erfolgt. Wie die Beschickung und Entnahme vom Lager gedacht ist und die Beladung der in dem Fabrikkanal anlegenden Kähne, geht aus den Abb. 381 und 382 klar hervor. Zur Schonung des geförderten Materials werden die Wagenkasten nicht gekippt, sondern auf das Lager gesenkt und dann durch Öffnen der Bodenklappen entleert.

5. Drahtseilbahnen zur Beladung und Entladung von Schiffen.

Die Beladung von Schiffen durch Drahtseilbahnen wird häufig in ähnlicher Weise durchgeführt, wie es im vorstehenden für Eisenbahnwagen schon verschiedentlich beschrieben worden ist. Hier hat sich die Drahtseilbahn ein neues außerordentlich dankbares Anwendungsfeld geschaffen, denn sie macht den Bau großer Hafenbecken oder Landungsbrücken überflüssig. Wenn auch solche Anlagen naturgemäß in Hafenstädten zur Verfügung stehen, würde sich ihr Bau für ein einzelnes Unternehmen, das beispielsweise Erz vom nächsten besten Küstenpunkt aus verfrachten will, bei nicht besonders günstigen Naturverhältnissen verbietend teuer stellen.

In solchen Fällen kann man mit der Drahtseilbahn weit von der Küste ab bis in das tiefe Wasser gehen, wo Schiffe ungefährdet anlegen können, oder auf leichten Stützen bei Flüssen und Kanälen am Ufer entlang einen Verladestrang führen, von dem aus die Wagen selbsttätig in Rümpfe kippen. Man kann aber auch die Wagen von Hand weiter bewegen und an geeigneter Stelle durch Auskippen über eine Schurre in die Schiffe entleeren, wobei die Schurre je nach dem Fortschreiten der Beladung verschoben oder verstellt wird. Dabei lassen sich ganz beträchtliche Leistungen erzielen, weil sich die Seilbahnwagen hinreichend schnell und dicht folgen können, so daß die Beladung keine lange Zeit in Anspruch nimmt; die Liegekosten der Schiffe lassen sich so außerordentlich vermindern. An die Stelle der reinen Drahtseilbahn kann hierbei auch die Elektrohängebahn treten.

Sie ist namentlich vorteilhaft für die Entladung der Schiffe, und zwar in Form der Elektrowinden- oder Elektrogreiferbahn. An dem Wagengehänge ist dann ein Greifer oder eine elektrisch betriebene Winde angebracht, die mit Hilfe einer Fernsteuerung den Wagenkasten an beliebiger Stelle zu heben und zu senken gestatten. Eine solche Entladeanlage, die weit auskragend eine Uferstraße überbrückt, zeigt z. B. die Abb. 384 nach einer Bleichertschen Ausführung in der Ansicht, während Abb. 385 die Gesamtanordnung mit einigen erläuternden Schnitten wiedergibt. Da die Entladung auf das Lager oder in den Rumpf des Brecherwerkes nach Einstellung der Anschläge von selbst stattfindet, so ist zur Bedienung der Bahn nur ein Mann nötig, der die Steuerung des Wagens und der Winden von seinem Standort aus betätigt, ohne daß ein Aufzug mit der dafür nötigen Bedienung gebraucht wird. In den meisten

Fällen wird dieBedienung der patentierten Bleichertschen Elektrowindenbahn von den Ladearbeitern in den Schiffen selbst ausgeführt, die den leicht beweglichen Schaltapparat mit an ihren Arbeitsplatz nehmen. Er-

Abb. 384. Elektrohängebahn zur Schiffsentladung.

weitert ist diese Bauart neuerdings dadurch, daß an Stelle des Förderkastens ein Greifer tritt, wobei die Art der Steuerung keine Änderung erfährt.

Die Abb. 386 gibt ein Bild einer derartigen Greiferanlage wieder, die zur Entladung von Kohle, Kalkstein und Zuckerrüben benutzt wird. Laufwerk und Windwerk sind in der der Bleichertschen Konstruktion eigentümlichen Form ausgeführt. Die Steuerung erfolgt nur elektrisch, im vorliegenden Fall von einem festen Punkt aus. Der Greifer nimmt das Fördergut aus den Schiffen auf und gibt es in einen Füllrumpf ab, aus dem es in die Wagen einer Drahtseilbahn abgezogen wird, die es zu den einzelnen Verbrauchsstellen in der Fabrik weiterschafft.

Von Interesse sind die Äußerungen der Malchiner Zuckerfabrik, für die die Transportanlage gebaut wurde, da sie kürzer als jede Erläuterung die großen Vorteile der mechanischen Verladeanlagen hervorheben. Im Jahre 1906 drückt die Firma ihre Befriedigung über die baulichen

Einzelheiten der im Jahr zuvor erstellten Drahtseilbahn aus und hebt hervor, daß sich nach einjährigem Gebrauch bereits eine solche Verminderung der Transportkosten zeige, daß sie hoffe, die Bahn in wenigen Jahren völlig abschreiben zu können. 1911 teilt sie mit, daß die Drahtseilbahn inzwischen vollständig abgeschrieben ist, erklärt aber gleich-

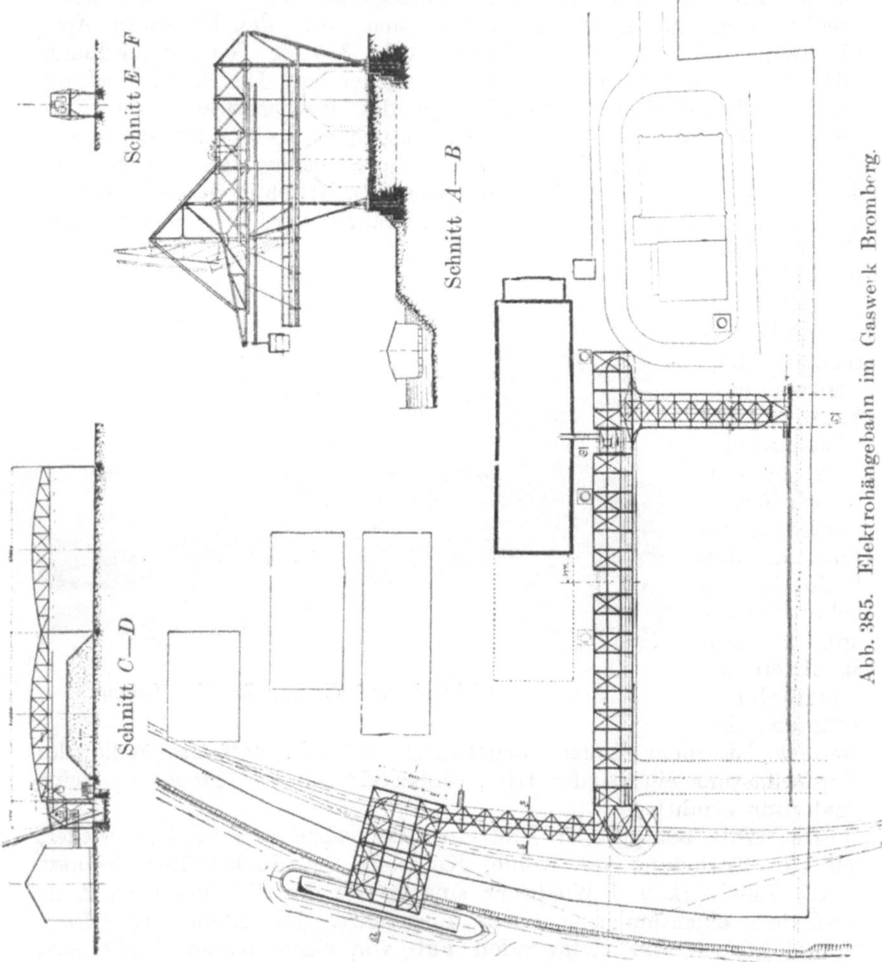

Abb. 385. Elektrohängebahn im Gaswerk Bromberg.

zeitig, daß, wenn dadurch auch eine ganze Anzahl von Arbeitern erspart worden sei, doch noch zu viel Leute zum Überladen der Güter gebraucht würden. Daraufhin wurde die Greiferanlage gebaut, die auch diese Leute überflüssig machte, und die Fabrik schreibt 1912, daß sie durch die Greiferanlage von den Verladearbeitern völlig unabhängig geworden sei und ihre Materialien schneller und billiger entlade als vorher.

Abb. 386. Elektrogreiferanlage in Malchin.

Abb. 387. Entladestation der Kohlentransportbahn in Spitzbergen.

In Fällen, wo das geförderte Material nur zeitweise in die Schiffe verladen werden kann, während die Drahtseilbahn oder Elektrohängebahn dauernd fördert, legt man Füllrümpfe am Ufer an. Damit ist die Beladung des Schiffs völlig unabhängig von der augenblicklichen Förderung der Schwebebahn und bei richtiger Bemessung der Füllrümpfe

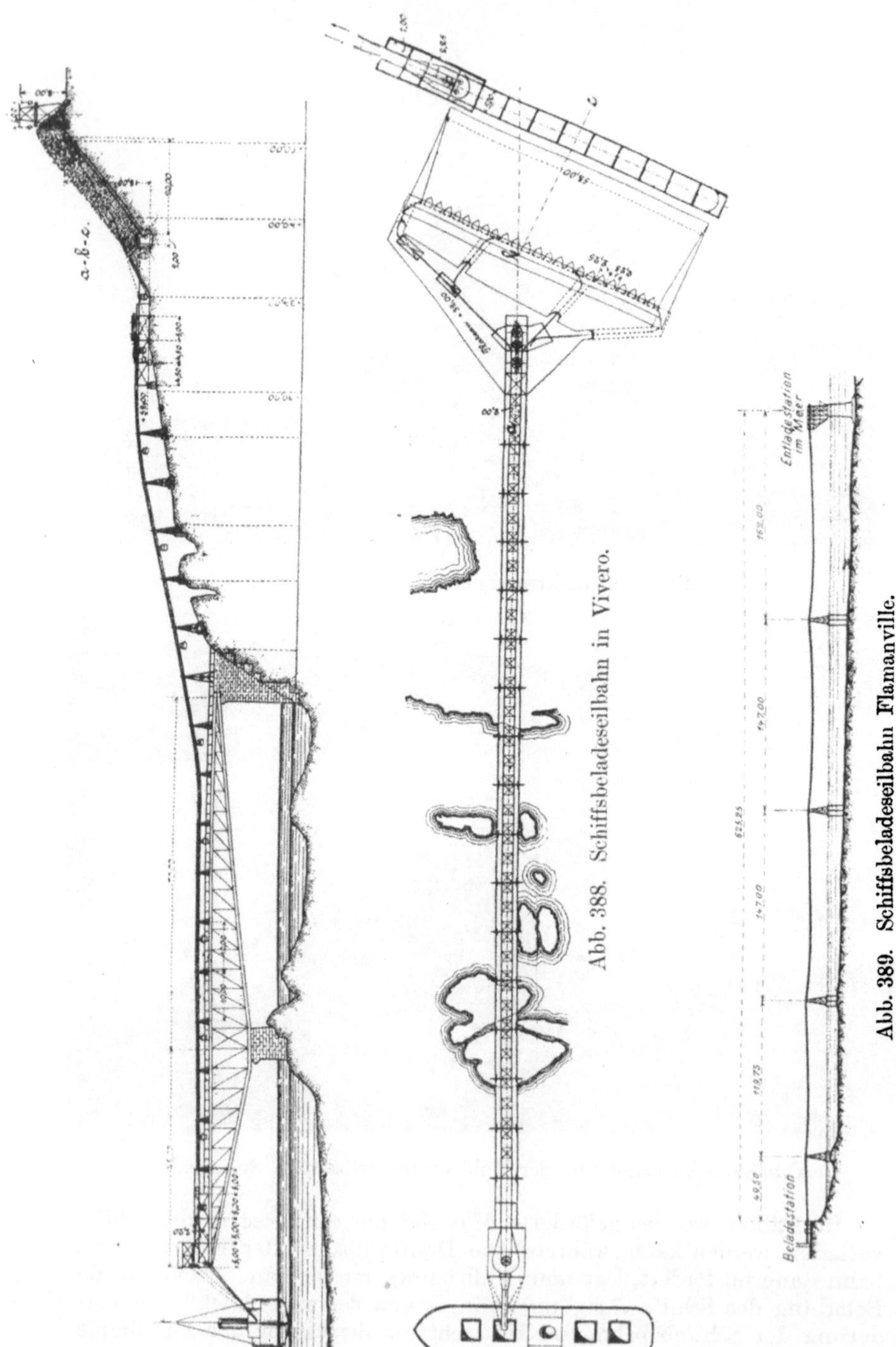

Abb. 388. Schiffsbeladeseilbahn in Vivero.

Abb. 389. Schiffsbeladeseilbahn Flamanville.

in äußerst kurzer Zeit durchführbar. Eine derartige Anlage ist z. B. schon in Abb. 276 dargestellt worden.

Die Beladung und Entladung sowohl von Schiffen wie von Eisenbahnen vermittels Schwebebahnen erfordert bei größter Leistungsfähig-

Abb. 390. Schiffsbeladeseilbahn auf Elba.

Abb. 391. Schiffsbeladung auf dem Pier in Elba.

keit doch nur eine kurze Ufer- oder Gleisstrecke, weil die Verbindung mit dem rückwärts gelegenen Lagerplatz ohne besonderen Raumbedarf durch die Drahtseil- bzw. Elektrohängebahn erfolgt. Daher sind hierfür auch nur geringe Grunderwerbskosten nötig, ganz im Gegensatz zu Krananlagen. Denn während hier ein umfangreicher Lagerplatz unter der

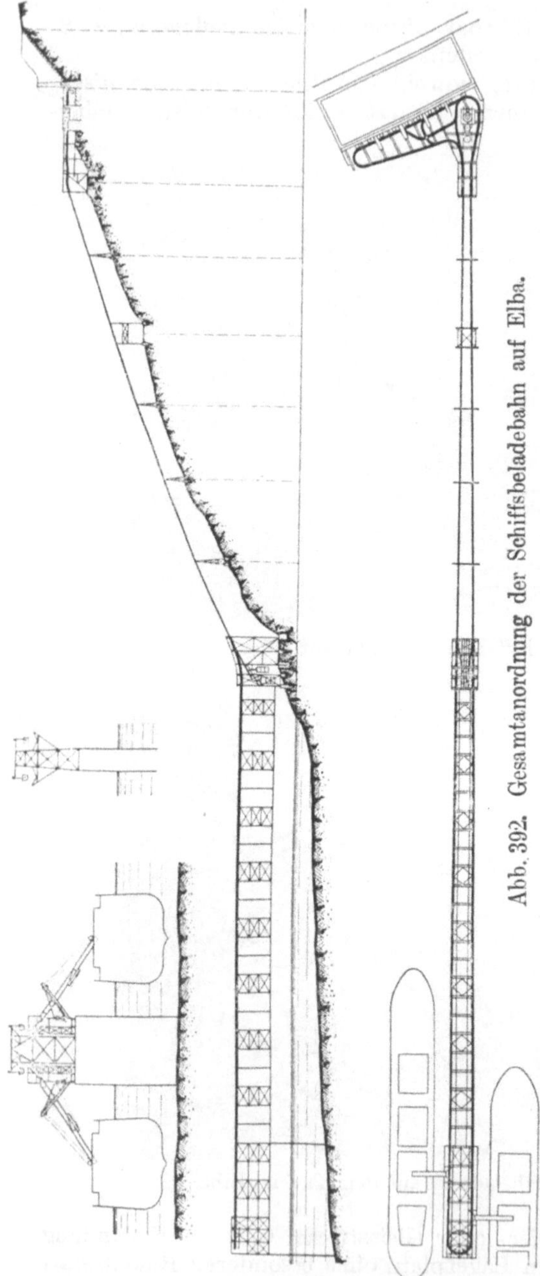

Kranbrücke unmittelbar am Ufer oder am Gleis vorhanden sein muß, also dort, wo die Grundfläche den höchsten Wert hat, kann sich der Lagerplatz bei Schwebebahnen weitab vom Ufer oder Gleis befinden, wobei entgegenstehende Hindernisse, wie Häuser und Straßen, anstandslos überschritten werden.

Bei der Beladung von Schiffen, die wegen seichten Wassers weitab vom Ufer Anker werfen müssen, ist die Drahtseilbahn, wie schon kurz erwähnt, überhaupt das einzig mögliche Mittel, wenn man nicht kostspielige Pieranlagen einrichten will. Ein Beispiel dafür gibt die Abb. 387 nach der von Adolf Bleichert & Co. in Spitzbergen erbauten Anlage wieder. Eine amerikanische Gesellschaft beutet die auf der Insel vorkommenden Kohlenlager aus, deren hochwertiges Material von den jene Gegend aufsuchenden Walfischfängern und Touristendampfern gern übernommen und an der ganzen Nordküste von Norwegen gehandelt wird. Die Kohle wird in einem großen Behälter bei der Grube aufgespeichert und von dort aus durch die Drahtseilbahn unmittelbar in das Schiff gefördert, das vor der in der Bucht ziemlich weit vom Land erbauten Beladestation anlegt. Während des Winters, wo der Zugang zur

Insel für die Schiffe durch Eis gesperrt ist, ruht die Förderung im Bergwerk nicht. Jedoch kann der Silo vor dem Stollenmundloch die ganze

Wintererzeugung nicht fassen, daher wird die Kohle während dieser Zeit von der Seilbahn aus am Gestade auf Halde gekippt. Im Sommer wird sie dann wieder aufgenommen und durch eine leichte Schienenseilbahn zu der Schiffs- beladestation geschafft. Be- merkt sei, daß der Bau dieser nördlichsten Bahn der Erde recht erheb- liche Schwie- rigkeiten machte, da daran nur we- nige Monate im Jahre ge- arbeitet wer- den konnte und z. B. die Fundament-

Abb. 393.   Erzlager in Thio (Neukaledonien).

löcher für die Stützen sämtlich in den hartgefrorenen Erdboden ein- gesprengt werden mußten.

Da die Beladung von Seeschiffen wegen des hohen, so lange brach liegenden Anlage- kapitals schnell er- folgen muß, so wird für solche Anlagen eine sehr bedeu- tende Stundenlei- stung verlangt. So hat z. B. die in Abb. 388 darge- stellte, zur Ver- frachtung von Eisenerz dienende Anlage der Vivero Iron Ore Co. bei Bilbao eine Lei- stung von stünd- lich 250 Seilbahn- wagen mit je 1 t

Abb. 394.   Blick auf die Meeresstrecke bei Thio.

Inhalt, so daß alle $2^1/_2$ Minuten der Inhalt eines gewöhnlichen Eisenbahn- wagens in die Bunker des Schiffes abgestürzt wird. Zur Beladung eines Erzdampfers von 3000 t Laderaum genügen somit 12 Stunden.

Die Hängebahnschienen, auf welchen die Wagen laufen, sind auf der Landseite an leichten Brückenträgern befestigt, deren Stützsäulen auf den vorspringenden Klippen des Ufers stehen. Den letzten Teil

bildet eine Kragträgerbrücke, die etwa in der Mitte auf einer aus
dem Wasser hervorragenden Klippe gelagert ist. Da die Einzellasten
im Vergleich zu Eisenbahnlasten noch immer sehr geringe sind, so
ist auch diese Brücke leicht gehalten. Entnommen werden die Erze

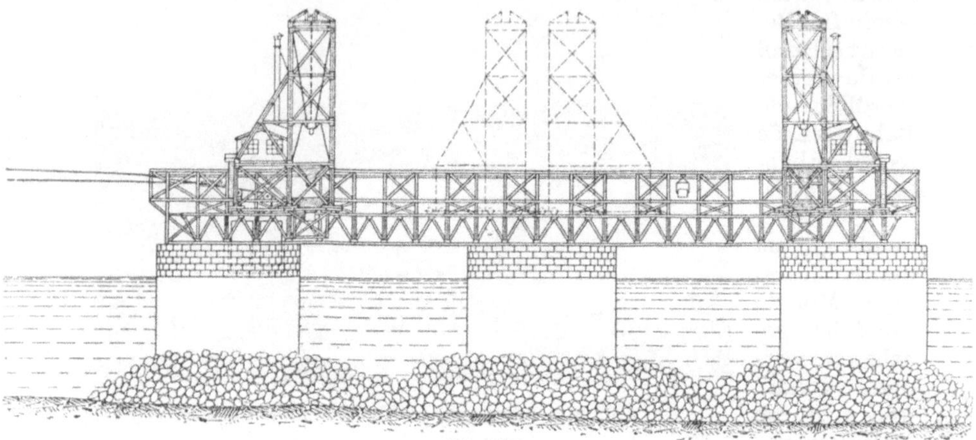

Abb. 395 a.

Schiffsbeladestation

einer Reihe gemauerter Füllrümpfe am Ufer, denen sie stetig von der Gewinnungsstelle aus durch mehrere im Zickzack das Grubengebiet erschlie-
ßende Drahtseilbahnen zugeführt werden. Letztere haben naturgemäß
eine geringere Förderleistung, da sie dauernd gleichmäßig arbeiten.

Inzwischen ist, ebenfalls von A. Bleichert & Co., eine Anlage von
dem Doppelten dieser Förderleistung für die Société des Mines et
Carrières de Flamanville gebaut worden, die aus einer Doppelbahn
besteht, auf der stündlich 333 Wagen. mit vierrädrigen Laufwerken
von je 1,5 t Kasteninhalt verkehren. Der Endpunkt der in Abb. 389
wiedergegebenen Linie liegt hier auf einer im tiefen Wasser geschaffenen
künstlichen Insel, von der aus die Beladung der Schiffe erfolgt. Hier
sind auch einige Drehkrane aufgestellt, die die für den Grubenbezirk
bestimmten Frachten aus den Schiffen entnehmen und der Drahtseilbahn zur Weiterbeförderung an Land übergeben.

Eine Leistung von 200 t/St. besitzen die von A. Bleichert & Co. für
die Societa Anonima di Miniere e di Alti Forni „Elba“ bei Rio Albano
und Giove Portello auf Elba errichteten beiden Verladeseilbahnen. Das
im Tagebau gewonnene Erz wird hier beide Male vermittels Mulden-
kippern nach einer großen Füllrumpfanlage geschafft, aus der die Seilbahn das Fördergut entnimmt. Die Wagen werden zunächst gewogen
und fahren dann auf steiler Strecke (Abb. 390) nach dem Ufer herunter
zu dem in das Meer hinausgebauten eisernen Verladepier, an dem Schiffe
von beiden Seiten anlegen können. Dort kippen sie selbsttätig in einen
auf dem Pier verschiebbaren Trichter aus, aus dem das Erz durch ein
Teleskoprohr in das Schiff hinuntergleitet (Abb. 391). Der Trichter kann

in kürzester Zeit vor eine andere Schiffsluke verfahren werden, ohne daß die Seilbahn dabei stillgesetzt wird. Da ein zweites Schiff schon auf der anderen Seite des Piers anlegen kann, während das erste

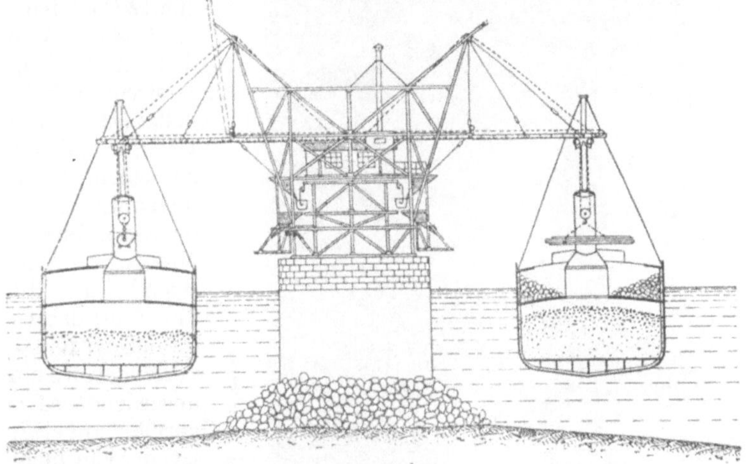

Abb. 395 b.

bei Thio.

noch beladen wird, und die Seilbahnwagen von je 1250 kg Inhalt von der vorn am Pier angeordneten Umkehrscheibe aus über einen zweiten, auf der Gegenseite verschiebbaren Trichter laufen, so kann die Verladung fast augenblicklich auf der einen Seite abgebrochen und auf der anderen fortgesetzt werden. Die Gesamtanordnung dieser Bahn veranschaulicht in technischer Darstellung die Abb. 392, deren Nebenfiguren den doppelten Maßstab der Hauptzeichnung haben.

Vielleicht die großartigste Drahtseilbahn-Verladeanlage hat sich die französische Gesellschaft „Le Nickel" bei dem

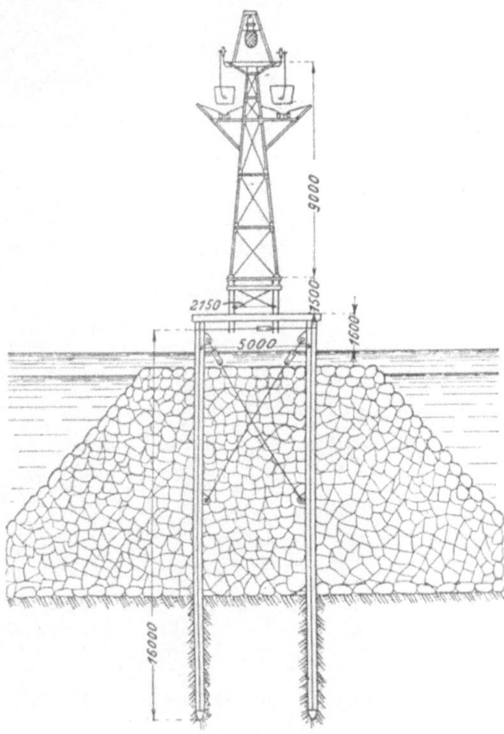

Abb. 396. Stützen der Meeresstrecke bei Thio.

Abb. 397. Schiffsentladeseilbahn bei Stralsund.

Städtchen Thio auf Neu-Kaledonien von A. Bleichert & Co. erbauen lassen. Von den nesterartig zerstreuten Nikkellagern führen Drahtseilbahnen zu einem Sammelpunkt am Fuße des Gebirges. Hier beginnt eine Kleinbahn, die die Zentralstation mit der Küste verbindet, wo ein ausgedehnter Lagerplatz angelegt ist, der von mehreren Seilbahnen bedient wird (Abb. 393). Die Stützen bei der Absturzstelle im Hintergrunde sind zur Schonung der Eisenkonstruktion mit Blechmänteln verkleidet. Vom Lager aus führt eine Seilbahn von etwa 1 km Länge und 100 t stündlicher Leistung ins Meer hinaus (Abb. 394) bis an eine im tiefen Wasser errichtete Überladestation, deren Aufbau die Abb. 395 wiedergibt, während Abb. 396 die Ausführung einer der im Meer erbauten Seilbahn-

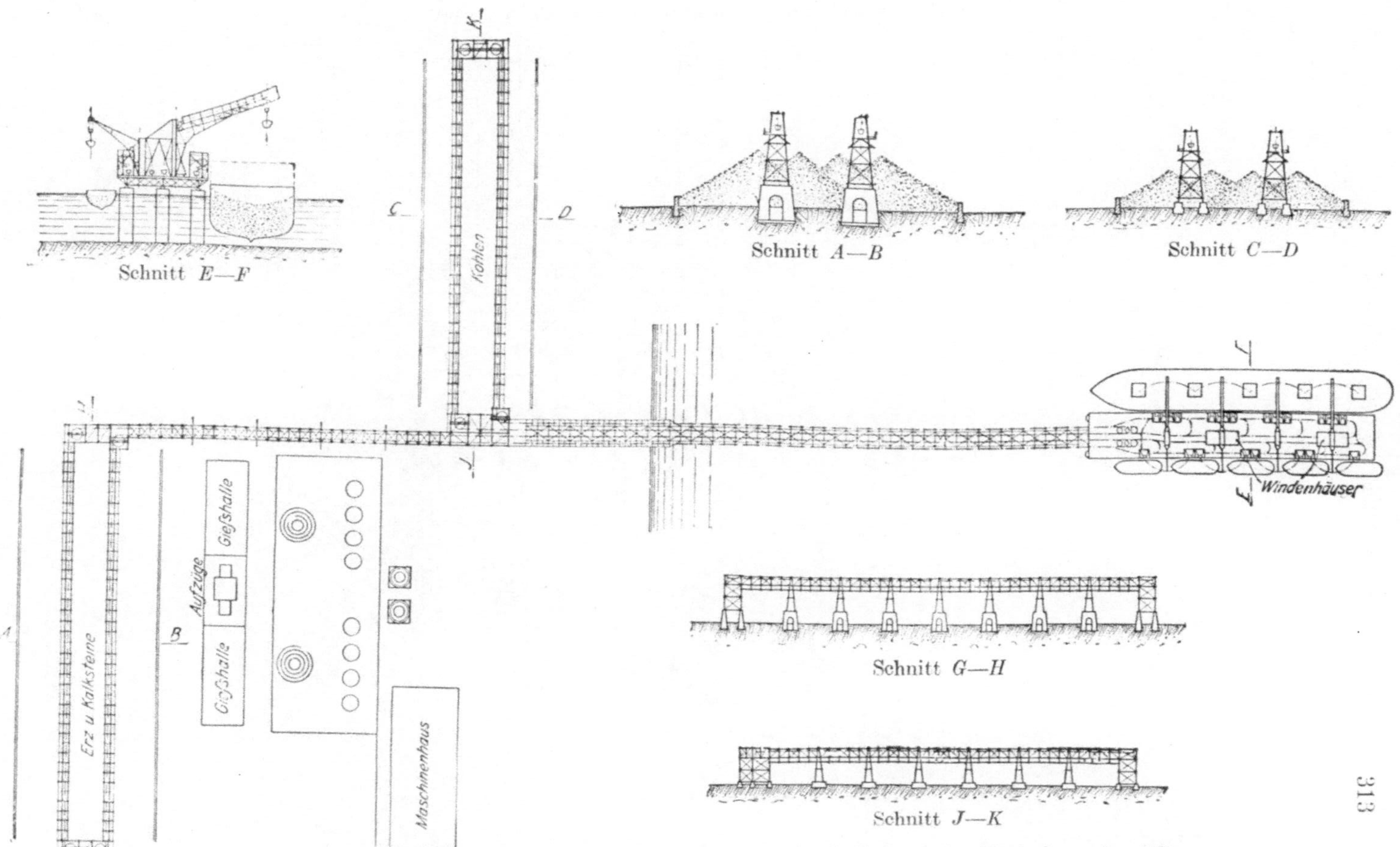

Abb. 398. Gesamtanordnung der Seilbahnen des Hochofenwerkes Elba.

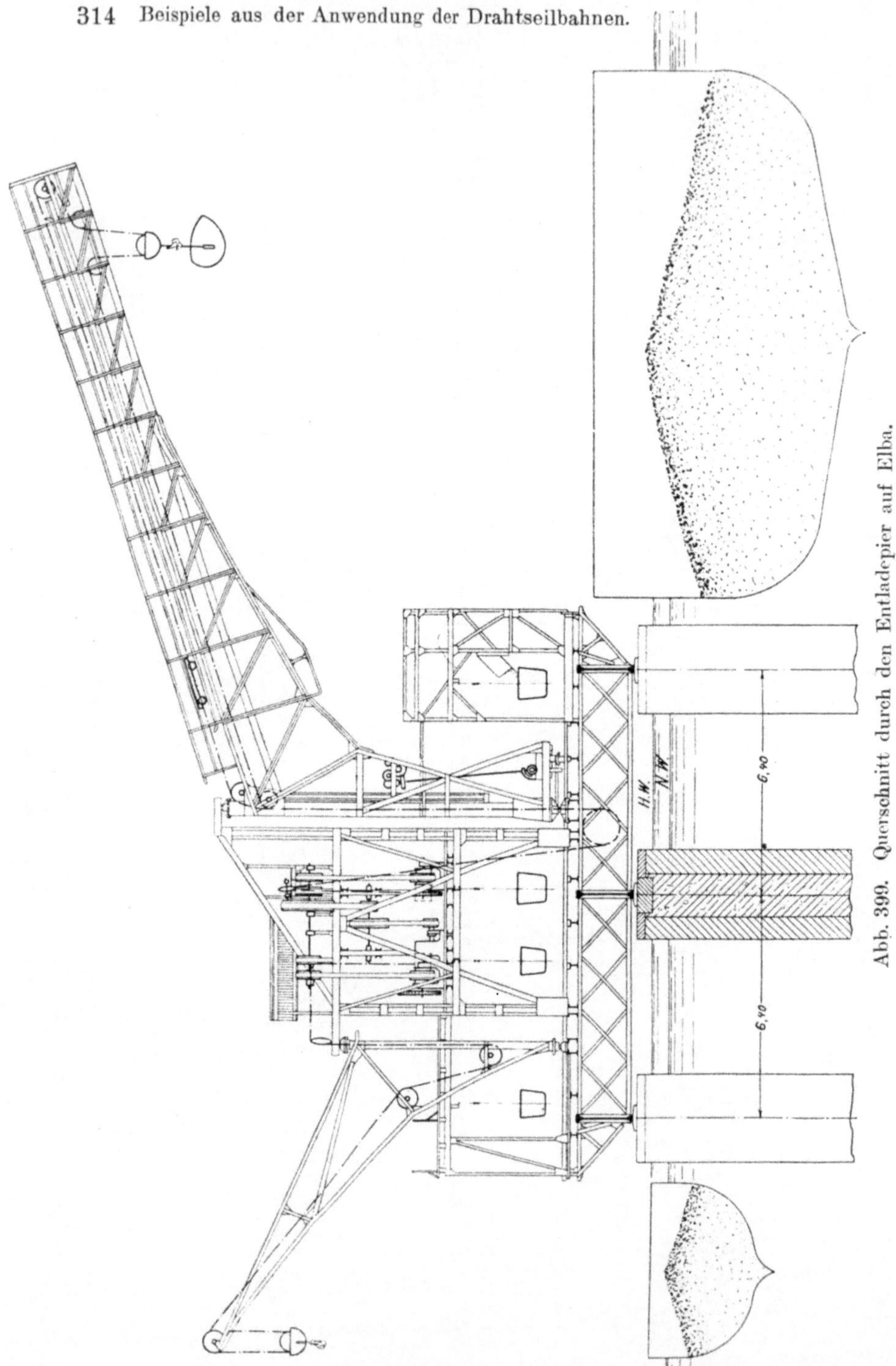

Abb. 399. Querschnitt durch den Entladepier auf Elba.

stützen zeigt. Auf der Endstation befinden sich zwei doppelte Verladekrane mit hochnehmbaren Auslegern und Zweiseillaufkatzen, die Heben, Senken und Anhalten an jeder Stelle der Fahrbahn zulassen.

Abb. 400.   Ansicht eines Schrägbahnkranes zur Schiffsentladung mit anschließender Seilbahn.

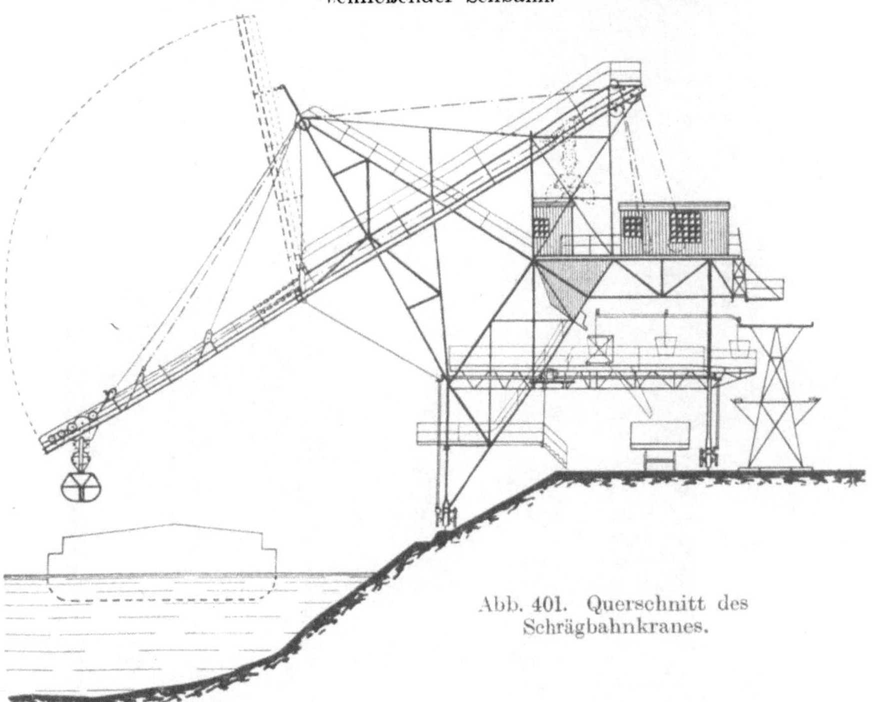

Abb. 401.   Querschnitt des Schrägbahnkranes.

Der Bau eines Hafens vermittels einer Mole wäre hier nicht nur äußerst kostspielig, sondern auch wegen der vorhandenen Versandungs-

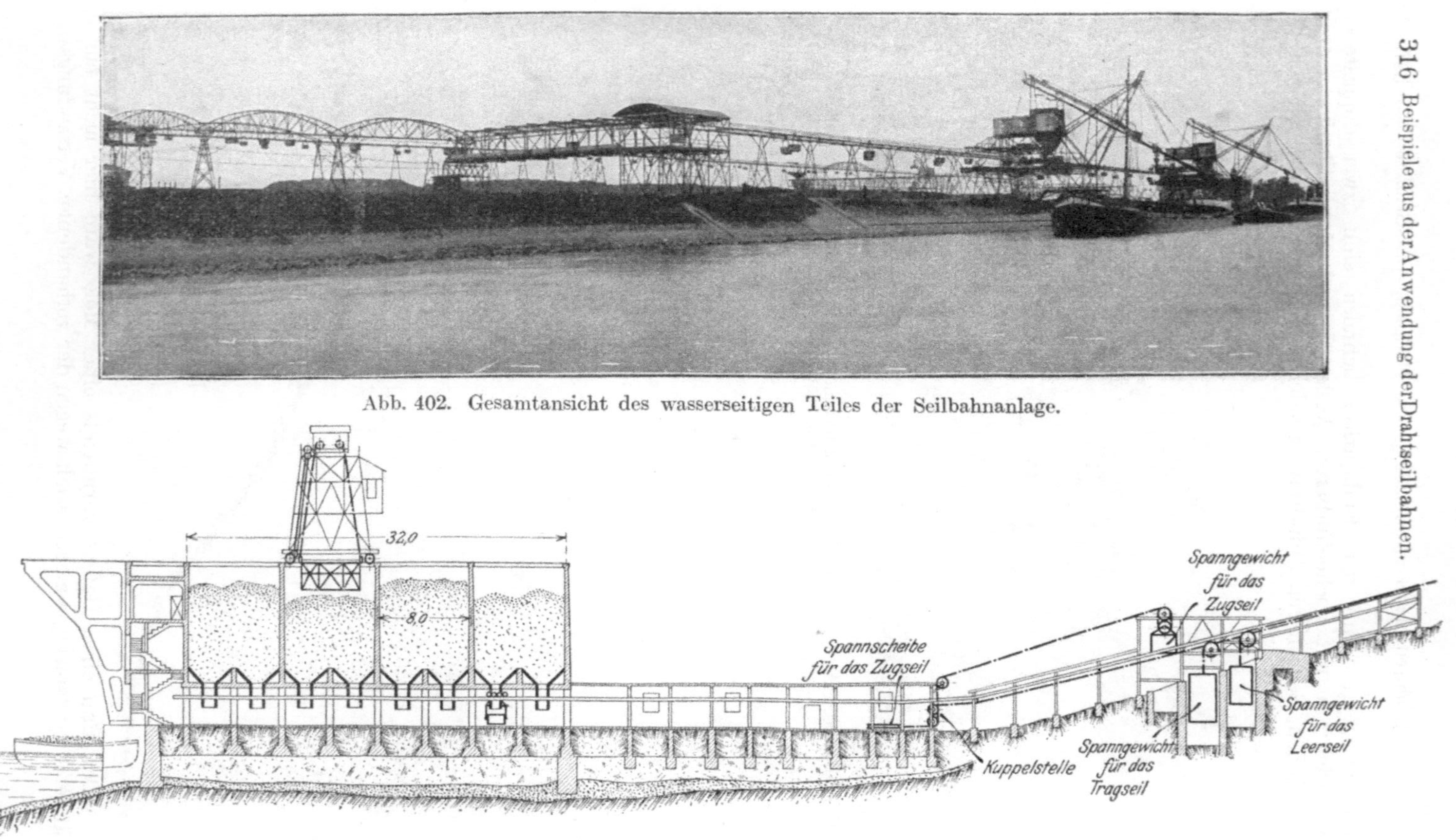

Abb. 402. Gesamtansicht des wasserseitigen Teiles der Seilbahnanlage.

Abb. 403. Querschnitt der Beladeanlage in Savonna.

gefahr wahrscheinlich in kurzer Zeit
zwecklos geworden, während die
wenigen Fundamente für die Seilbahnstützen der Strömung des Wassers kaum ein nennenswertes Hin-
dernis bieten und somit auch keine
Veranlassung zur Sandablagerung
geben. Mit der beschriebenen, nach
den mitgeteilten Zahlen sehr bedeutenden Anlage wird jetzt ein
Schiff, das früher wochenlang liegen
mußte, ehe es von den Eingeborenen
und Minenarbeitern mit Hilfe kleiner
durch die Brandung geruderter Boote
beladen war, in wenigen Tagen segel-
fertig gemacht.

Eine ähnliche Anlage für allerdings wesentlich kleinere Verhältnisse ist übrigens auch in Deutschland schon vor Jahren von Adolf
Bleichert & Co. für die Zuckerfabrik Stralsund ausgeführt worden,
und zwar hier zur Entladung von
Schiffen. Die herankommenden Rohmaterialien, wie Kalkstein, Kohle usw.,

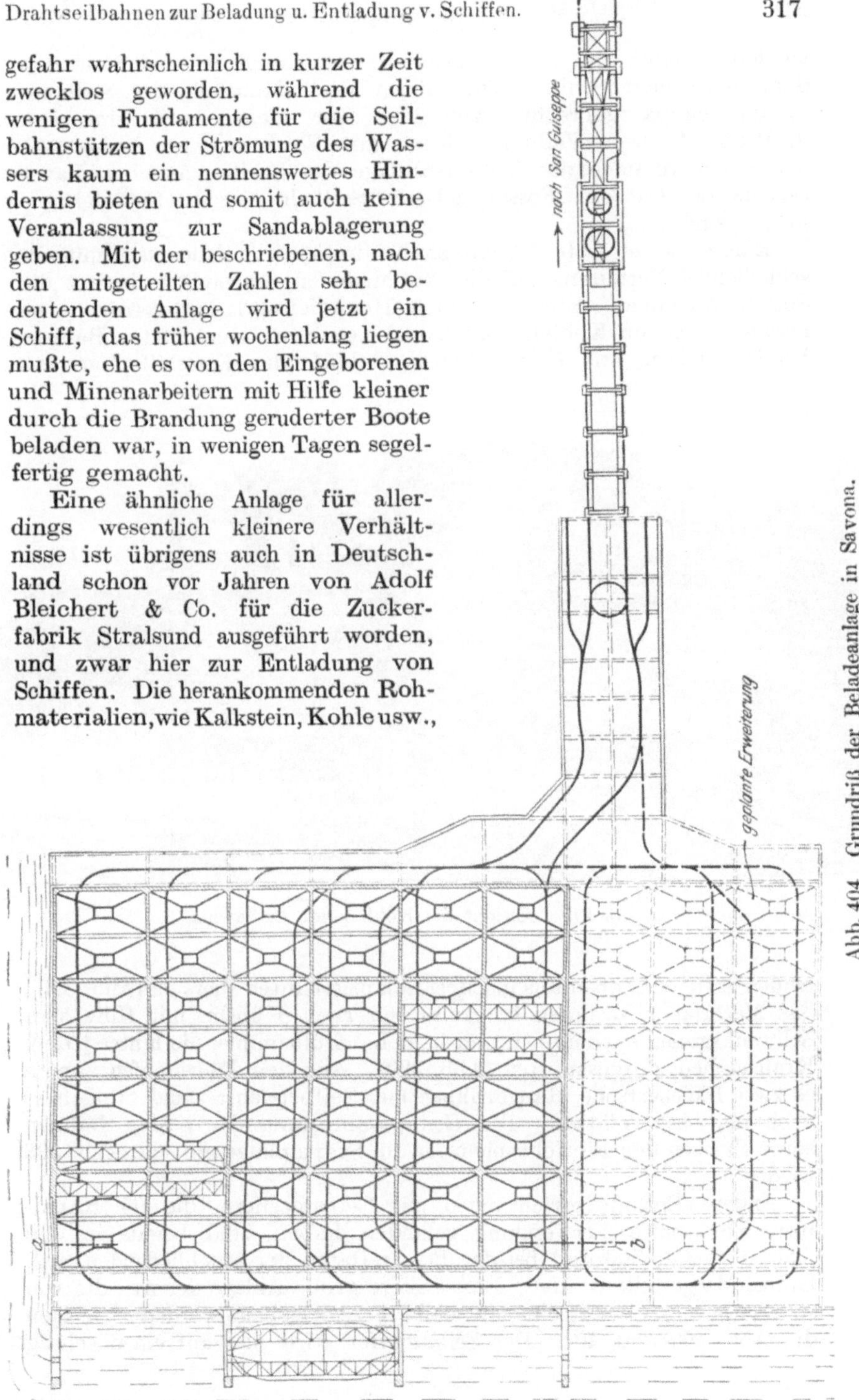

Abb. 404 Grundriß der Beladeanlage in Savona.

werden an einem im Meer angelegten Pier durch Schwenkkrane den
dort anlegenden Schiffen entnommen und dann mit der Seilbahn
in die Fabrik gebracht (Abb. 397) Ihr gleicht auch eine von
J. Pohlig A.-G. in Vado bei Genua zur Förderung von Kohle aus
den Leichtern nach der Koksofenanlage der Societa Anonima Lavo-
razione del Carboni Fossili gebaute Seilbahn, deren Entladekrane
größer sind.

Eine etwa der Abb. 390 entsprechende Schiffsentladeanlage mit anschließender Verteilung auf die verschiedenen Stapelplätze besitzt die
Società Anonima „Elba" bei ihrem Hochofenwerk Portoferrayo. Die
herankommenden Kohlendampfer und von den vorerwähnten Bahnen
bei Rio Albano und Giove Portello einlaufenden Erzschiffe legen an

Abb. 405.   Ansicht des Kohlensilos in Savona.

beiden Seiten des ebenfalls ins Meer hinausgebauten Piers an (Abb. 398),
das Material wird ihnen in großen eisernen Kübeln mit Hilfe von
Schwenkkranen entnommen und in kleine Füllrümpfe, die hinter jedem
Kran stehen, ausgeschüttet (Abb. 399). Aus den Füllrümpfen zapfen
es zwei Bleichertsche Hängebahnen mit Seilbetrieb ab und bringen es
nach den Lagerplätzen. Die Gesamtanordnung der beiden Bahnen
sowie Skizzen der Einrichtungen für die Stapelplätze gibt die Abb. 398
wieder.

Andere Entladevorrichtungen mit Selbstgreifern, die für Kanal-
bzw. Flußschiffe Verwendung gefunden haben, sind bereits in den
Abb. 374, 361, 366 und bei der Beschreibung der anschließenden Seilbahnen dargestellt worden. Eine weitere große Anlage der Art, die von
A. Bleichert & Co. für eine chemische Fabrik gebaut worden ist, zeigen
die Abb. 400 und 401. Der Selbstgreifer wird hier auf einen schräg

ansteigenden Ausleger in die Höhe gezogen und entleert sich wieder in einen kleinen Füllrumpf, aus dem die Kohle in die Seilbahnwagen abgezogen wird. Die anschließende Drahtseilbahn besitzt eine stündliche Förderleistung von 200 t Kohle oder Schwefelkies und verteilt das Fördergut auf mehrere Lagerplätze. Eine Gesamtansicht davon mit den verschiedenen am Zugseil durchfahrenen Winkelstationen gibt die Abb. 402 wieder.

Eine von den bisher beschriebenen Anlagen völlig abweichende ist die von J. Pohlig A.-G. für die Société Anonyme des Transports de Savone gebaute. Es handelte sich darum, einen Teil (900 000 bis 1 200 000 t jährlich) der für die oberitalienische Industrie notwendigen Kohlen ohne Erweiterung des Hafens von Savona aufzunehmen und bis zu der 17,5 km entfernten Station San Giuseppe zu fördern, von wo sie weiter nach Mailand und Turin mit der Eisenbahn geschafft werden. Um die Handarbeit mit ausgesprochener Rücksicht auf die betreffende Arbeiterorganisation nicht völlig zu beseitigen, behielt man die übliche Überladung aus den Seeschiffen in Leichter bei[33]). Die eisernen Leichter, die je nur 30 t Kohlen fassen, enthalten einen einzigen, leer 10 t wiegenden Klappkübel, der von besonderen Bockkranen aus dem Leichter in den Kohlensilo übergehoben und dort entleert wird.

Einen Querschnitt durch das Silogebäude sowie einen Grundriß mit den Hängebahngleisen der anschließenden Drahtseilbahnstation geben die Abb. 403 und 404. Das 24 Zellen von je 400 t Fassungsvermögen enthaltende Silogebäude ist aus Eisenbeton aufgeführt und wurde vollkommen in das Wasser hineingebaut, um den wertvollen Uferstreifen nicht zu verkleinern; eine Ansicht davon zeigt die Abb. 405. Die Ausführung der Bockkrane mit den Klappkübeln stellt die Abb. 406 dar. Der Kübel wird dadurch geöffnet, daß die seitlichen Halteseile festgehalten werden, während die mittleren nachgeben. Der zugehörige Hubmotor leistet 150 PS und erteilt der Last die Geschwindigkeit 12 m/min, die Kranlaufkatze wird mit 25 m/min durch einen Motor von 14 PS verfahren und der Kran mit 50 m/min durch einen 45 pferdigen Motor.

Weitere Entladeeinrichtungen werden noch an späterer Stelle im Zusammenhang mit den anschließenden Fabrikbahnen beschrieben werden. Eine möge noch hier Platz finden, weil sie zeigt, wie man unter Umständen durch die Seilbahn den Vorteil haben kann, die Entladung nicht vorn am Ufer des Werkes, das vielleicht zu flach ist oder gegen dessen Benutzung andere Rücksichten sprechen, sondern an einer entfernteren Stelle vorzunehmen. Bei der von A. Bleichert & Co. gebauten Kohlentransportanlage für die Aktiengesellschaft Sydvaranger in Norwegen (Abb. 407) wird die Kohle den ankommenden Schiffen

---

[33]) Pietrkowski, Zeitschr. d. Ver. deutsch. Ing. 1913.

vermittels Selbstgreifer entnommen und in Füllrümpfe gegeben, aus welchen sie dann in gleichmäßiger Folge in die Wagen der Drahtseilbahn abgezogen wird, die über das Wasser hinweggeht. Sie schüttet

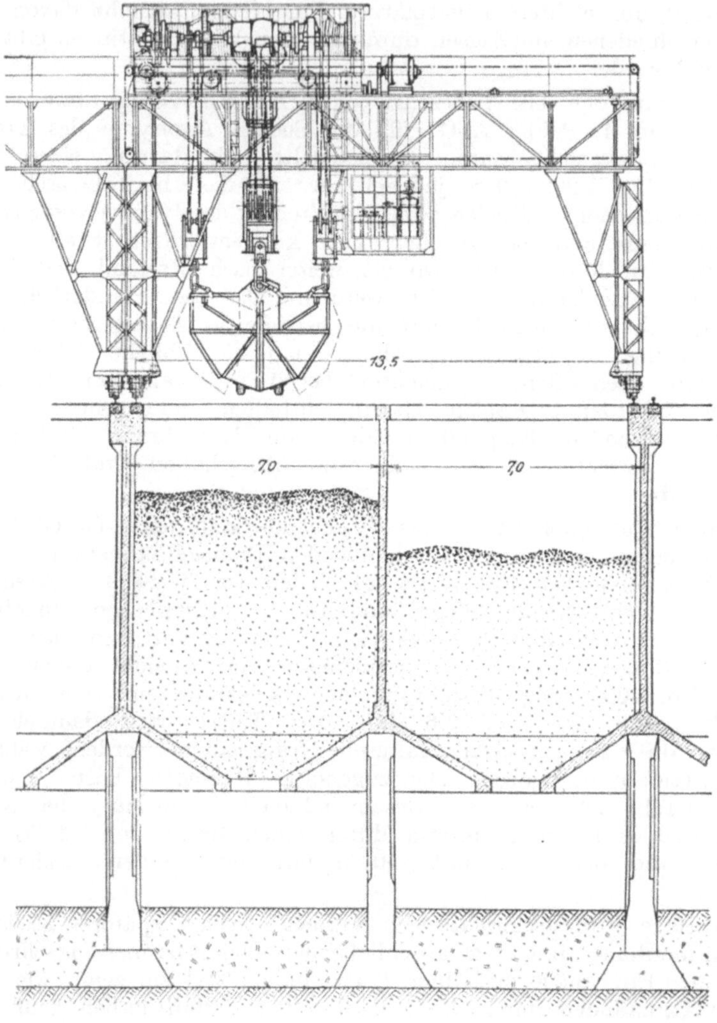

Abb. 406. Bockkran auf

das Material entweder auf das gleich am Werksufer beginnende Lager aus oder in den Aufnahmerumpf eines Becherwerkes, das die Förderung auf das zwischen den Kesseln entlang laufende Transportband übernimmt.

Für kleinere Fördermengen ist die Elektrohängebahn wieder ein
äußerst bequemes und billiges Mittel zur Entladung. Es genügt oft,
den Hängebahnstrang, auf dem ein oder mehrere Wagen mit Windwerk

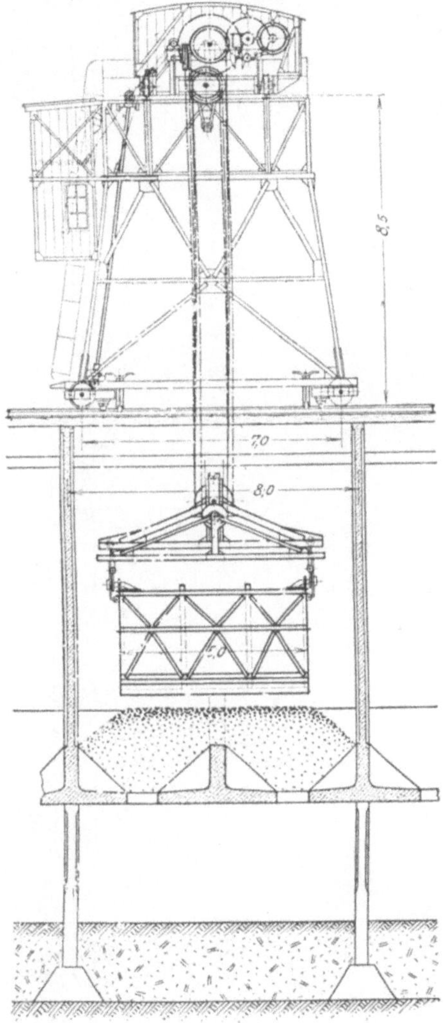

dem Silogebäude in Savona.

verkehren, einfach über dem Kahn entlang zu führen (vgl. Abb. 429), so
daß auch für kleine Werke die Anlagekosten leicht erschwinglich sind,
die gewöhnlich schon in kurzer Zeit durch die Ersparnis an Löhnen
wieder eingebracht werden.

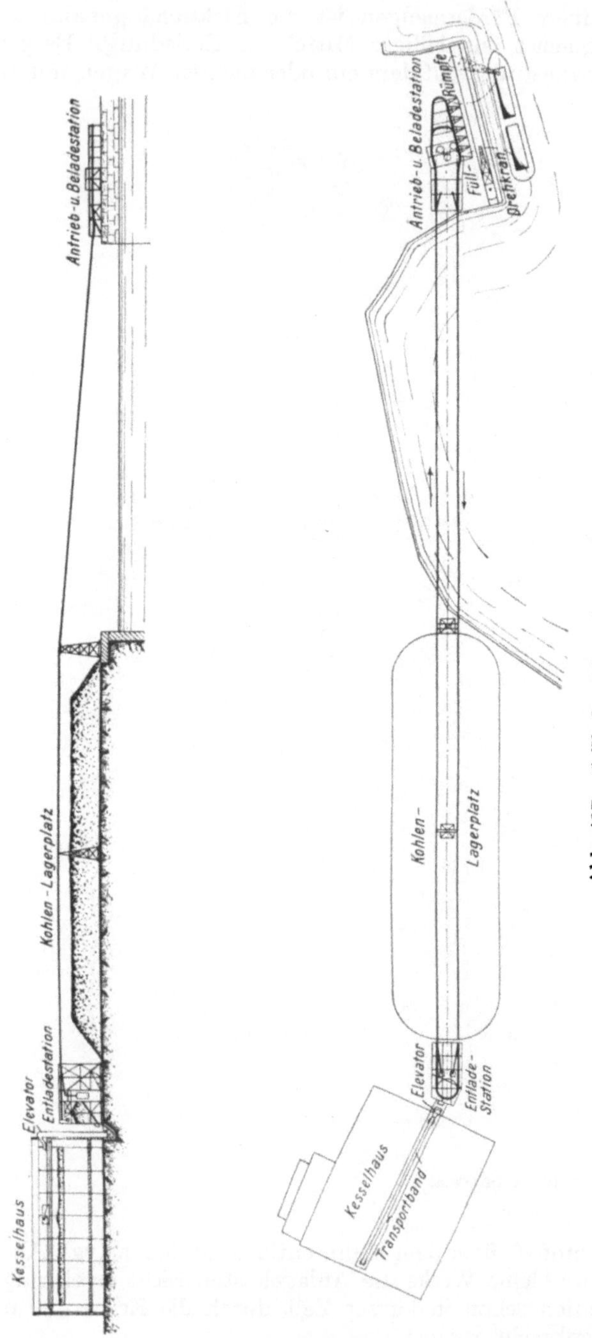

Abb. 407. Seilbahnanlage in Sydvaranger.

6. Hängebahnen für Innentransporte.

In den vorhergehenden Abschnitten sind bereits verhältnismäßig umfangreiche und zum Teil recht vielgestaltige Anlagen beschrieben worden, die ausschließlich im Innern eines und desselben Werkes, entweder der Berg- und Hüttenindustrie oder in einer Gasanstalt bzw. in einem Elektrizitätswerk, Verwendung finden. Auch sonst sind derartige Drahtseilbahnen keine Seltenheiten.

Eine besonders einfache Anlage, die nur den Zweck hat, Kohle von einem Speichergebäude aus, in das sie mit Hilfe eines Becherwerkes gefördert wurde, in die Bunker der benachbarten Fabrik zu schaffen, ist die durch Abb. 408 veranschaulichte, von Kaiser & Co. für die Société Française des Fours à Coke für ihr Werk in Firminy gebaute Drahtseilbahn. Bei der Kürze der Strecke genügte eine federnde Verankerung

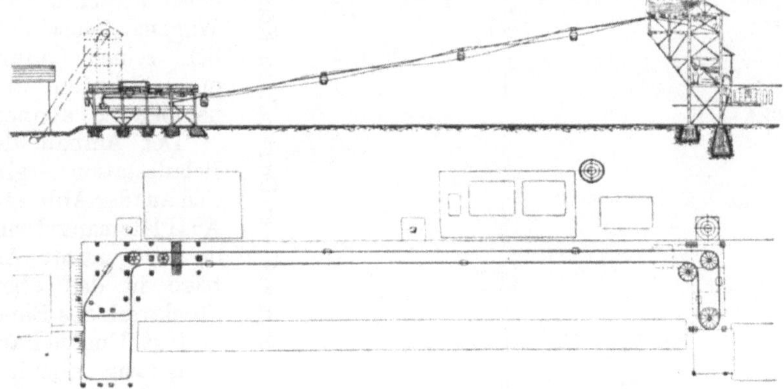

Abb. 408. Drahtseilbahn des Kokswerkes in Firminy.

der beiden Tragseile, an die sich in beiden Stationen kurze Be- und Entlade-Hängebahngleise anschließen. Bedienung ist nur in der Beladestation zum Füllen der Seilbahnwagen und Heranstoßen bis an die Kuppelstelle nötig. In der Entladestation fahren die Wagen am Zugseil über die rechtwinklig zur eigentlichen Linie verlaufenden Anschlußgleise und entleeren sich dabei durch Anschlag gegen eine einstellbare Auslösevorrichtung in die Bunker.

Von größerem Umfang und bemerkenswert durch die Schwierigkeiten, die das enge Gelände dem Ausbau der Stützen und Stationen bereitete, ist eine von J. Pohlig A.-G. auf dem Bahnhof Köln-Gereon erbaute Drahtseilbahn zur Förderung von Kohle und Briketts, deren Lageplan und Längsprofil die Abb. 409 wiedergibt. Die im ganzen 755 m lange Seilbahn schafft die Kohlen von einem Tagesbunker, der von einem darüber hinweggeführten Eisenbahngleis aus wieder aufgefüllt wird, und die Briketts von einer benachbarten Absturzstelle aus quer über den Bahnhof zu einem Kohlensilo dicht beim Lokomotivschuppen, in dessen Zellen sich die Wagen bei der Durchfahrt entleeren.

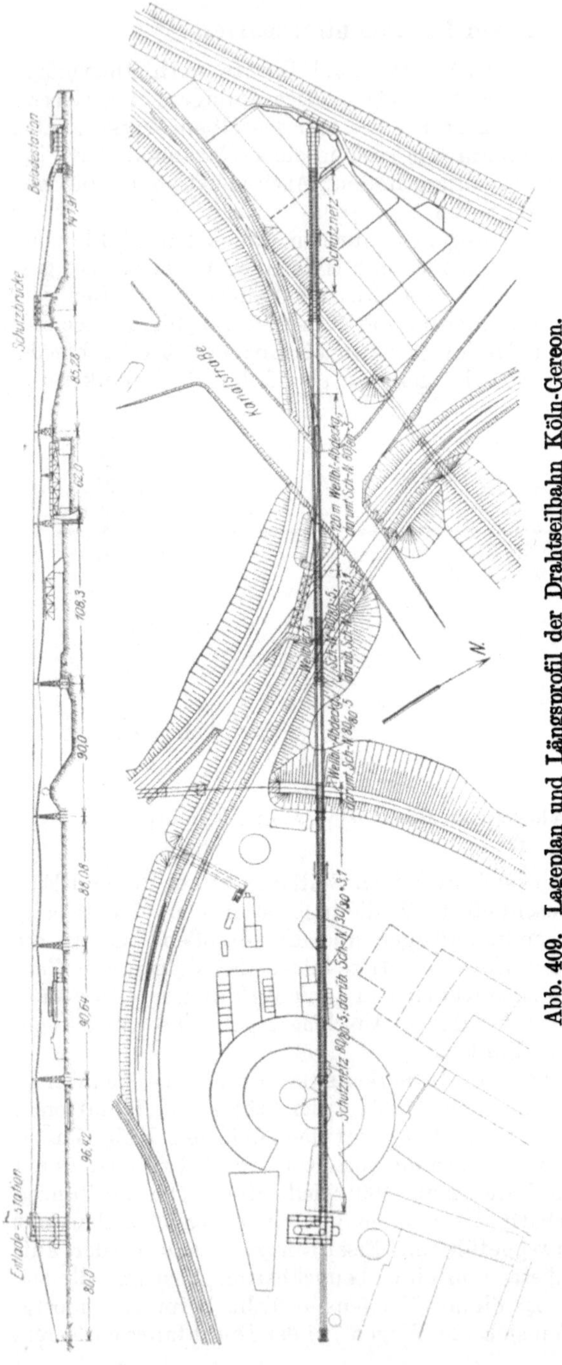

Abb. 409. Lageplan und Längsprofil der Drahtseilbahn Köln-Gereon.

Stündlich werden 33 t in Wagen von 7 hl Inhalt = 560 kg Kohle mit der Geschwindigkeit 1 m/sek gefördert. Unter der Seilbahn befindet sich auf der ganzen Strecke ein Schutznetz, das der von der Eisenbahnverwaltung gewöhnlich gestellten Forderung entspricht, auch die Stoßwirkung eines herabfallenden Wagens einschließlich seiner Ladung ohne Schaden aufnehmen zu können.

Der Aufbau der Beladestation ergibt sich aus der Abb. 410. Aus Platzmangel wurde der gesamte Antrieb in das obere Stockwerk des Baues verlegt. Um die Bahn selbsttätig anzuhalten, sobald der Elektromotor aus irgendeinem Grunde stromlos wird, lüftet ein vom Motorstrom durchflossener Elektromagnet ein Bremsband, das, wie bei Kranen allgemein üblich, durch ein Gewicht angezogen wird. Außerdem ist noch ein Rückwärtsgesperre vorhanden. Die Anbringung der Tragkonstruktion für die Hängebahnschienen an den Eisenbetonauslegern des Kohlenbunkers ver-

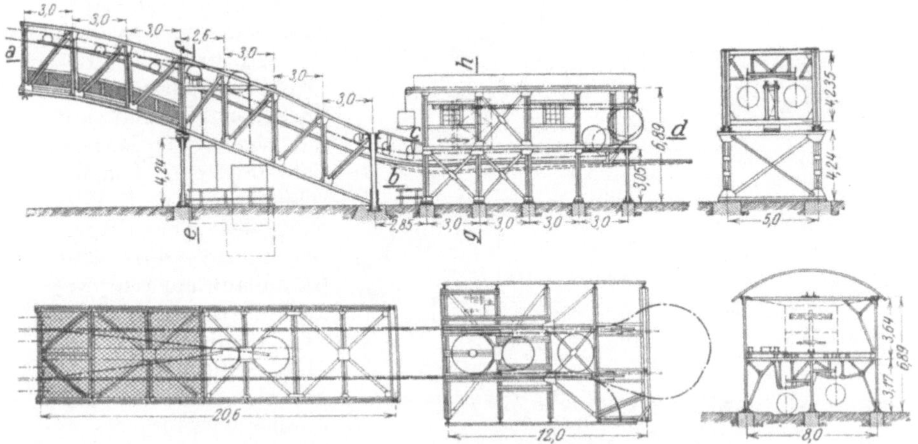

Abb. 410. Beladestation auf dem Bahnhof Köln-Gereon.

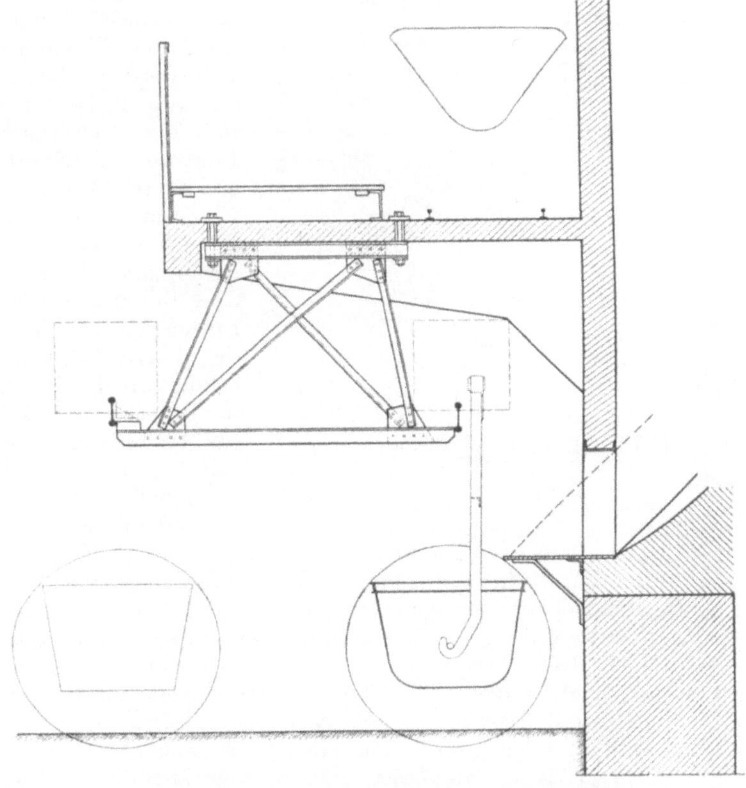

Abb. 411. Hängebahnkonsolen am Kohlenbunker.

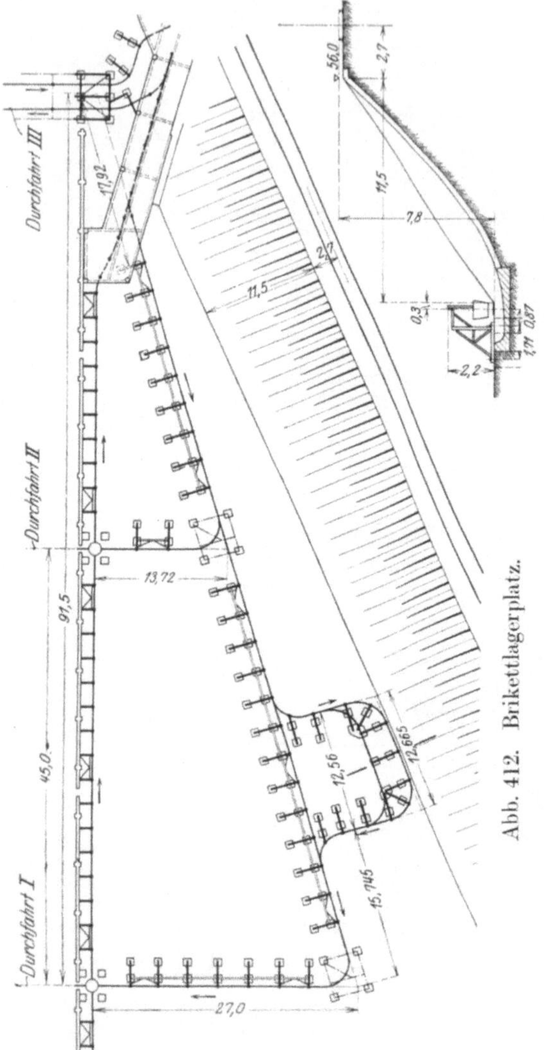

Abb. 412. Brikettlagerplatz.

anschaulicht die Abb. 411, während Abb. 412 die Absturzstelle des Kohlenzubringegleises am Brikettlagerplatz mit der zugehörigen Hängebahn darstellt. Die Beschüttung und Entleerung des Kohlenlagerplatzes erfolgt durch eine Standbahn mit Kippwagen; die dazu senkrecht verlaufenden Stränge der Hängebahn dienen zur Stapelung bzw. Aufnahme von Briketts.

Bei ganz kurzen Strecken zieht man der Einfachheit halber seilbetriebene Hängebahnen mit festen Schienen vor. Ein Beispiel dafür ist die von Kaiser & Co. für die Gewerkschaft Lohberg in Hamborn errichtete Anlage zur Förderung von Kohlen, die Abb. 413 veranschaulicht. Unter den drei Bunkern im Separationsgebäude verläuft der kurze Hängebahnstrang mit Handbetrieb, daran schließt sich die nur 125 m lange Strecke mit Zugseil, die über die Gebrauchsbunker im Kesselhause hinweggeht und am Ende über den Vorratsbunker für die Belieferung von Landfuhrwerk. Dort ist die Endseilscheibe von 3,5 m Durchmesser fest gelagert. Trotz ihrer Kürze konnte die Strecke nicht geradlinig geführt werden, sondern es mußten noch drei stumpfwinklige Ablenkungen eingelegt werden, in welchen das Zugseil über mehrere trommelartig ausgestaltete Ablenkungsrollen von verhältnismäßig kleinem Durchmesser geht. Für die Bedienung der Bahn, die 25 t/St. Kohle zu fördern hat, werden also nur zwei Mann an der Beladestelle gebraucht. Bei den hier vorliegenden

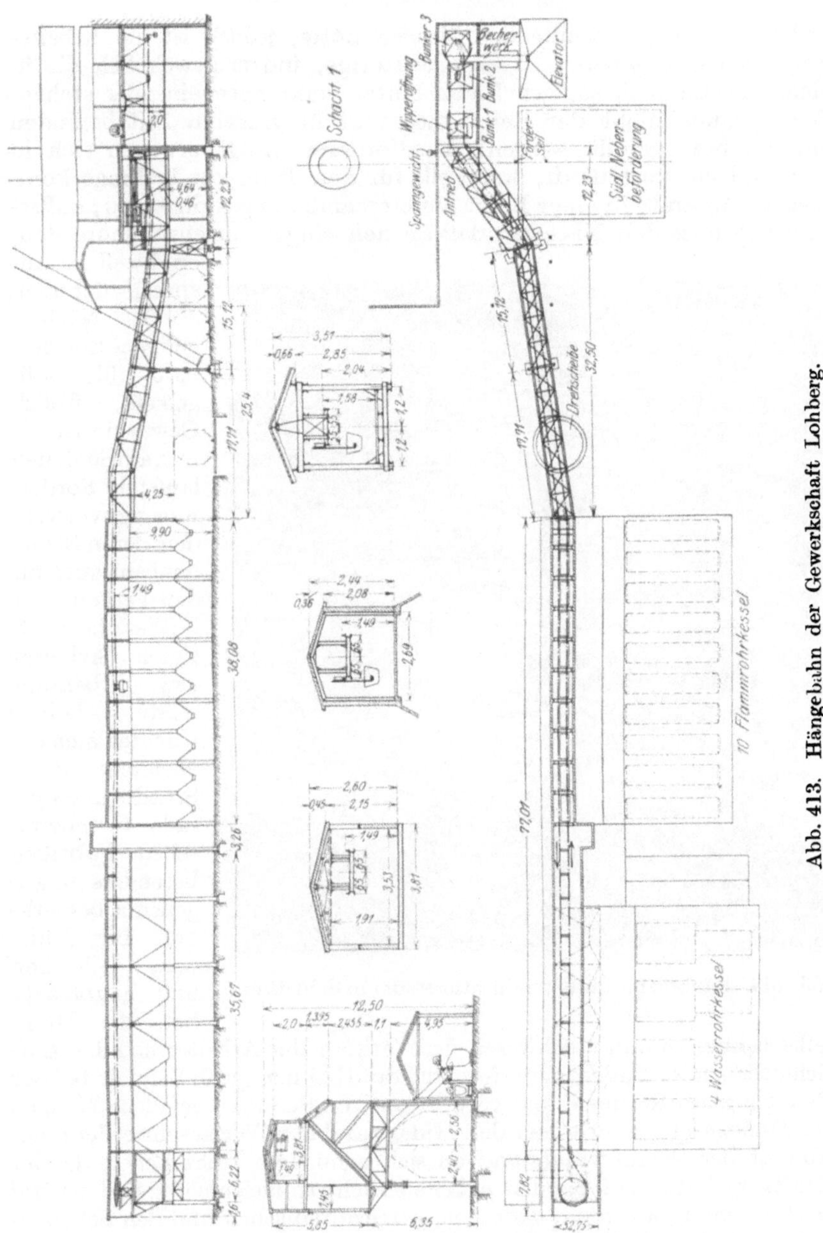

Abb. 413. Hängebahn der Gewerkschaft Lohberg.

örtlichen Verhältnissen hätte kein anderes Fördermittel die gestellte Aufgabe in gleich einfacher Weise lösen können.

Vielfach, besonders in chemischen Fabriken, wird die Beförderung von Schüttgütern gleicher Art von einem Teil der Fabrik zu einem

anderen in recht bedeutenden Mengen nötig, jedoch ist die **Arbeitsweise** in den seltensten Fällen eine stetige, indem gewöhnlich **die in**
einem großen rechteckigen Raum hinter- und nebeneinander stehenden Apparate nicht der Reihe nach und in größeren Zeitabständen
entleert bzw. gefüllt werden. Bandförderer u. dgl. erweisen sich in
dem Fall nur vorteilhaft, wenn alle für den Transport in Frage kommenden Apparate in einer Reihe hintereinander angeordnet sind; außerdem haben sie den Nachteil, daß sie den eingenommenen Raum dauernd voll in Anspruch nehmen.
Das Nächstgelegene und deshalb früher allgemein üblich
Gewesene ist somit, auf Schienen
laufende Förderwagen zu verwenden, deren Schienenbahn auch für
den Verkehr der
im Werk beschäftigten Arbeiter
usw. benutzt
wird. Leider
machten sich die
Nachteile dieser
Standbahnen gerade in chemischen Fabriken
besonders unangenehm bemerkbar. Die Schienen, Weichen
und hauptsächlich die Dreh

Abb. 414. Hängebahn im Kristallisationsraum in Schlettau.

teller behindern und erschweren den Verkehr der Arbeiter und des Aufsichtspersonals. Außerdem erfordern Standbahnen große Sorgfalt bei der
Reinigung des Raumes, und geringe, auf die Schienen gefallene Mengen
des Transportgutes erhöhen den Widerstand der Wagen sehr bedeutend.
Nun ist der Wagenwiderstand an sich schon ein recht hoher, da der
Kraftangriff des schiebenden Arbeiters nicht so gleichmäßig und zentral
erfolgen kann, daß nicht zwischen den Radflanschen und den Schienen
eine mindestens 100, oft bis 200% der sonstigen Widerstände betragende
Reibung dauernd auftritt. Die Folge ist, daß ein kräftiger Arbeiter
seine ganze Kraft aufwenden muß, um einen solchen Wagen auf nicht
ganz sauberen Schienen fortzubewegen, und infolgedessen langsam und
mit großen Pausen arbeitet.

Alle diese Übelstände fallen bei einer Hängebahn mit Handbetrieb
fort. Der Boden des Raumes bleibt glatt und unverändert, die Hängebahnschienen und ihre Weichen stören den Durchgang in keiner Weise
und sind ebensowenig wie die Laufwerke der Wagen Verschmutzungen
ausgesetzt. Die beiden hintereinander stehenden Räder der Hängebahnlaufwerke haben keinerlei Spiel, so daß eine Schiefstellung, die bei
Standbahnen oft vorkommt und den Fahrwiderstand stark erhöht, nicht
möglich ist; zwischen der Tragschiene und der großen Hohlkehle des
Rades kann Flanschenreibung überhaupt nicht stattfinden. Aus diesen

Abb. 415. Hängebahnanlage zur Beschickung der Deckbottiche in Schlettau.

Gründen kann ein jugendlicher Arbeiter damit den Transport leicht bewerkstelligen, zu dem bei Standbahnen zwei entsprechend hoch bezahlte
Vollarbeiter gebraucht werden.

In den meisten chemischen Fabriken, beispielsweise auch in der
Fabrik der Halleschen Kaliwerke in Schlettau hat man daher auf Grund
obiger Überlegungen die vorhandenen Standbahnen durch Hängebahnen
ersetzt. Die Abb. 414 zeigt z. B. den Kristallisationsraum, wo das Salz
aus den Kühlkästen in die davorgeschobenen Hängebahnwagenkasten
ausgeschlagen wird, die dann bis zu einem am Ende des Raumes befindlichen Aufzug (Abb. 227) geschoben werden. Dort laufen die verschiedenen Hängebahnstränge zusammen und werden durch einige
Weichen verbunden, die von dem Arbeiter mit Hilfe eines Kettenzuges
verstellt werden.

Abb. 416. Hängebahn im Lagerraum Schlettau.

Abb. 417. Hängebahnen der Kühlhalle in Heringen.

Der elektrische Aufzug bringt die gefüllten Wagen in die oben gelegene Deckstation, wo sie einfach über den einzelnen Verschlußgittern der Deckbottiche ausgekippt werden (Abb. 415). Aus der Deckstation wird dann das fertige, noch nasse Chlorkalium nach dem in derselben Höhe befindlichen Trockenofen befördert, und zwar hier zum Teil mit einem Förderband, teilweise aber auch wieder durch eine Hängebahn mit Handbetrieb.

Von dem Kalzinierofen geht das getrocknete Chlorkalium dann vermittels eines Elevators zu einem hochgelegenen Füllrumpf, aus dem es wieder durch Öffnen einer einfachen Verschlußklappe in Hängebahnwagen abgezogen wird (Abb. 416). Der Wageninhalt wird dann von einer selbsttätigen Wage festgestellt, die in die Hängebahnanlage eingebaut ist, worauf der Wagen über

Abb. 418. Hängebahnen des Lagerraumes in Heringen.

schräge Flächen in den großen Lagerbehälter ausgekippt wird. Da der Hängebahntransport leicht und schnell vor sich geht, so genügt

Abb. 419. Elektrohängebahn in Heringen.

für die gesamte Bedienung des Lagers ein einziger Arbeiter. In ähnlicher Weise arbeitet die ebenfalls von A. Bleichert & Co. gebaute

Hängebahnanlage der Gewerkschaft Wintershall in Heringen a. d. Werra, die noch durch eine Elektrohängebahn und eine kurze Seilbahn vervollständigt ist. Einen Blick in die Kühlhalle mit den Abzweigungen bis zu den einzelnen Bottichen, die im ganzen 250 m Gleis enthalten, gibt die Abb. 417 wieder. Im Bodenraum des Chlorkalium- und des Sulfatlagers sind je vier parallel laufende Hängebahnstränge vorhanden, die durch Weichen und Bogenstücke miteinander derart verbunden sind, daß die leeren Wagen immer wieder zurückgeführt werden können, ohne unnötige Umwege zu machen (Abb. 418). Beide Lager enthalten über 800 m Schienen.

Die Elektrohängebahn des Werkes hat die Aufgabe, das fertige Sulfat aus der Sulfatfabrik zum Trockenofen zu bringen, ohne daß außer dem in der Fabrik mit dem Beladen der Wagen beschäftigten Mann

Abb. 420. Hängebahnen in der Gießerei von Munscheidt & Co.

sonst eine Bedienung nötig ist. Der ganze Transport über die Strecke erfolgt selbsttätig (Abb. 419), mit allen Sicherungen gegen ein etwaiges Aufeinanderrennen zweier Wagen, und das Auskippen am Ende der Förderstrecke geschieht durch Berühren eines verstellbaren Anschlages ebenfalls ohne Mitwirkung eines Arbeiters.

Abb. 421. Verfahrbare Hängebahnbrücke in einer Gießerei.

Auch in anderen Betrieben, z. B. Maschinenfabriken und Gießereien, erweisen sich Hängebahnen mit Hand- oder elektrischem Betrieb eben deswegen so vorteilhaft, weil sie den Arbeits- und Lagerraum in keiner Weise einengen. Ein Beispiel dafür gibt die Abb. 420 nach einer Pohligschen Ausführung wieder, die einen Blick in die Gießerei der Gelsenkirchener Gußstahl- und Eisenwerke vorm. Munscheidt & Co. darstellt. Wenn man den Raum noch weiter freihalten

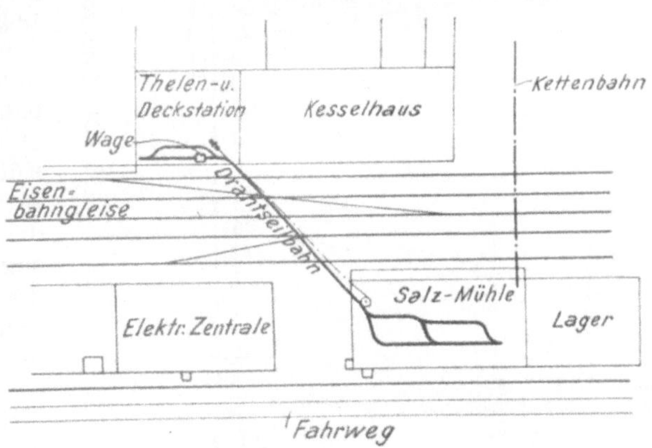

Abb. 422. Drahtseilbahn in Salzdetfurt.

will, so kann eine von Hand oder elektrisch verfahrbare Brücke eingebaut werden, die sich mit Weichen in bekannter Weise an die

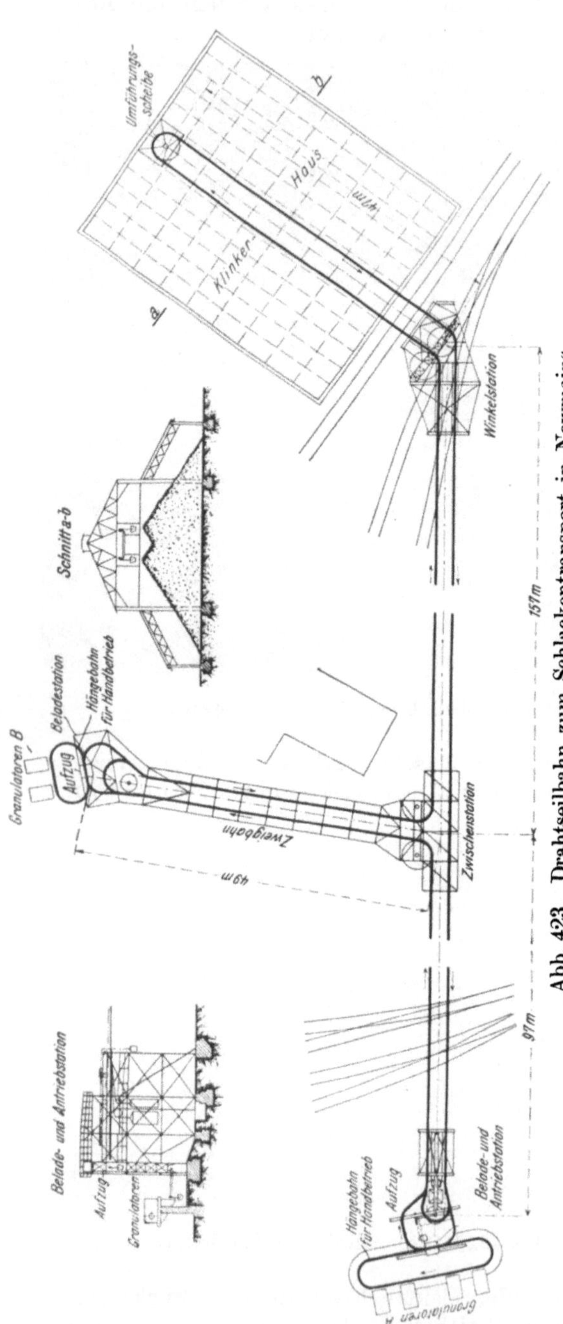

Abb. 423. Drahtseilbahn zum Schlackentransport in Newmains.

Längssträngeanschließt,
wie das die Abb. 421 nach
einer Bleichertschen Aus-
führung zeigt.

Wenn die Beladung
nicht an jeder beliebigen
Stelle nötig ist, so sind
natürlich auch Drahtseil-
triebe für derartige kurze
Transporte sehr bequem
und Mannschaften spa-
rend, wie z. B. Abb. 422
zeigt, die vielleicht eine
der kürzesten überhaupt
gebauten Hängebahnen
mit Seilbetrieb, die des
Kaliwerkes Salzdetfurt
im Maßstabe 1 : 2000
wiedergibt.

Eine ebenfalls recht
kurze Drahtseilbahn mit
Trag- und Zugseil ist die
von A. Bleichert & Co.
für die Coltnes Iron Co.
in Newmains gebaute
Anlage (Abb. 423). Sie
hat den Zweck, granu-
lierte Schlacke von den
Granulatoren auf das
Lager zu schaffen. Vor
den Granulatoren be-
findet sich eine Hänge-
bahnschleife, auf der die
Drahtseilbahnwagen aus
Füllschnauzen beladen
werden. Die Wagen wer-
den dann in einen Auf-
zug geschoben, der sie in
die Beladestation hebt,
und gehen darauf über
die Strecke von nur 254 m
Gesamtlänge zur selbst-
tätigen Winkelstation, in
der die Tragseile abge-
spannt werden, und da-
hinter auf das Lager,
dessen Hängebahnschie-
nen an der Dachkon-

struktion aufgehängt sind. Etwa auf $^3/_5$ der Strecke schließt sich eine kurze, aus Hängebahnschienen bestehende Zweigstrecke an, die nach einer zweiten, ebenso eingerichteten Granulatorenanlage geht und über die sämtliche Wagen hinweggeführt werden, so daß nur ein Antrieb gebraucht wird. Zur Umführung der dort nicht benutzten Wagen

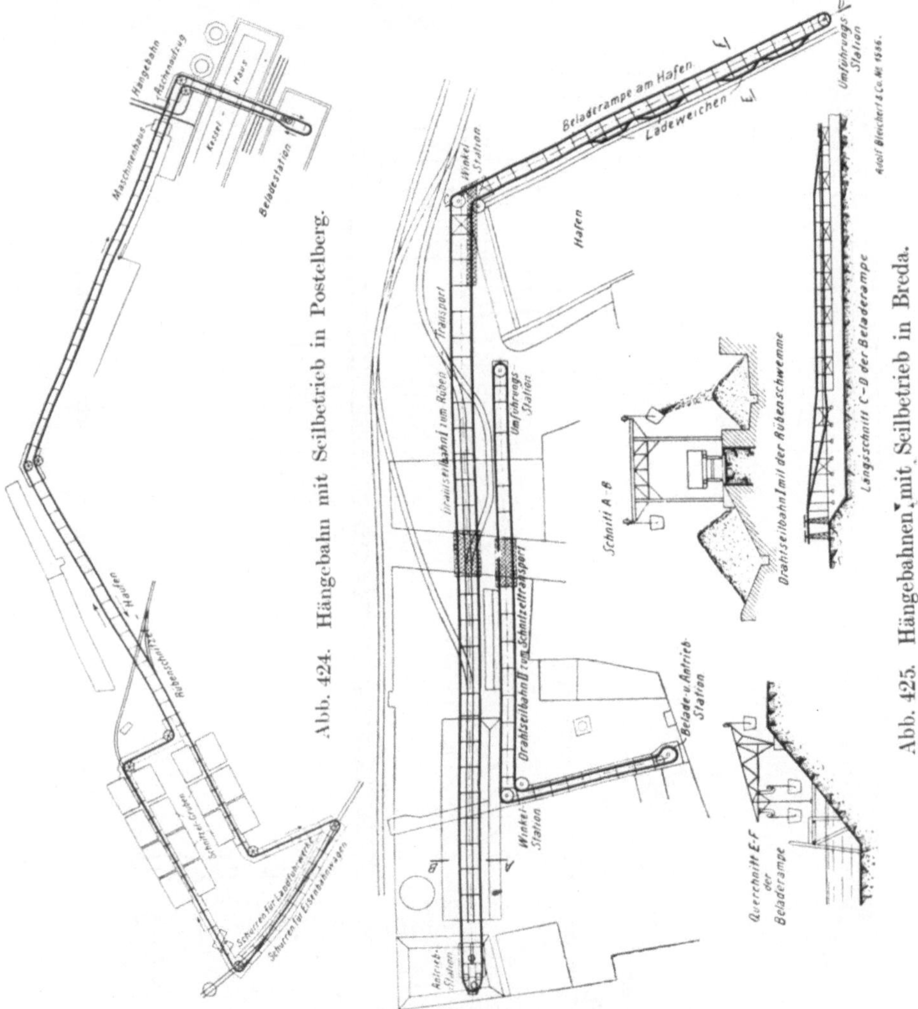

dienen in beiden Stationen ganz kurze Hängebahnschleifen. An Bedienungsmannschaften sind auf die Weise in jeder Beladestation nur zwei Mann erforderlich, einer unten und einer oben, im übrigen vollzieht sich der ganze Betrieb selbsttätig.

Hier liegen, wenigstens auf der Hauptstrecke, noch Abstände vor, die die Zwischenspannung von Tragseilen als zweckmäßig erscheinen lassen. Bei kürzeren Längen ist es aber, wie schon oben gesagt, gewöhnlich vorteilhafter, die ganze Bahn als Hängeschienenbahn mit Seilbetrieb auszuführen, was noch der in Abb. 424 dargestellte Lageplan der hauptsächlich zur Beförderung von Rübenschnitzeln dienenden

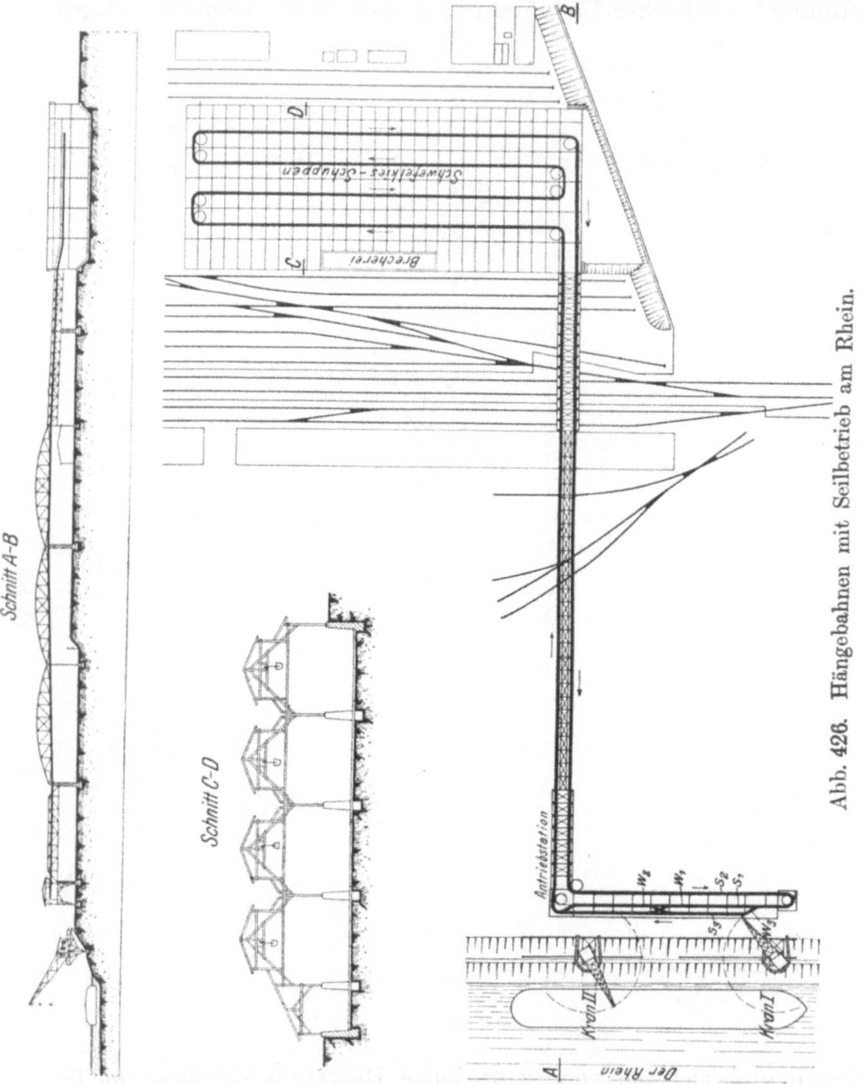

Abb. 426. Hängebahnen mit Seilbetrieb am Rhein.

Anlage der Fürstl. Schwarzenbergischen Zuckerfabrik Postelberg ohne weiteres lehrt. Erläuterungen zu der nach einer Bleichertschen Zeichnung hergestellten Abbildung dürften überflüssig sein, hingewiesen sei nur auf die 9 Ablenkungs- bzw. Umführungsscheiben der Bahn, um die die Wagen am Zugseil selbsttätig herumgeleitet werden.

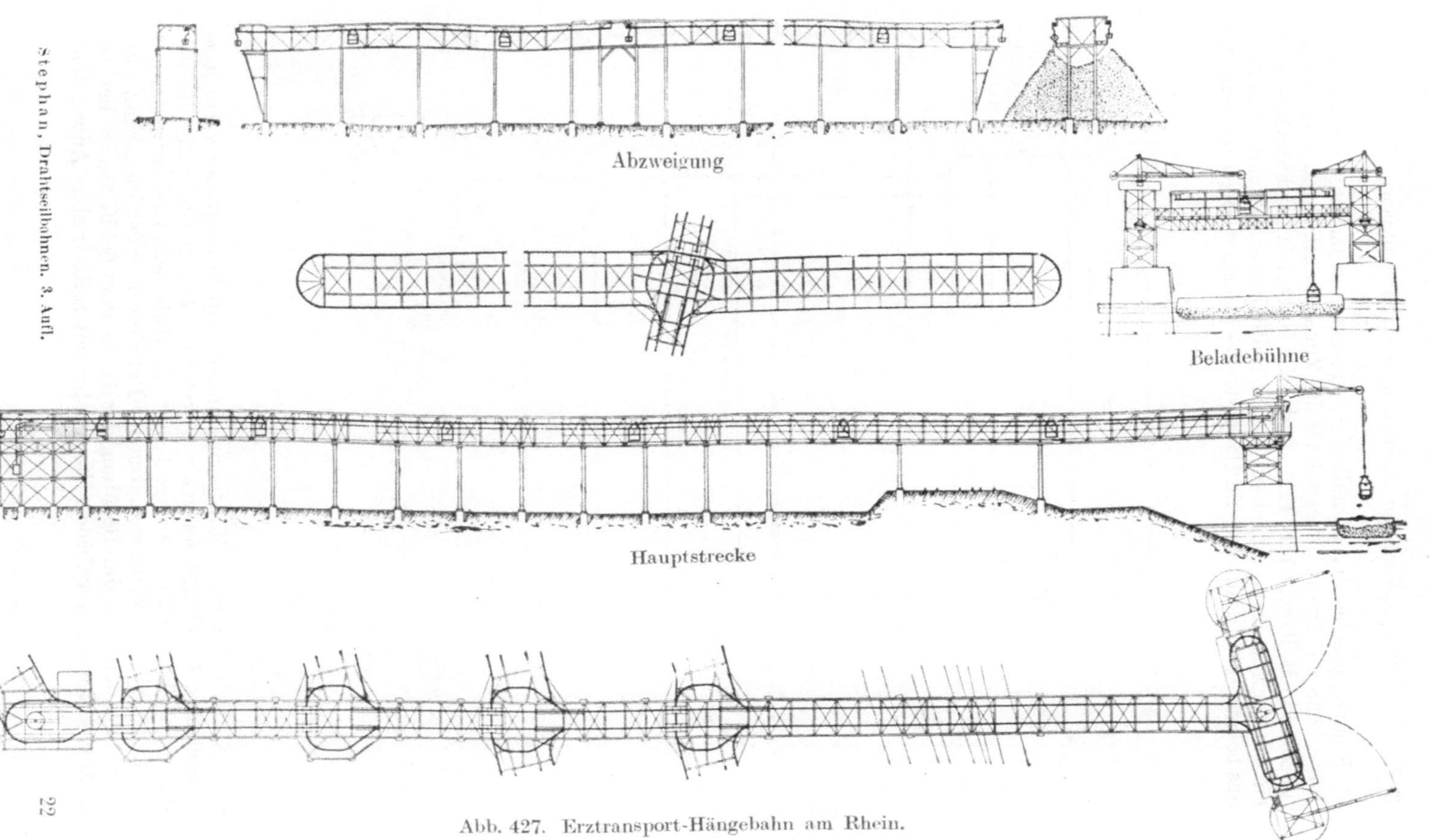

Abb. 427. Erztransport-Hängebahn am Rhein.

Eine entsprechende, ebenfalls Bleichertsche Ausführung ist die doppelte Hängebahn mit Drahtseilbetrieb für die Zuckerfabrik Breda und Bergen op Zoom in Holland (Abb. 425). In das Hafenbecken der Fabrik ist eine einfache Beladerampe eingebaut, wo die Seilbahnwagen von den Schiffen aus beladen und dann auf die Hauptstrecke übergeschoben werden, die

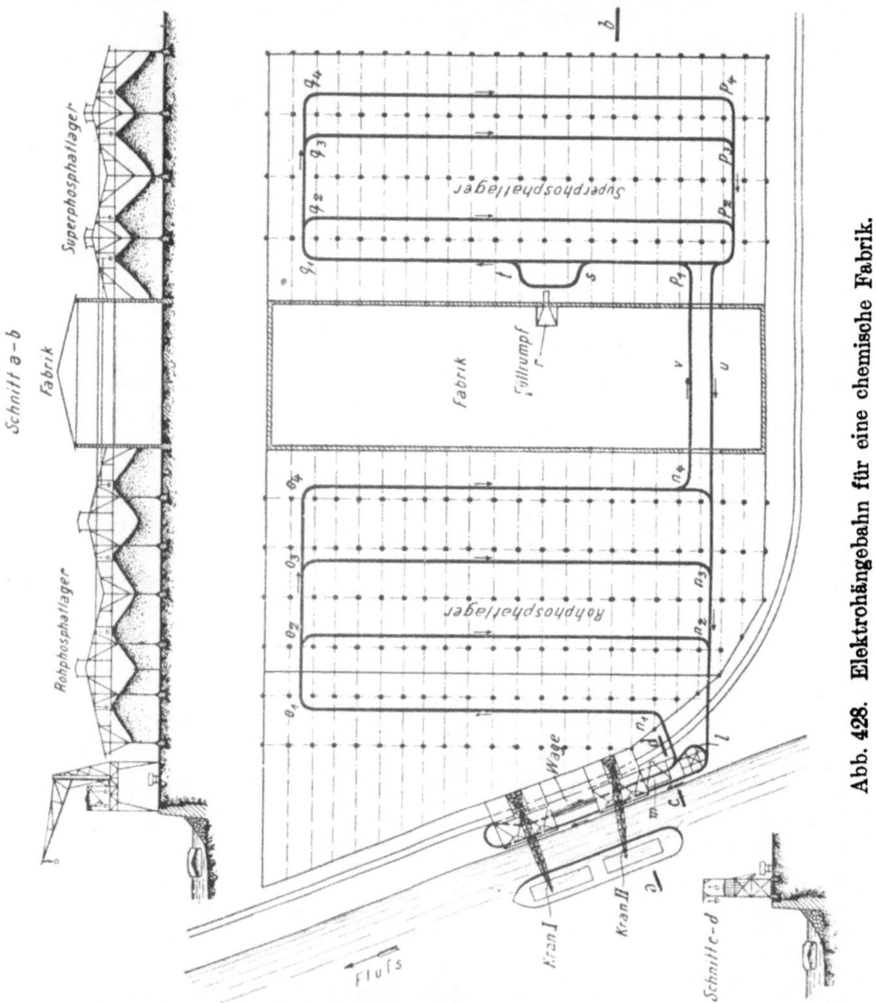

Abb. 428. Elektrohängebahn für eine chemische Fabrik.

ihren Antrieb hinter der Rübenschwemme hat, in die die Rüben vermittels einstellbarer Anschläge ausgekippt werden. Die zweite, teilweise der ersten parallel laufende Anlage bringt die Rübenschnitzel entweder auf das Lager oder schüttet sie neben der Beladeweiche der Eisenbahn aus.

Eine andere Art der Beladung der Bahn vom Schiff aus ist bei der in Abb. 426 wiedergegebenen Hängebahn mit Seilbetrieb in Anwendung gekommen, die von A. Bleichert & Co. für eine chemische Fabrik geliefert wurde. Das Rohmaterial wird direkt unten im Schiff in die Drahtseilbahnwagen eingeladen, die mit Hilfe zweier Drehkrane von den Beladegleisen S_3 in die Kähne hinuntergesenkt und ebenso wieder heraufgehoben werden. Das Beladegleis steht durch die Weichen W_1, W_2, W_3 mit dem Hauptgleis S_1 in Verbindung. In der Antriebsstation ist naturgemäß noch eine kurze Umführung um die Antriebsseilscheiben nötig, im übrigen geht der Betrieb selbsttätig vor sich. Von Interesse sind die großen Brücken von 36 m Spannweite, über die die Wagen zum Lagerschuppen gelangen.

Eine sehr ähnliche Anordnung gibt die Pohligsche Zeichnung der Abb. 427 wieder, bei der ebenfalls die Hängebahnwagen in die Rhein-

Abb. 429. Elektrohängebahn mit Windenwagen zur Schiffsentladung.

schiffe vermittels Schwenkkrane heruntergelassen werden, um dort mit Erzen beladen zu werden. An die 140 m lange Hauptstrecke mit Seilbetrieb schließen sich noch kurze, auf das eigentliche Lager führende, handbetriebene Strecken an, von denen der Absturz erfolgt.

Scheinbar ebenso arbeitet die in Abb. 428 nach einer Bleichertschen Anlage für eine chemische Fabrik. Jedoch findet die Beladung dadurch statt, daß die Drehkrane das Gut in Kübeln aus dem Kahn entnehmen und diese dann in Füllrümpfe entleeren. Außerdem sind hier Elektrohängebahnen ausgeführt, so daß auf der ganzen Strecke in den Lagerhäusern keine beweglichen und zu schmierenden Seilscheiben, Tragrollen usw. vorhanden sind. Auf der einen Seite der Fabrik befindet sich das Rohphosphatlager, dem das Material vom Ufer über die Kurven n

und *o* zugeführt wird, auf der anderen Seite das Superphosphatlager mit den Kurven *p* und *q*, dem das Fertigerzeugnis durch ein Becherwerk auf der Abzweigstrecke *s t* zugebracht wird, von der es nötigenfalls wieder zur Verladung in die Kähne oder Eisenbahnwagen nach dem Flußufer zurückbefördert werden kann.

Eine bei der Verwendung von Elektrowindenwagen sehr bequeme Art der Beladung aus Kähnen vermittels einer einfachen, wenig Grundfläche beanspruchenden Einrichtung veranschaulicht die Abb. 429 nach einer Bleichertschen Ausführung. An weit auskragenden Auslegern ist die Fahrschiene über dem Schiff entlanggeführt (vgl. S. 321), und die Wagenkasten werden an beliebiger Stelle hinabgesenkt und wieder hochgewunden. Zur Feststellung des Gewichtes ist kurz vor dem Fabrikschuppen noch eine selbsttätige Wage in die Anlage eingebaut, die das Nettogewicht jeder Ladung fortlaufend aufschreibt.

Ein besonders häufiges Anwendungsgebiet der Elektrohängebahn ist auch das Heranschaffen von Kohlen vom Lagerplatz bis

Abb. 430. Elektrohängebahn zur Kesselhausbekohlung.

in die Kesselfeuerungen. Gewöhnlich dient dazu ein Windenwagen, wie ihn z. B. die Abb. 430 zeigt, der auf dem Lagerplatz vollgeschaufelt wird und dann selbsttätig bis zu dem betreffenden Kesselbunker fährt, dort auskippt und wieder zurückkehrt, ohne daß menschliche Bedienung dafür vorhanden ist. Bei kleineren Kesselanlagen, wo die Errichtung großer Bunker, die etwa den halben Tagesbedarf enthalten, zu hohe Kosten verursachen würde, genügt es häufig, den Wagenkasten der Elektrohängebahn mit einer Klappe zu versehen, die niedergelassen einen schrägen Boden bildet, so daß der Inhalt daraus wie über eine Schüttrinne in einen kleinen, über der Kesselfeuerung befindlichen Trichter abläuft.

IV. Sonderbauarten von Drahtseilbahnen.

1. Die Drahtseilbahnen mit Pendelbetrieb.

Bei verhältnismäßig kurzen Bahnen, die mindestens ein so großes
Gefälle haben, daß sie unter allen Umständen von selbst gehen, wird
oft die bisher beschriebene Anordnung mit einem ständig in derselben
Richtung umlaufenden Zugseil verlassen, wenn die verlangte stündliche
Förderleistung nur gering ist. Man verbindet dann mit dem Zugseil,
das in der oberen Station über eine Bremsscheibe geht und in der
unteren über eine Spannscheibe geführt wird, nur zwei Wagen, und
zwar fest, ohne Benutzung einer lösbaren Kupplung. Der eine Wagen
steht dann an der Beladestelle, wenn der zweite sich an der Entladestelle befindet. Die Einrichtung entspricht also einer Bremsberganlage
(vgl. Abb. 284). Der heruntergehende volle Wagen zieht den leeren
wieder in die Höhe, und die Bahn muß jedesmal mit Hilfe der
Bremsen still gesetzt werden, wenn die Wagen in den Stationen an-
gekommen sind.

Derartige Drahtseilbahnen mit Pendelbetrieb sind häufig wertvoll
für kleinere Erzgruben, besonders von Kupfer, Nickel und anderen
hochwertigen Erzen, deren Tagesförderung, in Kubikmetern ausgedrückt, eine verhältnismäßig kleine ist. Diese Gruben befinden sich
ja gewöhnlich ziemlich hoch im Gebirge, während die Eisenbahn, der
das geförderte Material zuzuführen ist, meistens in einiger Entfernung
davon und wesentlich niedriger gelegen ist.

Da auf beiden Seiten der Bahn dieselbe Last verkehrt, so werden
die Tragseile, von Ausnahmefällen abgesehen, gewöhnlich in gleicher
Stärke verlegt. Mit Rücksicht auf die ziemlich geringe Zahl von täglichen Transporten wählt man sie im allgemeinen schwächer als bei den
bisher beschriebenen Anlagen; im Durchschnitt trifft etwa $d = 3 \cdot \sqrt[3]{2\,N}$
zu, worin N den Raddruck in kg angibt, während d in mm gemessen
wird.

Um die Last unter allen Umständen sicher in der Gewalt zu haben,
auch wenn etwa ein Bremsband reißen sollte, läßt man auf die obere
Umführungsscheibe des Zugseils immer mehrere Bandbremsen einwirken, gewöhnlich drei, die so eingestellt werden, daß gerade die
regelmäßige Fahrgeschwindigkeit innegehalten wird, die zwischen
3 und 6 m/sek zu liegen pflegt. Da der Wagen abwechselnd auf dem
einen oder anderen Tragseil ankommt und eine Abkupplung vom
Zugseil nicht stattfindet, so müssen sowohl die Füllrümpfe in der

Beladestation als auch die Entladestellen zu beiden Seiten der Station angeordnet sein. Die zweckmäßige Einrichtung der beiden Stationen veranschaulichen die Abb. 431 und 432 näher. Die erstere zeigt die obere Belade- und Bremsstation der chilenischen Kupferminen von Catémou, in der die Tragseile fest verankert sind, die zweite die Entlade- und Spannstation derselben Bahn. Das Längsprofil dieser von A. Bleichert & Co. erbauten Anlage ist in Abb. 433 wiedergegeben. Da das Tal nicht tief genug ist, um den ganzen Durchhang des nur verhältnismäßig schwach angespannten Zugseils aufzunehmen, so mußte in der Mitte der freien Spannweite von 1115 m Länge

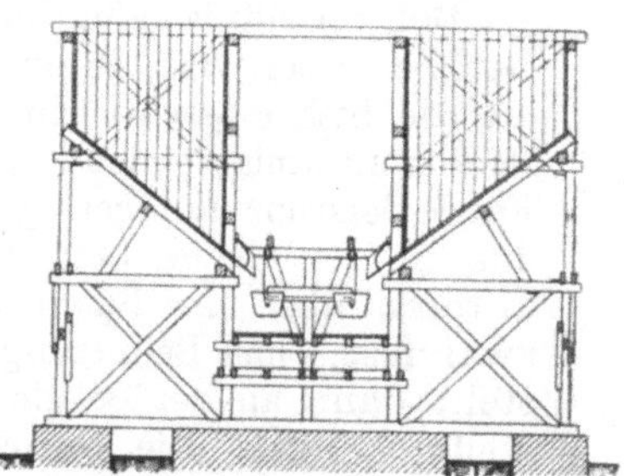

Abb. 431. Beladestation der Erztransportbahn Catémou.

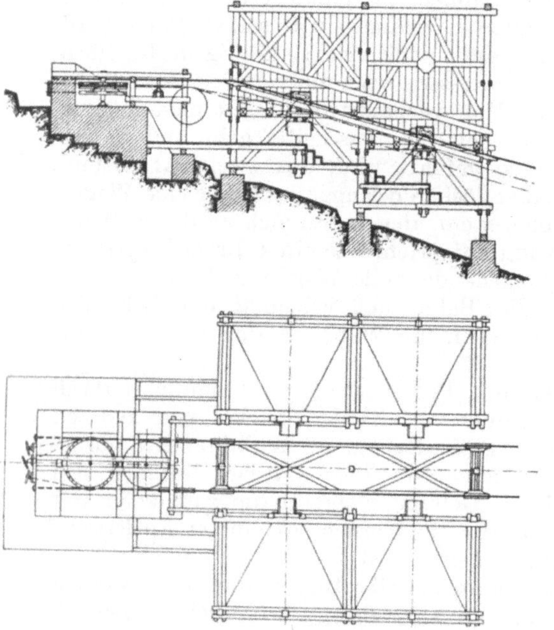

noch eine besondere Zugseilunterstützung an den Tragseilen aufgehängt werden.

Eine andere Anlage der Art wurde von A. Bleichert & Co. zum Transport von Holz für das Forstamt Oberaudorf in Bayern ausgeführt. Die Bahn hat nur die in wagerechter Richtung gemessene Länge von 660 m, dabei aber ein Gefälle von 314 m. Sie fördert auf einer Fahrt 3,5 cbm Rundholz an zwei Gehängen. Da die Beladung hier naturgemäß verhältnismäßig lange Zeit in Anspruch nimmt, so werden in der Stunde nur 6 Fahrten gemacht. Trotzdem ist die Bahn, dank ihrer einfachen Bauart — Zwischenstützen zwischen den beiden Endstationen fallen hier weg —, wirtschaftlich, obwohl sie nur ganz kurze Zeit im Jahr arbeitet.

Eine weitere, allerdings selten vorkommende Vereinfachung ist noch dadurch möglich, daß man nur ein einziges Laufseil ausspannt, auf dem dann ein Wagen von dem stets einen geschlossenen Ring bildenden

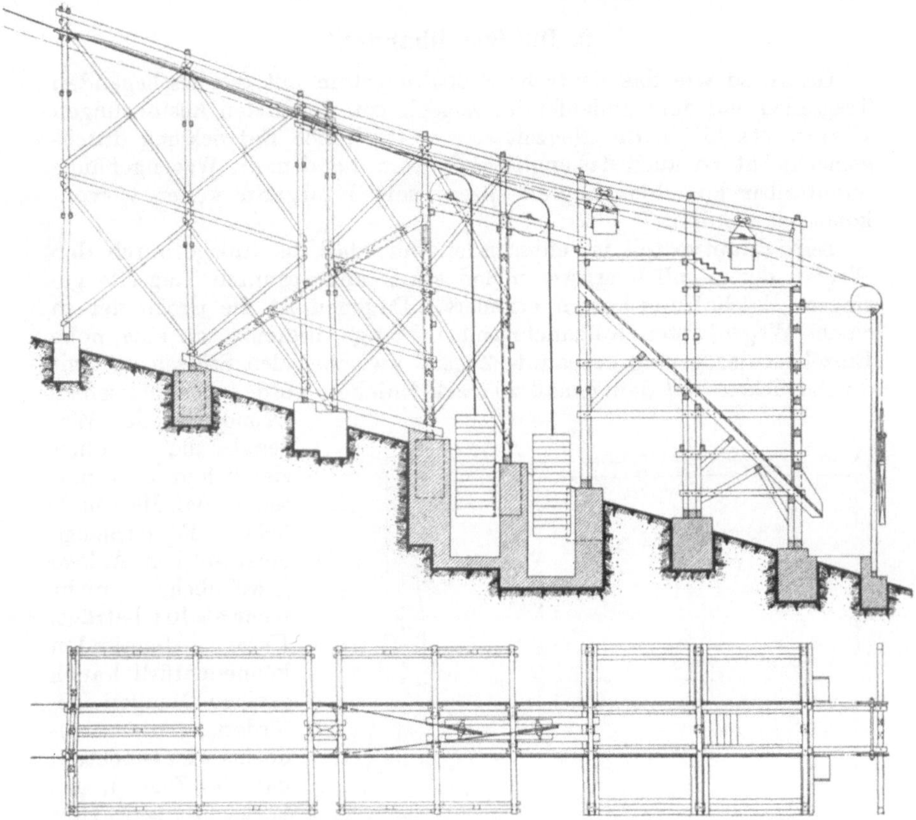

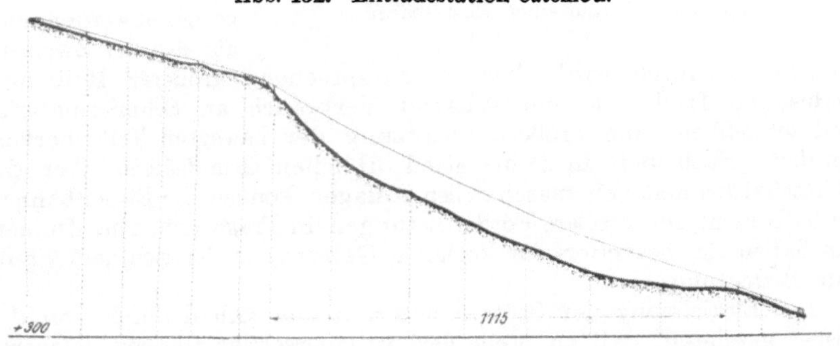

Abb. 432. Entladestation Catémou.

Abb. 433. Längsprofil der Erztransportbahn Catémou.

Zugseil hin und her bewegt wird. Die Leistungsfähigkeit der Anlage ist naturgemäß eine recht geringe. Die Anordnung einer zugehörigen Stütze zeigt z. B. die Abb. 81.

2. Die Einseilbahnen.

Genau so wie das deutsche Seilbahnsystem mit den festliegenden Tragseilen und dem umlaufenden Zugseil von den ersten Ausführungen Bleicherts bis in die Neuzeit eine weitgehende Entwicklung durchgemacht hat, ist auch das englische System, bei dem die Wagengehänge unmittelbar auf dem Zugseil sitzen, seit Hodgson weiter vervollkommnet worden.

Sein Hauptvorteil ist entschieden der, daß die Anlage durch den Wegfall der ziemlich schweren und stark angespannten Tragseile geringere Beschaffungskosten erfordert. Dagegen ist die Größe der in einem Wagenkasten aufzunehmenden Menge begrenzt, da eine hohe Einzellast das gering gespannte Zugseil zwischen den Stützen zu weit durchdrücken und demgemäß zu stark knicken würde. Aus demselben Grunde ist der Wagenabstand immer ziemlich groß zu halten, so daß die stündliche Fördermenge einer solchen Anlage gewöhnlich nicht mehr als 10 t beträgt. Unter Umständen können natürlich auch größere Mengen gefördert werden; jedoch ist zu beachten, daß das Zugseil, das ja gleichzeitig die Last trägt, immer stärker gespannt werden muß als das der Zweiseil-

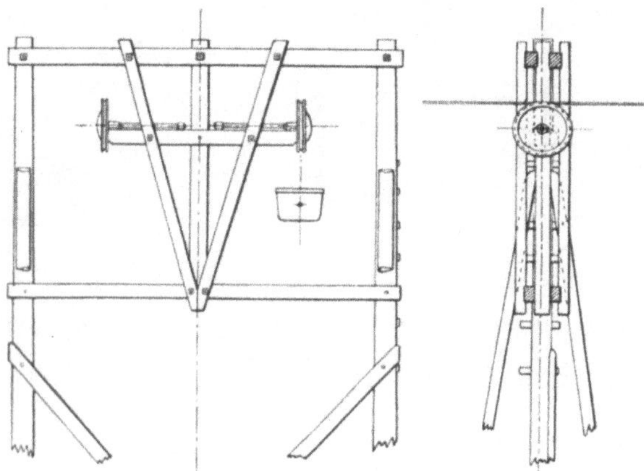

Abb. 434. Stütze einer Einseilbahn.

bahnen. Dadurch wird aber ein entsprechend größerer Reibungsverlust im Triebwerk, ein stärkerer Verbrauch an Schmiermaterial und schließlich eine größere Abnutzung der bewegten Teile hervorgerufen. Nach den in Deutschland üblichen Grundsätzen über die Wirtschaftlichkeit von maschinellen Anlagen können die Einseilbahnen deshalb nicht für größere Förderleistungen in Frage kommen. Immerhin haben sie, besonders für koloniale Gebiete, an der richtigen Stelle ihre Bedeutung.

Die Einrichtung der Stützen unterscheidet sich dadurch von der bisher gezeigten, daß an Stelle der Auflagerschuhe fliegend gelagerte Seiltragrollen aufgebracht sind, wie Abb. 434 nach einer Bleichertschen Zeichnung zeigt.

Hodgson und seine Nachfolger ließen das Gehänge einfach mit einem langen Auflagerschuh (vgl. Abb. 11 Nr. 2) auf dem Zugseil ruhen. Um bei geneigten Strecken die Reibung zwischen Seil und Auflagerschuh so groß wie möglich zu machen, versah man den Schuh mit einer

Holzeinlage. Später verwendete man auch vielfach Kautschukeinlagen.
Aber auch dann ist bei einem reichlich geschmierten Seil die Reibungsziffer nicht höher als $^1/_6$ anzusetzen, besonders wenn man berücksichtigt,

Abb. 435. Dreifache Seilbahn nach Hodgson bei Bilbao.

daß bei dem stets mit einem gewissen Stoß verbundenen Übergang über
eine Tragscheibe eine Lockerung und daher leicht ein Rutschen eintritt.

Seilbahnen nach Hodgson dürfen deshalb an keiner Stelle eine
größere Neigung als etwa 1 : 7 aufweisen. Außerdem müssen die Stützen

auf etwas geneigter Strecke verhältnismäßig dicht beieinander stehen, damit nicht der Durchhang zwischen den Stützen schon das Grenz-

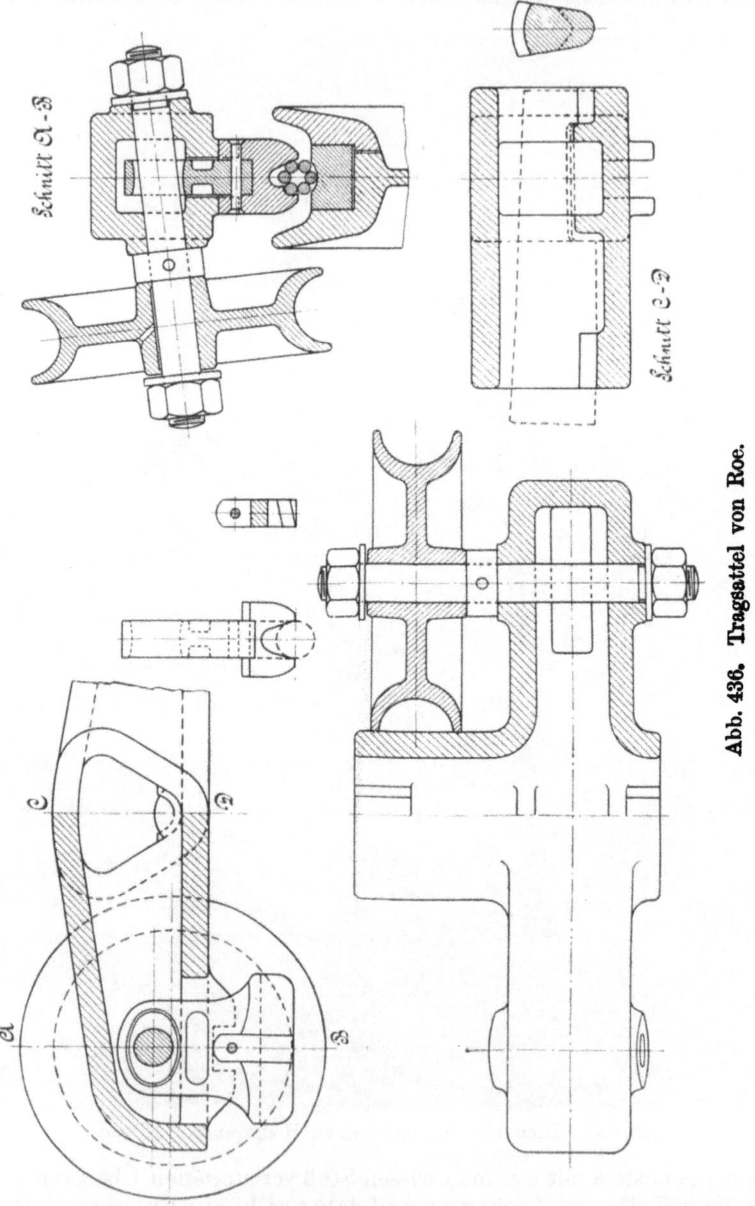

Abb. 436. Tragsattel von Roe.

verhältnis der Neigung 1 : 6 herbeiführt. Da also die Linienführung sich dem Gelände nicht anpassen kann, so ergeben sich häufig recht

hohe Stützen in dichter Folge, wie die Abb. 435 erkennen läßt. Um
die verlangte große Förderleistung zu erzielen, sind hier an demselben
Gestänge drei Bahnen verlegt
worden; und dieselbe bei Bilbao gelegene Erzgrube hat
schließlich im Laufe ihrer
Entwicklung drei solcher dreifachen Anlagen dicht nebeneinander bauen müssen. Die
Gesamtkosten betragen naturgemäß ganz erheblich mehr
als die einer einzigen Anlage
deutschen Systems, die dieselbe

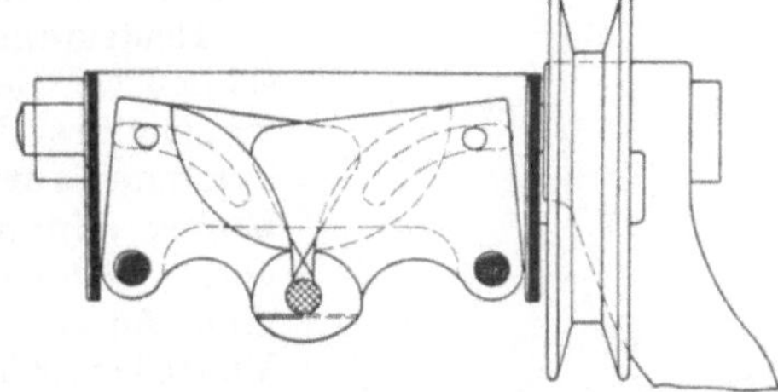

Abb. 437. Gewichtskupplung von Etcheverry.

Leistungsfähigkeit besitzt. Sie sind jedoch auf eine längere Reihe von Jahren verteilt und aus den laufenden Erträgnissen der Grube bezahlt worden.

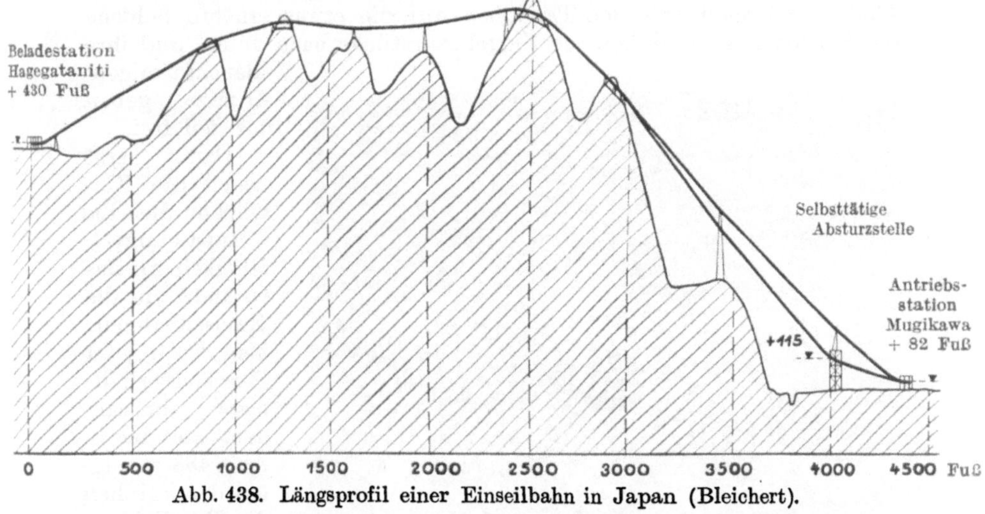

Abb. 438. Längsprofil einer Einseilbahn in Japan (Bleichert).

Das System wurde ganz wesentlich durch Roe verbessert. Er benutzte zur Verbindung des Tragsattels mit dem Seil das Bestreben des
letzteren, sich unter dem Einfluß der Zugkraft etwas aufzudrehen.
Dieser in Abb. 436 dargestellte Sattel besteht aus einem als Hohlguß-
körper hergestellten Hebel, in dem zwei Tragschuhe in der Längsrichtung frei beweglich angeordnet sind, so daß sie sich jeder Neigung
des Seils bequem anschließen können; auch nach oben und unten besitzen sie eine gewisse, allerdings geringere Beweglichkeit. In die
Schuhe ist nun eine nur 1,5 cm breite Stahlnase eingesetzt, die in die
Seillitzen eingreift und darin durch den Drall des Seiles und das Gewicht des angehängten Förderkübels festgeklemmt wird. Diese Klemm-
vorrichtung genügt durchaus bis zu Neigungen von 1 : 2,5. Zu reichliche Schmierung oder Vereisung des Seiles haben fast gar keinen

Einfluß auf die Wirkung des Apparates. Für die Fortbewegung des Wagens auf den Hängebahnschienen der Stationen sind seitlich zwei kleine Laufrollen angebracht.

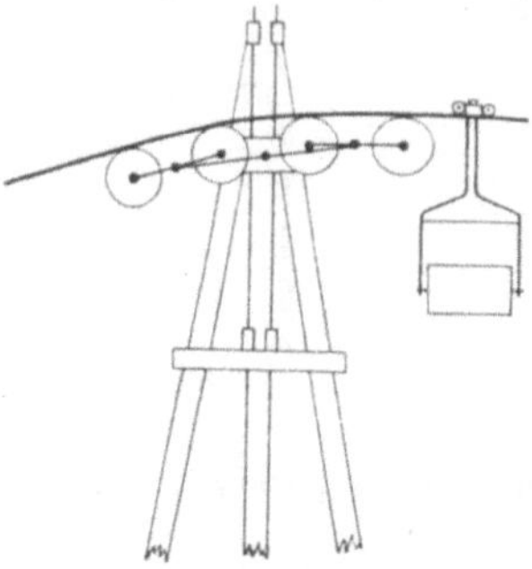

Abb. 439. Mehrfache Auflagerung des Zugseils.

Heutzutage wird in Deutschland fast ausschließlich die von Etcheverry in Übertragung des Bleichertschen Gewichtskuppelapparates auf die Verhältnisse der Einseilbahnen erfundene Kupplung benutzt, deren erste Ausführungsform die Abb. 437 wiedergibt. An einem Querarm befinden sich zwei Viertelkreisstücke, die um parallel zum Seil gelagerte Bolzen schwingen und deren Enden so ausgebildet sind, daß sie das Seil nahezu vollständig umfassen. Geführt werden die Klauen vermittels je eines Stiftes in entsprechenden Aussparungen des Querarmes.

Läuft der Wagen mit den Tragrollen auf die etwas erhöhte Schiene der Station auf, so sinken die Viertelkreisstücke nach unten, und ihre klauenförmigen Ansätze geben das Seil frei.

Damit erst erhielt die Einseilbahn dieselbe Anpassungsfähigkeit an das Gelände wie die Zweiseilbahnen. Man kann jetzt Streckenverhältnisse überwinden, wie die in Abb. 438 gezeigten, deren Höhen der Deutlichkeit halber im 3,7 fachen Maßstab der Längen aufgetragen sind. Es ist das Profil einer von A. Bleichert & Co. für die Omine Naval Briquette Factory in Japan gebauten Anlage

Abb. 440. Stütze mit vierfacher Seilauflagerung.

für 10 t/St Förderleistung, die noch dadurch ausgezeichnet ist, daß der die Nutzlast bringende Seilstrang tiefer nach einem Füllrumpf heruntergezogen ist, in den die Kohle selbsttätig abgestürzt wird. In der Senke werden die Auflagerpunkte des Seiles in einer Parabel angeordnet, deren größter Pfeil jedoch höchstens die Hälfte des der Gesamtlänge des betreffenden Abschnittes und der zugehörigen Seilspannung entsprechenden freien Durchhanges beträgt.

Um den Übergang des Seiles über die Stützpunkte möglichst günstig zu gestalten, hat Roe die in Abb. 439 schematisch dargestellte mehrfache Auflagerung für das Seil eingeführt, die Abb. 440 nach einer Ausführung von Roe selbst wiedergibt. Sie findet selbstverständlich nur auf der Seite der beladenen Wagen Anwendung und nur dann, wenn sonst die Ablenkung des Seiles auf einer Rolle oder einem Rollenpaar zu groß ausfallen würde.

Eine von A. Bleichert & Co. mehrfach gewählte Ausführung des Gehänges und der einfachen Zugseil-

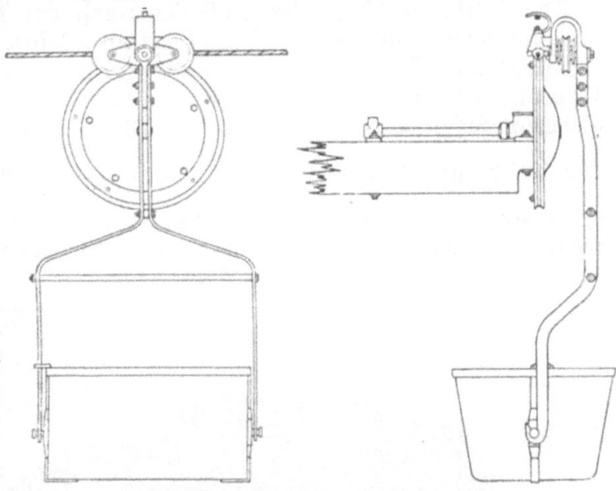

Abb. 441. Wagen für Einseilbahnen.

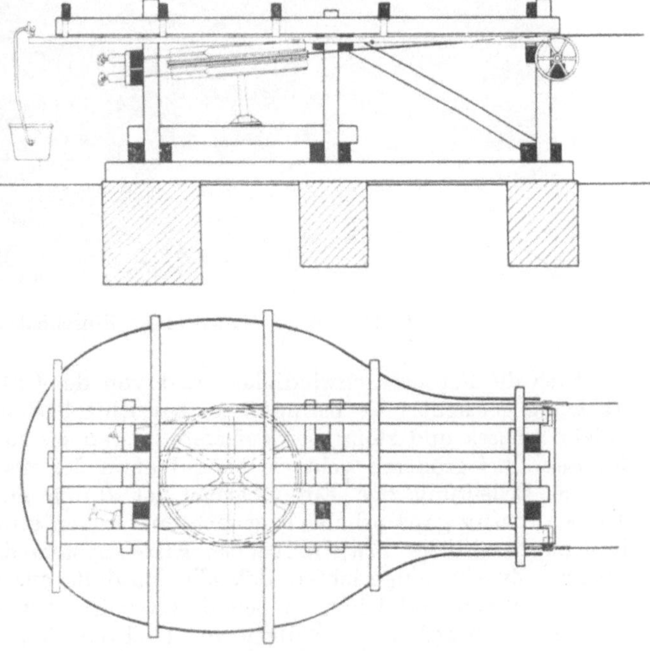

Abb. 442. Bremsstation einer Einseilbahn.

tragscheibe enthält die Abb. 441. Die Anordnung der einfachen Beladestation einer Bremsseilbahn zeigt die Abb. 442 nach einer englischen

Skizze; den Auslauf aus einer solchen Station stellt die Abb. 443 nach einer Bleichertschen Ausführung dar.

Die Stärke des Zugseiles muß sich nach der Belastung durch die Wagen richten, und eine einfache Rechnung lehrt, daß der Drahtquerschnitt F des Seiles, der Gesamtbelastung durch die Nutzlast P und das Wagengewicht p proportional. sein muß, damit der Durchhang bei gleichem Stahlmaterial und gleichem Stützenabstand derselbe bleibt. Roe wählte gewöhnlich das Verhältnis $\dfrac{P + p}{F} = 300$ kg/cm² bei Stahlseilen von 14 000 kg/cm² Zerreißfestigkeit, die meist so stark angespannt werden, daß die Sicherheit auf der geraden Strecke noch etwa $\mathfrak{S} = 8$ ist.

Abb. 443. Beladestation einer Einseilbahn.

Auch die Fördergeschwindigkeit wird von der Größe der Einzellast abhängig gemacht. Sie beträgt i. M. bei Einzellasten von 300 kg ungefähr 2 m/sek und steigt bei kleineren Lasten bis zu 120 kg auf etwa 3 m/sek. Bei größeren geht sie bis auf etwa 1,2 m/sek herunter.

Die Bedeutung der Einseilbahnen ist durch ihre militärische Verwendung ganz erheblich gewachsen. Schon etwa 1908 hatte der italienische Offizier Maglietta das Einseilsystem dadurch für militärische Zwecke eingerichtet, daß alle Bauteile aus einigen wenigen, immer gleichen und leicht zu befördernden Stücken zusammengesetzt wurden. So wurden die Stützen aus leichten Stahlrohren mit Hilfe von Klemmschellen zusammengebaut und durch einige Spannseile am Erdboden verankert, wie die Abb. 444 veranschaulicht. Auch das Zugseil, mit dem die Wagen fest verbunden wurden, bestand aus mehreren Stücken gleicher Länge, die durch besondere Gelenkkupplungen

vereinigt wurden, deren Form gestattete, daß sie leicht über die Trag-
und Umführungsseilscheiben hinweggingen. Ebenso wurden die Endstationen aus Stahlrohren und Profileisenschienen zusammengesctzt.
Die eine Station wurde je nach Bedarf als Brems- oder Antriebstation
benutzt, wobei die Antriebsenergie von einem leichten Benzinmotor
geliefert wurde. Die zweite Endstation erhielt nur die von einer Schraubenspindel angezogene Spannscheibe. Das größte vorkommende Einzelgewicht von Stationsteilen betrug nur 150 kg.

Von den deutschen
Firmen und militäri-
schen Stellen wurde
diese weitgehende Be-
weglichkeit von vorn-
herein nicht für nötig
gehalten. Die Seilbah-
nen gehen ja nicht,
wie etwa Fernsprech-
anlagen, mit den
Truppen mit, sondern
bleiben nach ihrer Er-
richtung dauernd an
derselben Stelle, so-
lange die betreffende
Gegend überhaupt
noch militärisches In-
teresse hat. Allerdings
wurden zuerst nur ver-
hältnismäßig leichte
Anlagen für Nutz-
lasten bis zu 100 kg
gebaut, später er-
höhte man die Regel-
last auf 150 kg und
ging schließlich bis zu
250 kg.

Alle Einzelheiten
wurden anfänglich so
ausgebildet, daß die

Abb. 444. Stütze aus Stahlrohren.

Lieferungen der verschiedenen Firmen untereinander ausgetauscht werden
konnten, jedoch bildeten sich sehr bald Sonderbauarten aus. Immerhin
wurde durchweg mit demselben Zugseil von 18 mm Durchmesser und
18 000 kg/qcm Zerreißfestigkeit des Drahtmaterials gearbeitet, dessen
Geschwindigkeit 1,5 m/sek betrug. Da sich das Gewicht der benutzten
Gehänge i. M. auf 50 kg belief, so war also bei $F = 1,32$ qcm Querschnitt der Seildrähte der Quotient $\dfrac{P + p}{F} \sim 150$ kg/cm². Als geringste
Anspannung in der Spannstation wurde $S_{\min} = 1500$ kg festgesetzt, die
mit einem Dynamometer ständig überwacht und nötigenfalls vermittels

eines Flaschenzuges danach eingestellt wurde. Bei $\mathfrak{S} = 8$facher Sicherheit war dann die höchste Anspannung $S_{max} = 3000$ kg. Die größte Bahnlänge, die mit einem gespleißten Zugseil bewältigt werden sollte, wurde zu 7500 m festgelegt.

Bei steileren Anlagen wird nun durch das Eigengewicht des Seiles von rund $^5/_4$ kg und der entsprechenden Seitenkraft der Wagengewichte die größte Anspannung bald erreicht. Um auch Nichtfachleuten eine schnelle überschlägige Bestimmung der zulässigen Höhe und Länge der Bahn zu ermöglichen, ist die folgende Tafel berechnet worden unter Voraussetzung der Förderung nach oben.

	Höhenunterschied h zwischen den Endstationen			Größte zulässige Bahnlänge L			Mittlerer Leistungsbedarf im Sommer		
	m	m	m	m	m	m	PS	PS	PS
Förderleistung Q t/St.	5	10	15	5	10	15	5	10	15
Wagenabstand t sek	108	54	36	108	54	36	108	54	36
„ a m	162	81	54	162	81	54	162	81	54
Zulässige freie Spannweite l . . . . . m	500	400	300	500	400	300	500	400	300
	0	0	0	7500	7500	7500	16	25	28
	200	100	50	7500	7500	7070	20	27	30
	400	150	100	7500	7500	6150	25	29	30
	443	200	150	7500	7080	5220	26	30	30
	460	250	200	6650	6290	4173	25	30	30
	480	275	220	5650	5700	3500	23	30	28
	500	300	240	4650	4450	2500	22	27	26
	520	325	260	3650	3200	1500	20	25	24
	540	350	274	2650	1950	820	18	22	22
	559	367	—	1680	1100	—	17	20	—

Um auch im Winter und unter sonstigen ungünstigen Umständen den Betrieb sicher durchzuführen, wurde die Leistung des Antriebsmotors durchweg zu 35 PS gewählt. Man erzielte dadurch auch den Vorteil, daß nur eine einzige Motorengröße im Lager zu halten war.

Damit auch der Aufbau einer derartigen Bahn von nicht auf diesem Sondergebiet erfahrenen Ingenieuren oder Bautechnikern in richtiger Weise ausgeführt werden konnte, wurden Kurvenschablonen (Bleichert, Heckel) oder Pauspapierblätter mit aufgetragenen Kurven (Pohlig) herausgegeben. die die Parabeln enthielten, auf der die Stützpunkte in einer Talsenke liegen müssen. Die Pauspapierblätter gaben gleichzeitig noch die Lastwegparabeln an.

Auch über die sonstige Anordnung wurden genaue Angaben in den betreffenden Bau- und Betriebsvorschriften gemacht, so z. B., daß die Stützenabstände bzw. ihre Vielfache nicht mit den Wagenabständen bzw. ihren Vielfachen zusammenfallen dürfen, daß die Stützenhöhe auf annähernd gerade steigendem Gelände bei etwa 70 m Stützenentfernung unter Regelverhältnissen etwa 6—8 m betragen soll, daß bei Übergängen über Bergkuppen die Abstände und Höhen der Stützen möglichst klein zu machen sind — höchstens 40 m Abstand und $3^1/_2$ bis 5 m Höhe —, daß der Bruch an einer Stütze nicht mehr als 10 v. H. ausmachen darf, usw. Da die Höchstbelastung einer Zugseiltragrolle durch das Seil und die darauf befindlichen Wagen nur 300 kg war, so wurden auch über die Bestimmung der Stützenbelastung und die danach vorzunehmende Wahl der Tragrollenzahl vereinfachte Unterlagen gegeben.

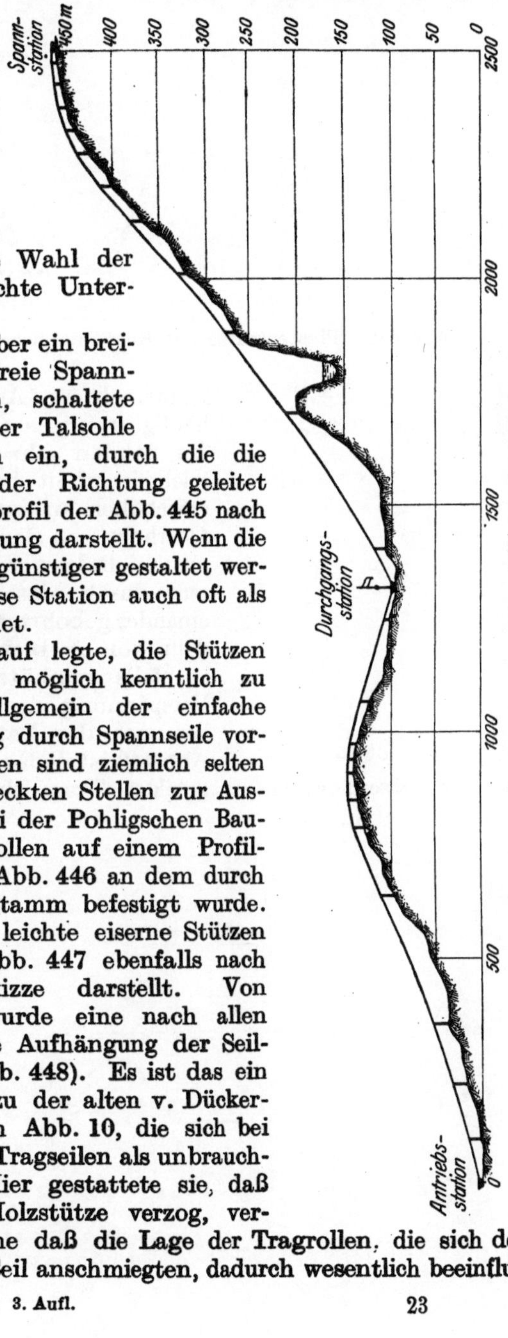

Um den Übergang über ein breiteres Tal ohne große freie Spannweiten zu ermöglichen, schaltete man gewöhnlich auf der Talsohle eine Durchgangsstation ein, durch die die Wagen häufig in gerader Richtung geleitet wurden, wie das Längsprofil der Abb. 445 nach einer Pohligschen Zeichnung darstellt. Wenn die Linienführung dadurch günstiger gestaltet werden konnte, wurde diese Station auch oft als Winkelstation ausgebildet.

Da man Wert darauf legte, die Stützen Fliegern so wenig wie möglich kenntlich zu machen, so wurde allgemein der einfache Pfosten mit Versteifung durch Spannseile vorgeschrieben; Bockstützen sind ziemlich selten und meist nur an gedeckten Stellen zur Ausführung gekommen. Bei der Pohligschen Bauart saßen die Seiltragrollen auf einem Profileisenrahmen, der nach Abb. 446 an dem durch Spannseile gehaltenen Stamm befestigt wurde. Bisweilen kamen auch leichte eiserne Stützen zur Ausführung, die Abb. 447 ebenfalls nach einer Pohligschen Skizze darstellt. Von A. Bleichert & Co. wurde eine nach allen Richtungen nachgiebige Aufhängung der Seiltragrollen erfunden (Abb. 448). Es ist das ein bewußter Rückschritt zu der alten v. Dückerschen Aufhängung nach Abb. 10, die sich bei den Bahnen mit festen Tragseilen als unbrauchbar erwiesen hatte. Hier gestattete sie, daß sich die betreffende Holzstütze verzog, verschob oder senkte, ohne daß die Lage der Tragrollen, die sich dem gerade durchlaufenden Seil anschmiegten, dadurch wesentlich beeinflußt

Abb. 445. Längsprofil einer Einseilbahn mit Zwischenstation.

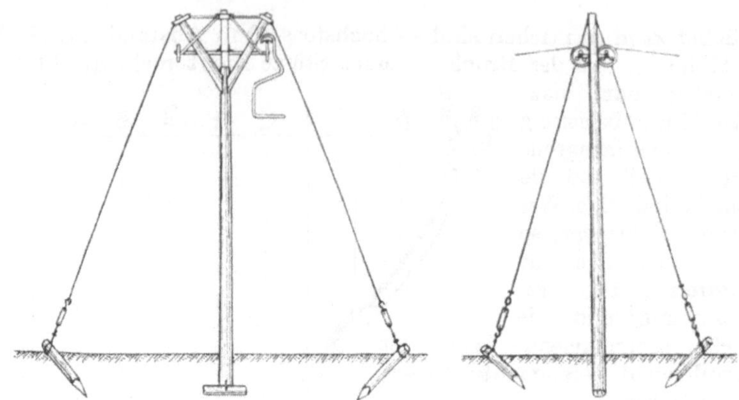

Abb. 446.   Pfostenstütze aus Holz mit eisernem Rollenträger.

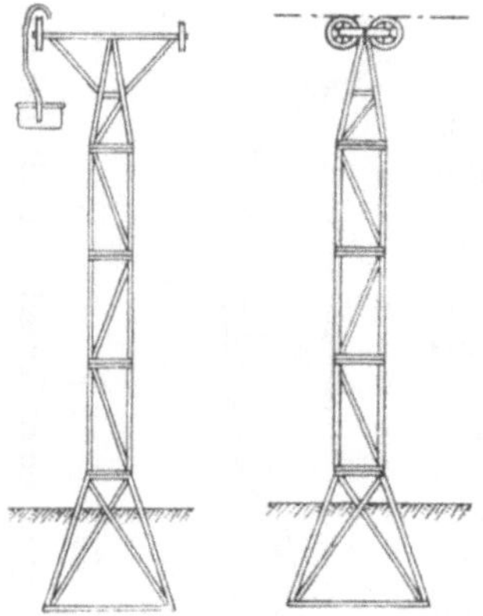

Abb. 447.   Eiserne Stütze.

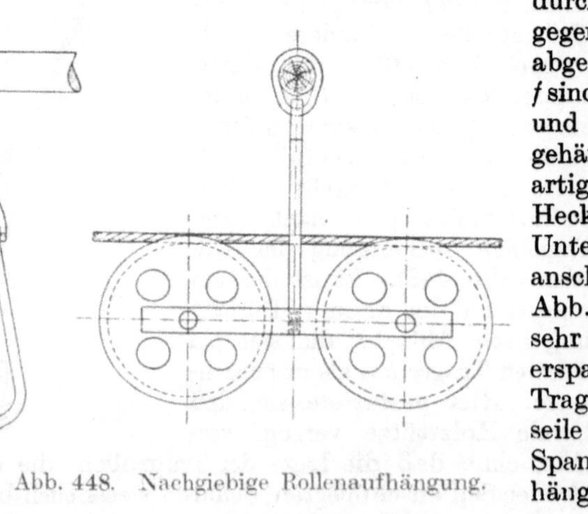

Abb. 448.   Nachgiebige Rollenaufhängung.

wurde. Diese Anordnung hat bei der häufig wenig sorgfältigen Überwachung der Bahnen sehr zur Erhöhung der Betriebssicherheit beigetragen. Der später gewöhnlich aus zwei ⊐-Eisen hergestellte Querholm, an dem die Seiltragrollen vermittels Bolzen aufgehängt wurden, die man durch eins von mehreren, nebeneinander gebohrten Löchern steckte, wurde dann von A. Bleichert & Co. durch eine ebenfalls geschützte Anordnung mit zur Verspannung des Pfostens benutzt. In der nach der Patentschrift hergestellten Abb. 449 ist b das hier aus einem ⊐-Eisen gebildete Tragjoch, das an dem Pfosten a durch zwei Streben c gegen eine Schelle d abgestützt wird; f sind die Tragrollen und g die Wagengehänge. Eine eigenartige, der Firma Heckel patentierte Unterstützung veranschaulicht die Abb. 450. Um eine sehr hohe Stütze zu ersparen, sind die Tragjoche der Zugseile an je zwei Spannseilen aufgehängt, die ihrerseits an den Felsen der sich zu beiden Seiten der Bahn erhebenden Anhöhen verankert sind.

Die Feldseilbahnen sollten in erster Linie dem Materialtransport in die hochgelegenen Stellungen dienen. Die Wagengehänge sind deshalb häufig als Plattformen ausgebildet worden, wie die Abb. 452 und 453 nach Zeichnungen von A. Bleichert & Co. bzw. J. Pohlig A.-G. zeigen. Vielfach wurde auch für die Beförderung von Ballen, Fässern, Kisten usw., die mit Schlingseilen befestigt wurden, ein kurzes Gehänge nach Abb. 451 verwendet. Holzstämme, Schienen u. dgl. wurden an zwei solchen Gehängen befördert. Zur Vereinfachung des Wagenparkes wurde später von A. Bleichert & Co. das Gehänge zweiteilig gemacht derart, daß es gewöhnlich nach Abb. 451 gebraucht wurde und durch Anhängen bzw. Anschrauben einer Plattform die Form der Abb. 452 erhielt.

Eine besondere Benutzung erfuhren diese Bahnen noch durch die Rückführung Verwundeter nach unten. Einen dazu dienenden Liegestuhl für Leichtverwundete zeigt die Abb. 454, einen Tragbahrenwagen mit federnder Aufhängung die Abb. 455, beide nach Skizzen von A. Bleichert & Co. Wenn man im allgemeinen auch die Beförderung von Personen nach oben nur auf eigene Gefahr der betreffenden Leute ausführte, so sind doch gelegentlich der Vorbereitung einer Offensive auf zwei

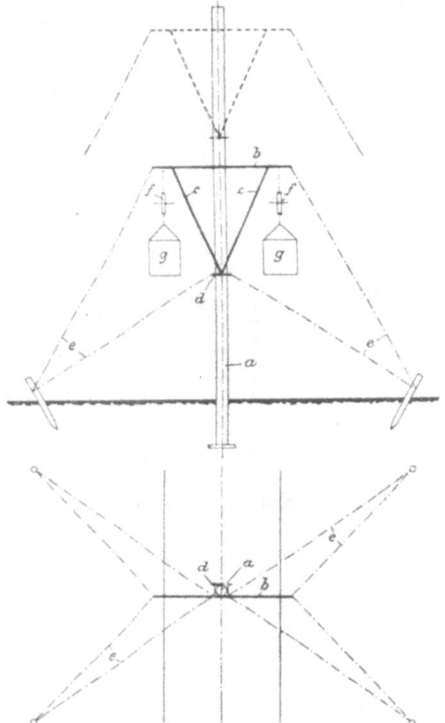

Abb. 449. Verspannung des Stützpfostens.

Abb. 450. Aufhängung der Tragrollen an Spannseilen.

23*

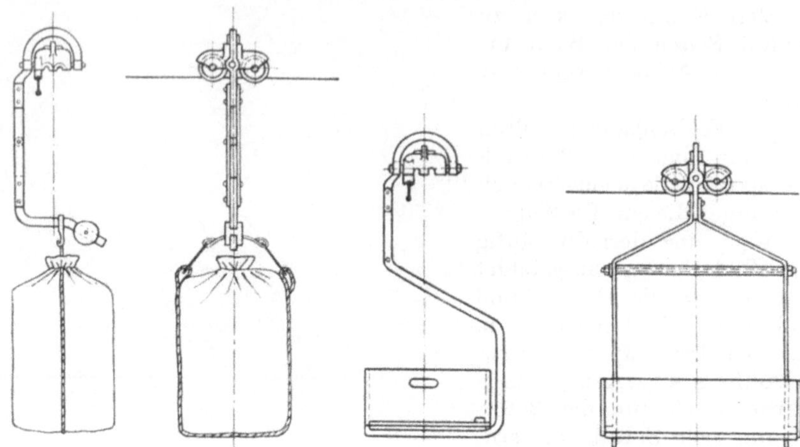

Abb. 451. Kurzes Gehänge.   Abb. 452. Plattformwagen.

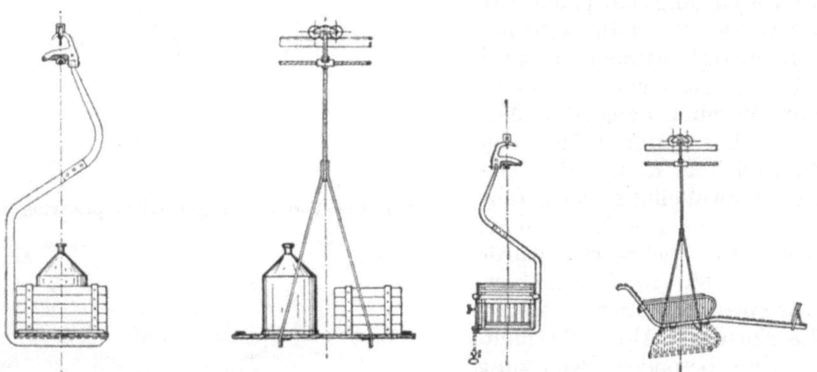

Abb. 453. Plattformwagen.   Abb. 454. Liegestuhl für Verwundete.

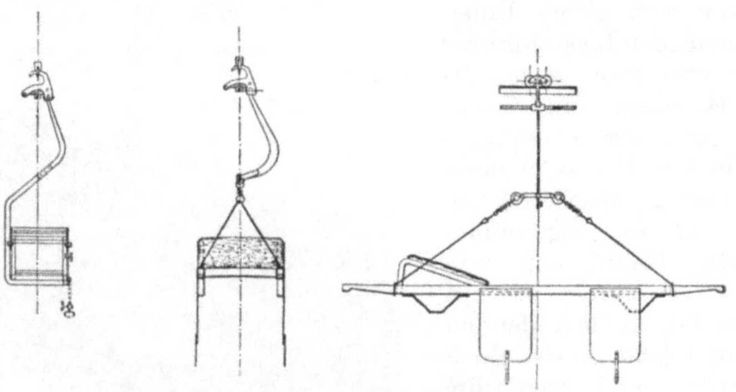

Abb. 455. Tragbahrenwagen.

nebeneinander befindlichen, von Ernst Heckel G. m. b. H. in den Alpen
erbauten Bahnen über 300 000 Mann
auf Plattformwagen in die Höhe befördert worden.

Freilich war dazu noch eine Abänderung des in Abb. 437 skizzierten
Kuppelapparates erforderlich insofern,
als verhütet werden mußte, daß sich die
Kupplung etwa beim zufälligen Hüpfen
eines Gehänges während des Überganges
über eine Zugseiltragrolle von selbst
löste. Die von J. Pohlig A.-G. zu dem
Zweck benutzte Ausführung ist in
Abb. 456 dargestellt. Das Ende des
Gehänges umfaßt bügelförmig den

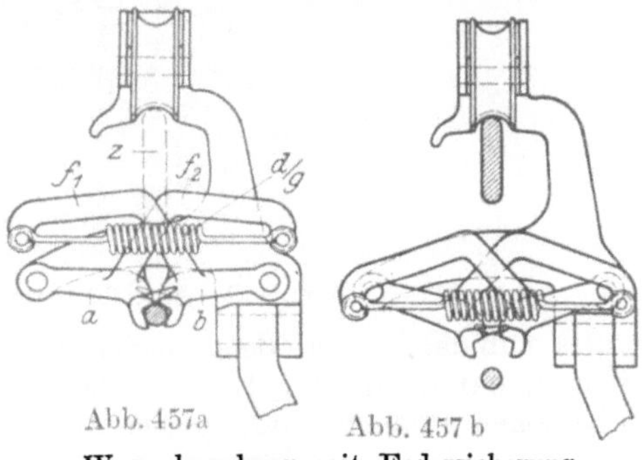

Abb. 456. Wagen-
kupplung mit
Sicherungskeil.

eigentlichen, aus Temperguß bestehenden Apparatkörper. Zwischen die
beiden schwingenden Klemmbacken, die aus Tiegelstahl gegossen und

in Öl leicht gehärtet sind,
schiebt sich unter dem Einfluß einer Feder ein geschmie-
deter und im Einsatz gehärteter Sperrkeil, der die Sicherung übernimmt. Die Firma
A. Bleichert & Co. hat die in
Abb. 457a und b nach der
Patentzeichnung dargestellte
Anordnung eingeführt. An
die Kniehebel a und b, die
das Zugseil erfassen, sind
nach oben zwei Verlängerungen f_1 und f_2 angesetzt, die

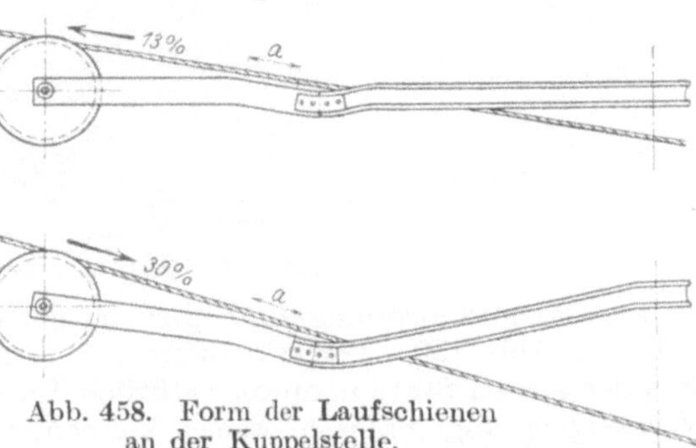

Abb. 457a   Abb. 457b

Wagenkupplung mit Federsicherung.

durch eine ziemlich kräftige Feder d/g angezogen werden und in der
Klemmstellung ein Lösen durch Zufälligkeiten mit Sicherheit aus-

schließen. Beim Ab-
kuppeln legen sich die
Arme f unter die Lauf-
schiene z der Station,
und die Klauen a und b
werden dadurch her-
untergedrückt, so daß
sie das Seil loslassen.
Nach der Entkupplung
nehmen die einzelnen
Teile die in der Abb. 457b
gezeichnete Stellung
an, und der Apparat

Abb. 458. Form der Laufschienen
an der Kuppelstelle.

ist nun dadurch gegen ein etwaiges Herunterfallen der Kupplung
in der Station gesichert.

Die An- bzw. Abkupplung beim Auslauf bzw. Einlauf der Station vollzieht sich selbsttätig und sicher, wenn nur die Stationsschiene an der Stelle genau parallel und im richtigen Abstand zum Zugseil verläuft.

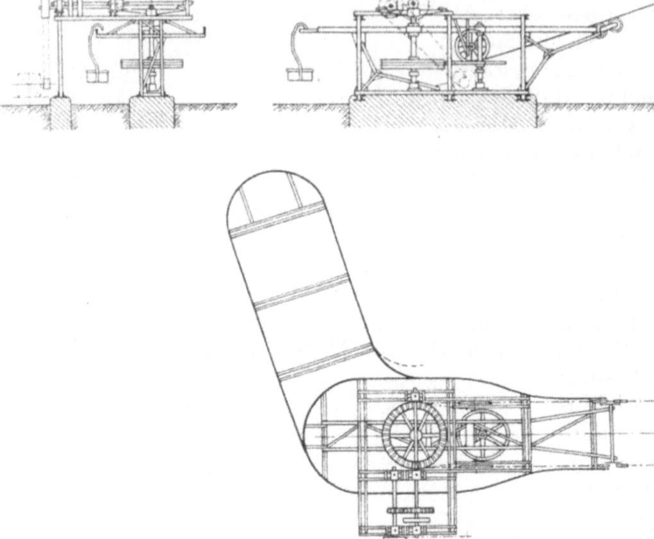

Zu dem Zweck wird das Zugseil dort über eine oder zwei Tragrollen geleitet, und zwar bei der Pohligschen Bauart so, daß das Seil mindestens eine Neigung von 13 und höchstens von 30 v. H. gegen die Wagerechte hat. Die Auslaufschiene, an der die Rolle befestigt ist, wird entsprechend gebogen angeliefert (Abb. 458), und je nach der tatsächlichen Neigung des Auslaufes muß das Anschlußende der Schiene mehr oder weniger gekrümmt werden, damit an der Kuppelstelle a die genau durch mitgegebene Schablonen einzustellende gegenseitige Lage erzielt wird.

Abb. 459.   Antriebstation.

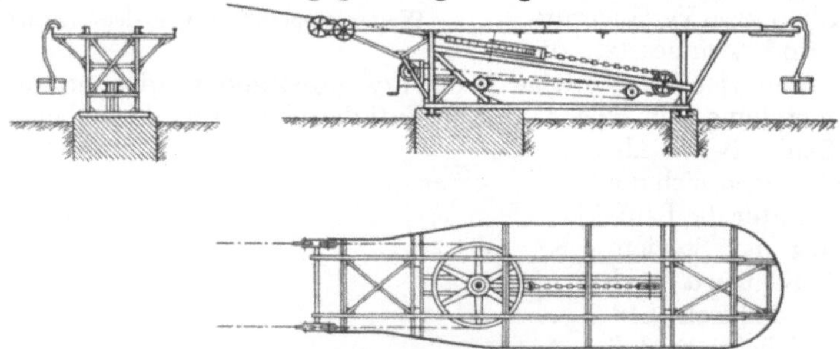

Abb. 460.   Spannstation.

Die Gesamtanordnung einer hiernach gebauten Antriebstation zeigt z. B. die Abb. 459. Bemerkenswert ist daran der kurze gedrungene Bau der ganzen Station, an die natürlich Hängebahngleise in beliebiger Verzweigung angeschlossen werden können, wie das die Abb. 459 auch andeutet. Die Seilführung am Aus- bzw. Einlauf wird getragen durch eine dem Ausleger eines Drehkranes nachgebaute Eisenkonstruktion. In ungefähr gleicher Weise ist die Spannstation durchgebildet, die Abb. 460

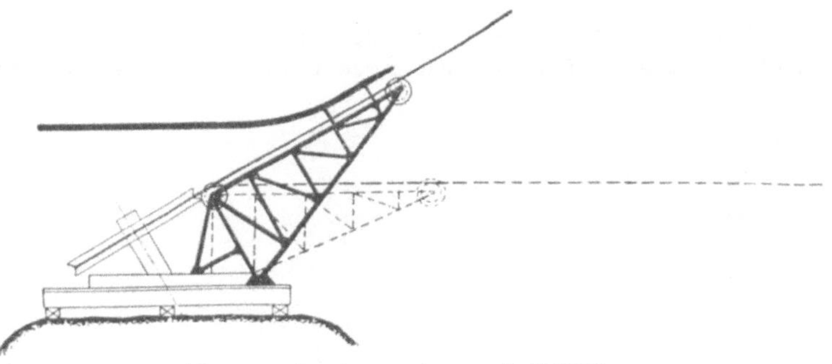

Abb. 461. Stationsausleger mit Seilführung.

ebenfalls nach einer Skizze von J. Pohlig A.-G. darstellt. Von A. Bleichert & Co. ist der vordere Ausleger am inneren Ende auch mit einer Seilführ-

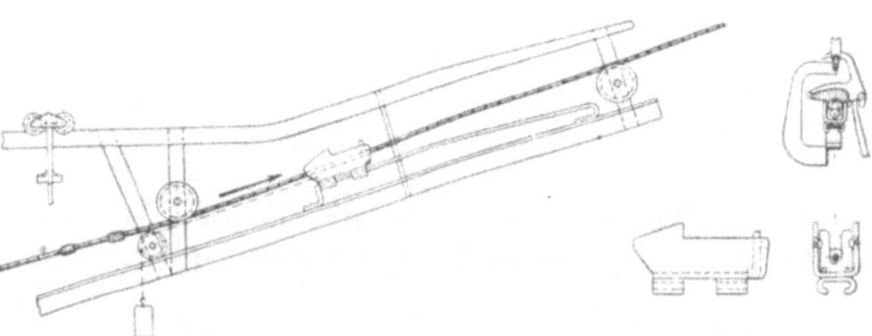

Abb. 462. Selbsttätige Wagenaufzugsvorrichtung.

rungsrolle versehen worden, so daß der Auslauf durch einfache Verstellung dieses Auslegers mit Hilfe einiger Paßstücke aus Profileisen jeder Neigung beliebig angepaßt werden kann (Abb. 461).

Allerdings wird bei Steigungen über 25 v. H. die Kraft, die zum Hinausschieben schwerbeladener Wagen aufzuwenden ist, schon so groß, daß die betreffenden Mannschaften öfter abgelöst werden müssen. Von A. Bleichert & Co. wurde deshalb in solchen Fällen eine selbsttätige Wagenaufzugs- bzw. Wagenbremseinrichtung ausgeführt (Abb. 462). Sie besteht im wesentlichen aus einem beweglichen

Abb. 463. Einstellbare Endseilführung kurzer Bauart.

Schlitten, hinter dessen Nase sich der Wagen mit seinem Klemmapparat legt. Auf das Zugseil sind in den Regelabständen der Wagen zwei

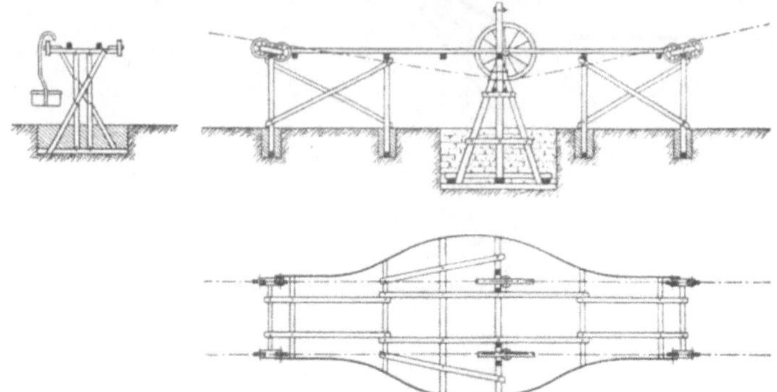

Abb. 464. Gerade Durchgangsstation.

kleine Metallmuffen aufgeschraubt, die den Schlitten auf der schiefen Ebene bis zur Kuppelstelle mitnehmen und dadurch den Wagen mit

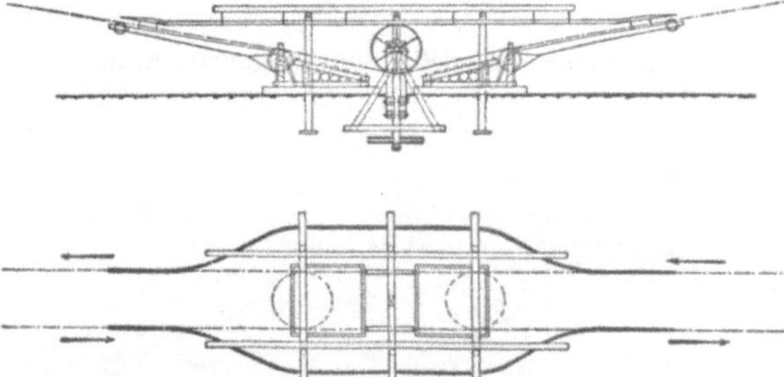

Abb. 465. Gerade Zwischenstation leichter Bauart.

hinaufschieben, dessen Kupplung dann das Seil zwischen den beiden Muffen erfaßt. Im oberen Teil senkt sich die Führungsbahn des Schlittens, so daß das Zugseil allmählich freigegeben wird; der Schlitten gleitet dann unter dem Einfluß eines kleinen Spanngewichtes wieder zurück. Diese Knoten auf dem Seil haben sich auch sonst bei besonders großen Steigungen als vorteilhaft erwiesen; sie verhüten jedenfalls, auch bei stärkster Schmierung des Zugseiles, ein Abrutschen der Wagen auf

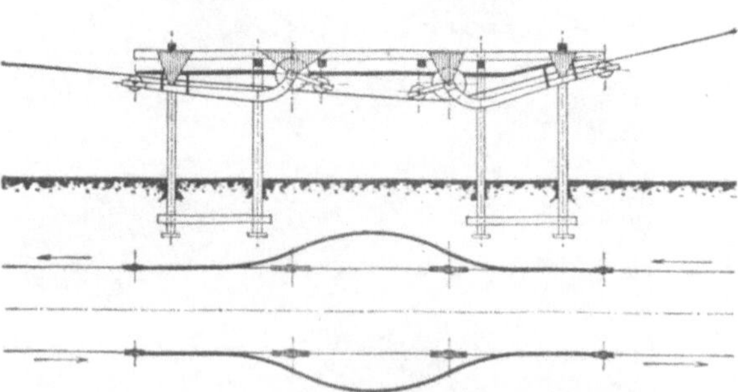

Abb. 466. Gerade Zwischenstation mit verstellbaren Seilführungen.

steiler Strecke. Den Auslauf einer solchen Bahn mit einer besonders kurzen, ebenfalls bequemen einstellbaren Endseilführung an der Kuppelstelle zeigt z. B. die Abb. 463 nach einer Ausführung von Ernst Heckel G. m. b. H.

Gerade Durchgangsstationen, deren Anwendung das Profil Abb. 445 erklärt, wurden von J. Pohlig A.-G. etwa nach der Skizze 464 bei dem meist gebräuchlichen Ausbau in Holz ausgeführt. Die das durchlaufende Zugseil passend herunterdrückenden Mittelscheiben können den Um-

ständen gemäß auf ihren Tragbalken verstellt werden, so daß sich die richtige Neigung des Seiles an den Kuppelstellen mit Leichtigkeit erreichen läßt. Die Wagen müssen durch die Station auf den außen herumgeführten Schienen von Hand verschoben werden.

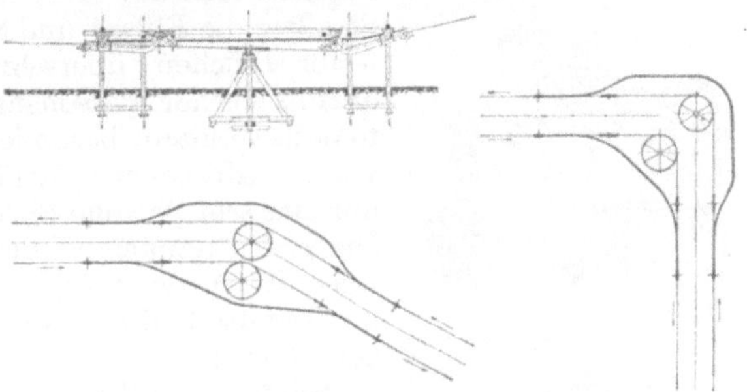

Abb. 467. Winkelstation.

Eine Anordnung einer solchen geraden Zwischenstation für die ganz leichte Bauart mit Hilfe zweier Bleichertscher Elemente von Endstationen gibt die Abb. 465 wieder. Eine andere, ebenfalls der Firma A. Bleichert & Co. geschützte Anordnung mit Hilfe besonderer in der Höhe beliebig verstellbarer Seilführungsausleger veranschaulicht die Abb. 466.

Es macht natürlich keine Schwierigkeiten, an der Zwischenstelle beliebige Ablenkungen in der wagerechten Ebene einzuschalten. Dazu ist nur nötig, zwei entsprechende, wagerecht liegende Scheiben hinter den in lotrechter Ebene wirkenden Zugseilführungen in der Mitte der Station anzubringen. Die

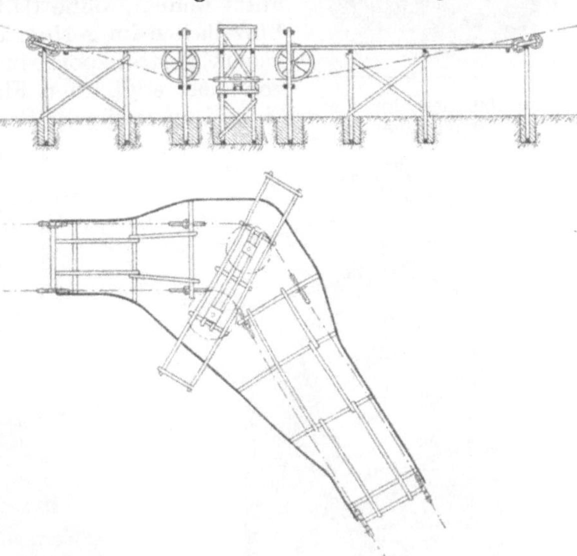

Abb. 468. Winkelstation.

Abb. 467 gibt eine solche Bleichertsche Skizze, die Abb. 468 eine von J. Pohlig A.-G. wieder. Um in der Anlage von Winkelpunkten gänzlich frei zu sein, hat A. Bleichert & Co. zwei gewöhnliche Endstationen aneinander gesetzt und sie durch einstellbare Brücken miteinander verbunden.

3. Die Drahtseilbahnen zur Personenbeförderung.

Wie schon in der Einleitung erwähnt wurde, dienten die ältesten Schwebebahnen, die überhaupt ausgeführt wurden, ausschließlich dem

Personenverkehr. Aber mit dem Ausbau guter Straßen, die Flüsse und Schluchten vermittels fester Brücken überschreiten, ging das Bedürfnis solcher Personentransportmittel größtenteils verloren, besonders da der ganze Bau vor der Albertschen Erfindung der Drahtseile nur eine sehr geringe Sicherheit bieten konnte. Die ersten danach in den sechziger und siebziger Jahren des vorigen Jahrhunderts erstellten Drahtseilbahnen wurden deshalb nur für den Gütertransport benutzt.

Seitdem ist allerdings eine ganze Reihe von Anlagen, entweder in exotischen Ländern, z. B. in China (Abb. 81), Argentinien, Ostafrika oder für entlegene Bauplätze, wie z. B. beim Bau des Leuchtturmes von Beachy Head für den mehr oder minder regelmäßigen Personenverkehr benutzt worden, ohne daß sich die technischen Einzelheiten im geringsten von denen gewöhnlicher Gütertransportbahnen unterscheiden. Die von einer englischen Firma gebaute Bahn in China ist nur für die Beförderung der Arbeiter

Abb. 469. Geschlossener Personenwagen.

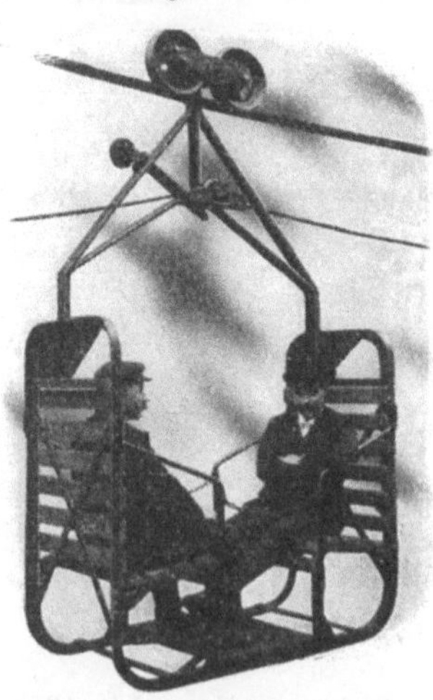

Abb. 470. Offener Personenwagen.

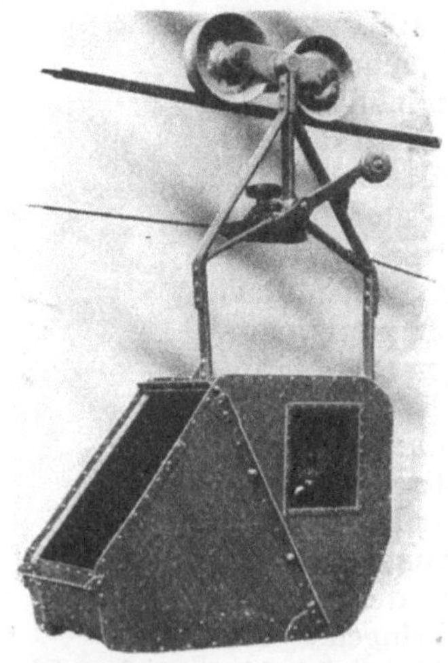

Abb. 471. Geschlossener Personenwagen.

und Beamten von der im fiebergefährlichen Sumpfland gelegenen Arbeitsstätte nach den auf der Höhe befindlichen gesunden Wohnplätzen bestimmt. Die Bleichertschen Bahnen in Argentinien und

Ostafrika nehmen auf Wunsch jederzeit Personen mit, die erstere hauptsächlich zum Schutz gegen Schnee und Wind in besonders dafür gebauten Wagen (Abb. 469), während bei der zweiten die Personen entweder auf Plattformwagen Platz nehmen oder bei der Talfahrt einfach
auf den hinuntergehenden Baumstämmen rittlings sitzen. Auch sonst
hat man oft genug die gelegentliche oder regelmäßige Personenbeförderung auf den gewöhnlichen Drahtseilbahnen für Massengüter vorgesehen und dafür besondere Wagen gebaut. Einen solchen offenen
Wagen mit zwei Sitzen zeigt
z. B. die Abb. 470 und einen
eisernen Wagenkasten, dessen
Vorderwand nur bei schlech-
tem Wetter aufgebracht wird,
die Abb. 471, beides nach
Pohligschen Ausführungen.

Eine gleiche, nur der Personenbeförderung dienende
Anlage ist die von A. Bleichert
& Co. für Hoek van Holland
gebaute (Abb. 472): Veranlaßt
durch die seinerzeit infolge
eines Sturmes stattgefundene
Strandung eines Passagier-
dampfers an der dortigen Mole
wurde im tiefen Wasser, etwa

Abb. 472. Personendrahtseilbahn bei Hoek
van Holland.

140 m von der Mole entfernt, ein Anlegeplatz geschaffen und dieser
durch die Drahtseilbahn mit dem Leuchtturm auf der Mole verbunden. Sie arbeitet mit einem einzigen Wagen, in dem vier Personen Platz haben. Zwei andere Anlagen der Art wurden in Turin
gelegentlich der dortigen Industrie- und Gewerbe-Ausstellung im

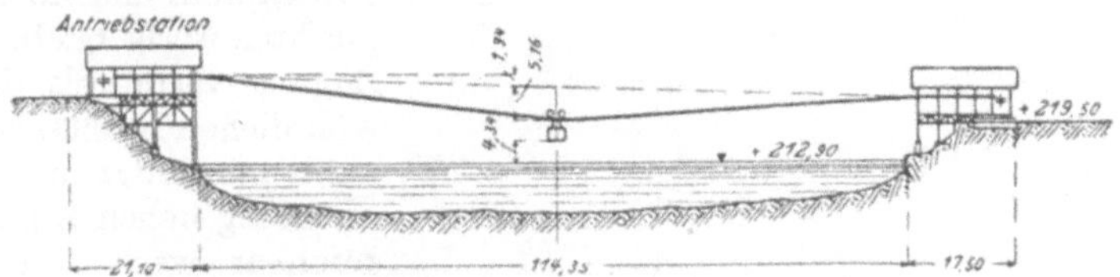

Abb. 473. Drahtseilbahn über den Po, Turin 1911.

Jahre 1911 errichtet, die beide über den Po führten[34]). Die eine von
114,35 m Spannweite (Abb. 473) hatte zwei in 2,5 m Abstand verlegte
Tragseile von je 50 mm Durchmesser. Darauf lief im Pendelverkehr
je ein Wagen, der 12 Personen faßte, so daß die Anlage stündlich
1000 Personen befördern konnte. Die andere, die den Po in schräger
Richtung überquerte, hatte 158,8 m Spannweite (Abb. 474), ihre Tragseile besaßen je 42 mm Durchmesser. Hier lief das Zugseil dauernd in

---

[34]) Kaemmerer, Zeitschr. d. Ver. deutsch. Ing. 1911.

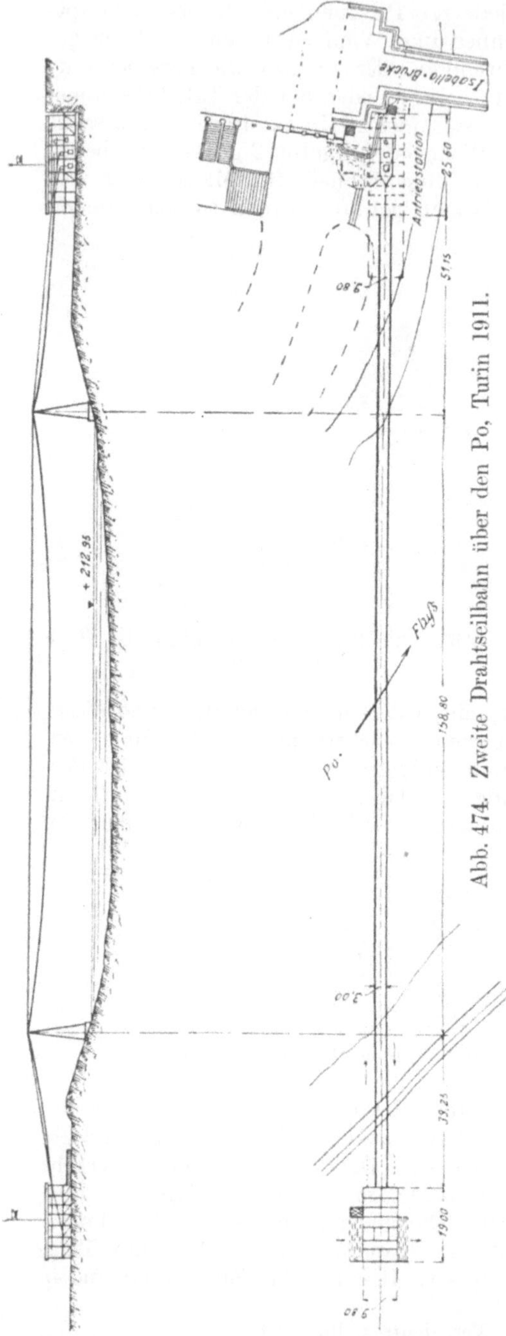

Abb. 474. Zweite Drahtseilbahn über den Po, Turin 1911.

gleicher Richtung herum, und 15 Wagen nach Abb. 475 für je 4 Personen konnten ebenfalls wieder 1000 Personen in der Stunde übersetzen. Die Bahnen unterschieden sich eigentlich nur durch die Bauart der Tragseile von den gewöhnlichen Gütertransportbahnen. Es waren im Grunde 33 drähtige offene Seile, jedoch bestanden sie nicht aus einzelnen Drähten, sondern jede „Spirale“ wurde von einer 7 drähtigen Litze gebildet, die in der Mitte einen Kerndraht und darum sechs gleich starke Drähte enthielt.

Das allgemeine Interesse für Drahtseilschwebebahnen, die ausschließlich der Personenbeförderung dienen sollen, wurde jedoch erst wachgerufen, als in der Schweiz viele Berggipfel Schienenbahnen mit Drahtseilbetrieb erhalten hatten und jetzt eine Reihe von Gipfeln und Aussichtspunkten übrig blieb, deren Zugang vermittels der gewöhnlichen Drahtseilstandbahn nur unter unverhältnismäßig hohen Kosten erreichbar war. Die erste dieser Anlagen, die 1908 in Betrieb genommen wurde, ist der Feldmannsche Wetterhornaufzug, dessen Längsprofil die Abb. 476 darstellt. Die Arbeitsweise ist wie die der Drahtseilbahn von Beachy Head die des Pendelbetriebes. Auf den beiden Tragbahnen verkehrt je ein Wagen, und

beide werden durch
ein endloses Zugseil
bewegt, das unten
gespannt und oben
rechts oder links
herum angetrieben
wird.

Natürlich wer-
den bei derartigen,
dem allgemeinen
Verkehr dienenden
Anlagen von den
die Betriebserlaub-
nis erteilenden Be-
hörden weitgehende
Sicherheitsmaßnah-
men vorgeschrieben,
die in ihrer Summe
doch wesentliche
Abweichungen von
der sonst üblichen
Bauart ergeben. Als
Grundbedingung
gilt immer die, daß
jeder Hauptbauteil,

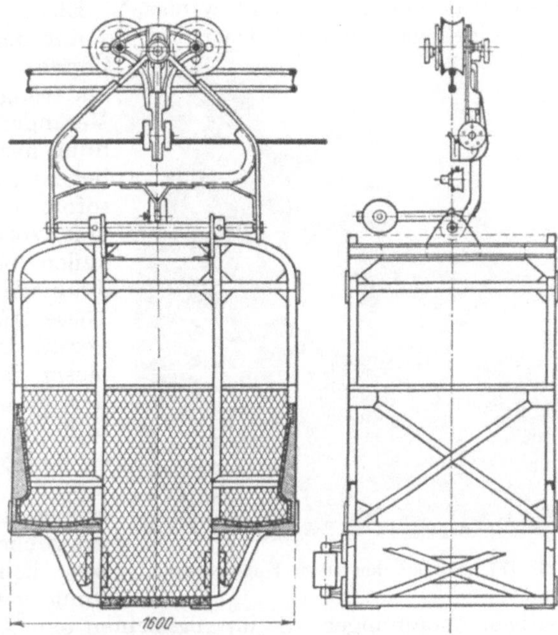

Abb. 475. Wagen der Drahtseilbahn über den Po.

der Beschädigungen ausgesetzt ist, mindestens doppelt
vorhanden sein muß oder selbsttätig durch einen be-
triebsbereiten Ersatzteil ausgetauscht wird. Nach diesem
Grundsatz sind also für jede Fahrbahn zwei Tragseile
auszuspannen und ebenso ist das Zugseil doppelt auszuführen; ferner sind selbsttätige und auch von Hand
zu bedienende Bremsen vorzusehen, die
ein sicheres Festhalten des Wagens an
jeder Stelle der Bahn bewirken. Beim
Wetterhornaufzug wurden die beiden
Tragseile jeder Fahrbahn übereinander
angeordnet, und zwar derart, daß sie
unter dem Wagen an jeder Stelle der
Bahn praktisch fast genau denselben
Abstand haben. Eine von
Feldmann ersonnene Spann-
vorrichtung, die diese Einstellung durch eine Hebelübersetzung am
Spanngewicht
noch besonders
begünstigen
sollte, ist in-

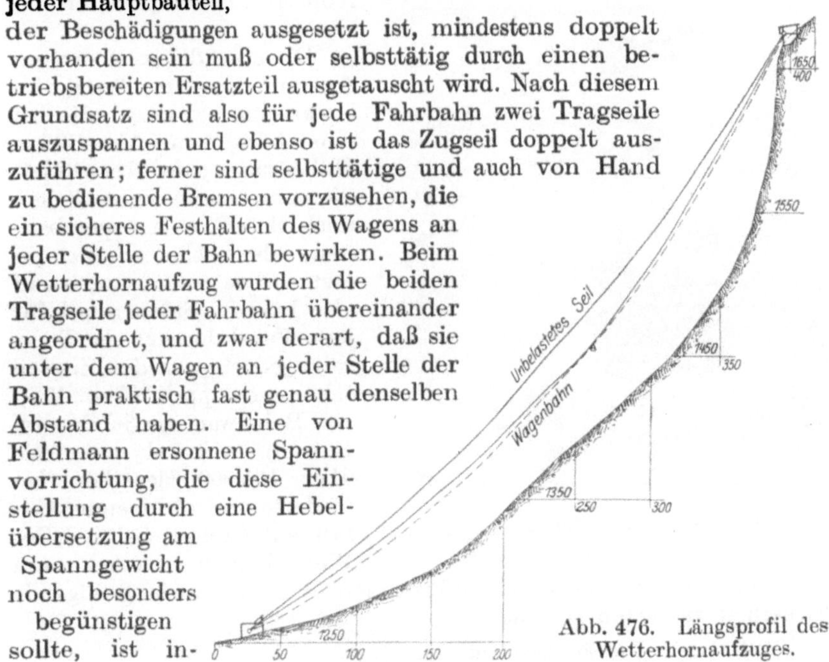

Abb. 476. Längsprofil des
Wetterhornaufzuges.

zwischen als unnötig entfernt worden [35]). Ebenso sind beide Zugseile durch einen gemeinsamen Querträger so mit dem Wagenkasten verbunden, daß kleine Längenänderungen eines Seiles keine Veränderung in der Anspannung hervorrufen und erhebliche Spannungsänderungen sofort die Bremsen in Tätigkeit setzen, die aus Ringkeilen bestehen, welche die Tragseile völlig umgeben. Diese Ausführung ist selbstverständlich nur dort zulässig, wo die Tragseile auf der ganzen Länge freiliegen und keine Zwischenunterstützungen haben. Aus dem Grunde ist der Wetterhornaufzug eine vereinzelte Bauart geblieben, und das System hat keine weitere Anwendung gefunden, da bei den heutigen Anordnungen, die im allgemeinen eine Anzahl von Zwischenunterstützungen auf der Strecke haben, von vornherein ganz andere Konstruktionseinzelheiten nötig waren.

Abb. 477. Wagen der alten Kohlererbahn.

Die erste dieser modernen Anlagen war die alte Kohlererbahn bei Bozen, die bei einer Länge von 1,5 km 795 m Höhenunterschied überwindet. Sie entsprach im wesentlichen noch den Gütertransportbahnen, als welche sie auch in erster Linie gebaut war, besaß also hölzerne Stützen und für jede Fahrbahn nur ein Tragseil, jedoch war das Zugseil schon verdoppelt (Abb. 477). Die Bahn war nur 3 Jahre im Betrieb, während deren sie über 105 000 Menschen beförderte und nicht einen Unfall aufzuweisen hatte. Der Weiterbetrieb wurde dann verboten, weil die hölzernen Stützen den Behörden nicht genügende Sicherheit zu bieten schienen.

Abb. 478. Wagen der Personenbahn in Colorado.

[35]) Wettich; Die Fördertechnik 1914.

Eine spätere amerikanische Ausführung, die Bahn auf den Sunrise-
peak in Colorado unterscheidet sich von den gebräuchlichen Gütertransportbahnen eigentlich gar nicht. Sie ist über 2 km lang und steigt
990 m hoch. Für jede Bahnseite ist nur ein Tragseil vorhanden, ebenso
auch nur ein endloses Zugseil, an das 26 viersitzige Wagen (Abb. 478)
vermittels lösbarer Kupplungen angeschlagen werden. Die einzigen besonderen Sicherheitsvorkehrungen sind Fernsprecher und Glocken-
signale, die von den Wagen aus bzw. von drei längs der Strecke errichteten Wachtürmen in Tätigkeit gesetzt werden können.

Nach dem Verbot der alten Kohlererbahn wurde von ihrem Besitzer sofort der Bau einer neuen Anlage, die allen zu stellenden Anforderungen gerecht werden sollte und
deren Längsprofil die Abb. 479 wiedergibt, der Firma A. Bleichert & Co.
übertragen. Das kennzeichnende Merkmal dieser nach einjähriger Bauzeit
Ende 1912 fertiggestellten Anlage bilden
zwei Tragseile für jede
Seite der Bahn, die in bekannter Weise oben fest
verankert und unten
durch Gewichte mit einer

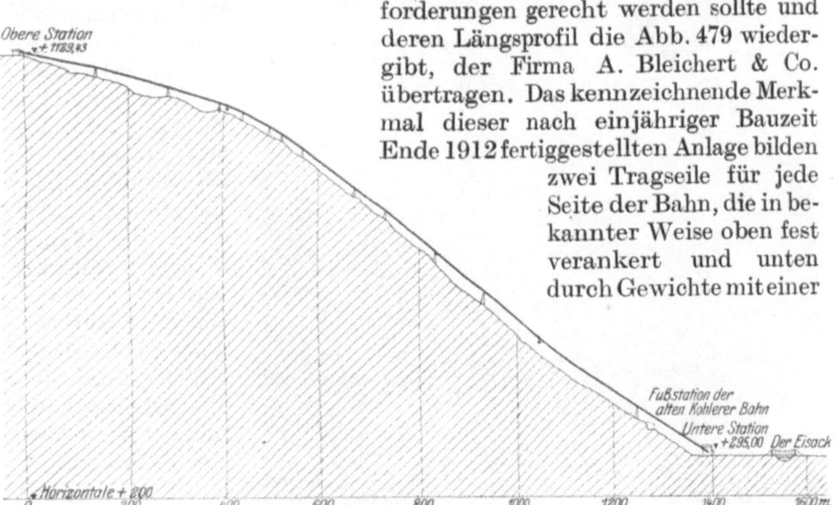

Abb. 479. Längsprofil der neuen Kohlererbahn.

ganz bestimmten Kraft angespannt werden. Ebenso sind die Zugseile doppelt ausgeführt, die ihren Platz zwischen den Tragseilen
jeder Seite finden. Sie werden während des Betriebes gleichmäßig
beansprucht, doch vermag jedes einzelne für sich allein die volle Last
zu tragen. Unterhalb der Wagen findet ihr Gewicht durch sogenannte Ballastseile seinen Ausgleich, die ebenfalls vermittels eines
freihängenden Gewichtes eine ganz bestimmte, immer gleichbleibende
Anspannung erfahren.

Zwischen den beiden Endstationen lagern die Seile auf 12 eisernen
Stützen, die nach beiden Seiten je 3 m weit auskragen (Abb. 480).
Ihr Abstand richtet sich naturgemäß nach der Geländebeschaffenheit
und schwankt zwischen 100 bis 200 m. Bei älteren Ausführungen
anderer Herkunft, die dem Transport schwerer Güter dienten, stellte
sich im Betriebe heraus, daß der Wagen, wenn er unter dem Einfluß
des Windes seitlich auspendelt, sich in der Nähe der Stützen, wo die
beiden Tragseile nicht entsprechend folgen können, auf der einen oder

anderen Seite etwas von dem betreffenden Seil abhob. Um diesen Nachteil zu vermeiden, macht A. Bleichert & Co. die Auflagerschuhe nicht nur in der Richtung der Seile, sondern auch senkrecht dazu vermittels eines patentierten Wälzlagers drehbar, so daß sie sich nach jeder Richtung einstellen können. Die Wirkungsweise veranschaulichen etwa die Abb. 481 a und b. Es bedeuten darin T_1 und T_2 die beiden Tragseile, die bei genau gleicher Belastung C_1 und C_2 durch die Wagenräder die gleichen Abstände b_1 und b_2 von dem Auflagerpunkt haben, da das Wälzlager dann die Mittelstellung einnimmt. Vergrößert sich die Belastung C_2 und nimmt C_1 entsprechend ab, etwa weil der kurz vor oder auf der Stütze

Abb. 480. Streckenbild der neuen Kohlererbahn.

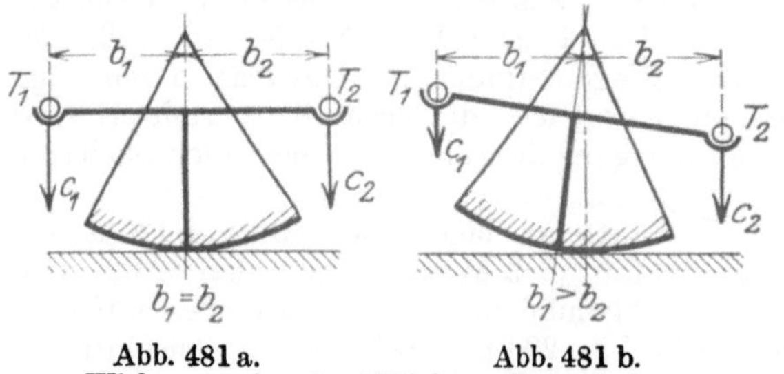

befindliche Wagen im Winde pendelt, so wälzt sich das Lager nach T_2 hin auf der wagerechten Unterlage ab. Durch die damit verbundene Hebung wird nun aber einerseits die Gegenwirkung des Seiles T_1 auf das Lager vergrößert und entsprechend die von T_2 durch die Senkung verringert, andererseits verlängert sich noch der Hebelarm von T_1 gegenüber dem von T_2, so daß sogleich wieder eine Rückwärtsbewegung eingeleitet wird, die auch das Pendeln des Wagens dämpft. Tatsächlich sind so

Abb. 481 a. Abb. 481 b.
Wirkungsweise der Wälzlager-Tragschuhe.

die Ausschläge ganz geringfügig. Gleichzeitig werden diese Stahlgußauflager, deren eigentliche Seiltragschuhe 40 cm Abstand voneinander haben, zur Aufnahme der Tragrollen für die zwischen den Tragseilen angeordneten Zugseile ausgebildet, so daß sie die in Abb. 482 wiedergegebene Form erhalten.

Die Wagen der Personendrahtseilbahnen bestehen auch in den neusten

Abb. 482. Trag- und Zugseilauflager der neuen Kohlererbahn.

Ausführungen wie die der Gütertransportbahnen aus dem Laufwerk, dem Gehänge und dem Wagenkasten, der Kabine, nur sind alle Teile wesentlich größer bzw. kräftiger ausgeführt. Eine Abbildung eines Kohlererbahnwagens auf dem steilsten Teil der Strecke von der Neigung 1:1 zeigt die Abb. 483. Die für 16 Personen bemessenen Kabinen sind aus hartgewalztem Aluminiumblech und Eschenholz in eleganter Ausstattung hergestellt; ihre Beleuchtung während der Dunkelheit wird durch Glühlampen bewirkt, die von mitgeführten Akkumulatorenelementen gespeist werden. Das aus Nickelstahl geschmiedete Wagengehänge (Abb. 484) ist vermittels zweier Drehzapfen in ungefährer Höhe der Tragseile am Laufwerk aufgehängt, durch dessen Mittelkörper aus Stahlblech alle Gewichte

Abb. 483. Wagen der neuen Kohlererbahn.

auf die drehbar gelagerten Laufradträger übertragen werden, so daß sich das Wagengewicht gleichmäßig auf alle 8 Laufräder verteilt. Um den wegen der großen Länge des Gehänges an sich schon geringen Pendelbewegungen des Wagens entgegenzuwirken, ist noch eine Dämpfungsbremse vorgesehen.

Die am Wagenlaufwerk, das die Abb. 485 veranschaulicht, angebrachten Sicherheitsvorrichtungen müssen in folgenden Fällen sicher wirken: beim Riß eines oder beider Zugseile, bei Überschreitung der zulässigen Fahrtgeschwindigkeit, bei Hindernissen auf der Strecke, wenn z. B. größere Baumzweige auf die Tragseile gefallen sind, schließlich beim Versagen des Antriebes, wo der Wagen auf der Strecke liegen bleibt.

Abb. 484. Stahlgehänge der Wagen der neuen Kohlererbahn.

Für die drei ersten Fälle ist eine doppelte Fangvorrichtung in das Laufwerk eingebaut, von denen jede aus zwei Klemmen besteht, deren stählerne Backen im Fall der Gefahr durch Federkraft gegen die Tragseile gepreßt werden, wobei die Reibung zwischen den Backen und den Seilen den Wagen festhält. Für den Fall, daß einmal eine Feder im entscheidenden Augenblick versagen könnte, ist jede Klemmbacke von zwei Federn abhängig gemacht worden. Die Zug- und Ballastseile greifen an Hebeln an (Abb. 486), durch die festgelagerte Gegendruckfedern zurückgehalten werden. Läßt nun der Seilzug an irgendeiner Stelle nach, so schlägt die Gegendruckfeder vor und preßt vermittels der Rollen n und der Hebel h die Preßstücke i vor, die

Abb. 485. Laufwerk der Wagen der neuen Kohlererbahn.

ihrerseits die Fangbacken gegen die Tragseile drücken. Gleichzeitig wird selbsttätig die Verriegelung der Hilfsfedern ausgelöst, die durch Vermittlung eines Preßkeiles die Preßstücke i vortreiben und so die Fangvorrichtung unabhängig von den Gegendruckfedern einrücken. Die Wirkung dieser

Fangvorrichtung ist eine derart große, daß bei angestellten Versuchen das Laufwerk nach dem absichtlichen Kappen der Zugseile im ganzen nur 50 mm zurückfiel und dann festgebremst war, während z. B. Standseilbahnen Bremswege von $1/2-2^1/2$ m haben. Der Grund hierfür ist der, daß ein guter Teil der Massenwirkung des Wagens nicht durch Reibung vermittelt werden muß, sondern den Wagenkasten anhebt und dadurch unschädlich gemacht wird. Denn beim plötzlichen Anhalten des Laufwerkes pendelt der Kasten in der Fahrtrichtung hoch, um nach einigen, durch die eingeschaltete Dämpfungsbremse schnell gemäßigten Schwingungen zur Ruhe zu kommen. Die Fangvorrichtung wird ferner durch ein Schleudergetriebe in Tätigkeit gesetzt, sobald die zulässige Fahrtgeschwindigkeit des Wagens überschritten wird.

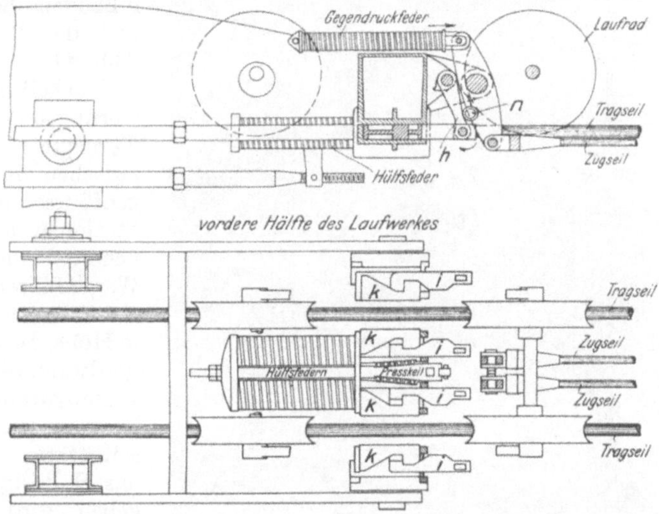

Abb. 486. Bremsgetriebe der Wagen der neuen Kohlererbahn.

Schließlich kann noch der Wagenführer die Bremsung durch einen Seilzug jederzeit einleiten. Die Lösung erfolgt vom Führerstand aus einfach durch Ziehen an einem dort angebrachten Handgriff.

Die doppelte Ausführung der Bremsen wurde hauptsächlich deshalb vorgenommen, weil eine derselben sich möglicherweise gerade im Augenblick des Bremsens über einem Auflagerschuh oder einer Seilkupplung, die die einzelnen Seilabschnitte miteinander verbindet, befinden kann und dadurch nicht fest schließt. Dann steht aber die zweite Fangvorrichtung unter allen Umständen auf dem runden Seil und hält den Wagen mit Sicherheit fest, da jede allein für die volle Leistung bemessen ist.

Für den letzten Fall, daß einmal ein Wagen infolge irgendeiner Störung im Antrieb zu lange auf der Strecke bleiben muß, ist in jeder Kabine unter der Decke ein Haken angebracht, an dem mittels einer Leine, die durch eine Bremsöse gezogen ist, ein aus Segeltuch hergestellter Korb mit steifem Boden durch den Fußboden der Kabine mit je einer Person herabgelassen werden kann. Die ganze Vorrichtung ist zusammenlegbar und wird unter der Decke in einem Glaskasten unmittelbar über der Klappe im Fußboden aufbewahrt. Allerdings dürfte sie wohl kaum jemals Anwendung finden, da in der Antriebsstation eine Hilfswinde vorhanden ist, die von Hand betätigt wird und den Wagen in die Höhe zieht, wenn die elektrische Einrichtung versagen sollte. Außerdem ist diese verhältnismäßig einfache Einrichtung des Rettungssackes wohl nur in Fällen wie dem vorliegenden brauchbar, wo sich der feste Erdboden immer nur wenige Meter unter dem Wagenfußboden befindet (vgl. das Profil in Abb. 479).

Um bei Verkehrsstörungen einen Fernsprechverkehr zwischen dem Wagenführer und den Stationen zu ermöglichen, braucht der Wagenführer nur eine Stange über den in Höhe der Wagenbordwand verlegten Leitungsdraht zu hängen, wodurch selbsttätig sofort das Haltesignal gegeben wird, nach dessen Abstellung die weitere mündliche Verständigung erfolgen kann.

Der Antrieb der Personenschwebebahnen findet stets von der oberen

Abb. 487. Einblick in die Antriebstation der neuen Kohlererbahn.

Station aus statt, und zwar mit Hilfe von Elektromotoren. Falls dafür nur Wechsel- oder Drehstrom zur Verfügung steht, wird er in Gleichstrom von 220 Volt umgewandelt, um eine Pufferbatterie verwenden zu können, so daß also dem Wechselstromnetz trotz der Schwankungen des Strombedarfes des Antriebsmotors immer die mittlere Strommenge gleichmäßig entnommen wird. Die Batterie hat ferner den Zweck, den regelmäßigen Betrieb der Bahn auch dann noch aufrecht zu erhalten, wenn einmal die Stromlieferung aus irgendeinem Grunde unterbrochen sein sollte, und wird entsprechend groß bemessen.

Der Motor ist ein Gleichstrom-Nebenschlußmotor, dessen Anlasser beim Einlaufen des Wagens in die Endstation zwangläufig auf Halt gestellt wird, falls sich, wie z. B. auf der Kohlererbahn, nur ein Wagen auf jeder Seite der Bahn befindet. An Sicherheitsvorkehrungen sind in der Station eine Hand- und eine selbsttätige Bremse vorgesehen. Die letztere tritt sofort in Tätigkeit beim Bruch eines oder beider Zugseile, beim Nachgeben eines Tragseiles, beim Überfahren der Endstellung des Wagens, bei Überschreitung der zulässigen Fahrtgeschwindigkeit, beim Ausbleiben des Betriebsstromes für den Motor, und schließlich, wenn der Maschinist im Fall des Versagens der im gewöhnlichen Betrieb benutzten Handbremse einen dafür vorgesehenen Handschalter ausrückt. Zum Wiederlüften der Bremsen benutzt der Maschinist ein Handrad. Einen Blick auf das gesamte Antriebsvorgelege usw. veranschaulicht die Abb. 487.

Da diese Bergschwebebahnen wohl immer über fast unzugängliche Teile des Gebirges geführt werden, so ergeben sich naturgemäß große Schwierigkeiten für die Heranschaffung aller für die Stützen benötigten Baumaterialien; ferner haben die Arbeiter unter Umständen lange Umwege zurückzulegen, ehe sie an ihre Arbeitsstelle gelangen. Um allen diesen Schwierigkeiten aus dem Wege zu gehen, baut die Firma A. Bleichert & Co. jetzt solche Anlagen stückweise mit Hilfe einer besonderen Bauseilbahn auf. Ist eine neue Stütze aufgestellt, so wird darüber sogleich ein Seil verlegt, das sich an den vorhergehenden Abschnitt der Bahn anschließt, und so die Baubahn um ein entsprechendes Stück vorgerückt. Die Arbeiter werden darauf vor Beginn ihrer Schicht zur Arbeitsstelle befördert und am Schluß derselben wieder zurück; ebenso werden alle Baumaterialien darauf bis zur letzten Stütze geschafft, so daß es nur geringer Transportwege auf dem schwierigen Gelände bis zur nächsten Stütze bedarf.

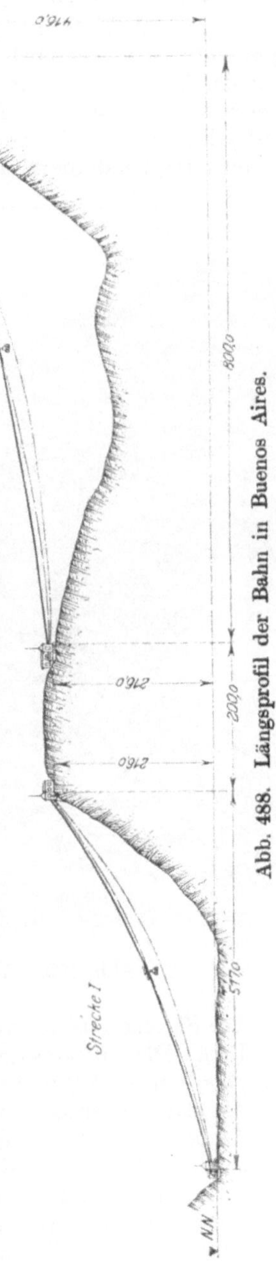

Abb. 488. Längsprofil der Bahn in Buenos Aires.

Ungefähr gleichzeitig wurde in Buenos Aires eine von J. Pohlig
A.-G. ausschließlich zur Personenbeförderung gebaute Bahn in Betrieb
gesetzt[36]), die aus zwei völlig voneinander getrennten Teilen besteht,
wie das Längsprofil in Abb. 488 zeigt, dessen Höhen- und Längemaßstab
derselbe 1 : 10 000 ist. Beide Teile haben keine Zwischenstützen, und
auf jeder Seite von ihnen verkehrt nur ein für 16 Personen eingerichteter
Wagen im Pendelbetrieb.

Abb. 489.   Gesamtbild der Bahn in Buenos Aires.

Die Strecke I führt von der Stadt aus auf die Bergkuppe des Morro
da Urca. Die Anfangsstation der Strecke II ist von dem Endpunkt der
Strecke I etwa 200 m weit entfernt; sie führt auf die Spitze des Paõ
de Assucar, der sonst nur für geübte und gut ausgerüstete Bergsteiger
zugänglich war. Beide Strecken liegen nicht in derselben Geraden, in
welchem Fall man wohl sicher eine einzige durchlaufende Bahn ausgeführt hätte, sondern bilden annähernd einen rechten Winkel miteinander, wie die Abb. 489 erkennen läßt.

Auch hier sind für jede Bahnseite zwei verschlossene Tragseile von
44 mm Durchmesser nebeneinander in 20 cm Abstand verlegt worden.

---

[36]) Pietrkowski, Zeitschr. d. Ver. deutsch. Ing. 1913.

Sie sind in den oberen Stationen fest verankert und in den unteren durch Gewichte in üblicher Weise gespannt. Ebenso sind die Zugseile

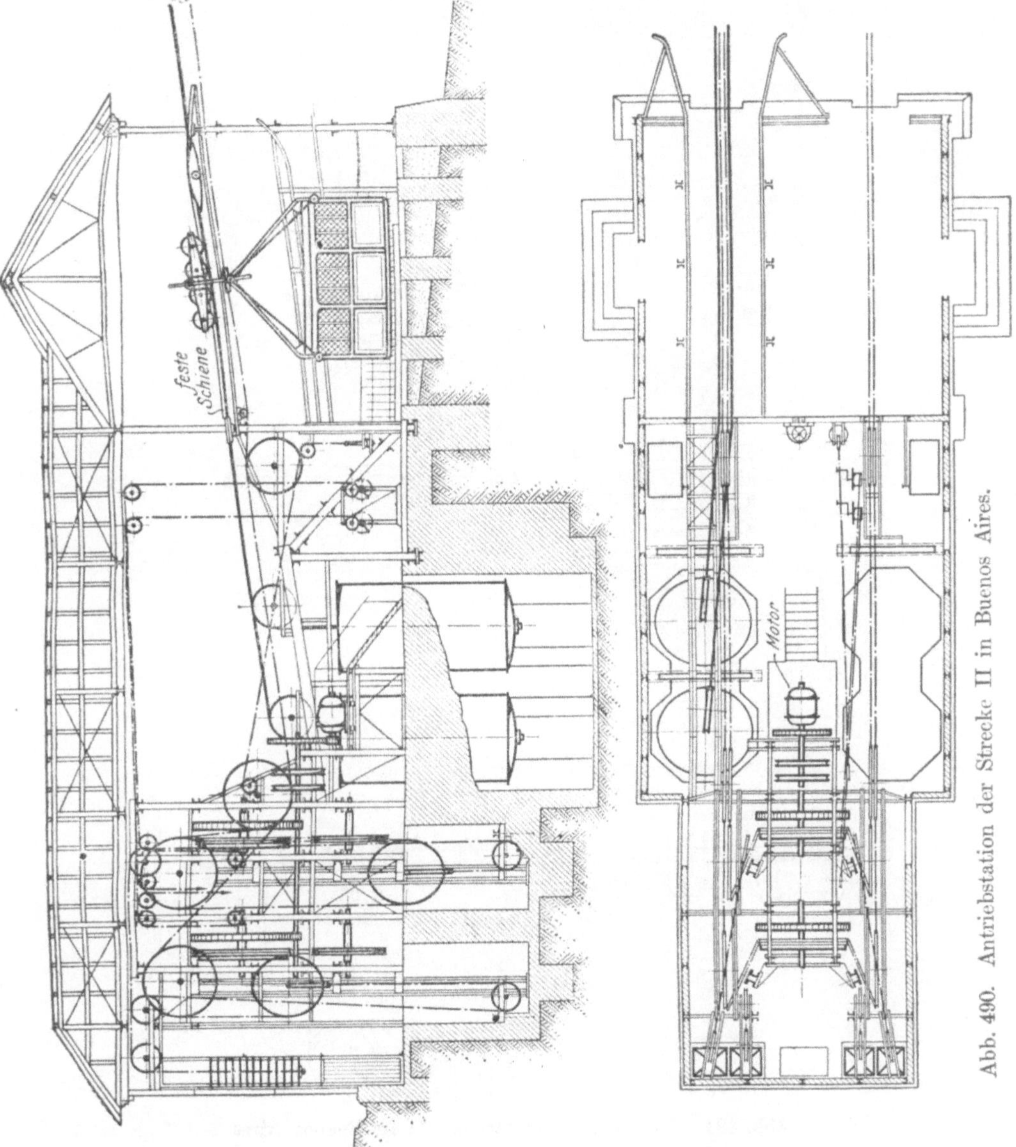

Abb. 490. Antriebstation der Strecke II in Buenos Aires.

doppelt ausgeführt, jedoch läuft das eine im regelmäßigen Betrieb nach einer der Firma J. Pohlig A.-G. geschützten Anordnung als sogenanntes Fangseil lose mit. Beide Seile sind in der Antriebstation in gleicher

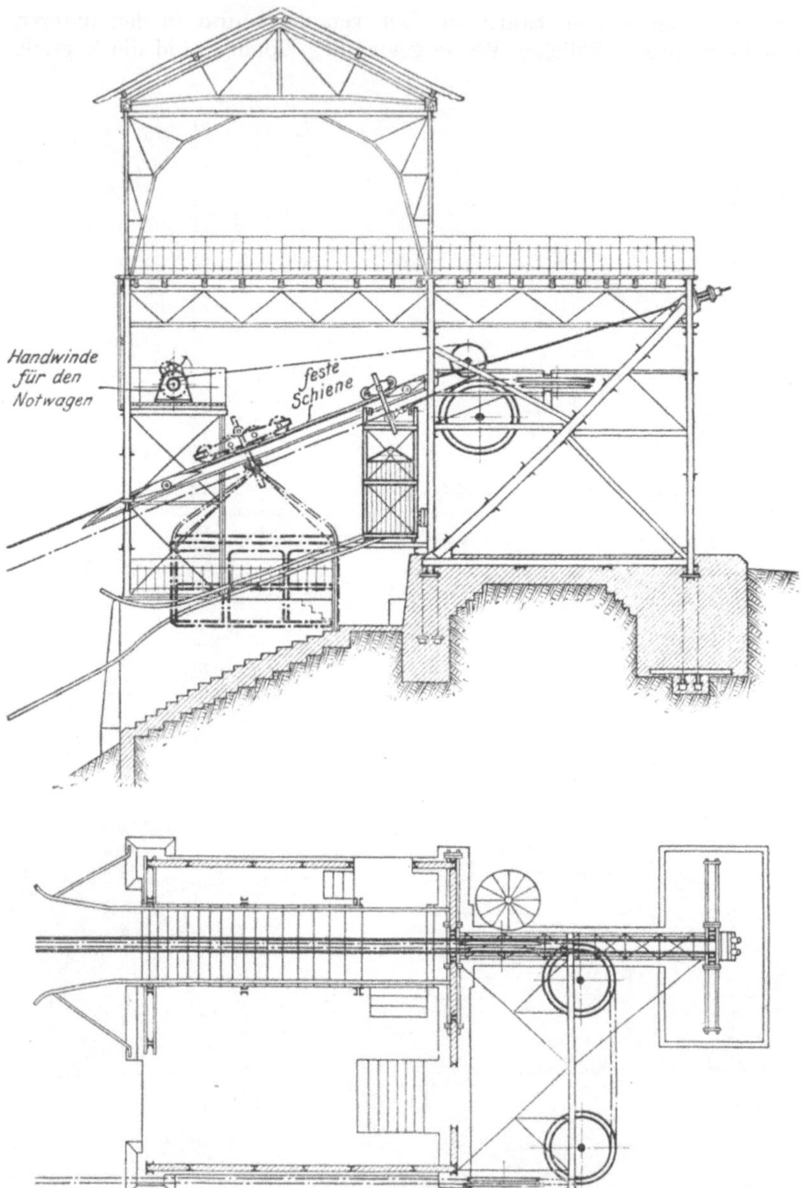

Abb. 491. Endstation der Strecke II in Buenos Aires.

Weise geführt, wie die Abb. 490 angibt. Sie laufen zuerst über zwei
nebeneinander befindliche Führungsscheiben und trennen sich dann.
Jedes Seil geht über eine obere Führungscheibe, von dort über die

darunter angeordnete, in lotrechter Richtung verschiebliche Spannscheibe, die durch ein Spanngewicht angezogen wird, und dann über die doppelrillige Antriebscheibe, die mit der üblichen vorgelegten Scheibe quer zur Bahnachse steht, nach der Gegenseite des Bahnabschnittes, wo die Rückführung die gleiche ist. Es sind also, um Ungleichmäßigkeiten mit völliger Sicherheit auszuschließen, in jedem Seilkreis zwei Spannvorrichtungen angebracht.

Die Antriebe des Zug- und Fangseiles sind durch eine Reibungskupplung mit derselben Vorgelegewelle des Motors verbunden. Im gewöhnlichen Betrieb ist diese Kupplung stets gelöst, so daß nur das Zugseil den Antrieb erhält und das am Wagen befestigte Fangseil von dort aus leer mit durchgezogen wird. Nun wirkt die Spannscheibe des Zugseils so auf die Wellenkupplung ein, daß sie eingerückt wird, sobald im Zugseil eine Spannung auftritt, die gleich dem Doppelten der regelmäßigen Betriebsspannung ist. Obwohl in dem Fall noch immer eine etwa $4^1/_3$fache Sicherheit vorhanden ist, tritt dann schon das zweite Seil in Tätigkeit und setzt so die Sicherheit wieder auf den gewöhnlichen Betrag herauf. In den Gegenstationen befinden sich für die beiden Seile nur einfache Umführungsscheiben (Abb. 491).

Die Fahrtgeschwindigkeit beträgt 2,5 m/sek. Die Antriebe beider Strecken liegen auf dem Morro da Urca, weil sich dadurch eine bequemere Beaufsichtigung des ganzen Betriebes ergab. Die Bremsvorrichtungen entsprechen im allgemeinen den oben bei der Kohlererbahn beschriebenen. Für den Fall, daß der Wagen irgendwie auf der Strecke festliegen sollte, ist hier ein kleiner Notwagen in der oberen Station bereit, der mit einer Handwinde heruntergelassen und' wieder zurückgezogen wird und so die Fahrgäste aus der Kabine herausholt.

Der Aufbau erfolgte ebenfalls mit Hilfe einer besonderen, natürlich sehr vereinfachten Baubahn.

Man erkennt, daß gerade für steile und sonst nahezu unzugängliche Gipfel die Schwebebahnen das beste Beförderungsmittel sind. Außer ihnen kommen im Gebirge eigentlich nur noch Tunnelbahnen, wie z. B. die Jungfraubahn, mit ihren riesigen Baukosten in Frage.

Die Vorzüge der Drahtseilschwebebahnen gegenüber den Standseilbahnen liegen darin, daß das Gelände in keiner Weise verändert wird, also teure Kunstbauten zur Überbrückung von Schluchten und Einschnitte in Bodenerhebungen wegfallen, die bei Standbahnen fast immer nötig werden, weil sie nur wenige nicht zu schroffe Gefällwechsel aufweisen dürfen. Außerdem erfordert bei ihnen die sichere Lagerung der Schienen erhebliche Kosten für die Befestigung der Schwellen usw. Demgegenüber brauchen die Schwebeseilbahnen nur die Fundamente für die verhältnismäßig wenigen Stützen, die in ziemlich leichter Eisenkonstruktion gehalten sind und bei passender Wahl des Anstriches sich kaum vom Hintergrund abheben, also das Landschaftsbild in keiner Weise verderben. Die Anlage- und Betriebskosten der Standbahnen sind aus diesen Gründen auch wesentlich höher als die der Schwebebahnen.

4. Die Kabelkrane.

Verladekrane in Eisenkonstruktion werden für große Spannweiten recht teuer. Man ist nun durch die Verbindung der Grundidee des Laufkranes mit der der Drahtseilbahn des deutschen Systems zu einer oft wesentlich billigeren Lösung gekommen, dem zuerst in Amerika ausgebildeten Kabelkran. Seinen ältesten Vorgänger stellt die Abb. 492 dar, eine Zeichnung aus Leupolds Theatrum machinarum hydrotechnicarum vom Jahre 1714.

Die ersten praktischen Ausführungen wurden 1877 auf der Ausstellung in Philadelphia gezeigt, sie stammten von der United States Hoisting and Conveying Co. in New-York. Die erste deutsche Ausführung wurde auf Veranlassung des Inhabers der Firma C. G. Kunath in Dresden, B. Hietzig, der das System auf einer Reise in Schottland kennen gelernt hatte, 1902 von der Firma Unruh & Liebig für einen Kunathschen Steinbruch gebaut[37]). Die erste zum Zweck der Schiffsentladung und Abgabe des aufgenommenen Massengutes auf einen Stapelplatz dienende Anlage wurde dann 1904 von A. Bleichert & Co. für die Firma J. Busenitz in Danzig-Schellmühl errichtet[38]) (Abb. 511).

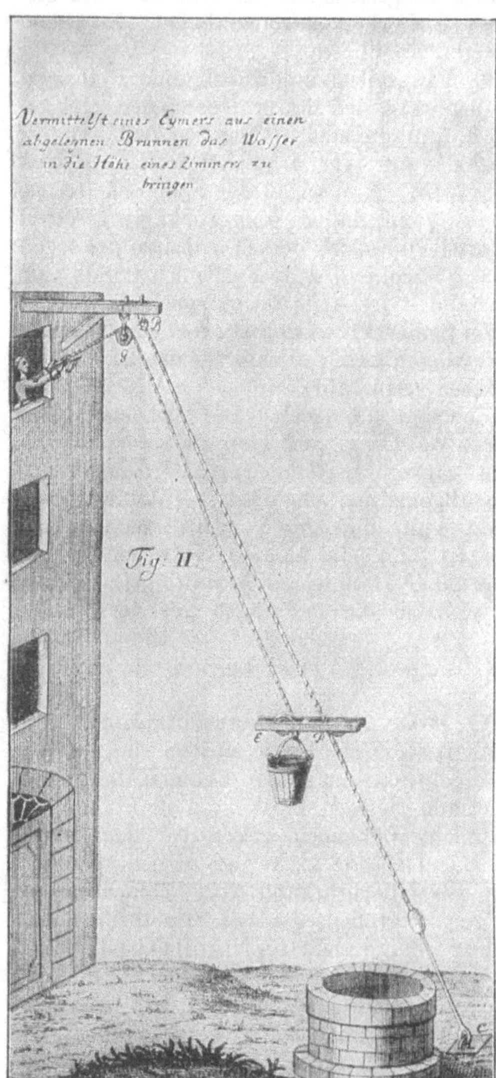

Abb. 492. Älteste Skizze eines Kabelkrans von Leupold.

[37]) **Kunz**, Zeitschr. f. d. Berg-, Hütten- u. Salinenwesen 1919.
[38]) **Landmann**, Zeitschr. d. Ver. deutsch. Ing. 1905.

Seitdem haben sich die Kabelkrane als wertvolle Hilfsmittel bei der
Bedienung von Tagebauen, Steinbrüchen, Tongruben usw. erwiesen, sowie
beim Bau langgestreckter Ingenieurwerke von verhältnismäßig geringer
Breite, die auf unebenem Gelände zu errichten sind, wie z. B. Talsperren-

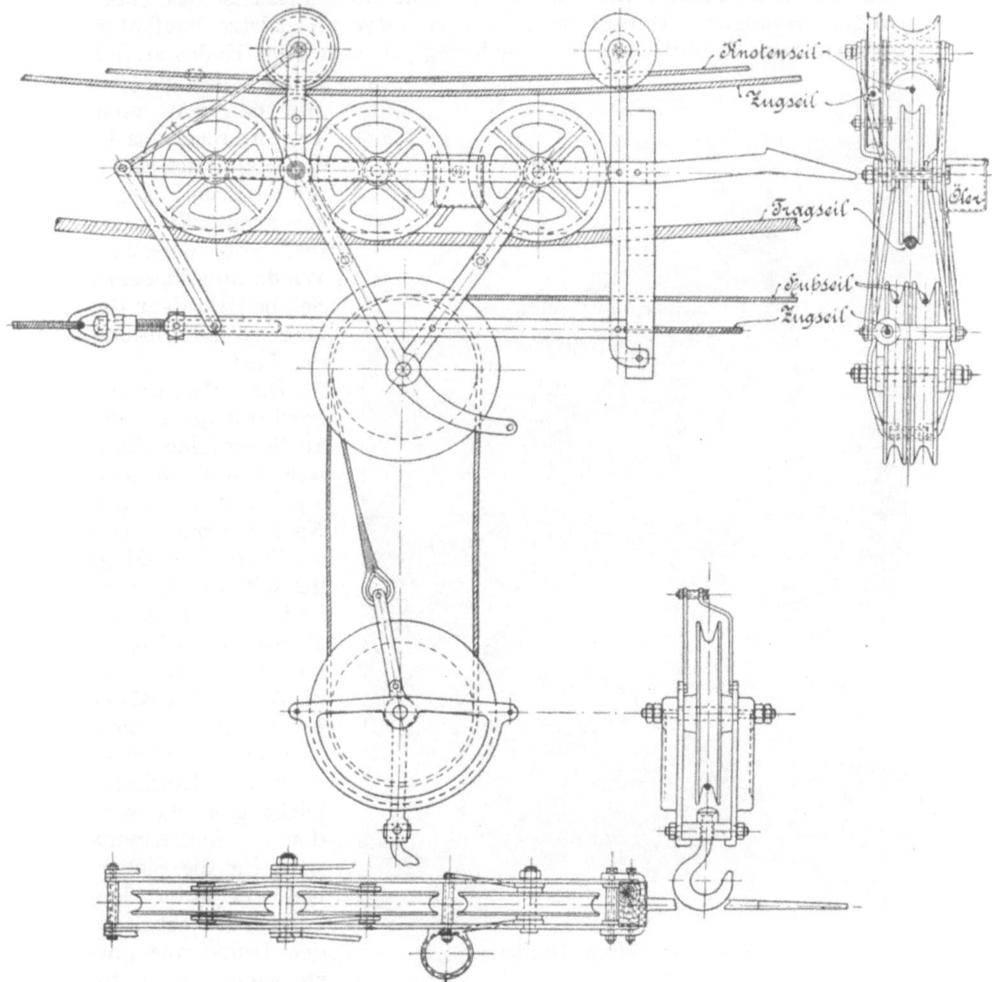

Abb. 493. Laufkatze eines Kabelkrans.

mauern, Brückenbauten, Schleusen, Trockendocks u. dgl. Die Heranbringung der Baumaterialien, die sonst sehr bedeutende Schwierigkeiten
macht, erfolgt durch den Kabelkran ohne Beengung des Arbeitsplatzes
schnell und sicher vom Stapel bis unmittelbar zur Gebrauchsstelle. Naturgemäß ist die Tragfähigkeit eine den Verhältnissen angepaßte hohe, z. B.
beträgt sie für den in Abb. 500 dargestellten Kran 6000 kg, und das Laufseil

wird demgemäß stärker bemessen, als es bei den gewöhnlichen Drahtseilbahnen üblich ist, die 'ja durchweg mit kleineren Einzellasten arbeiten.

Die gebräuchlichste Einrichtung und Arbeitsweise der Kabelkrane ist folgende: An den festen, oder auch bei größerer Breite der
Baustelle verfahrbaren Endstützen aus Holz oder Eisen ist das Tragseil fest verankert. Darauf wird die drei- oder vierrädrige Laufkatze
vermittels des Zugseiles hin und her bewegt, dessen beide Enden an der
Katze befestigt sind und das von einer Treibtrommel aus in der einen oder anderen Richtung ange-
zogen wird. Ein zwei-
tes, von derselben
Winde angetriebenes
Seil bewirkt dann die
Hebung und Senkung
der Last.

Die Hauptan-
forderungen, die
an die einzelnen Bau-
teile gestellt werden,
ergeben sich etwa aus
Nachstehendem: Um
das Tragseil nach Mög-
lichkeit zu schonen,
ist in erster Linie der
Raddruck niedrig zu
halten, und da man
die Anzahl der Räder
nicht beliebig steigert
— selten über vier —,
so muß die Laufkatze
leicht gemacht wer-
den.   Andererseits
wird für die Sicher-
heit der unter dem
Kabelkran arbeiten-
den Leute eine ent-
sprechend hohe Si-

Abb. 494. Dreirädrige Laufkatze.

cherheit aller Bauteile verlangt, so daß alle wichtigeren Teile aus einem
hochwertigen Konstruktionsmaterial herzustellen sind. Da die Be-
wegungswiderstände der Katze um so größer ausfallen, je mehr sie die
Fahrbahn durchdrückt, so ist auf einen möglichst kleinen Durchhang
des Tragseiles zu sehen. Dieser ist aber nur durch eine recht hohe
Anspannung des Seiles zu erreichen, so daß auch für das Laufseil ein
Stahlmaterial von höchster Zerreißfestigkeit am günstigsten ist. Eine
gleiche Überlegung gilt auch für das Zugseil und das Hubseil. Freilich

muß die Spannkraft im losen Hubseil je nach der vorgeschriebenen
mittleren Senkgeschwindigkeit um einen ganz bestimmten Betrag kleiner
sein als das anteilige Gewicht der losen Unterflasche. Hieraus folgt,
daß das Seil bei größeren Spannweiten zu weit durchhängen würde,
wenn es nicht von besonderen Unterstützungen getragen würde, die
sich selbsttätig entsprechend einstellen. Große Spannweiten erfordern
ferner im Führerhaus Einrichtungen, die die Stellung der Last genau
angeben, wenn sie der Führer bei Nebel oder
bei mangelhafter Beleuchtung nicht mit Sicherheit erkennen kann. Unter allen Umständen
muß die richtige Anspannung der Seile entweder selbsttätig oder mit geringer Mühe jederzeit innegehalten oder mindestens wiederherge-
stellt werden können.

Hiernach erklärt sich
die in Abb. 493 dargestellte
Laufkatze. Das Gerüst
besteht aus mehreren Flacheisen mit angeschmiedeten
Augen für die Radzapfen;
bei nicht zu großen Lasten
enthält es gewöhnlich drei
tiefausgekehlte Stahlguß-
laufräder. Der Flaschenzug,
an dem die Last hängt, ist
sehr häufig dreirumig. Das
Zugseil geht, um ein Hin-
und Zurückfahren zu er-
möglichen, von der Haupt-
winde zur Katze und von
dort weiter über Gegen-
rollen auf der zweiten Stütze
und dann etwas seitlich vom
Tragseil wieder zur Winde
zurück. Das rückkehrende
Trum wird auf der Katze
noch durch eine kleine
Tragrolle innerhalb eines

Abb. 495. Vierrädrige Laufkatze.

Rahmens geführt. Sie trägt ferner auf einem Auslegerhaken eine
Reihe von Hängestangen, die das lose Hubseil unterstützen sollen
und zu dem Zweck auf einem über dem Tragseil ausgespannten
Knotenseil in bestimmten Abständen hängen bleiben. Eine entspre-
chende Ausführung von A. Bleichert & Co. zeigt z. B. die Abb. 494.
Nur wird hier das obere rückkehrende Trum des Zugseiles nicht durch
die Katze hindurchgeführt und kann sich beim Schlaffwerden in die
Fanghebel und so auf die darin befindliche Tragrolle legen. Bei der in
Abb. 495 wiedergegebenen Bauart von J. Pohlig A.-G. ist die vierrädrige Laufkatze ziemlich lang. Da der Flaschenzug für die Last nur

zweitrumig ist, so muß das Hubseil nach der Gegenstütze durchgeführt werden, wo es über eine Rolle geht und dann oben zur Winde zurückkehrt. Es dient dann gleichzeitig als Zugseil für die Verschiebung der Katze. Um die Gewichte genau auszugleichen, befinden sich auf jeder Seite der Katze Traggehänge für das lose Trum des Hubseiles, deren Knotenseile an der Katze befestigt sind.

Abb. 496. Kabelkran bei einem Hausabbruch in Leipzig.

Mit hölzernen, feststehenden Stützen, deren eine nötigenfalls noch durch aufgebrachte Gewichte gesichert wird, haben sich diese Kabelkrane schnell in die Baupraxis eingeführt. Bei im Verhältnis zur Längenausdehnung schmalen Bauten bilden sie zur Zeit das billigste und bequemste Bauhilfsmittel. Die Abb. 496 gibt einen Begriff davon, wie dasselbe beim Abbruch eines Hauses auf dem beschränkten Raum im Innern einer Stadt — Leipzig — benutzt werden kann. Eine genauere Darstellung dieses von A. Bleichert & Co. gebauten Kabelkranes im Aufriß liefert die Abb. 497. Bei der kleinen Länge fallen hier die Zugseiltragreiter mit ihrem Knotenseil fort. Bemerkenswert ist noch die

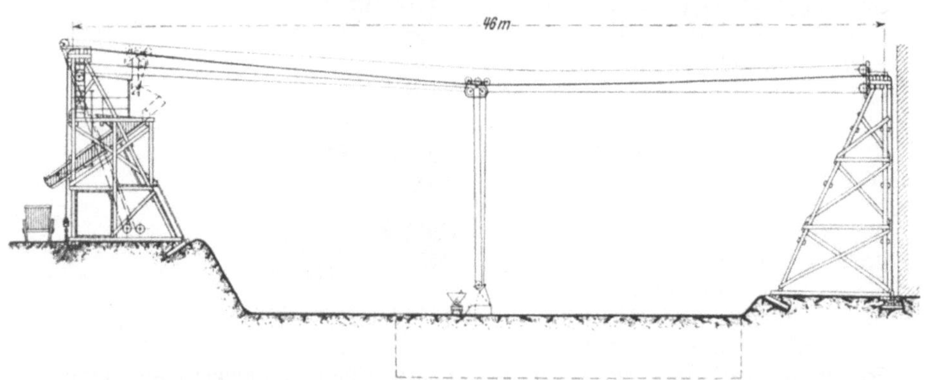

Abb. 497. Kabelkran für eine Baustelle in Leipzig.

Verankerung des Tragseiles unmittelbar im Erdboden hinter den beiden Stützgerüsten, wodurch ein ziemlich leichter Aufbau der Gerüste erzielt wird.

Eine andere, ebenfalls Bleichertsche Ausführung für einen Brückenbau veranschaulicht die Abb. 498. Hier befindet sich der Antrieb in einem besonderen Häuschen hinter der Stütze. Das Tragkabel ist wieder nach rückwärts durchgeführt und im Erdboden gut verankert.

Die Länge derartiger Kabelkrane hat man bis zu über 500 m gesteigert.
Z. B. hat ein von J. Pohlig A.-G. für den Bau eines Eisenbahnviaduktes

Abb. 498. Kabelkran für einen Brückenbau.

an die Firma Philipp Holzmann & Co. gelieferter Kran die freie Spannweite 308 m und eine Hubhöhe von 20 m. Er dient zum Heranschaffen

Abb. 499. Endgerüste eines Doppelbaukrans.

aller Baumaterialien, insbesondere des Betons, der Werksteine und der
Rüstungen und besitzt einen Kübelinhalt von 1,2 cbm. Bei einer anderen
Pohligschen Ausführung für den Bau des Sittertalviaduktes sind zwei

derartige Krane von 450 m Spannweite nebeneinander angeordnet, deren größte Hubhöhe beinahe 100 m erreicht. Einen Blick auf die hölzernen Endgerüste mit den eingebauten Windenhäuschen gibt die Abb. 499 wieder. Beide Krane förderten zusammen täglich 150 m³ Baumaterial.

Um eine hinreichend große Förderleistung zu erzielen, ist die Fahrtgeschwindigkeit stets eine ziemlich bedeutende. Sie beträgt selten unter 2,5 m/sek und steigt häufig bis auf 4 und sogar über 5 m/sek. Die Hubgeschwindigkeit ist natürlich geringer, je nach Größe der Last 0,6 bis 1,2 m/sek. Infolgedessen ist eine ziemlich erhebliche Antriebsenergie nötig; z. B. erfordert der genannte Pohligsche Kabelkran eine Lokomobile von 45 PS Leistung. Das Senken wird meist mit 1,5 m/sek im Durchschnitt ausgeführt.

Von A. Bleichert & Co. sind solche Krane vielfach auch für langgestreckte Stapelplätze ausgeführt worden,

Abb. 500. Maschinenturm eines Doppelkrans.

besonders für Holzlager u. dgl. Die Antriebsstütze eines Kranes von 260 m Spannweite für ein langes Holzlager gibt die Abb. 500 wieder. Da auf einmal lange Hölzer bis zu 12 t Gesamtgewicht den ankommenden Eisenbahnwagen entnommen und aufgestapelt werden sollen, so sind zwei gleiche Krane, die auch getrennt arbeiten können, parallel nebeneinander angeordnet worden. Das gemeinsame Windenhaus befindet sich unten in der Stütze. Die Steuerung erfolgt jedoch von dem hochgelegenen Führerhäuschen aus, von dem das ganze Lager übersehen werden kann.

Eine ganz andere Verwendung der im übrigen unveränderten Bauart zeigt die Abb. 501. Es ist ein für die holländische Kolonialeisenbahn zur Überbrückung des an dieser Stelle fast 300 m breiten Surinamflusses von A. Bleichert & Co. erbauter Kabelkran, der den ganzen Lasten- und Personenverkehr in Verbindung der beiden durch den Fluß getrennten Eisenbahnstrecken zu vermitteln hat. Gerade für derartige Kolonialzwecke, wo der Bau einer Brücke von vornherein ausgeschlossen ist, erweist sich der billige Kabelkran als einziges Hilfsmittel. Seine Tragfähigkeit (6,5 t) ist so hoch bemessen, daß damit sogar Dampfkessel und fertig zusammengebaute Maschinen befördert werden können. Das verschlossene Tragseil von 50 mm Durchmesser wird von zwei eisernen, 26 m hohen Stützen getragen, die portalartig ausgebildet sind, um die Eisenbahnwagen zur Be- bzw. Entladung unter die Laufkatze fahren zu lassen. Der Turm auf der Maschinenseite ist fest mit seinen Fundamenten verankert, während der andere pendelnd gelagert ist. Die Fundamente werden von je vier Senkbrunnen gebildet, die aus Eisenbeton hergestellt und nach ihrer Absenkung bis

Abb. 501. Kabelkran über den Surinamfluß.

auf den festen Fels mit Beton gefüllt wurden. Auf der Maschinenseite ist das Tragseil über den Turm vermittels eines gußeisernen Tragschuhes hinweggeleitet, an dem es aber mit Klemmlaschen festgelegt ist, und dahinter in einem kräftigen Erdfundament verankert worden. Die Pendelstütze ist so eingestellt, daß sie bei geringster Belastung bis 1,45 m nach der Landseite mit der Spitze überholt und erst bei der höchsten Belastung lotrecht steht. Das Tragseil ist dort gelenkig am Turm befestigt. Gehalten wird er von zwei Spannseilen, die nach dahinter gelegenen Spannböcken gehen, wo angehängte Gewichte für die immer gleiche Anspannung sorgen.

Dieses System der Verspannung ist von A. Bleichert & Co. noch weiter ausgebildet worden, indem die Endstütze aus zwei pendelnden, zusammen ein starres Tor bildenden Säulen besteht, an deren Scheitel eine kräftige Zugstange gelenkig angeschlossen ist, die Am unteren Ende durch ein Betongewicht beschwert wird

(Abb. 502). Das letztere läuft auf Rädern an einem entsprechend geneigten, ebenfalls aus Beton gestampften und im Erdboden passend festgelegten Spannbock. Zur Sicherung gegen seitliche Bewegungen

Abb. 502. Endstütze mit Spanngewichtswagen.

wird der Stützenkopf noch durch zwei seitliche, in kräftigen Betongewichten verankerte Seile gehalten.

Eine andere, häufig wiederkehrende Art der Verspannung ist die in Abb. 503 bei B angegebene. Die im Mittel unter 45° geneigte Endstütze ist wieder pendelnd gelagert und wird durch ein angehängtes

Gewicht heruntergezogen. Das Tragseil ist bei A fest an einem Erdfundament verankert. Das in der Grube gewonnene Gestein wird in eine Kippbritsche geladen und dann vom Kabelkran entweder bei C zur Eisenbahnverladung in einen Füllrumpf ausgeschüttet oder bei D auf Kippwagen, die es den Kalzinieröfen zuführen.

Bei der festen Anordnung des Tragseils, etwa gemäß Abb. 497, wird der Durchhang für die größte vorkommende Belastung bestimmt und danach die wagerechte Seitenkraft H der Seilspannkraft festgelegt. Bei geringerer Belastung, Leerfahrt der Katze, ist dann das Seil weniger angespannt. Das macht sich bei langen Kabeln dadurch unangenehm bemerkbar, daß die Neigung, auf welche die leere Katze bei der Verschiebung nach der Stütze hinauffährt, unnötig groß ist und somit überflüssig viel Antriebsenergie verzehrt. Bei den Pendelstützen nach Abb. 503, die

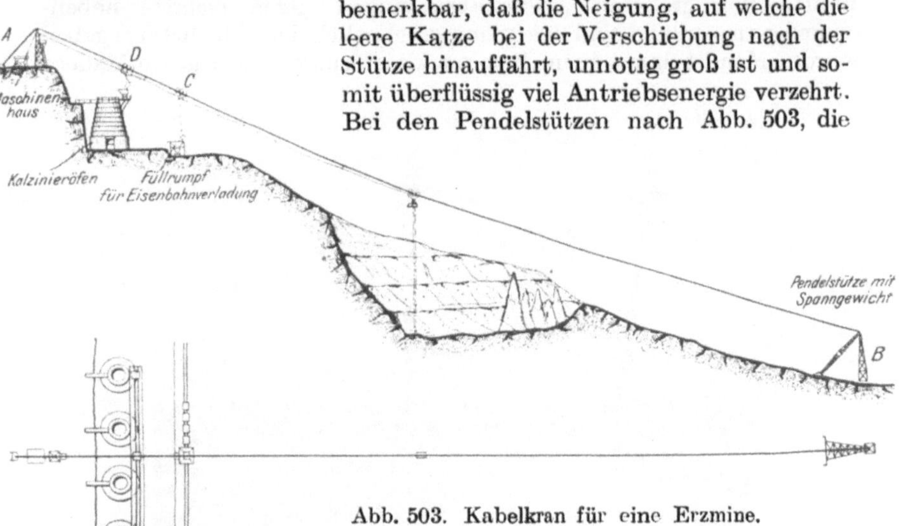

Abb. 503. Kabelkran für eine Erzmine.

wohl stets die mittlere Neigung $a = 45°$ haben, ergibt sich die wagerechte Tragseilspannkraft zu

$$H = \left(Q + G \cdot \frac{h_0}{h} + \frac{q \cdot l}{2} + P \cdot \frac{a_1}{l}\right) \cdot \operatorname{cotg} \alpha ,$$

worin bedeutet:

Q das angehängte Spanngewicht,
G das Eigengewicht der Stütze,
h_0 den Abstand des Stützenschwerpunktes von den unteren Pendellagern,
h die Gesamtlänge der Stütze,
$q \cdot l$ das Gesamtgewicht aller Seile,
P das Gewicht der Laufkatze,
l die Spannweite des Kabelkranes,
a_1 den Abstand der Last P von der Gegenstütze.

Da sich beim Heranfahren der Last an die Stütze die letztere senkt, weil infolge des entsprechend kleiner werdenden Durchhanges etwas

Seillänge frei wird, freilich bei den gebräuchlichen Anspannungen immer nur einige Zentimeter, so ändert sich dabei die Seilspannkraft H. Doch ist das mitunter ein Vorteil insofern, als dadurch der Durchhang noch weiter verkleinert wird, je näher die Last der Stütze kommt. Das dichte Heranfahren an die Stütze wird so entschieden erleichtert. Die Anordnung der Abb. 503 erreicht dieselbe Seilspannkraft H wie die der Abb. 502, jedoch mit einem kleineren Spanngewicht Q und bei geringerer Stützenbelastung; sie erfordert allerdings wieder ein besonderes Fundament dafür.

Der feststehende Kabelkran beherrscht nur eine Linie, so daß für Bauten von größeren Breitenabmessungen deren mehrere nebeneinander anzuordnen sind, wie schon gelegentlich der Abb. 499 angegeben wurde. Man ist damit beim Bau von kreisförmig ausgebogenen Mauern

Abb. 504. Schwenkbare Endstützen.

von Talsperren, wie z. B. bei der Edertalsperre, bis zu vier nebeneinander feststehenden Kabelkranen von 500 m Spannweite gegangen.

Um nun mit dem Kabelkran auch einen Streifen von gewisser Breite bearbeiten zu können, hat A. Bleichert & Co. die **Endstützen seitlich schwenkbar** gemacht. Die erste größere Ausführung war die in Abb. 504 dargestellte, für den Bau der Schleuse I des Rhein-Herne-Kanals gelieferte. Die Endstützen der beiden 300 m langen Kabelkrane bestehen aus besonders kräftigen, in der Mitte gestoßenen und dort gut verlaschten Holzbalken, die durch ein System von vier, den Balken im Quadrat umgebenden Zugankerverspannungen versteift sind. Sie werden durch eine Anzahl von seitlich verankerten und mit Hilfe von Flaschenzügen nachlaßbaren Spannseilen gehalten und ihre Spitze kann so nach jeder Seite um 3 m verlegt werden.

Diese Anordnung hat sich besonders noch für die Beschickung von Stapelplätzen mit Kohle, Koks u. dgl. als wertvoll erwiesen: Auf dem

Möllerschacht der staatlichen Berginspektion 2 in Gladbeck[39]) wurde infolge der ungenügenden Abfuhr durch die Eisenbahn die Lagerung großer Mengen von Koks nötig, und man entschied sich, mit Rücksicht auf die eigenartigen örtlichen Verhältnisse und die im Verhältnis zu anderen etwa gleichwertigen Hilfsmitteln schnelle Anlieferungszeit, für den in Abb. 505 skizzierten Kabelkran Bleichertscher Bauart. Hierin bezeichnet

> a die Koksöfen (insgesamt 160),
> b den Zechenbahnhof,
> c die Anschlußgleise der Zeche,
> d das bisherige Kokslager,
> e das Ammoniakwaschergebäude,
> f die Hauptrohrleitungen der Öfen,
> g das Maschinenhaus,
> h die beiden neuen Kokslager,
> i einen Klärbehälter,
> k den Hochwasserbehälter,
> l das Sägewerk der Zeche,
> m den Grubenventilator mit Gebäude,
> n das Windenhaus der Kabelbahn,
> o das Führerhaus der Kabelbahn,
> p das rückkehrende Trum des Katzenfahrseils,
> q das Knotenseil für die Reiter,
> r die Hubseiltragreiter,
> s das Hubseil, Kippseil und das untere Trum des Fahrseils,
> t das Tragseil,
> u die Laufkatze,
> v den zu beladenden Eisenbahnwagen.

---

[39]) Pilz, Glückauf 1918.

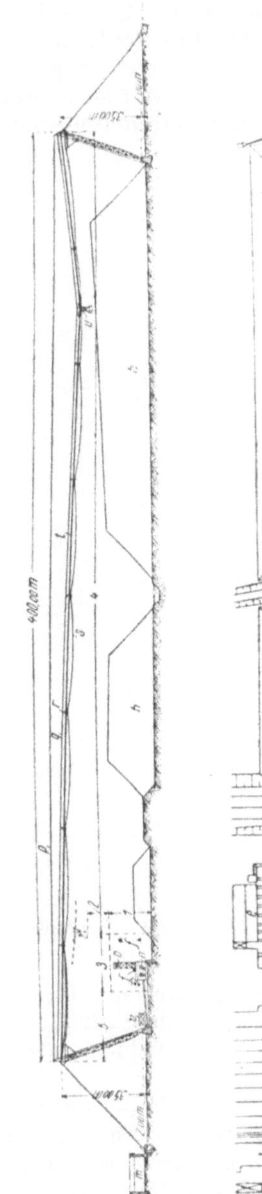

Abb. 505. Aufriß und Grundriß der Kabelluftbahn auf den Möllernschächten.

Um möglichst viel Koks lagern zu können, wurde für die neuen
Halden eine Schütthöhe von 20 bis 25 m vorgesehen, woraus sich die
Höhe 35 m der eisernen Stützen ergab. Infolge der seitlichen Schwenk-
barkeit beider Masten um 4,0 bis 4,5 m an der Spitze erhielt man ein
Arbeitsfeld von 8 bis 9 m Breite und konnte so 50 000 cbm mehr lagern,
als bei feststehenden Stützen möglich gewesen wäre. Nur das hintere
Spannseil jedes Mastes ist fest in seinem Betonfundament verankert;
in die seitlichen sind Handflaschenzüge eingeschaltet, die die Schwen-

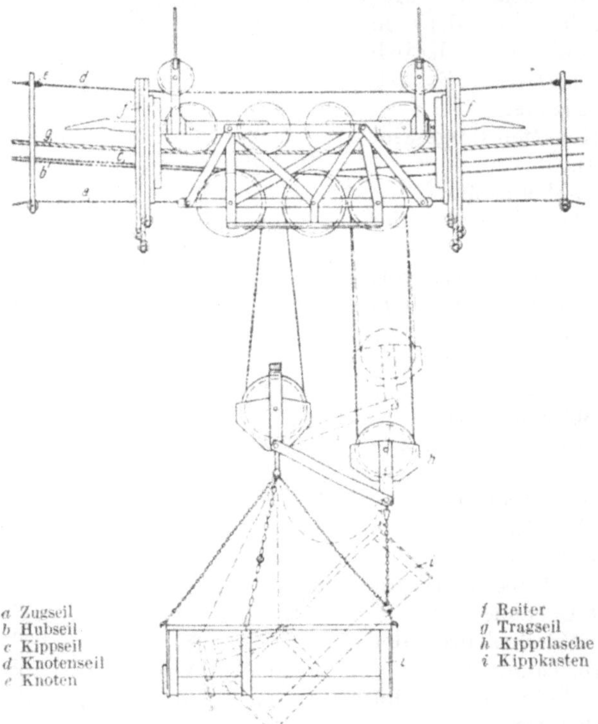

Abb. 506.   Laufkatze mit Kippkasten.

kung der Masten bewirken. Die Tragseile sind 61 drähtige offene
Seile von 5,1 mm Drahtstärke, also 50 mm Durchmesser mit der
Zerreißfestigkeit 14 500 kg/qcm, die mit 4,5 facher Sicherheit ange-
spannt sind.

Der Koks wird in Kippkasten von 4,25 cbm = 2,5 t Inhalt geschüttet und von der in Abb. 506 dargestellten Katze, zu der außer
dem Hubseil noch ein besonderes Kippseil führt, dicht über dem Lager
ausgekippt. Die Katze fährt hier mit der Geschwindigkeit 5,3 m/sek,
dagegen ist die Hubgeschwindigkeit nur 0,6 m/sek. Zum Antrieb dient
je ein Drehstrommotor von 40 PS Leistung. Da bei guter Einarbeitung

der Bedienungsmannschaften stündlich 20 Fahrten gemacht werden können, so beläuft sich die geförderte Menge auf 50 t/St.

Außer den immer vorkommenden Sicherheitsvorkehrungen waren hier noch weitere nötig, um zu verhüten, daß die Last bei der Bewegung nicht etwa gegen die Gasrohre der Koksöfen u. dgl. anstößt. Zu dem Zweck versetzt sowohl die Hub- als auch die Fahrwinde je eine Spindel in Drehung, auf der eine Wandermutter sich entsprechend der Lastbewegung hin und her schiebt. Beim Übergang der Last aus dem Höhengebiet 1 in den Raum 2 oder umgekehrt wird nun von der Mutter ein Schalter im Fahrmotorstromkreis eingerückt oder geöffnet; in gleicher Weise wirkt die zweite Wandermutter auf einen Schalter im Hubmotorstromkreis, wenn die Last aus dem Gebiet 3 in 4 übergeht (Abb. 505). Die Anordnung ist der Firma A. Bleichert & Co. geschützt.

Für den Schacht Rheinbaben derselben Berginspektion wurde ein in den Einzelheiten übereinstimmender Kabelkran von nur 320 m Spannweite aufgestellt, dessen 37 m hohe Stütze bei den Koksöfen allerdings fest ausgeführt werden mußte, weil für die pendelnde Anordnung kein Platz vorhanden war (Abb. 507).

Abb 507. Fester Turm des Kabelkrans auf Zeche Rheinbaben.

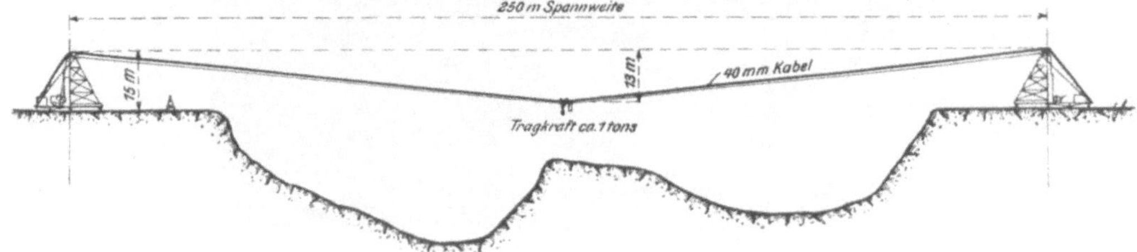

Abb. 508. Verfahrbarer Kabelkran für eine Tongrube.

Um Stapelplätze oder Gruben u. dgl. von größerer Breite zu bedienen, ist der Kabelkran seitlich zu verfahren. Bei langen Stapelbrücken macht das bekanntlich gewisse Schwierigkeiten, weil dort beide Stützen genau gleichmäßig angetrieben werden müssen. Bei dem

Kabelkran, dessen Tragseil ja durch Änderung seines Durchhanges etwas federt, ist drauf wenig Rücksicht zu nehmen, und man bewegt häufig die beiden Türme durch Handwinden in kurzen Strecken nacheinander. Die Verankerung des Tragseiles muß dann an den Stützen selbst erfolgen. Wenn genügend Raum verfügbar ist, ergibt sich so die Anordnung der Abb. 508, die von A. Bleichert & Co. für die Neustädter

Abb. 509. Kabelkrane für den Hafenbau in Bahia Blanca.

Dampfziegelei geliefert worden ist. Der Antrieb erfolgt hier von einer Lokomobile aus, die auf der rückwärtigen Verlängerung des einen Turmgerüstes steht und so einen Teil des notwendigen Gegengewichtes bildet.

Dieselbe Bauart hat sich auch für Baustellen von größeren Breiten- und Längenabmessungen bewährt. So sind z. B. von J. Pohlig A.-G.

fünf solcher Kabelkrane für den Bau der Ostseeschleusen des Kaiser-Wilhelm-Kanals geliefert worden, die verhältnismäßig dicht nebeneinander arbeiteten. Ebenso wurden drei von A. Bleichert & Co. gebaute Kabelkrane von 215 m Spannweite und 4,5 t Tragfähigkeit bei 40 m.³/St Förderleistung nebeneinander bei den Bauten für den argentinischen Kriegshafen Bahia Blanca benutzt (Abb. 509). An den Laufkatzen nach Abb. 506 hängen hier wieder hölzerne Kippkasten, die sich bequem mit der Dampfschaufel füllen lassen und dann am Ende der Fahrt vom Kippseil langsam zur Entleerung gebracht werden.

Vergleichsweise gibt die Abb. 510 eine amerikanische Konstruktion gleicher Bauart wieder, die beim Bau der Gatunschleuse des Panamakanals in mehreren parallel arbeitenden Ausführungen Verwendung fand. Die Arbeitsgeschwindigkeiten sind hier weit über das Gewöhnliche hinausgehende: 1,52 bis 1,78 m/sek für den Hub der 2 m³ betragenden Nutzlast, zu der noch das Gewicht des Selbstgreifers kommt, und 8,15 bis 12,2 m/sek für die Fahrbewegung, je nachdem der Greifer gefüllt oder leer ist; zu ihrer Erzielung sind zwei 150 pferdige Elektromotoren (Gleichstrom-Hauptschluß) nötig. Die Förderleistung der Anlage ist natürlich eine entsprechend hohe, 230 bis 306 n.³/St, je nach der Stelle des Lagers, bis zu welcher zu fördern ist. In der Querrichtung wurden die Endstützen mit Hilfe von Seilwinden verfahren, zu deren Antrieb Elektromotoren von 25 PS dienten.

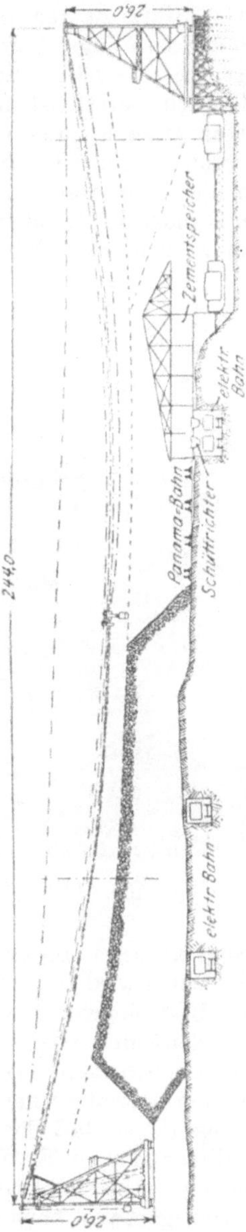

Gerade in der parallel verschiebbaren Form haben die Kabelkrane für die Entladung von Massengütern aus Schiffen und ihre Lagerung auf dicht hinter dem Ufer gelegene Stapelplätze vielfache Anwendung gefunden. Die wasserseitige Stütze erhält dann einen festen Ausleger, der mit Rücksicht auf die Schiffsmasten in die Höhe geklappt werden kann, wie die Abb. 511 nach einer Bleichertschen Ausführung zeigt. Die hinter der Ladestelle entlang gehende Uferstraße ist hier noch durch eine mit dem Turm der Kabelbahn verschiebbare Schutzbrücke überdeckt. Das gesamte Windwerk befindet

Abb. 510. Amerikanischer Kabelkran beim Bau des Panamakanals.

sich in dem unteren Maschinenhaus der Stütze, während der Maschinist
die Steuerung der Winden von einem hochgelegenen Steuerhäuschen
aus bewirkt, das einen nach beiden Seiten freien Überblick gewährt.
Im Gegensatz zu der gebräuchlichen Bauart mit Hubseiltragreitern
wird das lose Zugseil der Laufkatze hier von hölzernen Balken unterstützt, die an zwei seitlich ausgespannten Seilen aufgehängt sind.

Bemerkenswert ist noch, daß der Kabelkran mit einem Selbstgreifer arbeitet, was etwa dieselbe Seilanordnung bedingt, wie das
Arbeiten mit einer Kippbritsche. Gewöhnlich werden allerdings — wie
auch hier — Einseilgreifer genommen. Zu ihrer Entleerung muß nun
beim Senken des Greifers eine Verriegelung durch einen Anschlag ausgelöst werden, zu welchem Zweck bei der in Abb. 511 gegebenen Aus-

Abb. 511. Kabelkran zur Schiffsentladung in Danzig.

führung ein besonderes Seil mit dem Anschlag über die Bahn verschoben
wird. Dabei wird das Öffnen des Greifers zuerst von der darin befindlichen Last eingeleitet und dann vom Gewicht der senkrecht nach abwärts gleitenden Greiferteile, die die Schaufeln vermittels Kniehebel
auseinanderdrücken. Das letztere Gewicht ist nun ein beschränktes;
außerdem besteht es meistens aus einem Flaschenzug, an dem das Hubseil angreift, so daß das Gewicht sich auf mehrere Seilstränge verteilt.
Von dieser kleinen Kraft ist das Hubseil also von seiner Trommel abzuwickeln, wozu sie oft nicht ausreicht. Man muß deshalb die Laufkatze
gleichzeitig etwas bewegen, wodurch ein Stück des Hubseiles in die
Flasche hineingezogen wird. Der Umständlichkeit entgeht man, wenn
nach dem Vorgang der Maschinenfabrik Humboldt ein entsprechend
langes Stück des Seiles auf einer in der Katze angeordneten kleinen

Trommel aufgewunden wird, von der es
sich beim Öffnen des Greifers abwickelt.

In umgekehrter Weise kann der Kabelkran auch zur Beladung von Schiffen benutzt werden. Er erweist sich auch dann
noch als vorteilhaft, wenn gar nicht von
einem großen Lager gefördert wird, sondern
nur die Schiffe wegen der geringen Wasser-
höhe nicht unmittelbar am Ufer anlegen
können (Abb. 512).

In manchen Fällen ist es unnötig, beide
Stützen des Kabelkranes zu verfahren; vielmehr genügt oft die Bewegung der einen
vollständig, um das ganze Arbeitsgebiet zu
bestreichen. Man kommt so zu der in einem
Kreisbogen verfahrbaren Ausführung
gemäß Abb. 513, die einen Bleichertschen
Kabelkran beim Bau der neuen Donau-
brücke in Ulm darstellt. Es ist nur dafür
zu sorgen, daß die Seilverankerung auf dem
feststehenden Turm sich entsprechend drehen kann.

Beim Bau der Talsperre in Brüx sind zwei
solche schwenkbaren Kabelkrane, ebenfalls
von A. Bleichert & Co., nebeneinander aufgestellt von 265 m Spannweite und 56 m
Hubhöhe bei 12 m Durchhang in der Seil-
mitte. Freilich sind infolge des hierfür ja
immer sehr günstigen Geländes nur Turm-
höhen von 18 m erforderlich geworden. Die
40 mm starken offenen Seile sind an den
festen Türmen über drehbare Tragsättel
vermittels je eines Stückes Gallscher Kette
zu den angehängten Spanngewichten geführt. Die anderen Türme werden von je
einem 19pferdigen Elektromotor mit der
Geschwindigkeit $^1/_4$ m/sek verfahren. Die
Hubgeschwindigkeit der Last 3 t beträgt
1 m/sek, die Fahrgeschwindigkeit 3 m/sek,
so daß zum Antrieb beider Bewegungen ein
Elektromotor von 60 PS gebraucht wird.

Die zum Antrieb dienende Winde ist
bei der gewöhnlichen Anordnung mit einem
Hub- und einem Fahrseil eine Doppel-
trommelwinde, deren Welle durch den
Elektromotor vermittels zweier Stirnrad-
übersetzungen mit etwa 40—45 Umdrehungen in der Minute bewegt wird. Auf

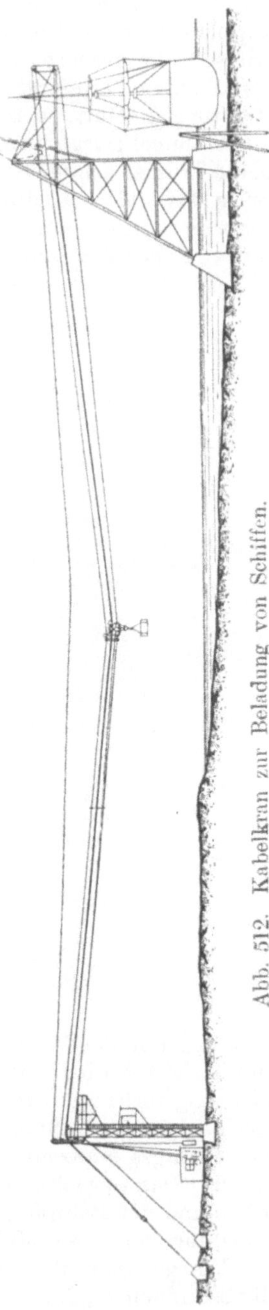

Abb. 512. Kabelkran zur Beladung von Schiffen.

der Welle sitzen lose, durch möglichst sanft wirkende Reibungskupplungen einrückbar, die beiden Seiltrommeln, die kleinere für das Hubseil, die größere für das Fahrseil, dessen Enden an je einer Seite der Trommel befestigt sind. Da die Hauptwelle ständig in derselben Richtung umläuft, so muß das eine Trum des Fahrseiles von oben über die Trommel gelegt werden, das andere dagegen von unten herum. Für beide Trümer genügt dieselbe Trommel, da das eine Seil sich abwickelt, wenn das andere abläuft. An jede Trommel ist eine Bremsscheibe angegossen, auf die ein holzgefüttertes Bremsband einwirkt, das in demselben Augenblick angezogen wird, wo die Reibungskupplung die Ver

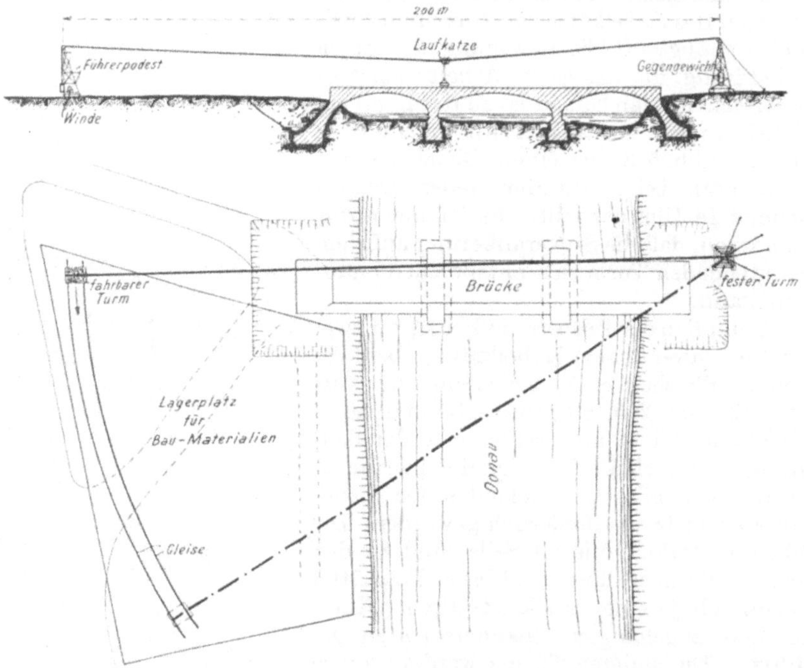

Abb. 513. Schwenkbarer Kabelkran in Ulm.

bindung mit der Welle löst, so daß das sofortige Anhalten des Seiles gewährleistet wird. Mit den beiden Seiltrommeln ist die Anzeigevorrichtung verbunden, die dem Maschinisten gestattet, die jeweilige Stellung der Last auch bei Nebel oder Dunkelheit mit Sicherheit abzulesen. Für ein etwaiges Kippseil kommt noch eine weitere Trommel mit Zubehör hinzu. Das Gewicht derartiger Winden hängt natürlich von der Hubhöhe und der Bahnlänge ab. Bei mittleren Längen beträgt es für eine Leistung von etwa 50 PS schon 3 t.

Ein gewisser Mangel haftet den von einer Stütze aus gesteuerten Kabelkranen an, der allerdings bei gleichmäßiger Förderung von Massengütern auf oder von einem Stapelplatz wenig Bedeutung hat, daß nämlich eine unmittelbare Verständigung zwischen dem Kranführer und den an der Arbeitsstelle befindlichen Leuten nur dann möglich ist, wenn die letztere dicht neben der Stütze liegt. Bei Baukranen ist dagegen eine solche Verständigung oft von Wert, und man hat dafür die Konstruktion derart abgeändert, daß mindestens das Hubwerk, meistens auch die Längsbewegung von einem auf der Katze mitfahrenden Mann gesteuert wird.

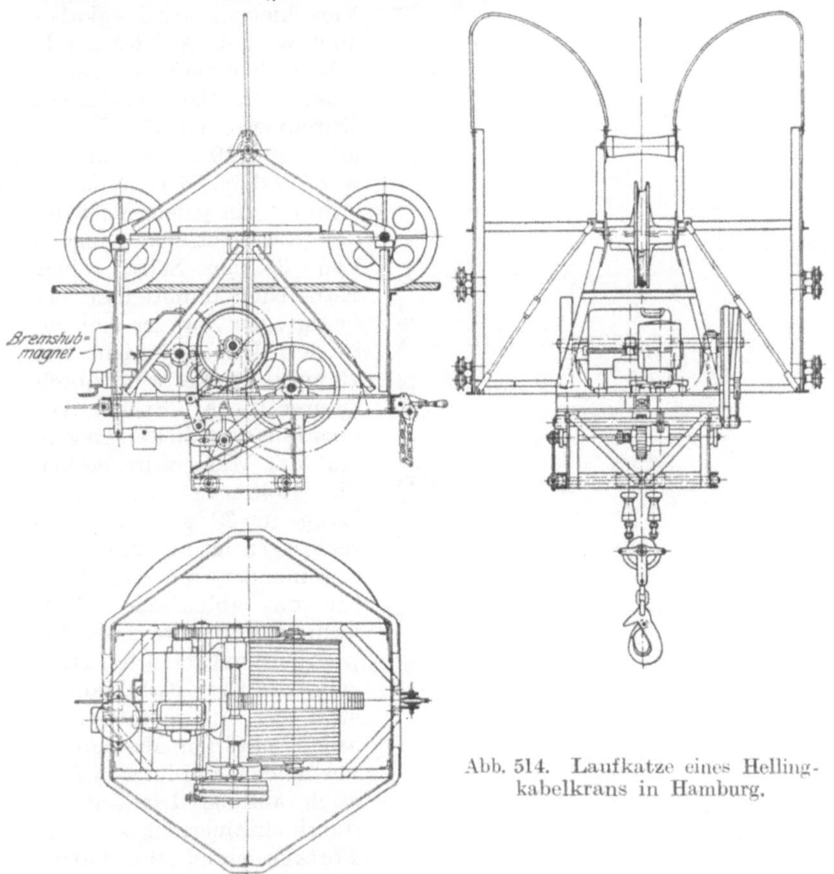

Abb. 514. Laufkatze eines Helling-
kabelkrans in Hamburg.

Derartige Einrichtungen wurden zuerst für Schiffshellinge gebaut, da sie den geringsten Bedarf an Grundfläche und Fundamenten haben, auch die niedrigsten Anschaffungskosten ergeben und trotzdem den zu stellenden Anforderungen ebensogut genügen wie schwere Laufkrane. Die erste Ausführung erfolgte im Jahre 1905 in England (Aberdeen).

Bei der ersten deutschen, 1907 für die Reiherstiegwerft in Hamburg von **Böttcher** entworfenen und gebauten Anlage[40]) von 160 m

[40]) Böttcher, Zeitschr. d. Ver. deutsch. Ing. 1908.

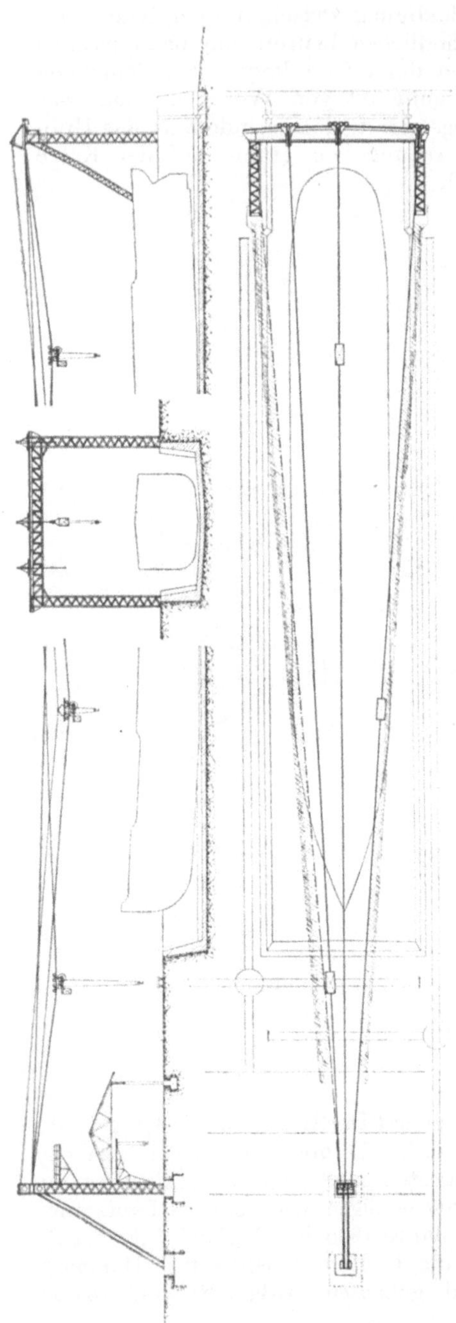

Abb. 515.   Neue Hellingkabelkrananlage.

Spannweite, wurde insofern eine dem Grundgedanken widersprechende Vereinfachung vorgenommen, als die Laufkatze nicht bemannt wurde und die in Aberdeen bereits eingeführte seitliche Verschiebung der Tragkabel auch wegfiel. Auf der Landseite stehen die beiden Rohrmaste von 0,80 m mittlerem Durchmesser und 32 m Länge lotrecht in 10 m Abstand und werden durch Spannseile gehalten. An jedem Mast ist das verschlossene Tragseil von 35 mm Stärke einer Kabelbahn unmittelbar befestigt, der Zug des dritten, in der Mitte liegenden, von 45 mm Stärke wird durch symmetrische Spannanker ebenfalls dorthin übertragen. Auf der Wasserseite stehen die Rohrmaste von 42 m Länge um 30° gegen die Lotrechte geneigt und 21 m weit auseinander, um das Profil für das ablaufende Schiff völlig frei zu halten, und die parallel durchgeführten Tragseile der drei Kabelbahnen sind hier alle durch Spannanker mit den Mastköpfen verbunden, die ihrerseits — auch auf der Landseite — durch ein Querrohr zu einem Portal vereinigt sind. Auf die Weise wurde eine ganz bedeutende Herabsetzung der Konstruktionsgewichte erreicht: Bei einem Helling in Stettin mit Laufkranen auf ihn seitlich umfassenden Eisenbauten beträgt das Gewicht des ganzen Baues bezogen auf 1 qm vom Lasthaken bestrichener Grundfläche und

1 t Nutzlast, 8,5 kg/t · m², bei der englischen Anlage mit ihren schweren Verbindungsbrücken für die Verschiebung der Tragseile an beiden Enden ist es 5,7 kg/t · m², bei den beiden nebeneinander liegenden Hamburger Anlagen nur 3,7 kg/t · m².

Die Längsverschiebung der Laufkatzen wird durch je ein Windwerk von 1 t Zugkraft bewirkt, das am Landende des Hellings aufgestellt ist und dessen beide, mehrmals vom Zugseil umschlungenen Spilltrommeln von einem Hauptstromelektromotor angetrieben werden. Eine der seitlichen Laufkatzen von 2 t Tragfähigkeit ist in Abb. 514 wiedergegeben. Die mittlere Laufkatze hat die doppelte Tragfähigkeit. Aus den eben schon besprochenen Gründen ist das Hubwerk in die Katze eingebaut worden. Die Steuerung erfolgt von einem Steuerhäuschen auf dem landseitigen Querträger aus. Für die Stromzuführung zur Katze sind vier seitlich daran angeschlossene Schleifleitungen erforderlich, die durch Befestigung an dem kurzen Hebelarm eines am land-

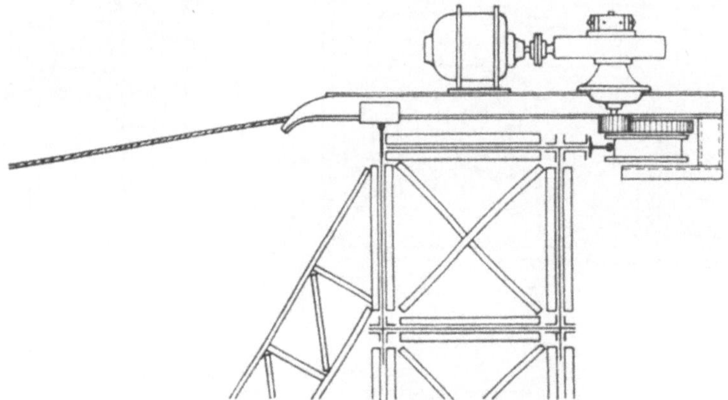

Abb. 516. Kabelwagen für radial verfahrbare Hellingkabelkrane.

seitigen Ende angebrachten Gewichtspendels befähigt werden, den Senkungen und Hebungen der Katze ohne weiteres zu folgen.

Das System hat in der Form entschieden Mängel, die gerade nicht zur Weitereinführung ermuntert haben, obwohl es seitdem nicht an Verbesserungen gefehlt hat. Die letzte, alle Nachteile vermeidende Weiterbildung ist die von Ernst Heckel G. m. b. H. angegebene gemäß Abb. 515. Auf der Landseite wird an passender Stelle — die Entfernung ist nicht von erheblicher Bedeutung — eine feststehende Säule aufgestellt und entsprechend verankert. An ihr sind die Tragseile von drei Kabelbahnen beweglich gelagert, während an der Wasserseite ein abgesteiftes oder verankertes Portal errichtet ist, auf dessen oberem, außen gekrümmten Querträger die Endwagen der Kabelkrane leicht verfahren werden können (Abb. 516). Die Laufkatzen erhalten Führerbegleitung, und die Steuerung sowohl des Hebels als auch der Längsbewegung erfolgt von dort.

Der Grundgedanke der bemannten **Laufkatze** wurde von der Seilbahn-G. m. b. H. weiter ausgebildet, die eine Anzahl derartiger Kabelkrane baute. Zuerst wurde sowohl das Heben der Last als auch das Verfahren der Katze von dem darauf angebrachten gemeinsamen

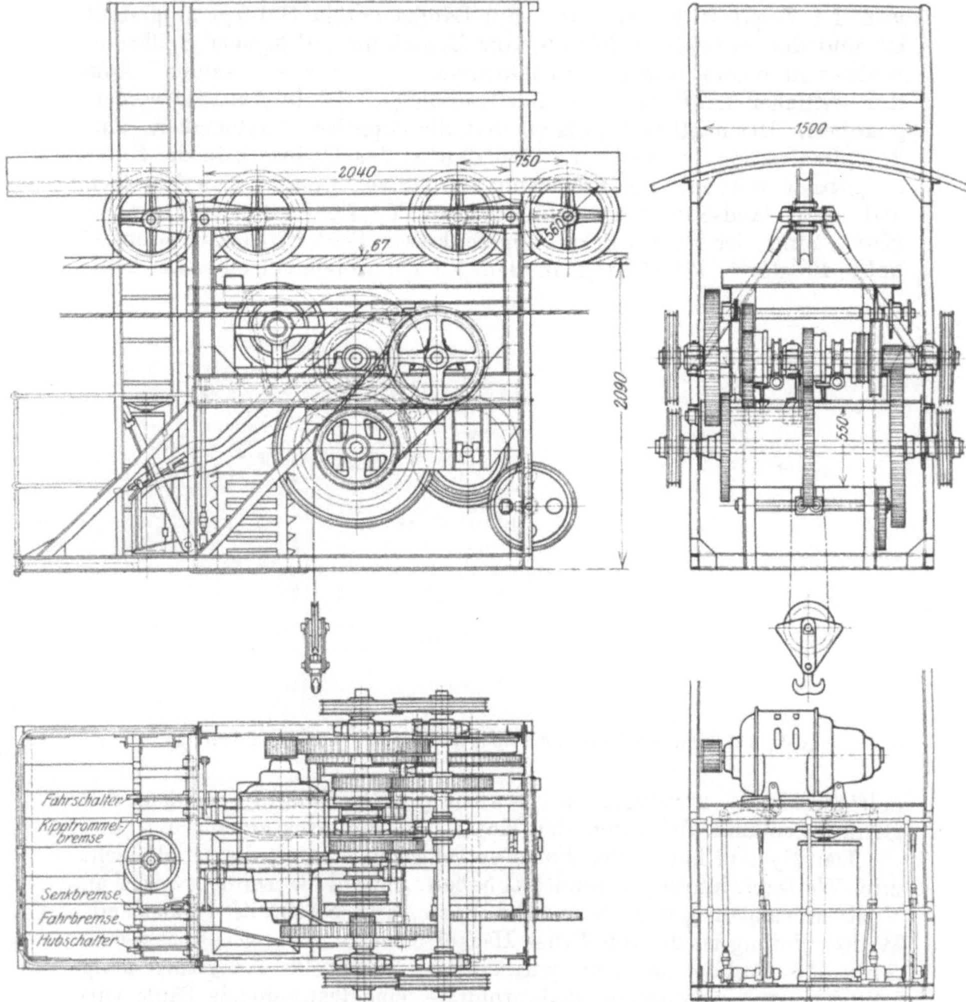

Abb. 517. Bemannte Laufkatze mit Hub- und Fahrwerk.

Windwerk bewirkt, dessen Antrieb durch einen Elektromotor erfolgte. Unter dem Tragseil wurden zwei Zugseile fest verlegt, die sich mehrfach um zwei vom Elektromotor gedrehten Rillenscheiben schlangen. Eine Zeichnung einer solchen Laufkatze, deren Gesamtgewicht bei großen Nutzlasten noch immer gleich der Nutzlast ist und bei mittleren

Nutzlasten etwa das 1,5fache beträgt, gibt die Abb. 517; ihre Einzelheiten erfordern keine besondere Erklärung.

Diese große tote Last und Schwierigkeiten beim Verfahren, sobald die Rillen in den Spillscheiben nicht genau gleich waren oder etwas verschlissen, veranlaßten eine andere Lösung[41]). Der Antriebsmotor mit seinem ersten Vorgelege befindet sich in dem Maschinenhaus am Fuß der einen Stütze, dagegen ist der übrige Teil des Hub- und Fahrwerkes auf der Katze verblieben. Erleichtert wird dies durch die Benutzung von Schützenanlassern, zu deren Verbindung mit der Laufkatze nur je eine Schleifleitung gebraucht wird. Der Schützenstrom, in dessen Kreis noch verschiedene Sicherungsapparate eingeschaltet werden, ist Gleichstrom, der nötigenfalls durch einen kleinen Umformer erzeugt wird. Das Heben und Senken, sowie die Bewegung der Lauf-

Abb. 518. Laufkatze mit Hubmotor und Führerbegleitung.

katze erfolgt von einer am Fuß der einen Stütze eingebauten, entweder nach der einen oder anderen Richtung umlaufenden Treibscheibe vermittels eines endlosen Bewegungsseiles, das nach Übergang über eine im Turm angeordnete und von einer Schraubenspindel verschiebbaren Spannscheibe die Treibscheibe auf der Laufkatze ganz umschlingt, von dort über Führungsrollen auf der Gegenstütze geht und beim Zurücklaufen durch die Katze von einer einfachen Tragrolle unterstützt wird. Daneben ist ein an beiden Türmen festverankertes Halteseil über eine auf derselben Welle der Katze lose sitzende Scheibe geschlungen. Auf der Vorgelegewelle der Katze sitzen die Treibscheibe, die lose Scheibe des Halteseiles, ein Ritzel zum Antrieb des Hubwerkes und eine von zwei Bremsbändern umfaßte Bremsscheibe. Wird die Bandbremse angezogen, so steht die Welle fest, und die Katze wird von dem umlaufenden Bewegungsseil mit 5 m/sek Geschwindigkeit

---

[41]) Heinold, Zeitschr. d. Vereins deutsch. Ing. 1916.

Abb. 519. Kabelkran für ein niederschlesisches Braunkohlenwerk.

mitgenommen. Sie würde auf der schiefen Ebene nach der Mitte der
Bahn abrollen, sobald die Bremsscheibe freigelassen wird, wenn nicht
gleichzeitig die Scheibe des Halteseiles festgebremst würde. In dem
Fall hebt das Bewegungsseil die Last mit 1 m/sek Geschwindigkeit an,
sowie das Windengetriebe eingerückt wird. Der beschriebene Kran
arbeitet auf dem Schacht Bergmannsglück der staatlichen Berginspektion 3 in Buer.

Wegen ihrer Empfindlichkeit werden die Schützensteuerungen für
den rohen Betrieb auf Zechen und Baustellen nicht gern gesehen, und
man hat deshalb diese Anordnung nicht weiter verfolgt. Man zieht
jetzt vor, das Heben der Unterflasche von einem auf der Katze befindlichen Elektromotor ausführen zu lassen, dagegen das Verfahren durch
das auf der einen Stütze angebrachte Windwerk in sonst üblicher Weise

Abb. 520. Stütze eines Doppelkranes zur Rundholzförderung.

vorzunehmen. Nur die Steuerung dieser Bewegung wird ebenfalls von
der Laufkatze aus betätigt. Dazu genügen drei, allerdings elektrisch
erheblich stärker belastete Stromzuführungen zur Katze, die eine für
den Hubmotor und die anderen für die Umsteuerung des Fahrmotors,
wenn als Rückleitung das Tragseil dient, anderenfalls sind mindestens
vier nötig. Die Laufkatze fällt so auch noch leicht aus, wie die Abb. 518
nach einer Bleichertschen Ausführung zeigt.

Einen damit ausgerüsteten Kabelkran für ein niederschlesisches
Braunkohlenwerk stellt die Abb. 519 dar. Der Abbau des Lagers war
dadurch besonders schwierig, daß es nestartig zwischen quellendem
Ton eingebettet war und sich in fortwährender Bewegung befand. Ein
geordneter Betrieb der Grube wurde überhaupt erst durch diesen Kabelkran ermöglicht, bei dem die unmittelbare Verständigung der im Tagebau beschäftigten Arbeiter mit dem Kranführer von höchstem Wert ist.
Von großer Wichtigkeit erwies sich noch, daß die beiden Pendelstützen

auf je einem Betonfundament verfahren werden können, das sich auf
dem festen Boden außerhalb der Grube befindet. Die Kohle wird in

Abb. 521. Fahrbare Pendelstütze mit Ausleger zur Schiffsentladung.

längliche Kippkasten von je 0,5 m³ Inhalt eingeladen und dann vom
Kabelkran aufgenommen und mit 5 m/sek Fahrtgeschwindigkeit zu
einem kleinen Füllrumpf gebracht, aus dem sie in daruntergefahrene

Abb. 522. Fahrbare A-Stütze mit angeschlossenem Gurtförderer.

Feldbahnwagen abgezogen wird. Trotz der großen Hubhöhe von
48 m sind so durchschnittlich 15 Förderspiele in der Stunde auszuführen [37]).

Ein Bild einer gleichen Stütze für einen Lagerplatz-Doppelkran zur Beförderung von Rundholzstangen gibt die Abb. 520. Die Entfernung der beiden Tragseile voneinander beträgt 3,5 m, die Gesamtlast 5 t.

Diese Pendelstützen sind von A. Bleichert & Co. noch mit einem wagrechten, hochklappbaren Ausleger versehen worden und dadurch auch für die Entladung von Schiffen verwendbar geworden (Abb. 521). Außer zwei Tragkabeln für die schwere, mit Selbstgreifern von 2,5 cbm Inhalt ausgerüstete Laufkatze sind hier noch zwei Sicherheitsseile zur Verspannung dieser unter 45° geneigten Pendelstütze mit der landseitigen A-Stütze (Abb. 522) vorhanden. Die Uferstraße ist wieder durch eine mit der Pendelstütze verfahrbare Schutzbrücke gegen herabfallende Teile der Ladung gesichert. Die Förderleistung von Mitte Schiff bis Mitte Lager beträgt 50 t/St Kohle. In der landseitigen

Abb. 523. Feste Schrägstütze zur Schiffsentladung.

Stütze befindet sich ein kleiner Überladerumpf, aus dem die Kohle weiter auf das darunter durchgeführte Förderband abgegeben wird.

Eine feste Uferstütze ohne Ausleger, die so geformt ist, daß die Laufkatze nicht durch die Stütze hindurchzufahren braucht, um die Ladung aus dem Schiff aufzunehmen, veranschaulicht die Abb. 523 ebenfalls nach einer Bleichertschen Ausführung.

Eine von den vorbeschriebenen abweichende Anordnung der Greiferkatze, die nur zwei Stromzuführungen braucht und mit einem verhältnismäßig kleinen, also leichten Motor auskommt, ist die in Abb. 524 nach einer Zeichnung von Ernst Heckel G. m. b. H. gegebene, deren Seilführung die Abb. 525 deutlicher darstellt. Das eine Ende des Zugseiles ist am Rahmen der Laufkatze festgemacht; von dort geht das Seil über eine Umführung auf der einen Stütze und dann zurück zur Katze, wo es eine Spillscheibe einmal völlig umfaßt. Darauf läuft es zur zweiten Stütze, wo es von einem kräftigen Gegengewicht mit seiner

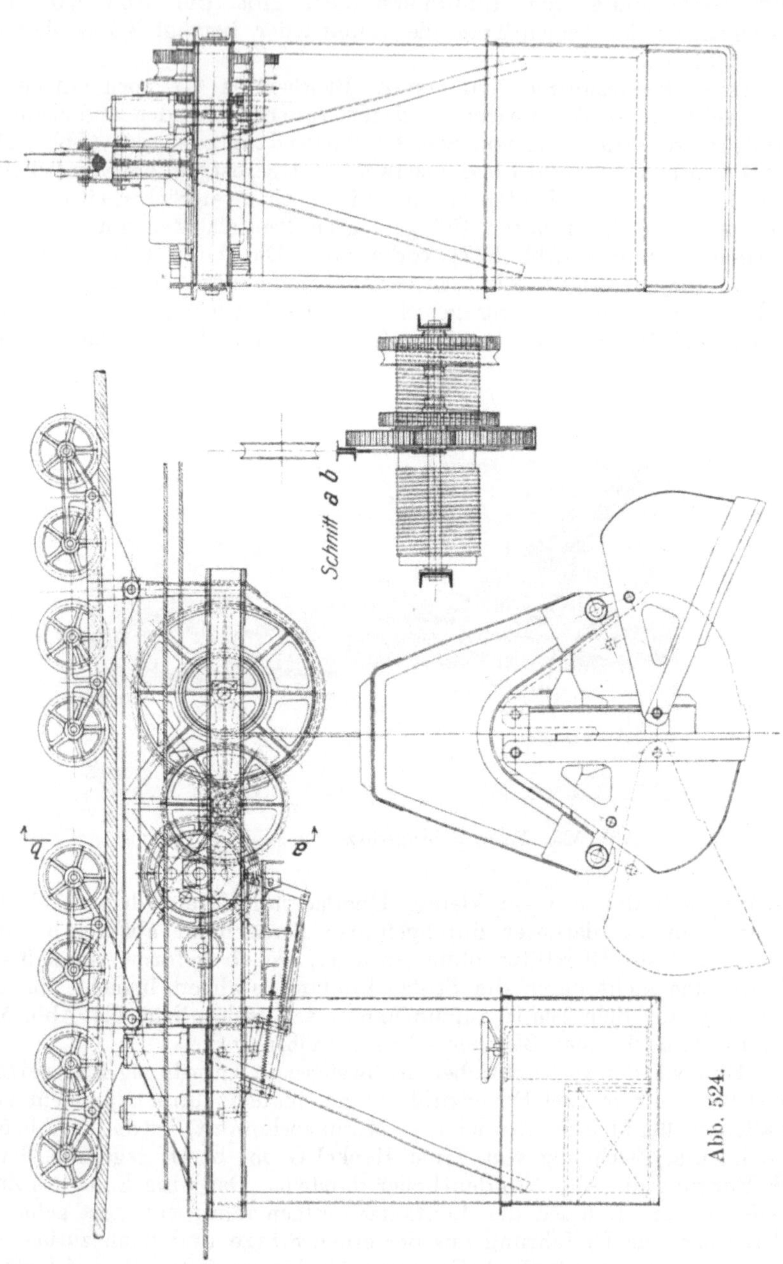
Schnitt a b
Abb. 524.

halben Größe angespannt wird, und nun wieder zurück zu einer auf der Windenwelle der Laufkatze festsitzenden kurzen Trommel, auf die das Ende beim Senken der Last aufgewickelt wird. Durch die starke An-

spannung, die am besten gleich dem Eigengewicht des Greifers und der halben Nutzlast ist, werden die sonst nötigen Tragreiter für das Zugseil erspart. Außerdem wirkt das Gegengewicht beim Aufwinden der Last den Motor unterstützend mit, so daß er nur für die Hälfte der Hubleistung zu bemessen ist. Seine Leistung wird auch beim Verfahren der Katze voll ausgenutzt, wenn die Fahrtgeschwindigkeit etwa gleich dem dreifachen der Hubgeschwindigkeit ist.

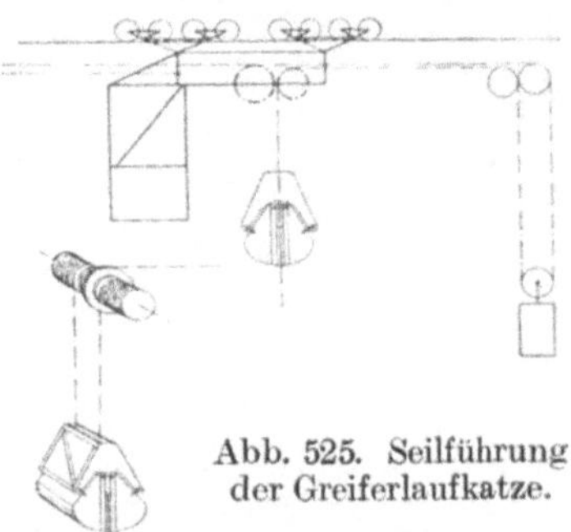

Abb. 525. Seilführung der Greiferlaufkatze.

Die Umschaltung des Motors wird von Heckel nicht wie sonst üblich durch Reibungskupplungen bewirkt, sondern durch ein Planetengetriebe (vgl. Abb. 208): Der Motor arbeitet auf das die umlaufenden Kegelräder tragende Hauptrad, und die Umlaufräder greifen in zwei Kegelräder ein, deren eines mit dem Vorgelege des Hubwerkes gekuppelt ist, während das andere auf das Ritzel der Fahrseil-Treibscheibe einwirkt. Jedes dieser Räder ist mit einer Bremsscheibe zusammengegossen, so daß es von der zugehörigen, elektrisch betätigten Bandbremse stillgesetzt werden kann, während das andere, nicht gebremste vom Motor angetrieben wird, der seinen Strom, je nach der gewünschten Bewegung, entweder über den Bremsmagneten des Hubwerkes oder den des Fahrwerkes erhält.

Wenn, wie im Fall der Abb. 524, mit einem Einseilgreifer gearbeitet wird, so ist noch ein besonderes, der Firma Ernst Heckel G. m. b. H. geschütztes Spulwindwerk zur Steuerung des Greifers in jeder Höhenlage einzubauen. Betätigt wird es vom Führer vermittels einer Fußtrittbremse.

Da die Stromzuführungsleitungen parallel zu dem hochgespannten Tragseil liegen müssen, so sind sie ebenfalls kräftig anzuspannen.

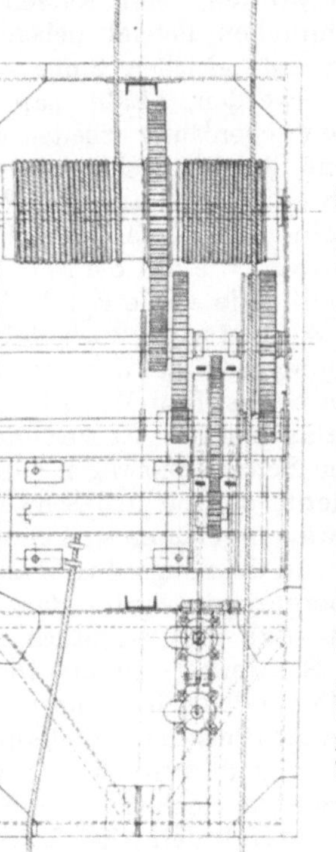

Abb. 524. Führerstandslaufkatze mit Einseilgreifer.

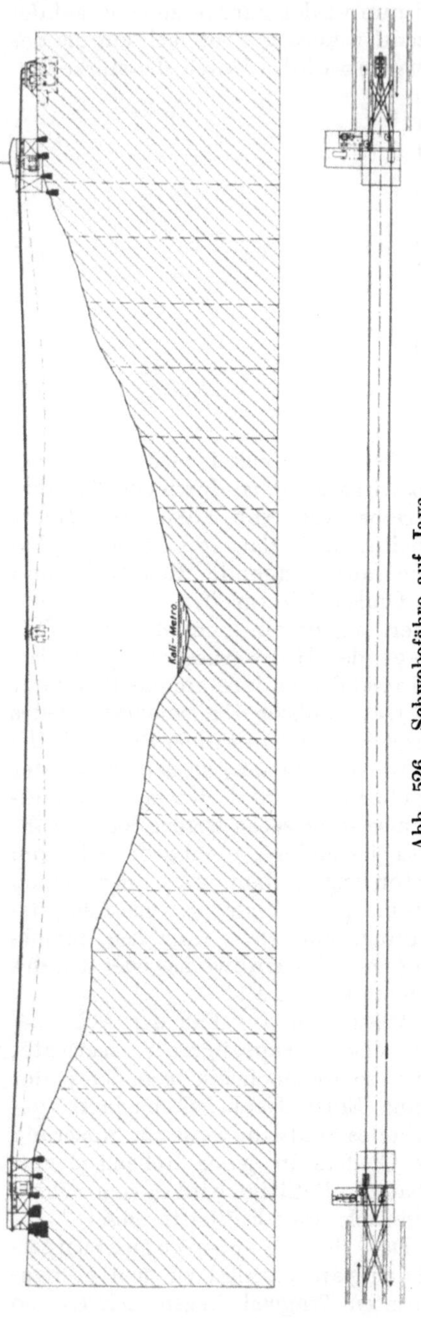

Abb. 526. Schwebefähre auf Java.

GewöhnlicheKupfer- oderBronze-
leitungen sind also nur bei kleinen
Spannweiten geeignet. Bei längeren Kabelkranen werden deshalb sogenannte Verbandseile angewendet, deren Kern aus Stahl-
runddrähten besteht, über die
eine Lage kupferner Profildrähte
in Art der halbverschlossenen
Seile gelegt ist. Die Seilbahn-
G. m. b. H. ließ die Strom-
abnehmerwagen auf besonderen
Schleifleitungstragseilen   aus
Stahl laufen und hängte die
eigentlichen Schleifleitungen zwischen diesen Tragseilen an Quer-
bügeln auf.

Im vorstehenden sind bereits
mehrfach Doppelkabelbahnen erörtert worden, deren Katzen im
gewöhnlichen Betrieb nebeneinander im gleichen Sinne verfahren werden. Läßt man die
Katzen gegenläufig arbeiten und
besorgt den Antrieb von demselben Windwerk aus, so erhält
man eine Schwebefähre mit Pendelbetrieb, wie das die Abb. 526
darstellt. Sie wurde von A. Bleichert & Co. für die Zuckerfabrik
Panggongredjo auf Java erbaut.
Jenseits des Kali-Metro-Flusses
wird das geerntete Zuckerrohr in
großen Schmalspurwagen herangebracht, die auf den Schwebe-
bahnwagen gefahren werden, der
dann von dem Zugseil zur Fabrik
herübergezogen wird. Man bemerkt, daß hier eigentlich nur
eine Schwerlast-Drahtseilbahn
mit Pendelbetrieb vorliegt, die
aber ausnahmsweise mit Dampfkraft angetrieben wird, weil
die Strecke nahezu wagrecht
ist, während derartige Bahnen
sonst gewöhnlich so große Neigung haben, daß sie von selbst
laufen.

Die Förderleistung eines Kabelkranes hängt natürlich ab von seiner Tragfähigkeit, der Spannweite und Hubhöhe, sowie den betreffenden Arbeitsgeschwindigkeiten. Sie wird weiter beeinflußt durch den Zeitverbrauch, der für das An- und Abhängen der Lasten bzw. für das Greifen und Auskippen anzuwenden ist, was wieder von der Geschicklichkeit der Arbeiter abhängt. Setzt man diesen Zeitverbrauch für jedes

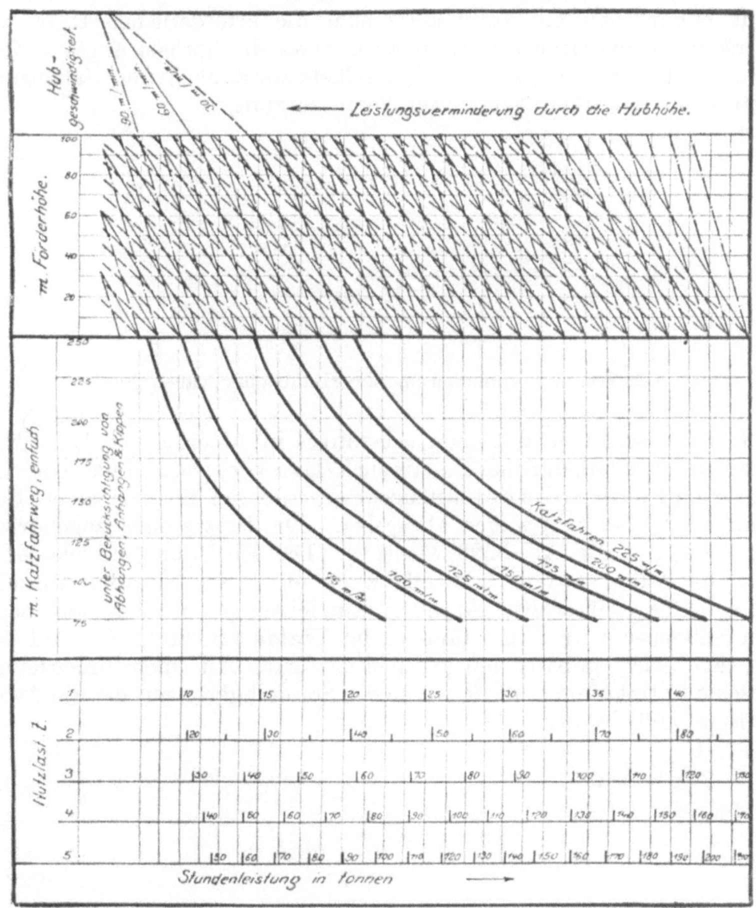

Abb. 527. Förderleistung der Kabelkrane.

Förderspiel zu 40 Sek. an, so erhält man die zeichnerische Darstellung der Abb. 527, die von A. Bleichert & Co. entworfen ist [37]).

Beträgt beispielsweise die Entfernung zwischen der Belade- und der Entladestelle 175 m und die Fahrgeschwindigkeit der Katze 200 m/Min, so sucht man in der wagrechten Spalte „Katzfahrweg" den Schnittpunkt beider Geschwindigkeitslinien und geht von dort aus senkrecht nach oben. Ist nun etwa die Hubgeschwindigkeit 60 m/Min und beträgt die Hubhöhe 20 m, so geht man in der Spalte „Förderhöhe" vom Treffpunkt dieser Senkrechten mit der gestrichelten Schrägen für die 60 m/Min Hubgeschwindigkeit bis an die Wagrechte 20 m und von dort aus wieder senkrecht nach unten in die Spalte „Nutzlast". Hat der Kran die Tragfähigkeit 4 t, so findet man schließlich auf dieser Wagrechten die Förderleistung 86 t/St.

In entsprechender Weise kann man die erforderlichen Hub- und Fahrgeschwindigkeiten ermitteln, wenn etwa die übrigen Angaben festgelegt sind. Die Abbildung liefert selbstverständlich nur Näherungswerte unter der oben genannten Voraussetzung.

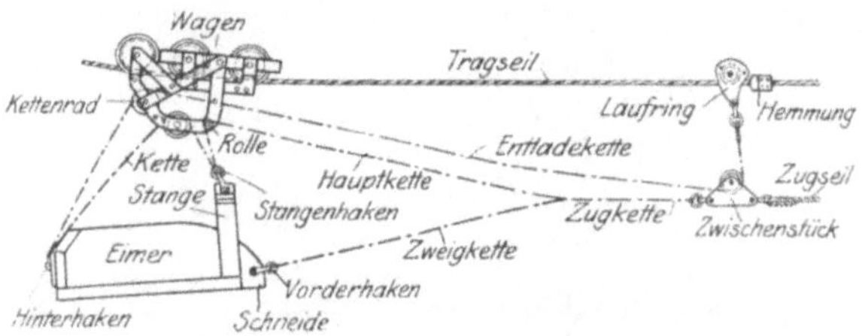

Abb. 528. Schleppkübel eines amerikanischen Kabelkrans.

Erwähnt sei noch, daß man neuerdings in Amerika den Kabelkran bei allerdings ziemlich roher Bauart auch dazu verwendet, Erze, Ton usw. mit einem Schleppkübel aufzunehmen und am Ende in einen Füllrumpf oder Eisenbahnwagen abzugeben. Die Skizze einer zugehörigen Laufkatze gibt die Abb. 528 wieder [42]). Die Entladung erfolgt selbsttätig, sowie die vordere Laufrolle gegen einen verstellbaren Anschlag auf dem Tragseil stößt. Ähnliche Einrichtungen werden dort sogar zum Schleppen von Baumstämmen im Walde errichtet. Sie sind entsprechend leicht gebaut und arbeiten natürlich mit einem bedeutenden Verschleiß; trotzdem sind sie wegen der Schnelligkeit, mit der die Arbeit geleistet wird, lohnend.

---

[42]) Ziegelwelt 1920.

V. Wirtschaftliche Angaben und gesetzliche Bestimmungen.

1. Die volkswirtschaftlichen Wirkungen von Drahtseilbahnen.

Auf einige Beziehungen der Drahtseilbahnen zur allgemeinen Volkswirtschaft war bereits in der Einleitung hingewiesen worden, woran sich hier noch weitere, mehr ins einzelne gehende Ausführungen anschließen mögen.

Während die Eisenbahnen — mit Ausnahme der schmalspurigen Anschlußbahnen — durchgängig zu einer Anhäufung der industriellen Betriebe in den Städten und zu einer weitgehenden Sammlung der Bevölkerung in diesen Industriemittelpunkten beigetragen haben und so das Anwachsen unserer modernen Riesenstädte und die vielbeklagte Landflucht herbeiführen halfen, ist die Wirkung der kleinen Anschlußbahnen, namentlich der alle Hindernisse mit Leichtigkeit überwindenden Schwebebahnen, häufig das Gegenteil der Haupt- und Nebenbahnen, so daß sie eine wichtige Rolle in der Volkswirtschaft spielen. Indem nämlich die Fernbahnen zu einer wesentlichen Steigerung der Bodenpreise in den von ihnen berührten Orten geführt haben, veranlaßten sie zugleich eine zunehmende Entwertung der nicht an ihre Gleise angeschlossenen Gegenden. Gerade diese Gelände bieten demnach für Fabrikanlagen, besonders solche, die die natürlichen Bodenschätze ausnutzen und weiterverarbeiten, hervorragend günstige Bedingungen hinsichtlich des Grunderwerbes und des billigen Lebensunterhaltes der beschäftigten Leute. Nur wird dann der Transport der Fertigerzeugnisse zu den Weltverkehrswegen teuer, wenn nicht Drahtseilbahnen oder ähnliche Transportmittel als Verbindungsglieder der Fabrikanlagen mit der Fernbahn vorhanden sind und so den Preis der in den Verkehr gebrachten Waren in mäßigen Grenzen halten. In dem Fall sind aber solche abseits gelegenen Betriebe ihren städtischen Mitbewerbern gegenüber wesentlich im Vorteil, denn sie haben eine bedeutend geringere Grundrente aufzuwenden und kommen auch mit niedrigeren Arbeitslöhnen aus. Da ihren Leuten eben infolge der billigen Landpreise die Erwerbung eines kleinen Grundstückes möglich ist, so pflegt das Personal derartiger Betriebe auch bodenständiger und seßhafter zu sein als das in großstädtischen Fabriken derselben Art.

Auch die ausschließlich, oder doch in erster Linie zur Personenbeförderung dienende Drahtseilbahn kann in späterer Zukunft eine ähnliche volkswirtschaftliche Stellung einnehmen, da sie sicher nicht allein einige Aussichtspunkte dem Massenverkehr zugänglich machen wird, sondern auch in Gebirgsländern diejenigen Gebiete an die Fernbahn anschließen und somit besiedelungsfähig machen wird, denen wegen ihrer Unzugänglichkeit für die gebräuchlichsten Verkehrsmittel eine der Allgemeinheit Nutzen bringende Erschließung versagt bliebe und die bestenfalls auf einen umständlichen Postwagenverkehr angewiesen wären.

Es findet hiernach die Wirkung der großen Eisenbahnlinien auf die Verteilung der Bevölkerung einen Ausgleich durch die leicht und verhältnismäßig billig zu errichtenden Drahtseilbahnen, die so eine ständig zunehmende Bedeutung besitzen. Die Erkenntnis hiervon hat bereits weite Kreise durchdrungen, denn die Zahl der jährlich neuerbauten Drahtseilbahnen nimmt in ansteigender Folge zu. Da eine allgemeine Statistik darüber nicht geführt wird und auch schwer zu führen ist, so können hier nur die diesbezüglichen Zahlen aus der Erzeugung der Firma A. Bleichert & Co. wiedergegeben werden, die jedoch dadurch allgemeinen Wert erhalten, daß diese Firma an der Spitze dieses Sonderzweiges der Technik steht.

Der Drahtseilbahnenbau wurde von A. Bleichert & Co. im Jahre 1875 begonnen. Die weitere Entwicklung bis zum Jahre 1914 zeigt die folgende Zusammenstellung:

Jahr	Anzahl der Bahnen	Gesamtlänge km	Gesamtförderleistung t/St	Durchschnittsleistung t/St
1880	78	66	900	11,5
1890	434	350	8 500	19,5
1900	1032	915	24 300	23,5
1910	1875	2000	74 000	40,0
1914	2364	2552	96 000	46,0

Die besonders auffällige starke Steigerung der Durchschnittsleistung findet ihre Erklärung darin, daß neben den Bahnen mit kleineren und mittleren Fördermengen, die immer noch die Regel bilden, Anlagen mit ganz gewaltigen Stundenleistungen stehen, z. B. die Drahtseilbahnen zu Giove Portello und Rio Albano auf der Insel Elba und in Dombasle sur Meurthe mit je 200 t/St, die Verladeanlage bei Vivero in Spanien mit 250 t/St und die für die Mines et Carrières de Flammanville mit 500 t/St Förderleistung.

In ähnlicher Weise sind die Einzellasten, die auf der Drahtseilbahn befördert werden, mit der Zeit zu früher ungeahnter Höhe angestiegen. Die erste Bleichertsche Bahn in Teutschental förderte in einem Wagenkasten nur etwa 250 kg. Nach der Einführung von Drahtseilen als Fahrbahn erhöhte sich die einzelne, jedesmal an einem Wagen hängende Last sehr schnell. Lange Zeit stand dann die für die Prometna Banka in Belgrad erbaute Holztransportbahn mit der auf einmal beförderten Nutzlast von 3,5 t unerreicht da; jetzt werden auf einer Bleichertschen, ebenfalls dem Holztransport dienenden Anlage in Bosnien Einzellasten von 3—4 cbm Rundholz mit doppelten vierrädrigen Laufwerken fortgeschafft, was annähernd 4 t Nutzlast für jede Ladung ausmacht. Das Gesamtgewicht des einzelnen beladenen Wagens übertrifft also noch das eines vollbesetzten Personenwagens mit 20 Plätzen, der bei gleichfalls 8 Laufrädern nur 4,2 t wiegt. Für größere Nutzlasten als 5 t sind bisher keine Drahtseilbahnen mit fortlaufendem Betrieb gebaut worden, wohl aber kurze Trajekte und Kabelkrane mit Pendelbetrieb,

Mit dem Vorstehenden ist wohl der für die richtige Würdigung im volkswirtschaftlichen Sinne notwendige Nachweis erbracht worden, daß die moderne Drahtseilbahn tatsächlich in jeder Beziehung als Zubringer für die Fernverkehrswege geeignet ist und ein wichtiges Mittel an die Hand gibt, den Wert von Gebieten zu heben, die vorläufig aus irgendwelchen Gründen brach liegen müssen. Durch die Drahtseilbahn sind auf diese Weise entvölkerte Bezirke wieder bevölkert und dadurch dem Nationalvermögen große Schätze gewonnen worden, die durch andere Verkehrsmittel nicht oder nur unter Anwendung ganz riesiger Kosten erreichbar waren.

Ein weiterer Umstand, der der Drahtseilbahn in der Gruppe der maschinellen Transportmittel eine besondere wirtschaftliche Bedeutung verleiht, ist der geringe zur Förderung nötige Energieverbrauch. Selbst wenn es sich um die Bewegung der Lasten nach aufwärts handelt, ist der Energiebedarf wegen der Kleinheit der im Getriebe der Bahn auftretenden Widerstände ein verhältnismäßig geringer. In den Fällen, wo der Transport nach abwärts geht, wirken die Lasten häufig schon von selbst treibend und überwinden bei hinreichender Neigung der Linie alle inneren Widerstände, so daß der Betrieb gänzlich ohne äußeren Kraftbedarf stattfindet. Bisweilen bleibt sogar ein nicht unbedeutender Betrag an Energie verfügbar, den man heutzutage nicht mehr durch Bremsen vernichtet, sondern zum Antrieb von anderen Maschinen verwendet. Und wenn schon die Bahn einen bestimmten Energieverbrauch hat, so ist der davon für die Hin- und Herbewegung der toten Lasten benötigte Anteil ein äußerst kleiner, in welcher Beziehung kein anderes Transportmittel der Drahtseilbahn gleichkommt.

2. Die Anlage- und Betriebskosten.

Es war bereits an anderer Stelle gesagt worden, daß es nicht zwei Drahtseilbahnen für gleiche Betriebe mit den gleichen Anforderungen gibt, die sich völlig entsprechen, da örtliche Schwierigkeiten, wie die Überschreitung dazwischenliegender Bergkämme oder tiefer Schluchten usw., die Rücksichtnahme auf Eisenbahnen, Schiffahrt und Landstraßen immer Verschiedenheiten in der Ausführung bedingen. Dazu treten noch je nach den besonderen Wünschen der Betriebsleitung Abweichungen in den Endstationen und schließlich die je nach der Gegend sehr verschiedenen Arbeitslöhne, Preise und Transportkosten der Baumaterialien, so daß es ausgeschlossen ist, allgemein gültige Angaben über die Anlagekosten von Drahtseilbahnen zu machen. Gerade die letztgenannten Beträge pflegen in unerschlossenen Gebirgen oft außerordentliche Höhe zu erreichen; so kostete z. B. der Kubikmeter Mauerwerk im Kordillerengebirge auf der höchsten Strecke der Drahtseilbahn Chilecito—Upulongos rund 75 Mark. Demgegenüber spielen auf verhältnismäßig flachem Gelände in größeren Industriegebieten wieder die Grunderwerbs- und Pachtkosten eine nicht unbedeutende Rolle, während die eigentlichen Baukosten ziemlich niedrig sind.

Trotzdem ist es möglich, für einzelne Länder und normale Anlagen Mittelwerte anzugeben, die für Überschlagsrechnungen, wenn auch mit Vorsicht, benutzt werden können. Für deutsche Verhältnisse, einfache Sachlage, d. h. flaches Gelände und ungefähr gleiche Höhe der Endstationen, diese auch in einfachster Ausführung angenommen, gibt die Firma A. Bleichert & Co. als Mittelwerte einer großen Reihe von ihr erbauter Anlagen folgende Zusammenstellung an, die für die Teile der Strecke und der Endstationen, sowie für die Wagen, aber nicht für den Antriebsmotor und etwaige längere Anschlußhängebahnen gelten. Die Preise verstehen sich ab Fabrik Leipzig, enthalten also auch nicht die Transport- und Aufstellungskosten und die Beschaffung der Holzkonstruktion für die Stützen und Stationen. Eingeschlossen sind dagegen schon Fernsprecher und die besonderen Betriebswerkzeuge für die Stationen.

Anlagekosten einfacher Drahtseilbahnen in Mark.

Förderleistung t/St	Bahnlänge in m			
	500	1000	2000	5000
5	9 300	12 750	19 250	41 000
10	10 000	14 250	21 750	47 800
20	11 250	16 500	25 500	57 000
40	14 250	21 500	36 250	83 750
60	17 000	26 000	45 000	104 000
80	19 500	30 000	52 000	122 500
100	21 750	33 500	58 750	140 000

Diese Zahlen galten für das Jahr 1913. Im ersten Vierteljahr 1920 waren sie etwa mit dem Faktor 20 zu multiplizieren.

Um die gesamten Anlagekosten zu ermitteln, sind hierzu noch die Ausgaben für den Aufbau der Bahn und die Lieferung des Baumaterials für die Stützen und Stationen hinzuzurechnen, wofür bei einfacher Konstruktion und Aufbau in Holz 1913 überschlägig 6—7 M. für den laufenden Meter eingesetzt werden konnten, je nach Lohn- und Geländeverhältnissen. Der für das erste Vierteljahr 1920 zutreffende Multiplikationsfaktor ist etwa 25. Dazu kommt schließlich, je nach den örtlichen Umständen sehr wechselnd, der Betrag für den Transport aller Teile von Leipzig bis zur Verwendungsstelle und für den etwa nötigen Antriebsmotor. Bei schwierigeren Geländeverhältnissen und größeren Stationen treten naturgemäß noch weitere Erhöhungen ein.

Eine ähnliche Zusammenstellung über die täglichen Förderkosten, die die Firma Bleichert für die gleichen Verhältnisse unter Berück-

sichtigung der Unkosten für Bahnunterhaltung, Schmierung, Putz-
material und Bedienung aufgestellt hat, ist die folgende. Sie galt ebenfalls für das Jahr 1913. Im ersten Vierteljahr 1920 waren die Zahlen
mit etwa 10—15 zu multiplizieren, je nach den ziemlich weit aus-
einandergehenden örtlichen Verhältnissen.

Förderkosten einfacher Drahtseilbahnen in Mark/Tag.

Tagesleistung t	Bahnlänge in m			
	500	1000	2000	5000
50	11	12	17	29
100	13	15	20	32
200	16	18	23	38
400	20	23	31	52
600	24	28	36	65
800	27	33	43	79
1000	30	37	48	94

Die Zusammenstellung enthält die Unterhaltungskosten, Lohn-
und Schmierölkosten, aber nicht die sehr wechselnden Kosten für Betriebsenergie und die Verzinsung und Tilgung der Anlagesumme. Die
Angaben gelten für einen zehnstündigen Betrieb. Man tut gut, bei
8stündiger Arbeitszeit für die Verhältnisse des Jahres 1920 nur $^2/_3$ der
angegebenen Tagesleistung zu rechnen. Da für den Betrieb die Anlage-
schwierigkeiten nicht mehr viel mitsprechen, so gelten die Ziffern dieser
Aufstellung im allgemeinen ohne weiteren Aufschlag.

Die Berechnung der erforderlichen oder auch überschüssigen Antriebsenergie ist auf S. 49 gegeben worden. Vielfach ist es ja nicht
nötig, selbst wenn der danach berechnete Betrag ein ziemlich großer
ist, Kosten dafür einzusetzen, z. B. wenn der Antrieb von einem Sägewerk aus erfolgt, wo das Brennmaterial in den Abfällen, die häufig
gar nicht aufgebraucht werden können, kostenlos zur Verfügung steht.
Bemerkt sei noch, daß im allgemeinen angenommen werden kann, daß
Bahnen, die nicht gleichzeitig größere Transporte nach aufwärts zu besorgen haben, bei einer Neigung von 6—10 v. H. von selbst laufen,
größere Länge und Förderleistung vorausgesetzt; kurze Bahnen von
geringer Förderleistung brauchen dazu etwa 15 v. H. Neigung.

Mit Hilfe dieser beiden Zusammenstellungen ist es nun leicht möglich,
sich wenigstens ein vorläufiges Bild davon zu machen, ob es sich überhaupt lohnt, die Frage der Anlegung einer Drahtseilbahn näher ins
Auge zu fassen. Einige Beispiele aus der Praxis mögen ihre Anwendung
näher erläutern.

Beispiel 1. Es sollen für eine Zementfabrik täglich 320 t Kalkstein
über eine Länge von 5 km 100 m hoch transportiert werden; die Stützen
und Stationen der Bahn sind in Eisenbau auszuführen. Eine derartige
Förderung mit Hilfe einer Schmalspurbahn mit Pferdebetrieb hätte im
Jahre 1913 unter günstigen Verhältnissen etwa 1 M/t gekostet, also
täglich 320 M. erfordert. Anfang 1920 hätte man für dieselbe Förderart
etwa das 18fache dieser Kosten aufzuwenden gehabt.

Die Bausumme der Drahtseilbahn setzt sich wie folgt zusammen:

Mechanische Eisenteile nach Tabelle I: $83\,750 \cdot 20 =$ . . . . . 1 675 000 M
Errichtung der Bahn in Holzbau: $6 \cdot 5000 \cdot 25 =$ . . . . 750 000 „
Zuschlag für die Ausführung in Eisen: $\frac{2}{3} \cdot 750\,000 =$ . . . . . . 500 000 „
Antriebslokomobile von 70 PS Höchstleistung: $15\,000 \cdot 20 =$ . . 300 000 „
Zuschlag für Fracht, Anfuhr, schwierigere Geländeverhältnisse und
  ausgedehntere Hängebahnen in den Endstationen . . . . . . 355 000 „

Gesamtanlagekosten   3 580 000 M

Die täglichen Ausgaben betragen bei 285 Arbeitstagen im Jahr für:

5 v. H. Verzinsung des Anlagekapitals $\frac{1}{285} \cdot \frac{5}{100} \cdot 3\,580\,000 =$ . .   628 M

$2\,^1/_2$ v. H. Tilgung des Anlagekapitals $\frac{1}{285} \cdot \frac{2{,}5}{100} \cdot 3\,580\,000 =$ . .   314 „

Förderkosten nach Tabelle II (Tagesleistung 480 t): $57 \cdot 15 =$ . .   855 „
Betriebsenergie für durchschnittlich 40 PS bei einem Kohlenpreis
  von 200 M/t: $0{,}01 \cdot 40 \cdot 200 =$ . . . .   80 „

Gesamtbetriebskosten   1877 M

oder 5,86 M/t, also trotz der heutigen hohen Beschaffungskosten noch
nicht das 6fache des früher bei Benutzung der durch Pferde bewegten
Schmalspurbahn auszugebenden Betrages.

Setzt man die heutigen Förderkosten der Schmalspurbahn mit
18 M/t an, so ergeben die reinen Betriebskosten eine tägliche Ersparnis
von

$$18 \cdot 320 - (855 + 80) = 5365 \text{ M},$$

so daß die ganze Bausumme bereits nach $\dfrac{3\,580\,000}{5365} = 668$ Arbeitstagen

oder $2\,^1/_3$ Jahren durch die Anlage selbst wieder verdient wird.

Beispiel 2. Betrüge die tägliche Fördermenge statt 320 t nur 50 t,
so würden die Baukosten der Drahtseilbahn sich wie folgt zusammen-
setzen:

Mechanische Eisenteile nach Tabelle I: $42\,000 \cdot 20 =$ . . . . . . 840 000 M
Errichtung der Bahnlinie in Holzbau: $25 \cdot 6 \cdot 5000 =$ . . . . . . 750 000 „
Antriebslokomobile von 20 PS Höchstleistung: $6000 \cdot 20 =$ . . . 120 000 „
Zuschlag für Fracht, Anfuhr, schwierigere Geländeverhältnisse und
  ausgedehntere Hängebahnen in den Endstationen . . . . . . 180 000 „

Gesamtanlagekosten   1 890 000 M

Die täglichen Förderkosten würden betragen:

5 v. H. Verzinsung des Anlagekapitals: $\frac{1}{285} \cdot \frac{5}{100} \cdot 1\,890\,000 =$ . .   332 M

$2\,^1/_2$ v. H. Tilgung des Anlagekapitals: $\frac{1}{285} \cdot \frac{2{,}5}{100} \cdot 1\,890\,000 =$ . .   166 „

Förderkosten nach Tabelle II (Tagesleistung 75 t): $30{,}50 \cdot 15 =$.   458 „
Betriebsenergie für durchschnittlich 12 PS bei einem Kohlenpreis
  von 200 M/t: $0{,}015 \cdot 12 \cdot 200 =$ . . . .   36 „

Gesamtbetriebskosten   992 M

oder 19,8 M/t. Statt einer Ersparnis hätte man täglich eine Mehrausgabe von 10 v. H. Trotzdem würde der Bahnbau sich unbedingt lohnen, da dadurch vor allen Dingen die Unabhängigkeit des Werkes von einem großen Fahr- und Ladearbeiterpersonal gewonnen wird, für die die Lohnausgaben noch weiter steigen. Außerdem wird noch eine Reihe anderer Vorteile erreicht, z. B. der, daß alle Schwierigkeiten bei Beschaffung der Gespanne fortfallen, die während der Erntezeit und auch im Frühjahr zur Zeit der Bestellung der Äcker gemeinhin recht groß zu sein pflegen, oder daß nicht für die dauernde Instandhaltung der Wege gesorgt zu werden braucht, oder auch der, daß bei jedem Wetter gefördert werden kann, also das Lager im Fabrikhofe nur klein gehalten werden braucht usw. Auch das bequemere Be- und Entladen, die Vermeidung von Umladungen und Materialverlusten kann häufig ausschlaggebend sein, ebenso wie die Möglichkeit, die Förderleistung zeitweise durch Nachtschichten oder Mehrbelastung der Drahtseilbahn zu steigern.

Es sei noch bemerkt, daß die Tilgung mit $2^1/_2$ v. H. nicht einen Bestand der Anlage von 40 Jahren voraussetzt, sondern, da sie immer vom Anlagekapital und nicht von dem jeweiligen Buchwert abgeschrieben wird, eine mit den Jahren stark steigende Tilgung bewirkt, so daß das ganze Kapital bereits nach 23 Jahren abgeschrieben ist.

Beispiel 3. Bei den vorstehenden Berechnungen ist angenommen worden, daß die Drahtseilbahn den Transportweg nicht in nennenswerter Weise abkürzt. Häufig wird aber der Fall eintreten, daß bei dem bisherigen Transport ein größerer Umweg gemacht werden muß, weil ein Fluß oder eine Niederung oder schroffes, mit schweren Wagen gar nicht zu überschreitendes Gelände in der Luftlinie dazwischenliegt. Wenn die Drahtseilbahn etwa den Weg auf 1500 m abkürzt, so ergibt sich nach Tabelle I für die mechanischen Eisenteile eine Summe von 17 000 · 20 = 340 000 M, dazu für die Holzstützen und Stationen einschließlich Aufstellung 8 · 1500 · 25 = 300 000 M, für eine Lokomobile von 16 PS Höchstleistung 5500 · 20 = 180 000 M, so daß bei sonstigen Zuschlägen von etwa 70 000 M die Gesamtkosten etwa 780 000 M betragen werden. Die täglichen Förderkosten würden sich dann belaufen auf:

Verzinsung und Tilgung: $\frac{1}{285} \cdot \frac{7,5}{100} \cdot 780\,000 = $ . . . . 205,50 M

Förderkosten nach Tabelle II (Tagesleistung 75 t): 16 · 15 = . . 240,— „

Betriebsenergie: 0,015 · 12 · 200 = ... 36,— „

Gesamtbetriebskosten 481,50 M

oder 9,64 M/t, so daß sich jetzt die erhebliche Ersparnis von

$$18 \cdot 50 - 481,50 = 418,50 \text{ M}$$

für jeden Tag ergeben würde. Man bemerkt, daß gerade unter den heutigen Verhältnissen eine leistungsfähige mechanische Förderanlage ein wesentliches Hilfsmittel zur Herabsetzung der Betriebskosten ist.

Es muß freilich nochmals betont werden, daß die angegebenen Zahlen schon früher mit einer je nach den örtlichen Verhältnissen schwankenden Unsicherheit behaftet waren. Eine sichere Berechnung kann nur gegeben werden, wenn ein alle vorliegenden Verhältnisse berücksichtigender Entwurf von einem Drahtseilbahn-Fachmann aufgestellt und dabei die Anzahl der bei der Anlage mit dem Zu- und Wegbringen des geförderten Gutes usw. beschäftigten Leute festgelegt ist. Ferner ist dazu nötig, daß auch die derzeitigen Löhne und die Kosten der Betriebsmittel, wie Kohlen, Schmiermaterial usw., an der betreffenden Verbrauchsstelle genau angegeben werden. Besondere Zuverlässigkeit, nach der Richtung bieten selbstverständlich die Hauptfirmen dieses Sondergebietes, nicht nur, weil sie dank ihrer langjährigen und vielseitigen Erfahrungen in der Lage sind, die zweckmäßigste und billigste Lösung vorzuschlagen, sondern weil ihnen auch auf Grund ihrer in den verschiedensten Gegenden und Weltteilen erbauten Anlagen für jeden Ort die zur zuverlässigen Ermittlung der örtlichen Baukosten erforderlichen Unterlagen zur Verfügung stehen.

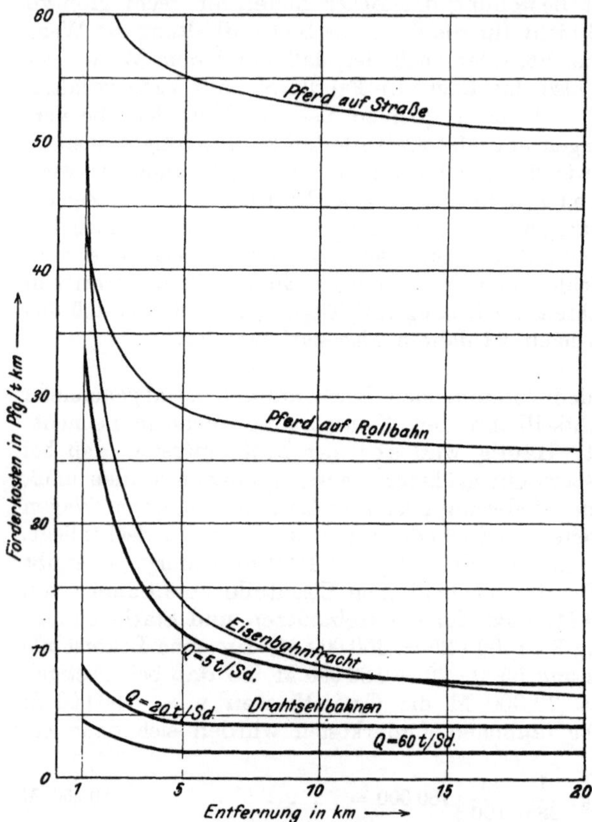

Abb. 529. Vergleich der Förderkosten (1914).

Wenn also die Angaben der beiden Tabellen auch keinen endgültigen Wert haben, so gestatten sie doch den Vergleich der Drahtseilbahn mit anderen, etwa mit ihr in Wettbewerb tretenden Fördermitteln auf Grund der ebenfalls aus Durchschnittswerten bestehenden Angaben über die betreffenden Transporteinrichtungen. In der für das Jahr 1913 geltenden zeichnerischen Auftragung der Förderkosten für je 1 tkm (Abb. 529) sind miteinander verglichen Wagenförderung mit Gespannen auf der Straße, Schmalspurbahn mit Pferdebetrieb, Eisenbahntransport und Beförderung mit Hilfe der Drahtseilbahnen bei 5, 20, 60 t stündlicher Leistung. Die Kurven scheinen auf den ersten Blick gleichartig zu verlaufen, besonders da sie bei Förderung über Entfernungen unter 5 km alle stark ansteigen. Man bemerkt jedoch, daß die Kosten der Eisenbahnfracht bei ganz geringen Entfernungen sehr rasch in die Höhe gehen, weil hier die Beträge für die Abfertigung der Wagen und Züge in den Stationen ausschlaggebenden Einfluß gewinnen, der erst bei großen Entfernungen, die nicht mehr mit aufgetragen sind, verschwindet. Demgegenüber bleiben die Förderkosten mit der Drahtseilbahn bei größeren Fördermengen bis zu Entfernungen über 5 km nahezu dieselben und beginnen erst darunter anzusteigen.

Im ersten Vierteljahr 1920 haben die Kurven insofern eine Verschiebung erfahren, als sich die Kosten bei Drahtseilbahnen um etwa das 15fache, bei Pferdebetrieb um etwa das 20fache, bei den Eisenbahnen nur um rund das 4fache erhöht haben.

Hierbei ist zu beachten, daß zwischen der Fernbahn und der Drahtseilbahn ein eigentlicher Wettbewerb nicht besteht, denn die letztere ist lediglich ein Zubringemittel für die Eisenbahn. Dagegen tritt sie oft in unmittelbaren Wettbewerb mit Industrie-Schmalspurbahnen, Feldbahnen und selbsttätigen mit Seil- oder Kettenzug betriebenen Standbahnen. Die hauptsächlichsten Punkte, die hier zugunsten der Drahtseilbahn sprechen, waren bereits in der Einleitung gestreift worden (vgl. S. 5ff.), nachgeholt mögen noch folgende Bemerkungen werden:

Bei Landstrichen, die unter Kultur stehen, machen die auf dem Erdboden laufenden Bahnen fast stets die Erwerbung fremder Grundstücke für die Linienführung nötig. Sie verlangen zudem umfangreiche Erdarbeiten, oft auch Über- und Unterführung von Straßen, Brücken und sonstige Kunstbauten, die alle die Anlage wesentlich verteuern. Alle diese Erfordernisse sind bei der Drahtseilbahn auf das geringste Maß heruntergedrückt, da sie nur kleine Flächenstückchen für die Stützenfundamente gebraucht. In der Regel wird für die Überschreitung der fremden Grundstücke und die Benutzung eines schmalen Streifens zur Begehung der Strecke eine kleine Pacht gezahlt, die in Deutschland bisher durchschnittlich 15 Pf. für den laufenden Meter und ein Jahr betrug. Diese Pachtsumme versteht sich gewöhnlich für einen 3—4 m breiten Streifen, der im übrigen der landwirtschaftlichen Ausnutzung nicht entzogen wird (Abb. 55 und 242) und enthält bereits die Entschädigung für Flurschäden, die durch notwendig werdende Ausbesserungen an der Bahn hervorgerufen werden. Selbst in der nächsten Nähe von Großstädten bleibt jene Pachtsumme in niedrigen Grenzen, z. B. zahlt die Deutsch-Luxemburgische Bergwerks- und Hütten-Aktien-Gesellschaft bei Dortmund für einen 10 m breiten Streifen jährlich 50 Pf. Pacht auf den laufenden Meter. In manchen Fällen beschränkt man sich auf die Pachtung eines 1 m breiten Streifens zur Begehung der Bahnlinie, der für den übrigen Verkehr gesperrt wird und vergütet durch die Bahn etwa entstandene Flurschäden nach besonderer Abschätzung. Die Plätze für die Stützen wird man zumeist gegen eine einmalige Abfindungssumme auf eine bestimmte Anzahl von

Jahren erwerben. Im Fall Deutsch-Luxemburg wurden z. B. für 1 qm
70 Pf. geboten; die Höhe dieses Preises rechtfertigt sich nur durch die
Nähe einer in Ausdehnung begriffenen Großstadt.

Ferner ist zu erwägen, daß eine Standbahn häufig die Felder zer-
schneidet und daß nach ihrer Anlage womöglich noch eine Neumelioration
des Gebietes eintreten muß. Außerdem hat der Erbauer einer solchen
Bahn gewöhnlich die von den einzelnen Grundstücken abfallenden
Winkel und Ecken mit zu übernehmen, die, falls nicht etwa mit vielen
Schwierigkeiten verbundene Neuzusammenlegungen stattfinden, land-
wirtschaftlich nicht weiterbewirtschaftet werden können und für den
Bahnbau ebenfalls wertlos sind.

Im Gegensatz zu den obigen überschlägigen Rentabilitätsberech-
nungen mögen noch einige Beispiele angeführt werden, deren Zahlen
ausgeführten Anlagen entnommen und nach verschiedenen Richtungen
kennzeichnend sind. Das folgende bezieht sich naturgemäß auf vor dem
Jahre 1914 liegende Zeiten.

Beispiel 4. Es handelte sich in einem kolonialen Gebiete darum,
aus einem Gebirge von etwa 400 m Höhenlage wertvolle Erze zu der
37 km entfernten Küste zu bringen. Zu dem Zwecke wurde zuerst
eine Fahrstraße angelegt, auf der man die Erze mit Landfuhrwerk ver-
frachtete. Hierfür wurden 50 Fuhrwerke und 160 Pferde bereitgestellt,
die mit 50 Fuhrleuten und 5 Ladearbeitern täglich höchstens 18 t über
die ganze Strecke schaffen konnten. Außerdem waren in einer Werkstatt 20 eingeborene Stellmacher und Schmiede ständig mit der Aus-
besserung des Wagenparkes und der Erneuerung des Hufbeschlages
tätig. An Tagelohn wurden für den Fuhrmann 2,20 M, für den
Handwerker 3,10 M gezahlt, während die Ladearbeiter im Akkord
täglich 4,85 M verdienten; ferner betrugen die Futterkosten für die
Pferde einschließlich der Materialien für den Hufbeschlag usw. 1,75 M
täglich.

Daraus ergaben sich als Gesamtunkosten 0,962 M/tkm, an welcher
Summe die Verzinsung des Anlagekapitals mit 5 v. H., die Tilgung des
Anlage- und Betriebskapitals mit 20 v. H. für den Pferde- und Wagenpark und 10 v. H. für Straßenbaukosten einschließlich des Betriebs-
aufwandes mit 0,151 M/tkm, die Löhne für die Mannschaft mit 0,295
M/tkm und die Futter- und Straßenunterhaltungskosten mit 0,516 M/tkm
beteiligt waren.

Der Betrag von fast 1 M/tkm ist ein sehr hoher und legte den Ge-
danken nahe, die Förderkosten durch Einführung eines mechanischen
Betriebes herabzusetzen. Außerdem stellte es sich heraus, daß der vorhandene Fuhrwerkspark bei fortschreitendem Aufschluß der Grube zur
Abfuhr der gesteigerten Erzeugung bei weitem nicht genügte und daß
es schlechterdings unmöglich war, in der wenig besiedelten Landschaft
den Pferdebestand und vor allen Dingen die Arbeiterzahl hinreichend
zu erhöhen. Ferner folgten aus der mangelhaften, von der Witterung
stark abhängigen Erzanfuhr Nachteile für die Übergabe des Materiales
an die Dampfer, die oft lange warten mußten, bis sie ihre volle Ladung

übernommen hatten, wodurch wieder beträchtliche Mehrausgaben an Liegegeldern entstanden.

Die Bergwerksgesellschaft schritt deshalb zum Bau einer Schmalspurbahn, die allerdings infolge der Geländeschwierigkeiten im Gebirge nicht bis an die Grube selbst herangeführt werden konnte. Immerhin war es möglich, die Bahn bis auf 34 km Länge und 240 m Höhe über dem Meeresspiegel vorzustrecken. Der letzte Teil des Weges von 200 m Höhenunterschied und 3 km Länge wurde wie bisher mittels Fuhrwerksverkehr überwunden. Die im ganzen 400 000 M kostende Schmalspurbahn arbeitet mit 3 Lokomotiven und 56 Wagen von je 4 t Ladefähigkeit. Zu ihrer Bedienung werden 18 Arbeiter und Beamte benötigt, die im Durchschnitt je 4,65 M täglich an Lohn bzw. Gehalt beziehen. Die derzeitige Förderleistung, die freilich noch beliebig gesteigert werden kann, beträgt 120 t Erz in 10 Stunden. Um nun diese, gegen früher um fast das siebenfache vermehrte Menge auch auf der 3 km langen Fahrstraße bewältigen zu können, mußte der ganze vorhandene Fuhrpark mit allen 50 Wagen und 160 Pferden im Gesamtwerte von 41200 M herangezogen werden und die Bedienungsmannschaft entsprechend der erhöhten Ausnutzung von Pferden und Wagen eine wesentliche Vergrößerung erfahren, indem jetzt 120 Fuhrleute und 40 Ladearbeiter zu denselben Löhnen wie vorher beschäftigt wurden, während die Arbeiter in der Ausbesserungswerkstatt und Schmiede dieselben 20 Mann blieben. Außerdem war die Straßenstrecke, um der höheren Beanspruchung zu genügen, weiter auszubauen, wofür wegen des schwierigen Geländes rund 22 000 M aufgewendet wurden.

Es betrugen also bei 300 Arbeitstagen im Jahr die täglichen Ausgaben auf der Straßenstrecke:

5 v. H. Verzinsung des Anlagekapitals von 41 200 + 22 000 M.
$$= \frac{5}{100} \cdot \frac{1}{300} \cdot 63\,200 = 10{,}53 \text{ M}$$

20 v. H. Tilgung des Fuhrparks $\ldots \ldots \frac{20}{100} \cdot \frac{1}{300} \cdot 41\,200 = 27{,}45 \text{ „}$

10 v. H. Tilgung der Straßenausbaukosten $\ldots \frac{10}{100} \cdot \frac{1}{300} \cdot 22\,000 = 7{,}33 \text{ „}$

Futter- und Straßenausbesserungskosten $\ldots \ldots 160 \cdot 1{,}75 = 280{,}— \text{ „}$

Arbeiterlöhne $\ldots \ldots 120 \cdot 2{,}20 + 40 \cdot 4{,}85 + 20 \cdot 3{,}10 = 520{,}— \text{ „}$

Dazu treten die täglichen Ausgaben für die Bahnstrecke:

5 v. H. Verzinsung des Anlagekapitals $\ldots \frac{5}{100} \cdot \frac{1}{300} \cdot 400\,000 = 66{,}67 \text{ „}$

10 v. H. Tilgung des Anlagekapitals $\ldots \frac{10}{100} \cdot \frac{1}{300} \cdot 400\,000 = 133{,}33 \text{ „}$

20 v. H. Unterhaltung des liegenden und rollenden Materials in einer besonderen, dafür mit allen Einrichtungen versehenen

Werkstätte $\ldots \ldots \frac{20}{100} \cdot \frac{1}{300} \cdot 400\,000 = 266{,}67 \text{ „}$

Gehälter und Löhne für die Beamten und Arbeiter $\ldots 18 \cdot 4{,}65 = 83{,}70 \text{ „}$

Zusammen 1295,68 M

Die Förderkosten für den Tonnenkilometer betragen demgemäß $\dfrac{1295{,}68}{120 \cdot 37} = 0{,}292$ M, wovon 0,055 M für Verzinsung und Tilgung ausgegeben werden, 0,114 M als Löhne für die Mannschaft und 0,123 M als Futter- und Unterhaltungskosten. Bei dem 6,7fachen der Leistung haben sich also die Förderkosten für 1 tkm um 0,670 M auf das $\dfrac{1}{3{,}3}$fache verringert.

Immerhin verursachte der Wagenverkehr auf der kurzen oberen Strecke noch große Schwierigkeiten, da er bei Regenwetter völlig versagte. Man entschloß sich also, diesen Teil des Transportes durch eine Bleichertsche Drahtseilbahn zu ersetzen, die rund 48 000 M kostete. Es fallen dadurch alle Fuhrwerke und Pferde fort, und während früher 180 Leute auf der Strecke tätig waren, werden dort jetzt nur noch 8 beschäftigt, die im Durchschnitt je 3,30 M Lohn erhalten.

Die täglichen Förderkosten stellen sich jetzt auf:

5 v. H. Verzinsung des Anlagekapitals $\dots \dfrac{5}{100} \cdot \dfrac{1}{300} \cdot 48\,000 =$ 8,— M

10 v. H. Tilgung des Anlagekapitals $\dots \dfrac{10}{100} \cdot \dfrac{1}{300} \cdot 48\,000 =$ 16,— „

Betriebsausgaben für Schmiermaterial und kleine Reparaturen . . . 1,— „
Löhne . . . . 8 · 3,30 = 26,40 „
Dazu die Ausgaben für die Eisenbahn wie vorher . . . . 550,37 „

Zusammen 601,77 M

so daß die Kosten für 1 tkm jetzt betragen $\dfrac{601{,}77}{120 \cdot 37} = 0{,}136$ M. Die Drahtseilbahn ruft also eine Ersparnis von 0,156 M/tkm hervor, oder im Jahre $0{,}156 \cdot 120 \cdot 37 \cdot 300 \sim 208\,000$ M, die die gesamten Kosten für Beschaffung und Aufstellung der Drahtseilbahn um das $4\tfrac{1}{3}$fache überschreiten, ganz abgesehen davon, daß der Betrieb nunmehr ein durchaus sicherer, von Seuchen und Witterungsverhältnissen unabhängiger und jederzeit erweiterungsfähiger geworden ist.

Betrachtet man die einzelnen Unkostenanteile der Transporte für sich, so ergeben sich interessante Zusammenhänge, die nicht nur für den gerade vorliegenden Fall, sondern ganz allgemein geltende Schlüsse ziehen lassen. Zu dem Zwecke sind die Zahlen in der folgenden Zusammenstellung nochmals gegenüber gestellt:

Art der Kosten bei	reinem Wagentransport 18 t/Tag	Eisenbahn- und Wagentransport 120 t/Tag	Eisenbahn- und Drahtseilbahntransport
Verzinsung und Tilgung des Anlagekapitals . . . . Besonderer Betriebsaufwand	0,151	0,055 0,060	0,051 M/tkm 0,060 M/tkm
Löhne	0,295	0,114	0,025 M/tkm
Futterkosten und Straßenunterhaltung	0,516	0,063	—
Gesamtförderkosten	0,962	0,292	0,136 M/tkm

Zunächst fällt auf, daß an der erheblichen Abnahme der Gesamt-förderkosten der Aufwand für Verzinsung, Tilgung und Betriebskosten der Förderanlage wenig beteiligt ist. Der größte Unterschied beträgt 4 Pf/tkm. Es liegt das zum Teil daran, daß die Unterhaltungskosten der Eisenbahnanlage sehr bedeutende sind, und man erkennt, daß die ganze Anlage vielleicht noch wesentlich günstiger geworden wäre, wenn man sie durchweg als Drahtseilbahn ausgeführt hätte. Immerhin zeigt sich, daß größere oder geringere Aufwendungen für Anlage- und Betriebskapital an sich nur geringen Einfluß auf die Wirtschaftlichkeit des Transportes haben. Der Vergleich der beiden Posten für Futter- und Straßenunterhaltung lehrt, daß Fuhrwerksbetrieb auf längeren Strecken gänzlich unwirtschaftlich ist, besonders wenn man noch die Personalkosten in Betracht zieht und den Unterschied in der Förder-leistung. Der Vergleich der Lohnsummen ergibt dagegen, daß der rein maschinelle Betrieb eben durch die bedeutende Ersparnis an Leuten den größten Erfolg erzielt: Bei derselben Förderleistung hat sich dieser Betrag auf den 4,5ten Teil verringert.

Die Zahlen, die hier in einem Sonderfall eine allgemeine Erfahrung belegen, zeigen deutlich, daß dort, wo Massentransporte in immer gleicher Richtung erfolgen, der Fuhrwerksverkehr durchaus unwirt-schaftlich ist, selbst wenn es sich um verhältnismäßig kleine Förder-mengen in der Stunde handelt, so daß es bei Neueinrichtung von der-artigen Transporten unbedingt vorteilhafter ist, gleich von vornherein maschinellen Betrieb vorzusehen. Die obigen Darlegungen beweisen aber auch, daß es selbst dann, wenn nun einmal ein unwirtschaftliches Transportmittel vorhanden ist, in jedem Falle richtig ist, es alsbald zu beseitigen und durch vorteilhafter arbeitende mechanische Anlagen zu ersetzen. Das gilt übrigens nicht nur für Dauerbetriebe, sondern auch für zeitweilig einzurichtende Transporte, z. B. die Abfuhr von Schutt und Boden und die Heranschaffung der erforderlichen Baumaterialien bei größeren Bauanlagen, Talsperren usw.

Beispiel 5. Es werde der Fall einer chemischen Fabrik erörtert, wo in einem 8stündigen Arbeitstage 120 t eines Schüttgutes über einen Weg von 60 m zu befördern sind. Hier kommen vier Transport-mittel in Frage, die Handhängebahn, die Elektrohängebahn, die Schnecke und das Transportband. Die letzteren beiden allerdings ohne beträcht-liche Erhöhung der Kosten nur, wenn die Förderung in gerader Richtung vor sich geht. Als Preise werden die im ersten Vierteljahr 1920 geltenden eingesetzt.

Mit Hilfe der Handhängebahn kann die ganze Leistung bei stündlich 20 Wagen von je 750 kg Inhalt noch von einem Mann ge-schafft werden, denn es stehen für den Hin- und Herweg einschließlich Füllen und Auskippen 3 Minuten zur Verfügung. Die Anlage kostet nach Angabe von A. Bleichert & Co. bei 130 m Schienenlänge, ein-schließlich der erforderlichen Hängeschuhe, Schrauben, des Holzes für die Unterstützungen, der Aufstellung und mit einem Wagen, deutsche Verhältnisse vorausgesetzt, rund 50 000 M. Der Lohn für die Bedienung beträgt in einer Industriegegend 40 M. für den Mann und Tag. Da die Handhängebahn keine Überwachung und Unterhaltung benötigt, fallen Kosten hierfür weg; nur für das Schmiermaterial der Laufzapfen des einen Wagens ist ein kleiner Betrag einzusetzen. Es ergibt sich somit folgende Aufstellung:

5 v. H. Verzinsung des Anlagekapitals 0,05 · 50 000 = ...	2 500 M
10 v. H. Tilgung des Anlagekapitals 0,10 · 50 000 = ...	5 000 „
Betriebskosten: Lohn für 285 Arbeitstage 40 · 285 = ...	11 400 „
Schmiermaterial	150 „
Ausbesserungen	— „
Gesamte Jahresunkosten:	19 050 M

Eine **Förderschnecke** von 15 t/St Leistung kostet für je 3 m Länge ohne Antrieb 4000 M. Der Preis der Gesamtanlage kommt daher unter Berücksichtigung des Antriebes und der Aufstellung auf etwa 92 000 M. Zum Antrieb sind nach den Tabellen der einschlägigen Firmen 7,2 PS nötig, so daß mit einem Zuschlag von 10% für Zwischenverluste 8 PS gebraucht werden. Der Preis der PS-Stunde beträgt im vorliegenden Falle etwa 0,60 M, so daß mit Einsetzung eines mindestens notwendigen Postens von 6 v. H. des Anlagekapitals für die häufigen Unterhaltungsarbeiten die nachstehende Rechnung erhalten wird:

5 v. H. Verzinsung von Anlagekapitals 0,05 · 92 000 = ...	4 600 M
10 v. H. Tilgung des Anlagekapitals . 0,10 · 92 000 = ...	9 200 „
Betriebskosten 0,60 · 8 · 8 · 285 = ...	10 940 „
Unterhaltung und Schmierung 0,06 · 92 000 = ...	5 520 „
Gesamte Jahresunkosten:	30 260 M

Ein Gurtförderer mit Abwurfwagen zum Abgeben des Materials an jeder gewünschten Stelle liefert folgendes Bild:

Anschaffungskosten des Förderers	128 000 M
Anschaffungskosten des Gurtes	27 000 „
Summa:	155 000 M

Lebensdauer des Gurtes im Mittel nur 3 Jahre.
Energiebedarf einschl. Abwurfwagen ca. 2,5 PS.
Also:

5 v. H. Verzinsung von 155 000 M = ...	7 750 M
10 v. H. Tilgung von 128 000 M = ...	12 800 „
33$\frac{1}{3}$ v. H. Tilgung von 27 000 M = ...	9 000 „
Schmierung	6 000 „
Stromkosten 2,5 · 8 · 285 · 0,60 = ...	3 420 „
Gesamte Jahresunkosten:	38 970 M

Die Handhängebahn stellt sich also nicht nur annähernd halb bzw. ein Drittel so teuer in der Anschaffung wie die beiden anderen Transporteinrichtungen, sondern auch um 11 200 M. bzw. 19 900 M. billiger im Betrieb als die selbsttätig arbeitenden Fördermittel, trotzdem der eingesetzte Lohnbetrag ein recht hoher ist.

Nun liegt allerdings die hier vorkommende Arbeitsgröße ungefähr an der Grenze der Leistungsfähigkeit eines Mannes beim Hängebahnbetrieb, wenn er gleichzeitig noch das Beladen und Kippen besorgen soll. Würde man auf derselben Strecke eine weitere Steigerung der

Leistung der Hängebahn durch Einstellen eines zweiten Mannes erzielen wollen, so würden die Betriebskosten dafür plötzlich um die Lohnsumme für diesen Mann und die Verzinsung und Tilgung des zweiten Wagens in die Höhe gehen, also eben etwas teurer werden als die der Schnecke. Jedoch ist zu beachten, daß Schnecke und Transportband eine Steigerung der Förderung auf das Doppelte überhaupt nicht gestatten, sondern dazu völlig umgebaut werden müssen.

Beispiel 6. Bei dieser Fördermenge ist aber die Elektrohängebahn das zweckmäßigste Fördermittel, weil sie ohne Führerbegleitung ganz von selbst fährt und im Verhältnis zu den anderen Transportvorrichtungen den geringsten Energiebedarf aufweist. Zur Beleuchtung dieser Verhältnisse werde ein anderes, dem vorigen entsprechendes Beispiel durchgerechnet mit der Fördermenge 30 t/St über die gerade Strecke von 60 m. Es ergeben sich dann die folgenden Aufstellungen:

1. Handhängebahn. (Preis mit 2 Wagen 52 000 M)

5 v. H. Verzinsung des Anlagekapitals $0{,}05 \cdot 52\,000 =$	2 600 M
10 v. H. Tilgung des Anlagekapitals $0{,}10 \cdot 5200 =$	5 200 „
Betriebskosten: 2 Mann $2 \cdot 40 \cdot 285 =$	22 800 „
Schmierung	300 „
Ausbesserungen	— „
Jahresunkosten:	**30 800 M**

2. Förderschnecke. (Preis 140 000 M)

5 v. H. Verzinsung des Anlagekapitals $0{,}05 \cdot 140\,000 =$	7 000 M
10 v. H. Tilgung des Anlagekapitals $0{,}10 \cdot 140\,000 =$	14 000 „
Betriebsenergie bei 16 PS $16 \cdot 0{,}60 \cdot 8 \cdot 285 =$	21 900 „
Schmierung	1 500 „
Ausbesserungen etwa 4,5 v. H. von 140 000 M $=$	6 300 „
Jahresunkosten:	**50 700 M**

3. Gurtförderer.

Anschaffungskosten des Förderers	140 000 M
Anschaffungskosten des Gurtes	25 000 „
Lebensdauer des Gurtes im Mittel 3 Jahre.	
Energiebedarf einschl. Abwurfwagen ca. 3,2 PS.	
5 v. H. Verzinsung von 165 000 M $=$	8 250 M
10 v. H. Tilgung von 140 000 M $=$	14 000 „
$33^1/_3$ v. H. Tilgung von 25 000 M $=$	8 330 „
Schmierung	6 500 „
Stromkosten $3{,}2 \cdot 0{,}60 \cdot 8 \cdot 285 =$	4 370 „
Jahresunkosten:	**41 450 M**

4. Elektrohängebahn. (Preis mit 1 Wagen 140 000 M)

5 v. H. Verzinsung des Anlagekapitals $0{,}05 \cdot 140\,000 =$	7 000 M
10 v. H. Tilgung des Anlagekapitals $0{,}10 \cdot 140\,000 =$	14 000 „
Betriebskosten bei 1 PS Energiebedarf $1 \cdot 0{,}60 \cdot 8 \cdot 285 =$	1 370 „
Bedienung, die nur für die Beladung nötig ist und dort von einem Mann nebenher ausgeführt werden kann, so daß die Hälfte des Lohnes angesetzt wird $^1/_2 \cdot 40 \cdot 285 =$	5 700 „
Schmierung	400 „
Ausbesserungen etwa 1 v. H. des Anlagekapitals	1 400 „
Jahresunkosten:	**29 870 M**

Es stellt sich also in dem Fall die Elektrohängebahn am billigsten mit 930 M geringeren Jahresunkosten als bei der Handhängebahn, der die anderen vielfach angewandten Transportmittel erst in weitem Abstande folgen.

Die vorstehenden Darlegungen zeigen, daß bei geringen Förderleistungen der völlig selbsttätige Betrieb durchaus nicht der günstigste ist, sondern der Handbetrieb mit einem die leichte Förderung gestattenden Hilfsmittel, das allerdings vielfach nur die Hängebahn sein kann. Bei größeren Leistungen und besonders bei längeren Wegen ist die Elektrohängebahn für die sogenannte Innenförderung allen anderen Vorrichtungen und auch dem Handbetrieb weit überlegen. Nur für kleine Mengen und ganz kurze Förderstrecken dürften Schnecke und Transportband wegen der dann nur geringen Energiekosten günstiger sein.

Jedenfalls lehren die vorstehenden Berechnungen noch, daß jeder einzelne Fall im Hinblick auf das gerade vorteilhafteste Transportmittel nach verschiedenen Richtungen für sich untersucht werden muß, denn die örtlichen Lohnsätze und Energiekosten, auch die Weglänge und Transportlänge und schließlich die Gestaltung des Transportweges sind jedesmal von besonderem Einfluß und können die Wirtschaftlichkeit des einen oder anderen Fördermittels wesentlich beeinträchtigen.

Beispiel 7. Eine derartige Rechnung möge noch für einen Kabelkran durchgeführt werden. Der auf S. 389 beschriebene Kabelkran für den staatlichen Möllerschacht kostete zur Zeit der Aufstellung (1916) einschließlich der Fundamente usw. 75 000 M. Er leistete mit Leichtigkeit 35 t/St Koks, welche Menge früher von 12 Mann auf Eisenbahnwagen zum Versand geschaufelt wurde. Dieselben Leute werden auch zum Einschaufeln des aus den Öfen gedrückten und abgelöschten Koks in die Kippkübel der Kabelbahn verwendet. Um einen weiteren Vergleich zu gestatten, werde die Betriebskostenberechnung sowohl für die Zeit der Aufstellung als auch für das erste Vierteljahr 1920 durchgerechnet, und zwar für eine jährliche Sturzmenge von 60 000 t. Der Rückgang der Arbeitsleistung der Leute wird durch Herabsetzung der Fördermenge auf 30 t/St berücksichtigt.

1. Stürzen des Koks auf die Halde stündlich:

	1916	1920	
Löhne: 1 Maschinenführer	0,80	5,50	M
12 Verladearbeiter (je 0,80 bzw. 5,00 M/St)	9,60	60,—	„
2 Frauen zum An- und Abschlagen der Kübel (je 0,60 bzw. 4,— M/St)	1,20	8,—	„
Stromkosten 35 KW (je 0,03 bzw. 0,30 M/St)	1,50	10,50	„
Putz- und Schmiermaterial	0,25	5,—	„
Betrag:	12,90	89,—	M

2. Rückverladen von der Halde stündlich:

	1916	1920	
Löhne: 1 Maschinenführer	0,80	5,50	M
10 Verladearbeiter (1916 zum Teil Frauen)	7,—	50,—	„
Stromkosten wie unter 1.	1,05	10,50	„
Putz- und Schmiermaterial	0,25	5,—	„
Betrag:	9,10	71,—	M

3. Allgemeine Unkosten jährlich:

	1916	1920
5 v. H. Verzinsung des Anlagekapitals	3 750	3 750 M
10 v. H. Tilgung des Anlagekapitals	7 500	7 500 ,,
Ausbesserungen	1 200	20 000 ,,
Betrag:	12 450	31 250 M

4. Kosten der Lagerung für 1 t:

$$1916: \frac{1}{35} \cdot \left(12{,}90 + 9{,}10\right) + \frac{12450}{60000} = 0{,}63 + 0{,}21 = 0{,}84 \ \text{M/t},$$

$$1920: \frac{1}{30} \cdot \left(89 + 71\right) + \frac{31250}{60000} = 5{,}33 + 5{,}21 = \quad 10{,}54 \ \text{M/t}.$$

In Wettbewerb mit dem Kabelkran standen zwei einfache Schrägaufzüge mit einer Verbindungsbrücke über die Bahngleise, deren Preis 25 000 M. betragen sollte. Da der Weg von der Beladestelle bis ans Ende i. M. 30—35 m beträgt, so wären 18 Mann zur Verladung und zum Weiterschaffen erforderlich geworden.

1. Stürzen auf Halde stündlich:

	1916	1920
Löhne: 18 · 0,80 bzw. 18 · 5,— =	14,40	90,— M

2. Rückverladen von der Halde stündlich:

	1916	1920
Löhne: 2 Maschinenführer zum Bedienen der Haspel (je 0,70 bzw. 5,— M/St)	1,70	10,— ,,
4 Arbeiter auf den beiden Brücken zum Abnehmen und Stürzen in die Eisenbahnwagen (je 0,80 bzw. 5,— M/St)	3,20	20,— ,,
35 Arbeiter zum Aufladen auf dem Platz und Schleppen an die Schrägaufzüge (je 0,80 bzw. 5,— M/St)	28,—	175,— ,,
Dampfkosten für die Haspel	0,90	9,— ,,
Putz-, Dichtungs- und Schmiermaterial	0,25	5,— ,,
Betrag:	33,75	219,— M

3. Allgemeine Kosten jährlich:

	1916	1920
5 v. H. Verzinsung des Anlagekapitals	1250	1 250 M
10 v. H. Tilgung des Anlagekapitals	2500	2 500 ,,
Ausbesserungen und Seilerneuerung	600	8 000 ,,
Betrag:	4350	11 750 M

4. Kosten der Lagerung für 1 t:

$$1916: \frac{1}{35} \cdot \left(14{,}40 + 33{,}75\right) + \frac{4350}{60000} = 1{,}38 + 0{,}07 = \quad 1{,}43 \ \text{M/t},$$

$$1920: \frac{1}{30} \cdot \left(90 + 219\right) + \frac{11750}{60000} = 10{,}30 + 0{,}20 = \quad 10{,}50 \ \text{M/t}.$$

Die durch Aufstellung des dreimal so teueren Kabelkranes 1916 entstandene Ersparnis betrug also 1,43 — 0,84 = 0,59 M/t, das sind jährlich 0,59 · 60 000 = 35 400 M. Inzwischen haben sich die Verhältnisse durch die Erhöhung der Löhne derart verschoben, daß beide Förderarten jetzt dieselben Kosten ergeben: 10,54 bzw. 10,50 M/t.

Immerhin bietet der Kabelkran noch den Vorteil, daß man mit ganz erheblich weniger Leuten auskommt, die für eine produktivere Tätigkeit frei werden. Außerdem ergibt das Beispiel, daß auch die Förderung mit dem Kabelkran die Aufgabe noch nicht völlig gelöst hat. Sie muß unter den heutigen Verhältnissen noch weiter verbessert werden, indem man das Einladen in die Kübel durch mechanische Hilfsmittel bewirkt. Sie sind trotz der höchsten Anschaffungskosten zurzeit immer lohnend.

3. Gesetze und Bestimmungen, die bei der Anlage und dem Betrieb von Drahtseilbahnen zu beachten sind.

Die verschiedenen Landesgesetze beschäftigen sich mit der Drahtseilbahn insoweit, als die einzelne Bahn Rechte und Interessen anderer Rechtsinhaber und der Allgemeinheit berührt. Da diese Berührung sachlicher oder persönlicher Natur sein kann, so ergeben sich zwei Hauptrichtungen für die gesetzlichen Bestimmungen: einerseits die Festlegung der Rechte des Bauherrn der Drahtseilbahn an fremden Grundstücken und umgekehrt der Besitzer fremder Grundstücke gegenüber dem Erbauer der Drahtseilbahn, andererseits die Verordnungen der Landespolizei und Landesverwaltung zum Schutze von Leben und Gesundheit der mit der Drahtseilbahn irgendwie in Berührung kommenden Personen und zum Schutze des öffentlichen Verkehres. Die bezüglichen gesetzlichen Bestimmungen, Landesverordnungen, polizeilichen und Verwaltungsverfügungen, die diese Rechtsfragen behandeln, sind nicht nur in den verschiedenen Kulturländern, sondern auch in den einzelnen Bundesstaaten des Deutschen Reiches verschieden. Eine erschöpfende Darstellung der Rechtsverhältnisse würde weit über den Rahmen dieses Buches hinausfallen. Jedoch erscheint eine gedrängte Übersicht zweckmäßig, die den wichtigsten Inhalt der gesetzlichen Bestimmungen und Verwaltungs- und Polizeiverordnungen enthält, weil dadurch Winke an die Hand gegeben werden, die dem Erbauer einer Drahtseilbahn die Richtung angeben, in der er sich bei der Erwirkung der Bauerlaubnis und bei der Durchführung des Betriebes zu bewegen hat. Für diese Darstellung kommen demnach die Bestimmungen der größeren Staaten in Frage, von welchen zunächst, um deutsche Verhältnisse zu beleuchten, die Sachlage für Preußen behandelt werden soll, dessen Bestimmungen wegen seines räumlichen und industriellen Übergewichtes für die Mehrzahl der in Deutschland zu bauenden Drahtseilbahnen maßgebend sind.

a) Die Stellung der Drahtseilbahn für Lastenförderung im Rechte Preußens.

In Preußen ist die Drahtseilbahn in allen Gewerbebetrieben mit Ausnahme der Bergwerksunternehmungen der landespolizeilichen Genehmigung und Aufsicht unterworfen und nur im Dienste der letztgenannten Betriebe dem Berggesetz.

Die wesentlichste Grundlage zur verwaltungsseitigen Beurteilung der Drahtseilbahn bildet das Kleinbahngesetz, falls nicht das Berggesetz heranzuziehen ist (vgl. S. 432). Danach ist die erforderliche

Genehmigung der Anlage nicht von dem Vorhandensein eines Bedürfnisses abhängig zu machen, so daß einem Industriellen, der eine Drahtseilbahn für seine Zwecke anlegen will, nur besondere nebensächliche und häufig von der Baufirma als selbstverständlich erfüllte Vorschriften gemacht werden können, aber nicht die Genehmigung versagt oder die Errichtung einer anderen Transportvorrichtung vorgeschrieben werden kann.

Die Instanz, bei der die Genehmigung beantragt werden muß, ist bei Anlagen, die innerhalb desselben Verwaltungsbezirkes bleiben, der Landrat oder in Städten die Ortspolizeibehörde, bei ausgedehnteren Bahnen, die sich über verschiedene Verwaltungsbezirke erstrecken, der Regierungspräsident im Einvernehmen mit der Eisenbahndirektion, in deren Bezirk die Bahn erbaut werden soll. Die Genehmigung, über die eine Urkunde ausgestellt wird, wird auf Grund einer vorhergehenden polizeilichen Prüfung erteilt, die sich auf die betriebssichere Beschaffenheit der Bahn und der Betriebsmittel und den Schutz gegen schädliche Einwirkungen der Anlage und des Betriebes (Schutzbrücken) erstreckt. Zu dem Zweck ist mit dem Antrag eine Beschreibung und Zeichnung der Bahn in mehreren Ausfertigungen einzureichen. Die Eisenbahn kommt nur dann in Frage, wenn Eisenbahneigentum berührt oder überschritten wird. Andererseits kommen aber auch Gemeindebehörden, Post-, Forst-, Bergfiskus in Frage, wenn ihr Gebiet berührt wird. Jede Zeichnung ist in so viel Abzügen einzureichen, als Behörden an der Prüfung beteiligt sind.

Der Gewerbeordnung unterliegt die Genehmigung zur Errichtung der Drahtseilbahn an sich nicht. Trotzdem wird der Gewerbeaufsichtsbeamte mit der Prüfung im Hinblick auf die Forderungen der Gewerbeordnung betraut, weil die Polizeibehörden durch einen Ministerialerlaß angewiesen sind, alle Baugesuche, die gewerbliche Anlagen betreffen, dem zuständigen Gewerbeinspektor zur Begutachtung vorzulegen, also auch die Gesuche über Gewerbebetrieben dienende Drahtseilbahnen. Die Bestimmungen der Gewerbeordnung sind allgemeiner Natur, lassen demnach der persönlichen Auffassung der einzelnen Gewerbeaufsichtsbeamten einigen Spielraum, so daß immerhin Unterschiede in der Handhabung der einschlägigen Bestimmungen vorhanden sind. Diese Prüfung beschränkt sich aber auf die Feststellung der Gefahrlosigkeit des Drahtseilbahnbetriebes gegenüber den mit ihm im Gewerbebetrieb in Berührung kommenden Personen, also in erster Linie des Bedienungspersonales und dann der die Bahnlinie unterschreitenden Arbeiter des Werkes.

Eine Abnahme von Drahtseilbahn-Neuanlagen findet nur durch die allgemeine Landespolizei bzw. in städtischen Bezirken durch die Baupolizei, aber nicht durch die Gewerbeinspektion statt. Jedoch ist die Gewerbeinspektion zur Untersuchung der Drahtseilbahnanlage, soweit sie in Berührung mit dem übrigen Gewerbebetrieb steht, auf Grund des § 139 B der Gewerbeordnung befugt. Findet sie hierbei Mängel, die ihrer Ansicht nach zur Gefährdung von Personen Anlaß geben können, so hat sie auf gütlichem Wege die Beseitigung dieser Mängel zu erstreben oder, wenn auf diese Weise nichts zu erreichen ist, eine Abstellung durch polizeiliche Verfügung auf Grund des § 120d G 6 (Strafparagraph 147. I. 4 G. 6 der Gewerbeordnung) zu erzwingen.

Neben dieser Aufsicht, die im Auftrage der Landespolizei von der Gewerbeinspektion ausgeübt wird, hat die Landespolizei die Kontrolle über die Einhaltung der Vorschriften durchzuführen, die von den verschiedenen Berufsgenossenschaften für die ihnen unterstehenden Betriebe erlassen sind. Beispielsweise verlangen die Unfallverhütungsvorschriften der Rheinisch-Westfälischen Hütten- und Walzwerks-Berufsgenossenschaft, die in § 112 der Reichs-Versicherungsordnung vom 19. Juli 1911 ihre Grundlage finden, daß bei Drahtseilbahnen zwischen Abgangs- und Empfangsstation zuverlässig wirkende Signalvorrichtungen vorhanden sein müssen — als ausreichend werden Klingelsignale angesehen — und daß die Seile zeitweise zu untersuchen sind. Diese Bestimmungen verpflichten außerdem den Unternehmer dazu, die Drahtseilbahnkippwagen so einzurichten, daß sie bei richtiger Beladung nicht während der Fahrt kippen können. Dem Arbeiter schreiben sie vor, die Kippwagen unter gleichmäßiger Verteilung der Last zu beladen und die Wagenverschlüsse, die ein Aufkippen der Wagen verhindern sollen, sorgsam zu benutzen.

Im übrigen fordert die Landespolizei nur, wie schon oben erwähnt, daß bei Übergängen über öffentliche Wege, die einen größeren Verkehr aufweisen, dieser durch etwa herabfallendes Ladegut nicht gefährdet wird. Daher sind in solchen Fällen in der Regel Schutzbrücken oder Schutznetze anzubringen.

Bei Überschreitung von Kommunaleigentum oder kommunalen öffentlichen Wegen sind auch die Kommunalbehörden um die Genehmigung der Drahtseilbahn anzugehen, die gewöhnlich ebenfalls unter Vorschreibung von Schutzbrücken erteilt wird. In gleicher Weise ist bei der Überschreitung von Forstgelände, Wasserstraßen oder Telegraphenleitungen die Erlaubnis der Forst-, Wasser- bzw. Postbehörden einzuholen.

Der Fall, daß die preußischen Staatseisenbahnlinien von Drahtseilbahnen überschritten oder berührt werden, tritt naturgemäß oft ein. Die Eisenbahndirektion muß sich also mit der Drahtseilbahn einmal insofern beschäftigen, als sie das Eisenbahneigentum berührt, d. h. bei Kreuzungen von Eisenbahnstrecken oder beim Anschluß an diese und bei pachtweiser Benutzung von der Eisenbahn gehörigem Gelände, andererseits sieht aber auch das Kleinbahngesetz von vornherein die Mitwirkung der Eisenbahnbehörden bei der Genehmigung der Anlage vor. Allerdings nennt das Kleinbahngesetz vom 28. Juli 1892 und die zugehörige Ausführungsanweisung vom 18. August 1898 die Drahtseilbahnen gar nicht und erstreckt sich ja dem ganzen Inhalt nach in erster Linie auf Standbahnen, doch sind alle Kommentare darüber einig, daß die Drahtseilbahnen ebenfalls darunter fallen, insbesondere unter die §§ 3, 4, 5, 17, 22.

Das darauf beruhende Genehmigungsverfahren wurde in den einzelnen Direktionsbezirken verschieden gehandhabt, und die Direktionen gingen in der Prüfung der Unterlagen zum Teil so weit, daß sie sämtliche rechnerischen Einzelheiten selbst nachrechneten. Diese starke Belastung der Behörden, die zudem den Eindruck erwecken konnte, als ob das behördliche Genehmigungsverfahren und die staatliche Aufsicht den Kleinbahnerbauer und den Kleinbahnbesitzer von jeder Verantwortung befreie, veranlaßte den Minister der öffentlichen Arbeiten zu einem Erlaß, in dem bezüglich der von Kleinbahnen bei den Eisenbahnbehörden für die Genehmigung ihrer Bauten einzureichenden statischen Berechnungen usw. unter anderem ausgeführt wurde, daß durch die im Kleinbahngesetzé und der zugehörigen Ausführungsanweisung vorgeschriebene Genehmigung und Aufsicht von Kleinbahnen seitens der Staatsbahnverwaltung den Kleinbahnunternehmern die Verantwortung für die Betriebssicherheit ihrer Anlagen nicht abgenommen werden soll. Die bei der Genehmigung mitwirkenden Eisenbahnbehörden sind vielmehr befugt, von den Kleinbahnunternehmern zu verlangen, daß die Entwürfe mit den Festigkeitsberechnungen von zuverlässigen Fachleuten aufgestellt und mit einem Vermerk über die technische und rechnerische Nachprüfung durch einen an der Aufstellung nicht beteiligten Sachverständigen versehen werden, von dem die Prüfungsbescheinigung zu unterzeichnen ist. Dieser Forderung nicht genügende Angaben werden zurückgewiesen, die ihnen entsprechenden hauptsächlich daraufhin übergeprüft, ob die anerkannten technischen Regeln befolgt und Lücken, die auf die Betriebssicherheit einwirken könnten, nicht vorhanden sind.

Das abgekürzte Prüfungsverfahren schließt jedoch nicht aus, daß in den Fällen, in denen es sich um Berührung mit der Staatsbahn handelt, also bei Anschlüssen, Kreuzungen usw., die zuständigen Staatseisenbahn-Verwaltungsbehörden auf Grund des Runderlasses vom 9. Juli 1903, Absatz 2, Ziffer 2 (Eisenbahnverordnungsblatt 232) den Unternehmern beratend und helfend zur Seite stehen.

Nach diesem Erlaß sind also die Unterlagen für die Bauwerke von Drahtseilbahnen, soweit sie die Staatseisenbahn berühren, vor der Einreichung an die Behörde von einem Sachverständigen zu überprüfen. Diese Prüfung gehört mit zu den Aufgaben, die dem Besteller der Drahtseilbahn vor der Ausführung des Einzelprojektes ebenso obliegt, wie beispielsweise die Auseinandersetzung mit den in Frage kommenden Grundbesitzern, während der Drahtseilbahnfabrikant nur die zeichnerischen und rechnerischen Grundlagen liefert.

Was die Gesichtspunkte anlangt, die der Sachverständige bei der Prüfung der Unterlagen anzuwenden hat, so ist es selbstverständlich, daß er sich einmal nach den allgemein anerkannten Regeln der Ingenieurwissenschaft zu richten hat, andererseits ist er aber im großen und ganzen auf die Angaben angewiesen, die ihm von der die Bahn erbauenden Firma gemacht werden, weil ihm naturgemäß in der Mehrzahl aller Fälle die dafür erforderliche Spezialerfahrung im Drahtseilbahnbau fehlen muß, da die in diesem Fach verantwortlich arbeitenden Ingenieure mit wenigen Ausnahmen in ihrer Stellung bei den Spezialfabriken bleiben und nicht als Zivilingenieure tätig sind. Man sollte es daher auch ablehnen, wenn gelegentlich der Sachverständige bei der Prüfung den von den Spezialfabriken gewählten Belastungsansätzen etwa diejenigen gegenübergestellt, die gewöhnlichen Hochbauten zugrunde gelegt werden; denn zwischen einer Drahtseilbahnstation und einem Wohn- oder Fabrikgebäude oder einer Halle besteht ein großer Unterschied, und die jeweiligen Belastungsannahmen für die Drahtseilbahngerüste sind nur auf Grund besonderer Erfahrungen und Kenntnis der Betriebsverhältnisse festzulegen.

Die Schutzvorrichtungen, die bei der Kreuzung von Staatsbahngleisen anzubringen sind, haben im allgemeinen nur die Bestimmung zu erfüllen, aus übervoll beladenen Seilbahnwagen etwa herabfallendes Fördergut aufzufangen und so den Verkehr zu schützen. Aus diesem Grunde läßt die preußische Staatsbahnverwaltung neben der festen Schutzbrücke auch das unter den Laufseilen der Drahtseilbahn ausgespannte Schutznetz zu.

Die Post- und Forstbehörden, sowie die Strombauverwaltungen schließen sich in ihren Ansprüchen eng an die Forderungen der Eisenbahnbehörden an.

Eine besondere Stellung nehmen die Drahtseilbahnen ein, die von Bergwerksunternehmungen für Zwecke des Bergbaues erbaut werden, obwohl das preußische Berggesetz vom 24. Juni 1865 die damals noch nicht bekannten Drahtseilbahnen naturgemäß gar nicht erwähnt.

Es befaßt sich nur mit Eisenbahnen schlechthin, aber alle Kommentatoren des Berggesetzes und die ständige Rechtsprechung stimmen darin überein, daß unter dem Ausdruck „Eisenbahnen" auch die Drahtseilbahnen zu verstehen sind. Demzufolge steht dem Bergwerkseigentümer das Recht der Enteignung fremder Grundstücke zu, die für die Drahtseilbahnen etwa gebraucht werden, denn nach § 64 dieses Gesetzes hat der Bergwerkseigentümer die Befugnis, die Abtretung des zu seinen bergbaulichen Zwecken erforderlichen Grund und Bodens nach näherer Vorschrift des fünften Teiles zu verlangen. Der erste § 135 dieses fünften Teiles besagt eingehender: „Ist für den Betrieb des Bergbaues, und zwar zu den Grubenbauen selbst, zu Halden, Beladeund Niederlageplätzen, Wegen, Eisenbahnen, Kanälen, maschinellen Anlagen, ... die Benutzung eines fremden Grundstückes notwendig, so muß der Grundbesitzer, er sei Eigentümer oder Nutzungsberechtigter, dasselbe an den Bergwerksbesitzer abtreten." Das hierdurch gewährte Enteignungsrecht steht, wie beispielsweise Geh. Bergrat Professor Dr. Adolf Arndt, ein bekannter Kommentator des Berggesetzes, sagt, dem Bergwerksbesitzer nicht nur für solche Eisenbahnen, Kanäle, Wege usw. zu, die zur Verbindung der Förderpunkte mit anderen oder mit einer Aufbereitungsanstalt oder einem Zubehör dienen, sondern auch für solche, die diese Punkte zum Zwecke des besseren Absatzes der Produkte mit einer öffentlichen Eisenbahn, einem Kanal usw. verbinden.

Demgemäß hat der Bergwerksbesitzer in Preußen freie Hand bei der Anlage seiner Drahtseilbahnen und ist von dem guten Willen der

Grundbesitzer, deren Grundstücke er überschreiten muß, unabhängig, denn er hat gar nicht die Notwendigkeit der Anlage einer Drahtseilbahn nachzuweisen, sondern nur die Notwendigkeit der Benutzung fremder Grundstücke. Geregelt wird das Verfahren nach den §§ 138, 142, 143, 145, 147 des Berggesetzes:

„Wenn feststeht, daß die Benutzung des Grundstückes länger als 3 Jahre dauern wird, oder wenn die Benutzung nach Ablauf von 3 Jahren noch fortdauert, so kann der Grundeigentümer verlangen, daß der Bergwerksbesitzer das Eigentum des Grundstückes erwirbt." (§ 138.)

„Können die Beteiligten sich über die Grundstücksabtretung nicht gütlich einigen, so erfolgt die Entscheidung darüber, ob, in welchem Umfange und unter welchen Bedingungen der Grundbesitzer zur Abtretung des Grundstückes oder die Bergwerksgesellschaft zum Erwerb des Eigentumes verpflichtet ist, durch einen gemeinschaftlichen Beschluß des Oberbergamtes und der Regierung." (§ 142.) Die „Regierung" ist der Bezirksausschuß. Der Enteignungsantrag ist an das Oberbergamt zu richten und muß den Namen und Wohnort der Grundeigentümer und Nutzberechtigten enthalten, gegen die der Anspruch auf Grundabtretung erhoben wird, die Bezeichnung der abzutretenden Grundfläche nach Lage, Größe und Grenzen, die Bezeichnung und Beschreibung der Anlage, zu der die Grundstücke verwendet werden sollen, die mutmaßliche Dauer der Benutzung, das Anerbieten einer bestimmten Nutzungsentschädigung bzw. Kaufsumme, die Angabe, daß die gütliche Einigung auf dieser Grundlage vergebens versucht ist. Beizufügen sind dem Antrage eine beglaubigte Abschrift des Grundbuchblattes der abzutretenden Grundstücke, eine Situationszeichnung über die abzutretenden Flächen, von einem konzessionierten Markscheider oder Landmesser angefertigt, in drei Ausfertigungen, ein Auszug aus der Grundsteuermutterrolle, der Schriftwechsel, aus dem sich ergibt, daß der Einigungsversuch erfolglos geblieben ist, und bei größeren Anlagen ein Projekt der Anlage.

Der Antrag wird den Gegnern mitgeteilt, es werden Kommissare zur Abhaltung eines örtlichen Termines ernannt und beiden Teilen bekanntgegeben mit der Aufforderung, einen Sachverständigen für die Abschätzung zu benennen. Die Kommissarien ernennen einen dritten Sachverständigen und setzen den Enteignungstermin fest. (§ 143.)

Wenn so das preußische Berggesetz dem eine Drahtseilbahn erbauenden Bergwerk auf der einen Seite ein wertvolles Recht übermittelt, so verlangt es auf der anderen Seite einen bestimmten Einfluß auf Anlage und Betrieb, indem es diese der Genehmigungspflicht unterwirft. Nach dem § 67 des allgemeinen Berggesetzes muß die von bergbaulichen Betrieben beabsichtigte Errichtung einer Eisenbahn der Bergbehörde vor der Ausführung durch einen Betriebsplan angezeigt werden, die darauf in eine Prüfung der Anmeldung eintritt. Erhebt nun die Bergbehörde, d. h. der Bergrevierbeamte, binnen 14 Tagen nach der Vorlegung des Betriebsplanes keinen Einspruch dagegen, so ist der Bergwerksbesitzer zur Ausführung befugt (§ 68). Wird aber von dem Bergrevierbeamten in dieser Zeit Einspruch erhoben, dann steht dem Bergwerksbesitzer Berufung an das Oberbergamt zu, das die Angelegenheit prüft und seine Entscheidung in einem Entschluß festsetzt und dem Bergwerksbesitzer mitteilt.

Ebenso wie bei den der Landespolizei unterworfenen Drahtseilbahnanlagen behandelt auch die Bergbehörde die Angelegenheit mit anderen Behörden gemeinsam, wenn deren Interessen durch die geplante Anlage berührt werden, wobei die Leitung des Verfahrens in der Hand der Bergbehörde bleibt. Es werden daher bei dem Genehmigungsverfahren von dem Bergrevierbeamten bzw. dem Oberbergamte auch die Landespolizeibehörden, die Post-, Forst-, Eisenbahnbehörden und Stromverwaltungen hinzugezogen. Die Handhabung der Prüfung der Unterlagen ist, da die gesetzlichen Bestimmungen wenig ins einzelne gehen, mehr oder weniger der persönlichen Auffassung der Organe der unteren Bergbehörde überlassen und demgemäß verschieden. Daher ist es häufig zweckmäßig, sich bei Neuanlagen der Erfahrungen der auf dem Gebiete des Drahtseilbahnbaues maßgebenden und mit den Bergbehörden in ständiger Berührung stehenden Firmen zu bedienen.

Es ist noch zu bemerken, daß die polizeiliche Abnahme der für den Bergbau gebrauchten Drahtseilbahn durch die zuständige Bergbehörde erfolgt, beispielsweise in Preußen durch einen Kommissar des Oberbergamtes oder durch den zuständigen Bergrevierbeamten. Zuweilen sind bei der Abnahme auch die schon genannten anderen Behörden zugegen, sofern deren Interessen berührt werden, doch lassen sich diese häufig von der Bergbehörde vertreten und überlassen ihr die Abnahmeformalitäten in vielen Fällen vollständig.

b) Die rechtliche Stellung der Drahtseilbahn in Deutschland mit Ausnahme von Preußen.

In den für den Bergbau außer Preußen noch in Frage kommenden deutschen Bundesstaaten liegen die bergrechtlichen Verhältnisse sehr ähnlich wie dort; doch würde es zu weit führen, wenn hier im einzelnen auf jede dieser Bestimmungen eingegangen werden sollte.

Sofern die Drahtseilbahnen Unternehmungen anderer als bergbaulicher Art dienen, greifen in den außerpreußischen Bundesstaaten die landespolizeilichen Organe im allgemeinen in ähnlicher Weise wie in Preußen ein.

c) Die rechtliche Stellung der Drahtseilbahn im Auslande.

α) Die Länder des früheren Österreich.

Im Gegensatz zu deutschen Verhältnissen stand in Österreich-Ungarn, und Änderungen sind bisher noch nicht bekannt geworden, der Drahtseilbahn, die dort allgemein als Eisenbahn behandelt und betrachtet wird, in allen Fällen das Enteignungsrecht zu, doch ist insofern ein Gegensatz zur bodenständigen Kleinbahn gegeben, als die Prüfung der Unterlagen durch das Eisenbahn-Ministerium nur dann erfolgt, wenn Gleise, auch solche auf Werks- und Fabrikbahnhöfen, überschritten werden. Nur Personenschwebebahnen unterliegen stets der Genehmigung und Prüfung durch das Eisenbahn-Ministerium.

Die Verhältnisse sind sonst ähnlich wie in Deutschland, wenn auch das Verfahren der Genehmigung etwas umständlicher ist. Der Bergwerksbehörde unterstehen die Drahtseilbahnen in bergbaulichen Betrieben, der Bezirkshauptmannschaft die anderen Drahtseilbahnen, die in das Ressort der Landespolizeiverwaltung fallen. Die Genehmigung und Abnahme erfolgt in zweimaliger Behandlung, indem eine doppelte Begehung der Linie stattfindet. Bei der ersten Begehung der Strecke, zu der alle Behörden, deren Interessen berührt werden, Vertreter senden und die beteiligten Grundbesitzer geladen werden, werden im allgemeinen die grundrechtlichen Verhältnisse geregelt, und es wird bestimmt, daß die Anlage dem Projekt entsprechend ausgeführt wird, in gutem Zustande zu erhalten ist und bei etwaigen Änderungen rechtzeitig um die Genehmigung nachgesucht wird. Dabei darf aber nicht eher mit dem Bau begonnen werden, als bis die den einzelnen Grundbesitzern zuzusprechenden Entschädigungen für die Rechte an ihrem Grundstück bezahlt sind. Außerdem wird eine bestimmte Frist für die Bauausführung vorgeschrieben, und es werden besondere Vorschriften über Sicherheitsmaßnahmen gegeben. Nach Beendigung des Baues hat die sogenannte Kollaudierung, das ist die Abnahme durch eine Begehung von Vertretern der in Frage kommenden Behörden zu erfolgen, die bei dieser Gelegenheit etwa noch erforderliche Vorschriften für die Behandlung der Bahn erlassen können. Diese Vorschriften beziehen sich in der Hauptsache auf die Sicherheit von Personen und die Beseitigung von Gefahren, die durch die Bahn den Grundstücken und deren Benutzern gebracht werden können. In der ersten Begehungskommission werden aber in der Regel auch bestimmte Punkte festgelegt, von denen bei der Konstruktion der Stützen und Stationen, bei der Führung des Zugseiles, Lagerung der Tragseile, dem Aufbau der Strecke usw. ausgegangen werden muß. So wird beispielsweise bestimmt, in welcher Weise die Stützen zu fundamentieren oder einzurammen sind, welche Vorschriften für elektrische Einrichtungen zu gelten haben, welche Ansprüche an die Bremsen gestellt werden und welche Geschwindigkeit im Betrieb zugelassen wird, so daß der Erbauer der Drahtseilbahn in den Ländern des früheren Österreich erst nach der ersten Streckenbegehung mit der Ausarbeitung der Bauzeichnungen beginnen kann.

β) Ungarn.

In Ungarn unterstehen sämtliche Drahtseilbahnen dem Handelsministerium. Ebenso wie im früheren Österreich sind zwei Begehungen, eine vor dem Baubeginn und eine Kollaudierungsbegehung notwendig. Die Ausführungsbestimmungen technischer Art sind für manche Einzelheiten recht eingehend, indem beispielsweise Vorschriften erlassen sind, in welcher Weise die Stützen bei bestimmter Höhe fundamentiert werden müssen. Die Schutzbrücken über öffentliche Straßen müssen auch für den Absturz eines Wagens bemessen werden. Das Handelsministerium verlangt außerdem die Zeichnungen in sehr vielen Ausfertigungen und in sauberer, mit Farben angelegter Ausführung,

28*

ferner meist auch die statische Berechnung für jede einzelne Stütze besonders durchgeführt, selbst wenn nur geringe Unterschiede in der Höhe und Belastung bestehen. Wenn die Bestimmungen so auf der einen Seite eine umständlichere Behandlung der Dinge vorsehen, die auch entsprechende Zeit in Anspruch nimmt, so läßt das Handelsministerium auf der anderen Seite in seinen Vorschriften Materialbeanspruchungen zu, die häufig über die in Deutschland üblichen hinausgehen.

γ) Das europäische und überseeische Ausland. außer Österreich und Ungarn.

Die Verhältnisse liegen im allgemeinen ähnlich wie in Deutschland, mit Ausnahme von England, Rußland und sämtlichen amerikanischen Staaten, wo weder eine Anmelde- noch Abnahmepflicht für die Errichtung und den Betrieb von Drahtseilbahnen besteht und wo der Projektausführung nur eine privatrechtliche Auseinandersetzung des Unternehmers mit den beteiligten Grundstücksbesitzern vorangehen muß, bei welcher Gelegenheit z. B. Eisenbahnen bestimmte Bedingungen, wie Errichtung von Schutzbrücken oder Anbringung von Schutznetzen geltend machen können.

In Frankreich wird die Drahtseilbahn nur insoweit verwaltungsrechtlich berührt, als sie sich an Eisenbahnen, öffentlichen Wegen, Flüssen und Kanälen anschließt oder diese überschreitet. Die Pläne bezüglich der zu treffenden Sicherheitsmaßnahmen sind, sobald Eisenbahnen in Frage kommen, dem Kriegsministerium, sofern öffentliche Wege oder Wasserläufe überschritten werden, der Administration des ponts et chaussées zur Genehmigung vorzulegen. In den gleichen Fällen ist eine Genehmigung der bezüglichen Bauwerke in Belgien, den nordischen Ländern, Spanien und Italien einzuholen. Ein Enteignungsrecht besteht in Spanien und Italien zugunsten der Drahtseilbahnen im Bergwerksbetrieb und für solche Anlagen, die dem öffentlichen Interesse dienen.

VI. Die örtliche Bauausführung und der Betrieb der Drahtseilbahnen.

1. Die örtliche Ausführung.

Nachdem von der Maschinenfabrik die Konstruktionsteile fertiggestellt und angeliefert sind, handelt es sich darum, sie zur Aufstellung zu bringen. Zu dem Zweck muß die örtliche Arbeit inzwischen derart vorbereitet sein, daß diese Teile möglichst sofort bei ihrer Ankunft an Ort und Stelle gebracht und aufgebaut werden.

Der Gang der örtlichen Ausführung gestaltet sich etwa wie folgt: Da für die Herstellung der Ausführungszeichnungen für die Bauteile und auch die örtlichen Arbeiten ein genaues Profil der Seilbahnstrecke vorhanden sein muß, so ist die Bahnlinie bereits bei Ausarbeitung der Bauentwürfe genau vermessen und festgelegt worden. Der Bauherr beginnt nun damit, auf Grund der Zeichnungen der Seilbahnfabrik die einzelnen Bauobjekte, Stützen, Stationen, Spannvorrichtungen, Schutzbrücken usw. festzulegen, wozu ihm die Fabrik ihre Feldmesser oder Monteure vereinbarungsgemäß beistellt. Dann werden die Fundamentgruben ausgehoben, um mit dem Aufmauern oder Stampfen der Fundamente beginnen zu können, ebenso werden auch etwa erforderliche Geländeeinschnitte durch vorspringende Berggrate hergestellt. Wird die Bahn mit Holzstützen ausgeführt, so werden die Hölzer auf Grund der Zeichnungen der Maschinenfabrik beschafft und abgebunden, so daß sie schnellstens auf den Fundamenten aufgestellt werden können. Bei einer weniger wichtigen Anlage, für welche mit kürzerer Betriebszeit zu rechnen ist, werden die Stützen auch vielfach in die Erde eingegraben. Handelt es sich um eine Anlage mit eisernen Stützen, so müssen diese, je nach den Fortschritten der Fundamentarbeiten, auf die Strecke gebracht und dort zusammengenietet und aufgestellt werden.

Gleichzeitig mit den Unterstützungen werden auch ihre Sonderausrüstungen, als Auflagerschuhe für die Tragseile und Tragrollen für das Zugseil, mit aufgebracht, das gleiche geschieht bei den über wichtige

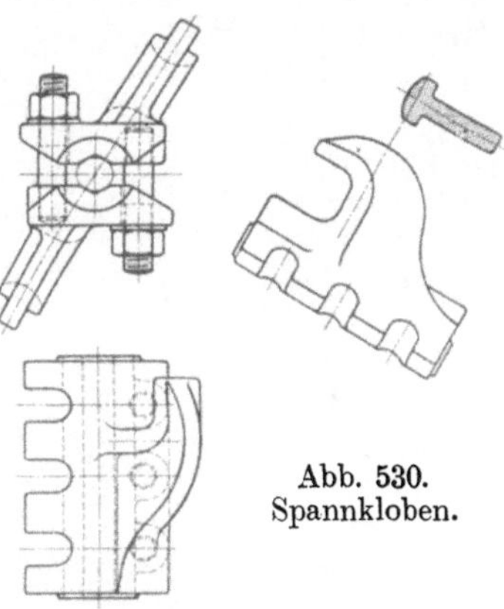

Abb. 530.
Spannkloben.

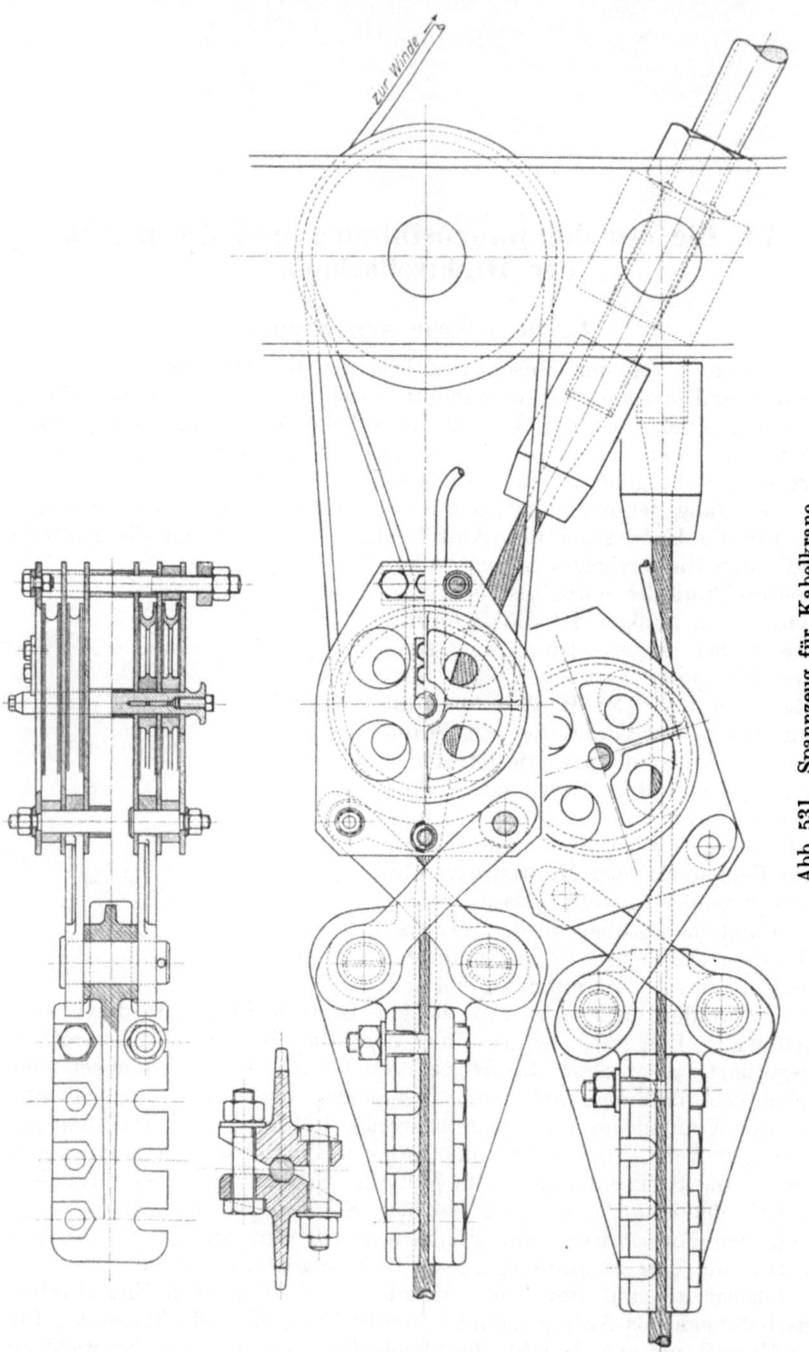

Abb. 531. Spannzeug für Kabelkrane.

Wege zu erbauenden Schutzbrücken. Die Spannvorrichtungen erhalten ihre Ausrüstung zur Anspannung der Tragseile und sobald die Spannteilstrecke einer größeren Bahn soweit fertiggestellt ist, daß die Tragseile aufgebracht werden können, werden diese auf der Strecke ausgelängt, durch die Zwischenkupplungen zur durchgehenden Laufbahn verbunden und auf die Stützen aufgelegt. Schon beim Entwurf der Bauzeichnungen wird sorgfältig darauf geachtet, daß die Zwischenkupplungen nicht etwa dicht vor einer Stütze zu liegen kommen, sondern mindestens soweit davon entfernt sind, daß sich auch beim Anspannen des vorläufig nur lose aufgelegten Seiles daraus keine Schwierigkeiten ergeben.

Angezogen werden die Seile mit Hilfe von Flaschenzügen, die ihrerseits an Spannkloben angreifen, welche fest auf das natürlich gut abgebundene Seilende aufgeschraubt sind. Einen solchen Spannkloben gibt die Abb. 530 nach einer Zeichnung der Seilbahn-Gesellschaft wieder. Ein ähnliches, von Ernst Heckel G. m. b. H. für Kabelkrane verwendetes Spannzeug mit angeschlossenem Flaschenzug zeigt die Abb. 531. Ist das letzte Seilende nach der richtigen Anspannung auf die genau passende Länge abgeschnitten, so wird das Spannseil vermittels der Muffenkupplung daran angebracht, der Gewichtskasten eingehängt und belastet, wodurch das Seil die für den Betrieb vorgesehene endgültige Anspannung erhält. Um ein beim Anziehen etwa aus dem Auflagerschuh herausgesprungenes Seil unter Spannung wieder einzulegen benutzt man eine Seilklemme, wie sie die Abb. 532 ebenfalls nach einer Zeichnung der Seilbahn-Gesellschaft darstellt.

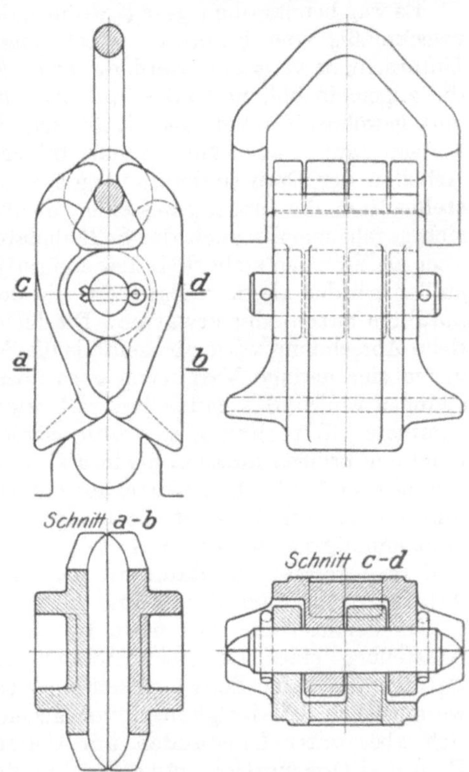

Abb. 532. Seilklemme.

Die Endstationen und etwa vorhandene Zwischenstationen erfordern für die Aufstellung der Holzgerüste oder Eisengestelle und das Anbringen der mechanischen Konstruktionsteile gewöhnlich die größte Arbeit und sind diejenigen Bauteile, die meistens zuletzt fertig werden. In die eine Station muß stets das Antriebs- bzw. Bremsvorgelege mit den zugehörigen Gegenscheiben und dem etwaigen Antriebsmotor eingebaut werden, in die entgegengesetzte Station zumeist die Zugseilspannvorrichtung nebst Zubehör. Hierzu kommen die Hängebahnschienen, welche die einzelnen Seillaufbahnen zur durchgehenden Strecke miteinander verbinden und den Kreislauf des Systemes schließen. Sind endlich die Stationen fertiggestellt, so werden die vorher gereinigten Seilbahnwagen aufgehängt und langsam über die Strecke verteilt, wobei sie zuerst in größeren Abständen bleiben müssen, damit man so nach und nach zur Aufnahme des vollständigen Betriebes schreitet.

Es war bereits oben gesagt worden, daß die örtlichen Nebenarbeiten zweckmäßig vom Bauherrn selbst ausgeführt oder an ortsangesessene Unternehmer vergeben werden. Diese Art des Zusammenarbeitens ist die allgemein übliche und empfiehlt sich schon deshalb, weil der Bauherr gewöhnlich neben der eigentlichen Drahtseilbahn gleichzeitig noch andere Bauten auszuführen hat, die er zusammen mit den örtlichen Arbeiten der Drahtseilbahn vergeben kann. Als Unternehmer hierfür stehen ihm die ortsangesessenen Handwerker zur Verfügung, an die sich gegebenenfalls auch der Seilbahnfabrikant wenden könnte, die ihm aber als Fremden sicherlich keine günstigen, sondern eher höhere Preise stellen würden als dem Bauherrn, für den sie noch mehr Arbeiten auszuführen haben oder erwarten. Die Lieferungsverträge und die schließliche Abrechnung wird nötigenfalls die Seilbahnfabrik für den Bauherrn gegen eine geringe Vergütung gern übernehmen. Sollte man ihn aber zwingen wollen, das ganze Bauwerk etwa auch noch zu einer Pauschalsumme zu übernehmen, so würde er nicht allein höhere Preise in Anrechnung bringen müssen, als ihm abverlangt werden, er müßte darüber hinaus auch für das Ungewisse, das mit jedem industriellen Unternehmen nun einmal verknüpft ist, noch einen Zuschlag machen, der die Bahn ganz unnötigerweise verteuert. Die Praxis hat es deshalb auch als richtig und im Interesse des Bauherrn liegend erwiesen, daß er die örtlichen Arbeiten selbst übernimmt und vergibt.

Im Flachgelände, wie es in Deutschland gewöhnlich ist, bietet die Aufstellung einer Drahtseilbahn für die fachgeübten Monteure des Fabrikanten keine Schwierigkeiten, auch im Mittelgebirge sind keine wesentlichen Schwierigkeiten vorhanden. Im Hochgebirge handelt es sich aber unter Umständen um Unternehmungen, welche die ganze Bau- und Organisationskunst des Ingenieurs herausfordern und die nur bei einträchtigem Zusammenwirken von Fabrikant und Bauherrn überwunden werden können.

Was für Hindernisse bei besonders schwierigen Bauten auftreten und wie sie durch geeignete Organisation und umfassende, rechtzeitig getroffene Vorkehrungen doch in einer Bauzeit überwunden werden, die, verglichen mit der für den Bau von Eisenbahnen erforderlichen Zeit, geradezu gering erscheint, dafür legt das beste Zeugnis der Bau der großen Drahtseilbahn in den argentinischen Kordilleren ab[43]), die auf S. 195 schon beschrieben wurde. Die Leitung des Baues lag, wie schon oben erwähnt, in den Händen der argentinischen Regierung.

---

[43]) Die anschauliche Schilderung stammt von Dieterich, Zeitschr. d. Ver. deutsch. Ing. 1906.

Die Wahl der Bahnlinie und ihre Absteckung war naturgemäß mit bedeutenden Schwierigkeiten verknüpft. Da das vorhandene Kartenmaterial außerordentlich unzuverlässig war, konnte man damit nur schlecht arbeiten. Es war vor allen Dingen notwendig, die ganze Linie, die für den Bau in Betracht kam, gründlich zu studieren, um die geeigneten Teilstrecken auswählen zu können. Die Gegend wurde deshalb von einem Vermessungsausschuß der Regierung unter Leitung sachkundiger Ingenieure mehrfach bereist und dann in rohen Zügen, möglichst im Anschluß an die gerade Linie, eine vorläufige Absteckung vorgenommen. Man kam dabei aber mit einem großen Teil der Linie in ein Flußbett hinein, weshalb man später etwas abschwenkte. Damit wurde allerdings die gerade Linie verlassen; man mußte sich dazu entschließen, Bruchpunkte anzulegen, die sich auf den Zwischenstationen III, V, VI, VII und VIII befinden. Nach dieser Schwenkung der Linie wurden dann auch die Stationspunkte endgültig festgelegt.

Um auch den Ingenieuren und dem bauausführenden Bureau der Firma A. Bleichert & Co. eine allgemeine Orientierung zu ermöglichen, wurde die ganze Gegend in einer Folge von Bildern photographiert. In diese Photographien wurde die Bahnlinie mit den Stationen (Bruchpunkten usw.) eingezeichnet, so daß sich der Verlauf der Strecke in einer ununterbrochenen Reihe von Bildern deutlich darstellte.

Diesem ersten Abstecken der Linie folgte eine allgemeine tachymetrische Höhenvermessung, die von der Regierung ausgeführt wurde, und die schon etwas mehr in die Einzelheiten ging, doch genügte auch sie für die eigentliche Bauausführung noch nicht. Es ist eine durchaus irrtümliche Annahme, wenn man glaubt, bei Drahtseilbahnen spielten geringe Höhenunterschiede keine Rolle. Im Gegenteil ist darauf zu sehen, daß die Höhenpunkte der ganzen Strecke mit derselben Sorgfalt abgemessen werden wie bei Schienenbahnen.

Es war daher notwendig, eine genaue Einzelvermessung der ganzen Linie für das Bauprofil vorzunehmen. Diese Vermessung wurde von einem Oberingenieur der Firma A. Bleichert & Co. unter Beihilfe von Regierungsingenieuren ausgeführt. Nachdem so schließlich die wesentlichen Einzelheiten festgelegt und das ganze Längsprofil durchgearbeitet war, konnte mit dem Bau begonnen werden. Aber es ging dem eigentlichen Bau noch eine letzte Kontrollvermessung voraus, die bei Anlage der Fundamente vorgenommen wurde, und die, immer nur kürzere Längen umfassend, dem Bau streckenweise vorauseilte.

Die ersten Arbeiten, die dann vorzunehmen waren, betrafen die Erschließung des Gebirges im Zuge der Drahtseilbahn. Es gingen zwei verschiedene, allerdings sehr schwierige Maultierpfade in das Gebirge hinein, die jedoch, schon viele Jahrhunderte alt, zum Teil verfallen und unbenutzbar waren. Zunächst handelte es sich darum, diese alten Pfade möglichst auszubessern und da, wo dies nicht möglich war und wo sie nicht an die Bahnlinie heranführten, neue Wege anzulegen. Vor allen Dingen wurde eine Hauptstraße von Chilecito bis zu den Upulungosminen des Famatinabezirkes gebaut, die infolge ihrer vielen Umwege etwa 50 km lang wurde, und von der aus man Seitenwege nach den

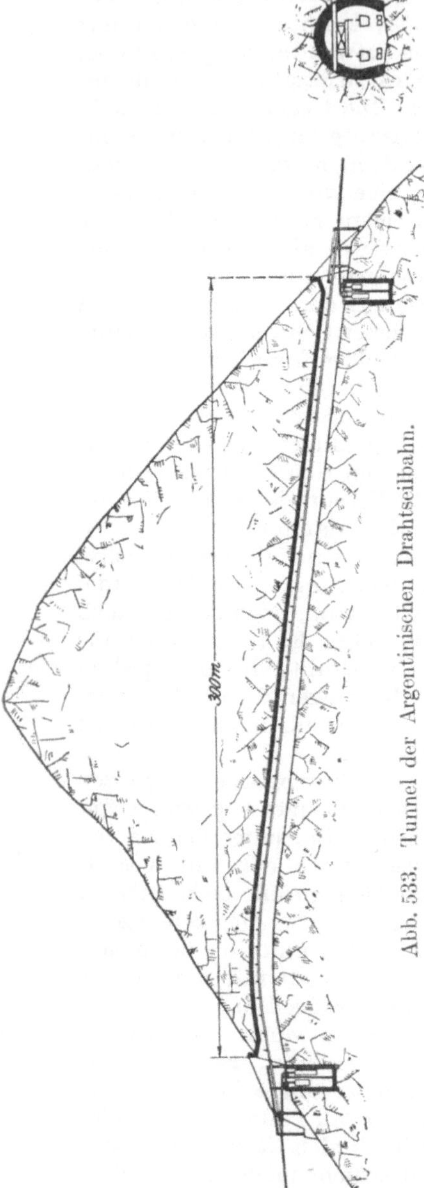

Abb. 533. Tunnel der Argentinischen Drahtseilbahn.

einzelnen Baupunkten führte. Die Gesamtlänge dieser Seitenwege betrug etwa 60 km, so daß im ganzen rund 110 km Wegebauten, zum Teil unter den schwierigsten Verhältnissen, auszuführen waren.

Hand in Hand mit diesen Wegebauten ging die Bearbeitung der Strecke selbst. Läßt sich eine Drahtseilbahn auch stets dem Gelände anpassen, so ist es doch wünschenswert, allzu scharfe Gefällwechsel bei Bergübergängen und allzu große Spannweiten zu vermeiden, um nicht künstlich den Betrieb zu erschweren. Demnach hat man auch hier die Bergübergänge mit möglichst großen Übergangshalbmessern ausgeführt. Diese großen Übergangshalbmesser bedingten aber, da das Gebirge ein Faltengebirge mit sehr schroffen Kämmen ist, eine ganze Reihe von Einschnitten, von denen einige ganz bedeutende Abmessungen haben. Der Bau dieser Einschnitte war insofern bemerkenswert, als das Gestein, das wesentlich aus Kalk, Schiefer, vielfach aber auch aus harten Graniten und Quarzen besteht, Sprengarbeiten im größten Maß ermöglichte. Zur Herstellung der Fläche für Station VII, die besonders ungünstig gelegen ist, wurden unter anderem Sprengungen vorgenommen, bei denen rund 70 Dynamitpatronen in ebenso vielen Bohrlöchern gleichzeitig abgeschossen wurden.

Einer der bemerkenswertesten Einschnitte liegt bei Station IV, wo rund 5000 cbm Fels herauszuschießen waren. An einer anderen Stelle, zwischen Station IV und V, mußte zur Vermeidung allzu großer Spannweiten und zu großer Stützhöhen ein Tunnel von rund 300 m Länge angelegt werden, der bei 4,5 m Breite und 4 m Höhe eine Bewältigung von 3500 cbm Gebirge erforderte (Abb. 533). Dieser Tunnel ist an den beiden Mundlöchern ausgemauert und mit Portalen versehen, von denen eines gleichzeitig als Stützmauer gegen das dort leicht rutschende Schiefergebirge dient. Im Innern des Tunnels ist das Gebirge so widerstandsfähig, daß ein Ausbau unterbleiben konnte. Der Tunnel wurde im Dezember 1903 in Angriff genommen und im April 1904 fertiggestellt.

Selbstverständlich war es dann noch notwendig, besondere Arbeits-, Bau- und Lagerplätze, Wohnräume für die Arbeiter, kleine Wohnhäuser für die beim Bau beschäftigten Beamten anzulegen, ehe mit dem Hinaufschaffen der Einzelteile begonnen werden konnte. Um einen genügenden Überblick über die Baustoffe zu bekommen und ihre Ausgabe möglichst einheitlich zu gestalten, wurde zunächst bei Station I in Chilecito ein großes Baulager eingerichtet, durch das alle beim Bau verwendeten Stoffe hindurchgehen mußten und von dem aus sie nach Bedarf entnommen werden.

Ein sehr wichtiger Teil der nun folgenden Bauarbeiten war die Beförderung der verschiedenen Baustoffe nach der Baustelle. Ähnlich wie bei der Anlage von Schieneneisenbahnen hatte man beschlossen, die Drahtseilbahn streckenweise herzustellen, um auf den unteren Strecken die Baustoffe den später zu erbauenden oberen zuzuführen. Nur muß hierbei die Eigenart der Drahtseilbahn berücksichtigt werden, bei der es nicht wie bei der Schieneneisenbahn möglich ist, die Strecke gewissermaßen meterweise vorzutreiben und das dahinterliegende Stück sofort zu benutzen. Bei einer Seilbahn kann man immer nur eine zwischen zwei Stationen liegende Strecke in Betrieb nehmen. Ebenso muß man die Stationen selbst erst fertigstellen, ehe die eigentliche Bahnlinie, die von der Station ausgeht, erbaut werden kann.

Das in jenen Gegenden übliche, weil billigste und zuverlässigste, Beförderungsmittel ist das Maultier. Da, wo die Steigungen nicht allzugroß und die Wege noch einigermaßen fahrbar sind, verwendet man meistens zweirädrige, seltener schon vierrädrige Wagen ziemlich einfacher Bauart. Doch konnten die Baustoffe mit diesen Wagen nicht über Station II hinausgeführt werden. Von hier aus blieb das Maultier das einzige Beförderungsmittel. Man mußte daher schon bei der Bearbeitung der Eisenkonstruktionen berücksichtigen, daß alle Teile, die über die zweite Station hinaus zu befördern waren, das Gewicht von 150 kg nicht überschritten. Alle die riesigen Eisenkonstruktionen, die gewaltigen eisernen Stützen, die Dampfmaschinen, Dampfkessel, Seilscheiben, Schwungräder, alles mußte in entsprechende Stücke zerlegt werden. Einzelne schwerere Teile, die bis auf 2000 kg Gewicht stiegen, konnten nicht anders fortbewegt werden als durch Träger, natürlich eine außerordentlich mühselige Arbeit, da besonders das Verteilen großer Lasten von geringem Umfang auf eine Reihe von Menschen große Schwierigkeiten bereitet.

Außer den Maultieren kamen als weitere Beförderungsmittel noch Esel in Betracht, die in Argentinien in ziemlich guter Rasse gezogen werden und außerordentlich ausdauernd sind. Sie wurden zur Beförderung von Nahrungsmitteln, Trinkwasser, höchstens auch noch Kalk und Steinen verwendet. Im Durchschnitt waren während des Baues rund 600 Maultiere mit der Beförderung der Baustoffe und etwa 90 Esel mit dem Hinaufschaffen der Nahrungsmittel beschäftigt; nur im letzten Teil der Bauzeit, kurz vor der Einweihung, mußte der Bestand erhöht werden, da einige Arbeiten im Rückstande geblieben waren. Die Artillerie der Republik Argentinien stellte dafür noch 200 Maultiere zur Verfügung, so daß in der letzten Zeit des Baues 900—1000 Lasttiere Beschäftigung fanden.

Die Beförderung der Tragseile bildete wohl die schwierigste Arbeit des ganzen Baues. Die bis zu 36 mm starken Seile für die beladenen Wagen wiegen rund 7 kg/m. Sie müssen aber in Längen von mindestens 200—300 m hergestellt werden, so daß sich das Gesamtgewicht eines solchen Seiles auf rund 2000 kg beläuft. Man mußte sich

Abb. 534. Seiltransport auf dem fertigen Streckenabschnitt.

daher wohl oder übel dazu entschließen, die Seile, die auf großen Rollen ankamen, abzuwickeln und durch besondere Trägergruppen befördern zu lassen. Je nach der Seillänge bestand eine solche Gruppe aus 60 bis unter Umständen mehreren hundert Mann, natürlich einen entsprechenden Aufwand von Arbeit und Kosten verursachend, so daß z. B. die Beförderung eines einzigen Seilstückes von Station III nach V 175 M. kostete. Als die ersten Seilbahnstrecken fertig waren, konnte man die Seile nach den oberen Strecken der Bahn befördern, indem man die einzelnen Stücke in mehrere zusammenhängende Rollen auflöste und jede Rolle an einem leeren Wagengehänge befestigte. Auf diese Weise brachte man es fertig, je drei hintereinander liegende Gehänge zu verwenden und Seile in ganzen Stücken von 2000—3000 kg Gewicht zu befördern (Abb. 534).

Die Eisenkonstruktionen wurden, soweit irgend angängig, in Europa fertiggemacht, namentlich wurden die Stützgerüste und die Stationen vorher mit Schrauben zusammengebaut, dann wie üblich gezeichnet und wieder in kleine Stücke von 150 kg im Mittel zerlegt, um das Transportgewicht nicht zu überschreiten. Da alle Stationen sogenannte Parterrestationen sind, war das Zusammenbauen verhältnismäßig einfach und konnte fast ganz ohne Gerüste durchgeführt werden, wobei die Ersparnis an Gerüsthölzern in jener holzarmen Gegend sehr wichtig war.

Anders war es schon bei den Stützen. Die kleineren Stützen von 5—10 m Höhe wurden an Ort und Stelle liegend genietet und dann über den Fundamenten aufgerichtet. Dagegen mußten die großen Gerüste, die bis zu 40 m Höhe ansteigen und eine Fußbreite von 8 bis 10 m haben, aufrecht stehend genietet werden, und zwar derart, daß sie immer stockwerkweise fertiggemacht wurden, so daß ein fertiges Stockwerk den Unterbau für das neuaufzustellende bildete. War dann der **Bau** soweit fortgeschritten, daß die oberen Stücke kein allzu

Abb. 535. Aufbau einer hohen Stütze.

großes Gewicht mehr hatten, so wurden die obersten Gerüstteile unten auf dem Boden zusammengenietet, im ganzen emporgezogen und durch Schrauben mit dem unteren Turm fest verbunden (Abb. 535). Der außerordentlichen Vorbereitung und dem Umstande, daß der Zusammenbau der ganzen Eisenkonstruktionen so genau vorgerichtet war, daß fast kein einziges Loch nachgebohrt zu werden brauchte und

Abänderungen, von ganz geringen Ausnahmen abgesehen, nicht vorzunehmen waren, war es zu verdanken, daß die gesamte Arbeit ohne Unfall vor sich ging, wie überhaupt die Zahl der Unfälle sehr gering war. Die einzigen Unglücksfälle, die sich ereigneten, kamen beim Sprengen und infolge elementarer Ereignisse vor, die natürlich auch bei dem sorgfältigst vorbereiteten Bau einen Strich durch die Rechnung machen.

Während die Gegend im allgemeinen nicht sehr regenreich, in größerer Höhe fast vollkommen regenlos ist, kommen doch von Zeit zu Zeit mit ganz überraschender Schnelligkeit sehr schwere Wetter heran, die gewöhnlich nur Minuten dauern, aber ungeheure Wassermassen über große Strecken ergießen. Ein derartiger Wolkenbruch, der ganz fabelhafte Fluten auf einzelne Baustellen herabsandte, brachte im April 1904 eine erhebliche Baustörung mit sich, indem er einen Teil der fertigen Stützen mitsamt den Fundamenten aus dem Erdboden heraushob und umlegte und die Station II teilweise verschüttete, ebenso wie er am Tunnel einige Verheerungen anrichtete. Merkwürdigerweise waren die Verluste an Baustoffen, wenn auch die Beschädigungen sehr umfangreich waren, nicht erheblich. So wurden z. B. die Wagenkasten, die zum Aufhängen für die Strecke bereitstanden und an verschiedenen Stellen verteilt waren, durch die Fluten, die sich nach kurzer Zeit wieder verliefen, alle an eine entfernt liegende Stelle zusammengeschwemmt, von wo sie zur Bahn zurückgeholt wurden. Aber auch Schneestürme, durch die große Strecken der Bahn mit einer weißen Hülle umgeben und die Wege unbenutzbar gemacht werden, sind keine Seltenheit.

Der Bau der Strecke begann nach Vorbereitung der Wege und nach Anlage der Einschnitte Mitte Oktober 1903. Da, wie gesagt, erhebliche Baustörungen nicht vorkamen, konnte die Einweihung eines Teiles der Bahn von Station I bis Station V schon im Juli 1904 stattfinden. Die Beendigung des Baues mit Station IX, der Endstation, fiel in den Dezember 1904. Diese kurze Bauzeit ist um so bemerkenswerter, als man häufig in dem Raum, auf welchem gearbeitet werden mußte, sehr beschränkt war. An einzelnen Stationen war es oft nicht möglich, mehr als nur einige Mann zu beschäftigen. Trotzdem stieg die Anzahl der beim Bau tätigen Arbeiter zeitweilig auf 1200. Auf dem unteren Teile konnte in ganz normaler Weise gearbeitet werden, durchschnittlich 10 bis 12 Stunden. Der mittlere Teil erforderte schon eine Einschränkung der Arbeitszeit, während von Station VI an überhaupt nur die Stunden von 8—4 Uhr, solange die Sonne schien, in Betracht kommen konnten. Denn selbst im Sommer, der dort von etwa November bis April dauert, erhebt sich die Temperatur selten über 5—6°, in den meisten Fällen bleibt sie unter Null, während die mittlere Wintertemperatur —18 bis 20° beträgt. Eine Eigentümlichkeit dieses Hochgebirges ist es nun, daß mit dem Untergehen der Sonne sofort ein eiskalter Wind einsetzt, der jeden Aufenthalt im Freien unmöglich macht. Hierzu kommt noch der Einfluß, den die sehr dünne Luft auf die Arbeitsfähigkeit des Menschen ausübt, so daß die Bauarbeiten in jenen Höhen natürlich viel langsamer fortschritten, als auf dem unteren Teil der Strecke.

Den außerordentlichen Schwierigkeiten entsprachen natürlich auch die Löhne.

Wie bei allen derartigen Bauten wurden die Arbeiter gemeinsam unter Aufsicht der Bauleitung verpflegt, und zwar derart, daß für jede Gruppe von Arbeitern ein Koch angestellt war, der weiter nichts zu tun hatte, als für die Verpflegung seiner Kameraden zu sorgen. Während die Lagerplätze, die im unteren Teil der Bahn aus Zeltlagern, im oberen aus gemauerten Hütten (Abb. 536) bestanden, längere Zeit an einem Orte verblieben, rückten die Kochplätze mit dem Bau der Bahn weiter, änderten sich also von Tag zu Tag. Neben den im Land ansässigen

Abb. 536. Arbeiterhütte der Argentinischen Bahn im Schnee.

Arbeitern, meistens einer zusammengewürfelten Gesellschaft aus aller Herren Länder, vielfach Mischlingen von Indianern, Weißen und Ureinwohnern, oder alteingesessenen Spaniern und Portugiesen kamen hauptsächlich Italiener in Betracht, die sich mit ihrer bekannten Anpassungsfähigkeit auch dort vorzüglich bewährten. Im übrigen waren die Arbeiter für den mechanischen Teil der Bahn, Eisenkonstruktionen, Maschinenanlagen, größtenteils hinübergesandte deutsche Schlosser, die unter Aufsicht mehrerer Monteure und Obermonteure arbeiteten.

2. Der Betrieb von Drahtseilbahnen.

Jede maschinelle Anlage erfordert zur Erzielung eines sicheren und regelmäßigen Betriebes nicht nur bestes Material, sorgfältigste Herstellung, peinlichste Bearbeitung aller Einzelheiten und genaue Aufstellung des Ganzen, sondern es ist auch unbedingt notwendig, daß die

Bedienungsmannschaft mit allen Konstruktionsteilen und der Wirkungsweise jedes einzelnen Elementes genau vertraut ist. Daher bedingt auch der Betrieb einer Drahtseilbahn, wenn er sich ohne Störungen glatt abwickeln soll, ein geschultes oder doch gehörig angelerntes, zuverlässiges Personal. Es ist also von größter Wichtigkeit, daß die auf den Stationen beschäftigten Arbeiter, namentlich die Leute, die die ankommenden und abgehenden Wagen zu überwachen haben, nach jeder Richtung hin mit ihren Obliegenheiten vertraut sind und die Einzelheiten des Betriebes und alle Bestandteile der Anlage genau kennen. Aus diesem Grunde ist auch ein öfteres Wechseln der Bedienungsmannschaft möglichst zu vermeiden, vielmehr sollte das Interesse der Leute für einen ungestörten Gang der Anlage geweckt werden. Hierfür empfiehlt es sich, den Arbeitern eine Prämie zuzubilligen und den Aufsichtsbeamten eine Sondervergütung zukommen zu lassen, wenn der Betrieb in bestimmten Fristen, beispielsweise während mehrerer Monate, keine Störung erfuhr oder etwaige Schäden so rechtzeitig bemerkt wurden, daß sie ohne nachteilige Folgen für die Förderung zu gelegener Zeit beseitigt werden konnten.

Es sei nunmehr auf die einzelnen Punkte eingegangen, die von den Seilbahnmeistern und ihren Leuten hauptsächlich beachtet werden müssen.

Die Förderwagen bilden mit einen der wesentlichsten Bestandteile einer Drahtseilbahnanlage, denn ein einziger schadhafter Förderwagen kann den ganzen Betrieb zum Stillstand bringen, ja sogar die Strecke und die Stationen beschädigen. Daher müssen die Wagen stets unter Aufsicht und in gutem Zustande gehalten werden. Jede an einem Wagen auftretende Unregelmäßigkeit muß sofort beseitigt werden, und wenn sich dies in den Stationen während des regelmäßigen Arbeitsganges nicht durchführen läßt, so ist der Wagen bis zur beendeten Wiederherstellung aus dem Betriebe herauszuziehen.

Die beweglichen Teile der Laufwerke müssen sorgfältig unter Schmierung gehalten werden, damit die Reibungswiderstände gering bleiben. Wie bei allen Maschinen dürfen nur säurefreie Schmiermaterialien Verwendung finden, die keine Neigung zum Verharzen zeigen und durch die Witterungsverhältnisse nicht wesentlich beeinflußt werden. Da sich bei der Verladung des Fördergutes oft Staub entwickelt, müssen die Schmiereinrichtungen so angeordnet und ausgebildet sein, daß das Eindringen schädigender Staubteile ausgeschlossen ist. Dieser Forderung entspricht am besten die Druckschmierung mit starrem Fett. Bei der von Adolf Bleichert gleichzeitig mit Stauffer angegebenen und seitdem ständig angewandten Bauart ist der Laufzapfen der Laufräder ausgebohrt, und von der inneren Höhlung münden Querbohrungen in die Schmiernuten der Lauffläche. Die Zapfenbohrung ist durch eine Verschlußschraube geschlossen. Ursprünglich war, ähnlich wie bei den Staufferbüchsen, die Anordnung so getroffen, daß von dieser Verschlußschraube nach und nach das Fett in die Laufflächen gepreßt wurde, wobei die Verschlußschrauben von Zeit zu Zeit an allen Wagen nachgedreht werden mußten. Im Laufe der Jahre zeigte sich aber, daß es durch geeignete Formgebung der Schmiernuten und Bohrungen möglich ist, das eingeschlossene Fett durch die umlaufenden Laufräder selbst ohne weitere äußere Beeinflussung allmählich in die Laufflächen zu saugen. Auch die anderen beweglichen Teile werden in ähnlicher Weise mit Druckschmierung versehen.

Die **Kupplungsapparate** der Wagen müssen stets rein und sauber gehalten werden, und es empfiehlt sich, sie wenigstens einmal wöchentlich von anhaftendem Schmutz, Staub und Öl gründlich zu reinigen. Namentlich die Schraubenklemmapparate, die durch Hebel mit Gegengewichtsbelastung betätigt werden, verlangen eine recht sorgfältige Aufsicht, damit ein etwaiger Fehler rechtzeitig erkannt und der Einfluß der Abnutzung der Klemmbacken und der Verringerung des Seildurchmessers auf die Klemmsicherheit behoben werden kann. Ihnen gegenüber erfordern die Gewichtskuppelapparate, die das Zugseil auch bei starker Abnutzung noch mit derselben Sicherheit ergreifen, weniger Beaufsichtigung. Für die Behandlung empfiehlt sich, namentlich im Winter, eine öftere Anfeuchtung der beweglichen Teile des Klemmapparates mit Petroleum, um das verbrauchte, an den einzelnen Flächenteilen noch anhaftende Fett und Öl wieder geschmeidig zu machen und so Beschädigungen der Apparate durch mangelhafte Beweglichkeit der einzelnen Teile, die möglicherweise sonst beim Einlauf in die Stationen entstehen können, zu vermeiden.

Gute Drahtseilbahnlaufwerke und Klemmapparate müssen so konstruiert sein, daß Witterungseinflüsse den auf der Strecke befindlichen Wagen nichts anzuhaben vermögen. Daher ist es nicht nötig, bei Stillstand der Bahn die einzelnen Wagen in die Stationen einzuziehen; nur bei längerer Außerbetriebsetzung der Bahn müssen alle Wagen von der Strecke entfernt werden. In solchen Fällen benutzt man natürlich die Gelegenheit, um alle Wagen einer sorgfältigen Untersuchung zu unterwerfen.

Für das Ankuppeln der Wagen, das heutzutage nur noch ausnahmsweise nicht völlig selbsttätig geschieht, gilt die Regel, daß der Wagen an der Stelle, wo sich die Kupplung schließt, mit derselben Geschwindigkeit bewegt werden soll, die das Zugseil besitzt. In dem Fall findet das Erfassen ohne Stoß statt, was wesentlich zur Schonung des Zugseiles und der Klemmapparate beiträgt. Außerdem ist es auch für die Sicherheit des Betriebes von größter Bedeutung, weil hierdurch vermieden wird, daß der Wagen ins Pendeln und Schwanken gerät. Zu dem Zweck sind bei größerer Zugseilgeschwindigkeit die Laufschienen an der Kuppelstelle etwas geneigt, was dem Arbeiter die Innehaltung bzw. Erreichung der richtigen Geschwindigkeit sehr erleichtert.

Der Wagen wird am besten so, wie es die Abb. 537 nach der Aufnahme einer Bleichertschen Anlage veranschaulicht, durch die Kuppelstellen geschoben, indem der Arbeiter mit der einen Hand den oberen Teil des Gehänges und mit der anderen die Kastenoberkante angreift; so geführt verläßt der Wagen die Station ohne jedes Schwanken.

Die **Tragseile** sind als teuerster Bestandteil der Bahn mit großer Aufmerksamkeit zu behandeln und öfters, wenigstens monatlich einmal,

Abb. 537. Beladestation und Kuppelstelle einer afrikanischen Bahn.

durch langsames Befahren der Strecke zu kontrollieren, dabei ist genau zu untersuchen, ob sich die Muffenkupplungen in Ordnung befinden, ob etwa Drahtbrüche aufgetreten sind, oder ob andere Veränderungen an den Seilen, ihrer Auflagerung, Verankerung oder Spannung stattgefunden haben.

Vereinzelte Drahtbrüche sind ohne Bedeutung, da der gebrochene Draht bereits nach wenigen Windungen wieder voll mitträgt. Bei verschlossenen und halbverschlossenen Seilen werden die Enden eines gebrochenen Drahtes außerdem durch die benachbarten Drähte festgehalten, während bei Spiralseilen die Gefahr gegeben ist, daß die Wagenräder die vorstehenden Drahtenden immer weiter aufrollen, wodurch sich Aufdoldungen bilden, welche die Wagen schließlich zum Entgleisen bringen. Man legt daher der Sicherheit halber — auch bei verschlossenen und halbverschlossenen Seilen — an den Stellen, wo sich Drahtbrüche finden, Schellen über das Seil, die unten verschraubt von den Wagen anstandslos überfahren werden und ein Heraustreten gebrochener Drähte verhindern. Es ist unbedingt notwendig, daß bei jeder Seilbahn solche Schellen in genügender Anzahl für alle Fälle vorrätig gehalten werden.

Sind an einem Seile mehrere Drahtbrüche aufgetreten, so ist es öfters daraufhin zu untersuchen, ob sich die Zahl der Brüche vermehrt. Solange sich an ein und derselben Stelle die Zahl der gebrochenen Drähte auf einen, zwei, höchstens drei beschränkt, ist dadurch die Haltbarkeit des Seiles nicht gefährdet und auch vier oder mehr Drahtbrüche auf mehrere Meter Länge sind noch nicht gefährlich. Zeigen sich aber mehr Drahtbrüche auf einer Stelle von 200—400 mm Länge dicht zusammen, so ist die sofortige Auswechslung des schadhaften Seilstückes dringend geboten. Dieses Auswechseln von gegebenenfalls sehr kurzen Seil-stücken erfolgt am besten durch einen Monteur der Seilbahnfabrik, da das Abnehmen und Aufziehen der Kupplungen und das Einziehen eines neuen Seilstückes geübte Hände verlangt und von größter Wichtig-keit für die weitere Haltbarkeit des Seiles ist.

Ist ein Seil neu in Betrieb genommen, so dehnt es sich in der ersten Zeit etwas. Es ist daher in den Spannstationen öfters nachzusehen, ob die Gewichtskästen noch frei schweben, oder ob sie etwa zum Auf-sitzen gekommen sind. Würde letzteres eintreten, so würde damit auch die Wirkung der Spanngewichte auf die Seile aufgehoben sein. Um das zu vermeiden, sind die Tragseile rechtzeitig zu verkürzen.

Ebenso nachteilig würde es sein, wenn durch die Dehnung der Trag-seile die Anschlußkupplung, die das Spannseil oder die Spannkette mit dem Tragseil verbindet, auf die Seil- oder Kettenrolle auflaufen würde. Auch in diesem Falle sind die Tragseile zu verkürzen, um den sonst eintretenden Bruch der Kupplung zu verhüten.

Im Interesse der Betriebssicherheit empfiehlt es sich auch, die Trag-seilkupplungen in größeren Zeitabständen neu aufzuziehen, die Seil-enden also nachzuschneiden. Dieses Nachschneiden muß selbstverständ-lich unter der Aufsicht eines mit derartigen Arbeiten genau vertrauten Monteurs erfolgen. Man zieht zu dem Zwecke alle Wagen von der Strecke herein, entlastet die Tragseile und nimmt sie von den Stützen herunter. Nun bindet man die Seile sorgfältig hinter den Kupplungen ab und trennt die Kupplung mit dem in ihr enthaltenen Seilstück durch einen kurz hinter ihr geführten Sägeschnitt ab. Die Seile überläßt man dann eine Zeitlang sich selbst.

Dabei werden sich die in dem entlasteten Seile etwa enthaltenen Spannungen ausgleichen und es werden sich in der Regel die Deck-drähte an den Seilenden mehrere Zentimeter über die Kerndrähte hinausschieben. In der Monteursprache heißt es, die obere Lage ist von den darüber wegrollenden Wagen etwas ausgewalzt worden. Der Ausdruck ist im allgemeinen unzutreffend; er würde nur dann Berech-tigung haben, wenn tatsächlich jeder Draht der Decklage auf einer längeren Strecke zwischen dem Wagenrad und den darunter befindlichen Drahtlagen zusammengepreßt würde, aber nicht, wo nur eine nahezu punktweise Berührung schräg hintereinander liegender Drähte erfolgt. Die inneren Drahtlagen haben bei der Herstellung des Seiles eine wesentlich größere Biegung erfahren als die äußeren, die jedenfalls bei ihnen weit über die Streckgrenze des Materials hinausgegangen ist, so daß sie nur eine geringe federnde Dehnung besitzen, die bei den äußeren, viel weniger stark gebogenen, einen wesentlich höheren Betrag hat. Durch die Biegung des Seiles unter den Wagenlasten werden nun die Drähte der äußeren Lage viel mehr hin und her bewegt als die inneren, so daß mit der Zeit die durch das Aufwickeln unter Druck erzeugte Reibung zwischen den einzelnen Lagen an der äußeren immer kleiner wird. Ein hinreichend lange benutztes Seil wird also infolge der größeren Federung der Drähte der äußeren Lage und der nur noch geringen Reibung, die sie zurückhält, im allgemeinen eine Streckung der äußeren Lage zeigen, wenn sie sich beim Abtrennen von den Kupplungen bemerkbar machen kann.

Abb. 538. Verformung eines fehlerhaften Laufseiles.

Es kann aber bisweilen auch der umgekehrte Fall eintreten, daß sich die Deckdrähte hinter die Kerndrähte zurückziehen, wenn diese eine gewisse Überbeanspruchung erfahren haben. Die Beanspruchung der inneren Drahtlagen durch die dauernd wirkende Zugbelastung ist ja, wie schon S. 42 nachgewiesen wurde, immer eine größere als die der äußeren. Sie erfahren also unter Umständen schon eine bleibende Dehnung, wenn die äußere, weniger beanspruchte Drahtlage noch vollkommen elastisch gedehnt worden ist. Beim Durchschneiden eines solchen Seiles schnellen dann die Drähte der äußeren Lage wieder zurück, während die inneren die einmal erhaltene bleibende Dehnung nicht wieder 'rückgängig machen. Bei einem allerdings fehlerhaft geschlagenen Seil einer ausländischen Anlage machte sich das sogar an dem ausgespannten Seil deutlich bemerkbar. Die inneren Lagen übernahmen infolge der mangelhaften Konstruktion des Seiles weitaus den größten Teil der Anspannung und dehnten sich ziemlich erheblich, während die Decklage vollkommen elastisch blieb. Da die Enden aller Drahtlagen gleichmäßig festgehalten werden, so verbog sich das Seil in solchen, der Schraubenlinie der äußeren Lage entsprechenden Korkenzieherwindungen, wie sie die an Ort und Stelle aufgenommene Abb. 538 wiedergibt.

Beide Überlegungen lehren, daß den Drähten zur besseren Erhaltung der Seile gelegentlich durch das beschriebene Abtrennen ein Ausgleich geboten werden muß. Haben sich so alle Spannungen im Seil nach Möglichkeit ausgeglichen, so werden die Enden glatt geschnitten und die Kupplungen neu aufgezogen. Dieses Nachschneiden der Seile und Neuaufziehen der Kupplungen hat bei sehr stark belasteten Anlagen etwa alle zwei Jahre zu erfolgen, während bei weniger stark beanspruchten Bahnen größere Zeiträume zulässig sind.

Ein Seil gilt als aufgebraucht oder verschlissen, wenn es eine Anzahl über die ganze Länge etwa gleichmäßig verteilter Drahtbrüche in der äußeren Lage aufweist. Wann die Erneuerung notwendig werden wird, läßt sich schwer von vornherein angeben, da die auf die Unterhaltung verwendete Sorgfalt, die Art der Linienführung der Bahn und natürlich in erster Linie die Anzahl der Biegungen, die es durch die darüber wegrollenden Wagenräder erfährt, darauf von bestimmendem Einfluß sind. Eine an zwei Bahnanlagen genau geführte Statistik[44]) lehrt, daß ein in gerader oder nur nach unten durchgebogener Linie ausgelegtes Tragseil, dessen Verlängerungen und Verkürzungen durch Senken oder Heben des anschließenden Spanngewichtes regelmäßig ausgeglichen werden, bis zu 6 Millionen Biegungen und wenigstens 4 Millionen aushält. Die Zahl der bis zum Verschleiß ertragenen Biegungen sinkt bei einer nach oben gewölbten Bahnstrecke und besonders bei starrer Verankerung des Seiles auf 1,5 bis 3 Millionen, im Mittel etwa 2 Millionen. Hieraus ergibt sich der hohe Wert einer elastischen Verankerung des Seiles und eines möglichst schlanken Überganges über Bergkuppen, der tiefe Einschnitte und nötigenfalls sogar Tunnelstrecken rechtfertigt. Die Statistik lehrt ferner, daß es sehr vorteilhaft ist, bei der oben vorgeschlagenen gelegentlichen Entspannung der Seile auch eine Umlegung vorzunehmen derart, daß die am meisten gefährdeten Stellen dicht

Abb. 539. Tragseilschmierapparat für kurze Bahnen.

vor den Stützen eine andere Lage erhalten. Die Lebensdauer kann durch diese einfache Maßnahme glatt verdoppelt werden, allerdings nicht wesentlich über die oben als Grenze angegebenen 6 Millionen Biegungen hinaus. Schließlich folgt daraus noch das eine, daß selbst eine als gut allgemein anerkannte Drahtseilfabrik i. M. unter etwa 15 Seilstücken eins liefert, dessen Lebensdauer anscheinend aus irgendwelchen, bei der Herstellung als nebensächlich vernachlässigten Vorgängen ganz erheblich geringer ist als die der anderen und selbst bei günstigster Lage auf der Strecke höchstens 2 Millionen Biegungen beträgt. Leider sind die betreffenden Mängel bei der Anlieferung des Seilstückes gar nicht zu erkennen.

Um die Seile gegen den Einfluß der Atmosphärilien zu schützen, was besonders in Gegenden mit stark entwickelter Industrie wichtig ist, sind sie von Zeit zu Zeit, wenn möglich monatlich einmal, mit einem

---

[44]) Fördertechnik 1914.

dünnflüssigen, säurefreien Öl zu schmieren, das jedoch eine gewisse Wärmebeständigkeit haben muß, um auch eine kräftige Sonnenbestrahlung ohne Schaden zu ertragen. Für diese Seilschmierungen werden zwei verschiedene Formen von Schmierapparaten benutzt. Die eine Form (Abb. 539) wird an das Laufwerk eines Wagens angehängt und besteht aus zwei Ölkästen, aus denen je ein vermittels eines Drosselhahnes geregelter Ölstrahl auf das Tragseil fließt, der dann durch eine angehängte Bürste über die Seiloberfläche verteilt wird. Diese Schmierkästen empfehlen sich jedoch nur für kürzere Strecken, da die Ölmenge, die mitgeführt werden kann, verhältnismäßig gering ist und bei einem unvorhergesehenen Stillstand der Bahn, der z. B. durch das vorübergehende Fehlen von Fördermaterial verursacht werden kann, alles Öl nutzlos ausströmt.

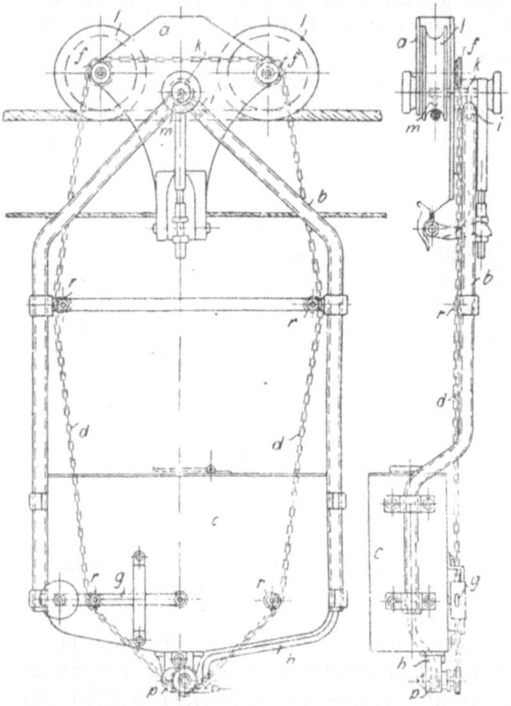

Man benutzt deshalb mehr und mehr, besonders für längere Linien, Schmierapparate, die nur während der Fahrt des Wagens wirken. Die der Firma Adolf Bleichert & Co. patentierte Ausführung veranschaulicht die Abb. 540. An einem gewöhnlichen Laufwerk, das in der üblichen Weise mit dem Zugseil gekuppelt wird, hängt an einem aus Gasrohren gebildeten Gehänge der zur Aufnahme des Öles dienende Blechkasten. Darunter sitzt eine Kapselpumpe, die von den Laufrädern aus durch eine Kette angetrieben wird und das Öl durch die hohlen Gehängeschenkel in den Mittelbolzen des Laufwerkes drückt, von wo es dem Seil zufließt. Bei Schiefstellung des Gehänges und in Steigungen gleicht eine Spannrolle an dem gewichtsbelasteten Hebel die Spannungen der Antriebskette aus. Die J. Pohlig A.-G. hängt den gleichfalls patentierten Schmierwagen vermittels einer kurzen Zugstange an einen gewöhnlichen Seilbahnwagen an (Abb. 541). Die Pumpe befindet sich im Innern des Ölkastens und wird durch eine senkrechte, von den Laufrädern mit Hilfe einer Zahnradübersetzung angetriebenen Welle bewegt. Das Öl wird von ihr durch den Zwischenraum zwischen der Welle und dem umgebenden Schutzrohr zu einem kleinen Regelventil am Laufwerk

Abb. 540. Tragseilschmierwagen für lange Bahnen.

gefördert, von wo es auf das Seil fließt. Bei starker Drosselung dieses Ventils läuft ein Teil des von der Pumpe angesaugten Öles durch ein Rückschlagventil wieder in den Ölkasten zurück.

Außer den Tragseilen ist noch ihre Auflagerung in den Auflagerschuhen von Zeit zu Zeit mit Starrfett zu schmieren.

Die Zugseile, die stets zur Erhöhung der Biegsamkeit eine Hanfseele besitzen, dehnen sich ebenfalls im Laufe der Zeit unter dem Einfluß des Lastzuges. Ihre Streckungen können ganz beträchtlich werden und bis zu 1 v. H. der ursprünglichen Länge anwachsen; natürlich sind sie zu Anfang am größten. Es wird daher die wagerechte Spannscheibe des Zugseiles einige Zeit nach Aufnahme des Betriebes bis in ihre Endstellung zurückgehen, so daß das Spanngewicht nicht mehr wirken kann. Das Zugseil muß dann auseinandergeschnitten und von neuem gespleist werden, wo-durch die erforderliche Verkürzung erzielt wird. Bei Anlagen mit selbsttätigen End- oder Kurvenumführungen muß darauf geachtet werden, daß die wagerechte Spannscheibe nie bis in ihre Endstellung zurückgeht, da sonst die Kontrolle über die Spannung im Zugseil aufhört und es leicht eintreten kann, daß das schlaff gewordene Seil von den Kurvenführungsscheiben herunterfällt.

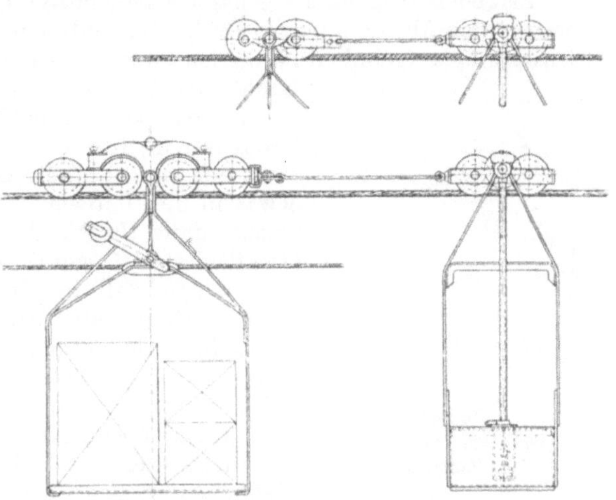

Abb. 541. Schmierwagen als Anhänger.

Ist eine Verkürzung des Zugseiles erforderlich, so wird das Spanngewicht hochgezogen, wodurch der Schlitten mit der Spannscheibe nach der Anfangstellung rückt. Der Schlitten darf aber auch nicht zur festen Anlage an die Anfangsstellung kommen, da dann ebenfalls die Kontrolle über die Zugseilspannung verloren gehen würde und das zu stark gespannte Zugseil im Betriebe Schaden verursachen könnte. Das Spleißen des Seiles (siehe S. 35) soll nur von Leuten besorgt werden, die mit dieser Arbeit vollkommen vertraut sind, da die Haltbarkeit des Zugseiles wesentlich von der guten Ausführung der Spleißung abhängt. Es empfiehlt sich daher, das Spleißen durch einen Spezialmonteur vornehmen zu lassen.

Für die Lebensdauer des Zugseiles ist von ausschlaggebender Bedeutung die Stärke und Häufigkeit des Klemmdruckes der Kupplungsapparate. Ist bei stark geneigten Bahnen ein hoher Klemmdruck erforderlich, so muß er durch geeignete Ausführung der Klemmbacken wenigstens auf eine entsprechende Länge verteilt werden. Natürlich spielt auch die Behandlung, die es erfährt, eine Rolle. Es ist vor allem darauf zu achten, daß es nicht etwa beim Abgleiten von einer Trag- oder Führungsrolle längere Zeit an der Eisenkonstruktion der Station scheuert, und selbstverständlich ist es auch sonst vor Beschädigungen jeder Art zu bewahren.

Bei sehr kurzen Bahnen und bei solchen mit großer Geschwindigkeit kann es nach längerer Betriebszeit vorkommen, daß sich die versteckten Enden der Zugseilspleißung lösen, besonders dann, wenn die Rillen der Schutz- und Führungsrollen über den halben Seildurchmesser eingelaufen sind. Tritt ein solcher Fall ein, dann sind die gelösten Litzen sogleich wieder gut im Seil zu verstecken, da sie sonst im Betriebe unter Umständen auf größere Länge herausgerissen werden können.

Bisweilen tritt eine eigenartige Beschädigung dadurch ein, daß in bestimmten Abständen zwei Drähte benachbarter Litzen, die in Abb. 542 schwarz hervorgehoben sind, sich kreuzen. Denn wenn der betreffende Draht der Litze 1 nach vorn zu ansteigt, so senkt sich der daneben liegende der Litze 2. Greift nun die Klemme des Kupplungsapparates etwa nur an der einen Litze an, so wird diese etwas in die Hanfseele hineingepreßt und verdrückt unter Umständen die entgegenstehende Oberfläche des Gegendrahtes. Es ergaben sich so in einem Fall im Innern des betreffenden Seiles nach verhältnismäßig kurzem Gebrauch in regelmäßiger Folge ziemlich tiefe Einkerbungen [45]), die natürlich zu Beanstandungen des Seiles führten. Diese Beschädigung ist freilich noch nicht oft bemerkt worden und beruht anscheinend auch auf Zufälligkeiten bei der Herstellung des Seiles. Ein sicheres Mittel dagegen ist nur, die Hanfseele durch eine Drahtlitze zu ersetzen, die am besten aus Bronze bestände. Da die Zugseile der Drahtseilbahnen im allgemeinen nur über recht große Scheibendurchmesser gebogen werden, so sind Bedenken dagegen kaum vorhanden, und ein dahingehender Versuch dürfte sich wohl lohnen.

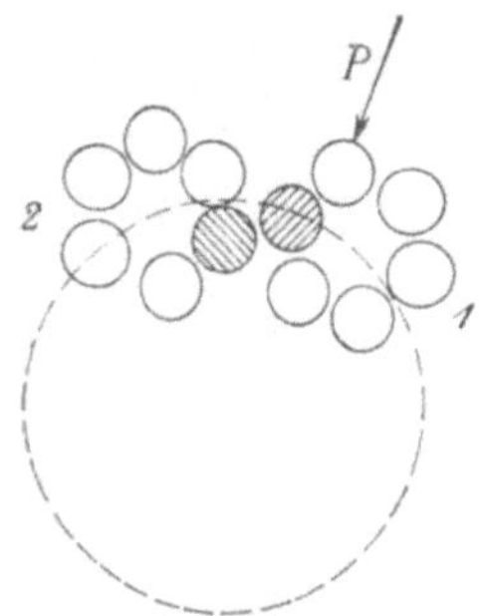

Abb. 542.
Drahtkreuzungen
im Zugseil.

Bei Anlagen, die mit mehrrilligen Seilscheiben am Antriebsvorgelege arbeiten, zeigt sich gelegentlich eine ungleichmäßige Abnutzung der Rillen, hervorgerufen durch die ungleichen Spannungen in den einzelnen Seilsträngen. Die Rille, die den auflaufenden, am stärksten gespannten Seilstrang aufnimmt, nützt sich erfahrungsgemäß etwas schneller ab und erhält dadurch allmählich einen kleineren Durchmesser als die folgende Rille. Da die kleinere Rille dann weniger Seil heranbringt, als die größere mit dem ablaufenden Seil gebraucht, so können zwei Fälle eintreten. Entweder gleitet das Seil gleichmäßig auf der größeren Rille und bewirkt durch den so entstehenden Verschleiß der Rillenausfütterung

---

[45]) Vgl. auch Rudeloff, Verh. d. Ver. f. Gewerbefleiß 1919.

wieder den Ausgleich, was wohl meistens, wenigstens bei guter
Schmierung des Seiles, zutrifft. Oder es entstehen immer weiter an-
wachsende schädliche Spannungen in den beiden Seilstücken zwischen
der Antriebsscheibe und der davorliegenden Umführungsscheibe, die
sich schließlich so weit steigern können, daß das Seil auf der größeren
Rille der Antriebsseilscheibe ruckweise nachrutscht, was sich dann
durch heftige Stöße im Betriebe und einen unregelmäßigen Gang des
Antriebsvorgeleges bemerkbar macht. Die Folgen dieser Unregelmäßigkeit sind oft Brüche einzelner Teile des Antriebsvorgeleges; auch muß
notwendigerweise das Zugseil hierbei leiden. Es ist deshalb nötig, den
Durchmesser der Seilrillen von Zeit zu Zeit einer genauen Kontrolle
zu unterwerfen und, sobald sich ein größerer Unterschied zeigt, die
größere Rille mit einer entsprechend geformten Raspel oder einem
ähnlichen Werkzeuge nachzuarbeiten. Auch läßt sich bei den
meisten Anlagen der Übelstand einfach dadurch beheben, daß das Seil
umgelegt wird, d. h. daß man den auflaufenden Strang in die Rille mit
größerem Durchmesser einführt, dagegen den ablaufenden Strang um
die Rille von kleinerem Durchmesser.

Der gute Zustand der Auslederung der Antriebsseilscheiben ist
ebenfalls von Bedeutung für die Lebensdauer des Zugseiles. Man muß
daher die Ledereinlagen erneuern, bevor sie ganz ausgelaufen sind,
damit das Zugseil sich nicht in die Seilscheibe einläuft und dadurch
selbst verschlissen wird. Das Einsetzen einer neuen Ledereinlage kann,
wenn die Bedienung der Drahtseilbahn entsprechend angelernt ist, von
dieser ausgeführt werden.

Die Schutzrollen und Führungsseilscheiben in den Stationen sind
ebenfalls öfters hinsichtlich der Abnutzung durch das Zugseil zu untersuchen; die Rollen und Scheiben oder ihre Einlagen sind auszuwechseln,
sobald sich das Zugseil auf seine halbe Stärke eingearbeitet hat. Steht
eine Drehbank zur Verfügung, so können die Ringeinlagen aus den
Rollen herausgenommen und ihre Rillen auf der Bank um so viel aus-
gedreht werden, daß das Zugseil in ihnen wieder seitlich frei wird.

Auf eine gute Schmierung und sicheren Rostschutz der Zugseile ist
großer Wert zu legen. Hierfür ist am vorteilhaftesten ein besonderer
Firnis zu verwenden, der sowohl in die Litzen zwischen den einzelnen
Drähten hineindringt, als auch ihre Oberfläche sicher überdeckt. Risse
und Sprünge in der Oberfläche dürfen nicht auftreten. Empfehlenswert,
weil es sich stets gut bewährt hat, ist hierfür das speziell als Zugseil-
firnis hergestellte Diaporin. Diesen Firnis kann man bei Anlagen von
geringer Länge während des Betriebes in der Weise auftragen, daß man
das Seil durch Lappen laufen läßt, die mit der Flüssigkeit getränkt sind.
Für längere Bahnen erfolgt das Schmieren des Zugseiles am besten
und billigsten und ohne jede Betriebsstörung mit Hilfe eines Zugseil-
schmierapparates, von dem die Abb. 543 die Bleichertsche Konstruktion
darstellt. Das Schmiermaterial wird darin dem Zugseil vermittels einer
Rolle zugeführt und durch zwei Bürsten darauf verteilt. Dieses Firnissen
sollte insbesondere während des Winters allmonatlich vorgenommen
werden, damit sicher keinerlei Rostbildungen an den Drähten eintreten

können. Zu bemerken ist noch, daß das Schmieren der Tragseile und des Zugseiles nur an ganz trockenen Tagen geschehen darf, da die Seile, wenn sie mit Feuchtigkeit beschlagen sind, das Öl nicht annehmen.

Die ganze Bahnlinie ist von Zeit zu Zeit einer genauen sorgfältigen Besichtigung zu unterwerfen, bei der namentlich auch die richtige Stellung der Unterstützungen zu prüfen ist — gerade Holzstützen können sich in Wind und Wetter ganz eigenartig verziehen — außerdem ist darauf zu achten, daß die auf den Unterstützungen befindlichen Schutzrollen für das Zugseil sich stets leicht drehen. Eine oberflächliche Untersuchung der Bahnstrecke durch Begehen hat möglichst täglich vor Beginn des Betriebes durch die an den Stationen beschäftigten Arbeiter zu erfolgen, um böswillige oder anderweit entstandene Beschädigungen an der Bahnlinie noch vor Beginn des Betriebes beseitigen zu können. Hierbei ist auch darauf zu achten, ob sich etwa in den

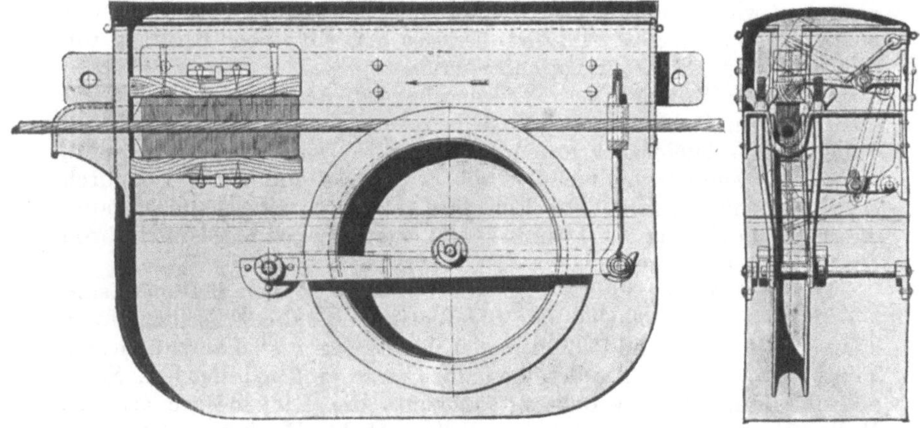

Abb. 543.   Zugseilschmiervorrichtung.

Gruben unter den Spanngewichten Wasser angesammelt hat, das sofort zu entfernen ist. Denn wenn auch die Wirkung der Spanngewichte durch den Auftrieb des Wassers im allgemeinen nur wenig verringert werden dürfte, so setzt sie aber ein darauf eintretender Frost gänzlich außer Tätigkeit.

Außerdem hat, besonders bei größeren Anlagen, der Aufseher selbst die Verpflichtung, einmal täglich die Bahnstrecke zu begehen und abwechselnd die einzelnen Unterstützungen zu besteigen, um sich von der Beschaffenheit der Tragseile, Auflagerschuhe, Schutzrollen usw. zu überzeugen. Alle Rollen und Umführungsscheiben in den Stationen sind täglich zu schmieren. Auch die Tragseilspannscheiben der Streckenspannvorrichtungen sind häufig zu schmieren, da von ihrer guten Wartung die Haltbarkeit der Tragseile abhängt (siehe S. 453). Bei den Untersuchungen sind, wenn die Stützen und Stationen in Holzkonstruktion ausgeführt sind, in der ersten Betriebszeit die Muttern der

Holzverbandschrauben und der Fundamentanker regelmäßig nachzuziehen, bis das Schwinden des Holzes infolge seines Austrocknens aufgehört hat.

Über seine Tätigkeit hat der Aufseher Buch zu führen und etwaige Beobachtungen darin zu verzeichnen; diese Bücher sind allmonatlich der Betriebsleitung einzureichen, ebenso wie die sorgfältig herzustellenden Aufzeichnungen über die Förderung. In dringenden Fällen ist sofort Meldung zu machen.

Das Betreten und Befahren der Bahnlinie durch Unbefugte ist natürlich streng zu untersagen.

Schließlich sei noch bemerkt, daß es für die Sicherheit des Betriebes unbedingt nötig ist, daß die erforderlichen **Ersatzteile** von Anbeginn an vorhanden sind. Hierzu gehören Ersatzstücke für die Antriebszahnrädergetriebe, für die Vorgelegeteile, Seilscheiben, Schlitten, Spannseile, Schutzrollen, Tragseilkupplungen mit allem Zubehör, Tragrollen für das Zugseil, einige Hängeschuhe für die Stationen, Seilschellen, Ersatzstücke für die verschiedenen Teile der Laufwerke und Wagen. Auch ist es dringend zu empfehlen, eine Tragseillänge für alle Fälle in Bereitschaft zu haben.

Additional information of this book

(Die Drahtseilbahnen (Schwebebahnen);

978-3-662-24179-0; 978-3-662-24179-0_OSFO1)
is provided:

http://Extras.Springer.com

Additional information of this book

(Die Drahtseilbahnen (Schwebebahnen);

978-3-662-24179-0; 978-3-662-24179-0_OSFO2)
is provided:

http://Extras.Springer.com

Additional information of this book

(Die Drahtseilbahnen (Schwebebahnen);

978-3-662-24179-0; 978-3-662-24179-0_OSFO3)
is provided:

http://Extras.Springer.com

Die Hebezeuge. Theorie und Kritik ausgeführter Konstruktionen mit besonderer Berücksichtigung der elektrischen Anlagen. Ein Handbuch für Ingenieure, Techniker und Studierende. Von Professor **Ad. Ernst.** Vierte, neubearbeitete Auflage.. 3 Bände. Mit 1486 Textabbildungen und 97 lithographierte Tafeln. Gebunden Preis M. 60.—

Die Bergwerksmaschinen. Eine Sammlung von Handbüchern für Betriebsbeamte. Unter Mitwirkung zahlreicher Fachgenossen herausgegeben von Dipl.-Berging. **Hans Bansen.**

III. Band: Die Schachtfördermaschinen. Von Dipl.-Ing. **Karl Teiwes** und Professor Dr.-Ing. **E. Förster.** Mit 323 Textabbildungen. Gebunden Preis M. 16.—

IV. Band: Die Schachtförderung. Von Dipl.-Berging. **H. Bansen** und Dipl.-Ing. **Karl Teiwes.** Mit 402 Textabbildungen. Gebunden Preis M. 14.—

VI. Band: Die Streckenförderung. Von Dipl.-Berging. **Hans Bansen.** Zweite, vermehrte und verbesserte Auflage. Mit 593 Textfiguren. Gebunden Preis M. 100.—

Hochofen-Begichtungsanlagen unter besonderer Berücksichtigung ihrer Wirtschaftlichkeit. Von Dr.-Ing. **Friedrich Lilge.** Mit zahlreichen Textfiguren und 15 zum Teil farbigen lithographischen Tafeln. Gebunden Preis M. 22.—

Transmissionen. Wellen — Lager — Kupplungen — Riemen- und Seiltrieb-Anlagen. Von Ingenieur **St. Jellinek** (Wien). Mit 61 Textabbildungen und 30 Tafeln. Gebunden Preis M. 12.—

Taschenbuch für den Maschinenbau. Unter Mitarbeit bewährter Fachmänner herausgegeben von Prof. **Heinrich Dubbel,** Ingenieur, Berlin. Dritte, erweiterte und verbesserte Auflage. Mit 2620 Textfiguren und 4 Tafeln. In zwei Teilen. In Ganzleinen gebunden. In 1 Band Preis M. 70.—; in 2 Bänden Preis M. 84.—

Taschenbuch für Bauingenieure. Unter Mitarbeit zahlreicher Fachgelehrter herausgegeben von Geh. Hofrat Prof. Dr.-Ing. E. h. **M. Foerster** in Dresden. Dritte, verbesserte und erweiterte Auflage. Mit 3070 Textfiguren. In zwei Teilen. In einem Bande gebunden Preis M. 64.— In zwei Bänden gebunden Preis M. 70.—

Werkstattstechnik. Zeitschrift für Fabrikbetrieb und Herstellungsverfahren. Herausgegeben von Professor Dr.-Ing. **G. Schlesinger** in Charlottenburg. Jährlich 24 Hefte. Vierteljährlich Preis M. 15.—

Hierzu Teuerungszuschläge